JN097115

毒物劇物取扱者試験問題集

序

毒物及び劇物取締法は、日常流通している有用な化学物質のうち、毒性の著しいものについて、化学物質そのものの毒性に応じて毒物又は劇物に指定し、製造業、輸入業、販売業について登録にかからしめ、毒物劇物取扱責任者を置いて管理させるとともに、保健衛生上の見地から所要の規制を行っています。

毒物劇物取扱責任者は、毒物劇物の製造業、輸入業、販売業及び届け出の必要な業務上取扱者において設置が義務づけられており、現場の実務責任者として十分な知識を有し保健衛生上の危害の防止のために必要な管理業務に当たることが期待されています。

毒物劇物取扱者試験は、毒物劇物取扱責任者の資格要件の一つとして、各都道府県の知事が概ね一年に一度実施するものであり、本書は、直近一年間に実施された全国の試験問題を道府県別、試験の種別に編集し、解答・解説を付けたものであります。

なお、解説については、この書籍の編者により編集作成いたしました。この様なことから、各道府県へのお問い合わせはご容赦いただきますことをお願い申し上げます。

毒物劇物取扱者試験の受験者は、本書をもとに勉学に励み、毒物劇物に関する知識を一層深めて試験に臨み、合格されるとともに、毒物劇物に関する危害の防止についてその知識をいかんなく発揮され、ひいては、化学物質の安全の確保と産業の発展に貢献されることを願っています。

最後にこの場をかりて試験問題の情報提供等にご協力いただいた各道府県の担当の方々に深く謝意を申し上げます。

２０２１年6月

序

目　次

〔問題編〕

試験問題編

北海道
令和２年度実施

〔毒物及び劇物に関する法規〕
（一般・農業用品目・特定品目共通）

問１　次の文は、毒物及び劇物取締法の条文の一部である。
　条文中の［　　］内にあてはまる語句を下欄から選びなさい。

ア　この法律は、毒物及び劇物について、保健衛生上の見地から必要な［問１］を行うことを目的とする。以外のものをいう。
イ　製造業又は輸入業の登録は、［問２］ごとに、販売業の登録は、六年ごとに、更新を受けなければ、その効力を失う。
ウ　次の各号に掲げる者でなければ、前条の毒物劇物取扱責任者となることができない。
　一　［問３］
　二　厚生労働省で定める学校で、［問４］に関する学課を修了した者
　三　都道府県知事が行う毒物劇物取扱者試験に合格した者
エ　引火性、発火性又は［問５］のある毒物又は劇物であって政令で定めるものは、業務その他正当な理由による場合を除いては、［問６］してはならない。
オ　毒物劇物営業者は、政令で定める毒物又は劇物については、厚生労働省令で定める方法により［問７］したものでなければ、これを［問８］として販売し、又は授与してはならない。
カ　毒物劇物営業者及び特定毒物研究者は、その取扱いに係る毒物又は劇物が盗難にあい、又は［問９］したときは、直ちに、その旨を［問10］に届け出なければならない。

＜下欄＞

	1	2	3	4
問１	取締	制限	監視	規制
問２	三年	四年	五年	六年
問３	医師	薬剤師	登録販売者	危険物取扱者
問４	応用化学	基礎化学	分析化学	無機化学
問５	爆発性	水溶性	揮発性	可燃性
問６	輸入	貯蔵	製造	所持
問７	包装	着色	着香	表示
問８	農業用	工業用	家庭用	医療用
問９	使用	廃棄	譲渡	紛失
問10	保健所	警察署	消防機関	市役所

問11　次の文は、毒物及び取締法第14条第１項の記述である。（　）にあてはまる適当な語句の組み合わせを下欄から選びなさい。

毒物劇物営業者は、毒物又は劇物を他の毒物劇物営業者に販売し、又は授与したときは、その都度、次に掲げる事項を書面に記載しておかなければならない。

一　毒物又は劇物の名称及び（　ア　）
二　販売又は授与の（　イ　）
三　譲受人の氏名、（　ウ　）及び住所（法人にあっては、その名称及び主たる事務所の所在地）

＜下欄＞

	ア	イ	ウ
1	数量	年月日	職業
2	使用期限	方法	年齢
3	数量	年月日	年齢
4	使用期限	方法	職業

問12　次のうち、毒物及び劇物取締法第22条の規定により、業務上取扱者の届出をしなければならない事業として正しいものの組合わせを下欄から選びなさい。

ア　シアン化ナトリウムを使用して電気めっきを行う事業
イ　亜硝酸ナトリウムを使用して金属処理を行う事業
ウ　最大積載量が5，000キログラムの自動車に内容積が200リットルの容器を積載して行う四アルキル鉛を含有する製剤の輸送の事業
エ　フィプロニルを使用して、しろありの防除を行う事業

＜下欄＞
1（ア、イ）　2（ア、ウ）　3（イ、エ）　4（ウ、エ）

問13　毒物劇物取扱責任者に関する以下の記述のうち、正しいものはどれか。

1　毒物劇物取扱者試験に合格したものであれば、年齢にかかわらず、毒物劇物取扱責任者になることができる。
2　毒物劇物営業者は、毒物劇物取扱責任者を変更したときは、15日以内に届け出なければならない。
3　毒物又は劇物の販売業者は、毒物又は劇物を直接に取り扱わない店舗においても毒物劇物取扱責任者を置かなければならない。
4　毒物劇物営業者は、自らが毒物劇物取扱責任者として毒物又は劇物による保健衛生上の危害の防止に当たる製造所、営業所又は店舗には、専任の毒物劇物取扱責任者を別に置く必要はない。

問14　次のうち、毒物及び劇物取締法第3条の3の規定により「興奮、幻覚又は麻酔作用を有する毒物又は劇物（これらを含有する物を含む。）であって、みだりに摂取し、若しくは吸入し、又はこれらの目的で所持してはならない」ものとして政令で定められているものはどれか。

1　キシレン　2　トルエン　3　ピクリン酸　4　メタノール

問15　毒物劇物営業者が、販売のため毒物又は劇物の容器及び被包に表示しなければならない事項として正しいものの組合わせを下欄から選びなさい。

ア　毒物又は劇物の使用期限
イ　毒物又は劇物の名称
ウ　毒物又は劇物の成分及びその含量
エ　毒物又は劇物の容器の材質

＜下欄＞
1（ア、イ）　2（ア、ウ）　3（イ、ウ）　4（ウ、エ）

問16　次の文は、毒物及び劇物取締法の条文の一部である。［　　］内にあてはまる適当な語句を下欄から選びなさい。

毒物劇物営業者及び特定毒物研究者は、毒物又は厚生労働省令で定める劇物については、その容器として、［問16］を使用してはならない。

＜下欄＞
1　再利用された物
2　密閉できない構造の物
3　壊れやすい又は腐食しやすい物
4　飲食物の容器として通常使用される物

問 17　次のうち、毒物及び劇物取締法の規定を踏まえ、正しいものの組み合わせを下欄から選びなさい。

ア　販売業の登録の種類である特定品目とは、特定毒物のことである。
イ　毒物劇物営業者は、16 歳の者に対して毒物又は劇物を交付することができる。
ウ　毒物又は劇物の製造業者は、販売業の登録を受けなくとも、自ら製造した毒物又は劇物を、他の毒物劇物営業者に販売できる。
エ　特定毒物を所持できるのは、毒物劇物営業者、特定毒物研究者又は特定毒物使用者である。

<下欄>
1（ア、イ）　2（ア、エ）　3（イ、ウ）　4（ウ、エ）

問 18　次の文は、毒物及び劇物取扱法第 12 条第 1 項の条文である。（　）にあてはまる適当な語句の組み合わせを下欄から選びなさい。

毒物劇物営業者及び特定毒物研究者は、毒物又は劇物の容器及び被包に、「（　ア　）」の文字及び毒物については（　イ　）をもって「毒物」の文字、劇物については（　ウ　）をもって「劇物」の文字を表示しなければならない。

<下欄>

	ア	イ	ウ
1	医薬用	赤地に白色	白地に赤色
2	医薬用外	白地に赤色	赤地に白色
3	医薬用外	赤地に白色	白地に赤色
4	医薬用	白地に黒色	黒地に白色

問 19　毒物劇物営業者の貯蔵設備の基準に関する以下の記述の正誤について、正しい組合わせを下欄から選びなさい。

ア　毒物又は劇物を陳列する場所にかぎをかける設備があること。ただし、その場所が構造上かぎをかけることができないものであるときは、この限りではない。
イ　毒物又は劇物とその他の物とを区分して貯蔵できるものであること。
ウ　毒物又は劇物を貯蔵する場所が性質上かぎをかけることができないものであるときは、その周囲に関係者以外の立入を禁止する表示があること。
エ　貯水池その他容器を用いないで毒物又は劇物を貯蔵する設備は、毒物又は劇物が飛散し、地下にしみ込み、又は流れ出るおそれがないものであること。

<下欄>

	ア	イ	ウ	エ
1	正	誤	誤	正
2	正	誤	正	誤
3	誤	正	正	誤
4	誤	正	誤	正

問 20　次の文は、毒物又は劇物を一回につき、5,000 キログラム以上運搬する車両に掲げる標識に関する記述である。（　）にあてはまる適当な語句の組み合わせを下欄から選びなさい。

（　ア　）メートル平方の板に地を（　イ　）色、文字を（　ウ　）色として、（　エ　）と表示し、車両の前後の見やすい箇所に掲げなければならない。

<下欄>

	ア	イ	ウ	エ
1	0.2	白	黒	毒
2	0.3	黒	白	毒
3	0.3	黄	黒	劇
4	0.2	黒	黄	劇

〔基礎化学〕

(一般・農業用品目・特定品目共通)

問 21　原子核のまわりの電子数のうち、L 殻に収容できる電子の最大数として正しいものはどれか。

1　2 個　　2　8 個　　3　18 個　　4　32 個

問 22　次物質のうち、単体であるものを選びなさい。

1　水　　2　グルコース　　3　ダイヤモンド　　4　二酸化炭素

問 23　次の元素のうち、ハロゲン元素はどれか。

1　Ar　　2　Br　　3　Cr　　4　Kr

問 24　共有結合に関する次の記述のうち、誤っているものはどれか。

1　2 個の原子が、互いの不対電子を両方の原子で共有することによってできる結合である。
2　共有結合において、電気陰性度の差によって生じる分子内の電子的な偏りを極性という。
3　水分子や二酸化炭素分子は、分子内に極性をもつ極性分子である。
4　水分子の H 原子と O 原子は単結合、二酸化炭素分子の C 原子と O 原子は二重結合である。

問 25　次の化合物のうち、幾何異性体を持つものはどれか。

1　$CH_3CH = CH_2$　　2　$CH_3CH = C(CH_3)_2$
3　$CH_3CH = CH_2CH_3$　　4　$CH_3CH_2CH = CH_2$

問 26　脂肪族炭化水素に関する次の記述のうち、正しいものはどれか。

1　プロパンには、構造異性体が存在する。
2　プロピレン(プロペン)には幾何異性体が存在する。
3　メタンのすべての水素原子は、同一平面上にある。
4　分子式が C_5H_{12} の炭化水素は、アルカンの一つである。

問 27　イオン化傾向の大きい順に並べたものとして、正しいものはどれか。

1　K ＞ Fe ＞ Au
2　Au ＞ K ＞ Cu
3　K ＞ Au ＞ Fe
4　Au ＞ Cu ＞ K

問 28　ナトリウムの炎色反応の色として、最も適当な色はどれか。

1　黄色　　2　赤紫色　　3　青緑色　　4　青色

問 29　ホールピペットを用いてはかりとった 10mL の塩酸を、蒸留水で正確に 10 倍に希釈する時に用いるガラス器具として、最も適当なものはどれか。

1　三角フラスコ　　2　ビーカー　　3　メスシリンダー　　4　メスフラスコ

問 30　次の金属のうち、水の中に入れると水素を発生して溶けるものはどれか。

1　白金　　2　亜鉛　　3　ナトリウム　　4　水銀

問 31　次のうち、[　　　]内にあてはまる適当な語句を下欄から選びなさい。

コロイド粒子はコロイド溶液の中で、不規則に揺れ動く運動をしており、この現象を[問 31]という。

<下欄>
1　ブラウン運動　　2　分子間力　　3　電気泳動　　4　チンダル現象

問 32　0.4mol/L の塩酸 250mL を過不足なく中和するために必要な水酸化ナトリウムは約何 g か。下欄から正しいものを選びなさい。
ただし、原子量は H = 1.0、O = 16、Na = 23、Cl= 35.5 とする。

<下欄>
1　0.4g　　2　1.0g　　3　4.0g　　4　10.0g

問 33　次の熱化学方程式であらわされる可逆反応が平衡状態にある時、この反応の平衡を右向きに移動するものを下欄から選びなさい。

N_2 (気)＋3 H_2 (気)＝2 NH_3 (気)　＋　92kJ

<下欄>
1　触媒を加える　　2　圧力を高くする
3　NH_3 を加える　　4　温度を高くする

問 34　次の物質のうち、水溶液が中性を示すものである。

1　リン酸カリウム　　2　硝酸鉄(Ⅲ)
3　塩化バリウム　　4　蓚(しゅう)酸ナトリウム

問 35　0.01mol/L の塩酸の pH はいくつか。正しいものを下欄から選びなさい。
ただし、電離度は 1 とする。

<下欄>
1　pH1　　2　pH2　　3　pH3　　4　pH4

問 36　次の各反応で、還元された原子の正しい組み合わせを下欄から選びなさい。

ア　2 KI　＋　Cl_2　→　2 KCl　＋　I_2
イ　2 Zn　＋　H_2SO_4　→　$ZnSO_4$　＋　H_2

<下欄>
1　(I、H)　　2　(I、Zn)　　3　(Cl、Zn)　　4　(Cl、H)

問 37　次の文の[　　　]内にあてはまる適当な語句を下欄から選びなさい。

ヨウ素(I_2)、ナフタレン($C_{10}H_8$)などの結晶を、常温、常圧のもとで放置すると液体を経ず気体になる。このように、固体が液体を経ないで直接気体になる現象を[問 37]という。

<下欄>
1　凝縮　　2　蒸発　　3　昇華　　4　凝固

問 38　0.50mol の水の質量をとして、正しいものはどれか。
ただし、原子量は、H ＝ 1 、0 ＝ 166 とする。

<下欄>
1　0.9g　　2　1.8g　　3　8.5g　　4　9.0g

問 39　次の文の［　　］内にあてはまる適当な語句を下欄から選びなさい。

一定の気体の体積は、圧力に反比例し絶対温度に比例する。
この法則を［問 39］という。

＜下欄＞
1　ボイルーシャルルの法則　　2　質量保存の法則
3　気体反応の法則　　4　ヘスの法則

問 40　次亜塩素酸ナトリウム（NaClO）における Cl の酸化数として、正しいものはどれか。

＜下欄＞
1 0　　2 －1　　3 ＋1　　4 －2

〔毒物及び劇物の性質及び貯蔵その他取扱方法〕（一般）

問１～問４　次の物質の性状として、最も適当なものを下欄から選びなさい。

ア　塩化チオニル［問１］　　イ　ジメチルアミン［問２］
ウ　クロルメチル［問３］　　エ　リン化水素［問４］

〈下欄〉
1　無色の気体で、エーテル様の臭いを有する。空気中で爆発するおそれもあることから、濃厚液の取り扱いには注意を要する。
2　無色で腐魚臭様の臭気のある気体。水にわずかに溶け、酸素及びハロゲンとは激しく反応する。
3　強アンモニア臭のある気体。水によく溶け、強アルカリ性溶液となる。
4　刺激性のある無色の液体。発煙性あり。水と反応して分解する。ベンゼン、クロロホルム、四塩化炭素に溶ける。

問５～問７　次の物質について、貯蔵方法の説明として最も適当なものを下欄から選びなさい。

ア　黄リン［問５］　　イ　カリウム［問６］
ウ　水酸化ナトリウム［問７］

〈下欄〉
1　二酸化炭素と水を吸収する性質が強いので、密栓して貯蔵する。
2　少量ならガラス瓶、多量ならブリキ缶あるいは鉄ドラムを用い、酸類とは離して、風通しのよい乾燥した冷所に密封して貯蔵する。
3　空気に触れると発火しやすいので、水中に沈めて瓶に入れ、さらに砂を入れた缶中に固定して、冷暗所に貯蔵する。
4　空気中にそのまま貯蔵することはできないので、石油中に貯蔵する。また、水分の混入や火気を避けて貯蔵する。

問８　酢酸タリウムに関する記述の正誤 正しい組み合わせを下欄から選びなさい。

ア　性状は、強い果実様の香気ある可燃性無色の液体である。
イ　市販品は、あせにくい赤色に着色されている。
ウ　化学式は、CH_3COOTl である。
エ　殺鼠(そ)剤として用いられる。

＜下欄＞

	ア	イ	ウ	エ
1	正	誤	正	誤
2	誤	正	誤	誤
3	正	正	誤	正
4	誤	誤	正	正

問9 キシレンの毒性について、最も適当なものを選びなさい。

1 吸入すると、鼻、のどを刺激する。高濃度で興奮、麻酔作用がある。
2 吸入すると、分解されずに組織に吸収され、各器官に障害を与える。
3 激しい中枢神経刺激と副交感神経刺激とが認められ、縮瞳、呼吸麻痺等が生じる。
4 意識障害、けいれん、徐脈が起こり血圧降下を来す。心臓障害が起きる。

問10 シアン化亜鉛の廃棄方法として、最も適当な組合わせを下欄から選びなさい。

ア 酸化沈殿法　　イ 焙焼法　　ウ 還元法　　エ 沈殿隔離法

＜下欄＞
1（ア、イ）　2（ア、ウ）　3（イ、エ）　4（ウ、エ）

問11 リン化アルミニウムに関する記述の正誤について、正しい組み合わせを下欄から選びなさい。

ア リン化アルミニウムとその分解促進剤とを含有する製剤は特定毒物に指定されている。
イ 空気中の水分に触れると徐々に分解し、有毒ガスを発生するので密閉容器に貯蔵する。
ウ 除草剤として用いられる。

＜下欄＞

	ア	イ	ウ
1	正	正	正
2	誤	正	正
3	誤	誤	正
4	正	正	誤

問12 次のうち、クロム酸ナトリウムに関する記述として、正しいものはどれか。

1 黒色の結晶である。
2 十水和物は、潮解性がある。
3 アルコールによく溶けるが、水には溶けない。
4 廃棄方法は、燃焼法を利用する。

問13 キシレンに関する記述の正誤について、正しい組み合わせを下欄から選びなさい。

ア 無色透明の液体で芳香族炭化水素特有の臭いがある。
イ 水にはよく溶け、水溶液は弱アルカリ性である。
ウ 溶剤、染料中間体などの有機合成原料に用いられる。

＜下欄＞

	ア	イ	ウ
1	正	正	正
2	誤	正	正
3	正	誤	正
4	正	正	誤

問14～問16 トルエンに関する次の記述について、文中の［　　］内にあてはまる最も適当なものを下欄から選びなさい。

トルエンには［問14］であり、［問15］がする。また、［問16］である。

＜下欄＞

問14　1 無色の液体　2 黄色の液体　3 黄色の結晶性粉末　4 白色の結晶性粉末

問15　1 可燃性でフェノール臭　2 不燃性でフェノール臭　3 可燃性でベンゼン臭　4 不燃性でベンゼン臭

問16　1 水、有機溶媒に可溶　2 水、有機溶媒に不溶　3 水に可溶、有機溶媒に不溶　4 水に不溶、有機溶媒に可溶

北海道

問17～問19　次の物質の用途について、最も適当なものを下欄から選びなさい。

ア　硫酸タリウム　問17

イ　1，1'-ジメチル－4，4'－ジピリジニウムジクロリド(別名:パラコート)　問18

ウ　メチルイソチオシアネート　問19

<下欄>
1　殺鼠剤　　2　土壌燻蒸剤　　3　殺虫剤　　4　除草剤

問20　2－(1－メチルプロピル)－フェニル－N－メチルカルバメート(別名:フェノブカルブ、BPMC)に関する記述の正誤について、正しい組み合わせを下欄から選びなさい。

ア　有機リン系殺虫剤である。
イ　稲のツマグロヨコバイやウンカ類の駆除に用いられる。
ウ　常温・常圧では無色透明の液体又はプリズム状の結晶であり、水に極めて溶けにくい。

<下欄>

	ア	イ	ウ
1	正	正	正
2	誤	正	正
3	誤	誤	正
4	正	正	誤

(農業用品目)

問1～問4　次の物質を含有する製剤で、毒物の扱いから除外される上限の濃度について正しいものを下欄から選びなさい。

ア　アバメクチン　問1 以下
イ　O－エチル－O－(2－イソプロポキシカルボニルフェニル)－N－イソプロピルチオホスホルアミド(別名：イソフェンホス)　問2 以下
ウ　エチルパラニトロフェニルチオノベンゼンホスホネイト(別名：EPN)　問3 以下
エ　O－エチル＝S，S－ジプロピル＝ホスホロジチオアート(別名：エトプロホス)　問4 以下

<下欄>
問1　1　0.8％　　2　1.5％　　3　1.8％　　4　5　％
問2　1　0.8％　　2　1.5％　　3　1.8％　　4　5　％
問3　1　0.8％　　2　1.5％　　3　1.8％　　4　5　％
問4　1　0.8％　　2　1.5％　　3　1.8％　　4　5　％

問5～問7　次の化合物の分類として、最も適当なものを下欄から選びなさい。

ア　ジプロピル－4－メチルチオフェニルホスフェイト(別名：プロパホス)　問5

イ　(RS)－α－シアノ－3－フェノキシベンジル＝N－(2－クロロ－αα，α－トリフルオロ－パラトリル)－D－バリナート(別名：フルバリネート)　問6

ウ　ブチル＝2，3－ジヒドロ－2，2－ジメチルベンゾフラン－7－イル＝N，N'－ジメチル－N，N'－チオジカルバマート(別名：フラチオカルブ)　問7

<下欄>
1　カーバメート系殺虫剤　　2　有機リン系殺虫剤
3　ピレスロイド系殺虫剤　　4　クロロニコチル系殺虫剤

問８～問 11　物質の性状として、最も適当なものを下欄から選びなさい。

ア　硫酸第二銅　問８

イ　(ＲＳ)－α－シアノ－３－フェノキシベンジル＝(ＲＳ)－２－(４－クロロフェニル)－３－メチルブタノアート)　問９

ウ　硫酸亜鉛　問 10

エ　Ｓ－メチル－Ｎ－[(メチルカルバモイル)－オキシ]－チオアセトイミデート(別名：メトミル、メソミル)　問 11

＜下欄＞

１　黄褐色の粘稠性液体で、水にほとんど溶けず、メタノール、アセトニトリル、酢酸エチルに溶けやすい。熱、酸に安定で、アルカリに不安定、また、光で分解する。

２　一般には七水和物が流通している。七水和物は、白色結晶で水に溶けやすい。グリセリンに可溶である。

３　五水和物は、濃い藍(あい)色の結晶で、風解性がある。水に溶けやすく、水溶液は酸性である。

４　白色の粉末で水にやや溶けやすい。アセトン、メタノールに溶けやすい。

問 12 ～問 14　次の物質の用途について、最も適当なものを下欄から選びなさい。

ア　硫酸タリウム　問 12

イ　1，1'－ジメチル－4，4 '－ジピリジニウムジクロリド(別名：パラコート)　問 13

ウ　メチルイソチオシアネート　問 14

＜下欄＞

１　殺鼠(そ)剤　　２　土壌消毒剤　　３　殺虫剤　　４　除草剤

問 15 ～問 17　次の物質について、最も適当な貯蔵方法を下欄から選びなさい。

ア　アンモニア水　問 15

イ　ブロムメチル(別名：臭化メチル、メチルブロマイド)　問 16

ウ　クロルピクリン　問 17

＜下欄＞

１　常温では気体なので、圧縮冷却して液化し、圧縮容器に入れ、直射日光その他、温度上昇の原因を避けて冷暗所に貯蔵する。

２　金属腐食性が大きいため、ガラス容器に入れ、密栓して冷暗所に貯蔵する。

３　揮発しやすいので、よく密栓して貯蔵する。

４　少量ならばガラス瓶、多量ならばブリキ缶又は鉄ドラムを用い、酸類とは離して、風通しの良い乾燥した冷所に密封して貯蔵する。

問18　2－(1－メチルプロピル)－フェニル－N－メチルカルバメート(別名：フェノブカルブ、BPMC)に関する記述の正誤について、正しい組み合わせを下欄から選びなさい。

ア　有機リン系殺虫剤である。
イ　稲のツマグロヨコバイやウンカ類の駆除に用いられる。
ウ　常温・常圧では無色透明の液体又はプリズム状の結晶であり、水に極めて溶けをこくい。

<下欄>

	ア	イ	ウ
1	正	正	正
2	誤	正	正
3	誤	誤	正
4	正	正	誤

問19　リン化アルミニウムに関する記述の正誤について、正しい組み合わせを下欄から選びなさい。

ア　リン化アルミニウムとその分解促進剤とを含有する製剤は特定毒物に指定されている。
イ　空気中の水分に触れると徐々に分解し、有毒ガスを発生するので密閉容器に貯蔵する。
ウ　除草剤として用いられる。

<下欄>

	ア	イ	ウ
1	正	正	正
2	誤	正	正
3	誤	誤	正
4	正	正	誤

問20　物質のうち、農業用品目販売業の登録を受けた者が販売できる劇物の正誤の組み合わせとして正しいものを下欄から選びなさい。

ア　シアン酸ナトリウム
イ　エマメクチン
ウ　水酸化ナトリウム

<下欄>

	ア	イ	ウ
1	正	正	正
2	誤	正	正
3	誤	誤	正
4	正	正	誤

(特定品目)

問1～問3　次の物質を含有する製剤で、劇物の指定から除外される濃度について、正しいものを下欄から選びなさい。

ア　クロム酸鉛　［問1］　以下　　イ　過酸化水素　［問2］　以下
ウ　硫酸　［問3］　以下

<下欄>

問1　1　1%　　2　5%　　3　10%　　4　70%
問2　1　5%　　2　6%　　3　7%　　4　8%
問3　1　1%　　2　5%　　3　10%　　4　70%

問4　硫酸に関する記述の正誤について、正しい組み合わせを下欄から選びなさい。

ア　濃硫酸は淡黄色の油状の液体で、水より軽い。
イ　希釈水溶液に塩化バリウムを加えると、白色の沈殿を生じる。
ウ　乾燥剤として用いられる。

<下欄>

	ア	イ	ウ
1	正	正	正
2	誤	正	正
3	正	誤	正
4	正	正	誤

問5～問7　次の物質の性状について、最も適当なものを下欄から選びなさい。

ア　酢酸エチル　［問5］　　イ　クロム酸鉛　［問6］
ウ　四塩化炭素　［問7］

<下欄>

1　黄色または赤黄色の粉末で、水にほとんど溶けない。酸、アルカリに溶け、酢酸、アンモニア水に不溶である。
2　可燃性無色の液体で、強い果実様の香気を有する。
3　無色透明な液体で、強く冷却すると稜柱状の結晶に変ずる。
4　揮発性、麻酔性の芳香を有する無色の重い不燃性の液体である。また、揮発して重い蒸気となり、火炎を含んで空気を遮断するので、強い消火力を示す。

問8～問11　次の物質の貯蔵方法として、最も適当なものを下欄から選びなさい。

ア　水酸化ナトリウム　［問8］　　イ　アンモニア水　［問9］
ウ　過酸化水素　［問10］　　エ　クロロホルム　［問11］

<下欄>

1　アルカリ存在下では分解するため、安定剤として少量の酸を添加して貯蔵する。
2　鼻をさすような臭気があり、揮発しやすいため、密栓して貯蔵する。
3　冷暗所にたくわえる。純品は空気と日光によって変質するので、少量のアルコールを加えて分解を防止する。
4　炭酸ガスと水を吸収する性質が強いことから、密栓して貯える。

問12　次のうち、クロム酸ナトリウムに関する記述として、正しいものはどれか。

1　黒色の結晶である。
2　十水和物は、潮解性がある。
3　アルコールによく溶けるが、水には溶けない。
4　廃棄方法は、燃焼法を利用する。

問13～問15　トルエンに関する次 記述について、文中の［　　］内にあてはまる最も適当なものを下欄から選びなさい。

トルエンは［問13］であり、［問14］がする。［問15］である。

<下欄>

問13　1　無色の液体　　2　黄色の液体
　　　3　黄色の結晶性粉末　　4　白色の結晶性粉末
問14　1　可燃性でフェノール臭　　2　不燃性でフェノール臭
　　　3　可燃性でベンゼン臭　　4　不燃性でベンゼン臭
問15　1　水、有機溶媒に可溶　　2　水、有機溶媒に不溶
　　　3　水に可溶、有機溶媒に不溶　　4　水に不溶、有機溶媒に可溶

問 16 ～問 19　次の物質の毒性について、最も適当なものを下欄から選びなさい。

ア　クロロホルム　**問 16**　　イ　塩素　**問 17**

ウ　蓚(しゅう)酸　**問 18**　　エ　メタノール　**問 19**

＜下欄＞

1　血液中の石灰分を奪取し、神経系をおかす。急性中毒症状は、胃痛、おう吐、口腔、咽喉に炎症を起こし、腎臓がおかされる。
2　この物質を吸入すると、はじめは、おう吐、瞳孔の縮小が現れ、脳およびその他の神経細胞を麻酔させる。
3　吸入により、窒息感、喉頭および気管支筋の強直をきたし、呼吸困難におちいる。
4　頭痛、めまい、おう吐、下痢、腹痛などを起こし、致死量に近ければ麻酔状態になり、視神経がおかされ、目がかすみ、ついには失明することがある。

問 20　キシレンに関する記述の正誤について、正しい組み合わせを下欄から選びなさい。

ア　無色透明の液体で芳香族炭化水素特有の臭いがある。
イ　水にはよく溶け、水溶液は弱アルカリ性である。
ウ　溶剤、染料中間体などの有機合成原料に用いられる。

＜下欄＞

	ア	イ	ウ
1	正	正	正
2	誤	正	正
3	正	誤	正
4	正	正	誤

〔実　　地〕

(一般)

問21～問22　トリクロル酢酸の性状及び鑑識法について、最も適当なものを下欄から選びなさい。

ア　〔性状〕　**問 21**　　イ　〔鑑識法〕　**問 22**

＜下欄＞

問 21

1　淡黄色の光沢ある小葉状あるいは針状結晶で、急熱あるいは刺激により爆発する。
2　無色の斜方六面形結晶で、潮解性をもち、微弱の刺激性臭気を有する。
3　金属光沢をもつ銀白色の金属で、水に入れると水素を生じ、常温では発火する。
4　橙黄色の結晶で、水によく溶けるが、アルコールには溶けない。

問 22

1　温飽和水溶液は、シアン化カリウム溶液によって暗赤色を呈する。
2　クロム酸イオンは黄色で、重クロム酸イオンは赤色である。
3　青紫色の炎色反応を示す。
4　水酸化ナトリウム溶液を加えて熱すれば、クロロホルム臭がする。

問23～問24　ヨウ化水素酸（ヨウ化水素の水溶液）の性状及び鑑識法について、最も適当なものを下欄から選びなさい。

ア　〔性状〕　**問 23**　　イ　〔鑑識法〕　**問 24**

＜下欄＞

問 23

1　赤褐色の液体で、強い腐食作用をもち、濃塩酸に接すると高熱を発する。
2　無色の液体で、空気と日光の作用を受けて黄褐色を帯びてくる。
3　紫色の液体で、熱すると臭気をもつ腐食性のある蒸気を発生する。
4　黒色の溶液で、酸化力があり、加熱、衝撃、摩擦により分解をおこす。

問 24

1　硝酸銀溶液を加えると淡黄色の沈殿が生じ、この沈殿はアンモニア水にわずかに溶け、硝酸には溶けない。

2　でん粉に接すると藍色を呈し、チオ硫酸ナトリウムの溶液に接すると脱色する。

3　酢酸で弱酸性にして、酢酸カルシウムを加えると、結晶性の沈殿を生じる。

4　でん粉液を橙黄色に染め、フルオレッセン溶液を赤変する。

問25～問28　次の物質が飛散または漏えいした場合の応急措置として最も適当なものを下欄から選びなさい。

ア　重クロム酸	問 25	イ　水素化砒素	問 26
ウ　ピクリン酸	問 27	エ　塩化バリウム	問 28

＜下欄＞

1　飛散したものは空容器にできるだけ回収し、そのあとを多量の水を用いて洗い流す。なお、回収の際は飛散したものが乾燥しないよう、適量の水で散布して行い、また、回収物の保管、輸送に際しても十分に水分を含んだ状態を保つようにする。用具及び容器は金属製のものを使用してはならない。

2　漏えいしたボンベ等を多量の水酸化ナトリウム水溶液と酸化剤(次亜塩素酸ナトリウム、さらし粉等)の水溶液の混合溶液に容器ごと投入して気体を吸収させ、酸化処理し、この処理液を処理設備に持込、毒物及び劇物の廃棄の方法に関する基準に従って処理を行う。

3　飛散したものは空容器にできるだけ回収し、そのあとを硫酸ナトリウムの水溶液を用いて処理し、多量の水を用いて洗い流す。

4　飛散したものは空容器にできるだけ回収し、そのあとを還元剤(硫酸第一鉄等)の水溶液を散布し、水酸化カルシウム、炭酸ナトリウム等の水溶液で処理した後、多量の水を用いて洗い流す。

問 29　砒素化合物の治療・解毒剤として、最も適当なものはどれか。

1　硫酸アトロピン

2　ジメルカプロール(BAL)等のキレート剤

3　バルビタール製剤

4　亜硝酸ナトリウム水溶液

問 30　四アルキル鉛の用途として最も適当なものはどれか。

1 ロケット燃料　　2 香料、溶剤、有機合成原料

3 アニリンの製造原料　　4 自動車ガソリンのオクタン価向上剤

問 31　硫酸タリウムの色について、最も適当なものを選びなさい。

1 無色　　2 灰色　　3 藍色　　4 淡黄色

問 32　シアン化ナトリウムの識別方法として、最も適切なものはどれか。

1 水溶液に酒石酸を多量に加えると、白色の結晶性の沈殿を生じる。

2 アルコール性の水酸化カリウムと銅粉を加えて煮沸すると、黄赤色の沈殿を生じる。

3 水に溶解後、水蒸気蒸留して得られた留液に、水酸化ナトリウム溶液を加えてアルカリ性とし、硫酸第一鉄溶液及び塩化第二鉄溶液を加えて熱し、塩酸で酸性とすると藍色を呈する。

4 水に溶かして硝酸バリウムを加えると、白色の沈殿を生じる。

問 33　酢酸鉛の主な用途として、最も適当なものはどれか。

1 獣毛、羽毛、綿糸などを漂白するのに用いられるほか、消毒及び防腐の目的で医療用に用いられる。
2 香料、溶剤、有機合成の材料として用いられる。
3 酸化剤、媒染剤、製革用等に用いられるほか、試薬として用いられる。
4 工業用にレーキ顔料、染料等の製造用として使用されるほか、試薬として用いられる。

問 34 ～問 36　次の物質の毒性や中毒の症状として最も適当なものを下欄から選びなさい。

ア　臭化メチル　問 34
イ　モノフルオール酢酸ナトリウム　問 35
ウ　トリクロルヒドロキシエチルジメチルホスホネイト　問 36
（別名：トリクロルホン、ＤＥＰ）

＜下欄＞
1　主な中毒症状は激しいおう吐が繰り返され、胃の疼痛、意識混濁、けいれん、徐脈がおこり、チアノーゼ、血圧降下をきたす。
2　吸入した場合、おう気、おう吐、頭痛、歩行困難、けいれん、視力障害、瞳孔散大等の症状を起こすことがある。
3　コリンエステラーゼ阻害作用により、神経系に影響を与え、頭痛、めまい、おう吐、縮瞳、けいれん等を起こす。
4　頭痛、めまい、おう吐、下痢、腹痛などを起こし、致死量に近ければ麻酔状態になり、視神経がおかされ、目がかすみ、ついには失明することがある。

問 37 ～問 40　次の物質の廃棄方法として、最も適当なものを下欄から選びなさい。

ア　硅弗化ナトリウム　問 37
イ　酢酸鉛　問 38
ウ　塩化水素　問 39
エ　トルエン　問 40

＜下欄＞
1　水に溶かし、消石灰、ソーダ灰等の水溶液を加えて沈殿させ、さらにセメントを用いて固化し、溶出試験を行い、溶出量が判定基準以下であることを確認して埋立処分する。（沈殿隔離法）
2　水に溶かし、消石灰等の水溶液を加えて処理した後、希硫酸を加えて中和し、沈殿ろ過して埋立処分する。（分解沈殿法）
3　徐々に石灰乳などの攪拌溶液に加え中和させた後、多量の水で希釈して処理する。（中和法）
4　硅そう土等に吸収させて開放型の焼却炉で少量ずつ燃焼させる。（燃焼法）

(農業用品目)

問21～問24　塩素酸ナトリウムの化学式、性状、用途、鑑別方法として、最も適当なものを下欄から選びなさい。

ア　[化 学 式]　問 21　イ　[性　状]　問 22
ウ　[用　途]　問 23　エ　[鑑別方法]　問 24

<下欄>

問 21
1　$NaClO_3$　　2　$NaClO_2$　　3　Na_2ClO　　4　NaHClO

問 22
1　白色の正方単斜状の結晶で、潮解性がある。
2　青色の正方単斜状の結晶で、潮解性がある。
3　白色の針状結晶で、水にほとんど溶けない。
4　青色の針状結晶で、水にほとんど溶けない。

問 23
1　殺鼠(そ)剤　　2　燻蒸剤　　3　殺虫剤　　4　除草剤

問 24
1　熱すると酸素を発生する。炭の上に小さな穴をつくり、試料を入れ吹管炎で熱灼すると、パチパチ音を立てて分解する。
2　エーテルに溶かしてヨードのエーテル溶液を加えると、褐色の液状沈殿を生じ、これを放置すると赤色の針状結晶となる。
3　水に溶かして硫化水素を通じると、白色の沈殿を生じる。
4　濃塩酸をうるおしたガラス棒を近づけると、白い霧を生じる。

問 25 ～問 27　次の性状について、最も適当なもの 下欄から選びなさい。

ア　ジメチルジチオホスホリルフェニル酢酸エチル
　(別名:フェントエート、PAP)　問 25
イ　シアン化水素　問 26
ウ　O －エチル= S，S －ジプロピル=ホスホロジチオアート
　(別名：エトプロホス)　問 27

<下欄>
1　無色で苦扁桃(アーモンド)様の特異臭のある液体で、水、アルコールにはよく混和する。点火すれば青紫色の炎を発し燃焼する。
2　メルカプタン臭のある淡黄色透明液体。水にきわめて溶けにくく、有機溶媒にとけやすい。
3　工業品は赤褐色、油状の液体で、芳香性刺激臭を有し、水、プロピレングリコールに不溶、リグロインにやや溶け、アルコール、アセトン、エーテル、ベンゼンに溶ける。
4　強アンモニア臭のある気体。水によく溶け、強アルカリ性溶液となる。

問 28　(RS)〔O －１－(４－クロロフェニル)ピラゾール－４－イル＝ O －エチル＝ S －プロピル＝ホスホロチオアート〕(別名：ピラクロホス)の色について、最も適当なものはどれか。

<下欄>
1　橙色　　2　灰色　　3　藍(あい)色　　4　淡黄色

問 29　硫酸タリウムの色について、最も適当なものはどれか。

<下欄>
1　無色　　2　灰色　　3　藍(あい)色　　4　淡黄色

問30～問31　毒物及び劇物の運搬事故時における応急措置の具体的な方法として厚生労働省が定めた「毒物及び劇物の運搬事故時における応急措置に関する基準」に基づき、次の薬物が漏えいした又は飛散した際の措置として、最も適当なものを下欄から選びなさい。

ア　硫酸　**問30**　　　イ　臭化メチル　**問31**

＜下欄＞

1　飛散したものは空容器にできるだけ回収する。砂利等に付着している場合は、砂利等を回収し、そのあとに水酸化ナトリウム、ソーダ灰等の水溶液を散布してアルカリ性(pH11以上)とし、さらに酸化剤(次亜塩素酸ナトリウム、さらし粉等)の水溶液で酸化処理を行い、多量の水を用いて洗い流す。
2　少量の場合、漏えいした液が速やかに蒸発するので周辺に近づけないようにする。多量の場合、漏えいした液は土砂等でその流れを止め、液が広がらないようにして蒸発させる。
3　飛散した物質の表面を速やかに土砂等で覆い、密閉可能な空容器にできるだけ回収して密閉する。この物質で汚染された土砂等も同様の措置をし、そのあとを多量の水を用いて洗い流す。
4　少量の場合、漏えいした液は土砂等に吸着させて取り除くか、または、ある程度水で徐々に希釈した後、消石灰、ソーダ灰等で中和し、多量の水で洗い流す。多量の場合、漏えいした液は土砂等でその流れを止め、これに吸着させるか、又は安全な場所に導いて、遠くから徐々に注水してある程度希釈した後、消石灰、ソーダ灰等で中和し、多量の水で洗い流す。

問32～問34　次の物質の毒性や中毒の症状として、最も適当なものを下欄から選びなさい。

ア　臭化メチル　**問32**
イ　モノフルオール酢酸ナトリウム　**問33**
ウ　トリクロルヒドロキシエチルジメチルホスホネイト
　(別名：トリクロルホン、DEP)　**問34**

＜下欄＞

1　主な中毒症状は激しいおう吐が繰り返され、胃の疼痛、意識混濁、けいれん、徐脈がおこり、チアノーゼ、血圧降下をきたす。
2　吸入した場合、おう気、おう吐、頭痛、歩行困難、けいれん、視力障害、瞳孔散大等の症状を起こすことがある。
3　コリンエステラーゼ阻害作用により、神経系に影響を与え、頭痛、めまい、おう吐、縮瞳、けいれん等を起こす。
4　頭痛、めまい、おう吐、下痢、腹痛などを起こし、致死量に近ければ麻酔状態になり、視神経がおかされ、目がかすみ、ついには失明することがある。

問35～問36　物質の廃棄方法として最も適当なものを下欄から選びなさい。

ア　ジメチル－4－メチルメルカプト－3－メチルフェニルチオホスフェイト
　(別名：フェンチオン、MPP)　**問35**
イ　クロルピクリン　**問36**

＜下欄＞

1　水に溶かし、消石灰、ソーダ灰等の水溶液を加えて処理し、沈殿ろ過して埋立処分する。
2　木粉(おが屑)等に吸収させてアフターバーナー及びスクラバーを具備した焼却炉で焼却する。
3　水酸化ナトリウム水溶液等でアルカリ性とし、高温加圧下で加水分解する。
4　少量の界面活性剤を加えた亜硫酸ナトリウムと炭酸ナトリウムの混合溶液中で、攪拌(かくはん)し分解させた後、多量の水で希釈して処理する。

問 37～問 38 次の物質の中毒時の措置に用いる薬剤として、最も適当なものを下欄から選びなさい。

ア シアン酸ナトリウム 問 37

イ 2－イソプロピル－4－メチルピリミジル－6－ジェチルチオホスフェイト（別名：ダイアジノン） 問 38

＜下欄＞

1 硫酸アトロピン製剤
2 ジメルカプロール(BAL)等のキレート剤
3 バルビタール製剤
4 チオ硫酸ナトリウム

問 39 アンモニア水の識別方法として、最も適切なものはどれか。

1 水に溶かして硝酸バリウムを加えると、白色の沈殿を生じる。
2 水溶液に金属カルシウムを加え、さらにベタナフルチルアミン及び硫酸を加えると、赤色の沈殿を生じる。
3 濃塩酸をうるおしたガラス棒を近づけると、白い霧を生じる。
4 水で薄めると激しく発熱する。濃厚な液は木片等を炭化し黒変させる。

問 40 シアン化ナトリウムの識別方法として、最も適切なものはどれか。

1 水溶液に酒石酸を多量に加えると、白色の結晶性の沈殿を生じる。
2 アルコール性の水酸化カリウムと銅粉を加えて煮沸すると、黄赤色の沈殿を生生じる。
3 水に溶解後、水蒸気蒸留して得られた留液に、水酸化ナトリウム溶液を加えてアルカリ性とし、硫酸第一鉄溶液及び塩化第二鉄溶液を加えて熱し、塩酸で酸性とすると藍（あい）色を呈する。
4 水に溶かして硝酸バリウムを加えると、白色の沈殿を生じる。

（特定品目）

問21～問24 次の物質の鑑識法として、最も適当なものを下欄から選びなさい。

ア 過酸化水素 問 21
イ 一酸化鉛 問 22
ウ 水酸化ナトリウム 問 23
エ 蓚（しゅう）酸 問 24

＜下欄＞

1 希硝酸に溶かすと、無色の液となり、 これに硫化水素を通じると、黒色の沈殿を生じる。
2 水溶液をアンモニア水で弱アルカリ性にして塩化カルシウムを加えると、白色の沈殿を生じる。
3 過マンガン酸カリを還元し、クロム酸塩を過クロム酸塩に変える。また、ヨード亜鉛からヨードを析出する。
4 水溶液を白金線につけて無色の火炎中に入れると、火炎はいちじるしく黄色に染まり、長時間続く。

問25～問28 次の物質の用途として、最も適当なものを下欄から選びなさい。

ア メチルエチルケトン 問 25
イ 硝酸 問 26
ウ 塩素 問 27
エ 重クロム酸ナトリウム 問 28

＜下欄＞

1 ピクリン酸など各種爆薬の製造、セルロイド工業などに用いられる。
2 工業用として酸化剤、製革用に使用され、また試薬に用いられる。
3 酸化剤、紙、パルプの漂白剤、殺菌剤、消毒剤などに用いられる。
4 溶剤、有機合成原料に用いられる。

問29 次のうち、酸化第二水銀の記述として、正しいものはどれか。

1 常温・常圧では、白色の粉末である。
2 化学式はHgOである。
3 水に溶ける。
4 水銀ランプとして使用される。

問30 酢酸鉛の主な用途として、最も適当なものはどれか。

1 獣毛、羽毛、綿糸などを漂白するのに用いられるほか、消毒及び防腐の目的で医療用に用いられる。
2 香料、溶剤、有機合成の材料として用いられる。
3 酸化剤、媒染剤、製革用等に用いられるほか、試薬として用いられる。
4 工業用にレーキ顔料、染料等の製造用として使用されるほか、試薬として用いられる。

問31～問32 クロロホルム 性状及び廃棄方法について、最も適当なものを下欄からそれぞれ選びなさい。

ア 〔性　状〕 問31
イ 〔廃棄方法〕 問32

<下欄>

問31

1 無色の液体で、刺激臭がある。有機溶媒には良く溶けるが、水により徐々に分解する。
2 淡黄色の液体で、沸点は228度である。水、エタノールと自由に混和する。
3 無色の刺激臭のある液体で、可燃性である。水により加水分解し、アンモニアを生成する。
4 無色、揮発性の液体で、特異の香気と、かすかな甘みを有する。水にはわずかに溶けるが、グリセリンとは混和しない。

問32

1 過剰の可燃性溶剤等の燃料とともに、アフターバーナーを具備した焼却炉の火室に噴霧して焼却する。
2 水酸化ナトリウム水溶液を加えてアルカリ性とし、酸化剤(次亜塩素酸ナトリウム、さらし粉等)の水溶液を加えて酸化分解する。
3 水に溶かし、希硫酸を加えて酸性にし、硫化ナトリウム水溶液を加えて沈殿させ、ろ過して埋立処分する。
4 セメントを用いて固化し、溶出試験を行い、溶出量が判定基準以下であることを確認して埋立処分する。

問33～問36　次の物質の漏えい時の措置について、「毒物及び劇物の運搬事故時における応急措置に関する基準」に照らし、最も適当なものを下欄からそれぞれ選びなさい。

ア　アンモニア水　**問33**　　イ　四塩化炭素　**問34**

ウ　硫酸　**問35**　　エ　トルエン　**問36**

＜下欄＞

1　少量漏えいした液は、濡れむしろ等で覆い遠くから多量の水をかけて洗い流す。多量漏えいした液は、土砂等でその流れを止め、安全な場所に導いて遠くから多量の水をかけて洗い流す。

2　付近の着火源となるものを速やかに取り除き、漏えいした液は土砂等でその流れを止め、安全な場所に導き、液の表面を泡で覆い、できるだけ空容器に回収する。

3　少量漏えいした液は土砂等に吸着させて取り除くか、又はある程度水で徐々に希釈した後、消石灰、ソーダ灰等で中和し、多量の水を用いて洗い流す。
　多量漏えいした液は土砂等でその流れを止め、これに吸着させるか又は安全な場所に導いて、遠くから徐々に注水してある程度希釈した後、消石灰、ソーダ灰等で中和し、多量の水を用いて洗い流す。

4　漏えいした液は土砂等でその流れを止め、安全な場所に導き、空容器にできるだけ回収し、そのあとを大量の水を用いて洗い流す。洗い流す場合には中性洗剤等の分散剤を使用して洗い流す。

問37～問40　次の物質の廃棄方法として、最も適当なものを下欄から選びなさい。

ア　硅弗化(けいふっ)ナトリウム　**問37**　　イ　酢酸鉛　**問38**

ウ　塩化水素　**問39**　　エ　トルエン　**問40**

＜下欄＞

1　水に溶かし、消石灰、ソーダ灰等の水溶液を加えて沈殿させ、さらにセメントを用いて固化し、溶出試験を行い、溶出量が判定基準以下であることを確認して埋立処分する。（沈殿隔離法）

2　水に溶かし、消石灰等の水溶液を加えて処理した後、希硫酸を加えて中和し、沈殿ろ過して埋立処分する。（分解沈殿法）

3　徐々に石灰乳などの攪拌(かくはん)溶液に加え中和させた後、多量の水で希釈して処理する。（中和法）

4　硅(けい)そう土等に吸収させて開放型の焼却炉で少量ずつ燃焼させる。（燃焼法）

東北六県統一〔青森県・岩手県・宮城県・秋田県・山形県・福島県〕

令和２年度実施

〔毒物及び劇物に関する法規〕
（一般・農業用品目・特定品目共通）

問１　以下の記述は、毒物及び劇物取締法の条文の一部である。（　　）の中に入る字句として、正しいものはどれか。

第１条
　この法律は、毒物及び劇物について、保健衛生上の見地から必要な（　　　）を行うことを目的とする。

１　管理　　２　取締　　３　販売　　４　取扱

問２　以下の記述は、毒物及び劇物取締法の条文の一部である。（　　　）の中に入る字句として、正しいものはどれか。

第２条第２項
この法律で「劇物」とは、別表第二に掲げる物であつて、（　　）以外のものをいう。

１　医薬品及び化粧品　　　２　麻薬及び化粧品
３　麻薬及び医薬部外品　　４　医薬品及び医薬部外品

問３　以下の記述は、毒物及び劇物取締法の条文の一部である。（　　）の中に入る字句として、正しいものはどれか。

第３条の３
　興奮、（　　）の作用を有する毒物又は劇物（これらを含有する物を含む。）であつて政令で定めるものは、みだりに摂取し、若しくは吸入し、又はこれらの目的で所持してはならない。

１　幻覚又は麻酔　　２　覚醒又は幻覚
３　幻覚又は鎮静　　４　覚醒又は麻酔

問４　以下の記述は、毒物及び劇物取締法の条文の一部である。（　　）の中に入る字句として、正しいものはどれか。

第４条第３項
　製造業又は輸入業の登録は、（　　）ごとに、販売業の登録は、六年ごとに、更新を受けなければ、その効力を失う。

１　三年　　２　四年　　３　五年　　４　六年

問5　以下の記述は、毒物及び劇物取締法の条文の一部である。（　　）の中に入る字句として、正しいものはどれか。

第12条第1項
　毒物劇物営業者及び特定毒物研究者は、毒物又は劇物の容器及び被包に、「（　　）」の文字及び毒物については赤地に白色をもつて「毒物」の文字、劇物については白地に赤色をもつて「劇物」の文字を表示しなければならない。

1　取扱注意　　2　危険物　　3　業務用品　　4　医薬用外

問6　次のうち、毒物及び劇物取締法第8条に規定されている、毒物劇物取扱責任者となることができない者として、誤っているものはどれか。

1　十八歳未満の者
2　心身の障害により毒物劇物取扱責任者の業務を適正に行うことができない者として厚生労働省令で定めるもの
3　麻薬、大麻、あへん又は覚せい剤の中毒者
4　毒物若しくは劇物又は薬事に関する罪を犯し、罰金以上の刑に処せられ、その執行を終わり、又は執行を受けることがなくなつた日から起算して五年を経過していない者

問7　次の記述は、毒物劇物取扱責任者に関するものである。正しいものの組み合わせはどれか。

a　薬剤師は、毒物劇物取扱者試験に合格していなくても、毒物劇物製造業の毒物劇物取扱責任者となることができる。
b　毒物劇物営業者は、毒物又は劇物を直接取り扱うことなく、伝票処理及び代金回収のみを行う営業所には、毒物劇物取扱責任者を置かなくてもよい。
c　農業用品目毒物劇物取扱者試験に合格した者であっても、合格した都道府県以外では農業用品目毒物劇物取扱責任者となることができない。
d　一般毒物劇物取扱者試験に合格した者は、特定品目販売業の店舗の毒物劇物取扱責任者となることができない。

1 (a、b)　　2 (a、d)　　3 (b、c)　　4 (c、d)

問8　次の記述は、毒物劇物営業者に関するものである。正しいものの組み合わせはどれか。

a　劇物の輸入業者は、登録を受けた劇物以外の劇物を輸入したときは、輸入後 30 日以内に登録の変更を受ける必要がある。
b　毒物又は劇物の製造業者が、その製造した毒物又は劇物を、他の毒物又は劇物の販売業者に販売するときは、毒物又は劇物の販売業の登録を受ける必要がある。
c　毒物劇物営業者は、住所(法人にあっては主たる事務所の所在地)を変更したときは、30 日以内に、その旨を届け出なければならない。
d　特定毒物研究者は、特定毒物を学術研究以外の用途に供してはならない。

1 (a、b)　　2 (a、d)　　3 (b、c)　　4 (c、d)

問９　次の記述は、毒物又は劇物製造所の設備基準に関するものである。正しいものの組み合わせはどれか。

a　毒物又は劇物の製造作業を行なう場所は、コンクリート、板張り又はこれに準ずる構造とする等その外に毒物又は劇物が飛散し、漏れ、しみ出若しくは流れ出、又は地下にしみ込むおそれのない構造であること。
b　毒物又は劇物の陳列する場所にかぎをかける設備があること。ただし、常時従事者による監視が行われる場合は、不要であること。
c　毒物又は劇物の貯蔵設備は、毒物又は劇物とその他の物とを区分して貯蔵できるものであること。
d　毒物又は劇物を貯蔵する場所が性質上かぎをかけることができないものであるときは、その周囲に、関係者以外の立入を禁止する表示があること。

1 (a、b)　　2 (a、c)　　3 (b、d)　　4 (c、d)

問10　次のうち、毒物及び劇物取締法第11条第４項の規定により「その容器として、飲食物の容器として通常使用される物を使用してはならない」とされている劇物として、正しいものはどれか。

1　引火しやすい劇物　　2　刺激臭のない劇物
3　すべての劇物　　4　透明な劇物

問11　次のものを含有する製剤たる劇物のうち、毒物及び劇物取締法第13条の規定により、厚生労働省令で定めるあせにくい黒色で着色したものでなければ、農業用として販売し、又は授与してはならないとされているものとして、正しいものはどれか。

1　硫酸タリウム　　2　シアン酸ナトリウム
3　二硫化炭素　　4　クロルピクリン

問12　次の記述は、特定毒物に関するものである。正しいものの組み合わせはどれか。

a　特定毒物研究者の許可期間は６年間である。
b　毒物劇物営業者が、その営業の登録が効力を失った場合は、その営業の登録が効力を失った日から起算して50日以内であれば、所有する特定毒物を他の毒物劇物営業者、特定毒物研究者又は特定毒物使用者に譲り渡すことができる。
c　特定毒物研究者は、その許可が効力を失ったときは、15日以内に、現に所有する特定毒物の品名及び数量を届け出なければならない。
d　特定毒物使用者は、特定毒物を製造することができる。

1 (a、b)　　2 (a、d)　　3 (b、c)　　4 (c、d)

問13　次のうち、毒物及び劇物取締法第14条第２項の規定により、毒物劇物営業者が毒物又は劇物を毒物劇物営業者以外の者に販売し、又は授与するに当たって譲受人から提出を受ける書類に記載されなければならないとされている事項として、正しいものの組み合わせはどれか。

a　毒物又は劇物の使用目的
b　譲受人の年齢
c　譲受人の職業
d　販売又は授与の年月日

1 (a、b)　　2 (a、c)　　3 (b、d)　　4 (c、d)

東北六県統一

問 14　次の記述は、毒物劇物営業者の登録等に関するものである。正しいものの組み合わせはどれか。

a　毒物又は劇物の販売業の登録を受けようとする者が、法律の規定により登録を取り消され、取消しの日から起算して３年を経過していないものであるときは、販売業の登録は受けられない。
b　毒物又は劇物の販売業の登録は、店舗ごとに厚生労働大臣が行う。
c　農業用品目販売業の登録を受けた者は、農業上必要な毒物又は劇物であって厚生労働省令で定めるもの以外の毒物又は劇物を販売してはならない。
d　毒物劇物営業者又は特定毒物研究者は、登録票又は許可証の再交付を受けた後、失った登録票又は許可証を発見した場合には、これを返納しなければならない。

1 (a、b)　　2 (a、d)　　3 (b、c)　　4 (c、d)

問 15　次のうち、毒物及び劇物取締法第３条の４の規定により、「業務その他正当な理由による場合を除いては、所持してはならない」とされている引火性、発火性又は爆発性のある毒物又は劇物として、正しいものはどれか。

1　ナトリウム　　2　トリニトロトルエン　　3　黄燐（りん）　　4　アセトン

問 16　以下の記述は、毒物及び劇物取締法の条文の一部である。(　　)の中に入る字句として、正しいものはどれか。

第 17 条第１項
毒物劇物営業者及び特定毒物研究者は、その取扱いに係る毒物若しくは劇物又は第十一条第二項の政令で定める物が飛散し、漏れ、流れ出し、染み出し、又は地下に染み込んだ場合において、不特定又は多数の者について保健衛生上の危害が生ずるおそれがあるときは、直ちに、その旨を(　　)に届け出るとともに、保健衛生上の危害を防止するために必要な応急の措置を講じなければならない。

1　保健所又は市町村　　2　保健所、警察署又は消防機関
3　警察署又は消防機関　　4　市町村、警察署又は消防機関

問 17　次のうち、毒物及び劇物取締法第 22 条第１項の規定により、都道府県知事(事業場の所在地が保健所設置市又は特別区の場合においては、市長又は区長)に業務上取扱者の届出をしなければならないとされている者として、正しいものの組み合わせはどれか。

a　アジ化ナトリウムを含有する製剤を使用して、野ねずみの駆除を行う事業者
b　弗（ふっ）化水素酸を含有する製剤を使用して、ガラスの加工を行う事業者
c　無機シアン化合物たる毒物及びこれを含有する製剤を使用して、金属熱処理を行う事業者
d　砒（ひ）素化合物たる毒物及びこれを含有する製剤を使用して、しろありの防除を行う事業者

1 (a、b)　　2 (a、c)　　3 (b、d)　　4 (c、d)

東北六県統一

問 18　次のうち、毒物及び劇物取締法施行規則第 13 条の 12 の規定により、毒物劇物営業者が毒物を販売する時までに、譲受人に対し提供しなければならないとされている情報として、正しいものの組み合わせはどれか。

a　情報を提供する毒物劇物取扱責任者の氏名及び住所
b　応急措置
c　使用期限
d　輸送上の注意

1 (a、b)　　2 (a、c)　　3 (b、d)　　4 (c、d)

問 19　次の記述は、劇物である発煙硫酸を、車両を使用して、1回につき 5,000 キログラム以上運搬する場合の運搬方法に関するものである。正しいものの組み合わせはどれか。

a　運搬する車両に掲げる標識は、0.3 メートル平方の板に地を赤色、文字を白色として「毒」と表示し、車両の前後の見やすい箇所に掲げなければならない。
b　車両には、防毒マスク、ゴム手袋その他事故の際に応急の措置を講ずるために必要な保護具で厚生労働省令で定めるものを４人分以上備えなければならない。
c　一人の運転者による連続運転時間（1回が連続 10 分以上で、かつ、合計が 30 分以上の運転の中断をすることなく連続して運転する時間をいう。）が、４時間を超える場合又は、一人の運転者による運転時間が、一日当たり９時間を超える場合には、交替して運転する者を同乗させなければならない。
d　車両には、運搬する毒物又は劇物の名称、成分及びその含量並びに事故の際に講じなければならない応急の措置の内容を記載した書面を備えなければならない。

1 (a、b)　　2 (a、c)　　3 (b、d)　　4 (c、d)

問 20　次のうち、毒物劇物営業者が、毒物又は劇物を他の毒物劇物営業者に販売し、又は授与したときに毒物及び劇物取締法で定められた事項を記載した書面を保存しなければならない期間として、正しいものはどれか。

1　販売又は授与の日から２年間
2　販売又は授与の日から３年間
3　販売又は授与の日から４年間
4　販売又は授与の日から５年間

〔基礎化学〕
（一般・農業用品目・特定品目共通）

問 21　次のうち、硫化鉄（Ⅱ）に希硫酸を作用させると発生する、腐卵臭のある気体として、最も適当なものはどれか。

1　H_2S　　2　H_2　　3　O_2　　4　SO_2

問 22　次のうち、官能基（$-NO_2$）をもつ有機化合物として、最も適当なものはどれか。

1　ヘキサン　　2　酪酸　　3　ニトロベンゼン　　4　酢酸

問 23　20%の塩化ナトリウム水溶液 50g に、さらに５ g の塩化ナトリウムを加えた。次のうち、この水溶液の濃度を 15%にするために加える水の量として、最も適当なものはどれか。

1　40g　　2　45g　　3　50g　　4　55g

問 24　次のうち、互いに構造異性体である組み合わせとして、最も適当なものはどれか。

1　メタノールとエタノール
2　ホルムアルデヒドとアセトアルデヒド
3　ベンゼンとトルエン
4　ブタンとメチルプロパン

問 25　酸化数に関する以下の記述について、（　　）の中に入る正しい組み合わせとして、最も適当なものはどれか。

過マンガン酸カリウム $KMnO_4$ 中のマンガン原子 Mn と硝酸イオン NO_3^- 中の窒素原子 N の酸化数はそれぞれ（　ア　）と（　イ　）である。

1　－７ → ＋５
2　＋７ → －５
3　－７ → －５
4　＋７ → ＋５

問 26　次のうち、炭化水素に該当しないものはどれか。

1　アニリン　　2　スチレン　　3　ヘキサン　　4　アセチレン

問 27　以下の化学反応式で表される反応の種類として、最も適当なものはどれか。

$NaOH + HCl \rightarrow NaCl + H_2O$

1　酸化還元　　2　中和　　3　加水分解　　4　重合

問 28　次のうち、アンモニア分子の構造として、最も適当なものはどれか。

1　三角錐　　2　正八面体　　3　直線型　　4　折れ線型

問 29　次の物質の水溶液のうち、酸性を示すものとして、最も適当なものはどれか。

1　塩化アンモニウム　　2　酢酸ナトリウム
3　炭酸水素ナトリウム　　4　炭酸カリウム

東北六県統一

問30　物質の三態に関する次の記述のうち、誤っているものはどれか。

1　液体が気体になる変化を蒸発という。
2　固体が液体になる変化を融解という。
3　固体が気体になる変化を昇華という。
4　気体が液体になる変化を凝固という。

問31　次のうち、単体であるものの組み合わせとして、最も適当なものはどれか。

a　酢酸
b　水銀
c　プロパン
d　銀

1 (a、b)　　2 (a、c)　　3 (b、d)　　4 (c、d)

問32　次のうち、電気陰性度の最も大きい元素として、最も適当なものはどれか。

1　F　　2　O　　3　Na　　4　Cl

問33　次のうち、炭素の同素体に該当しないものはどれか。

1　ダイヤモンド　　2　黒鉛　　3　フラーレン　　4　二酸化炭素

問34　次のうち、pH 2の塩酸を水でpH 4にする際の希釈倍率として、最も適当なものはどれか。

1　2倍　　2　4倍　　3　10倍　　4　100倍

問35　電気分解に関する以下の記述について、(　　)の中に入る、最も適当なものはどれか。

電気分解において、陰極や陽極で変化した物質の物質量は、流れた電気量に比例する。これを(　　)の法則という。

1　クーロン　　2　ボルタ　　3　ボイル　　4　ファラデー

問36　アルカリ金属の炎色反応について、次のうち、正しい色の組み合わせとして、最も適当なものはどれか。

番号	リチウム	ナトリウム
1	赤色	黄色
2	青色	黄色
3	赤色	紫色
4	青色	紫色

問37　27℃で300mLを占める気体を、圧力一定で47℃にするとき、この気体の体積として、最も適当なものはどれか。ただし、絶対温度T(K)とセルシウス温度t(℃)の関係はT＝t＋273とする。

1　172mL　　2　281mL　　3　320mL　　4　522mL

問 38　次の官能基の化学式と名称の組み合わせのうち、誤っているものはどれか。

番号	化学式	名称
1	－ CHO	ケトン基
2	－ OH	ヒドロキシ基(ヒドロキシル基)
3	$-NH_2$	アミノ基
4	－ COOH	カルボキシ基(カルボキシル基)

問 39　次の元素のうち、元素の周期表で 18 族に属さないものはどれか。

1　ネオン　　2　キセノン　　3　アルゴン　　4　ラジウム

問 40　次のうち、金属をイオン化傾向の大きい順に並べたものとして、最も適当なものはどれか。

1　K ＞ Na ＞ Mg ＞ Cu
2　Zn ＞ Cu ＞ Na ＞ K
3　Na ＞ Cu ＞ K ＞ Mg
4　Mg ＞ Zn ＞ K ＞ Na

〔毒物及び劇物の性質及び貯蔵その他取扱方法〕

(一般)

問 41　N －メチル－１－ナフチルカルバメートを含有する製剤について、次のうち、劇物の指定から除外される上限の濃度として、正しいものはどれか。

1　0.2%　　2　1%　　3　5%　　4　10%

問 42　次のうち、メチルエチルケトンに関する記述として、最も適当なものはどれか。

1　暗褐色の液体で、アセトン様の芳香を有する。
2　過度の曝露により、麻酔作用を示すことがある。
3　蒸気は空気より軽く、引火しやすい。
4　水に可溶で、アルコール及びエーテルに不溶である。

問 43　次のうち、クレゾールの主な用途として、最も適当なものはどれか。

1　消毒剤、防腐剤　　2　殺鼠剤
3　除草剤、酸化剤　　4　顔料

問 44　次のうち、モノフルオール酢酸ナトリウムの人体に対する代表的な作用や中毒症状として、最も適当なものはどれか。

1　生体細胞内の TCA サイクル阻害作用により、嘔吐、胃の疼痛、意識混濁、てんかん性痙攣、脈拍の遅緩が起こり、チアノーゼ、血圧降下が生じる。

2　血液に作用してメトヘモグロビンを作ることで皮膚や粘膜が青黒くなるほか、頭痛、目眩、嘔吐、はなはだしい場合には昏睡、意識不明を引き起こす。

3　頭痛、目眩、嘔吐、下痢、腹痛などを起こし、致死量に近ければ麻酔状態になり、視神経が侵され、目がかすみ、失明することがある。

4　血液中の石灰分を奪取することで神経系を侵し、急性中毒症状として、胃痛、嘔吐、口腔や咽喉に炎症を起こし、腎臓が侵される。

問 45　次のうち、ブロムメチルの貯蔵方法として、最も適当なものはどれか。

1　常温では気体なので、圧縮冷却して液化し、圧縮容器に入れ、直射日光その他温度上昇の原因を避けて、冷暗所に貯蔵する。
2　金属腐食性及び揮発性があるため、耐腐食性容器に入れ、密栓して冷暗所に貯蔵する。
3　潮解性、爆発性があるので、可燃性の物質とは離し、また金属容器は避けて、乾燥している冷暗所に密栓して保管する。
4　酸素によって分解し、殺虫効力を失うため、空気と光線を遮断して貯蔵する。

問 46　次のうち、一酸化鉛の性状として、<u>誤っているもの</u>はどれか。

1　白色の粉末である。
2　水にほとんど溶けない。
3　酸、アルカリに溶ける。
4　光化学反応をおこす。

問 47　次のうち、蓚酸の貯蔵方法として、最も適当なものはどれか。

1　可燃性液体なので容器を密栓し、地下室を避けて冷暗所に保管する。
2　刺激臭の気体を発生するので容器を密栓し、かつ冷所では重合するので常温で保管する。
3　容器を密栓し、還元性があるので強酸化剤とは隔離して冷暗所に保管する。
4　二酸化炭素と水を吸収する性質が強いため、密栓して保管する。

問 48　次のうち、ホルマリンに関する記述として、最も適当なものはどれか。

1　アセトアルデヒドの水溶液である。
2　空気中の酸素によって一部酸化されて、酢酸を生ずる。
3　水浴上で蒸発すると、水に溶解しやすい黄色、無晶形の物質を残す。
4　濃ホルマリンは、皮膚に対し壊疽を起こさせ、しばしば湿疹を生じさせる。

問 49　次の物質のうち、特定毒物に<u>該当しないもの</u>はどれか。

1　オクタメチルピロホスホルアミド
2　チオセミカルバジド
3　四メチル鉛
4　モノフルオール酢酸

問 50　次のうち、塩素酸ナトリウムの毒性として、最も適当なものはどれか。

1　コリンエステラーゼ阻害作用によって毒作用を現す。吸入した場合、倦怠感、頭痛、めまい、吐き気、嘔吐、腹痛、下痢、多汗等の症状を呈し、はなはだしい場合には、縮瞳、意識混濁、全身痙攣等を起こすことがある。
2　大量に接触すると結膜炎、咽頭炎、鼻炎、知覚異常を引き起こし、直接接触すると凍傷にかかることがある。
3　嚥下吸入したときに、胃および肺で胃酸や水と反応してホスフィンを生成し中毒を起こすことがある。
4　体内に吸収されると、強い酸化作用による溶血とヘモグロビンの酸化によるメトヘモグロビン血症及び腎臓障害を生じることがある。

（農業用品目）

問 41 ～ 43　以下の物質を含有する製剤について、劇物の指定から除外される上限の濃度として、正しいものはどれか。

問 41　4－ブロモ－2－(4－クロロフエニル)－1－エトキシメチル－5－トリフルオロメチルピロール－3－カルボニトリル(別名クロルフエナピル)

問 42　トリクロルヒドロキシエチルジメチルホスホネイト(別名：DEP、ディプテレックス)

問 43　メチル＝(E)－2－[2－[6－(2－シアノフエノキシ)ピリミジン－4－イルオキシ]フエニル]－3－メトキシアクリレート(別名：アゾキシストロビン)

1　0.6%　　2　3%　　3　10%　　4　80%

問 44 ～ 45　以下の物質の主な用途として、最も適当なものはどれか。

問 44　メチル＝N－[2－[1－(4－クロロフエニル)－1H－ピラゾール－3－イルオキシメチル]フエニル](N－メトキシ)カルバマート(別名ピラクロストロビン)

問 45　2－クロルエチルトリメチルアンモニウムクロリド(別名：クロルメコート)

1　殺虫剤　　2　殺菌剤　　3　植物成長調整剤　　4　除草剤

問 46　次のうち、ブロムメチルの貯蔵方法として、最も適当なものはどれか。

1　常温では気体なので、圧縮冷却して液化し、圧縮容器に入れ、直射日光その他温度上昇の原因を避けて、冷暗所に貯蔵する。
2　金属腐食性及び揮発性があるため、耐腐食性容器に入れ、密栓して冷暗所に貯蔵する。
3　潮解性、爆発性があるので、可燃性の物質とは離し、また金属容器は避けて、乾燥している冷暗所に密栓して保管する。
4　酸素によって分解し、殺虫効力を失うため、空気と光線を遮断して貯蔵する。

問 47 ～ 48　以下の物質の主な用途として、最も適当なものはどれか。

問 47　メチルイソチオシアネート

問 48　(S)－2・3・5・6－テトラヒドロ－6－フエニルイミダゾ[2・1－b]チアゾール塩酸塩(別名:塩酸レバミゾール)

1　松枯れ防止剤
2　稲のイモチ病の防除
3　土壌中のセンチュウ類や病原菌などに効果を発揮する土壌消毒剤
4　果樹、茶及び野菜のハダニ類の防除

問 49 ～ 50　以下の物質の毒性として、最も適当なものはどれか。

問 49　燐(りん)化亜鉛　　　　問 50　塩素酸ナトリウム

1　コリンエステラーゼ阻害作用によって毒作用を現す。吸入した場合、倦怠(けんたい)感、頭痛、めまい、吐き気、嘔吐(おうと)、腹痛、下痢、多汗等の症状を呈し、はなはだしい場合には、縮瞳、意識混濁、全身痙攣(けいれん)等を起こすことがある。
2　大量に接触すると結膜炎、咽頭炎、鼻炎、知覚異常を引き起こし、直接接触すると凍傷にかかることがある。
3　嚥下(えんげ)吸入したときに、胃および肺で胃酸や水と反応してホスフィンを生成し中毒を起こすことがある。
4　体内に吸収されると、強い酸化作用による溶血とヘモグロビンの酸化によるメトヘモグロビン血症及び腎臓障害を生じることがある。

（特定品目）

問 41　次のうち、酢酸鉛の主な用途として、最も適当なものはどれか。

1　農薬として種子の消毒、温室の燻(くん)蒸剤に用いられる。
2　香料、溶剤の材料に用いられる。
3　工業用に、レーキ、染料の製造用として用いられるほか、試薬に用いられる。
4　ゴムの加硫促進剤、顔料、ガラスの原料に用いられる。

問 42　次のうち、塩素に関する記述の正しい組み合わせとして、最も適当なものはどれか。

a　黄緑色の気体である。
b　廃棄方法は酸化法である。
c　粘膜接触により刺激症状を呈する。
d　鉄やアルミニウムなどの燃焼を妨げる。

1 (a、b)　　2 (a、c)　　3 (b、d)　　4 (c、d)

問 43　次のうち、メタノールの毒性として、最も適当なものはどれか。

1　人体に触れると、激しいやけどを起こさせる。
2　揮発性の蒸気を吸入すると、はじめは頭痛、悪心などをきたし、また黄疸のように角膜が黄色となり、次第に尿毒症様を呈する。
3　蒸気の吸入により頭痛、食欲不振等がみられ、大量では緩和な大赤血球性貧血をきたす。
4　致死量に近ければ麻酔状態になり、視神経がおかされ、目がかすみ、失明することがある。

問 44　次のうち、一酸化鉛の性状として、<u>誤っているもの</u>はどれか。

1　白色の粉末である。
2　水にほとんど溶けない。
3　酸、アルカリに溶ける。
4　光化学反応をおこす。

問45　次のうち、蓚（しゅう）酸の貯蔵方法として、最も適当なものはどれか。

1　可燃性液体なので容器を密栓し、地下室を避けて冷暗所に保管する。
2　刺激臭の気体を発生するので容器を密栓し、かつ冷所では重合するので常温で保管する。
3　容器を密栓し、還元性があるので強酸化剤とは隔離して冷暗所に保管する。
4　二酸化炭素と水を吸収する性質が強いため、密栓して保管する。

問46　次のうち、四塩化炭素の貯蔵方法として、最も適当なものはどれか。

1　純品は空気と日光によって変質するので、少量のアルコールを加えて分解を防止する。
2　少量なら褐色ガラス瓶、大量ならばカーボイ等を使用し、3分の1の空間を保って貯蔵する。
3　亜鉛又はスズメッキをした鋼鉄製容器で保管し、高温に接しない場所に保管する。
4　吸湿性があるので容器を密栓し、酸とは隔離して暗所に保管する。

問47　次のうち、水酸化ナトリウムの主な用途として、最も適当なものはどれか。

1　せっけんの製造、パルプの製造
2　酸化剤、製革用、顔料原料
3　消毒剤、漂白剤、酸化剤、還元剤
4　樹脂・塗料の溶剤、燃料

問48　次のうち、ホルマリンに関する記述として、最も適当なものはどれか。

1　アセトアルデヒドの水溶液である。
2　空気中の酸素によって一部酸化されて、酢酸を生ずる。
3　水浴上で蒸発すると、水に溶解しやすい黄色、無晶形の物質を残す。
4　濃ホルマリンは、皮膚に対し壊疽（えそ）を起こさせ、しばしば湿疹を生じさせる。

問49　次のうち、メチルエチルケトンの主な用途として、最も適当なものはどれか。

1　燻（くん）蒸剤　　2　溶剤　　3　乾燥剤　　4　釉（ゆう）薬

問50　水酸化カリウムを含有する製剤について、次のうち、劇物の指定から除外される上限の濃度として、正しいものはどれか。

1　5％　　2　10％　　3　15％　　4　20％

〔実　地〕

（一般）

問 51 ～問 52　以下の物質の廃棄方法として、最も適当なものはどれか。なお、廃棄方法は厚生労働省で定めた「毒物及び劇物の廃棄の方法に関する基準」に基づくものとする。

問 51　塩素酸ナトリウム　　　　　問 52　クロルピクリン

1　多量の水酸化ナトリウム水溶液(10%程度)に攪拌しながら少しずつガスを吹き込み分解した後、希硫酸を加えて中和する。
2　少量の界面活性剤を加えた亜硫酸ナトリウムと炭酸ナトリウムの混合溶液中で、攪拌し分解させた後、多量の水で希釈して処理する。
3　そのままあるいは水に溶解して、スクラバーを具備した焼却炉の火室へ噴霧し、焼却する。
4　還元剤(例えばチオ硫酸ナトリウム等)の水溶液に希硫酸を加えて酸性にし、この中に少量ずつ投入する。反応終了後、反応液を中和し多量の水で希釈して処理する。

問 53　ピクリン酸の識別に関する以下の記述について、(　　)の中に入る、最も適当なものはどれか。

その温飽和水溶液にシアン化カリウム溶液を加えると、(　　　)を呈する。

1　青色　　2　黄色　　3　緑色　　4　暗赤色

問 54　次のうち、二硫化炭素の廃棄方法として、最も適当なものはどれか。なお、廃棄方法は厚生労働省で定める「毒物及び劇物の廃棄の方法に関する基準」に基づくものとする。

1　少量の界面活性剤を加えた亜硫酸ナトリウムと炭酸ナトリウムの混合溶液中で、攪拌し分解させた後、多量の水で希釈して処理する。
2　水を加えて希薄な水溶液とし、酸(希塩酸、希硫酸など)で中和させた後、多量の水で希釈して処理する。
3　次亜塩素酸ナトリウム水溶液と水酸化ナトリウムの混合溶液中に、攪拌しながら滴下し酸化分解させた後、多量の水で希釈して処理する。
4　水溶液とし、攪拌下のスルファミン酸溶液に徐々に加えて分解させた後中和し、多量の水で希釈して処理する。

問 55　以下の記述に該当する物質として、最も適当なものはどれか。

「無色の油状液体でアンモニア様の臭気を持ち、空気中では発煙する。強い還元剤である。」

1　キシレン　　2　トリクロル酢酸　　3　塩酸　　4　ヒドラジン

問56～問57　以下の物質の性状として、最も適当なものはどれか。

問56　1・3－ジクロロプロペン　　　問57　硫酸第二銅・五水和物

1　淡黄褐色透明の液体。アセトン、メタノールなどの有機溶剤に可溶。アルミニウム、マグネシウム、亜鉛、カドミウムおよびそれらの合金性容器との接触で金属の腐食がある。
2　暗赤色の光沢のある粉末で、水、アルコールに溶けないが、希酸にはホスフィンを出して溶解する。
3　濃い藍色の結晶で、風解性があり、水に可溶である。
4　特有の刺激臭のある無色の気体で、水、エタノール、エーテルに可溶である。

東北六県統一

問58　次のうち、キシレンの漏えい時の措置として、最も適当なものはどれか。なお、措置は厚生労働省で定める「毒物及び劇物の運搬事故時における応急措置に関する基準」に基づくものとする。

1　多量の場合、漏えいした液は、土砂等でその流れを止め、安全な場所に導き、液の表面を泡で覆い、できるだけ空容器に回収する。
2　多量の場合、漏えいした箇所や漏えいした液には消石灰を十分に散布し、シート等を被せ、その上にさらに消石灰を散布して吸収させるが、漏えい容器には散布しない。
3　多量の場合、漏えいした液は土砂等でその流れを止め、土砂等に吸着させるか、または安全な場所に導いて多量の水で洗い流す。必要があればさらに中和し、多量の水で洗い流す。
4　飛散したものは空容器にできるだけ回収し、そのあと還元剤(硫酸第一鉄等)の水溶液を散布し、消石灰、ソーダ灰等の水溶液で処理したのち、多量の水を用いて洗い流す。

問59　次のうち、酢酸エチルの廃棄方法として、最も適当なものはどれか。なお、廃棄方法は厚生労働省で定めた「毒物及び劇物の廃棄の方法に関する基準」に基づくものとする。

1　多量の水酸化ナトリウムの水溶液の中に吹き込んだ後、多量の水で希釈して処理する。
2　水酸化ナトリウム水溶液等でアルカリ性とし、過酸化水素を加え分解させ多量の水で希釈して処理する。
3　燃焼炉の火室に噴霧して焼却する。
4　濃硫酸で中和し、多量の水で希釈して処理する。

問60　次のうち、水酸化カリウム水溶液の取扱上の注意事項として、最も適当なものはどれか。

1　可燃物と混合すると常温でも発火することがあり、また、200 度付近に加熱すると光を発しながら分解するので注意が必要である。
2　アルミニウム、錫(すず)、亜鉛などの金属を腐食して水素ガスを生成し、これが空気と混合して引火爆発することがあるので注意が必要である。
3　火災などで強熱されるとホスゲンを生成する恐れがあるので注意が必要である。
4　分解が起こると激しく酸素を生成し、周囲に易燃物があると火災になるおそれがあるので注意が必要である。

（農業用品目）

問 51 ～問 52 以下の物質の解毒、治療に使用されるものとして、最も適当なものはどれか。

問 51　N－メチル－１－ナフチルカルバメート(別名：カルバリル、NAC)
問 52　シアン化ナトリウム

1　亜硝酸ナトリウム、チオ硫酸ナトリウム
2　プラリドキシムヨウ化物(別名：PAM)
3　硫酸アトロピン製剤
4　エデト酸カルシウム二ナトリウム(別名：EDTA)

問 53 ～問 54 以下の物質の廃棄方法として、最も適当なものはどれか。なお、廃棄方法は厚生労働省で定めた「毒物及び劇物の廃棄の方法に関する基準」に基づくものとする。

問 53　塩素酸ナトリウム　　　　**問 54**　クロルピクリン

1　多量の水酸化ナトリウム水溶液(10%程度)に攪拌(かくはん)しながら少しずつガスを吹き込み分解した後、希硫酸を加えて中和する。
2　少量の界面活性剤を加えた亜硫酸ナトリウムと炭酸ナトリウムの混合溶液中で、攪拌(かくはん)し分解させた後、多量の水で希釈して処理する。
3　そのままあるいは水に溶解して、スクラバーを具備した焼却炉の火室へ噴霧し、焼却する。
4　還元剤(例えばチオ硫酸ナトリウム等)の水溶液に希硫酸を加えて酸性にし、この中に少量ずつ投入する。反応終了後、反応液を中和し多量の水で希釈して処理する。

問 55 ～問 56 以下の物質の毒性の分類として、正しいものはどれか。

問 55　1・1’－ジメチル－4・4’－ジピリジニウムジクロリド(別名：パラコート)
問 56　燐(りん)化亜鉛

1　特定毒物　　　　　2　毒物(特定毒物を除く)
3　劇物　　　　　　　4　上記1から3に該当しないもの

問 57 ～問 58 以下の物質の漏えい時の措置として、最も適当なものはどれか。なお、措置は厚生労働省で定める「毒物及び劇物の運搬事故時における応急措置に関する基準」に基づくものとする。

問 57　2－イソプロピル－4メチルピリミジル－6－ジエチルチオホスフエイト(別名ダイアジノン)
問 58　シアン化水素

1　漏えいした液は土砂等でその流れを止め、安全な場所に導き、空容器にできるだけ回収し、そのあとを消石灰等の水溶液を用いて処理し、多量の水を用いて洗い流す。洗い流す場合には中性洗剤等の分散剤を使用して洗い流す。
2　漏えいしたボンベ等を多量の水酸化ナトリウム水溶液に容器ごと投入してガスを吸収させ、さらに酸化剤(次亜塩素酸ナトリウム、さらし粉等)の水溶液で酸化処理を行い、多量の水を用いて洗い流す。
3　飛散したものの表面を速やかに土砂等で覆い、密閉可能な空容器に回収して密閉する。その後を多量の水を用いて洗い流す。着火した場合には有毒なホスフィンガスを発生するので、消火作業の際には必ず空気呼吸器その他の保護具を着用する。
4　多量の場合、漏えいした液は、土砂等でその流れを止め、液が拡がらないようにして蒸発させる。

問59～問60　以下の物質の性状として、最も適当なものはどれか。

問59　1・3－ジクロロプロペン　　　問60　硫酸第二銅・五水和物

1　淡黄褐色透明の液体。アセトン、メタノールなどの有機溶剤に可溶。アルミニウム、マグネシウム、亜鉛、カドミウムおよびそれらの合金性容器との接触で金属の腐食がある。
2　暗赤色の光沢のある粉末で、水、アルコールに溶けないが、希酸にはホスフィンを出して溶解する。
3　濃い藍色の結晶で、風解性があり、水に可溶である。
4　特有の刺激臭のある無色の気体で、水、エタノール、エーテルに可溶である。

東北六県統一

(特定品目)

問51　次のうち、塩化水素に関する記述として、誤っているものはどれか。

1　無色無臭の気体である。
2　眼、呼吸器系粘膜を強く刺激する。
3　水、メタノール、エーテルに溶ける。
4　吸湿すると、大部分の金属、コンクリートを腐食する。

問52　次のうち、アンモニア水の漏えい時の措置として、誤っているものはどれか。なお、措置は厚生労働省で定める「毒物及び劇物の運搬事故時における応急措置に関する基準」に基づくものとする。

1　風下の人を退避させ、漏えいした場所の周辺にはロープを張るなどして人の立入りを禁止する。
2　作業の際は、必ず保護具を着用する。
3　少量の場合は、漏えい箇所を濡れむしろ等で覆い、できるだけ近くから水をかけて洗い流す。
4　多量の場合は、漏えいした液を土砂等で止め、安全な場所に導いてから、高濃度の廃液が河川等に排出されないように注意しながら、多量の水をかけて洗い流す。

問53　次のうち、過酸化水素の識別として、最も適当なものはどれか。

1　ヨード亜鉛からヨードを析出する。
2　濃塩酸で潤したガラス棒を近づけると、白い霧を生じる。
3　アンモニア水を加え、さらに硝酸銀溶液を加えると、徐々に金属銀を析出する。
4　水で薄めると激しく発熱し、ショ糖、木片等に触れると、それらを炭化して黒変させる。

問54　次のうち、キシレンの漏えい時の措置として、最も適当なものはどれか。なお、措置は厚生労働省で定める「毒物及び劇物の運搬事故時における応急措置に関する基準」に基づくものとする。

1　多量の場合、漏えいした液は、土砂等でその流れを止め、安全な場所に導き、液の表面を泡で覆い、できるだけ空容器に回収する。
2　多量の場合、漏えいした箇所や漏えいした液には消石灰を十分に散布し、シート等を被せ、その上にさらに消石灰を散布して吸収させるが、漏えい容器には散布しない。
3　多量の場合、漏えいした液は土砂等でその流れを止め、土砂等に吸着させるか、または安全な場所に導いて多量の水で洗い流す。必要があればさらに中和し、多量の水で洗い流す。
4　飛散したものは空容器にできるだけ回収し、そのあと還元剤(硫酸第一鉄等)の水溶液を散布し、消石灰、ソーダ灰等の水溶液で処理したのち、多量の水を用いて洗い流す。

東北六県統一

問 55　次のうち、クロム酸カルシウムの廃棄方法として、最も適当なものはどれか。なお、廃棄方法は厚生労働省で定めた「毒物及び劇物の廃棄の方法に関する基準」に基づくものとする。

1　セメントを用いて固化し、溶出試験を行い、溶出量が判定基準以下であることを確認して埋立処分する。
2　多量の水で希釈して処理する。
3　水を加えて希薄な水溶液とし、酸で中和させた後、多量の水で希釈して処理する。
4　希硫酸に溶解後、還元剤を用いて還元し、消石灰等の水溶液で処理し沈殿ろ過を行うが、溶出試験により溶出量が判定基準以下であることを確認してから埋立処分する。

問 56　次のうち、酢酸エチルの廃棄方法として、最も適当なものはどれか。なお、廃棄方法は厚生労働省で定めた「毒物及び劇物の廃棄の方法に関する基準」に基づくものとする。

1　多量の水酸化ナトリウムの水溶液の中に吹き込んだ後、多量の水で希釈して処理する。
2　水酸化ナトリウム水溶液等でアルカリ性とし、過酸化水素を加え分解させ多量の水で希釈して処理する。
3　燃焼炉の火室に噴霧して焼却する。
4　濃硫酸で中和し、多量の水で希釈して処理する。

問 57　次のうち、重クロム酸カリウムの廃棄方法として、最も適当なものはどれか。なお、廃棄方法は厚生労働省で定めた「毒物及び劇物の廃棄の方法に関する基準」に基づくものとする。

1　中和法　　2　沈殿隔離法　　3　還元沈殿法　　4　燃焼法

問 58　次のうち、硝酸の識別方法として、最も適当なものはどれか。

1　銅屑（くず）を加えて熱すると藍色を呈して溶け、その際、赤褐色の蒸気を発生する。
2　アルコール性の水酸化カリウムと銅粉とともに煮沸すると、黄赤色の沈殿を生じる。
3　レゾルシンと 33%の水酸化カリウム溶液と熱すると黄赤色を呈し、緑色の蛍石彩を放つ。
4　白金線につけて無色の火炎中に入れると、火炎は激しく黄色に染まり、長時間続く。

問 59　次のうち、水酸化カリウム水溶液の取扱上の注意事項として、最も適当なものはどれか。

1　可燃物と混合すると常温でも発火することがあり、また、200 度付近に加熱すると光を発しながら分解するので注意が必要である。
2　アルミニウム、錫、亜鉛などの金属を腐食して水素ガスを生成し、これが空気と混合して引火爆発することがあるので注意が必要である。
3　火災などで強熱されるとホスゲンを生成する恐れがあるので注意が必要である。
4　分解が起こると激しく酸素を生成し、周囲に易燃物があると火災になるおそれがあるので注意が必要である。

問 60　次のうち、トルエンの廃棄方法として、最も適当なものはどれか。なお、廃棄方法は厚生労働省で定めた「毒物及び劇物の廃棄の方法に関する基準」に基づくものとする。

1　燃焼法　　2　沈殿隔離法　　3　中和法　　4　加水分解法

茨城県
令和２年度実施

〔毒物及び劇物に関する法規〕
（一般・農業用品目・特定品目共通）

（問１）から（問15）までの各問について、最も適当なものを選びなさい。
この問題において、「法」とは毒物及び劇物取締法（昭和25年法律第303号）を、「政令」とは毒物及び劇物取締法施行令（昭和30年政令第261号）を、省令とは毒物及び劇物取締法施行規則（昭和26年厚生省令第４号）いうものとする。

（問１） 次の記述は，法第１条及び第２条第１項の条文の一部である。（ア）～（ウ）にあてはまる語句の組合せとして正しいものはどれか。

第１条　この法律は，毒物及び劇物について，（ア）上の見地から必要な（イ）を行うことを目的とする。
第２条　この法律で「毒物」とは，別表第一に掲げる物であつて，医薬品及び（ウ）以外のものをいう。

	ア	イ	ウ
1	危険防止	監視	医薬部外品
2	危険防止	取締	医薬部外品
3	危険防止	監視	化粧品
4	保健衛生	取締	医薬部外品
5	保健衛生	監視	化粧品

（問２） 法の規定に照らし，次のア～エの製剤のうち，劇物に該当するものの組合せとして正しいものはどれか。

ア　アンモニア10％を含有する製剤
イ　水酸化ナトリウム10％を含有する製剤
ウ　水酸化カリウム10％を含有する製剤
エ　硫酸10％を含有する製剤

1（ア、イ）　2（ア、ウ）　3（イ、ウ）　4（イ、エ）　5（ウ、エ）

茨城県

(問3) 特定毒物研究者に関する次のア～ウの記述について，正誤の組合せとして正しいものはどれか。

ア 特定毒物研究者は，特定毒物を製造及び輸入することができる。
イ 特定毒物研究者は，特定毒物を学術研究以外の用途に供することができる。
ウ 特定毒物研究者は，特定毒物使用者に対し，その者が使用することができる特定毒物を譲り渡すことができる。

	ア	イ	ウ
1	正	正	正
2	誤	正	誤
3	正	誤	正
4	誤	正	正
5	誤	誤	誤

(問4) 法第3条の4において，「引火性，発火性又は爆発性のある毒物又は劇物であつて政令で定めるものは，業務その他正当な理由による場合を除いては，所持してはならない。」と定められている。

この「政令で定めるもの」として，次のア～エのうち正しいものの組合せはどれか。

ア ナトリウム　　イ 酢酸エチル
ウ ピクリン酸　　エ トルエン

1(ア、イ)　2(ア、ウ)　3(イ、ウ)　4(イ、エ)　5(ウ、エ)

(問5) 毒物劇物取扱責任者に関する次のア～オの記述のうち，正しいものはいくつあるか。

ア 医師は，毒物劇物取扱責任者となることができる。
イ 18歳未満の者は，毒物劇物取扱責任者となることができない。
ウ 毒物又は劇物の製造業者が，毒物劇物取扱責任者を変更したときは，30日以内に，その製造所の所在地の都道府県知事に届け出なければならない。
エ 農業用品目毒物劇物取扱者試験に合格した者は，農業用品目のみを取り扱う製造業の製造所において，毒物劇物取扱責任者となることができる。
オ 毒物劇物営業者が，毒物又は劇物の製造業及び販売業を併せて営むとき，その製造所及び店舗が互いに隣接している場合には，毒物劇物取扱責任者は，製造所と店舗を通じて1人で足りる。

1 なし　2 1つ　3 2つ　4 3つ　5 4つ

(問6) 毒物劇物営業者が行う申請及び届出に関する次のア～オの記述について，正しいものの組合せはどれか。

ア 法人である毒物劇物営業者は，代表者を変更したとき，30日以内にその旨を届け出なければならない。
イ 毒物劇物営業者は，毒物劇物取扱責任者の住所が変更になったとき，30日以内に届け出なければならない。
ウ 法人である毒物劇物営業者は，主たる事務所の所在地を変更したとき，30日以内にその旨を届け出なければならない。
エ 毒物劇物製造業者は，登録を受けた毒物又は劇物以外の毒物又は劇物を製造したときは，30日以内に届け出なければならない。
オ 毒物劇物輸入業者は，登録を受けた毒物又は劇物以外の毒物又は劇物を輸入しようとするときは，あらかじめ登録の変更を受けなければならない。

1(ア、イ)　2(ア、エ)　3(イ、ウ)　4(ウ、オ)　5(エ、オ)

（問７） 毒物又は劇物の取扱いに関する次のア～ウの記述について，正誤の組合せとして正しいものはどれか。

ア 毒物又は劇物は，その容器として，飲食物の容器を使用してはならない。
イ 毒物又は劇物を貯蔵する場所が，性質上かぎをかけることができないものであるときは，その周囲に堅固なさくを設ければよい。
ウ 毒物又は劇物の貯蔵は，かぎをかける設備があれば，その他の物と区分しなくてもよい。

	ア	イ	ウ
1	正	正	誤
2	誤	正	誤
3	正	誤	正
4	誤	正	正
5	正	誤	誤

茨城県

（問８） 次の記述は，毒物及び劇物取締法第12条の条文の一部である。（ア）～（ウ）にあてはまる語句の組合せとして正しいものはどれか。

毒物劇物営業者及び特定毒物研究者は，毒物又は劇物の容器及び被包に，「（ ア ）」の文字及び毒物については（ イ ）をもつて「毒物」の文字，劇物については（ ウ ）をもつて「劇物」の文字を表示しなければならない。

	ア	イ	ウ
1	医薬用外	白地に赤色	赤地に白色
2	医薬用外	赤地に白色	白地に赤色
3	医療用外	白地に赤色	赤地に白色
4	医療用外	赤地に白色	白地に赤色
5	医療用外	黒地に白色	白地に黒色

（問９） 法第14条第１項の規定により，毒物劇物営業者が毒物又は劇物を毒物劇物営業者以外の個人で使用する者に販売するとき，その譲受人から提出を受けなければならない書面に関する次のア～オの記述のうち，正しいものはいくつあるか。

ア 毒物又は劇物の名称及び数量が記載されていなければならない。
イ 販売の年月日が記載されていなければならない。
ウ 譲受人の年齢が記載されていなければならない。
エ 譲受人の職業が記載されていなければならない。
オ 譲受人の住所が記載されていなければならない。

1 なし　　2 1つ　　3 2つ　　4 3つ　　5 4つ

茨城県

(問 10) 次の記述は，法第 15 条の条文の一部である。(ア)～(ウ)にあてはまる語句の組合せとして正しいものはどれか。

毒物劇物営業者は，毒物又は劇物を次に掲げる者に交付してはならない。
一 (ア) 歳未満の者
二 (イ) の障害により毒物又は劇物による保健衛生上の危害の防止の措置を適正に行うことができない者として厚生労働省令で定めるもの
三 麻薬，大麻，あへん又は (ウ) の中毒者

	ア	イ	ウ
1	18	心身	覚せい剤
2	16	心身	覚せい剤
3	18	身体	アルコール
4	16	身体	アルコール
5	18	身体	覚せい剤

(問 11) 次の記述は，政令第 40 条の条文の一部である。(ア)～(ウ)にあてはまる語句の組合せとして正しいものはどれか。

法第十五条の二の規定により，毒物若しくは劇物又は法第十一条第二項に規定する政令で定める物の廃棄の方法に関する技術上の基準を次のように定める。
一 中和，(ア)，酸化，(イ)，(ウ)その他の方法により，毒物及び劇物並びに法第十一条第二項に規定する政令で定める物のいずれにも該当しない物とすること。

	ア	イ	ウ
1	熱分解	燃焼	放流
2	熱分解	燃焼	稀釈
3	熱分解	還元	分離
4	加水分解	燃焼	分離
5	加水分解	還元	稀釈

(問 12) 劇物である塩酸（塩化水素 15 ％含有）を，タンクローリーを使用して１回に 5,000 キログラム運搬する場合，次のア～オの記述について，正しいものの組合せはどれか。

ア 一人の運転者による連続運転時間が３時間を超える場合には，交替して運転する者を同乗させなければならない。
イ 運搬車両に掲げる標識は，0.3 メートル平方の板に地を白色，文字を赤色として「劇」と表示しなければならない。
ウ 車両には，事故の際に応急措置を講ずるための保護具を１人分備えること。
エ 運搬のための被包の外部に，収納した劇物の名称及び成分を表示すること。
オ 車両には，運搬する劇物の名称，成分及びその含量並びに数量並びに事故の際に講じなければならない応急措置の内容を記載した書面を備えること。

1 (ア、イ)　2 (ア、ウ)　3 (イ、オ)　4 (ウ、エ)　5 (エ、オ)

(問 13) 毒物又は劇物の事故が起きた場合の措置に関する次のア～エの記述について，法の規定に照らし，正誤の組合せとして正しいものはどれか。

ア 毒物劇物営業者は，取り扱っている毒物が飛散した場合において，多数の者に保健衛生上の危害が生じるおそれがある場合，直ちに，その旨を保健所，警察署又は消防機関に届け出なければならない。
イ 毒物劇物営業者は，取り扱っている劇物が漏れた場合において，保健衛生上の危害を防止するために必要な応急の措置を講じなければならない。
ウ 特定毒物研究者は，取り扱っている特定毒物が盗難にあったときは，直ちにその旨を保健所に届け出なければならない。
エ 毒物又は劇物の業務上取扱者は，取り扱っている劇物が染み出し，不特定の者に危害が生ずるおそれがある場合でも，届け出をする必要はない。

	ア	イ	ウ	エ
1	正	正	正	誤
2	正	正	誤	誤
3	正	誤	誤	正
4	誤	誤	正	正
5	誤	正	正	誤

(問 14) 毒物劇物営業者の登録が失効した場合の措置に関する次の記述について，法の規定に照らし，（ ア ）～（ イ ）にあてはまる語句の組合せとして正しいものはどれか。

毒物又は劇物の製造業者は，その営業の登録が効力を失ったときは，（ ア ）日以内に，その製造所の所在地の都道府県知事に，現に所有する（ イ ）の品名及び数量を届け出なければならない。

	ア	イ
1	30	特定毒物
2	30	毒物又は劇物
3	15	特定毒物
4	15	毒物又は劇物
5	10	特定毒物

(問 15) 次の記述は，法第 22 条の条文の一部である。(ア)～(ウ)にあてはまる語句の組合せとして正しいものはどれか。

政令で定める事業を行う者であつてその業務上(ア)又は政令で定めるその他の毒物若しくは劇物を取り扱うものは，事業場ごとに，その業務上これらの毒物又は劇物を取り扱うこととなつた日から(イ)日以内に，厚生労働省令の定めるところにより，次号に掲げる事項を，その事業場の所在地の都道府県知事に届け出なければならない。
一　氏名又は住所（法人にあつては，その名称及び主たる事務所の所在地）
二　(ア)又は政令で定めるその他の毒物若しくは劇物のうち取り扱う毒物又は劇物の(ウ)
三　事業場の所在地
四　その他厚生労働省令で定める事項

茨城県

	ア	イ	ウ
1	シアン化ナトリウム	30	品目
2	シアン化ナトリウム	15	品目
3	シアン化ナトリウム	30	数量
4	四アルキル鉛	15	数量
5	四アルキル鉛	15	品目

〔基礎化学〕
（一般・農業用品目・特定品目共通）

(問 16)から(問 30)までの各問について，最も適切なものを選択肢 1 ～ 5 の中から 1 つ選べ。

(問 16) 次のうち，下図のガラス器具の名称はどれか。

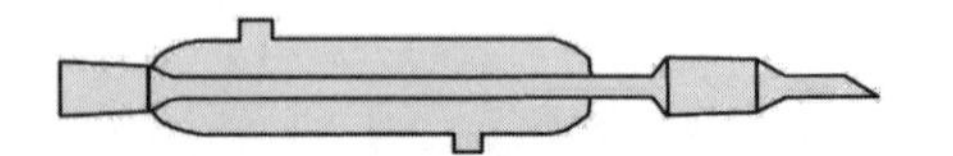

1　ビュレット　　2　リービッヒ冷却器　　3　ホールピペット
4　メスフラスコ　　5　コニカルビーカー

(問 17) 次のうち，$^{12}_{6}C$ と $^{13}_{6}C$ とのように原子番号が同じで中性子の数が異なる原子同士を表すものはどれか。

1　同位体　　2　同素体　　3　異性体　　4　単量体　　5　同族体

(問 18) 次のうち，固体から液体への状態変化はどれか。

1　融解　　2　凝固　　3　凝縮　　4　蒸発　　5　昇華

(問 19)　次の気体のうち，石灰水に通すと石灰水が白くにごるものはどれか。

1　NH_3　　2　O_2　　3　HCl　　4　H_2S　　5　CO_2

(問 20)　次のうち，非金属元素であるものはどれか。

1　Fe　　2　S　　3　Be　　4　Na　　5　Al

(問 21)　周期表第２周期の次の元素のうち，(第一)イオン化エネルギーが最も大きいものはどれか。

1　Li　　2　C　　3　O　　4　F　　5　Ne

(問 22)　物質の化学結合に関する次の記述のうち，正しいものはどれか。

1　食塩はナトリウムと塩素が共有結合してできた結晶である。
2　鉄は鉄イオンと自由電子が配位結合して固体をつくる。
3　ダイヤモンドは炭素原子の金属結合によって強い結合をつくる。
4　ドライアイスは炭素原子と酸素原子が共有結合でつながり，できた分子が分子間力によって集まってできた固体である。
5　水素は水素原子がイオンとなり，イオン結合によって分子をつくる。

(問 23)　次の分子のうち，立体構造が正四面体形のものはどれか。

1　二酸化炭素 CO_2　　2　アンモニア NH_3　　3　水 H_2O
4　メタン CH_4　　5　窒素 N_2

(問 24)　金属に関する次の記述のうち，誤っているものはどれか。

1　電気伝導性がある。
2　一般には，展性・延性に優れている。
3　単体はすべて，常温常圧で固体である。
4　光沢がある。
5　熱伝導性がある。

(問 25)　次の合金のうち，主な成分として鉄が含まれているものはどれか。

1　黄銅（真鍮(しんちゅう)）　　2　青銅（ブロンズ）　　3　白銅
4　ステンレス鋼　　5　ジュラルミン

(問 26)　濃度 12 %の水酸化ナトリウム水溶液 200g の中に含まれる水酸化ナトリウムの物質量はどれか。ただし，式量は NaOH ＝ 40 とする。

1　0.060mol　　2　0.12mol　　3　0.60mol　　4　0.96mol　　5　1.2mol

(問 27)　塩化ナトリウム 1.17g に水を加えて 250mL の塩化ナトリウム水溶液を作った。水溶液のモル濃度はどれか。ただし，式量は NaCl ＝ 58.5 とする。

1　0.010mol/L　　2　0.080mol/L　　3　0.10mol/L
4　0.80mol/L　　5　1.0mol/

(問 28)　次のうち，一酸化炭素 CO を完全に燃焼させたとき，その燃焼を正しく表した化学反応式はどれか。

1　$CO + O \rightarrow CO_2$　　2　$CO + O_2 \rightarrow CO_2$
3　$2CO + O \rightarrow 2CO_2$　　4　$2CO + O_2 \rightarrow CO_2$
5　$2CO + O_2 \rightarrow 2CO_2$

茨城県

(問 29) 次の金属のうち，水や酸（塩酸や希硫酸），酸化力のある酸（硝酸や熱濃硫酸）には溶けないが，王水（濃硝酸と濃塩酸の体積比１：３の混合物）に溶けるものはどれか。

1 Ag　2 Cu　3 Pt　4 Na　5 Zn

(問 30) 次のうち，充電できる電池（蓄電池）はどれか。

1 リチウムイオン電池　2 ボルタ電池　3 ダニエル電池
4 アルカリマンガン乾電池　5 リチウム電池

茨城県

〔毒物及び劇物の性質及び貯蔵その他取扱方法〕

(一般)

(問 31)から(問 40)までの各問について，最も適切なものを選択肢１～５の中から１つ選べ。

(問 31) 二硫化炭素に関する次のア～ウの記述について，正誤の組合せとして正しいものはどれか。

ア 無色透明な結晶である。
イ 水に難溶であるが，アルコールには易溶である。
ウ －20℃でも引火してよく燃焼する。

	ア	イ	ウ
1	正	正	正
2	正	正	誤
3	正	誤	誤
4	誤	正	正
5	誤	誤	正

(問 32) ホルマリンに関する次の記述のうち，誤っているものはどれか。

1 ホルムアルデヒドの水溶液である。
2 空気中で一部還元され，ギ酸を生じる。
3 一般にメタノール等を 13 %以下添加してある。
4 無色透明の液体である。
5 刺激臭を有する。

(問 33) セレン化水素に関する次のア～ウの記述について，正誤の組合せとして正しいものはどれか。

ア 無色であり，ニンニク臭の気体である。
イ 空気より重い気体である。
ウ 水に難溶である。

	ア	イ	ウ
1	正	正	正
2	正	正	誤
3	正	誤	正
4	誤	正	正
5	誤	誤	誤

（問 34） 物質の用途に関する次のア〜ウの記述について，正誤の組合せとして正しいものはどれか。

ア　2－イソプロピル－4－メチルピリミジル－6－ジエチルチオホスフェイト（別名 ダイアジノン）は殺虫剤に用いられる。
イ　クロルピクリンは殺鼠（そ）剤に用いられる。
ウ　2，2’－ジピリジリウム－1，1’－エチレンジブロミド（別名 ジクワット）は除草剤に用いられる。

	ア	イ	ウ
1	正	正	正
2	正	正	誤
3	正	誤	正
4	誤	正	誤
5	誤	誤	正

茨城県

（問 35） 物質の用途に関する次の記述のうち，誤っているものはどれか。

1　シアン化水素は殺虫剤に用いられる。
2　エチレンオキシドは有機合成原料に用いられる。
3　クレゾールは消毒・殺菌に用いられる。
4　ジメチル硫酸はメチル化剤に用いられる。
5　アクリルアミドは土壌殺菌剤に用いられる。

（問 36） 硝酸の取扱い及び貯蔵に関する次のア〜ウの記述について，正誤の組合せとして正しいものはどれか。

ア　皮膚に付けたり，蒸気を吸入しないように適切な保護具を着用し取り扱う。
イ　ガラスを激しく腐食するので，ガラス容器を避けて保管する。
ウ　有機物と接触すると二酸化窒素を発生するので，接触を避けて保管する。

	ア	イ	ウ
1	正	正	正
2	正	正	誤
3	正	誤	正
4	誤	正	誤
5	誤	誤	正

（問 37） 次の物質のうち，光によってもっとも分解しやすいものはどれか。

1　硝酸亜鉛　　2　硝酸鉛（Ⅱ）　　3　硝酸カドミウム
4　硝酸銀　　5　硝酸銅（Ⅱ）

（問 38） 次の物質のうち，有機リン化合物の解毒剤はどれか。

1　亜硝酸ナトリウム
2　ヒドロキソコバラミン
3　エタノール
4　2－ピリジルアルドキシムメチオダイド（別名 PAM）
5　ジメルカプロール（別名 BAL）

（問題） 次の毒性を示す物質として，最も適切なものはどれか。

（問 39） 蒸気には強い麻酔作用があり，蒸気を吸入するとめまい，頭痛，嘔吐（おうと），意識喪失などを起こすことがある。

（問 40） 強塩基性で皮膚，粘膜に対して腐食性があり，目に入ると失明することがある。

1　水酸化ナトリウム　　2　クロロホルム　　3　アニリン
4　過酸化水素水　　5　酢酸鉛

（農業用品目）

（問 題） 次の物質の性状として，最も適切なものはどれか。

（問 31） 1，1’－ジメチル－4，4’－ジピリジニウムジクロリド(別名 パラコート)

（問 32） エチレンクロルヒドリン　　（問 33） モノフルオール酢酸ナトリウム

1 白色針状結晶。アセトン，メタノール，水に可溶。n－ヘキサン，クロロホルムに不溶。かすかな硫黄臭。
2 黄褐色の粘調性液体。特異臭を有する。水に不溶。メタノール，アセトニトリル，酢酸エチルに可溶。熱，酸に安定で，アルカリに不安定である。
3 無色の吸湿性結晶。中性，酸性下で安定。アルカリ性で不安定。水溶液中紫外線で分解。工業品は暗褐色又は暗青色の特異臭のある水溶液。
4 白色の重い粉末。吸湿性を有する。製品はからい味と酢酸のにおいを有する。冷水に易溶。
5 無色の液体。芳香（エーテル臭）がある。蒸気は空気より重い。水に任意の割合で混和する。

茨城県

（問 題） 次の物質の主な用途として，最も適切なものはどれか。

（問 34） 2，2’－ジピリジリウム－1，1’－エチレンジブロミド(別名 ジクワット)

（問 35） 1，1’－イミノジ(オクタメチレン)ジグアニジン(別名 イミノクタジン)

（問 36） S－メチル－N－［(チルカルバモイル)－オキシ］－チオアセトイミデート(別名 メトミル，メソミル)

1 殺鼠剤　　2 殺菌剤　　3 殺虫剤　　4 植物成長調整剤　　5 除草剤

（問 題） 次の物質の貯蔵方法として，最も適切なものはどれか。

（問 37） アンモニア水　　（問 38） シアン化カリウム

1 少量ならばガラス瓶，多量ならばブリキ缶又は鉄ドラムを用い，酸類とは離して，風通しのよい乾燥した冷所に密封して保管する。
2 常温では気体なので，圧縮冷却して液化し，圧縮容器に入れ，直射日光その他，温度上昇の原因を避けて，冷暗所に貯蔵する。
3 大気中の水分に触れると，徐々に分解して有毒な気体が発生するので密閉容器に保管する。
4 塩基性で刺激性のある気体を発生するので容器を密栓し，酸とは隔離して保管する。
5 酸素によって分解し，効力を失うため，空気と光線を遮断して保管する。

（問 題） 次の物質の毒性及び中毒症状として，最も適切なものはどれか。

（問 39） 塩素酸ナトリウム　　（問 40） 硫酸

1 高濃度のものが皮膚に触れると，激しいやけどを起こす。
2 吸入した場合，鼻やのどの粘膜を刺激し，悪心，嘔吐（おうと），下痢，チアノーゼ（皮膚や粘膜が青黒くなる），呼吸困難などを起こす。
3 きわめて猛毒で，希薄な蒸気でも吸入するとシアン中毒（頭痛，めまい，悪心，意識不明，呼吸麻痺（まひ））を起こす。
4 吸入した場合，倦怠感，頭痛，めまい，吐き気，嘔吐（おうと），腹痛，下痢，多汗等の症状を呈し，重症の場合には，縮瞳，意識混濁，全身けいれん等を起こすことがある。
5 嚥下吸入したときに，胃及び肺で胃酸や水と反応してホスフィンを生成し中毒を引き起こす。

(特定品目)

(問 題) 次の物質A及びBの性状の記述として，最も適当なものはどれか。

	《物質A》	《物質B》
(問 31)	四塩化炭素	メチルエチルケトン
(問 32)	クロム酸ナトリウム	重クロム酸カリウム

1 どちらも芳香を有する液体であるが，物質Aは水に可溶であるのに対し，物質Bは水に難溶である。
2 どちらも白色の固体であるが，物質Aは水に難溶であるのに対し，物質Bは水に易溶である。
3 どちらも酸であるが，物質Aは揮発性であるのに対し，物質Bは不揮発性である。
4 どちらも強い酸化力を有する結晶固体であるが，物質Aは黄色であるのに対し，物質Bは橙赤色である。
5 どちらも無色の液体であるが，物質Aは不燃性であるのに対し，物質Bは可燃性である。

(問 題) 次の物質の性状として、最も適当なものはどれか。

(問 33) 塩素　　(問 34) トルエン

1 無色透明，可燃性のベンゼン臭を有する液体で，水に不溶，エタノールやエーテルに溶ける。
2 特有の刺激臭がある無色の気体で，圧縮することによって常温でも簡単に液化する。
3 果実様の芳香がある無色透明の液体で，沸点は 77 ℃である。
4 常温においては窒息性臭気をもつ黄緑色の気体で，冷却すると黄色溶液を経て黄白色固体となる。
5 無色透明の濃厚な液体で，強く冷却すると稜柱状の結晶に変じる。

(問 題) 次の物質の用途として，最も適当なものはどれか。

(問 35) 水酸化ナトリウム　　(問 36) 過酸化水素水

1 工業用の酸化剤，媒染剤，製革用，電気めっき用，電池調整用，顔料原料，試薬として用いられる。
2 工業上漂白剤として獣毛，羽毛，綿糸，絹糸，骨質などを漂白するのに応用される。そのほか織物，油絵などの洗浄に使用される。
3 せっけん製造，パルプ工業，染料工業，レーヨン工業，諸種の合成化学等に使用されるほか，試薬として用いられる。
4 洗浄剤及び種々の清浄剤の製造，引火性の少ないベンジンの製造に用いられる。
5 無水物は塩化ビニルの原料に用いられる。

(問 題) 次の物質の貯蔵方法として，最も適当なものはどれか。

(問 37) アンモニア水　　(問 38) 四塩化炭素

1 引火しやすく，また，その蒸気は空気と混合して爆発性の混合ガスとなるので，火気は避けて保管する。
2 二酸化炭素と水を吸収する性質が強いため，密栓して保管する。
3 亜鉛又はスズメッキをした鋼鉄製容器で，高温に接しない場所に保管する。蒸気は空気より重く，低所に滞留するので，地下室など換気の悪い場所には保管しない。
4 刺激臭のある気体を発生するので容器を密栓し，かつ冷所では重合しやすいので常温で保管する。
5 塩基性で刺激性のある気体を発生するので容器を密栓し，酸とは隔離して保管する。

(問 題) 次の物質の毒性として，最も適当なものはどれか。

(問 39) キシレン　　(問 40) 硫酸

1　摂取すると，頭痛，めまい，嘔吐，下痢，腹痛などを起こし，致死量に近ければ麻酔状態になり，視神経が侵され，眼がかすみ，失明することがある。
2　血液中のカルシウム分を奪取し，神経系を侵す。急性中毒症状は，胃痛，嘔吐，口腔・咽喉の炎症，腎障害などがある。
3　高濃度のものが人体に触れると，激しい火傷を引き起こす。
4　吸入すると，眼，鼻，のどを刺激する。高濃度で興奮，麻酔作用がある。
5　ガスの吸入によりすべての露出粘膜に刺激性を有し，せき，結膜炎，口腔，鼻，咽喉粘膜の発赤を引き起こす。高濃度では口唇，結膜の腫脹，一時的失明をきたす。

〔毒物及び劇物の識別及び取扱方法〕

(一般)

(問 41)から(問 50)までの各問について，最も適切なものを選択肢１～５の中から１つ選べ。

(問 41) ラベルのはがれた試薬びんに，ある物質が入っている。その物質について調べたところ，次のようであった。試薬びんに入っている物質はどれか。

・無色の単斜晶系板状の結晶である。
・水には可溶であるが，アルコールには難溶である。
・水溶液は中性である。
・加熱すると分解して，気体を発生する。
・可燃性物質と混合して，摩擦又は加熱すると爆発する。

1　シアン化カリウム　　2　重クロム酸カリウム　　3　水酸化カリウム
4　蓚酸カリウム　　5　塩素酸カリウム

(問 42) 次の物質のうち，常温常圧において固体であるものはどれか。
1　クロルスルホン酸　　2　トリクロル酢酸　　3　アセトニトリル
4　塩化第二錫　　5　クロルメチル

(問 題) 次の物質の識別方法として，最も適当なものはどれか。

(問 43) 臭素　　(問 44) 四塩化炭素　　(問 45) 蓚酸

1　でんぷんのり液を橙黄色に染め，ヨードカリでんぷん紙を藍色に変え，フルオレッセン溶液を赤変する。
2　水溶液にさらし粉を加えると紫色を呈する。
3　木炭とともに加熱すると，メルカプタンの臭気を放つ。
4　アルコール性の水酸化カリウムと銅粉とともに煮沸すると，黄赤色の沈殿を生じる。
5　水溶液をアンモニア水で弱アルカリ性にして塩化カルシウムを加えると，白色の沈殿を生じる。

(問 46) 次のうち,「毒物及び劇物の廃棄の方法に関する基準」の内容に照らし,メチルエチルケトンの廃棄方法として最も適切なものはどれか。

1 燃焼法　2 分解沈殿法　3 固化隔離法　4 活性汚泥法　5 中和法

(問 47) 次のうち,「毒物及び劇物の廃棄の方法に関する基準」の内容に照らし,無水クロム酸の廃棄方法として最も適切なものはどれか。

1 活性汚泥法　2 還元沈殿法　3 燃焼法　4 固化隔離法　5 酸化法

(問 48) 次の物質のうち,「毒物及び劇物の廃棄の方法に関する基準」の内容に照らし,廃棄方法が希釈法であるものはどれか。

1 五塩化砒(ひ)素　2 六弗(ふっ)化セレン　3 過酸化尿素　4 塩化第二水銀
5 シアン化ナトリウム

茨城県

(問 49) 次の記述は,「毒物及び劇物の運搬事故時における応急措置に関する基準」に示される漏えい時の措置について述べたものである。この応急措置が最も適切なものはどれか。

> 漏えいした場所の周辺にはロープを張るなどして人の立入りを禁止する。作業の際には必ず保護具を着用し,風下で作業をしない。漏えいした液は土砂等でその流れを止め,安全な場所に導き,できるだけ空容器に回収し,そのあとを徐々に注水してある程度希釈した後、水酸化カルシウム等の水溶液で処理し、多量の水で洗い流す。発生する気体は霧状の水をかけて吸収させる。この場合,濃厚な廃液が河川等に排出されないよう注意する。

1 クロロホルム　2 クロルエチル　3 酢酸エチル
4 アニリン　5 弗(ふっ)化水素酸

(問 50) 次の記述は,「毒物及び劇物の運搬事故時における応急措置に関する基準」に示される漏えい時の措置について述べたものである。この応急措置が最も適切なものはどれか。

> 漏えいした場所の周辺にはロープを張るなどして人の立入りを禁止し,禁水を標示する。作業の際には必ず保護具を着用し,風下で作業しない。
> 流動パラフィン浸漬品は,速やかに拾い集めて灯油又は流動パラフィンの入った容器に回収する

1 硫酸銀　2 塩化亜鉛　3 カリウム　4 五塩化砒(ひ)素　5 水酸化バリウム

（農業用品目）

（問題） 次の記述は，ある物質Ａ及びＢに関する記述である。以下の問いに答えよ。

物質Ａ：暗赤色の光沢ある粉末。水やアルコールに不溶である。酸と反応し可燃性のガスを発生する。１％以下を含有する製剤で黒色に着色され，かつ，トウガラシエキスを用い著しくからく着味されているものは普通物として扱われる。

物質Ｂ：無色の結晶。水に難溶で，熱湯に可溶。0.3 ％以下を含有する製剤で黒色に着色され，かつ，トウガラシエキスを用い著しくからく着味されているものは普通物として扱われる。農薬登録が失効し，農薬として使用できない。

茨城県

（問 41） 物質Ａに該当するものはどれか。
（問 42） 物質Ｂに該当するものはどれか。

1 燐（りん）化亜鉛
2 硫酸第二銅
3 ２－ジフェニルアセチル－１・３－インダンジオン（別名 ダイファシノン）
4 ２－（フェニルパラクロルフェニルアセチル）－１・３－インダンジオン（別名 クロロファシノン）
5 硫酸タリウム

（問 43） 物質Ａの主な用途として，最も適切なものはどれか。

1 殺虫剤　　2 除草剤　　3 殺鼠（そ）剤　　4 倉庫燻（くん）蒸剤　　5 土壌殺菌剤

（問題） 次の物質に関する記述として，最も適当なものはどれか。

（問 44） ブロムメチル
（問 45） シアン化水素
（問 46） ジメチルジチオホスホリルフェニル酢酸エチル（別名 PAP，フェントエート）

1 無色の気体でわずかに甘いクロロホルム様のにおいがある。圧縮又は冷却すると無色又は淡黄緑色の液体となる。水に難溶。
2 無色の液体で，青酸臭（焦げたアーモンド臭）を帯び，水，アルコールによく混和し，点火すれば青紫色の炎を発し燃焼する。水溶液は極めて弱い酸性。
3 無色無臭の結晶。加熱により分解して酸素を生成する。強酸と作用して爆発性で有害な二酸化塩素を生成する。水に易溶で潮解性がある。
4 芳香性刺激臭を有する赤褐色の油状の液体。水に不溶，アルコールやベンゼンに可溶。アルカリに不安定である。
5 無色又は淡黄色透明の液体でエーテル様のにおいがある。空気中で光により一部分解して，褐色となる。水に可溶。

（問題） 「毒物及び劇物の廃棄の方法に関する基準」の内容に照らし，次の記述に該当するものはどれか。

（問 47） 沈殿法と焙焼法の両法の適用が示されている物質
（問 48） 燃焼法とアルカリ法の両法の適用が示されている物質
（問 49） 中和法の適用が示されている物質

1 塩素酸ナトリウム
2 ジメチル－２・２－ジクロルビニルホスフェイト（別名 DDVP，ジクロルボス）
3 硫酸亜鉛
4 １，３－ジカルバモイルチオ－２－（N，N －ジメチルアミノ）－プロパン塩酸塩（別名 カルタップ）
5 アンモニア水

(問 50)　「毒物及び劇物の運搬事故時における応急措置に関する基準」の内容に照らし，クロルピクリンが多量に漏えいした場合の対応として最も適当なものはどれか。

1　土砂等でその流れを止め，安全な場所に導き，空容器にできるだけ回収する。そのあとを水酸化カルシウム等の水溶液を用いて処理した後，中性洗剤等の分散剤を使用して多量の水で洗い流す。
2　土砂等でその流れを止め，これに吸着させるか，又は安全な場所に導いて，遠くから徐々に注水してある程度希釈した後，水酸化カルシウム，炭酸ナトリウム等で中和し，多量の水で洗い流す。
3　漏えいした液は，土砂等でその流れを止め，安全な場所に導いて遠くから多量の水をかけて洗い流す。
4　土砂等でその流れを止め,多量の活性炭又は水酸化カルシウムを散布して覆い，至急関係先に連絡し専門家の指示により処理する。
5　土壌等でその流れを止め，安全な場所に導き，空容器にできるだけ回収し，そのあとを土壌で覆って十分接触させた後，土壌を取り除き，多量の水を用いて洗い流す。

(特定品目)

(問題)　次の物質について，該当する性状をA欄から，識別方法をB欄から，それぞれ最も適当なものを選べ。

物質	性状	識別方法
メタノール	(問 41)	(問 42)
水酸化カリウム	(問 43)	(問 44)

【A欄（性状）】
1　重い粉末で黄色から赤色までの種々のものがある。赤色のものを 720 ℃以上に加熱すると黄色になる。
2　白色の固体で，水，アルコールに溶ける。空気中に放置すると，潮解する。
3　特異な香気をもつ無色の揮発性液体で，水に難溶。空気に触れ，同時に日光の作用を受けると分解するが，少量のアルコールを含有させると分解を防ぐことができる。
4　無色，油状の液体で，水と接触して激しく発熱する。
5　無色透明，揮発性の液体で，特異な香気を有する。水，エタノール，エーテルと容易に混和する。

【B欄（識別方法）】
1　水溶液に酒石酸溶液を過剰に加えると，白色結晶性の沈殿を生じる。
2　サリチル酸と濃硫酸とともに熱すると，芳香のあるサリチル酸メチルエステルを生じる。
3　強酸と混合すると，ホスゲンを発生する。
4　希硝酸に溶かすと無色の液となり，これに硫化水素を通じると黒色の沈殿が生じる。
5　希釈水溶液に塩化バリウムを加えると，白い沈殿を生じ，この沈殿は塩酸や硝酸に溶けない。

（問題）　次の物質の識別方法として，最も適当なものはどれか。

（問45）　アンモニア水
（問46）　硝酸

1　アルコール溶液にして，それに水酸化カリウム溶液と少量のアニリンを加えて熱すると，不快な刺激臭を放つ。
2　アルコール性の水酸化カリウムと銅紛とともに煮沸すると黄赤色の沈殿を生成する。
3　銅屑を加えて熱すると，藍色を呈して溶け，その際赤褐色の蒸気を発生する。
4　強い臭気があり，濃塩酸を潤したガラス棒を近づけると，白い霧を生じる。
5　水溶液を白金線につけて無色の火炎中に入れると，火炎は著しく黄色に染まり，長時間続く。

茨城県

（問題）　「毒物及び劇物の廃棄の方法に関する基準」の内容に照らし，次の物質の廃棄方法として最も適当なものはどれか。

（問47）　ホルマリン
（問48）　一酸化鉛

1　セメントを用いて固化し，溶出試験を行い，溶出量が判定基準以下であることを確認して埋立処分する。
2　水酸化ナトリウム水溶液等でアルカリ性とし，過酸化水素水を加えて分解させ多量の水で希釈して処理する。
3　硅そう土等に吸収させ開放型の焼却炉で少量ずつ焼却する。
4　水を加えて希薄な水溶液とし，酸で中和させた後，多量の水で希釈して処理する。
5　徐々に石灰乳などの攪拌（かくはん）溶液に加え中和させた後，多量の水で希釈して処理する。

（問題）　「毒物及び劇物の運搬事故時における応急措置に関する基準」の内容に照らし，次の漏えいした時の措置をとる物質として，最も適当なものはどれか。

（問49）　飛散したものは空容器にできるだけ回収し，そのあと還元剤（硫酸第一鉄等）の水溶液を散布し，水酸化カルシウム，炭酸ナトリウム等の水溶液で処理した後，多量の水で洗い流す。
（問50）　少量の場合は土砂等に吸着させて取り除くか，又はある程度水で徐々に希釈した後，水酸化カルシウム，炭酸ナトリウム等で中和し，多量の水で洗い流す。

1　重クロム酸ナトリウム　　2　過酸化水素水　　3　クロロホルム
4　トルエン　　5　塩酸

栃木県
令和２年度実施

〔法規・共通問題〕
(一般・農業用品目・特定品目共通)

問１　次の記述は、法の条文の一部である。（　）の中に入れるべき字句の正しい組み合わせはどれか。

法第１条
　この法律は、毒物及び劇物について、（　Ａ　）の見地から必要な取締を行うことを目的とする。
法第２条
２　この法律で「劇物」とは、別表第二に掲げる物であつて、（　Ｂ　）及び（　Ｃ　）以外のものをいう。

	A	B	C
1	保健衛生上	医薬品	医薬部外品
2	保健衛生上	医薬部外品	危険物
3	保健衛生上	医薬品	危険物
4	公衆衛生上	医薬部外品	危険物
5	公衆衛生上	医薬品	医薬部外品

問２　特定毒物に関する次の記述のうち、誤っているものはどれか。
１：特定毒物使用者は、特定毒物を品目ごとに政令で定める用途以外の用途に供してはならない。
２：特定毒物使用者は、その使用することができる特定毒物以外の特定毒物を譲り受け、又は所持してはならない。
３：特定毒物研究者は、学術研究のためであっても特定毒物を製造することができない。
４：特定毒物研究者は、特定毒物を輸入することができる。

問３　法第３条の３に規定する興奮、幻覚又は麻酔の作用を有する毒物又は劇物（これらを含有する物を含む。）であって政令で定めるものとして、正しいものはどれか。
１：四アルキル鉛　　２：ピクリン酸　　３：ナトリウム
４：トルエン

問４　次の記述は、法の条文の一部である。（　）の中に入れるべき字句の正しい組み合わせはどれか。

法第３条の４
　（　Ａ　）、（　Ｂ　）又は爆発性のある毒物又は劇物であつて政令で定めるものは、業務その他正当な理由による場合を除いては、（　Ｃ　）してはならない。

	A	B	C
1	拡散性	残留性	所持
2	揮発性	残留性	販売
3	揮発性	発火性	販売
4	引火性	残留性	販売
5	引火性	発火性	所持

問５　次の記述は、法の条文の一部である。（　　）の中に入れるべき字句の正しい組み合わせはどれか。

法第３条第３項
毒物又は劇物の販売業の登録を受けた者でなければ、毒物又は劇物を販売し、（ Ａ ）し、又は販売若しくは（ Ａ ）の目的で貯蔵し、（ Ｂ ）し、若しくは（ Ｃ ）してはならない。

	A	B	C
1	授与	保管	陳列
2	授与	保管	所持
3	授与	運搬	陳列
4	譲渡	運搬	所持
5	譲渡	保管	所持

問６　毒物又は劇物の営業の登録に関する次の記述のうち、正しいものはどれか。

１：製造業又は輸入業の登録は、５年ごとに、販売業の登録は、６年ごとに、更新を受けなければ、その効力を失う。
２：製造業又は輸入業の登録は、５年ごとに、販売業の登録は、７年ごとに、更新を受けなければ、その効力を失う。
３：製造業又は輸入業の登録は、３年ごとに、販売業の登録は、７年ごとに、更新を受けなければ、その効力を失う。
４：製造業又は輸入業の登録は、３年ごとに、販売業の登録は、６年ごとに、更新を受けなければ、その効力を失う。

問７　毒物劇物取扱責任者に関する次の記述について、正しい組み合わせはどれか。

Ａ：毒物劇物取扱者試験に合格しても、毒物劇物に関する２年以上の実務経験がなければ、毒物劇物取扱責任者になることができない。
Ｂ：毒物劇物取扱者試験に合格しても、18 歳未満の者は毒物劇物取扱責任者になることはできない。
Ｃ：一般毒物劇物取扱者試験に合格した者は、農業用品目販売業の毒物劇物取扱責任者になることはできない。
Ｄ：毒物劇物営業者は、毒物又は劇物を直接に取り扱わない店舗には、毒物劇物取扱責任者を置かなくてもよい。

1	ＡとＢ
2	ＡとＣ
3	ＢとＣ
4	ＢとＤ
5	ＣとＤ

問８　毒物劇物営業者が、毒物又は劇物の容器及び被包に表示しなければならないものとして、正しい組み合わせはどれか。

Ａ：「医薬用外」の文字及び赤地に白色をもって「毒物」の文字
Ｂ：「医薬用外」の文字及び白地に赤色をもって「劇物」の文字
Ｃ：「医薬用外」の文字及び白地に赤色をもって「毒物」の文字
Ｄ：「医薬用外」の文字及び赤地に白色をもって「劇物」の文字

1	ＡとＢ
2	ＡとＤ
3	ＢとＣ
4	ＣとＤ

問９　毒物劇物営業者が、その容器及び被包に解毒剤の名称を表示したものでなければ、販売し、又は授与することができない毒物又は劇物として、正しいものはどれか。

１：無機シアン化合物　　２：砒（ひ）素化合物　　３：有機燐（りん）化合物
４：カドミウム化合物

問 10　次の記述は、法の条文の一部である。（　）の中に入れるべき字句の正しい組み合わせはどれか。

法第 14 条
毒物劇物営業者は、毒物又は劇物を他の毒物劇物営業者に販売し、又は授与したときは、その都度、次に掲げる事項を書面に記載しておかなければならない。
一 毒物又は劇物の名称及び（ A ）
二 販売又は授与の（ B ）
三 譲受人の氏名、（ C ）及び住所（法人にあつては、その名称及び主たる事務所の所在地）

	A	B	C
1	数量	年月日	職業
2	成分	年月日	職業
3	数量	方法	年齢
4	成分	方法	年齢
5	数量	目的	職業

栃木県

問 11　法第 22 条に規定する業務上取扱者の届出の必要性について、正しい組み合わせはどれか。

A：無機シアン化合物たる毒物を使用して電気めっきを行う事業
B：無機シアン化合物たる毒物を使用して金属熱処理を行う事業
C：砒（ひ）素化合物たる毒物を使用してしろありの防除を行う事業

	A	B	C
1	不要	不要	要
2	要	要	要
3	不要	要	不要
4	要	不要	要
5	要	不要	不要

問 12　毒物劇物販売業の店舗の設備の基準に関する次の記述について、正しい組み合わせはどれか。

A：毒物又は劇物を陳列する場所には、かぎをかける設備が必要である。ただし、その場所が性質上かぎをかけることができないものであるときは、この限りでない。
B：毒物又は劇物の貯蔵は、かぎをかける設備があれば、その他の物と区分しなくてもよい。
C：毒物又は劇物を貯蔵するタンク、ドラムかん、その他の容器は、毒物又は劇物が飛散し、漏れ、又はしみ出るおそれのないものであること。
D：毒物又は劇物の運搬用具は、毒物又は劇物が飛散し、漏れ、又はしみ出るおそれがないものであること。

1	AとB
2	AとD
3	BとC
4	CとD

問 13　次の記述は、法の条文の一部である。（　）の中に入れるべき字句として、正しいものはどれか。

法第 11 条第 4 項
毒物劇物営業者及び特定毒物研究者は、毒物又は厚生労働省令で定める劇物については、その容器として、（　）の容器として通常使用される物を使用してはならない。

1：医薬品　　2：飲食物　　3：爆発物　　4：可燃物　　5：危険物

問 14　硫酸を車両を使用して１回につき 5,000 キログラム以上を運搬する場合の運搬方法に関する次の記述の正誤について、正しい組み合わせはどれか。

A：車両に掲げる標識は、0.3 メートル平方の板に地を黒色、文字を白色として「劇」と表示しなければならない。
B：車両に掲げる標識は、車両の前後の見やすい箇所に掲げなければならない。
C：車両には、事故の際に講じなければならない応急の措置の内容を記載した書面を備えなければならない。
D：車両には、防毒マスク、ゴム手袋その他事故の際に応急の措置を講ずるために必要な保護具を１人分備えなければならない。

	A	B	C	D
1	誤	正	誤	正
2	正	誤	正	正
3	正	正	誤	正
4	誤	正	正	誤
5	誤	誤	正	誤

栃木県

問 15　法第２条第３項に規定する「特定毒物」に該当するものとして、正しい組み合わせはどれか。

A：モノフルオール酢酸　　B：モノクロル酢酸　　C：四アルキル鉛
D：四塩化炭素

1	AとB
2	AとC
3	BとD
4	CとD

〔基礎化学・共通問題〕
(一般・農業用品目・特定品目共通)

問 16　同位体に関する次の記述のうち、正しいものはどれか。

1：同位体どうしは、質量数が同じである。
2：^{2}H（重水素）には２個の、^{3}H（三重水素）には３個の中性子を含む。
3：化石に残る ^{14}C の割合を調べることにより、その生物が生きていたおおよその年代を推測することができる。

問 17　0.1 mol/L の硫酸水溶液 10 mL を中和するのに必要な 0.05 mol/L の水酸化ナトリウム水溶液は何 mL か。

1：2　　2：4　　3：10　　4：20　　5：40

問 18　酸と塩基に関する次の記述のうち、正しいものはどれか。

1：水素イオン濃度が 10^{-9} mol/L である水溶液は、酸性である。
2：アレニウスの定義では、塩基とは、水に溶けて水酸化物イオンを生じる物質である。
3：電離度の小さい弱酸や弱塩基の水溶液は、電離度の大きい強酸や強塩基の水溶液と比較し、電気を通しやすい。

問 19　次の元素うち、アルカリ土類金属はどれか。

1：Ca　　2：O　　3：Br　　4：Na

問20　標準状態で44.8　LのプロパンC_3H_8を完全燃焼させたときに生成する二酸化炭素は何 g か。（ただし、原子量は、H＝1、C＝12、O＝16とし、標準状態での1 mol の気体の体積は、22.4 Lとする。）

1：44　　2：88　　3：132　　4：264　　5：396

問21　0.001 mol/L の水酸化ナトリウム水溶液の pH として、最も適当なものはどれか。ただし、電離度は1とする。

1：3　　2：11　　3：12　　4：13

問22　イオン化傾向に関する次の記述のうち、正しいものはどれか。

1：カルシウムのイオン化傾向は、亜鉛より大きい。
2：ナトリウムは常温の水と反応して、水酸化物を生じて酸素を発生する。
3：イオン化傾向が小さな金属は、空気中の酸素と激しく反応して酸化物になる。

栃木県

問23　次のうち、原子核のまわりの電子数で、L殻に収容できる電子の最大数はどれか。

1：2　　2：8　　3：18　　4：32

問24　酸化と還元に関する次の記述のうち、正しいものはどれか。

1：原子が電子を受け取ったとき、その原子は還元されたという。
2：還元剤は、反応相手の物質より還元されやすい物質である。
3：過酸化水素は、必ず酸化剤として働き、還元剤として働くことはない。

問25　窒素とその化合物に関する次の記述のうち、正しいものはどれか。

1：窒素分子内の非共有電子対は3組存在する。
2：銅と濃硝酸を反応させたとき、赤褐色の気体である二酸化窒素が発生する。
3：アンモニアは、水によく溶け、その溶液はフェノールフタレイン溶液を滴下すると青色に呈色する。

問26　次のうち、青緑色の炎色反応を示すものはどれか。

1：Ｃｕ　　2：Ｌｉ　　3：Ｓｒ　　4：Ｋ

問27　次のうち、物質の状態変化について正しいものはどれか。

1：液体から固体への変化を凝縮という。
2：固体から液体への変化を昇華という。
3：固体から気体への変化を融解という。
4：液体から気体への変化を蒸発という。

問28　次のうち、極性分子はどれか。

1：H_2　　2：H_2O　　3：CH_4　　4：CO_2

問29　次の記述に該当する化学の法則はどれか。

「すべての気体は、同温・同圧のとき、同体積中に同数の分子を含む。」

1：アボガドロの法則　　2：ヘンリーの法則　　3：シャルルの法則
4：ボイルの法則

問 30　次のうち、化学変化に該当する反応はどれか。

1：ドライアイスがすべて気体になった。
2：コーヒーに砂糖を溶かした。
3：水を電気分解した。
4：食塩水を蒸留して純水を作った。

〔実地試験・選択問題〕

（一般）

問 31 ～問 34　次の物質の廃棄方法として、最も適当なものを下の選択肢から選びなさい。

問 31 一酸化鉛　　問 32 臭素　　問 33 アクリルアミド　　問 34 キシレン

栃木県

【選択肢】

1：硅(けい)そう土等に吸収させて開放型の焼却炉で少量ずつ焼却する。
2：アフターバーナーを具備した焼却炉で焼却する。水溶液の場合は、木粉（おが屑(くず)）等に吸収させて同様に処理する。
3：セメントを用いて固化し、溶出試験を行い、溶出量が判定基準以下であることを確認して埋立処分する。
4：水酸化ナトリウム水溶液中に少量ずつ滴下し多量の水で希釈して処理する。

問 35 ～問 38　次の物質の貯蔵方法として、最も適当なものを下の選択肢から選びなさい。

問 35 クロロホルム　　問 36 黄燐(りん)　　問 37 過酸化水素　　問 38 ピクリン酸

【選択肢】

1：少量ならば褐色ガラス瓶、大量ならばカーボイ等を使用し、３分の１の空間を保って貯蔵する。直射日光を避け、冷所に、有機物、金属塩、樹脂、油類、その他有機性蒸気を放出する物質と引き離して貯蔵する。
2：空気に触れると発火しやすいので、水中に沈めて瓶に入れ、さらに砂を入れた缶中に固定して、冷暗所に貯える。
3：純品は空気と日光によって変質するので、少量のアルコールを加えて分解を防止し、冷暗所に貯える。
4：火気に対し安全で隔離された場所に、硫黄、ヨード、ガソリン、アルコール等と離して保管する。金属容器を使用しない。

問 39 ～問 42　次の物質の主な用途として、最も適当なものを下の選択肢から選びなさい。

問 39 砒(ひ)素　　問 40 水酸化ナトリウム　　問 41 アセトニトリル
問 42 アジ化ナトリウム

【選択肢】

1：散弾の製造、花火の製造
2：有機合成出発原料、合成繊維の溶剤
3：試薬・医療検体の防腐剤、エアバッグのガス発生剤
4：石けん製造、パルプ工業、試薬、農薬

問 43 ～問 45　次の物質の毒性として、最も適当なものを下の選択肢から選びなさい。

問 43　弗(ふっ)化水素酸　　問 44　ホルムアルデヒド　　問 45　トルエン

【選択肢】

1：蒸気は粘膜を刺激し、鼻カタル、結膜炎、気管支炎等を起こさせる。
2：皮膚に触れると激しい痛みを生じ、著しく腐食させる。
3：蒸気の吸入により頭痛、食欲不振等がみられる。大量では緩和な大赤血球性貧血を来す。

問 46 ～問 47　トリクロル酢酸の性状及び識別方法として、最も適当なものを下の選択肢から選びなさい。

問 46　性状

【選択肢】

1：淡黄色無臭の結晶で苦味がある。急激な加熱や打撃により爆発する。
2：無色の潮解性結晶でわずかに特徴的な刺激臭をもつ。水、アルコール、エーテルに溶けやすい。
3：銀白色の固体であり、水とは激しく反応する。
4：灰白色の粉末で、吸湿性で空気中の水分を吸ってしだいに青色を呈する。

問 47　鑑別方法

【選択肢】

1：温飽和水溶液は、シアン化カリウム溶液によって暗赤色を呈する。
2：水に溶かして硝酸バリウムを加えると、白色の沈殿を生じる。
3：黄色の炎色反応を示す。
4：水酸化ナトリウム溶液を加えて熱すれば、クロロホルムの臭気を放つ。

問 48 ～ 50　次の物質を多量に漏えいした時の措置として、最も適切なものを下の選択肢から選びなさい。

問 48　塩酸　　問 49　ホルムアルデヒド水溶液　　問 50　酢酸エチル

【選択肢】

1：土砂等でその流れを止め、安全な場所に導いて遠くからホース等で多量の水をかけ、十分に希釈して洗い流す。
2：土砂等でその流れを止め、これに吸着させるか、又は安全な場所に導いて遠くから徐々に注水してある程度希釈した後、消石灰、ソーダ灰等で中和し、多量の水を用いて洗い流す。
3：土砂等でその流れを止め、安全な場所へ導いた後、液の表面を泡等で覆い、できるだけ空容器に回収する。そのあとは多量の水を用いて洗い流す。

（農業用品目）

問 31　Ｏ－エチル＝Ｓ－１－メチルプロピル＝（２－オキソ－３－チアゾリジニル）ホスホノチオアート（別名ホスチアゼート）に関する次の記述について、正しいものはどれか。

１：無色無臭の透明な油状液体で比重が極めて大きく（約 1.84）、腐食性が大きい。
２：無色～淡黄色の油状液体で強い刺激臭があり、催涙性がある。水にはわずかに溶け、ベンゼン、二硫化炭素、無水アルコールに溶ける。
３：揮発性の液体で鼻をさすような刺激臭があり、アルカリ性を示す。
４：弱いメルカプタン臭のある淡褐色液体であり、水に溶けにくい。

問 32　クロルピクリンに関する次の記述の正誤について、正しい組み合わせはどれか。

Ａ：有機リン製剤の一種である。
Ｂ：血液に入るとメトヘモグロビンを作り、中枢神経や心臓、眼結膜を侵し、肺にも強い障害を与える。
Ｃ：白色の結晶で水に溶けやすい。

	A	B	C
1	正	正	正
2	正	誤	誤
3	誤	誤	正
4	誤	正	誤

栃木県

問 33 ニコチンについて、（　）の中に入れるべき字句の正しい組み合わせはどれか。

純品は、（ Ａ ）色無臭の（ Ｂ ）体であるが、空気中で速やかに（ Ｃ ）色となる。

	A	B	C
1	白	固	無
2	無	固	褐
3	白	液	無
4	無	液	褐

問 34　硫酸を含有する製剤が劇物の指定から除外される上限の硫酸の濃度（%）について、正しいものはどれか。

１：20　　２：10　　３：１　　４：0.5

問 35 ～ 37　次の物質の毒性として、最も適当なものを下の選択肢から選びなさい。

問 35　塩素酸ナトリウム
問 36　ジメチル－２，２－ジクロルビニルホスフェイト（別名ＤＤＶＰ）
問 37　シアン化ナトリウム

【選択肢】

１：急性毒性の当初は顔面蒼白等の貧血症状が主体であり、次いで、数時間の潜伏期のあとにチアノーゼが現れる。さらに、腎臓の尿路系症状（乏尿、無尿、腎不全）を誘発する。
２：コリンエステラーゼ阻害作用があり、急性期の臨床症状では、縮瞳、消化器症状、皮膚、粘膜からの分泌亢進、筋線維性痙攣（けいれん）などを引き起こす。
３：主にミトコンドリアの呼吸酵素の阻害作用が誘発されるため、エネルギー消費の多い中枢神経に影響が現れる。吸入すると、頭痛、めまい、悪心、意識不明、呼吸麻痺を起こす。

問 38 ～ 40　次の物質の貯蔵方法として、最も適当なものを下の選択肢から選びなさい。

問 38　ロテノン　　問 39　シアン化カリウム　　問 40　ブロムメチル

【選択肢】

1：酸素によって分解し、殺虫効力を失うため、製剤は空気と光線を遮断して貯蔵する。
2：光を遮り少量ならばガラス瓶、多量ならばブリキ缶あるいは鉄ドラム缶を用い、酸類とは離して、空気の流通の良い乾燥した冷所に密封して貯蔵する。
3：常温では気体なので、圧縮冷却して液化し、圧縮容器に入れ、直射日光、その他温度上昇の原因を避けて、冷暗所に貯蔵する。

栃木県

問 41 ～ 42　次の物質が漏えいした時の措置として、最も適当なものを下の選択肢から選びなさい。

問 41　クロルピクリン　　問 42　シアン化カリウム

【選択肢】

1：少量の場合は、布で拭き取るかまたはそのまま風にさらして蒸発させる。多量の場合は、土砂等でその流れを止め、多量の活性炭または消石灰を散布して覆い、専門家の指示により処理する。
2：漏えいした液は土砂等でその流れを止め、安全な場所に導き、空容器にできるだけ回収し、そのあとを消石灰等の水溶液を用いて処理し、多量の水を用いて洗い流す。洗い流す場合には中性洗剤等の分散剤を使用して洗い流す。
3：飛散したものは空容器にできるだけ回収する。砂利等に付着している場合は、砂利等を回収し、そのあとに水酸化ナトリウム、ソーダ灰等の水溶液を散布してアルカリ性（pH11 以上）とし、さらに酸化剤の水溶液で酸化処理を行い、多量の水を用いて洗い流す。

問 43 ～ 46　次の物質の主な用途として、最も適当なものを下の選択肢から選びなさい。

問 43 沃（よう）化メチル
問 44 ブロムメチル
問 45　1，1’－ジメチル－4，4’－ジピリジニウムヒドロキシド（別名パラコート）
問 46　2－イソピロピル－4－メチルピリミジル－6－ジエチルチオホスフエイト（別名ダイアジノン）

【選択肢】

1：除草剤　　2：接触性殺虫剤　　3：燻蒸（くんじょう）剤　　4：殺菌剤

問 47　1，1’－ジメチル－4，4’－ジピリジニウムヒドロキシド（別名パラコート）の廃棄方法として、最も適当なものはどれか。

1：多量の水で希釈して処理する。
2：酸化剤を加えて酸化分解して処理する。
3：木粉（おが屑（くず））等に吸収させて、アフターバーナー及びスクラバーを具備した焼却炉で焼却する。
4：酸またはアルカリで中和し、大量の水で希釈して処理する。

問 48　S－メチル－N－［(メチルカルバモイル）－オキシ］－チオアセトイミデート（別名メトミル）の廃棄方法として、最も適当なものはどれか。

1：還元剤の溶液を加えて中和し、多量の水で希釈して処理する。
2：水酸化ナトリウム水溶液等と加温して加水分解する。
3：難溶性の沈殿を生じさせる水溶液に加えて沈殿させた後、ろ過して埋立処分する。
4：セメントで固化し、埋立処分する。

問 49 シアン化ナトリウムの廃棄方法として、最も適当なものはどれか。

1：水酸化ナトリウム水溶液等でアルカリ性とし、高温加圧下で加水分解する。
2：消石灰などで沈殿させた後、セメントで固化し、埋立処分する。
3：還元剤を添加するなどして焙焼（ばいしょう）し、金属として回収する。
4：酸化分解後中和し、沈殿ろ過した後、埋立処分する。

栃木県

問 50　アンモニア水の識別方法について、（　　）の中に入れるべき字句の正しい組み合わせはどれか。

濃塩酸をうるおしたガラス棒を近づけると（ A ）い霧を生じる。
塩酸を加えて中和した後、塩化白金溶液を加えると、（ B ）色、結晶性の沈殿を生じる。

	A	B
1	白	緑
2	黒	黄
3	白	黄
4	無	緑

（特定品目）

問 31 ～ 33　次の物質の廃棄方法として、最も適当なものを下の選択肢から選びなさい。

問 31　硫酸　　問 32　硅弗化（けいふっ）ナトリウム　　問 33　アンモニア

【選択肢】

1：徐々に石灰乳等の攪拌（かくはん）溶液に加えて中和させた後、多量の水で希釈して処理する。
2：水で希薄な水溶液とし、酸（希塩酸、希硫酸等）で中和させた後、多量の水で希釈して処理する。
3：水に溶かし、消石灰等の水溶液を加えて処理した後、希硫酸で中和し、沈殿濾過（ろか）して埋立処分を行う。
4：硅（けい）そう土等に付着させて焼却する。

問 34 ～ 36　次の物質を多量に漏えいした時の措置として、最も適当なものを下の選択肢から選びなさい。

問 34　塩酸　　問 35　ホルムアルデヒド水溶液　　問 36　酢酸エチル

【選択肢】

1：土砂等でその流れを止め、安全な場所に導いて遠くからホース等で多量の水をかけ、十分に希釈して洗い流す。
2：土砂等でその流れを止め、これに吸着させるか、又は安全な場所に導いて遠くから徐々に注水してある程度希釈した後、消石灰、ソーダ灰等で中和し、多量の水を用いて洗い流す。
3：土砂等でその流れを止め、安全な場所へ導いた後、液の表面を泡等で覆い、できるだけ空容器に回収する。そのあとは多量の水を用いて洗い流す。

問 37 ～ 39　次の物質の主な用途として、最も適当なものを下の選択肢から選びなさい。

問 37　過酸化水素水　　問 38　キシレン　　問 39　硅弗化(けいふつ)ナトリウム

【選択肢】

1：釉薬(ゆうやく)、殺虫剤
2：溶剤、染料中間体等の有機合成原料及び試薬
3：羽毛、綿糸等の漂白剤

問 40 ～ 42　次の物質の識別方法として、最も適当なものを下の選択肢から選びなさい。

問 40　四塩化炭素　　問 41　メタノール　　問 42　一酸化鉛

【選択肢】

1：アルコール性の水酸化カリウムと銅粉とともに煮沸すると、黄赤色の沈殿を生ずる。
2：水溶液を白金線につけて無色の火炎中に入れると、火炎は黄色に染まる。
3：サリチル酸と濃硫酸とともに熱すると、芳香あるエステルを生ずる。
4：希硝酸に溶かすと無色の液となり、これに硫化水素を通じると黒色の沈殿を生ずる。

問 43 ～ 44　次の物質の性状等として、最も適当なものを下の選択肢から選びなさい。

問 43　トルエン　　問 44　メチルエチルケトン

【選択肢】

1：一般に流通しているのは二水和物で無色の結晶であり、ベンゼンにほとんど溶けない。
2：無色の液体で、アセトン様の臭気がある。水に可溶で、引火性である。
3：無色の液体で、ベンゼン様の臭気がある。水に溶けにくく、引火性である。

問 45 ～ 47　次の物質の毒性として、最も適当なものを下の選択肢から選びなさい。

問 45　水酸化カリウム　　問 46　クロム酸カリウム　　問 47　クロロホルム

【選択肢】

1：脳の節細胞を麻酔させ、赤血球を溶解する。吸収すると、はじめは嘔吐(おうと)、瞳孔の縮小、運動性不安が現れ、次いで脳及びその他の神経細胞を麻酔させる。
2：慢性中毒症として、接触性皮膚炎、穿孔(せんこう)性潰瘍（特に鼻中隔穿孔）、アレルギー性湿疹等があげられる。
3：濃厚水溶液は、皮膚に触れると激しく侵し、これを飲めば死に至る。また、ミストを吸入すると呼吸器官を侵し、目に入った場合には失明の恐れがある。

問 48 ～ 49　次の物質の貯蔵方法として、最も適当なものを下の選択肢から選びなさい。

問 48 水酸化ナトリウム　　問 49 クロロホルム

【選択肢】

1：冷暗所に貯える。純品は空気と日光によって変質するため、少量のアルコールを加えて分解を防止する。
2：炭酸ガスと水を吸収する性質が強いため、密栓して貯蔵する。
3：亜鉛又は錫（すず）メッキをした鋼鉄製容器で保管し、高温に接しない場所に保管する。

問 50　塩素に関する次の記述の正誤について、正しい組み合わせはどれか。

A：紙・パルプの漂白剤として用いられる。
B：窒息性の臭気をもつ緑黄色の気体である。
C：多量のアルカリ水溶液中に吹き込んだあと、多量の水で希釈して廃棄する。

	A	B	C
1	正	正	正
2	正	誤	正
3	正	誤	誤
4	誤	誤	正
5	誤	正	誤

群馬県
令和２年度実施

〔法　規〕
(一般・農業用品目・特定品目共通)

問１　次の文は、毒物及び劇物取締法第２条第１項の記述である。(　　)にあてはまる語句の組合せのうち、正しいものはどれか。

この法律で「毒物」とは、別表第一に掲げる物であって、(ア)及び(イ)以外のものをいう。

	ア	イ
1	劇物	特定毒物
2	劇物	危険物
3	医薬品	医療機器
4	医薬品	医薬部外品

問２　次のうち、毒物及び劇物取締法第３条の３の規定により、興奮、幻覚又は麻酔の作用を有する毒物又は劇物(これらを含有する物を含む。)として政令で定められており、みだりに摂取し、若しくは吸入し、又はこれらの目的で所持してはならならないものとして、正しいものの組合せはどれか。

ア　クロロホルム　　イ　メチルエチルケトン
ウ　メタノールを含有するシンナー　　エ　トルエン

1 (ア，イ)　2 (ア，ウ)　3 (イ，エ)　4 (ウ，エ)

問３　次の文は、毒物及び劇物取締法第21条第１項に規定する、登録が失効した場合等の措置について記述したものである。(　　)にあてはまる語句の組合せのうち、正しいものはどれか。

毒物劇物営業者、特定毒物研究者又は特定毒物使用者は、その営業の登録若しくは特定毒物研究者の許可が効力を失い、又は特定毒物使用者でなくなったときは、(ア)以内に、現に所有する(イ)の(ウ)を届け出なければならない。

	ア	イ	ウ
1	15日	全ての毒物及び劇物	品名及び数量
2	15日	特定毒物	品名及び廃棄方法
3	15日	特定毒物	品名及び数量
4	30日	全ての毒物及び劇物	品名及び廃棄方法

問４　次の文は、毒物又は劇物の譲渡手続について記述したものである。記述の正誤について、正しい組合せはどれか。

ア　毒物劇物営業者は、他の毒物劇物営業者に劇物を譲渡する場合に限り、譲渡に係る書面や電磁的記録を作成する必要はない。

イ　毒物劇物営業者は、劇物を以前譲渡した者に対して、同じ劇物を譲渡する場合、毒物及び劇物取締法第14条第１項に規定する譲渡に係る書面の記載事項の一部を省略することができる。

ウ　電磁的方法を使用しない場合、毒物劇物営業者は、譲受人から毒物及び劇物取締法第14条第１項に掲げる事項を記載、押印した書面の提出を受けなければ、毒物又は劇物を毒物劇物営業者以外の者に販売し、又は授与してはならない。

	ア	イ	ウ
1	正	誤	誤
2	正	正	正
3	誤	誤	正
4	誤	正	誤

問5　次の事項のうち、毒物及び劇物取締法第12条第2項の規定により、毒物又は劇物の製造業者又は輸入業者が有機燐(りん)化合物たる毒物及び劇物を販売又は授与するときに、その容器及び被包に表示しなければならないものとして、正しいものの組合せはどれか。

ア 毒物又は劇物の成分及びその含量　　イ 毒物又は劇物の名称
ウ 厚生労働省令で定めるその解毒剤の名称　　エ 毒物又は劇物の廃棄方法
オ 製造業者又は輸入業者の氏名及び住所　　カ 毒物又は劇物の保管方法

1（ア，イ，ウ，エ）　　2（ア，イ，ウ，オ）
3（ア，ウ，オ，カ）　　4（イ，エ，オ，カ）

問6　次の事項は、毒物及び劇物取締法第22条第1項の規定により、業務上取扱者の届出をしなければならない事業について記述したものである。記述の正誤について、正しい組合せはどれか。

ア 最大積載量が5,000キログラムの自動車に固定された容器を用いてアセトニトリルを運送する事業
イ シアン化ナトリウムを使用して金属熱処理を行う事業
ウ 亜砒(ひ)酸を使用してしろありの防除を行う事業
エ シアン化銅を使用して電気めっきを行う事業

	ア	イ	ウ	エ
1	正	正	正	正
2	正	正	誤	誤
3	誤	正	正	正
4	誤	誤	正	誤

群馬県

問7　次の文は、特定毒物について記述したものである。正しいものはどれか。

1 特定毒物研究者は、特定毒物を使用することはできるが、製造することはできない。
2 特定毒物研究者は、毒物又は劇物の一般販売業者に特定毒物を譲り渡すことができる。
3 特定毒物研究者として許可を受けるためには、毒物劇物取扱責任者の資格が必要である。
4 毒物劇物営業者又は特定毒物研究者は、特定毒物使用者に対し、その者が使用することができる特定毒物以外の特定毒物を譲り渡すことができる。

問8　次の文は、毒物劇物営業者の営業の登録等について記述したものである。記述の正誤について、正しい組合せはどれか。

ア 毒物又は劇物の輸入業の登録を受けていれば、毒物又は劇物の販売業の登録を受けなくても、その輸入した毒物又は劇物を、他の毒物劇物営業者に販売することができる。
イ 毒物又は劇物の販売業の登録は、同一都道府県内の同一法人が営業する店舗の場合、主たる店舗(本店)が販売業の登録を受けていれば、他の店舗(支店)は、販売業の登録を受けなくても、毒物又は劇物を販売することができる。
ウ 毒物又は劇物の製造業又は輸入業の登録は、5年ごとに、販売業の登録は、6年ごとに、更新を受けなければ、その効力を失う。
エ 毒物又は劇物の製造業者又は輸入業者は、登録を受けた品目である毒物又は劇物以外の毒物又は劇物を製造し、又は輸入したときは、30日以内に新たに製造し、又は輸入した品目を届け出なければならない。

	ア	イ	ウ	エ
1	正	誤	正	誤
2	誤	誤	正	正
3	正	誤	誤	正
4	誤	正	誤	誤

問９　次の文は、毒物劇物営業者の設備の基準について記述したものである。記述の正誤について、正しい組合せはどれか。

ア　毒物又は劇物の製造所における、貯水池その他容器を用いないで毒物又は劇物を貯蔵する設備は、毒物又は劇物が飛散し、地下にしみ込み、又は流れ出るおそれがないものであること。
イ　毒物又は劇物の運搬用具は、毒物又は劇物が飛散し、漏れ、又はしみ出るおそれがないものであること。
ウ　毒物又は劇物の販売業の店舗における、毒物又は劇物を貯蔵する場所が、性質上かぎをかけることができないものであるときは、その周囲に、関係者以外の立入を禁止する表示があること。
エ　毒物又は劇物の輸入業の営業所は、毒物又は劇物を含有する粉じん、蒸気又は廃水の処理に要する設備又は器具を備えていること。

	ア	イ	ウ	エ
1	正	正	誤	誤
2	正	正	正	正
3	誤	正	正	誤
4	誤	誤	誤	正

問10　次の文は、毒物及び劇物取締法第７条第１項の記述の一部である。（　　）にあてはまる語句の組合せのうち、正しいものはどれか。

毒物劇物営業者は、毒物又は劇物を（ ア ）に取り扱う製造所、営業所又は店舗ごとに、（ イ ）の毒物劇物取扱責任者を置き、毒物又は劇物による（ ウ ）上の危害の防止に当たらせなければならない。

	ア	イ	ウ
1	継続的	専任	公衆衛生
2	継続的	特定	保健衛生
3	直接	専任	保健衛生
4	直接	特定	公衆衛生

群馬県

〔基礎化学〕
（一般・農業用品目・特定品目共通）

問１　次の元素のうち、イオン化傾向が最も大きいものはどれか。

1　カルシウム(Ca)　　2　アルミニウム(Al)　　3　鉛(Pb)　　4　ニッケル(Ni)

問２　次の文は、アルコールについて記述したものである。正しいものの組合せはどれか。

ア　エタノールは第１級アルコールである。
イ　２−プロパノールは第３級アルコールである。
ウ　第２級アルコールを酸化するとアルデヒドを経てカルボン酸になる。
エ　第３級アルコールは酸化されにくい。

1（ア，イ）　2（ウ，エ）　3（ア，エ）　4（イ，ウ）

問３　次の文は、物質の三態について記述したものである。（　　）にあてはまる語句の組合せのうち、正しいものはどれか。

a　物質が組成を変えずに、熱や圧力によって状態(固体・液体・気体)が変わることを（ ア ）変化という。
b　固体が液体を経ないで直接気体になる現象を（ イ ）という。
c　常圧のもとで、固体が液体になる温度を（ ウ ）という。

	ア	イ	ウ
1	化学	気化	融点
2	物理	気化	沸点
3	化学	昇華	沸点
4	物理	昇華	融点

問4　1.0mol/L 水酸化ナトリウム水溶液が 50mL ある。ここに 1.0mol/L 硫酸を加えて過不足なく中和したい。何 mL の硫酸を加えればよいか。

1　10mL　　2　25mL　　3　50mL　　4　100mL

問5　次の pH 指示薬を、pH の異なる無色透明の水溶液に加えたときに呈する色の組合せの正誤について、正しい組合せはどれか。

	pH 指示薬	酸性(pH3.0)	アルカリ性(pH11.0)
ア	フェノールフタレイン	青	赤
イ	メチルオレンジ	黄	赤
ウ	ブロムチモールブルー	黄	青

群馬県

	ア	イ	ウ
1	誤	正	誤
2	正	誤	誤
3	誤	誤	正
4	正	正	正

〔性質及び貯蔵その他取扱方法〕

※ 注意事項
問題文中の薬物の性状等に関する記述について、特に温度等の条件に関する記載がない場合は、常温常圧下における性状等について記述しているものとする。

(一般)

問1　次の毒物のうち、特定毒物に該当するものとして、正しいものの組合せはどれか。

ア　パラコート(※1)　　イ　砒(ひ)素　　ウ　四アルキル鉛
エ　燐(りん)化アルミニウムとその分解促進剤とを含有する製剤

1（ア，イ）　2（イ，ウ）　3（ウ，エ）　4（ア，エ）

(※1) 1，1′ －ジメチル－4，4′ －ジピリジニウムヒドロキシドの別名

問2　次の薬物とその主な用途の組合せのうち、正しいものの組合せはどれか。

	薬物	主な用途
ア	チオセミカルバジド	ロケット燃料
イ	クロルピクリン	土壌燻(くん)蒸
ウ	チメロサール	殺菌消毒薬
エ	ナラシン	ガラスの脱色

1（ア，イ）　2（ア，エ）　3（イ，ウ）　4（ウ，エ）

問３　次の文は、薬物とその性質等について記述したものである。正しいものの組合せはどれか。

ア　ピロリン酸第二銅は、無色の結晶性粉末であり、殺鼠（そ）剤として用いられる。
イ　セレン化水素は、茶褐色の粉末であり、酸化剤として使用されるほか、電池の製造に用いられる。
ウ　ジメチルアミンは、強アンモニア臭を有する気体であり、界面活性剤原料として用いられる。
エ　メチルメルカプタンは、腐ったキャベツ様の悪臭を有する気体であり、付臭剤として用いられる。

１（ア，イ）　２（ア，ウ）　３（イ，エ）　４（ウ，エ）

問４　次のうち、トルエンに関する記述として、正しいものの組合せはどれか。

ア　無色透明、揮発性の液体である。果実様の芳香がある。
イ　蒸気の吸入により頭痛、食欲不振などを起こし、大量の場合は緩和な大赤血球性貧血を起こす。麻酔性は弱い。
ウ　引火しやすく、また、その蒸気は空気と混合して爆発性混合気体となるので、火気には近づけない。
エ　廃棄方法として、硅（けい）そう土等に吸着させて少量ずつ焼却する方法がある。

１（ア，イ）　２（ア，エ）　３（イ，ウ）　４（ウ，エ）

問５　次の薬物とその適切な貯蔵方法の組合せの正誤について、正しい組合せはどれか。

	薬物		貯蔵方法
ア	カリウム	—	水中に沈めて瓶に入れ、さらに砂を入れた缶中に固定して冷暗所に貯蔵する。
イ	ピクリン酸	—	鉄、銅、鉛等の金属容器を使用し、火気に対して安全で隔離された場所に、硫黄、ヨード、ガソリン、アルコール等と離して貯蔵する。
ウ	黄燐（りん）	—	空気中にそのまま貯蔵することはできないので、通常石油中に貯蔵する。
エ	臭素	—	少量ならば共栓ガラス瓶、多量ならばカーボイ、陶製壺等を使用し、冷所に濃塩酸、アンモニア水、アンモニアガス等と引き離して貯蔵する。

	ア	イ	ウ	エ
1	正	誤	正	誤
2	誤	正	正	正
3	誤	正	誤	誤
4	誤	誤	誤	正

問６　次の薬物とその主な中毒症状の組合せの正誤について、正しい組合せはどれか。

	薬物		主な中毒症状
ア	ピクリン酸	—	吸入すると、眼、鼻、口腔などの粘膜、気管に障害を起こし、皮膚に湿疹を生ずることがある。多量に服用すると、嘔吐（おうと）、下痢などを起こし、諸器官は黄色に染まる。
イ	クロロホルム	—	吸入すると、分解しないで組織内に吸収され、各器官に障害を与える。血液に入って、メトヘモグロビンを作り、また、中枢神経や心臓、眼粘膜を侵し、肺にも相当強い障害を与える。
ウ	砒（ひ）素	—	吸入すると、鼻、喉、気管支等の粘膜を刺激し、頭痛、めまい、悪心、チアノーゼを起こすことがある。重症な場合には血色素尿を排泄し、肺水腫を起こし、呼吸困難を起こす。

	ア	イ	ウ
1	正	誤	正
2	正	正	誤
3	誤	正	正
4	誤	誤	誤

問7　次の文は、薬物とその主な鑑別方法について記述したものである。正しいものの組合せはどれか。

ア　一酸化鉛は、希硝酸に溶かすと、無色の液となり、これに硫化水素を通すと、黒色の沈殿を生成する。
イ　ベタナフトールは、暗室で酒石酸又は硫酸酸性で水蒸気蒸留すると、冷却器あるいは流出管の内部に青白色の光が認められる。
ウ　水酸化ナトリウムは、その水溶液を白金線につけて無色の火炎中に入れると、火炎は著しく黄色に染まり、長時間続く。
エ　蓚酸は、その水溶液をアンモニア水で弱アルカリ性にして塩化カルシウムを加えると、青色の沈殿を生成する。

1（ア，イ）　2（ア，ウ）　3（イ，エ）　4（ウ，エ）

問8　次の薬物とその適切な廃棄方法の組合せの正誤について、正しい組合せはどれか。

	薬物		廃棄方法
ア	五酸化バナジウム	—	多量の場合は、炭酸ナトリウムを加え焙焼し、水又はアルカリ水溶液で抽出した後、化合物として回収する。
イ	亜塩素酸ナトリウム	—	還元剤(チオ硫酸ナトリウム等)の水溶液に希硫酸を加えて酸性にし、この中に少量ずつ投入する。反応終了後、反応液を中和し、多量の水で希釈して処理する。
ウ	シアン化カリウム	—	水酸化ナトリウム水溶液を加えてpH11 以上とし、酸化剤(次亜塩素酸ナトリウム等)の水溶液を加えて酸化分解する。シアン成分を分解したのち硫酸を加え中和し、多量の水で希釈して処理する。

	ア	イ	ウ
1	正	正	誤
2	正	正	正
3	誤	正	正
4	正	誤	正

問9　次の薬物とその適切な解毒剤又は治療薬の組合せのうち、正しいものはどれか。

	薬物		解毒剤又は治療薬
1	蓚酸塩	—	ＢＡＬ(※1)
2	有機塩素化合物	—	チオ硫酸ナトリウム
3	有機燐化合物	—	ＰＡＭ(※2)
4	砒素化合物	—	硫酸アトロピン

(※1)ジメルカプロールの別名
(※2)２－ピリジルアルドキシムメチオダイドの別名

問10　次の薬物とその漏えい時の措置の組合せの正誤について、正しい組合せはどれか。

	薬物		漏えい時の措置
ア	二硫化炭素	—	漏えいした液は土砂等に吸着させて取り除くか、又はある程度水で徐々に希釈した後、水酸化カルシウム、炭酸ナトリウム等で中和し、多量の水で洗い流す。
イ	シアン化水素	—	漏えいしたボンベ等を多量の水酸化ナトリウム水溶液に容器ごと投入してガスを吸収させ、さらに酸化処理を行い、多量の水で洗い流す。
ウ	重クロム酸ナトリウム	—	飛散したものは空容器にできるだけ回収し、そのあとを還元剤(硫酸第一鉄等)の水溶液を散布し、水酸化カルシウム、炭酸ナトリウム等の水溶液で処理した後、多量の水で洗い流す。
エ	酢酸エチル	—	多量に漏えいした場合、漏えいした液は土砂等でその流れを止め、安全な場所に導き水で覆った後、土砂等に吸着させて空容器に回収し、水封後密栓する。その後、多量の水で洗い流す。

	ア	イ	ウ	エ
1	正	正	誤	誤
2	正	誤	正	誤
3	誤	正	正	誤
4	誤	誤	誤	正

群馬県

(農業用品目)

問1　次の毒物又は劇物のうち、毒物又は劇物の農業用品目販売業者が販売できるものとして、正しいものの組合せはどれか。

ア　塩素酸塩類　　イ　ベンダイオカルブ　　ウ　水酸化ナトリウム
エ　四塩化炭素

1（ア，イ）　2（ア，ウ）　3（イ，エ）　4（ウ，エ）

問2　次の薬物とその主な用途の組合せの正誤について、正しい組合せはどれか。

	薬物		主な用途
ア	ナラシン	—	飼料添加物
イ	イソキサチオン	—	除草剤
ウ	燐(りん)化亜鉛	—	殺鼠(そ)剤
エ	ジメトエート	—	殺虫剤

	ア	イ	ウ	エ
1	誤	正	正	誤
2	正	正	誤	正
3	正	誤	正	正
4	誤	誤	正	正

問3　次の文は、薬物とその主な鑑別方法について記述したものである。記述の正誤について、正しい組合せはどれか。

ア　硫酸亜鉛は、水に溶かして硫化水素を通じると、白色の沈殿を生成する。
イ　硫酸銅は、水に溶かして硝酸バリウムを加えると、白色の沈殿を生成する。
ウ　ニコチンのエーテル溶液に、ヨードのエーテル溶液を加えると、褐色の液状沈殿を生成し、これを放置すると、赤色の針状結晶となる。

	ア	イ	ウ
1	正	正	正
2	正	正	誤
3	正	誤	正
4	誤	正	正

問４　次のうち、クロルピクリンの毒性に関する記述として、最も適当なものはどれか。

1　猛烈な神経毒を有し、急性中毒では吐き気、悪心、嘔吐（おうと）があり、ついで脈拍緩徐不整となり、発汗、縮瞳、呼吸困難、痙攣（けいれん）等をおこす。
2　吸入した場合、分解しないで組織内に吸収され、各器官に障害を与える。血液に入ってメトヘモグロビンをつくる。また、中枢神経や心臓、眼結膜をおかし、肺にも強い障害を与える。
3　激しい嘔吐（おうと）が繰り返され、胃部の疼痛を訴える。しだいに意識が混濁し、てんかん性痙攣（けいれん）、脈拍の遅緩、代謝性アルカローシス、チアノーゼ、血圧下降をきたす。死因は心臓障害による。
4　コリンエステラーゼ阻害作用により、神経系に影響を与え、頭痛、めまい、嘔吐（おうと）を発症し、重症の場合、縮瞳、全身の痙攣（けいれん）をおこすことがある。

問５　次のうち、ロテノンの貯蔵方法に関する記述として、最も適当なものはどれか。

1　揮発しやすいので、よく密栓して貯蔵する。
2　空気中の湿気に触れると徐々に分解し、有毒ガスを発生するので密封容器に貯蔵する。
3　空気中にそのまま保存することはできないので、石油中に保管する。
4　酸素によって分解するので、空気と光線を遮断して貯蔵する。

群馬県

問６　次の文は、薬物とその分類について記述したものである。正しいものはどれか。

1　イソフェンホスは、有機燐（りん）系農薬である。
2　ハルフェンプロックスは、カーバメート系農薬である。
3　メトミルは、ピレスロイド系農薬である。
4　テフルトリンは、カーバメート系農薬である。

問７　次の文は、DDVP について記述したものである。記述の正誤について、正しい組合せはどれか。

ア　赤褐色の固体である。
イ　有機燐（りん）系農薬に分類される。
ウ　農業用殺菌剤として用いられる。
エ　解毒剤は、２－ピリジルアルドキシムメチオダイド(別名：PAM)である。

	ア	イ	ウ	エ
1	正	誤	正	正
2	正	正	誤	誤
3	誤	正	正	誤
4	誤	正	誤	正

問８　次の(ａ)から(ｃ)の薬物と、その漏えい時の主な措置の組合せのうち、正しいものはどれか。

(ａ)シアン化カリウム　(ｂ)液化アンモニア　(ｃ)ダイアジノン

ア　付近の着火源となるものを速やかに取り除く。少量の漏えいの場合、濡れむしろ等で覆い、遠くから多量の水をかけて洗い流す。多量の場合は、濡れむしろ等で覆い、ガス体に対しては遠くから霧状の水をかけ吸収させる。
イ　付近の着火源となるものを速やかに取り除く。土砂等でその流れを止め、安全な場所に導き、空容器にできるだけ回収し、そのあとを水酸化カルシウム等の水溶液を用いて処理し、中性洗剤等の界面活性剤を使用し多量の水で洗い流す。
ウ　飛散したものは空容器にできるだけ回収する。砂利などに付着している場合は、砂利などを回収し、そのあとに水酸化ナトリウム、炭酸ナトリウム等の水溶液を散布して pH11 以上とし、さらに酸化剤(次亜塩素酸ナトリウム、さらし粉等)の水溶液で酸化処理を行い、多量の水で洗い流す。

	(a)	(b)	(c)
1	ア	イ	ウ
2	イ	ア	ウ
3	イ	ウ	ア
4	ウ	ア	イ

問9　次の薬物とその解毒剤又は治療薬の組合せのうち、正しいものはどれか。

	薬物		解毒剤又は治療薬
1	ジメトエート	—	BAL(※1)
2	硫酸タリウム	—	亜硝酸アミル
3	チオジカルブ	—	硫酸アトロピン
4	シアン化ナトリウム	—	PAM(※2)

(※1)ジメルカプロールの別名
(※2)2－ピリジルアルドキシムメチオダイドの別名

問10　次のうち、燐（りん）化亜鉛を含有する製剤たる劇物を農業用として販売する場合の着色として、正しいものはどれか。

1　あせにくい緑色　　2　あせにくい黒色　　3　あせにくい赤色
4　あせにくい青色

群馬県

(特定品目)

問1　次の毒物又は劇物のうち、毒物又は劇物の特定品目販売業者が販売できるものとして、正しいものの組合せはどれか。

ア　亜塩素酸ナトリウム　　イ　クロロ酢酸ナトリウム
ウ　クロム酸ナトリウム　　エ　蓚（しゅう）酸ナトリウム

1 (ア，イ)　　2 (ア，エ)　　3 (イ，ウ)　　4 (ウ，エ)

問2　次の薬物とその薬物が劇物から除外される濃度の組合せの正誤について、正しい組合せはどれか。

	薬物		劇物から除外される濃度
ア	塩化水素を含有する製剤	—	10％以下
イ	ホルムアルデヒドを含有する製剤	—	10％以下
ウ	水酸化ナトリウムを含有する製剤	—	10％以下

	ア	イ	ウ
1	正	正	正
2	正	誤	誤
3	誤	正	誤
4	誤	誤	正

問3　次の文は、薬物とその廃棄方法について記述したものである。記述の正誤について、正しい組合せはどれか。

ア　硝酸は、徐々に炭酸ナトリウム又は水酸化カルシウムの攪拌（かくはん）溶液に加えて中和させた後、多量の水で希釈して処理する。水酸化カルシウムの場合は、上澄液のみを流す。
イ　一酸化鉛は、セメントを用いて固化し、溶出試験を行い、溶出量が判定基準以下であることを確認して埋立処分する。
ウ　酸化水銀5％を含有する製剤は、酸化焙焼法により金属水銀として回収して処理する。

	ア	イ	ウ
1	正	誤	正
2	正	正	誤
3	誤	正	正
4	誤	誤	誤

問4　次の薬物とその主な用途の組合せのうち、正しいものの組合せはどれか。

	薬物		主な用途
ア	硅弗化ナトリウム	—	釉薬、試薬
イ	メタノール	—	爆薬、染料、香料、サッカリン等の原料、溶剤
ウ	トルエン	—	洗濯剤及び種々の洗浄剤の製造
エ	キシレン	—	溶剤、染料中間体などの有機合成原料、試薬

1（ア，イ）　2（ア，エ）　3（イ，ウ）　4（ウ，エ）

問5　次の文は、薬物の鑑別方法について記述したものである。該当する薬物の組合せとして、正しいものはどれか。

ア　あらかじめ熱した酸化銅を加えると、ホルムアルデヒドが生成し、酸化銅は還元されて金属銅色を呈する。
イ　アンモニア水を加え、さらに硝酸銀溶液を加えると、徐々に金属銀を析出する。また、フェーリング溶液とともに熱すると、赤色の沈殿を生成する。
ウ　濃塩酸を潤したガラス棒を近づけると、白い霧を生じる。

	ア	イ	ウ
1	アンモニア水	メタノール	水酸化カリウム
2	アンモニア水	ホルマリン	メタノール
3	メタノール	ホルマリン	アンモニア水
4	メタノール	水酸化カリウム	アンモニア水

群馬県

問6　次の文は、ある薬物の主な中毒症状について記述したものである。該当する薬物として、最も適当なものはどれか。

慢性中毒症状として、皮膚が蒼白くなり、体力減退、消化不良、食欲減退を起こす。口の中が臭く、歯茎が灰白色となり、重症化すると、歯が抜けることがある。突然に一時性の失明が起こることがある。

1　塩基性酢酸鉛　2　過酸化水素　3　水酸化ナトリウム　4　キシレン

問7　次の薬物とその貯蔵方法の組合せの正誤について、正しい組合せはどれか。

	薬物		貯蔵方法
ア	四塩化炭素	—	亜鉛又は錫めっきをした鋼鉄製容器で高温に接しない場所に貯蔵する。
イ	水酸化カリウム	—	冷暗所に貯蔵する。純品は空気と日光によって変質するので、少量のアルコールを加えて、分解を防止する。
ウ	過酸化水素	—	少量ならば褐色ガラス瓶、大量ならばカーボイなどを使用し、3分の1の空間を保って貯蔵する。直射日光を避け、有機物、金属塩、樹脂、油類、その他有機性蒸気を放出する物質から遠ざけて冷所に貯蔵する。

	ア	イ	ウ
1	正	誤	正
2	正	正	誤
3	誤	正	正
4	誤	誤	誤

問8　次のうち、メチルエチルケトンの性質等に関する記述として、正しいものの組合せはどれか。

ア　黄色の液体である。　イ　引火性を有する。　ウ　有機溶媒、水に不溶である。
エ　アセトン様の芳香を有する。

1（ア，ウ）　2（ア，エ）　3（イ，ウ）　4（イ，エ）

問9　次のうち、メタノールの性質等に関する記述として、正しいものの組合せはどれか。

ア　無色透明な揮発性の液体である。
イ　燃焼させると、水及び二硫化炭素を生じる。
ウ　原体及びこれを含有する製剤は劇物である。
エ　中毒症状として、代謝物であるギ酸によりアシドーシスが生じる。

1（ア，ウ）　2（ア，エ）　3（イ，ウ）　4（イ，エ）

問10　次の薬物とその漏えい時の措置に関する記述のうち、最も適当なものはどれか。

1　水酸化ナトリウム水溶液が多量に漏えいした場合、濃硫酸を用いて直接洗い流すことにより、廃液が多量に河川等に排出されるのを防ぐ。
2　硅弗化（けいふっ）ナトリウムが多量に漏えいした場合、土砂等でその流れを止め、これに吸着させるか、又は安全な場所に導いて遠くから徐々に注水してある程度希釈した後、水酸化カルシウム、炭酸ナトリウム等で中和し、多量の水を用いて洗い流す。
3　トルエンが多量に漏えいした場合、付近の着火源となるものを速やかに取り除き、漏えいした液は、土砂等でその流れを止め、安全な場所に導き、液の表面を泡で覆い、できるだけ空容器に回収する。
4　ホルマリンが多量に漏えいした場合、できるだけ空容器に回収し、そのあとを還元剤の水溶液を散布し、水酸化カルシウム、炭酸ナトリウム等の水溶液で処理した後、多量の水を用いて洗い流す。

群馬県

〔識別及び取扱方法〕

（一般）

次の薬物の常温常圧下における主な性状について、最も適当なものを下欄から一つ選びなさい。

問1　無水クロム酸　**問2**　四塩化炭素　**問3**　クロルピクリン
問4　塩素　**問5**　トリクロル酢酸

下欄

番号	性　　状
1	無色の気体で、わずかに甘いクロロホルム様の臭いを有する。
2	黄緑色の気体で、窒息性臭気を有する。
3	無色の重い液体で、揮発性を持ち、麻酔性の芳香を有する。
4	純品は無色の油状体で、催涙性を持ち、強い粘膜刺激臭を有する。
5	白色又は淡黄色のロウ様半透明の結晶性固体で、ニンニク臭を有する。
6	無色の斜方六面形結晶で、潮解性を持ち、微弱の刺激性臭気を有する。
7	暗赤色の結晶で、潮解性を有する。

群馬県

(農業用品目)

次の薬物の常温常圧下における主な性状について、最も適当なものを下欄から一つ選びなさい。

問1 ジメチルジチオホスホリルフェニル酢酸エチル(別名:フェントエート)　**問2** 硫酸　**問3** エトプロホス　**問4** ピラゾホス
問5 チアクロプリド

下欄

番号	性　　状
1	無色透明、無臭の油状の液体である。
2	暗灰色又は暗赤色の光沢がある粉末で、空気中で分解する。
3	無色の液体で、鼻をさすような刺激臭を有する。
4	黄色の粉末結晶で、無臭である。
5	赤褐色、油状の液体で、芳香性刺激臭を有する。
6	褐色又は暗緑色で、脂状又は結晶である。
7	淡黄色透明の液体で、メルカプタン臭を有する。

(特定品目)

次の薬物の常温常圧下における主な性状について、最も適当なものを下欄から一つ選びなさい。

問1 酢酸エチル　**問2** 水酸化カリウム　**問3** 四塩化炭素
問4 一酸化鉛　**問5** ホルマリン

下欄

番号	性　　状
1	白色の固体で、潮解性を有する。
2	無色の重い液体で、揮発性があり、麻酔性の芳香を有する。
3	黄色から赤色までのものがあり、重い粉末である。
4	無色透明の液体で、果実様の芳香を有する。
5	橙赤色の結晶で、潮解性を有する。
6	無色透明の液体で、催涙性があり、刺激性の臭気を有する。
7	無色透明の液体で、高濃度のものは湿った空気中で発煙する。

埼玉県
令和２年度実施

〔毒物及び劇物に関する法規〕
(一般・農業用品目・特定品目共通)

問１　次のうち、毒物及び劇物取締法第２条の条文として、**正しいもの**を選びなさい。

1　この法律で「毒物」とは、別表第一に掲げる物であつて、医薬品及び化粧品のものをいう。
2　この法律で「毒物」とは、別表第二に掲げる物であつて、医薬品及び医薬部外品のものをいう。
3　この法律で「毒物」とは、別表第一に掲げる物であつて、医薬品及び医薬部外品以外のものをいう。
4　この法律で「毒物」とは、別表第二に掲げる物であつて、医薬品及び化粧品以外のものをいう。

問２　次のうち、毒物及び劇物取締法第４条の３に基づく販売品目の制限に関する記述として、**正しいもの**を選びなさい。

1　農業用品目販売業の登録を受けた者は、農業上必要な毒物であって、厚生労働省令で定める毒物又は劇物を販売してはならない。
2　農業用品目販売業の登録を受けた者は、農業上必要な毒物であって、厚生労働省令で定めるもの以外の毒物又は劇物を販売してはならない。
3　特定品目販売業の登録を受けた者は、厚生労働省令で定める毒物又は劇物を販売してはならない。
4　特定品目販売業の登録を受けた者は、特定毒物以外の毒物又は劇物を販売してはならない。

埼玉県

問３　次のうち、毒物及び劇物取締法第７条に基づく毒物劇物取扱責任者に関する記述として、**誤っているもの**を選びなさい。

1　毒物劇物販売業者は、毒物又は劇物を直接に取り扱う店舗ごとに、専任の毒物劇物取扱責任者を置かなければならない。
2　互いに隣接している毒物劇物製造業の製造所と毒物劇物販売業の店舗を同じ営業者が併せて営む場合は、毒物劇物取扱責任者を兼ねることができる。
3　毒物劇物営業者は、毒物劇物取扱責任者を置いたときは、30　日以内に届け出なければならない。
4　毒物劇物営業者は、毒物劇物取扱責任者を置いたときに届出を行っていれば、その責任者を別の責任者へ変更しても届出は不要である。

問４　削除

問５　次のうち、毒物及び劇物取締法第14条の規定に基づき、毒物劇物営業者が、毒物又は劇物を他の毒物劇物営業者に販売し、又は授与したとき、その都度、書面に記載しておかなければならない事項として、AからDのうち**正しいものはいくつあるか**選びなさい。

A　譲受人の氏名、年齢、住所　　B　販売又は授与の年月日
C　譲受人の登録番号　　D 毒物又は劇物の名称及び数量

1　1つ　　2　2つ　　3　3つ　　4　4つ

問6　次のうち、毒物及び劇物取締法施行令第 40 条の５及び同法施行規則第 13 条の６に基づく過酸化水素の運搬方法と運搬する車両に備える保護具の記述として、☐内に入る**正しい語句の組み合わせ**を選びなさい。

> 車両を使用して１回につき［A］キログラム以上運搬する場合、車両には保護手袋、保護長ぐつ、保護衣及び［B］を２人分以上備えること。

	A	B
1	5,000	保護眼鏡
2	5,000	普通ガス用防毒マスク
3	1,000	保護眼鏡
4	1,000	普通ガス用防毒マスク

問7　次のうち、毒物及び劇物取締法施行令第 40 条の６に基づき、毒物又は劇物の運搬を他に委託するときに、その荷送人が運送人に対し、あらかじめ交付しなければならない書面に記載する内容として、**正しいもの**を選びなさい。

1　毒物又は劇物の用途、成分及びその含量、数量、運搬する毒物又は劇物の製造業者の所在地
2　毒物又は劇物の名称、成分及びその含量、数量、事故の際に講じなければならない応急の措置の内容
3　毒物又は劇物の用途、性状、数量、毒性、運搬する毒物又は劇物の製造業者の所在地
4　毒物又は劇物の名称、性状、数量、毒性、事故の際に講じなければならない応急の措置の内容

埼玉県

問8　次のうち、毒物及び劇物取締法第９条の規定に基づき、毒物又は劇物の輸入業者が、あらかじめ登録の変更を受けなければならない事項として、**正しいもの**を選びなさい。

1　営業所の名称を変更しようとするとき
2　申請者の住所を変更しようとするとき
3　毒物又は劇物を貯蔵し、又は運搬する設備の重要な部分を変更しようとするとき
4　登録を受けた毒物又は劇物以外の毒物又は劇物の品目を輸入しようとするとき

問9　次の記述は、毒物及び劇物取締法施行令第 40 条の条文の一部である。☐内に入る**正しい語句の組合せ**を選びなさい。

> 法第十五条の二の規定により、毒物若しくは劇物又は法第十一条第二項に規定する政令で定める物の廃棄の方法に関する技術上の基準を次のように定める。
> 一　中和、［A］、酸化、還元、稀釈その他の方法により、毒物及び劇物並びに法第十一条第二項に規定する政令で定める物のいずれにも該当しない物とすること。
> 二　ガス体又は揮発性の毒物又は劇物は、保健衛生上危害を生ずるおそれがない場所で、［B］放出し、又は揮発させること。

	A	B
1	電気分解	少量ずつ
2	電気分解	一度に
3	加水分解	一度に
4	加水分解	少量ずつ

問 10　次のうち、毒物及び劇物取締法施行規則第４条の４で規定する毒物劇物製造所の設備の基準に関する記述として、**誤っているもの**を選びなさい。

1　毒物又は劇物の運搬用具は、毒物又は劇物が飛散し、漏れ、又はしみ出るおそれがないものであること。
2　毒物又は劇物を貯蔵する場所にかぎをかける設備があること。ただし、その場所が性質上かぎをかけることができないものであるときは、この限りではない。
3　毒物又は劇物を含有する粉じん、蒸気又は廃水の処理に要する設備又は器具を備えていること。
4　毒物又は劇物を陳列する場所に、非常ベルの装置があること。

(農業用品目)

問 11　次のうち、毒物及び劇物取締法第 13 条の規定に基づき、あせにくい黒色で着色したものでなければ、これを農業用として販売し、又は授与してはならない毒物又は劇物として、**正しいもの**を選びなさい。

1　硫酸タリウムを含有する製剤
2　モノフルオール酢酸アミドを含有する製剤
3　四アルキル鉛を含有する製剤
4　亜塩素酸ナトリウムを含有する製剤

(特定品目)

問 11　次のうち、毒物及び劇物取締法第 12 条第１項の規定に基づき、毒物劇物営業者が「毒物」の容器及び被包に表示しなければならない事項として、**正しいもの**を選びなさい。

1　「危険物」の文字、白地に赤色をもって「毒物」の文字
2　「医薬用外」の文字、赤地に白色をもって「毒物」の文字
3　「危険物」の文字、赤地に白色をもって「毒物」の文字
4　「医薬用外」の文字、白地に赤色をもって「毒物」の文字

問 12　次のうち、毒物及び劇物取締法施行規則第 11 条の４に規定されている、飲食物の容器を使用してはならない劇物として、**正しいもの**を選びなさい。

1　すべての劇物　　2　液体状の劇物　　3　透明な劇物　　4　無臭の劇物

問 13　次のうち、毒物及び劇物取締法第 22 条第１項の規定に基づき、業務上取扱者として届出の必要がある者として、正しいものを選びなさい。

1　最大積載量が 3,000 キログラムの自動車に固定された容器を用い、硫酸 98 %を含有する製剤で液体状のものを運送する事業者
2　無機シアン化合物を使用して、金属熱処理を行う事業者
3　砒(ひ)素化合物を使用して、ねずみの防除を行う事業者
4　内容積 100 リットルの容器を大型自動車に積載して四アルキル鉛を運送する事業者

埼玉県

〔基礎化学〕

(注)「基礎化学」の設問には、(一般・農業用品目・特定品目)において共通の設問があることから編集の都合上、(一般)の設問番号を通し番号(基本)として、(農業用品目・特定品目)における設問番号をそれぞれ繰り下げの上、読み替えいただきますようお願い申し上げます。

(一般・農業用品目・特定品目共通)

問 11 次のうち、典型元素であるバリウム(Ba)の元素周期表上の分類と炎色反応の色として、**正しいものの組合せ**を選びなさい。

	A	B
1	アルカリ金属	黄緑色
2	アルカリ金属	赤紫色
3	アルカリ土類金属	黄緑色
4	アルカリ土類金属	赤紫色

問 12 次のうち、アルゴン原子($_{18}Ar$)の価電子の数として、**正しいもの**を選びなさい。

1 0個　　2 2個　　3 4個　　4 6個

問 13 次のうち、プロパン(C_3H_8)を空気中で完全燃焼し、炭酸ガスと水が生成する化学反応式として、**正しいもの**を選びなさい。

1 $C_3H_8 + 3\ O_2 \rightarrow 2\ CO_2 + H_2O$
2 $2\ C_3H_8 + CO_2 \rightarrow 2\ CO + 5\ H_2O$
3 $C_3H_8 + 5\ O_2 \rightarrow 3\ CO_2 + 4\ H_2O$
4 $C_3H_8 + 7\ CO_2 \rightarrow 10CO + 4\ H_2O$

問 14 次のうち、凝析の説明として、**正しいもの**を選びなさい。

1 疎水コロイド溶液に少量の電解質を加えると、コロイド粒子が集まって沈殿する現象
2 コロイド粒子が透過できない半透膜を用いることで、小さな溶質粒子とコロイド溶液が分離される現象
3 熱運動している水分子が、コロイド粒子に不規則に衝突することで起こるコロイド粒子の不規則な運動が見られる現象
4 コロイド溶液に横から強い光を当てると、コロイド粒子が光を散乱し、光の通路が輝いて見える現象

問 15 次のうち、質量パーセント濃度が 15 %の塩化ナトリウム水溶液を 300 g 作るために必要な塩化ナトリウムの量として、**正しいもの**を選びなさい。

1 5 g　　2 20 g　　3 30 g　　4 45 g

問 16 次のうち、[　　]内に入る**正しい語句の組合せ**を選びなさい。

> 金属のイオン化傾向とは、単体の金属の原子が水溶液中で[A]を放出して、[B]になろうとする性質をいう。イオン化傾向が大きい金属ほど、[B]になりやすい。

	A	B
1	電子	陽イオン
2	電子	陰イオン
3	陽子	陽イオン
4	陽子	陰イオン

埼玉県

問 17　次のうち、下線の物質が、アレーニウスの定義による塩基としてはたらいている式として、**正しいもの**を選びなさい。

1　$\underline{CH_3COOH} + H_2O \rightleftarrows CH_3COO^- + H_3O^+$
2　$\underline{H_2S} + 2\ NaOH \rightarrow Na_2S + 2\ H_2O$
3　$\underline{NH_3} + H_2O \rightleftarrows NH\ 4 + + OH^-$
4　$CO_3^{2-} + \underline{H_2O} \rightleftarrows HCO_3^- + OH^-$

問 18　次のうち、原子の酸化数として、**正しいもの**を選びなさい。

1　H_2O_2 の O の酸化数は－1である。
2　$FeCl_3$ の Fe の酸化数は－3である。
3　NH_4^+の N の酸化数は－4である。
4　$K_2Cr_2O_7$ の Cr の酸化数は＋12 である。

問 19　次のうち、芳香族アミンとして、**正しいもの**を選びなさい。

1 サリチル酸　　2 アニリン　　3 ナフタレン　　4 クレゾール

問 20　次のうち、フェーリング液にホルムアルデヒドを加えて加熱すると、溶液内のイオンが還元されて沈殿を生じるものとして、**正しいもの**を選びなさい。

1 銀　　2 ヨードホルム　　3 酸化銅（Ⅰ）　　4 硫化鉛

埼玉県

(農業用品目)

問 22　次のうち、実験室での塩素の発生と捕集に関する記述として、**正しいもの**を選びなさい。

1　酸化マンガン（Ⅳ）に濃塩酸を加えて加熱して塩素を発生させ、下方置換で捕集する。
2　酸化マンガン（Ⅳ）に濃硫酸を加えて加熱して塩素を発生させ、下方置換で捕集する。
3　酸化マンガン（Ⅳ）に濃塩酸を加えて加熱して塩素を発生させ、水上置換で捕集する。
4　酸化マンガン（Ⅳ）に濃硫酸を加えて加熱して塩素を発生させ、水上置換で捕集する。

(特定品目)

問 24　次のうち、25 ℃における、水素イオン指数 pH=9.0 の無色水溶液に関する記述として、**正しいもの**を選びなさい。

1　ブロモチモールブルー（BTB）溶液を加えると水溶液の色は青色になる。
2　メチルオレンジ溶液を加えると水溶液の色は赤色になる。
3　フェノールフタレイン溶液を加えても水溶液の色は変化しない。
4　青色リトマス試験紙を赤く変色させる。

問 25　次のうち、三重結合をもつ有機化合物として、**正しいもの**を選びなさい。

1 ジエチルエーテル　　2 エチレン　　3 ベンゼン　　4 アセチレン

〔毒物及び劇物の性質及び貯蔵その他の取扱方法〕

（一般）

問 21　次のうち、硅弗化ナトリウムに関する記述として、**正しいもの**を選びなさい。

1　黒色の結晶である。
2　融点は、100 ℃より低い。
3　ロケット燃料として用いられる。
4　強熱すると有毒なガスを生成する。

問 22　次のうち、メチルエチルケトンに関する記述として、**正しいもの**を選びなさい。

1　赤褐色の液体で無臭である。
2　水に不溶である。
3　有機合成原料として用いられる。
4　神経毒であるため、吸入すると筋肉委縮や知覚麻痺が起こる。

問 23　次のうち、塩素に関する記述として、**誤っているもの**を選びなさい。

1　常温では黄緑色の気体である。
2　還元剤や顔料として用いられる。
3　気体は皮膚を激しく侵し、液体は直接触れるとしもやけ（凍傷）を起こす。
4　極めて反応性が強く、水素又は炭化水素と爆発的に反応する。

埼玉県

問 24　次のうち、ジエチル－ *S* －（エチルチオエチル）－ジチオホスフェイト（別名：エチルチオメトン、ジスルホトン）に関する記述として、**誤っているもの**を選びなさい。

1　無色から淡黄色の液体である。
2　有機溶剤に不溶である。
3　硫黄化合物特有の臭いがある。
4　皮膚に触れた場合、放置すると皮膚から吸収され中毒を起こすことがある。

問 25　次のうち、*N*－メチル－1－ナフチルカルバメート（別名：カルバリル、NAC）の解毒薬として、**適切なもの**を選びなさい。

1　ジメルカプロール（BAL）
2　チオ硫酸ナトリウム
3　エデト酸カルシウム二ナトリウム
4　硫酸アトロピン

問 26　次のうち、硝酸タリウムに関する記述として、**正しいもの**を選びなさい。

1　白色の結晶で、水に難溶であるが、沸騰水には易溶である。
2　潮解性がある。
3　顔料として用いられる。
4　中毒時の解毒薬としてプラリドキシムヨウ化物（PAM）が用いられる。

問 27　次のうち、「毒物及び劇物の廃棄の方法に関する基準」で定める1，1’－ジメチル－4，4’－ジピリジニウムジクロリド（別名：パラコート）の廃棄方法として、**最も適切なもの**を選びなさい。

1　分解法　　2　燃焼法　　3　アルカリ法　　4　活性汚泥法

問 28　次のうち、シアン化カリウムに関する記述として、**正しいもの**を選びなさい。

1　水溶液を煮沸すると、炭酸カリウムと窒素を生成する。
2　急熱や衝撃により爆発する。
3　中毒時の解毒薬としてヒドロキソコバラミンが用いられる。
4　水中に沈めて瓶に入れ、さらに砂を入れた缶中に固定して、冷暗所に保管する。

問 29　次のうち、砒酸に関する記述として、**正しいもの**を選びなさい。

1　メルカプタン臭のある淡黄色の透明液体である。
2　水、アルコールやグリセリンに不溶である。
3　殺菌剤や消毒剤として用いられる。
4　強熱して発生する煙には、強い溶血作用がある。

問 30　次のうち、ジエチルパラニトロフェニルチオホスフェイト（別名：パラチオン）に関する記述として、正しいものを選びなさい。

1　純品は、無色又は淡黄色の液体である。
2　無臭の液体で水や石油エーテルに可溶である。
3　大気中で酸化して白煙を発生する。
4　カルバメート系殺虫剤である。

（農業用品目）

問 23　次のうち、ジエチル－*S*－（エチルチオエチル）－ジチオホスフェイト（別名：エチルチオメトン、ジスルホトン）に関する記述として、**誤っているもの**を選びなさい。

1　無色から淡黄色の液体である。
2　有機溶剤に不溶である。
3　硫黄化合物特有の臭いがある。
4　皮膚に触れた場合、放置すると皮膚から吸収され中毒を起こすことがある。

問 24　次のうち、*N*－メチル－1－ナフチルカルバメート（別名：カルバリル、NAC）の解毒薬として、**適切なもの**を選びなさい。

1　ジメルカプロール（BAL）　　2　チオ硫酸ナトリウム
3　エデト酸カルシウム二ナトリウム　　4　硫酸アトロピン

問 25　次のうち、3－（6－クロロピリジン－3－イルメチル）－1，3－チアゾリジン－2－イリデンシアナミド（別名：チアクロプリド）に関する記述として、**正しいもの**を選びなさい。

1　わずかに刺激臭のある褐色の粘調液体である。
2　特異な臭いのある白色粉末である。
3　沸点は、100 ℃より高い。
4　20 ℃での比重は、水より軽い。

問 26　次のうち、アンモニア水の貯法に関する記述として、**最も適切なもの**を選びなさい。

1　空気中にそのまま貯蔵することができないので、石油中に保管する。
2　分解を防止するために、少量のアルコールを加えて保管する。
3　空気に触れると発火しやすいので、水中に沈めて保管する。
4　揮発しやすいので、密栓して保管する。

問 27　次のうち、2－イソプロピル－4－メチルピリミジル－6－ジエチルチオホスフェイト（別名：ダイアジノン）に関する記述として、**正しいもの**を選びなさい。

1　純品は、白色の結晶である。
2　水に易溶である。
3　中毒時の解毒薬としてペニシラミンが用いられる。
4　接触性殺虫剤として用いられる。

問 28　次のうち、沃(よう)化メチルに関する記述として、**正しいもの**を選びなさい。

1　無色又は淡黄色透明の固体である。
2　水に不溶である。
3　空気中で光により一部分解して、褐色になる。
4　除草剤として用いられる。

問 29　次のうち、2，3，5，6－テトラフルオロ－4－メチルベンジル＝（*Z*）－（1 *RS*，3 *RS*）－3－（2－クロロ－3，3，3－トリフルオロ－1－プロペニル）－2，2－ジメチルシクロプロパンカルボキシラート（別名：テフルトリン）に関する記述として、**正しいもの**を選びなさい。

1　無色の液体である。
2　水に難溶である。
3　殺菌剤として用いられる。
4　構造式の中にフッ素原子を6個もつ。

埼玉県

問 30　次のうち、エチレンクロルヒドリン（別名：2－クロルエチルアルコール）に関する記述として、**正しいもの**を選びなさい。

1　白色で無臭の液体である。
2　水に可溶で、有機溶媒に不溶である。
3　皮膚から容易に吸収され、全身中毒症状を引き起こす。
4　3つの異性体があり、メタ異性体は淡褐色の液体である。

（特定品目）

問 26　次のうち、硅弗(けいふつ)化ナトリウムに関する記述として、**正しいもの**を選びなさい。

1　黒色の結晶である。
2　融点は、100 ℃より低い。
3　ロケット燃料として用いられる。
4　強熱すると有毒なガスを生成する。

問 27　次のうち、メチルエチルケトンに関する記述として、**正しいもの**を選びなさい。

1　赤褐色の液体で無臭である。
2　水に不溶である。
3　有機合成原料として用いられる。
4　神経毒であるため、吸入すると筋肉委縮や知覚麻痺が起こる。

問 28　次のうち、塩素に関する記述として、**誤っているもの**を選びなさい。

1　常温では黄緑色の気体である。
2　還元剤や顔料として用いられる。
3　気体は皮膚を激しく侵し、液体は直接触れるとしもやけ（凍傷）を起こす。
4　極めて反応性が強く、水素又は炭化水素と爆発的に反応する。

問 29　次のうち、トルエンに関する記述として、**正しいもの**を選びなさい。

1　無臭の粘稠性のある液体である。
2　ベンゼンの水素原子２個をメチル基２個で置換した化合物である。
3　蒸気は空気より重く、引火しやすい。
4　昇華性があり、防虫剤として用いられる。

問 30　次のうち、四塩化炭素に関する記述として、**正しいもの**を選びなさい。

1　沸点は、100 ℃より高い。
2　水に可溶で、エーテルやクロロホルムに難溶である。
3　蒸気は空気と混合して、可燃性をもつ。
4　高熱下で酸素と水分が共存すると毒ガスであるホスゲンを生成する。

〔毒物及び劇物の識別及び取扱方法〕

(一般)

問 31　硫化カドミウムについて、次の問題に答えなさい。

(1) 性状として、**正しいものを別紙から**選びなさい。
(2) 鑑識法に関する記述として、**適切なもの**を次のうちから選びなさい。

1　水酸化ナトリウム溶液と混合すると、黒色の沈殿を生じる。
2　水酸化ナトリウム溶液と混合すると、白色の沈殿を生じる。

埼玉県

問 32　三塩化アンチモンについて、次の問題に答えなさい。

(1) 性状として、**正しいものを別紙から**選びなさい。
(2) 鑑識法に関する記述として、**適切なもの**を次のうちから選びなさい。

1　水溶液は、硫化水素、硫化アンモニア、硫化ナトリウムなどで、橙赤色の沈殿を生じる。
2　水溶液は、硫化水素、硫化アンモニア、硫化ナトリウムなどで、白色の沈殿を生じる。

問 33　塩化亜鉛について、次の問題に答えなさい。

(1) 性状として、**正しいものを別紙から**選びなさい。
(2) 鑑識法に関する記述として、**適切なもの**を次のうちから選びなさい。

1　水に溶かして硝酸銀を加えると、白色の沈殿を生じる。
2　タンパク質水溶液を加えて加熱すると、黄色になる。

問 34　クロルピクリンについて、次の問題に答えなさい。

(1) 性状として、**正しいものを別紙から**選びなさい。
(2) 鑑識法に関する記述として、**適切なもの**を次のうちから選びなさい。

1　水溶液に金属カルシウムを加え、ベタナフチルアミンと硫酸を加えると、赤色の沈殿を生じる。
2　水溶液に硫化ナトリウムを加えると、黄色の沈殿を生じる。

問 35　セレンについて、次の問題に答えなさい。

(1) 性状として、**正しいものを別紙から**選びなさい。
(2) 鑑識法に関する記述として、**適切なもの**を次のうちから選びなさい。

1　炭の上に小さな孔をつくり、無水炭酸ナトリウムの粉末とともに試料を吹管炎(すいかんえん)

で熱灼すると、特有の臭いを出し、冷えると赤色の塊となる。これは濃硫酸に溶ける。
2 炭の上に小さな孔をつくり、無水炭酸ナトリウムの粉末とともに試料を吹管炎（すいかんえん）で熱灼すると、白色の粒状となる。これは硝酸に溶ける。

別 紙
1 白色の結晶で、潮解性がある。水、アルコールに可溶である。
2 灰色の金属光沢を有するペレット又は黒色の粉末で、水に不溶であるが、硫酸に可溶である。
3 黄橙色の粉末で、水に不溶であるが、熱硝酸や熱濃硫酸には可溶である。
4 純品は無色の油状体で、催涙性や強い粘膜刺激臭を有し、金属腐食性が大きい。
5 淡黄色の結晶で、潮解性がある。水分により分解し、白煙を生成する。

（農業用品目）

問 31 1，3－ジカルバモイルチオ－2－（*N*, *N*－ジメチルアミノ）－プロパン塩酸塩（別名：カルタップ）について、次の問題に答えなさい。

(1) 性状として、**正しいものを別紙から**選びなさい。
(2) 用途として、**適切なもの**を次のうちから選びなさい。
　1 除草剤　　2 殺虫剤

問 32 燐（りん）化亜鉛について、次の問題に答えなさい。

(1) 性状として、**正しいものを別紙から**選びなさい。
(2) 用途として、**適切なもの**を次のうちから選びなさい。
　1 木材防腐剤　　2 殺鼠（そ）剤

問 33 メチル－*N'*, *N'*－ジメチル－*N*－〔(メチルカルバモイル) オキシ〕－1－チオオキサムイミデート（別名：オキサミル）について、次の問題に答えなさい。

(1) 性状として、**正しいものを別紙から**選びなさい。
(2) 用途として、**適切なもの**を次のうちから選びなさい。
　1 除草剤　　2 殺虫剤

問 34 ジエチル－*S*－（2－オキソ－6－クロルベンゾオキサゾロメチル）－ジチオホスフェイト（別名：ホサロン）について、次の問題に答えなさい。

(1) 性状として、**正しいものを別紙から**選びなさい。
(2) 用途として、**適切なもの**を次のうちから選びなさい。
　1 吸収口及び咀（そ）しゃく口を有する害虫の駆除
　2 植物成長調整剤

問 35 ジメチルジチオホスホリルフェニル酢酸エチル（別名：フェントエート、PAP）について、次の問題に答えなさい。

(1) 性状として、**正しいものを別紙から**選びなさい。
(2) 用途として、**適切なもの**を次のうちから選びなさい。
　1 除草剤　　2 殺虫剤

別　紙
1 光沢のある暗赤色の粉末で、水、アルコールに不溶である。
2 芳香性の刺激臭を有する赤褐色、油状の液体で、水に不溶であるが、アルコールに可溶である。
3　白色針状結晶で、かすかに硫黄臭があり、アセトン、水に可溶で、ヘキサン、石油エーテルに不溶である。
4　ネギ様の臭気を有する白色結晶で、水に不溶であるが、アセトンに可溶である。
5　無色の結晶で、水、メタノールに可溶であるが、エーテル、ベンゼンに不溶である。

(特定品目)

問 31　クロム酸カルシウムについて、次の問題に答えなさい。

(1) 性状として、**正しいものを別紙から**選びなさい。
(2) 用途として、**適切なもの**を次のうちから選びなさい。

1 除草剤　　2 顔料

問 32　一酸化鉛について、次の問題に答えなさい。

(1) 性状として、**正しいものを別紙から**選びなさい。
(2) 鑑識法に関する記述として、**適切なもの**を選びなさい。

1 希硝酸に溶かすと無色の液となり、これに硫化水素を通じると、黒色の沈殿を生じる。
2 希硝酸に溶かすと黒色の液となり、これに硫化水素を通じると、白色の沈殿を生じる。

問 33　硝酸について、次の問題に答えなさい。

(1) 性状として、**正しいものを別紙から**選びなさい。
(2) 鑑識法に関する記述として、**適切なもの**を選びなさい。

1 木炭とともに加熱すると、メルカプタンの臭気を放つ。
2 銅屑(くず)を加えて熱すると、藍色を呈して溶け、その際赤褐色の蒸気を発生する。

問 34　水酸化カリウムについて、次の問題に答えなさい。

(1) 性状として、**正しいものを別紙から**選びなさい。
(2) 貯法に関する記述として、**適切なもの**を選びなさい。

1 二酸化炭素と水を強く吸収するため、密栓をして保管する。
2 空気中にそのまま貯蔵することができないので、石油中に保管する。

問 35　酢酸エチルについて、次の問題に答えなさい。

(1) 性状として、**正しいものを別紙から**選びなさい。
(2) 廃棄方法として、適切なものを次のうちから選びなさい。

1 中和法　　2 燃焼法

別　紙

1　重い粉末で黄色から赤色までのものがあり、赤色粉末を 720 ℃以上に加熱すると黄色になる。
2　極めて純粋な、水分を含まないものは、無色の液体で、特有の臭気がある。腐食性が激しく、空気に接すると刺激性の白霧を発し、水を吸収する性質が強い。
3　淡赤黄色の粉末で、水に可溶であり、200 ℃で無水物となる。
4　エステル結合を有し、果実様の芳香がある無色透明の液体で、引火性がある。
5　白色の固体であり、水、アルコールに可溶で、水溶液は強いアルカリ性を呈する。

埼玉県

千葉県
令和２年度実施

〔筆記：毒物及び劇物に関する法規〕
（一般・農業用品目・特定品目共通）

問１　次の各設問に答えなさい。

(1) 次の文章は、毒物及び劇物取締法の条文である。文中の(　　)に当てはまる語句の組み合わせとして、正しいものを下欄から一つ選びなさい。

(第一条)

この法律は、毒物及び劇物について、保健衛生上の見地から必要な(ア)を行うことを目的とする。

(第二条第一項)

この法律で「毒物」とは、別表第一に掲げる物であつて、医薬品及び(イ)以外のものをいう。

(第十一条第四項)

毒物劇物営業者及び特定毒物研究者は、毒物又は厚生労働省令で定める劇物については、その容器として、(ウ)の容器として通常使用される物を使用してはならない。

〔下欄〕

	ア	イ	ウ
1	取締	医薬部外品	飲食物
2	取締	医薬部外品	医薬品
3	取締	化粧品	飲食物
4	対策	医薬部外品	医薬品
5	対策	化粧品	飲食物

(2) 次の文章は、毒物及び劇物取締法の条文である。文中の(　　)に当てはまる語句の組み合わせとして、正しいものを下欄から一つ選びなさい。

(第三条第三項抜粋)

毒物又は劇物の販売業の(ア)者でなければ、毒物又は劇物を販売し、授与し、又は販売若しくは授与の目的で貯蔵し、運搬し、若しくは(イ)してはならない。

(第三条の二第二項)

毒物若しくは劇物の輸入業者又は特定毒物(ウ)でなければ、特定毒物を輸入してはならない。

〔下欄〕

	ア	イ	ウ
1	登録を受けた	広告	研究者
2	登録を受けた	陳列	研究者
3	登録を受けた	広告	使用者
4	届出をした	広告	研究者
5	届出をした	陳列	使用者

(3) 次の文章は、毒物及び劇物取締法の条文である。文中の(　　)に当てはまる語句の組み合わせとして、正しいものを下欄から一つ選びなさい。

(第三条の二第九項)
毒物劇物営業者又は特定毒物研究者は、保健衛生上の危害を防止するため政令で特定毒物について(ア)、(イ)又は(ウ)の基準が定められたときは、当該特定毒物については、その基準に適合するものでなければ、これを特定毒物使用者に譲り渡してはならない。

〔下欄〕

	ア	イ	ウ
1	成分	着色	掲示
2	成分	着香	表示
3	品質	着色	掲示
4	品質	着香	掲示
5	品質	着色	表示

(4) 次の文章は、毒物及び劇物取締法の条文である。文中の(　　)に当てはまる語句の組み合わせとして、正しいものを下欄から一つ選びなさい。

(第六条の二第三項)
都道府県知事は、次に掲げる者には、特定毒物研究者の許可を与えないことができる。

一 (ア)の障害により特定毒物研究者の業務を適正に行うことができない者として厚生労働省令で定めるもの
二 麻薬、大麻、あへん又は覚せい剤の(イ)者
三 毒物若しくは劇物又は薬事に関する罪を犯し、(ウ)以上の刑に処せられ、その執行を終わり、又は執行を受けることがなくなつた日から起算して三年を経過していない者
四 第十九条第四項の規定により許可を取り消され、取消しの日から起算して(エ)を経過していない者

〔下欄〕

	ア	イ	ウ	エ
1	心身	中毒	罰金	二年
2	心身	中毒	懲役	三年
3	心身	使用	懲役	二年
4	身体	中毒	罰金	二年
5	身体	使用	懲役	三年

(5) 次の文章は、毒物及び劇物取締法の条文である。文中の(　　)に当てはまる語句の組み合わせとして、正しいものを下欄から一つ選びなさい。

(第七条第一項抜粋)
毒物劇物営業者は、毒物又は劇物を(ア)取り扱う製造所、営業所又は店舗ごとに、(イ)の毒物劇物取扱責任者を置き、毒物又は劇物による保健衛生上の危害の防止に(ウ)。

(第七条第三項)
毒物劇物営業者は、毒物劇物取扱責任者を置いたときは、(エ)以内に、その製造所、営業所又は店舗の所在地の都道府県知事にその毒物劇物取扱責任者の氏名を届け出なければならない。毒物劇物取扱責任者を変更したときも、同様とする。

〔下欄〕

	ア	イ	ウ	エ
1	常に	複数	努めなければならない	十五日
2	常に	専任	当たらせなければならない	三十日
3	常に	専任	努めなければならない	十五日
4	直接に	専任	当たらせなければならない	三十日
5	直接に	複数	当たらせなければならない	十五日

(6) 次の文章は、毒物及び劇物取締法の条文である。文中の(　)に当てはまる語句の組み合わせとして、正しいものを下欄から一つ選びなさい。

(第十二条第一項)
毒物劇物営業者及び特定毒物研究者は、毒物又は劇物の容器及び被包に、「(ア)」の文字及び毒物については(イ)に(ウ)をもつて「毒物」の文字、劇物については(エ)に(オ)をもつて「劇物」の文字を表示しなければならない。

〔下欄〕

	ア	イ	ウ	エ	オ
1	医療用	赤地	黒色	黒地	赤色
2	医療用	黒地	白色	黒地	白色
3	医療用	赤地	白色	黒地	白色
4	医薬用外	赤地	白色	白色	赤色
5	医薬用外	黒地	白色	白色	黒色

(7) 次の文章は、毒物及び劇物取締法の条文である。文中の(　)に当てはまる語句の組み合わせとして、正しいものを下欄から一つ選びなさい。

(第十二条第二項)
毒物劇物営業者は、その容器及び(ア)に、左に掲げる事項を表示しなければ、毒物又は劇物を販売し、又は授与してはならない。
一　毒物又は劇物の名称
二　毒物又は劇物の成分及びその(イ)
三　厚生労働省令で定める毒物又は劇物については、それぞれ厚生労働省令で定めるその(ウ)の名称
四　毒物又は劇物の取扱及び使用上特に必要と認めて、厚生労働省令で定める事項

〔下欄〕

	ア	イ	ウ
1	被包	含量	中和剤
2	被包	含量	解毒剤
3	被包	性状	中和剤
4	包装	性状	中和剤
5	包装	含量	解毒剤

(8)　次の文章は、毒物及び劇物取締法の条文である。文中の(　　)に当てはまる語句の組み合わせとして、正しいものを下欄から一つ選びなさい。

(第十四条第一項)

毒物劇物営業者は、毒物又は劇物を他の毒物劇物営業者に販売し、又は授与したときは、(ア)、次に掲げる事項を書面に記載しておかなければならない。

一 毒物又は劇物の名称及び(イ)

二 販売又は授与の年月日

三 譲受人の氏名、(　ウ)及び住所(法人にあつては、その名称及び主たる事務所の所在地)

〔下欄〕

	ア	イ	ウ
1	必要に応じ	製造番号	年齢
2	必要に応じ	数量	年齢
3	その都度	数量	職業
4	その都度	数量	年齢
5	その都度	製造番号	職業

(9)　次の文章は、毒物及び劇物取締法施行令の条文である。文中の(　　)に当てはまる語句の組み合わせとして、正しいものを下欄から一つ選びなさい。

(第四十条の六第一項)

毒物又は劇物を車両を使用して、又は鉄道によつて運搬する場合で、当該運搬を他に委託するときは、その荷送人は、(　ア)に対し、あらかじめ、当該毒物又は劇物の名称、成分及びその含量並びに数量並びに(イ)なければならない(ウ)を(　エ)しなければならない。ただし、厚生労働省令で定める数量以下の毒物又は劇物を運搬する場合は、この限りでない。

〔下欄〕

	ア	イ	ウ	エ
1	運送人	事故の際に講じ	応急の措置の内容	記載した書面を交付
2	運送人	販売の際に提出し	届出先	告知
3	運送人	事故の際に講じ	応急の措置の内容	告知
4	荷受人	販売の際に提出し	届出先	記載した書面を交付
5	荷受人	事故の際に講じ	届出先	告知

(10)　次の文章は、毒物及び劇物取締法施行令及び同法施行規則の条文である。
文中の(　)に当てはまる語句の組み合わせとして、正しいものを下欄から一つ選びなさい。なお、2か所の(ア)にはどちらも同じ語句が入る。

(施行令第四十条の九第一項)
毒物劇物営業者は、毒物又は劇物を販売し、又は授与するときは、その販売し、又は授与する時までに、譲受人に対し、当該毒物又は劇物の(ア)及び取扱いに関する情報を提供しなければならない。ただし、当該毒物劇物営業者により、当該譲受人に対し、既に当該毒物又は劇物の(ア)及び取扱いに関する情報の提供が行われている場合その他厚生労働省令で定める場合は、この限りでない。

(施行規則第十三条の十)
令第四十条の九第一項ただし書に規定する厚生労働省令で定める場合は、次のとおりとする。
一 一回につき(イ)以下の劇物を販売し、又は授与する場合
二 令別表第一の上欄に掲げる物を主として生活の用に供する一般消費者に対して販売し、又は授与する場合
(施行令別表第一(第三十九条の二関係) 上欄抜粋)
一 (　ウ)又は硫酸を含有する製剤たる劇物(住宅用の洗浄剤で液体状のものに限る。)

〔下欄〕

	ア	イ	ウ
1	性状	二百ミリグラム	過酸化水素
2	保管	百ミリグラム	塩化水素
3	性状	百ミリグラム	過酸化水素
4	保管	百ミリグラム	過酸化水素
5	性状	二百ミリグラム	塩化水素

(11)　次のうち、毒物及び劇物取締法第二条第三項に規定する「特定毒物」に該当するものの組み合わせとして、正しいものを下欄から一つ選びなさい。

ア 水銀　　イ アクリルニトリル　　ウ 四アルキル鉛
エ モノフルオール酢酸アミド

〔下欄〕

1(ア・イ)	2(ア・ウ)	3(イ・ウ)	4(イ・エ)	5(ウ・エ)

(12)　次のうち、毒物及び劇物取締法第三条の三及び同法施行令第三十二条の二に規定された、興奮、幻覚又は麻酔の作用を有する物に該当するものの組み合わせとして、正しいものを下欄から一つ選びなさい。

ア 酢酸エチルを含有するシンナー　　イ メタノールを含有する接着剤
ウ キシレンを含有する殺虫剤　　エ エタノール

〔下欄〕

1(ア・イ)	2(ア・ウ)	3(イ・ウ)	4(イ・エ)	5(ウ・エ)

(13)　毒物及び劇物取締法第三条の四の規定により、引火性、発火性又は爆発性のある毒物又は劇物であって、業務その他正当な理由による場合を除いては、所持してはならないものとして同法施行令第三十二条の三で定められているものを下欄から一つ選びなさい。

千葉県

〔下欄〕

1 メタノール	2 ピクリン酸	3 トルエン	4 エタノール	5 ニトロベンゼン

(14) 毒物及び劇物取締法の規定に照らし、毒物劇物取扱責任者に関する次の記述の正誤の組み合わせとして、正しいものを下欄から一つ選びなさい。

ア 一般毒物劇物取扱者試験に合格した者は、農業用品目販売業の店舗で毒物劇物取扱責任者になることができる。
イ 農業用品目毒物劇物取扱者試験に合格した者は、合格した都道府県以外では毒物劇物取扱責任者になることができない。
ウ 毒物劇物営業者は、同一店舗で毒物又は劇物の輸入業と販売業を併せて営む場合であっても、それぞれに専任の毒物劇物取扱責任者を置かなければならない。

〔下欄〕

	ア	イ	ウ
1	正	正	正
2	正	誤	誤
3	正	誤	正
4	誤	正	誤
5	誤	誤	正

(15) 毒物及び劇物取締法の規定に照らし、届出に関する次の記述の正誤の組み合わせとして、正しいものを下欄から一つ選びなさい。

ア 特定毒物研究者は、主たる研究所の名称又は所在地を変更した場合には、三十日以内に、その旨を届け出なければならない。
イ 特定毒物研究者が法人の場合において、主たる研究所の代表者に変更があった場合には、三十日以内に、その旨を届け出なければならない。
ウ 特定毒物研究者は、特定毒物の品目に変更があった場合には、三十日以内に、その旨を届け出なければならない。

〔下欄〕

	ア	イ	ウ
1	正	正	正
2	正	正	誤
3	正	誤	正
4	誤	正	正
5	誤	誤	誤

千葉県

(16) 毒物及び劇物取締法の規定に照らし、毒物又は劇物の事故が起きた場合の措置に関する次の記述の正誤の組み合わせとして、正しいものを下欄から一つ選びなさい。

ア 毒物劇物営業者は、その取扱いに係る毒物又は劇物が飛散した場合、保健衛生上の危害を防止するために必要な応急の措置を講じなければならない。
イ 毒物劇物営業者は、その取扱いに係る毒物又は劇物を紛失したときは、十五日以内に、その旨を警察署に届け出なければならない。
ウ 毒物又は劇物の業務上取扱者は、その取扱いに係る毒物又は劇物が飛散し、不特定の者について保健衛生上の危害が生ずるおそれがあるときは、直ちに、その旨を保健所、警察署又は消防機関に届け出なければならない。

〔下欄〕

	ア	イ	ウ
1	正	正	正
2	正	正	誤
3	正	誤	正
4	誤	正	誤
5	誤	誤	正

(17)　毒物及び劇物取締法の規定に照らし、毒物劇物監視員に関する次の記述の正誤の組み合わせとして、正しいものを下欄から一つ選びなさい。

ア　毒物劇物監視員は、その身分を示す証票を携帯し、関係者の請求があるときは、これを提示しなければならない。
イ　毒物劇物監視員は、毒物劇物販売業者の店舗から試験のため必要な最小限度の分量に限り、劇物を収去することができる。
ウ　毒物劇物監視員は、特定毒物研究者の研究所に立ち入り、帳簿その他の物件を検査し、関係者を身体検査することができる。
エ　毒物劇物監視員は、犯罪捜査のために毒物劇物輸入業者の営業所に立入検査することができる。

〔下欄〕

	ア	イ	ウ	エ
1	正	正	正	正
2	正	正	誤	誤
3	誤	正	誤	誤
4	誤	誤	誤	正
5	誤	誤	正	誤

(18)　毒物及び劇物取締法第二十二条第一項、同法施行令第四十一条及び第四十二条の規定により、業務上取扱者としての届出が必要なものの組み合わせとして、正しいものを下欄から一つ選びなさい。

ア　無機シアン化合物たる毒物を使用して電気めつきを行う事業
イ　最大積載量が五千キログラム以上の自動車に固定された容器を用いてアクロレインを運搬する事業
ウ　砒(ひ)素化合物たる毒物及びこれを含有する製剤を用いてしろありの防除を行う事業
エ　無機シアン化合物たる毒物を使用して清掃を行う事業

〔下欄〕

	ア	イ	ウ	エ
1	正	正	誤	正
2	正	正	正	誤
3	正	誤	正	誤
4	誤	誤	正	正
5	誤	誤	誤	正

(19)　毒物及び劇物取締法施行規則の規定に照らし、毒物又は劇物の製造所の設備に関する次の記述の正誤の組み合わせとして、正しいものを下欄から一つ選びなさい。

ア　毒物又は劇物を貯蔵する場所が、性質上かぎをかけることができないものであるときは、その周囲に、堅固なさくを設けなければならない。
イ　毒物又は劇物の貯蔵設備は、かぎをかけることができる場合には毒物又は劇物とその他の物とを区分できなくてもよい。
ウ　毒物又は劇物の運搬用具は、毒物又は劇物が飛散し、漏れ、又はしみ出るおそれがないものでなければならない。
エ　毒物又は劇物を陳列する場所にかぎをかける設備がなければならない。

〔下欄〕

	ア	イ	ウ	エ
1	正	正	正	誤
2	正	誤	正	正
3	正	誤	誤	誤
4	誤	誤	正	正
5	誤	正	誤	誤

(20)　車両を利用してクロルピクリンを１回につき 8,000 キログラムを運搬する場合に、車両に備え付けなければならない保護具として、毒物及び劇物取締法施行規則に定められているもので、正しいものを下欄から一つ選びなさい。

〔下欄〕

1　保護長ぐつ、保護衣、保護眼鏡
2　保護手袋、保護衣、保護眼鏡
3　保護手袋、保護長ぐつ、保護衣、保護眼鏡
4　保護手袋、保護長ぐつ、保護衣、防塵マスク
5　保護手袋、保護長ぐつ、保護衣、有機ガス用防毒マスク

〔筆記：基礎化学〕
（一般・農業用品目・特定品目共通）

問2　次の各設問に答えなさい。

(21)　次のうち、電気陰性度の最も小さいものはどれか。正しいものを下欄から一つ選びなさい。

〔下欄〕

1 H	2 N	3 Na	4 P	5 C

(22)　アンモニア分子(NH_3)の非共有電子対は何組あるか。正しいものを下欄から一つ選びなさい。

〔下欄〕

1　1組	2　2組	3　3組	4　4組	5　非共有電子対なし

(23)　次の記述の正誤の組み合わせとして、正しいものを下欄から一つ選びなさい。

ア　ナトリウムとカリウムは、アルカリ金属である。
イ　リチウムとバリウムは、アルカリ土類金属である。
ウ　フッ素と臭素は、ハロゲンである。
エ　クリプトンとキセノンは、希ガスである。

〔下欄〕

	ア	イ	ウ	エ
1	正	正	正	正
2	正	誤	正	正
3	正	誤	誤	誤
4	誤	正	誤	誤
5	誤	誤	正	誤

千葉県

(24)　ナトリウム原子の最外殻電子の数はいくつか。正しいものを下欄から一つ選びなさい。

〔下欄〕

1　1個	2　2個	3　3個	4　4個	5　5個

(25)　次のうち、極性分子はどれか。正しいものを下欄から一つ選びなさい。

〔下欄〕

1 H_2	2 Cl_2	3 H_2O	4 CO_2	5 CH_4

(26)　物質の化学変化のうち、固体から液体を経由せず気体となる変化を何というか。正しいものを下欄から一つ選びなさい。

〔下欄〕

1　風解	2　蒸発	3　凝縮	4　昇華	5　融解

(27)　次のうち、分子量が最も小さいものはどれか。正しいものを下欄から一つ選びなさい。ただし、原子量を H=1、C=12、O=16、S=32、Cl=35.5 とする。

〔下欄〕

1　酢酸エチル	2　フェノール	3　無水酢酸	4　硫酸	5　塩化水素

(28)　次のうち、アルコールであるものはどれか。正しいものを下欄から一つ選びなさい。

〔下欄〕

1 グリセリン	2 アセチレン	3 アセトン	4 ブタン	5 プロパン

(29)　次のうち、官能基($-NO_2$)をもつ有機化合物はどれか。正しいものを下欄から一つ選びなさい。

下欄

1 アニリン	2 ピクリン酸	3 キシレン	4 アセトニトリル
5 トルエン			

(30)　カルボン酸とアルコールが縮合し、化合物が生じる反応を何というか。正しいものを下欄から一つ選びなさい。

〔下欄〕

1 アルキル化	2 けん化	3 ジアゾ化	4 スルホン化	5 エステル化

(31)　次の記述の正誤の組み合わせとして、正しいものを下欄から一つ選びなさい。

ア 第二級アルコールを酸化するとアルデヒドを経てカルボン酸になる。
イ 第一級アルコールを酸化するとケトンになる。
ウ 第三級アルコールは酸化されにくい。
エ エタノールは第一級アルコールである。

〔下欄〕

	ア	イ	ウ	エ
1	正	正	誤	正
2	正	誤	正	誤
3	誤	正	正	正
4	誤	正	誤	誤
5	誤	誤	正	正

千葉県

(32)　次の記述の正誤の組み合わせとして、正しいものを下欄から一つ選びなさい。

ア コロイド溶液に、直流電圧をかけると、陽極又は陰極にコロイド粒子が移動する。この現象を電気泳動という。
イ コロイド粒子を取り巻く溶媒分子が、粒子に衝突することで起こる不規則な粒子運動をブラウン運動という。
ウ 疎水コロイドに少量の電解質を加えると沈殿する現象を凝析という。

〔下欄〕

	ア	イ	ウ
1	正	正	正
2	正	正	誤
3	正	誤	正
4	誤	正	正
5	誤	誤	正

(33)　水酸化ナトリウム 16.0g を水に溶かして 100mL にした。この水溶液のモル濃度は何 mol/L か。正しいものを下欄から一つ選びなさい。ただし、原子量を H=1、O=16、Na=23 とする。

〔下欄〕

1 0.25mol/L	2 0.4mol/L	3 4.0mol/L	4 6.4mol/L	5 8.0mol/L

(34)　10w/w%水酸化カルシウム水溶液 200g に 30w/w%水酸化カルシウム水溶液 300g を加えると、何 w/w%の水酸化カルシウム水溶液ができるか。正しいものを下欄から一つ選びなさい。

〔下欄〕

1 11.0w/w%	2 16.0w/w%	3 20.0w/w%	4 22.0w/w%
5 26.0w/w%			

(35) 次のうち、重クロム酸カリウム($K_2Cr_2O_7$)中のクロム原子の酸化数はどれか。正しいものを下欄から一つ選びなさい。

〔下欄〕

1 +4	2 +5	3 +6	4 +7	5 +8

(36) 絶対温度 280K の酸素 10L を、同圧下で絶対温度 308K としたときの体積として、正しいものを下欄から一つ選びなさい。

〔下欄〕

1 9L	2 11L	3 12L	4 15L	5 20L

(37) 次の記述の正誤の組み合わせとして、正しいものを下欄から一つ選びなさい。

ア 反応物を活性化状態にするのに必要な最小のエネルギーのことを活性化エネルギーという。
イ 反応物の濃度は、化学反応の速さに影響を与えない。
ウ 反応の前後においてそれ自体は変化しないが、少量でも反応速度に大きな影響を与える物質を触媒という。

〔下欄〕

	ア	イ	ウ
1	正	正	正
2	正	誤	正
3	正	誤	誤
4	誤	正	正
5	誤	誤	誤

(38) 500ppm を百分率で表したものはどれか。正しいものを下欄から一つ選びなさい。

〔下欄〕

1 0.0005%	2 0.005%	3 0.05%	4 0.5%	5 5%

千葉県

(39) 純水に不揮発性の溶質を溶かした希薄溶液について、次の記述の正誤の組み合わせとして、正しいものを下欄から一つ選びなさい。

ア 希薄溶液の蒸気圧は、純水の蒸気圧より降下する。
イ 希薄溶液の沸点は、純水の沸点より上昇する。
ウ 希薄溶液の凝固点は、純水の凝固点より上昇する。

〔下欄〕

	ア	イ	ウ
1	正	正	正
2	正	正	誤
3	正	誤	誤
4	誤	正	正
5	誤	誤	正

(40) 次の物質名と組成式の正誤の組み合わせとして、正しいものを下欄から一つ選びなさい。

	物質名	組成式
ア	硝酸ナトリウム	Na_2SO_4
イ	水酸化バリウム	$Ba(OH)_2$
ウ	水酸化鉄(Ⅲ)	$Fe(OH)_2$

〔下欄〕

	ア	イ	ウ
1	正	正	正
2	正	正	誤
3	正	誤	誤
4	誤	正	誤
5	誤	誤	正

〔筆記：毒物及び劇物の性質及び貯蔵その他取扱方法〕

（一般）

問３　次の物質の貯蔵方法について、最も適切なものを下欄からそれぞれ一つ選びなさい。

(41) クロロホルム　(42) シアン化ナトリウム　(43) ピクリン酸
(44) カリウム　(45) 四塩化炭素

〔下欄〕

1　火気に対し安全で隔離された場所に、硫黄、ガソリン、アルコール等と離して保管する。鉄、銅、鉛等の金属容器を使用しない。
2　亜鉛又は錫（すず）メッキをした鋼鉄製容器で保管し、高温に接しない場所に保管する。ドラム缶で保管する場合は、雨水が漏入しないようにし、直射日光を避け冷所に置く。本品の蒸気は空気より重く、低所に滞留するので、地下室など換気の悪い場所には保管しない。
3　少量ならばガラス瓶、多量ならばブリキ缶又は鉄ドラムを用い、酸類とは離して、風通しのよい乾燥した冷所に密封して保存する。
4　冷暗所に貯蔵する。純品は空気と日光によって変質するので、少量のアルコールを加えて分解を防止する。
5　空気中にそのまま貯蔵することはできないので、通常、石油中に貯蔵する。水分の混入、火気を避け貯蔵する。

問４　次の物質の性状等について、最も適切なものを下欄からそれぞれ一つ選びなさい。

(46) 重クロム酸カリウム　(47) クロルエチル　(48) クラーレ
(49) アニリン　(50) 沃（よう）素

〔下欄〕

1　黒又は黒褐色の塊状あるいは粒状である。猛毒性アルカロイドを含有する。
2　橙赤（とうせき）色の柱状結晶である。融点 398 ℃、分解点 500 ℃。水に可溶。アルコールに不溶。強力な酸化剤である。
3　無色透明な油状の液体で、特有の臭気がある。空気に触れて赤褐色を呈する。
4　常温で気体。可燃性で、点火すれば緑色の辺縁を有する炎をあげて燃焼する。水に可溶。アルコール、エーテルに易溶。
5　黒灰色、金属様の光沢ある稜板（りょうばん）状結晶であり、常温でも多少不快な臭気を有する蒸気を放って揮散する。水には黄褐色を呈して難溶、アルコール、エーテルには赤褐色を呈して可溶。

問５　次の物質の代表的な用途について、最も適切なものを下欄からそれぞれ一つ選びなさい。

(51) 臭化銀　(52) 塩素　(53) ベタナフトール
(54) ヒドラジン　(55) エチレンオキシド

〔下欄〕

1　ロケット燃料　2　防腐剤、染料製造原料
3　アルキルエーテル等の有機合成原料、燻（くん）蒸消毒、殺菌剤
4　酸化剤、紙・パルプの漂白剤、殺菌剤、消毒剤
5　写真感光材料

千葉県

問６　次の物質の毒性について、最も適切なものを下欄からそれぞれ一つ選びなさい。

(56)ニコチン　(57)蓚(しゅう)酸　(58)過酸化水素

(59)トルイジン　(60)沃(よう)素

〔下欄〕

1　皮膚に触れると褐色に染め、その揮散する蒸気を吸入すると、めまいや頭痛を伴う一種の酩酊(めいてい)を起こす。
2　溶液、蒸気いずれも刺激性が強い。35 %以上の溶液は皮膚に水疱をつくりやすい。眼には腐食作用を及ぼす。
3　血液中のカルシウム分を奪取し、神経系を侵す。急性中毒症状は、胃痛、嘔吐(おうと)、口腔(こうこう)・咽喉の炎症、腎障害。
4　猛烈な神経毒であり、急性中毒では、よだれ、吐気、悪心、嘔吐(おうと)があり、次いで脈拍緩徐不整となり、発汗、瞳孔縮小、意識喪失、呼吸困難、痙攣(けいれん)をきたす。
5　メトヘモグロビン形成能があり、チアノーゼ症状を起こす。頭痛、疲労感、呼吸困難、精神障害、腎臓や膀胱(ぼうこう)の機能障害による血尿をきたす。

（農業用品目）

問３　次の物質の解毒方法について、最も適切なものを下欄からそれぞれ一つ選びなさい。

(41)ジクロルボス(DDVP)※　(42)硫酸第二銅
(43)硫酸タリウム　(44)シアン化ナトリウム

千葉県

〔下欄〕

1　解毒療法として、アセトアミドをブドウ糖液に溶解し静注する。
2　解毒療法として、ヘキサシアノ鉄(Ⅱ)酸鉄(Ⅲ)水和物(別名プルシアンブルー)を投与する。
3　解毒療法として、亜硝酸ナトリウム水溶液とチオ硫酸ナトリウム水溶液を投与する。
4　解毒療法として、２－ピリジルアルドキシムメチオダイド(別名 PAM)製剤又は硫酸アトロピン製剤を投与する。
5　解毒療法として、ジメルカプロール(別名 BAL)を投与する。

※ ジメチル－２・２－ジクロルビニルホスフエイト

問４　次の物質の性状等について、最も適切なものを下欄からそれぞれ一つ選びなさい。

(45)フェンバレレート※1　(46)ニコチン　(47)沃(よう)化メチル

(48)エトプロホス※2　(49)燐(りん)化亜鉛

〔下欄〕

1　無色又は淡黄色透明の液体で、エーテル様臭がある。水に可溶。
2　暗赤色の光沢ある粉末。希酸にホスフィンを出して溶解。空気中で分解する。
3　黄褐色の粘稠(ねんちゅう)性液体で、水に不溶。メタノール、アセトニトリル、酢酸エチルに可溶。熱、酸に安定で、アルカリに不安定、光で分解する。
4　無色、無臭の油状液体で、空気中で速やかに褐変する。刺激性の味を有する。
5　メルカプタン臭のある淡黄色の透明液体。水に難溶で、有機溶媒に可溶。

※1 (ＲＳ)－α－シアノ－３－フエノキシベンジル＝(ＲＳ)－２－(４－クロロフエニル)－３－メチルブタノアート

※2　O－エチル＝S・S－ジプロピル＝ホスホロジチオアート

問5　次の物質の代表的な用途について、最も適切なものを下欄からそれぞれ一つ選びなさい。

(50)パラコート※1　(51)モノフルオール酢酸ナトリウム
(52)メトミル※2　(53)ナラシン※3

〔下欄〕

1　殺虫剤	2　除草剤	3　殺菌剤	4　飼料添加物	5　殺鼠剤

※1　1・1'－ジメチル－4・4'－ジピリジニウムジクロリド
※2　S－メチル－N－［(メチルカルバモイル)－オキシ］－チオアセトイミデート
※3　4－メチルサリノマイシン

問6　次の物質の貯蔵方法等について、最も適切なものを下欄からそれぞれ一つ選びなさい。

(54)アンモニア水　(55)ブロムメチル　(56)ロテノン
(57)シアン化カリウム

〔下欄〕

1　常温では気体なので、圧縮冷却して液化し、圧縮容器に入れ、直射日光その他、温度上昇の原因を避けて、冷暗所に貯蔵する。
2　空気中にそのまま貯蔵することはできないので、通常、石油中に貯蔵する。水分の混入、火気を避け貯蔵する。
3　酸素によって分解するので、空気と光線を遮断して保管する。
4　少量ならばガラス瓶、多量ならばブリキ缶又は鉄ドラムを用い、酸類とは離して、風通しのよい乾燥した冷所に密封して保存する。
5　揮発しやすいので、密栓して保管する。

問7　次の物質の毒性等について、最も適切なものを下欄からそれぞれ一つ選びなさい。

(58)クロルピクリン　(59)パラコート※1　(60)ダイアジノン※2

〔下欄〕

1　血液中のコリンエステラーゼと結合し、その働きを阻害する。吸入した場合、倦怠感、頭痛、嘔吐等の症状を呈し、重症の場合には、縮瞳、意識混濁、全身痙攣等を起こす。
2　吸入した場合、血液に入ってメトヘモグロビンをつくり、また、中枢神経や心臓、眼結膜を侵し、肺にも強い障害を与える。
3　生体内で活性酸素イオンを生じることで組織に障害を与える。特に肺が影響を受ける。
4　中毒は、生体細胞内のTCAサイクルの阻害によって主として起こる。主な中毒症状は激しい嘔吐が繰り返され、胃の疼痛を訴え、しだいに意識が混濁し、てんかん性痙攣、脈拍の遅緩が起こり、チアノーゼ、血圧下降をきたす。
5　嚥下吸入したときに、胃及び肺で胃酸や水と反応してホスフィンを生成することにより中毒を起こす。

※1　1・1'－ジメチル－4・4'－ジピリジニウムジクロリド
※2　2－イソプロピル－4－メチルピリミジル－6－ジエチルチオホスフエイト

(特定品目)

問３　次の物質の性状について、最も適切なものを下欄からそれぞれ一つ選びなさい。

(41) 蓚（しゅう）酸　(42)硅弗（けいふつ）化ナトリウム　(43)水酸化カリウム
(44)塩化水素　(45)重クロム酸カリウム

〔下欄〕

1　無色の刺激臭をもつ気体で、湿った空気中で激しく発煙する。
2　白色の固体で水、アルコールに溶け、熱を発する。アンモニア水に溶けない。空気中に放置すると、水分と二酸化炭素を吸収して潮解する。
3　橙赤（とうせき）色の柱状結晶である。水に溶けやすい。アルコールには溶けない。強力な酸化剤である。
4　２モルの結晶水を有する無色、稜柱（りようちゆう）状の結晶で、乾燥空気中で風化する。加熱すると昇華、急に加熱すると分解する。
5　白色の結晶である。水に溶けにくく、アルコールには溶けない。

問４　次の物質の貯蔵方法等について、最も適切なものを下欄からそれぞれ一つ選びなさい。

(46)水酸化カリウム　(47)メチルエチルケトン　(48)ホルマリン
(49)四塩化炭素　(50)クロロホルム

〔下欄〕

1　引火しやすく、また、その蒸気は空気と混合して爆発性の混合ガスとなるので火気を近づけないようにする。
2　二酸化炭素と水を強く吸収するから、密栓をして保管する。
3　低温では混濁することがあるので、常温で保存する。一般にメタノール等を13％以下（大部分は８～10％）添加してある。
4　亜鉛又は錫（すず）メッキをした鋼鉄製容器で保管する。沸点は76℃のため、高温に接しない場所に保管する。
5　冷暗所に貯蔵する。純品は空気と日光によって変質するので、少量のアルコールを加えて分解を防止する。

千葉県

問５　次の物質の毒性について、最も適切なものを下欄からそれぞれ一つ選びなさい。

(51) 硫酸　(52)ホルマリン　(53)トルエン
(54)四塩化炭素　(55)メタノール

〔下欄〕

1　蒸気を吸入すると、はじめ頭痛、悪心等をきたし、黄疸（おうだん）のように角膜が黄色となり、しだいに尿毒症様を呈し、重症なときは死亡する。皮膚に触れた場合、皮膚を刺激し、湿疹（しつしん）を生成することがある。
2　蒸気は粘膜を刺激し、鼻カタル、結膜炎、気管支炎などを起こさせる。
3　蒸気の吸入により頭痛、食欲不振等がみられる。大量の場合、緩和な大赤血球性貧血をきたす。麻酔性が強い。
4　頭痛、めまい、嘔吐（おうと）、下痢、腹痛などを起こし、致死量に近ければ麻酔状態になり、視神経が侵され、眼がかすみ、失明することがある。
5　濃度が高いものは、人体に触れると、激しい火傷を起こす。

問６　次の物質の代表的な用途について、最も適切なものを下欄からそれぞれ一つ選びなさい。

(56)一酸化鉛　(57)四塩化炭素　(58)硫酸
(59)過酸化水素水　(60)トルエン

〔下欄〕

1 ゴムの加硫促進剤、顔料、試薬として用いられる。
2 爆薬、染料、香料、サッカリン、合成高分子材料等の原料、溶剤、分析用試薬に用いられる。
3 酸化還元作用を有しているので、工業上、漂白剤として用いられる。また、消毒及び防腐の目的で用いられる。
4 洗浄剤及び種々の清浄剤の製造、引火性の少ないベンジンの製造などに応用され、また化学薬品として使用される。
5 肥料、各種化学薬品の製造、石油の精製、冶金（やきん）、塗料、顔料などの製造に用いられる。また、乾燥剤、試薬として用いられる。

〔実地：毒物及び劇物の識別及び取扱方法〕

(一般)

問7　次の物質の鑑別方法として、最も適切なものを下欄からそれぞれ一つ選びなさい。

(61)ホルマリン　(62)過酸化水素水　(63)沃（よう）素
(64)水酸化ナトリウム　(65)黄燐（りん）

〔下欄〕

1 過マンガン酸カリウムを還元し、クロム酸塩を過クロム酸塩に変える。また、ヨード亜鉛からヨードを析出する。
2 フェーリング溶液とともに熱すると、赤色の沈殿を生成する。
3 デンプンと反応すると藍色を呈し、これを熱すると退色し、冷えると再び藍色を現し、さらにチオ硫酸ナトリウムの溶液と反応すると脱色する。
4 暗室内で酒石酸又は硫酸酸性で水蒸気蒸留を行う。その際、冷却器あるいは流出管の内部に青白色の光が認められる。
5 水溶液を白金線につけて無色の火炎中に入れると、火炎は著しく黄色に染まり、長時間続く。

問8　次の物質の廃棄方法について、「毒物及び劇物の廃棄の方法に関する基準」に照らし、最も適切なものを下欄からそれぞれ一つ選びなさい。

(66)エチレンオキシド　(67)臭素　(68)一酸化鉛
(69)水銀　(70)弗（ふっ）化水素

千葉県

〔下欄〕

1 アルカリ水溶液(水酸化カルシウムの懸濁液又は水酸化ナトリウム水溶液)中に少量ずつ滴下し、多量の水で希釈して処理する。(アルカリ法) 2 そのまま再利用するため蒸留する。(回収法) 3 多量の水に少量ずつ吹き込み溶解し希釈した後、少量の硫酸を加え、アルカリ水で中和し活性汚泥で処理する。(活性汚泥法) 4 多量の水酸化カルシウム水溶液中に吹き込んで吸収させ、中和し、沈殿濾(ろ)過して埋立処分する。(沈殿法) 5 セメントを用いて固化し、溶出試験を行い、溶出量が判定基準以下であることを確認して埋立処分する。(固化隔離法)

問9 次の物質の漏えい時の措置について、「毒物及び劇物の運搬事故時における応急措置に関する基準」に照らし、最も適切なものを下欄からそれぞれ一つ選びなさい。

(71)シアン化カリウム　(72)カリウム　(73)アクロレイン
(74)砒(ひ)素　(75)ピクリン酸

〔下欄〕

1 飛散したものは空容器にできるだけ回収する。砂利等に付着している場合は、砂利等を回収し、そのあとに水酸化ナトリウム、炭酸ナトリウム等の水溶液を散布してアルカリ性(pH11以上)とし、さらに酸化剤の水溶液で酸化処理を行い、多量の水で洗い流す。 2 多量の場合、漏えいした液は土砂等でその流れを止め、安全な場所に穴を掘る等してためる。これに亜硫酸水素ナトリウム水溶液(約10%)を加え、時々攪拌(かくはん)して反応させた後、多量の水で十分に希釈して洗い流す。この際、蒸発した本成分が大気中に拡散しないよう霧状の水をかけて吸収させる。 3 飛散したものは空容器にできるだけ回収し、そのあとを多量の水で洗い流す。なお、回収の際は飛散したものが乾燥しないよう、適量の水を散布して行い、また、回収物の保管、輸送に際しても十分に水分を含んだ状態を保つようにする。用具および容器は金属製のものを使用してはならない。 4 流動パラフィン浸漬(しんせき)品の場合、露出したものは、速やかに拾い集めて灯油又は流動パラフィンの入った容器に回収する。砂利、石等に付着している場合は砂利等ごと回収する。 5 空容器にできるだけ回収し、そのあとを硫酸鉄(Ⅲ)等の水溶液を散布し、水酸化カルシウム、炭酸ナトリウム等の水溶液を用いて処理した後、多量の水で洗い流す。

問10 次の物質の取扱い上の注意事項について、最も適切なものを下欄からそれぞれ一つ選びなさい。

(76)カリウム　(77)フェンバレレート※　(78)黄燐(りん)
(79)キシレン　(80)弗(ふっ)化水素酸

千葉県

〔下欄〕

1　自然発火性のため容器に水を満たして貯蔵し、水で覆い密封して運搬する。
2　引火しやすく、また、その蒸気は空気と混合して爆発性混合ガスとなるので火気は絶対に近づけない。
3　水、二酸化炭素、ハロゲン化炭化水素と激しく反応するので、これらと接触させない。
4　魚毒性が強いので漏えいした場所を水で洗い流すことはできるだけ避け、水で洗い流す場合には、廃液が河川等へ流入しないよう注意する。
5　大部分の金属、ガラス、コンクリート等と反応する。本品は爆発性でも引火性でもないが、各種の金属と反応して気体の水素が発生し、これが空気と混合して引火爆発することがある。

※　(RS)－α－シアノ－3－フエノキシベンジル＝(RS)－2－(4－クロロフエニル)－3－メチルブタノアート

(農業用品目)

問8　次の物質の鑑別方法について、最も適切なものを下欄からそれぞれ一つ選びなさい。

(61)塩化亜鉛　(62)アンモニア　(63)クロルピクリン
(64)無水硫酸銅　(65)燐(りん)化アルミニウムとその分解促進剤とを含有する製剤

〔下欄〕

1　本品に水を加えると青くなる。
2　本品から発生したガスは、5～10％硝酸銀溶液を吸着させたろ紙を黒変させる。
3　本品を水に溶かし、硝酸銀を加えると白色の沈殿を生じる。
4　本品の水溶液に金属カルシウムを加え、これにベタナフチルアミン及び硫酸を加えると、赤色の沈殿を生じる。
5　本品の水溶液に濃塩酸をうるおしたガラス棒を近づけると、白い霧を生じる。

問9　次の物質の廃棄方法について、「毒物及び劇物の廃棄の方法に関する基準」に照らし、最も適切なものを下欄からそれぞれ一つ選びなさい。

(66)塩素酸ナトリウム　(67)燐(りん)化亜鉛　(68)硫酸亜鉛
(69)クロルピクリン　(70)シアン化ナトリウム

〔下欄〕

1　水に溶かし、水酸化カルシウム、炭酸カルシウム等の水溶液を加えて処理し、沈殿濾(ろ)過して埋立処分する。(沈殿法)
2　木粉(おが屑)等の可燃物に混ぜて、スクラバーを備えた焼却炉で焼却する。(燃焼法)
3　還元剤(例えば、チオ硫酸ナトリウム等)の水溶液に希硫酸を加えて酸性にし、この中に少量ずつ投入する。反応終了後、反応液を中和し多量の水で希釈して処理する。(還元法)
4　少量の界面活性剤を加えた亜硫酸ナトリウムと炭酸ナトリウムの混合溶液中で、攪拌(かくはん)し分解させた後、多量の水で希釈して処理する。(分解法)
5　水酸化ナトリウム水溶液等でアルカリ性とし、高温加圧下で加水分解する。(アルカリ法)

千葉県

問 10　次の物質の取扱い上の注意事項等について、最も適切なものを下欄からそれぞれ一つ選びなさい。

(71)ブロムメチル　　(72)フェンバレレート※
(73)塩素酸ナトリウム　　(74)硫酸

〔下欄〕

1　水で希釈したものは、各種の金属を腐食して水素ガスを発生し、これが空気と混合して引火爆発をすることがある。
2　強酸と反応し、発火又は爆発することがある。また、アンモニウム塩と混ざると爆発するおそれがあるため接触させない。
3　沸点 250 ℃の液体で、水に不溶であり、魚毒性が強いので、漏えいした場所を水で洗い流すのはできるだけ避け、水で洗い流す場合には、廃液が河川等へ流入しないようにする。
4　アルカリで急激に分解すると発熱するので、分解させるときは希薄な水酸化カルシウム等の水溶液を用いる。
5　わずかに甘いクロロホルム様の臭いを有するが、臭いは極めて弱く、蒸気は空気より重いため、吸入による中毒を起こしやすい。

※　(RS)－α－シアノ－３－フエノキシベンジル＝(RS)－２－(４－クロロフエニル)－３－メチルブタノアート

問 11　次の物質の漏えい時の措置について、「毒物及び劇物の運搬事故時における応急措置に関する基準」に照らし、最も適切なものを下欄からそれぞれ一つ選びなさい。

千葉県

(75)フェンバレレート※1　　(76)シアン化カリウム　　(77)ブロムメチル
(78)液化アンモニア　　(79)ジクロルボス(DDVP)※2

〔下欄〕

1　付近の着火源となるものを速やかに取り除く。漏えいした液は土砂等でその流れを止め、安全な場所に導き、空容器にできるだけ回収し、そのあとを水酸化カルシウム等の水溶液を用いて処理し、多量の水を用いて洗い流す。洗い流す場合には中性洗剤等の分散剤を使用して洗い流す。
2　付近の着火源となるものを速やかに取り除く。多量に漏えいした場合は、漏えいした箇所を濡れむしろ等で覆い、ガス状になったものに対しては遠くから霧状の水をかけ吸収させる。
3　飛散したものは空容器にできるだけ回収する。砂利等に付着している場合は、砂利等を回収し、そのあとに水酸化ナトリウム、炭酸ナトリウム等の水溶液を散布してアルカリ性(pH11 以上)とし、さらに酸化剤の水溶液で酸化処理を行い、多量の水で洗い流す。
4　多量に漏えいした液は、土砂等でその流れを止め、液が広がらないようにして蒸発させる。
5　付近の着火源となるものを速やかに取り除く。漏えいした液は土砂等でその流れを止め、安全な場所に導き、空容器にできるだけ回収し、そのあとを土砂等に吸着させて掃き集め、空容器に回収する。

※1　(ＲＳ)－α－シアノ－３－フエノキシベンジル＝(ＲＳ)－２－(４－クロロフエニル)－３－メチルブタノアート
※2　ジメチル－２・２－ジクロルビニルホスフエイト

問 12　次の(80)の物質について、アからウの記述の正誤の組み合わせとして、正しいものを下欄から一つ選びなさい。

(80)イミダクロプリド※

ア　弱い特異臭のある黄色の結晶

イ　殺鼠剤として用いられる。

ウ　２％以下(マイクロカプセル製剤にあっては 12 ％以下)を含有する製剤は劇物から除外される。

※　１－(６－クロロ－３－ピリジルメチル)－Ｎ－ニトロイミダゾリジン－２－イリデンアミ

〔下欄〕

	ア	イ	ウ
1	正	正	正
2	正	正	誤
3	正	誤	誤
4	誤	正	誤
5	誤	誤	正

(特定品目)

問７　次の物質の漏えい時の措置について、「毒物及び劇物の運搬事故時における応急措置に関する基準」に照らし、最も適切なものを下欄からそれぞれ一つ選びなさい。

(61)四塩化炭素　(62)重クロム酸カリウム　(63)塩素

(64)メタノール　(65)硅弗化ナトリウム

〔下欄〕

1　空容器にできるだけ回収し、そのあとを還元剤(硫酸第一鉄等)の水溶液を散布し、水酸化カルシウム、炭酸ナトリウム等の水溶液で処理した後、多量の水で洗い流す。
2　飛散したものは空容器にできるだけ回収し、そのあとを多量の水で洗い流す。
3　付近の着火源となるものを速やかに取り除く。漏えいした液は土砂等でその流れを止め、安全な場所に導き、多量の水で十分に希釈して洗い流す。
4　漏えいした液は土砂等でその流れを止め、安全な場所に導き、空容器にできるだけ回収し、そのあとを中性洗剤等の分散剤を使用して多量の水で洗い流す。
5　多量の場合、漏えいした箇所には水酸化カルシウムを十分に散布し、シート等をかぶせ、その上にさらに水酸化カルシウムを散布して吸収させる。漏えい容器には散布しない。多量にガスが噴出した場所には、遠くから霧状の水をかけて吸収させる。

問８　次の物質の廃棄方法について、「毒物及び劇物の廃棄の方法に関する基準」に照らし、最も適切なものを下欄からそれぞれ一つ選びなさい。

(66)一酸化鉛　(67)酢酸エチル　(68)クロム酸ナトリウム
(69)過酸化水素水　(70)水酸化カリウム

〔下欄〕

1　セメントを用いて固化し、溶出試験を行い、溶出量が判定基準以下であることを確認して埋立処分する。(固化隔離法)
2　珪藻土等に吸収させて開放型の焼却炉で焼却する。(燃焼法)
3　希硫酸に溶かし、還元剤(硫酸第一鉄等)の水溶液を過剰に用いて還元した後、水酸化カルシウム、炭酸ナトリウム等の水溶液で処理し、沈殿濾過する。溶出試験を行い、溶出量が判定基準以下であることを確認して埋立処分する。(還元沈殿法)
4　多量の水で希釈して処理する。(希釈法)
5　水を加えて希薄な水溶液とし、酸(希塩酸、希硫酸等)で中和させた後、多量の水で希釈して処理する。(中和法)

問９　次の物質の取扱い上の注意事項について、最も適切なものを下欄からそれぞれ一つ選びなさい。

(71) 硝酸　(72) クロロホルム　(73) 塩素
(74) 過酸化水素水　(75) トルエン

〔下欄〕

1　高濃度の場合、水と急激に接触すると多量の熱を生成し、酸が飛散することがある。
2　分解が起こると激しく酸素を生成し、周囲に易燃物があると火災になるおそれがある。
3　反応性が強く、水素又は炭化水素(特にアセチレン)と爆発的に反応する。
4　引火しやすく、また、その蒸気は空気と混合して爆発性混合気体となるので火気に近づけない。静電気に対する対策を考慮する。
5　火災などで強熱されるとホスゲンを生成するおそれがある。

問 10　次の物質の鑑別方法について、最も適切なものを下欄からそれぞれ一つ選びなさい。

(76) 一酸化鉛　(77) 過酸化水素水　(78) ホルマリン
(79) 蓚(しゅう)酸　(80) 水酸化カリウム

〔下欄〕

1　アンモニア水を加え、さらに硝酸銀溶液を加えると、徐々に金属銀を析出する。また、フェーリング溶液とともに熱すると、赤色の沈殿を生成する。
2　希硝酸に溶かすと、無色の液となり、これに硫化水素を通すと、黒色の沈殿を生成する。
3　水溶液を酢酸で弱酸性にして酢酸カルシウムを加えると、結晶性の沈殿を生成する。
4　過マンガン酸カリウムを還元し、クロム酸塩を過クロム酸塩に変える。また、ヨード亜鉛からヨードを析出する。
5　水溶液に酒石酸溶液を過剰に加えると、白色結晶性の沈殿を生成する。

神奈川県
令和２年度実施

〔毒物及び劇物に関する法規〕
（一般・農業用品目・特定品目共通）

問１～問５　次の文章は、毒物及び劇物取締法の条文の一文である。（　）の中に入る字句の番号を下欄から選びなさい。

法第１条
この法律は、毒物及び劇物について、（ 問１ ）の見地から必要な（ 問２ ）を行うことを目的とする。

法第３条第３項
毒物又は劇物の販売業の登録を受けた者でなければ、毒物又は劇物を販売し、授与し、又は販売若しくは授与の目的で貯蔵し、運搬し、若しくは（ 問３ ）してはならない。

法第３条の３
興奮、（ 問４ ）又は麻酔の作用を有する毒物又は劇物（これらを含有する物を含む。）であつて政令で定めるものは、みだりに摂取し、若しくは吸入し、又はこれらの目的で（ 問５ ）してはならない。

【下欄】
１ 製造　２ 幻覚　３ 使用　４ 幻聴　５ 取締　６ 指導　７ 保健衛生上
８ 陳列　９ 労働衛生上　０ 所持

問６～問 10　毒物及び劇物取締法の規定に関する次の記述について、正しいものは１を、誤っているものは２を選びなさい。

問６　毒物劇物営業者、特定毒物研究者又は特定毒物使用者でなければ、特定毒物を譲り渡し、又は譲り受けてはならない。

問７　毒物劇物営業者及び特定毒物研究者は、毒物又は厚生労働省令で定める劇物については、その容器として、飲食物の容器として通常使用される物を使用してはならない。

問８　毒物劇物営業者及び特定毒物研究者は、劇物の容器及び被包に、「医薬用外」の文字及び赤地に白色をもつて「劇物」の文字を表示しなければならない。

問９　毒物劇物営業者は、その容器及び被包に、毒物又は劇物の成分及びその使用期限を表示しなければ、毒物又は劇物を販売してはならない。

問10　毒物劇物営業者及び特定毒物研究者は、その取扱いに係る毒物又は劇物が盗難にあい、又は紛失したときは、直ちに、その旨を都道府県知事に届け出なければならない。

問 11 ～問 15　次の文章は、毒物及び劇物取締法に規定する譲渡手続き及び交付の制限等について記述したものである。（　）の中に入る最も適当なものの番号を下欄から選びなさい。

ア 毒物劇物営業者は、譲受人から次に掲げる事項を記載し、譲受人が押印した書面の提出を受けなければ、毒物又は劇物を毒物劇物営業者以外の者に販売し、又は授与してはならない。
一 毒物又は劇物の名称及び（ 問 11 ）
二 販売又は授与の（ 問 12 ）
三 譲受人の氏名、（ 問 13 ）及び住所（法人にあつては、その名称及び主たる事務所の所在地）

イ 毒物劇物営業者は、毒物又は劇物を麻薬、（ 問 14 ）、あへん又は覚せい剤の中毒者に交付してはならない。

ウ 毒物劇物営業者は、その交付を受ける者の氏名及び住所を確認した後でなければ、引火性、発火性又は（ 問 15 ）のある毒物又は劇物であつて政令で定めるものを交付してはならない。

【下欄】

1 燃焼性	2 アルコール	3 大麻	4 爆発性	5 年月日
6 年齢	7 職業	8 数量	9 使用目的	0 場所

問 16 ～問 20　毒物及び劇物取締法の規定に関する次の記述について、正しいものは1を、誤っているものは2を選びなさい。

問 16　毒物劇物製造業又は輸入業の登録は、5年ごとに、更新を受けなければ、その効力を失う。
（法第4条第3項）

問 17　都道府県知事は、毒物若しくは劇物又は薬事に関する罪を犯し、罰金以上の刑に処せられ、その執行を終わり、又は執行を受けることがなくなつた日から起算して5年を経過していない者には、特定毒物研究者の許可を与えないことができる。
（法第6条の2第3項第3号）

問 18　毒物劇物営業者は、毒物劇物取扱責任者を変更したときは、45 日以内に、その毒物劇物取扱責任者の氏名を届け出なければならない。
（法第7条第3項）

問 19　18 歳未満の者は、毒物劇物取扱責任者となることができない。
（法第8条第2項第1号）

問 20　毒物劇物営業者は、毒物又は劇物を毒物劇物営業者以外の者に販売し、又は授与した日から5年間、法の規定により譲受人から提出を受けた書面等を保存しなければならない。
（法第 14 条第4項）

問 21 ～問 25　次の物質について、劇物に該当するものは1を、毒物（特定毒物を除く。）に該当するものは2を、特定毒物に該当するものは3を選びなさい。
ただし、記載してある物質は全て原体である。

問 21　アジ化ナトリウム　　問 22　ふつ化アンモニウム

問 23　シアン化ナトリウム　　問 24　テトラエチルピロホスフエイト

問 25　ベタナフトール

〔基礎化学〕
(一般・農業用品目・特定品目共通)

問 26 ～問 30　次の設問の答えとして最も適当なものの番号をそれぞれ下欄から選びなさい。

問 26　疎水コロイドに少量の電解質を加えると、コロイド粒子が反発力を失って集まり沈殿する。このような現象を何というか。

【下欄】
1　塩析　　2　チンダル現象　　3　透析　　4　凝析　　5　ブラウン運動

問 27　中和滴定に関する次の記述のうち、適切ではないものはどれか。

【下欄】
1　強酸と強塩基の中和滴定で、指示薬としてフェノールフタレインを用いた。
2　中和点の水溶液は必ずしも中性を示すとは限らない。
3　弱酸と強塩基の中和滴定で、指示薬としてメチルオレンジを用いた。
4　酸と塩基の種類によっては、二段階で中和反応が起きることがある。
5　中和点の前後では水溶液のｐＨは急激に変化する。

問 28　フエノールに関する次の記述のうち、適切ではないものどれか。

【下欄】
1　官能基としてヒドロキシ基をもつ。
2　水溶液は中性を示す。
3　水酸化ナトリウムと反応して塩を生成する。
4　塩化鉄(Ⅲ)水溶液と反応して、紫色を呈する。
5　ナトリウムと反応して水素が発生する。

問 29　CH_4 で表される物質に含まれる化学結合はどれか。

【下欄】
1　共有結合　　2　イオン結合　　3　金属結合
4　配位結合　　5　水素結合

問 30　次の物質のうち、ヨウ素デンプン反応を示すものはどれか。

【下欄】
1　アミロース　　2　セルロース　　3　マルトース
4　セロビオース　　5　グルコース

問 31 ～問 35　次の文章は、物質の状態変化について記述したものである。(　　)の中に入る最も適当なものの番号を下欄から選びなさい。
なお、２箇所の(問 33)(問 34)内にはそれぞれ同じ字句が入る。

液体の表面付近にある熱運動の激しい分子が、分子間の引力を断ち切って液体の表面から飛び出し、気体になる現象を(問 31)という。
また、液体を加熱していくと、さらに分子の熱運動が激しくなり、液体内部からも気体が発生するようになる。このような現象を(問 32)という。
逆に、液体を冷却していくと、分子の熱運動が穏やかになり、ある温度で液体は固体になる。このような現象を(問 33)といい、その時の温度を(問 34)という。
なお、液体を冷却していって(問 34)以下の温度になってもすぐには(問 33)が起こらないことがある。この状態を(問 35)という。

【下欄】
1　融解　　2　沸騰　　3　凝固点　　4　沸点　　5　蒸発
6　昇華　　7　過冷却　　8　拡散　　9　凝固　　0　凝縮

神奈川県

問 36 ～問 40　次の設問の答えとして最も適当なものの番号をそれぞれ下欄から選びなさい。

ただし、質量数はH＝1、C＝12、O＝16、Cl＝35.5、標準状態における1 molの気体の体積を22.4 Lとする。

問36　標準状態で67.2 Lの塩化水素は何 gか。

【下欄】

1　36.5 g　　2　73.0 g　　3　109.5 g　　4　146.0 g　　5　182.5 g

問37　ダイヤモンド0.24 gは何molか。

【下欄】

1　0.006 mol　　2　0.0075 mol　　3　0.01 mol
4　0.015 mol　　5　0.02 mol

問38　4 molの一酸化炭素を完全燃焼させるのに必要な酸素は標準状態で何 Lか。

【下欄】

1　11.2 L　　2　22.4 L　　3　33.6 L　　4　44.8 L　　5　89.6 L

問39　問38において発生する二酸化炭素は何gか。

【下欄】

1　56 g　　2　88 g　　3　176 g　　4　220 g　　5　224 g

問40　ある濃度の希硫酸10 mLを過不足なく中和したところ、0.4 mol/Lの水酸化ナトリウム水溶液を12 mL使用した。この希硫酸の濃度は何 mol/Lか。

【下欄】

1　0.024 mol/L　　2　0.048 mol/L　　3　0.12 mol/L
4　0.24 mol/L　　5　0.48 mol/L

問 41 ～問 45　次の設問の答えとして最も適当なものの番号をそれぞれ下欄から選びなさい。

神奈川県

問41　次のうち、ハロゲン元素はどれか。

【下欄】

1　Br　　2　Kr　　3　Ar　　4　Cr　　5　Sr

問42　次のうち、エステル結合を持つ化合物はどれか。

【下欄】

1　アセトン　　2　ニトロベンゼン　　3　アニリン
4　酢酸エチル　　5　フエノール

問43　炎色反応で赤色を示す元素はどれか。

【下欄】

1　銅　　2　カリウム　　3　リチウム　　4　バリウム
5　ナトリウム

問 44　次のうち、水によく溶け、その水溶液が弱い塩基性を示す気体はどれか。

【下欄】

1　二酸化炭素　　2　ヘリウム　　3　二酸化硫黄
4　アンモニア　　5　塩化水素

問45　次のうち、互いが同素体であるものはどれか。

【下欄】

1　水素と三重水素　　2　ブタンとイソブタン　　3　鉛と亜鉛
4　ナトリウムとカリウム　　5　酸素とオゾン

問 46 ～問 50　次の図は芳香族化合物の反応系統図である。（　　）の中に入る最も適当なものの番号を下欄から選びなさい。

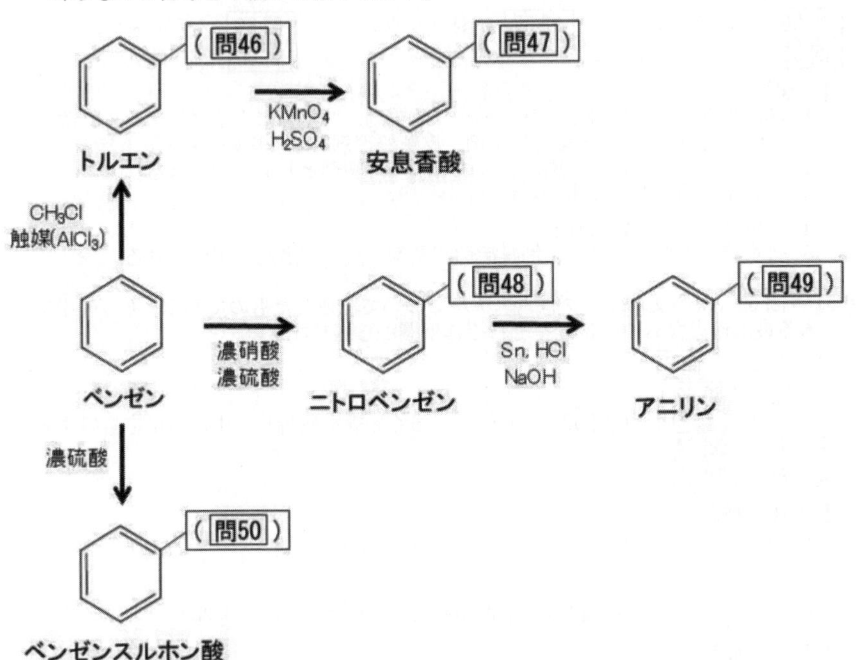

【下欄】

1　NH_3	2　COOH	3　NH_2	4　NO_2
5　SH	6　CHO	7　SO_3H	8　CH_3
9　CH_2OH	0　CN		

神奈川県

〔毒物及び劇物の性質及び貯蔵その他の取扱方法〕（一般）

問 51 ～問 55　次の物質について、性状及び貯蔵方法の説明として最も適当なものの番号を下欄から選びなさい。

問 51 クロロホルム　　問 52 沃素（よう）　　問 53 アンモニア水
問 54 水酸化ナトリウム　　問 55 カリウム

【下欄】

1　黒灰色、金属様の光沢ある稜板状結晶。常温で蒸気を放って揮散するため、気密容器を用い、通風の良い冷所に貯蔵する。
2　白色、結晶性の固体。二酸化炭素と水を吸収する性質が強いため、密栓して貯蔵する。
3　銀白色の軟らかい固体で、反応性に富む。空気中にそのまま貯蔵することはできないので、通常石油中に貯蔵する。
4　無色透明の液体で、鼻をさすような臭気がある。揮発しやすいので、密栓して貯蔵する。
5　無色の揮発性液体で、特異臭と甘味を有する。冷暗所に貯蔵する。純品は空気と日光によって変質するので、少量のアルコールを加えて分解を防止する。

問 56 ～問 60　次の物質について、その主な用途として最も適当なものの番号を下欄から選びなさい。

問 56 クレゾール　　問 57 硝酸タリウム　　問 58 メチルメルカプタン
問 59 クロム酸ストロンチウム　　問 60 メタクリル酸

【下欄】
1 熱硬化性塗料、接着剤、ラテックス改質剤、共重合によるプラスチック改質、イオン交換樹脂、紙・織物加工剤、皮革処理剤として用いられる。
2 消毒、殺菌、木材の防腐剤、合成樹脂の可塑剤として用いられる。
3 さび止め顔料として用いられる。
4 殺鼠（そ）剤として用いられる。
5 殺虫剤、香料、付臭剤、触媒活性調整剤、反応促進剤に用いられる。

問 61 ～問 65　次の文章は、ブロムエチルについて記述したものである。（　）の中に入る最も適当なものの番号をそれぞれ下欄から選びなさい。

化 学 式：（問 61）
分　　類：（問 62）
性　　状：無色透明、（問 63）の液体で、強く光線を屈折し、中性の反応を呈する。
用　　途：（問 64）
毒　　性：（問 65）

【問 61 下欄】
1 CH_3Br　　2 C_3H_7Br　　3 C_2H_5Br

【問 62 下欄】
1 劇物　　2 毒物（特定毒物を除く。）　　3 特定毒物

【問 63 下欄】
1 揮発性　　2 粘稠性　　3 吸湿性

【問 64 下欄】
1 燻（くん）蒸剤　　2 アルキル化剤　　3 写真感光材料

【問 65 下欄】
1 嘔吐、めまい、胃腸障害、腹痛、下痢または便秘等を起こし、運動失調、麻痺、腎臓炎、尿量減退として現れる。
2 蒸気の吸入により頭痛、食欲不振等、大量の場合、緩和な大赤血球性貧血をきたす。
3 頭痛、眼及び鼻孔の刺激性を有し、呼吸困難等として現れ、皮膚につくと水疱を生じる。

問 66 ～問 70　次の物質について、毒性の説明として最も適当なものの番号を下欄から選びなさい。

問 66 フエノール　　問 67 スルホナール

問 68　2－イソプロピル－4－メチルピリミジル－6－ジエチルチオホスフエイト【別名：ダイアジノン】

問 69 アニリン　　問 70 アクロレイン

神奈川県

【下欄】

1　眼と呼吸器系を激しく刺激する。また、皮膚を刺激し、気管支カタルや結膜炎を起こさせる。
2　皮膚につくと軽度の紅斑等を起こさせることがある。また、吸入すると下痢、多汗等の症状を呈し、重症の場合には、意識混濁、高度の縮瞳、全身痙攣(けいれん)等を起こさせる。
3　皮膚や粘膜につくと火傷を起こし、その部分は白色となる。経口摂取した場合には口腔、咽喉、胃に高度の灼熱感を訴え、悪心、嘔吐(おうと)、めまいを起こし、失神、虚脱、呼吸麻痺で倒れる。尿は特有の暗赤色を呈する。
4　血液毒と神経毒を有しているため、血液に作用してメトヘモグロビンを作り、チアノーゼを起こさせる。
5　嘔吐、めまい、胃腸障害、腹痛、下痢又は便秘等を起こし、運動失調、麻痺(ひ)、腎臓炎、尿量減退、ポルフィリン尿(尿が赤色を呈する)として現れる。

問 71 ～問 75　次の物質について、性状の説明として最も適当なものの番号を下欄から選びなさい。

問71 一酸化鉛　　問72 燐(りん)化水素　　問73 ジボラン
問74 硫酸第二銅　　問75 ホスゲン

【下欄】

1　水和物は濃い藍色の結晶で、風解性がある。水溶液は青色リトマス試験紙を赤くし、酸性反応を呈する。
2　無色の窒息性ガス。水により徐々に分解され二酸化炭素と塩化水素になる。
3　重い粉末で、黄色から赤色の間の種々のものがある。水にはほとんど溶けないが、酸、アルカリにはよく溶ける。
4　無色の気体で腐った魚の臭いを有する。
5　無色の可燃性の気体で、ビタミン臭を有する。

(農業用品目)

問 51 ～問 55　次の物質について、原体の性状及び製剤の用途の説明として最も適当なものの番号を下欄から選びなさい。

問51 沃(よう)化メチル
問52 ２・４・６・８－テトラメチル－１・３・５・７－テトラオキソカン
【別名：メタアルデヒド】
問53 硫酸タリウム
問54 エチルパラニトロフエニルチオノベンゼンホスホネイト【別名：ＥＰＮ】
問55 ジエチル－(５－フエニル－３－イソキサゾリル)－チオホスフエイト
【別名：イソキサチオン】

【下欄】

1　融点 36 ℃の白色結晶で、水に難溶である。稲のウンカ類、野菜のアザミウマ類、アブラムシ類等を防除する殺虫剤として用いられる。
2　白色の結晶性粉末である。畑作物や花き類等のナメクジ類、カタツムリ類や、稲のスクミリンゴガイを防除する殺虫剤として用いられる。
3　淡黄褐色の液体で、水に難溶だが、有機溶媒に可溶である。野菜、果樹、茶等の害虫を防除する殺虫剤として用いられる。
4　無色又は淡黄色透明な液体である。木材、梱包材のマツノザイセンチュウ、カミキリムシ類等を防除する殺虫剤として用いられる。
5　無色の結晶。倉庫内の貯蔵穀物等や農地の農作物等に対する殺鼠(そ)剤として用いられる。

問 56 ～問 60　次の文章は、２－ジフエニルアセチル－１・３－インダンジオン【別名：ダイファシノン】について記述したものである。（　　）の中に入る最も適当なものの番号をそれぞれ下欄から選びなさい。

分 類：原体及び製剤は毒物に指定されている。ただし、製剤のうち本物質を（問56）以下含有する製剤は劇物である。

性 状：（問57）の（問58）で、水に（問59）。

用 途：（問60）

【問 56 下欄】
1　0.005 パーセント　　2　0.05 パーセント　　3　0.5 パーセント

【問 57 下欄】
1　赤褐色　　2　黄色　　3　青色

【問 58 下欄】
1　油状液体　　2　結晶性粉末　　3　正方単斜状結晶

【問 59 下欄】
1　可溶　　2　不溶

【問 60 下欄】
1　殺菌剤　　2　殺虫剤　　3　殺鼠（そ）剤

問 61 ～問 65　次の文章は、N－(４－ｔ－ブチルベンジル)－４－クロロ－３－エチル－１－メチルピラゾール－５－カルボキサミド【別名：テブフエンピラド】について記述したものである。（　　）の中に入る最も適当なものの番号をそれぞれ下欄から選びなさい。

分 類：（問61）

性 状：（問62）の（問63）で、（問64）にはほとんど溶けない。

用 途：野菜、果樹等の（問65）

【問 61 下欄】
1　劇物　　2　毒物(特定毒物を除く。)　　3　特定毒物

【問 62 下欄】
1　青緑色　　2　淡黄色　　3　暗褐色

【問 63 下欄】
1　油状液体　　2　結晶　　3　揮発性液体

【問 64 下欄】
1　メタノール　　2　ベンゼン　　3　水

【問 65 下欄】
1　殺ダニ剤　　2　植物成長調整剤　　3　殺菌剤

問 66 ～問 70　次の製剤について、劇物に該当するものは1を、毒物(特定毒物を除く。)に該当するものは2を、特定毒物に該当するものは3を、これらのいずれにも該当しないものは4を選びなさい。

問 66 S・S－ビス(1－メチルプロピル)＝O－エチル＝ホスホロジチオアート【別名：カズサホス】を3パーセント含有する徐放性製剤

問 67 モノフルオール酢酸ナトリウムを1パーセント含有する製剤

問 68 4－クロロ－3－エチル－1－メチル－N－［4－(パラトリルオキシ)ベンジル］ピラゾール－5－カルボキサミド【別名：トルフェンピラド】を 15 パーセント含有する製剤

問 69 ヘキサキス(β・β－ジメチルフエネチル)ジスタンノキサン【別名：酸化フエンブタスズ】を 25 パーセント含有する製剤

問 70 メチル＝N－［2－［1－(4－クロロフエニル)－1H－ピラゾール－3－イルオキシメチル］フエニル］(N－メトキシ)カルバマート【別名：ピラクロストロビン】を 20 パーセント含有する製剤

問 71 ～問 75　次の物質について、化学組成等を踏まえた分類として最も適当なものの番号を下欄から選びなさい。

問 71 1・3－ジカルバモイルチオ－2－(N・N－ジメチルアミノ)－プロパン塩酸塩【別名：カルタップ】

問 72 エチル＝(Z)－3－［N－ベンジル－N－［[メチル(1－メチルチオエチリデンアミノオキシカルボニル)アミノ］チオ］アミノ］プロピオナート【別名：アラニカルブ】

問 73 2・3・5・6－テトラフルオロ－4－メチルベンジル＝(Z)－(1RS・3RS)－3－(2－クロロ－3・3・3－トリフルオロ－1－プロペニル)－2・2－ジメチルシクロプロパンカルボキシラート　【別名：テフルトリン】

問 74 ジメチル－4－メチルメルカプト－3－メチルフエニルチオホスフエイト【別名：フェンチオン】

問 75 5－メチル－1・2・4－トリアゾロ［3・4－b］ベンゾチアゾール【別名：トリシクラゾール】

【下欄】
1　カーバメート系殺虫剤
2　メラニン生合成阻害殺菌剤
3　ピレスロイド系殺虫剤
4　ネライストキシン系殺虫剤
5　有機リン系殺虫剤

(特定品目)

問 51 ～問 55　次の物質について、性状の説明として最も適当なものの番号を下欄から選びなさい。

問 51 クロム酸鉛　　問 52 硝酸　　問 53 キシレン
問 54 塩素　　問 55 過酸化水素水

【下欄】
1　常温においては窒息性臭気を有する黄緑色の気体。冷却すると、黄色溶液を経て黄白色固体となる。
2　腐食性が激しく、空気に接すると刺激性白霧を発し、水を吸収する性質が強い。
3　無色透明の液体。芳香族炭化水素特有の臭いがある。
4　黄色又は赤黄色の粉末で、水に不溶。酸、アルカリに可溶。
5　無色透明の高濃度な液体。強く冷却すると稜柱状の結晶に変化する。

問 56 ～問 60　次の物質について、貯蔵方法の説明として最も適当なものの番号を下欄から選びなさい。

問56　メチルエチルケトン　　問57　アンモニア水
問58　水酸化カリウム　　問59　四塩化炭素
問60　ホルマリン

【下欄】
1　引火しやすく、また、その蒸気は空気と混合して爆発性の混合ガスとなるので、火気は絶対に近づけないようにして貯蔵する。
2　低温では混濁することがあるので、常温で貯蔵する。
3　二酸化炭素と水を強く吸収するため、密栓をして貯蔵する。
4　亜鉛又は錫(すず)めっきをした鋼鉄製容器で保管し、高温に接しない場所に貯蔵する。
5　温度の上昇により空気より軽いガスを生成し、また、揮発しやすいので、密栓して貯蔵する。

問 61 ～問 65　次の物質について、毒性等の説明として最も適当なものの番号を下欄から選びなさい。

問61　水酸化ナトリウム　　問62　ホルムアルデヒド　　問63　クロロホルム
問64　蓚(しゅう)酸　　問65　塩素

【下欄】
1　吸入により、窒息感、咽頭及び気管支筋の強直をきたし、呼吸困難に陥る。大量では 20 ～ 30 秒の吸入でも反射的に声門痙攣(けいれん)を起こし、声門浮腫から呼吸停止により死亡する。
2　原形質毒であり、脳の節細胞を麻酔させ、赤血球を溶解する。吸収すると、はじめは嘔吐、瞳孔の縮小、運動性不安が現れる。
3　皮膚に触れると激しく侵し、また高濃度溶液を経口摂取すると、口内、食道、胃等の粘膜を腐食して死亡する。
4　血液中のカルシウム分を奪取し、神経系を侵す。急性中毒症状は、胃痛、嘔吐(おうと)、口腔・咽喉の炎症、腎障害である。
5　蒸気は粘膜を刺激し、鼻カタル、結膜炎、気管支炎等を起こさせる。高濃度水溶液は、皮膚に対し壊疽を起こさせ、しばしば湿疹を生じさせる。

神奈川県

問 66 ～問 70　次の物質について、その主な用途として最も適当なものの番号を下欄から選びなさい。

問66　一酸化鉛　　問67　硅弗(けいふつ)化ナトリウム　　問68　水酸化ナトリウム
問69　メタノール　　問70　過酸化水素水

【下欄】
1　釉(ゆう)薬　　2　顔料、ゴムの加硫促進剤、ガラスの原料
3　せっけん製造　　4　漂白剤、消毒剤　　5　溶剤、燃料

問 71 ～問 75 次の文章は、硫酸について記述したものである。(　　)の中に入る最も適当なものの番号をそれぞれ下欄から選びなさい。

化 学 式：(問 71)
性　状：(問 72)の(問 73)で、濃い硫酸は猛烈に水を吸収する。
用　途：(問 74)
毒　性：濃硫酸が人体に触れると、激しい(問 75)をきたす。

【問 71 下欄】
1 H_2SO_3　　2 H_2SO_4　　3 HNO_3

【問 72 下欄】
1 無色　　2 褐色　　3 青色

【問 73 下欄】
1 固体　　2 液体　　3 気体

【問 74 下欄】
1 捺染剤、木、コルク、綿、わら製品等の漂白剤として使用されるほか、鉄錆による汚れを落とすのに用いられ、また合成染料、その他銅等をみがくのに用いられる。
2 肥料、化学薬品の製造、石油の精製、冶金(やきん)、塗料、顔料の製造及び乾燥剤として用いられる。
3 爆薬、染料、香料、サッカリン、合成高分子材料などの原料、溶剤、分析用試薬に用いられる。

【問 75 下欄】
1 腎障害　　2 凍傷　　3 火傷

〔実　地〕

(一般)

問 76 ～問 80 次の物質について、廃棄方法として最も適当なものの番号を下欄から選びなさい。
　なお、廃棄方法は「毒物及び劇物の廃棄の方法に関する基準」によるものとする。

問 76 塩化バリウム　　問 77 四塩化炭素　　問 78 過酸化尿素
問 79 シアン化カリウム　　問 80 水銀

【下欄】
1 過剰の可燃性溶剤又は重油等の燃料とともに、アフターバーナー及びスクラバーを備えた焼却炉の火室へ噴霧してできるだけ高温で焼却する。
2 そのまま再利用するため蒸留する。
3 水酸化ナトリウム水溶液等でアルカリ性とし、高温加圧下で加水分解する。
4 多量の水で希釈して処理する。
5 水に溶かし、硫酸ナトリウムの水溶液を加えて処理し、沈殿ろ過して埋立処分する。

問 81 ～問 85　次の物質について、鑑識法として最も適当なものの番号を下欄から選びなさい。

問 81 硫酸亜鉛　　問 82 セレン　　問 83 硫酸第一錫（すず）
問 84 ナトリウム　　問 85 二塩化鉛

【下欄】

1　白金線に試料をつけて、溶融炎で熱し、次に希塩酸で白金線を湿して、再び溶融炎で炎の色を見ると、淡青色となる。これをコバルトの色ガラスを通して見ると、淡紫色になる。

2　水に溶かして硫化水素を通じると、白色の沈殿を生成する。また、水に溶かして塩化バリウムを加えると、白色の沈殿を生成する。

3　炭の上に小さな孔をつくり、無水炭酸ナトリウムの粉末とともに試料を吹管炎で熱灼すると、白色の粒状となる。これに硝酸を加えても溶けない。

4　炭の上に小さな孔をつくり、無水炭酸ナトリウムの粉末とともに試料を吹管炎で熱灼すると、特有のニラ臭を出し、冷えると赤色の塊となる。これに濃硫酸を加えると緑色に溶ける。

5　白金線に試料をつけて、溶融炎で熱し、炎の色を見ると黄色になる。これをコバルトの色ガラスを通して見ると、吸収されて、この炎は見えなくなる。

問 86 ～問 90　次の物質について、漏えい時の措置として最も適当なものの番号を下欄から選びなさい。

なお、作業にあたっては、風下の人を退避させ周囲の立入禁止、保護具の着用、風下での作業を行わないことや廃液が河川等に排出されないよう注意する等の基本的な対応のうえ実施することとする。

問 86 クロム酸亜鉛カリウム　　問 87 シアン化水素
問 88 ２・２’－ジピリジリウム－１・１’－エチレンジブロミド
【別名：ジクワット】
問 89 エチレンオキシド　　問 90 液化アンモニア

【下欄】

1　飛散したものは空容器にできるだけ回収し、そのあとを還元剤(硫酸第一鉄等)の水溶液を散布し、水酸化カルシウム、炭酸ナトリウムの水溶液で処理した後、多量の水を用いて洗い流す。

2　付近の着火源となるものを速やかに取り除く。漏えいしたボンベ等を多量の水に容器ごと投入してガスを吸収させ、処理し、その処理液を多量の水で希釈して流す。

3　漏えいした液は、土壌等でその流れを止め、安全な場所に導き、空容器にできるだけ回収し、そのあとを土壌で覆って十分接触させた後、土壌を取り除き、多量の水を用いて洗い流す。

4　漏えいしたボンベ等を多量の水酸化ナトリウム水溶液(20 パーセント以上)に容器ごと投入してガスを吸収させ、さらに酸化剤(次亜塩素酸ナトリウム、さらし粉等)の水溶液で酸化処理を行い、多量の水を用いて洗い流す。

5　多量に漏えいした場合、漏えいした箇所を濡れむしろ等で覆い、ガス状の本物質に対しては遠くから霧状の水をかけ吸収させる。

神奈川県

問 91 ～問 95　次の文章は、過酸化水素水について記述したものである。(　)の 中に入る最も適当なものの番号をそれぞれ下欄から選びなさい。
なお、廃棄方法は「毒物及び劇物の廃棄の方法に関する基準」によるものとする。

分　類：劇物に指定されている。ただし、過酸化水素(問 91)以下を含有するものを除く。
性　状：無色透明の液体で、強く冷却すると(問 92)の結晶に変化する。
用　途：(問 93)、消毒剤
貯　法：(問 94)
廃棄方法：(問 95)

【問 91 下欄】
1　6パーセント　　2　12 パーセント　　3　30 パーセント

【問 92 下欄】
1　等軸晶　　2　針状　　3　稜柱状

【問 93 下欄】
1　殺虫剤　　2　安定剤　　3　漂白剤

【問 94 下欄】
1　空気と日光により変質するので、少量のアルコールを加えて冷暗所で貯蔵する。
2　少量ならば褐色ガラス瓶、大量ならばカーボイ等を使用し、3分の1の空間を保って貯蔵する。日光の直射をさけ、冷所に、有機物、金属塩、樹脂、油類、その他有機性蒸気を放出する物質と引き離して貯蔵する。
3　銅、鉄、コンクリート又は木製のタンクにゴム、鉛、ポリ塩化ビニルあるいはポリエチレンのライニングをほどこしたものを用いる。

【問 95 下欄】
1　燃焼法　　2　希釈法　　3　溶解中和法

問 96 ～問 100　次の文章は、黄燐りんについて記述したものである。(　)の中に入る最も適当なものの番号をそれぞれ下欄から選びなさい。
なお、廃棄方法は「毒物及び劇物の廃棄の方法に関する基準」によるものとする。

分　類：(問 96)
性　状：白色又は淡黄色の固体で、(問 97)を有する。
用　途：(問 98)の原料
廃棄方法：(問 99)
鑑 識 法：暗室内で酒石酸又は硫酸酸性で水蒸気蒸留を行う。その際、冷却器あるいは流出管の内部に青白色の(問 100)が認められる。

【問 96 下欄】
1　劇物　　2　毒物(特定毒物を除く。)　　3　特定毒物

【問 97 下欄】
1　ニンニク臭　　2　アーモンド臭　　3　カビ臭

【問 98 下欄】
1　消毒剤　　2　殺虫剤　　3　発煙剤

【問 99 下欄】
1　沈殿隔離法　　2　燃焼法　　3　酸化隔離法

【問 100 下欄】
1　光　　2　結晶　　3　煙霧

神奈川県

（農業用品目）

問 76 ～問 80　次の物質の鑑識方法として、最も適当なものの番号を下欄から選びなさい。

問76 クロルピクリン　　問77 ニコチン　　問78 塩化亜鉛
問79 塩素酸ナトリウム　　問80 アンモニア水

【下欄】

1 炭の上に小さな孔を作り、試料を入れ吹管炎で熱灼すると、パチパチ音をたてて分解する。
2 この物質を水に溶かし、硝酸銀を加えると、白色の沈殿を生成する。
3 この物質のエーテル溶液に、ヨードのエーテル溶液を加えると、褐色の液状沈殿を生じ、これを放置すると赤色針状結晶となる。また、この物質にホルマリン１滴を加えたのち、濃硝酸１滴を加えるとばら色を呈する。
4 この物質の水溶液に金属カルシウムを加え、これにベタナフチルアミンおよび硫酸を加えると、赤色の沈殿を生成する。
5 この物質に濃塩酸を潤したガラス棒を近づけると、白い霧を生じる。また、塩酸を加えて中和した後、塩化白金溶液を加えると、黄色、結晶性の沈殿を生じる。

問 81 ～問 85　次の文章は、シアン化水素について記述したものである。（　）の中に入る最も適当なものの番号をそれぞれ下欄から選びなさい。ただし、２箇所の（問83）内には同じ字句が入る。
なお、方法は「毒物及び劇物の廃棄の方法に関する基準」によるものとする。

化 学 式：（問81）
性　状：無色で特異臭のある液体。アーモンド臭を帯び、点火すれば（問82）の炎を発し燃焼する。
毒　性：シアンは（問83）イオンと強い親和性を有する。ミトコンドリアのシトクローム酸化酵素の（問83）イオンと結合して細胞の酸素代謝を直接阻害するため、即時に作用し致死性を示す。
用　途：（問84）
廃棄方法：（問85）

神奈川県

【問 81 下欄】
1 HCN　　2 CH_3CN　　3 NaOCN

【問 82 下欄】
1 淡黄色　　2 赤褐色　　3 青紫色

【問 83 下欄】
1 カルシウム　　2 亜鉛　　3 鉄

【問 84 下欄】
1 植物成長調整剤　　2 除草剤　　3 殺虫剤

【問 85 下欄】
1 酸化法　　2 中和法　　3 還元法

問 86 ～問 90　次の物質について、廃棄方法の説明として正しいものは１を、誤っているものは２を選びなさい。
　なお、廃棄方法は「毒物及び劇物の廃棄の方法に関する基準」によるものとする。

問 86　２・２’－ジピリジリウム－１・１’－エチレンジブロミド
【別名：ジクワット】
　多量の次亜塩素酸ナトリウムと水酸化ナトリウムの混合水溶液を攪拌（かくはん）しながら少量ずつ加えて酸化分解する。過剰の次亜塩素酸ナトリウムをチオ硫酸ナトリウム水溶液で分解した後、希硫酸を加えて中和し、沈殿濾過して埋立処分する。

問 87　エチルパラニトロフエニルチオノベンゼンホスホネイト【別名：ＥＰＮ】
　可燃性溶剤とともにアフターバーナー及びスクラバーを具備した焼却炉の火室へ噴霧し、焼却する。

問 88　塩素酸カリウム
還元剤(例えばチオ硫酸ナトリウム等)の水溶液に希硫酸を加えて酸性にし、この中に少量ずつ投入する。反応終了後、反応液を中和し多量の水で希釈して処理する。

問 89　硫酸
徐々に石灰乳等の攪拌（かくはん）溶液に加え中和させた後、多量の水で希釈して処理する。

問 90　Ｓ－メチル－Ｎ－［(メチルカルバモイル)－オキシ］－チオアセトイミデート【別名：メトミル、メソミル】
　水に溶かし、水酸化カルシウム、炭酸ナトリウム等の水溶液を加えて処理し、沈殿濾過して埋立処分する。

問 91 ～問 95　次の物質について、漏えい時の措置として最も適当なものの番号を下欄から選びなさい。
　なお、作業にあたっては、風下の人を退避させ周囲の立入禁止、保護具の着用、風下での作業を行わないことや廃液が河川等に排出されないよう注意する等の基本的な対応のうえ実施することとする。

問 91　１・１’－ジメチル－４・４’－ジピリジニウムジクロリド
【別名：パラコート】

問 92　硫酸亜鉛　　問 93　ブロムメチル【別名：臭化メチル】

問 94　シアン化ナトリウム　　問 95　クロルピクリン

【下欄】

1　少量の場合は、漏えいした液は速やかに蒸発するので周辺に近づかないようにする。多量の場合は、漏えいした液は土砂等でその流れを止め、液が広がらないようにして蒸発させる。

2　少量の場合は、漏えいした液は布で拭き取るか、またはそのまま風にさらして蒸発させる。多量の場合は、漏えいした液は土砂等でその流れを止め、多量の活性炭または水酸化カルシウムを散布して覆い、至急関係先に連絡し専門家の指示により処理する。

3　飛散したものは空容器にできるだけ回収する。砂利等に付着している場合は、砂利等を回収し、そのあとに水酸化ナトリウム、炭酸ナトリウム等の水溶液を散布してアルカリ性(pH11 以上)とし、さらに酸化剤(次亜塩素酸ナトリウム、さらし粉等)の水溶液で酸化処理を行い、多量の水で洗い流す。

4　飛散したものは空容器にできるだけ回収し、そのあとを水酸化カルシウム、炭酸ナトリウム等の水溶液を用いて処理し、多量の水で洗い流す。

5　漏えいした液は土壌等でその流れを止め、安全な場所に導き、空容器にできるだけ回収し、そのあとを土壌で覆って十分に接触させた後、土壌を取り除き、多量の水で洗い流す。

神奈川県

問96～問100　次の文章は、2－イソプロピル－4－メチルピリミジル－6－ジエチルチオホスフエイト【別名：ダイアジノン】について記述したものである。
（　　）の中に入る最も適当なものの番号をそれぞれ下欄から選びなさい。
なお、廃棄方法は「毒物及び劇物の廃棄の方法に関する基準」によるものとする。

分　類：（ 問96 ）に指定されている。ただし、（ 問97 ）(マイクロカプセル製剤にあっては、25パーセント)以下を含有するものを除く。
性　状：純品は（ 問98 ）の液体で、水に難溶である。
用　途：（ 問99 ）系の農薬に分類され、野菜、果樹等の殺虫剤として用いられる。
廃棄方法：（ 問100 ）

【問96下欄】
1　劇物　　2　毒物(特定毒物を除く。)　　3　特定毒物

【問97下欄】
1　2パーセント　　2　5パーセント　　3　19パーセント

【問98下欄】
1　褐色　　2　暗青色　　3　無色

【問99下欄】
1　ピレスロイド　　2　有機リン　　3　カーバメート

【問100下欄】
1　燃焼法　　2　中和法　　3　還元法

（特定品目）

問76～問80　次の物質について、鑑識法として最も適当なものの番号を下欄から選びなさい。

問76 クロロホルム　　問77 水酸化カリウム　　問78 アンモニア水
問79 ホルマリン　　問80 塩酸

【下欄】
1　レゾルシンと33パーセントの水酸化カリウム溶液と熱すると黄赤色を呈し、緑色の蛍石彩を放つ。
2　フェーリング溶液とともに熱すると赤色の沈殿を生成する。
3　硝酸銀溶液を加えると、白い沈殿を生成する。
4　濃塩酸を潤したガラス棒を近づけると白い霧を生ずる。
5　水溶液に酒石酸溶液を過剰に加えると、白色結晶性の沈殿を生成する。

問81～問85　次の品目について、毒物及び劇物取締法で規定する特定品目販売業の登録を受けた者が、登録を受けた店舗において、販売することができる品目は1を、販売できない品目は2を選びなさい。

問81 シアン化カリウム　　問82 酢酸エチル　　問83 キノリン
問84 塩基性酢酸鉛　　問85 フエノール

神奈川県

問 86 ～問 90　次の文章は、重クロム酸アンモニウムについて記述したものである。（　）の中に入る最も適当なものの番号をそれぞれ下欄から選びなさい。
なお、廃棄方法は「毒物及び劇物の廃棄の方法に関する基準」によるものとする。

化 学 式：（ 問 86 ）
性　　状：（ 問 87 ）の結晶。約 185 ℃で（ 問 88 ）を生成し、ルミネッセンスを発して分解する。（ 問 89 ）がある。
廃棄方法：（ 問 90 ）

【問 86 下欄】
1　$(NH_4)_2Cr_2O_7$　　2　$(NH_4)_2CrO_4$　　3　$SrCrO_4$

【問 87 下欄】
1　黒色　　2　橙赤色　　3　緑色

【問 88 下欄】
1　窒素　　2　水素　　3　酸素

【問 89 下欄】
1　金属腐食性　　2　潮解性　　3　自己燃焼性

【問 90 下欄】
1　固化隔離法　　2　還元法　　3　還元沈殿法

問 91 ～問 95　次の物質について、廃棄方法として最も適当なものの番号を下欄から選びなさい。
なお、廃棄方法は「毒物及び劇物の廃棄の方法に関する基準」によるものとする。

問 91 クロム酸鉛　　問 92 塩素　　問 93 過酸化水素水
問 94 トルエン　　問 95 硫酸

【下欄】
1　希硫酸を加えたのち、還元剤の水溶液を過剰に用いて残存する可溶性塩類を還元したのち消石灰、ソーダ灰等の水溶液で処理し、沈殿ろ過する。溶出試験を行い、溶出量が判定基準以下であることを確認して埋立処分する。
2　多量の水で希釈して処理する。
3　徐々に石灰乳等の攪拌（かくはん）溶液に加え中和させた後、多量の水で希釈して処理する。
4　多量のアルカリ水溶液（石灰乳又は水酸化ナトリウム水溶液等）中に吹き込んだ後、多量の水で希釈して処理する。
5　珪藻土（けいそうど）等に吸収させて開放型の燃焼炉で少量ずつ焼却する。

問 96 ～問 100　次の文章は、酸化水銀について記述したものである。（　）の中に入る最も適当なものの番号をそれぞれ下欄から選びなさい。
なお、廃棄方法は「毒物及び劇物の廃棄の方法に関する基準」によるものとする。

分　　類：毒物及び劇物指定令第 2 条の 31 において、酸化水銀（ 問 96 ）以下を含有する製剤は、劇物に指定されている。
性　　状：（ 問 97 ）又は黄色の粉末で、製法によって色が異なる。
用　　途：（ 問 98 ）、試薬
鑑 識 法：小さな試験管に入れて熱すると、始めに（ 問 99 ）に変わり、後に分解して水銀を残す。なお熱すると、完全に揮散してしまう。
廃棄方法：焙焼法、（ 問 100 ）

【問 96 下欄】
1　2パーセント　　2　5パーセント　　3　10 パーセント

【問 97 下欄】
1　赤色　　2　黒色　　3　緑色

【問 98 下欄】
1　寒暖計　　2　接着剤　　3　塗料

【問 99 下欄】
1　黒色　　2　白色　　3　銀白色

【問 100 下欄】
1　固化隔離法　　2　沈殿隔離法　　3　燃焼隔離法

新潟県

令和２年度実施
※特定品目は、ありません。

〔毒物及び劇物に関する法規〕

（一般・農業用品目共通）

問１　次のうち、毒物及び劇物取締法の目的を定めた第１条はどれか。

1　この法律は、毒物及び劇物の品質、有効性及び安全性の確保のため必要な規制を行うことにより、保健衛生の向上を図ることを目的とする。
2　この法律は、毒物及び劇物について、保健衛生上の見地から必要な取締を行うことを目的とする。
3　この法律は、毒物及び劇物の供給を適正に図るため、毒物及び劇物の譲渡、譲受、所持等について、必要な取締を行うことを目的とする。
4　この法律は、毒物及び劇物の濫用による保健衛生上の危害を防止するため、毒物及び劇物の輸入、輸出、所持、製造、譲渡、譲受及び使用に関して必要な取締を行うことを目的とする。

問２　毒物及び劇物取締法上、正しい記述はどれか。

1　毒物劇物営業者は、容器及び被包に解毒剤である硫酸アトロピンの製剤の名称を表示しなければ、シアン化水素を販売してはならない。
2　毒物劇物営業者は、あせにくい青色で着色したものでなければ、硫酸タリウムを含有する製剤たる劇物を農業用として販売し、又は授与してはならない。
3　毒物劇物営業者は、毒物又は厚生労働省令で定める劇物については、その容器として、飲食物の容器として通常使用される物を使用してはならない。
4　毒物劇物営業者は、毒物の容器及び被包に、「医薬用外」の文字及び白地に赤色をもって「毒物」の文字を表示しなければならない。

問３　毒物及び劇物取締法上、正しい記述の組合せどれか。

ア　毒物又は劇物の製造業者は、毒物又は劇物を直接に取り扱う製造所には、自らが毒物劇物取扱責任者になる場合を除き、専任の毒物劇物取扱責任者を置かなければならない。
イ　特定品目毒物劇物取扱者試験に合格した者は、特定品目のみを製造する毒物又は劇物の製造業の製造所において毒物劇物取扱責任者となることができる。
ウ　毒物又は劇物の製造業者が、毒物又は劇物の販売業を併せ営む場合において、その製造所及び店舗が互いに隣接しているとき、毒物劇物取扱責任者は、これらの施設を通じて１人で足りる。
エ　都道府県知事が行う毒物劇物取扱者試験に合格しても、20 歳にならなければ毒物劇物取扱責任者になることができない。

1　ア、ウ　　2　ア、エ　　3　イ、ウ　　4　イ、エ

問４　次のうち、毒物及び劇物取締法第 10 条の規定により、毒物又は劇物の販売業者が 30 日以内に届出をしなければならない事項として正しいものはどれか。毒物及び劇物取締法上、正しい記述の組合せどれか。

1　店舗における営業を休止したとき
2　毒物又は劇物の販売業者が法人にあっては、その代表者を変更したとき
3　店舗の名称を変更したとき
4　毒物又は劇物の販売業者が販売する毒物又は劇物の品目を変更したとき

問5　次のうち、毒物及び劇物取締法第14条第2項の規定により、毒物劇物営業者が毒物又は劇物を毒物劇物営業者以外の者に販売し、又は授与するときに、譲受人から提出を受ける書面に記載されていなければならない事項の組合せとして正しいものはどれか。毒物及び劇物取締法上、正しい記述の組合せどれか。

ア 毒物又は劇物の名称及び数量
イ 毒物又は劇物の成分及びその含量
ウ 譲受人の年齢
エ 譲受人の氏名、職業及び住所（法人にあっては、その名称及び主たる事務所の所在地）

1 ア、ウ　　2 ア、エ　　3 イ、ウ　　4 イ、エ

問6　次の記述は、毒物及び劇物取締法施行令第15条の条文である。［A］、［B］及び［C］に当てはまる語句の組合せとして正しいものはどれか。

> 第十五条 毒物劇物営業者は、毒物又は劇物を次に掲げる者に交付してはならない。
> 一 ［A］歳未満の者
> 二 （略）
> 三 麻薬、［B］、あへん又は覚せい剤の中毒者
> 2 毒物劇物営業者は、厚生労働省令の定めるところにより、その交付を受ける者の氏名及び［C］を確認した後でなければ、第三条の四に規定する政令で定める物を交付してはならない。
> 3 （略）
> 4 （略）

	A		B		C
1	二十	－	大麻	－	職業
2	二十	－	向精神薬	－	住所
3	十八	－	向精神薬	－	職業
4	十八	－	大麻	－	住所

問7　毒物及び劇物取締法上、正しい記述の組合せはどれか。

ア　毒物又は劇物の製造業者は、その取扱いに係る毒物又は劇物が盗難にあい、又は紛失したときは、直ちに、その旨を警察署に届け出なければならない。
イ　毒物又は劇物の製造業者が製造した毒物又は劇物を販売するとき、その容器及び被包に表示しなければならない事項として製造番号がある。
ウ　毒物又は劇物の製造所において、毒物又は劇物の貯蔵設備は、毒物又は劇物とその他の物とを区分して貯蔵できるものでなければならない。
エ　毒物又は劇物の製造業の登録は、製造所ごとに厚生労働大臣が行う。

1 ア、ウ　　2 ア、エ　　3 イ、ウ　　4 イ、エ

問8　次の事業とその業務上取り扱う毒物又は劇物の組合せのうち、毒物及び劇物取締法第22条第1項の規定により、届け出なければならないものはどれか。

	（事業）		（業務上取り扱う毒物又は劇物）
1	ねずみの駆除を行う事業	－	三酸化二砒(ひ)素
2	ガラスの表面処理を行う事業	－	フッ化水素酸
3	しろありの防除を行う事業	－	イミダクロプリド
4	電気めっきを行う事業	－	シアン化ナトリウム

新潟県

問９　次の記述は、毒物及び劇物取締法施行令第40条の６に規定される荷送人の通知義務に関する記述である。［ A ］、［ B ］及び［ C ］に当てはまる語句の組合せとして正しいものはどれか。

> 車両を使用して、１回につき 1,000 キログラムを超える毒物又は劇物を運搬する場合で、当該運搬を他に委託するときは、その荷送人は、運送人に対し、［ A ］、当該毒物又は劇物の名称、成分及びその含量並びに［ B ］並びに［ C ］を記載した書面を交付しなければならない。

	A		B		C
1	必要に応じて	－	解毒剤	－	事故の際に講じなければならない応急の措置の内容
2	あらかじめ	－	数量	－	事故の際に講じなければならない応急の措置の内容
3	あらかじめ	－	解毒剤	－	取扱い及び輸送上の注意
4	必要に応じて	－	数量	－	取扱い及び輸送上の注意

問 10　水酸化ナトリウム及びこれを含有する製剤（水酸化ナトリウム５％以下を含有するものを除く。）で液体状のものを、車両を使用して、１回につき 5,000 キログラム以上運搬する場合、車両に備えなければならない保護具として毒物及び劇物取締法施行規則別表第５で定めるものはどれか。

1　保護手袋、保護長ぐつ、保護衣、酸性ガス用防毒マスク
2　保護手袋、保護長ぐつ、保護衣、有機ガス用防毒マスク
3　保護手袋、保護長ぐつ、保護衣、普通ガス用防毒マスク
4　保護手袋、保護長ぐつ、保護衣、保護眼鏡

〔基礎化学〕

（一般・農業用品目共通）

問11　次のうち、正しい記述はどれか。

1　カルシウムは、希ガス元素である。
2　ヨウ素は、ハロゲン元素である。
3　水素は、アルカリ金属元素である。
4　ナトリウムは、アルカリ土類金属元素である。

新潟県

問 12　バリウムが炎色反応によって示す色はどれか。

1　黄緑　　2　黄　　3　赤紫　　4　青緑

問13　次の［ A ］及び［ B ］に当てはまる語句の組合せとして正しいものはどれか。

> 原子核中の［ A ］の数と［ B ］の数の和を、質量数という。

	A		B
1	電子	－	分子
2	電子	－	中性子
3	陽子	－	分子
4	陽子	－	中性子

問14　次のうち、正しい記述はどれか。

1　アンモニウムイオンは、アンモニア分子と水素イオンがイオン結合している化合物である。
2　二酸化炭素は、酸素分子と炭素原子が共有結合している化合物である。
3　塩化ナトリウムは、ナトリウムイオンと塩化物イオンが金属結合している化合物である。
4　水は、水素分子と酸素原子が配位結合している化合物である。

問15　3 mol/Lの酢酸水溶液500mLに含まれている酢酸の質量は何gか。ただし、原子量は水素を1、炭素を12、酸素を16とする。

1 66　　2 69　　3 90　　4 180

問16　Pb（鉛）、Li（リチウム）、Zn（亜鉛）をイオン化傾向の大きい順に並べると正しいものはどれか。

1 Pb > Li > Zn　　2 Pb > Zn > Li
3 Li > Zn > Pb　　4 Li > Pb > Zn

問17　次のうち、正しい記述はどれか。

1　物質が融解する温度を、沸点という。
2　液体から固体への変化を、凝縮という。
3　温度や圧力が変化したとき、物質の状態が変化することを、化学変化という。
4　すべての粒子の熱運動が停止するとみなされる温度を、絶対零度という。

問18　次のうち、正しい記述はどれか。

1　pHが7より大きい水溶液は、酸性である。
2　中和滴定において、一般に水溶液のpHは、中和点の前後で急激に変化する。
3　pH指示薬であるメチルオレンジは、pH 2の水溶液中では無色である。
4　酸と塩基が反応して、互いにその性質を打ち消し合う変化を、飽和という。

問19　次の分子のうち、非共有電子対を持たないものはどれか。

1 塩化水素　　2 水　　3 アンモニア　　4 メタン

新潟県

問20　次のうち、無極性分子はどれか。

1 フッ化水素　　2 水　　3 アンモニア　　4 四塩化炭素

〔毒物及び劇物の性質及び貯蔵その他取扱方法〕

（一般）

問 21　次のうち、毒物に該当するものはどれか。

1　フルオロスルホン酸　　2　珪弗化ナトリウム（けいふつ）
3　酢酸タリウム　　4　イミダクロプリド

問 22　次の［ A ］及び［ B ］に当てはまる語句の組合せとして正しいものはどれか。

> 硫酸は無色透明、油様の液体で、この希釈水溶液に塩化バリウムを加えると、［ A ］の沈殿を生ずるが、この沈殿は塩酸や硝酸に［ B ］。

	A		B
1	白色	−	易溶
2	白色	−	不溶
3	黒色	−	易溶
4	黒色	−	不溶

問 23　次のうち、正しい記述はどれか。

1　弗化水素酸（ふっ）は、強い腐食性があるため、ガラス製の遮光瓶に保管する。
2　ナトリウムは、空気中にそのまま保存することはできないので、通常、石油中に保管する。
3　ピクリン酸は、火気に対し安全で隔離された場所に、鉄、銅、鉛等の金属容器を使用して保管する。
4　黄燐（りん）は、空気に触れると発火しやすいので、石油中に保管する。

問 24　次のうち、正しい記述はどれか。

1　塩化第二水銀の溶液に水酸化カルシウムを加えると、白い酸化水銀の沈殿を生成する。
2　アニリンの水溶液にさらし粉を加えると、淡黄色を呈する。
3　亜硝酸ナトリウムは、希硫酸に冷時反応して分解し、白色の蒸気を出す。
4　ホルマリンに硝酸を加え、さらにフクシン亜硫酸溶液を加えると、藍紫色を呈する。

問 25　常温常圧下で固体のものはどれか。

1　四エチル鉛　　2　トリクロル酢酸
3　アクロレイン　　4　シクロヘキシルアミン

問 26　次のうち、ダイアジノンの廃棄方法として最も適切なものはどれか。

1　燃焼法　　2　中和法　　3　活性汚泥法　　4　希釈法

問 27　風解性を有するものはどれか。

1　硝酸バリウム　　2　五酸化二砒素（ひ）
3　塩素酸ナトリウム　　4　硫酸第二銅

問 28　次の鑑識法により同定される物質はどれか。

あらかじめ熱灼（しゃく）した酸化銅を加えると、ホルムアルデヒドができ、酸化銅は還元されて金属銅色を呈する。

1 過酸化水素水　　2 メタノール　　3 砒（ひ）素　　4 アンモニア水

問 29　トリクロルヒドロキシエチルジメチルホスホネイト（別名：トリクロルホン）による中毒の治療薬として正しいものはどれか。

1　2－ピリジルアルドキシムメチオダイド（別名：PAM）
2　ジメルカプロール（別名：BAL）
3　グルコン酸カルシウム
4　亜硝酸ナトリウム

問 30　次のうち、正しい記述はどれか。

1　塩酸に硝酸銀溶液を加えると、塩化銀の赤褐色の沈殿を生ずる。
2　五塩化燐（りん）は、水により加水分解されて、塩素と燐（りん）酸を生成する。
3　沃（よう）素は、アルコールやエーテルには紫色を呈して溶け、クロロホルム、二硫化炭素には赤褐色を呈して溶ける。
4　硝酸に銅屑を加えて熱すると、藍色を呈して溶ける。

（農業用品目）

問 21　次の［ A ］、［ B ］及び［ C ］に当てはまる語句の組合せとして正しいものはどれか。

燐（りん）化亜鉛は、主に［ A ］として用いられる。また、燐（りん）化亜鉛1％以下を含有し、［ B ］色に着色され、かつ、トウガラシエキスを用いて著しく辛く着味されている製剤は、劇物から除かれる。 本製剤を嚥（えん）下吸入すると、胃及び肺で胃酸や水と反応し［ C ］が生成され、中毒症状を引き起こす。

	A		B		C
1	除草剤	－	黒	－	一酸化炭素
2	除草剤	－	赤	－	一酸化炭素
3	殺鼠（そ）剤	－	黒	－	ホスフィン
4	殺鼠（そ）剤	－	赤	－	ホスフィン

新潟県

問 22　EPN の中毒治療薬として、主に用いられるものはどれか。

1　亜硝酸アミル
2　2－ピリジルアルドキシムメチオダイド（別名：PAM）
3　エデト酸カルシウム二ナトリウム
4　ジメルカプロール（別名：BAL）

問 23　1・3－ジカルバモイルチオ－2－（N・N －ジメチルアミノ）－プロパン塩酸塩（別名：カルタップ）の廃棄方法として、最も適切なものはどれか。

1　燃焼法　　2　還元法　　3　沈殿法　　4　中和法

問24　常温常圧下で液体であるものはどれか。

1　２－ジフェニルアセチル－１・３－インダンジオン（別名：ダイファシノン）
2　ジメトエート
3　ホスチアゼート
4　フルスルファミド

問25　２％を含有する製剤が劇物に該当するものはどれか。

1　イミノクタジン
2　N－メチル－１－ナフチルカルバメート（別名：カルバリル）
3　ベンフラカルブ
4　メトミル

問26　ブロムメチルの貯蔵方法として、最も適切なものはどれか。

1　火気に対し安全で隔離された場所に、硫黄、ヨード、ガソリン、アルコール等と離して貯蔵する。鉄、銅、鉛等の金属容器を使用しない。
2　少量ならば褐色ガラス瓶、多量ならばカーボイなどを使用し、３分の１の空間を保って貯蔵する。
3　常温では気体なので、圧縮冷却して液化し、圧縮容器に入れ、直射日光その他、温度上昇の原因を避けて、冷暗所に貯蔵する。
4　空気中にそのまま保存することができないので、通常、石油中に保管する。冷所で雨水などの漏れが絶対にない場所に保存する。

問27　DDVPに関する記述として正しいものはどれか。

1　常温常圧下で油状の液体であり、水に溶けにくい。
2　カーバメイト系化合物である。
3　殺鼠（そ）剤として用いられる。
4　最も適切な廃棄方法として固化隔離法があげられる。

問28　次の物質のうち、ピレスロイド系化合物はどれか。

1　アセタミプリド
2　メチル－N'・N'－ジメチル－N－［(メチルカルバモイル）オキシ］－１－チオオキサムイミデート（別名：オキサミル）
3　ダイアジノン
4　α－シアノ－４－フルオロ－３－フェノキシベンジル＝３－（２・２－ジクロロビニル）－２・２－ジメチルシクロプロパンカルボキシラート（別名：シフルトリン）

問29　ジエチル－S－(エチルチオエチル)－ジチオホスフェイト（別名：エチルチオメトン）に関する記述として正しいものはどれか。

1　硫黄化合物特有の臭気を有する。
2　最も適切な廃棄方法として中和法があげられる。
3　常温常圧下で無色から淡黄色の固体である。
4　水によく溶けるが、有機溶媒にはほとんど溶けない。

問 30　次の記述に当てはまる物質はどれか。

> 水溶液に金属カルシウムを加え、これにベタナフチルアミン及び硫酸を加えると、赤色の沈殿を生じる。また、アルコール溶液にジメチルアニリン及びブルシンを加えて溶解し、これにブロムシアン溶液を加えると、緑色ないし赤紫色を呈する。

1　塩素酸ナトリウム　　2　クロルピクリン
3　硫酸タリウム　　4　ニコチン

〔毒物及び劇物の識別及び取扱方法〕

（一般）

問 31　アセトニトリルの常温常圧下での性状として正しいものはどれか。

1　無色の液体で、芳香臭を有する。
2　無色の液体で、エーテル様の臭気を有する。
3　黄褐色の液体で、芳香臭を有する。
4　黄褐色の液体で、エーテル様の臭気を有する。

問 32　次のうち、アセトニトリルの用途として最も適するものはどれか。

1　溶剤　　2　漂白剤　　3　界面活性剤　　4　中和剤

問 33　イソキサチオンの常温常圧下での性状として正しいものはどれか。

1　無色の固体で、水に溶けやすい。
2　無色の固体で、水に溶けにくい。
3　淡黄褐色の液体で、水に溶けやすい。
4　淡黄褐色の液体で、水に溶けにくい。

問 34　次のうち、イソキサチオンの用途として最も適するものはどれか。

1　殺菌剤　　2　植物成長調整剤　　3　殺虫剤　　4　殺鼠（そ）剤

問 35　三塩化アンチモンの常温常圧下での性状として正しいものはどれか。

1　無色から淡黄色の結晶で、水に溶けやすい。
2　無色から淡黄色の結晶で、水に溶けにくい。
3　赤褐色の結晶で、水に溶けやすい。
4　赤褐色の結晶で、水に溶けにくい。

問 36　次のうち、三塩化アンチモンの用途として最も適するものはどれか。

1　界面活性剤　　2　媒染剤　　3　防虫剤　　4　香料

問 37　トリブチルアミンの常温常圧下での性状として正しいものはどれか。

1　無色から黄色の液体で、エタノールに溶ける。
2　無色から黄色の液体で、エタノールに溶けない。
3　淡黄色の結晶で、エタノールに溶ける。
4　淡黄色の結晶で、エタノールに溶けない。

問38　次のうち、トリブチルアミンの用途として最も適するものはどれか。

1　還元剤　　2　漂白剤　　3　消火剤　　4　防錆(せい)剤

問39　四塩化炭素の常温常圧下での性状として正しいものはどれか。

1　赤褐色の固体で、アルコールに溶ける。
2　赤褐色の固体で、アルコールに溶けない。
3　無色の液体で、アルコールに溶ける。
4　無色の液体で、アルコールに溶けない。

問40　次のうち、四塩化炭素の用途として最も適するものはどれか。

1　染料　　2　めっき　　3　洗浄剤　　4　増粘剤

(農業用品目)

問 31　ジメチルジチオホスホリルフェニル酢酸エチル（別名：フェントエート）の常温常圧下での性状として正しいものはどれか。

1　白色の結晶で、芳香性刺激臭を有する。
2　白色の結晶で、無臭である。
3　赤褐色油状の液体で、芳香性刺激臭を有する。
4　赤褐色油状の液体で、無臭である。

問 32　ジメチルジチオホスホリルフェニル酢酸エチル（別名：フェントエート）の用途として最も適するものはどれか。

1　土壌燻(くん)蒸剤　　2　殺鼠(そ)剤　　3　除草剤　　4　殺虫剤

問33　イミダクロプリドの常温常圧下での性状として正しいものはどれか。

1　弱い特異臭のある液体で、水に溶けやすい。
2　弱い特異臭のある液体で、水に溶けにくい。
3　弱い特異臭のある結晶で、水に溶けやすい。
4　弱い特異臭のある結晶で、水に溶けにくい。

問34　イミダクロプリドの用途として最も適するものはどれか。

1　殺虫剤　　2　土壌燻(くん)蒸剤　　3　植物成長調整剤　　4　除草剤

問 35　1・1’－ジメチル－4・4’－ジピリジニウムジクロリド（別名：パラコート）の常温常圧下での性状として正しいものはどれか。

1　水に不溶で、アルカリ性下で不安定である。
2　水に不溶で、アルカリ性下で安定である。
3　水に可溶で、アルカリ性下で不安定である。
4　水に可溶で、アルカリ性下で安定である。

問 36　1・1’－ジメチル－4・4’－ジピリジニウムジクロリド（別名：パラコート）の用途として最も適するものはどれか。

1　殺菌剤　　2　除草剤　　3　植物成長調整剤　　4　殺虫剤

問 37　(RS) －α－シアノ－3－フェノキシベンジル＝ (1 RS・3 RS) － (1 RS・3 SR) －3－ (2・2－ジクロロビニル) －2・2－ジメチルシクロプロパンカルボキシラート (別名：シペルメトリン) の常温常圧下での性状として正しいものはどれか。

1　白色の結晶性粉末で、水に溶ける。
2　白色の結晶性粉末で、有機溶媒に溶ける。
3　淡黄色の液体で、水に溶ける。
4　淡黄色の液体で、有機溶媒に溶ける。

問 38　(RS) －α－シアノ－3－フェノキシベンジル＝ (1 RS・3 RS) － (1 RS・3 SR) －3－ (2・2－ジクロロビニル) －2・2－ジメチルシクロプロパンカルボキシラート (別名：シペルメトリン) の用途として最も適するものはどれか。

1　植物成長調整剤　　2　殺虫剤　　3　殺鼠(そ)剤　　4　除草剤

問 39　硫酸第二銅の常温常圧下での性状として正しいものはどれか。

1　潮解性があり、水溶液はアルカリ性である。
2　潮解性があり、水溶液は酸性である。
3　風解性があり、水溶液はアルカリ性である。
4　風解性があり、水溶液は酸性である。

問 40　硫酸第二銅の用途として最も適するものはどれか。

1　殺菌剤　　2　除草剤　　3　植物成長調整剤　　4　土壌燻(くん)蒸剤

富山県
令和２年度実施

〔法　規〕
（一般・農業用品目・特定品目共通）

問１～問３　次の文章は、毒物及び劇物取締法の条文の抜粋である。（　　）内にあてはまる正しい語句を≪選択肢≫から選びなさい。

（目的）
第１条　この法律は、毒物及び劇物について、（　**問１**　）上の見地から必要な（　**問２**　）を行うことを目的とする。

（定義）
第２条　この法律で「毒物」とは、別表第一に掲げる物であつて、（　**問３**　）以外のものをいう。

≪選択肢≫
問１　1　公衆衛生　2　保健衛生　3　公害防止　4　社会通念　5　犯罪防止
問２　1　規制　2　指導　3　措置　4　取締　5　対応
問３　1　危険物　2　医薬品及び医薬部外品　3　化粧品　4　毒薬　5　食品及び食品添加物

問４　次の毒物及び劇物取締法に関する記述の正誤について、正しい組み合わせを≪選択肢≫から選びなさい。

a　毒物又は劇物の製造業者が、その製造した毒物又は劇物を、他の毒物又は劇物の販売業者に販売又は授与する場合であっても、毒物又は劇物の販売業の登録を受けなければならない。
b　薬局の開設者は、毒物又は劇物の販売業の登録を受けなくても、毒物又は劇物を販売することができる。
c　特定毒物研究者は、毒物又は劇物の販売業の登録を受けなくても、他の特定毒物研究者に特定毒物を譲り渡すことができる。
d　特定毒物研究者は、特定毒物を学術研究以外の用途に供することができる。

≪選択肢≫

	a	b	c	d
1	正	正	誤	正
2	誤	正	正	誤
3	誤	誤	正	誤
4	誤	誤	誤	正
5	正	正	正	誤

問５　次のうち、特定毒物に指定されていないものを≪選択肢≫から選びなさい。

≪選択肢≫
1　水銀
2　四アルキル鉛
3　モノフルオール酢酸
4　燐（りん）化アルミニウムとその分解促進剤とを含有する製剤
5　ジメチルエチルメルカプトエチルチオホスフェイト

問6　次の文章は、毒物及び劇物取締法の条文の抜粋である。（　　）内にあてはまる語句の正しいものの組み合わせを≪選択肢≫から選びなさい。

（禁止規定）
第3条の3　興奮、（　a　）又は麻酔の作用を有する毒物又は劇物（これらを含有する物を含む。）であつて政令で定めるものは、みだりに（　b　）し、若しくは吸入し、又はこれらの目的で（　c　）してはならない。

≪選択肢≫

	a	b	c
1	幻覚	摂取	授与
2	幻聴	摂取	所持
3	幻覚	摂取	所持
4	幻聴	使用	授与
5	幻覚	使用	授与

問7　次のうち、引火性、発火性又は爆発性のある毒物又は劇物であって、他正当な理由による場合を除いては、所持してはならないものとして、毒物及び劇物取締法施行令で<u>定められていないもの</u>を≪選択肢≫から選びなさい。

≪選択肢≫
1　ナトリウム
2　トリニトロトルエン
3　ピクリン酸
4　亜塩素酸ナトリウムを40％含有する製剤
5　塩素酸塩類を40％含有する製剤

問8　次の毒物劇物営業者の登録及び特定毒物研究者の許可に関する記述の正誤について、正しい組み合わせを≪選択肢≫から選びなさい。

a　毒物又は劇物の輸入業の登録は、6年ごとに更新を受けなければ、その効力を失う。
b　毒物又は劇物の販売業の登録は、5年ごとに更新を受けなければ、その効力を失う。
c　毒物又は劇物の製造業の登録は、5年ごとに更新を受けなければ、その効力を失う。
d　特定毒物研究者の許可は、更新を受ける必要はない。

≪選択肢≫

	a	b	c	d
1	正	正	正	誤
2	正	誤	誤	正
3	誤	正	誤	正
4	誤	誤	正	誤
5	誤	誤	正	正

問9　次の毒物及び劇物取締法第10条の規定により毒物劇物営業者が行う届出について、正しいものの組み合わせを≪選択肢≫から選びなさい。

a　法人である毒物劇物営業者が、法人の代表者を変更したときは、30日以内にその旨を届け出なければならない。
b　毒物劇物営業者が、当該営業所における営業を廃止したときは、30日以内にその旨を届け出なければならない。
c　毒物劇物営業者が、営業者の名義を個人から法人に変更したときは、30日以内にその旨を届け出なければならない。
d　法人である毒物劇物営業者が、法人の名称を変更したときは、30日以内にその旨を届け出なければならない。

≪選択肢≫
1（a、b）　2（b、c）　3（c、d）　4（a、d）　5（b、d）

問 10　次の毒物劇物営業者における毒物又は劇物を取り扱う設備分基準に関する記述について、正しいものの組み合わせを≪選択肢≫から選びなさい。

a　毒物又は劇物の販売を行う場所は、毒物又は劇物を含有する粉じん、蒸気又は廃水の処理に要する設備又は器具を備えていること。
b　貯水池その他容器を用いないで毒物又は劇物を貯蔵する設備は、毒物又は劇物が飛散し、地下にしみ込み、又は流れ出るおそれがないものであること。
c　毒物又は劇物を陳列する場所にかぎをかける設備があること。ただし、盗難等に対する措置を講じているときは、この限りでない。
d　毒物又は劇物の貯蔵設備は．毒物又は劇物とその他の物とを区分して貯蔵できるものであること。

≪選択肢≫
1 (a、b)　2 (b、c)　3 (c、d)　4 (a、d)　5 (b、d)

問 11　次の特定毒物に関する記述の正誤について、正しい組み合わせを≪選択肢≫から選びなさい。

a　特定毒物研究者は、特定毒物を製造することができる。
b　特定毒物研究者として許可を受けるためには、毒物劇物取扱責任者の資格が必要である。
c　特定毒物研究者は、取り扱う特定毒物の品目ごとに許可を受けなければならない。
d　特定毒物使用者は、その者が使用できる特定毒物を製造することができる。

≪選択肢≫

	a	b	c	d
1	正	正	正	誤
2	正	誤	誤	誤
3	正	誤	誤	正
4	誤	誤	誤	正
5	誤	正	正	正

問 12　次の毒物及び劇物取締法第８条の規定に関する記述について、正しいものの組み合わせを≪選択肢≫から選びなさい。

a　18 歳未満の者は、毒物劇物取扱者試験に合格しても、毒物劇物取扱責任者になることができない。
b　厚生労働省令で定める学校で、応用化学に関する学課を修了した者は、毒物劇物取扱責任者になることができる。
c　毒物劇物販売業の店舗において、５年以上毒物又は劇物を取り扱う業務に従事した者は、毒物劇物取扱責任者になることができる。
d　医師は、毒物劇物取扱者試験に合格することなく、毒物劇物取扱責任者になることができる

≪選択肢≫
1 (a、b)　2 (a、c)　3 (b、c)　4 (b、d)　5 (c、d)

問 13　次の毒物及び劇物取締法第７条第１項の規定に関する記述について、(　　)内にあてはまる語句の正しいものの組み合わせを≪選択肢≫から選びなさい。

毒物劇物営業者は毒物又は劇物を（　a　）に取り扱う製造所、営業所又は店舗ごとに、(　b　)の毒物劇物取扱責任者を置かなければならない。

≪選択肢≫

	a	b
1	継続的	専任
2	継続的	常勤
3	大量	常勤
4	直接	専任
5	直接	常勤

問 14　次の毒物劇物取扱責任者に関する記述の正誤について、正しい組み合わせを≪選択肢≫から選びなさい。

a　富山県知事が行う毒物劇物取扱者試験に合格した者は、すべての都道府県において毒物劇物取扱責任者となることができる。
b　毒物劇物取扱責任者を変更したときは、毒物劇物営業者は、50 日以内に、その毒物劇物取扱責任者の氏名を届け出なければならない。
c　毒物劇物営業者が、毒物又は劇物の製造業及び販売業を併せ営む場合において、その製造所と店舗が互いに隣接しているとき、毒物劇物取扱責任者はこれらの施設を通じて１人で足りる。
d　農業用品目毒物劇物取扱者試験に合格した者は、特定品目販売業の店舗において、毒物劇物取扱責任者となることができる。

≪選択肢≫

	a	b	c	d
1	正	正	正	誤
2	正	誤	正	誤
3	正	誤	誤	正
4	誤	誤	誤	正
5	誤	正	正	誤

問 15　次のうち、毒物及び劇物取締法第 11 条第４項の規定により「その容器として、飲食物の容器として通常使用される物を使用してはならない。」とされている劇物として正しいものを≪選択肢≫から選びなさい。

≪選択肢≫
1　刺激臭のある劇物　　2　液体状の劇物　　3　透明な劇物
4　飛散しやすい劇物　　5　すべての劇物

問 16　次の毒物又は劇物の表示に関する記述の正誤について、正しい組み合わせを≪選択肢≫から選びなさい。

a　毒物の容器及び被包に、黒地に白色をもって「毒物」の文字を表示しなければならない。
b　劇物の容器及び被包に、白地に赤色をもって「劇物」の文字を表示しなければならない。
c　毒物の容器及び被包には「医薬用外」の文字を記載する必要があるが、劇物の容器及び被包には「医薬用外」の文字を必ずしも記載する必要はない。
d　特定毒物の容器及び被包に、赤地に白色をもって「特定毒物」の文字を表示しなければならない。

≪選択肢≫

	a	b	c	d
1	正	誤	正	誤
2	正	正	誤	正
3	誤	正	誤	正
4	誤	誤	正	正
5	誤	正	誤	誤

富山県

問 17　次のうち、毒物劇物営業者が有機燐(りん)化合物を販売するときに、その容器及び被包に表示しなければならない解毒剤について、正しいものの組み合わせを≪選択肢≫から選びなさい。

a　硫酸アトロピンの製剤
b　２－ピリジルアルドキシムメチオダイド（別名　ＰＡＭ）の製剤
c　ジメルカプロールの製剤
d　チオ硫酸ナトリウムの製剤

≪選択肢≫
1 (a、b)　2 (b、c)　3 (c、d)　4 (a、d)　5 (b、d)

問 18　次のうち、毒物及び劇物取締法の規定により、毒物劇物営業者が燐(りん)化亜鉛を含有する製剤たる劇物を農業用劇物として販売する場合の着色方法として正しいものを≪選択肢≫から選びなさい。

≪選択肢≫
1　あせにくい赤色で着色する方法
2　あせにくい青色で着色する方法
3　あせにくい緑色で着色する方法
4　あせにくい黄色で着色する方法
5　あせにくい黒色で着色する方法

問 19　次のうち、毒物又は劇物の販売業者が、毒物劇物営業者以外の者に毒物又は劇物を販売するときに、譲受人から提出を受けなければならない書面の記載事項として規定されていないものを≪選択肢≫から選びなさい。

≪選択肢≫
1　毒物又は劇物の使用目的
2　毒物又は劇物の名称
3　毒物又は劇物の数量
4　譲受人の氏名（法人にあっては、その名称）
5　譲受人の職業

問 20　次のうち、毒物及び劇物取締法第 12 条第２項第４号及び同法施行規則第 11 条の６第３号の規定により、毒物及び劇物の製造業者が製造したジメチル－２，２－ジクロルビニルホスフェイト（別名　DDVP）を含有する製剤（衣料用の防虫剤に限る。）を販売するときに、その容器及び被包に表示しなければならない事項について、正しいものの組み合わせを≪選択肢≫から選びなさい。

a　皮膚に触れた場合には、石けんを使ってよく洗うべき旨
b　眼に入った場合は、直ちに流水でよく洗い、医師の診断を受けるべき旨
c　人が常時居住する室内でのみ使用する旨
d　小児の手の届かないところに保管しなければならない旨

≪選択肢≫
1 (a、b)　2 (b、c)　3 (c、d)　4 (a、d)　5 (b、d)

問 21　次の文章は、毒物及び劇物取締法の条文の抜粋である。（　　）内にあてはまる語句の正しいものの組み合わせを≪選択肢≫から選びなさい。

(毒物又は劇物め交付の制限等)
第 15 条　毒物劇物営業者は、毒物又は劇物を次に掲げる者に交付してはならない。
一　（　a　）の者
二～三　（略）
2　毒物劇物営業者は、厚生労働省令の定めるところにより、その交付を受ける者の氏名及び（　b　）を確認した後でなければ、第３条の４に規定する政令で定める物を交付してはならない。
3　毒物劇物営業者は、帳簿を備え、前項の確認をしたときは、厚生労働省令の定めるところにより、その確認に関する事項を記載しなければならない。
4　毒物劇物営業者は、前項の帳簿を、最終の記載をした日から（　c　）、保存しなければならない。

≪選択肢≫

	a	b	c
1	15 歳未満	住所	3 年間
2	15 歳未満	使用目的	5 年間
3	18 歳未満	住所	3 年間
4	18 歳未満	使用目的	3 年間
5	18 歳未満	使用目的	5 年間

富山県

問 22 次の文章は、毒物及び劇物取締法の条文の抜粋である。（　　）内にあてはまる語句の正しいものの組み合わせを≪選択肢≫から選びなさい。

（廃棄の方法）
第 40 条　法第 15 条の２の規定により、毒物若しくは劇物又は法第 11 条第２項に規定する政令で定める物の廃棄の方法に関する技術上の基準を次のように定める。
一　中和、加水分解、酸化、還元、（　a　）その他の方法により、毒物及び劇物並びに法第 11 条第２項に規定する政令で定める物のいずれにも該当しない物とすること。
二　（　b　）又は揮発性の毒物又は劇物は、保健衛生上危害を生ずるおそれがない場所で、少量ずつ放出し、又は揮発させること。
三　（　c　）の毒物又は劇物は、保健衛生上危害を生ずるおそれがない場所で、少量ずつ燃焼させること。

≪選択肢≫

	a	b	c
1	稀釈	ガス体	可燃性
2	稀釈	液体	引火性
3	稀釈	ガス体	引火性
4	脱水	液体	可燃性
5	脱水	ガス体	引火性

問 23 次の文章は、毒物及び劇物取締法の条文の抜粋である。（　　）内にあてはまる語句の正しいものの組み合わせを≪選択肢≫から選びなさい。

（事故の際の措置）
第 17 条　（略）
２　毒物劇物営業者及び特定毒物研究者は、その取扱いに係る毒物又は劇物が盗難にあい、又は紛失したときは、直ちに、その旨を（　　）に届け出なければならない。

≪選択肢≫
1　市町村　　2　消防署　　3　警察署　　4　医療機関　　5　保健所

問 24 毒物及び劇物取締法施行令の規定により、劇物であるアクリルニトリルを、車両１台を使用して１回につき五千キログラム以上運搬する場合の運搬方法に関する記述の正誤について、正しい組み合わせを≪選択肢≫から選びなさい。

a　１人の運転者による連続運転時間（１回が連続 10 分以上で、かつ、合計が 30 分以上の運転の中断をすることなく連続して運転する時間をいう。）が、４時間を超える場合には、交替して運転する者を同乗させなければならない。

b　車両には、防毒マスク、ゴム手袋その他事故の際に応急の措置を講ずるために必要な保護具で厚生労働省令で定めるものを少なくとも１人分備えなければならない。
c　車両の前後の見やすい箇所に、0.3 メートル平方の板に地を黒色、文字を白色として「劇」と表示した標識を掲げなければならない。
d　車両には、運搬する劇物の名称、成分及びその含量並びに事故の際に講じなければならない応急の措置の内容を記載した書面を備えなければならない。

≪選択肢≫

	a	b	c	d
1	正	正	誤	誤
2	正	誤	正	正
3	正	誤	誤	正
4	誤	正	正	誤
5	誤	正	正	正

問 25　次のうち、毒物及び劇物取締法第 22 条の規定に基づき、業務上取扱者の届出が必要な事業者に関する記述の正誤について、正しい組み合わせを≪選択肢≫から選びなさい。

a　砒素化合物たる毒物を含有する製剤を使用して、しろありの防除を行う事業　者
b　シアン化ナトリウムを含有する製剤を使用して、金属熱処理を行う事業者
c　四アルキル鉛を含有する製剤を使用して、石油の精製を行う事業者
d　アジ化ナトリウムを含有する製剤を使用して、野ねずみの駆除を行う事業者

≪選択肢≫

	a	b	c	d
1	正	正	誤	誤
2	誤	正	正	誤
3	誤	誤	正	正
4	正	誤	誤	正
5	正	正	正	誤

〔基礎化学〕
（一般･農業用品目･特定品目共通）

問 26　次の a ～ i の物質のうち、純物質はいくつあるか。≪選択肢≫から選びなさい。

a　氷　b　塩酸　c　エタノール　d　牛乳　e　空気　f　塩化ナトリウム
g　二酸化炭素　h　石油　i　鉄

≪選択肢≫
1　1個　2　2個　3　3個　4　4個　5　5個

問 27　砂の混じったヨウ素からヨウ素のみを取り出すのに最も適した方法を≪選択肢≫から選びなさい。

≪選択肢≫
1　クロマトグラフィー　2　抽出　3　ろ過　4　昇華法（昇華）
5　蒸留

問 28　同素体とその性質に関する記述として正しいものを≪選択肢≫から選びなさい。

≪選択肢≫
1　水の同素体には氷と水蒸気がある。
2　赤リンと黄リンはリンの同素体であり、赤リンは空気中で自然発火する。
3　酸素には同素体が無い。
4　一酸化炭素と二酸化炭素は互いに同素体である。
5　炭素の同素体である黒鉛は電気を良く通すが、ダイヤモンドは電気を通さない。

問 29　石灰石、卵の殻、大理石のそれぞれに塩酸を加えると同じ気体を発生しながら溶解し、発生した気体を石灰水に通すと白濁した。
　また、気体が発生したのち、得られた水溶液を白金線につけて炎に入れると、共に橙赤色の炎色反応を示した。発生した気体と炎色反応で確認できる元素の正しいものの組み合わせを≪選択肢≫から選びなさい。

≪選択肢≫

	発生した気体	炎色反応で確認できる元素
1	H_2	Sl
2	CO_2	Ca
3	CO_2	Sl
4	H_2	Na
5	Cl_2	Ca

富山県

問 30　物質の三態と熱運動の関係に関する記述として、誤っているものを≪選択肢≫から選びなさい。

≪選択肢≫
1　液体中の分子は熱運動によって相互の位置を変えており、一定の体積を保っている。
2　洗濯物を干すと乾いていくのは、常温でも水が表面から水蒸気になる変化がおこっているためである。
3　１種類の分子のみからなる物質の沸点は常に一定であり、大気圧が変化しても変わらない。
4　物質の状態は、粒子がばらばらになろうとする熱運動と粒子間に働く引力の大小によって決まる。
5　固体が液体になる変化を融解、液体が気体になる変化を蒸発、固体が液体を経ず直接気体になる変化を昇華という。

問 31　大気圧下（1.01×10^5Pa）の水の沸点を絶対温度（単位K：ゲルピン）で示したものを≪選択肢≫から選びなさい。

≪選択肢≫
1　－196K　　2　－78K　　3　173K　　4　273K　　5　373K

問 32　原子に関する記述として正しいものを≪選択肢≫から選びなさい。

≪選択肢≫
1　中性子の数が等しく、陽子の数が異なる原子どうしを互いに同位体という。
2　原子核は、陽子と電子からなる。
3　電子１つの質量は陽子１つの質量より大きい。
4　${}^{14}_{7}N$ では陽子の数と中性子の数が等しい。
5　天然に存在する全ての原子には電子、陽子、中性子が含まれている。

問 33　質量数 35 の塩素原子 ${}^{35}_{17}Cl$ 2個からなる塩素分子がもつすべての中性子の数として正しいものを≪選択肢≫から選びなさい。

≪選択肢≫
1　17　　2　18　　3　34　　4　36　　5　70

問 34　イオン１つの持つ電子の総数が最も大きいものを≪選択肢≫から選びなさい。

≪選択肢≫
1　S^{2-}　　2　Na^+　　3　NH_4^+　　4　Ll^+　　5　A^{3+}

問 35　次の分子やイオンに含まれる電子対の記述として、誤つているものを≪選択肢≫から選びなさい。

≪選択肢≫
1　オキソニウムイオンは、３組の共有電子対と１組の非共有電子対をもつ。
2　メタン分子は、非共有電子対をもたない。
3　塩素分子は、非共有電子対をもたない。
4　二酸化炭素分子は、４組の共有電子対と４組の非共有電子対をもつ。
5　窒素分子は、３組の共有電子対と２組の非共有電子対をもつ。

問 36　原子間の結合が二重結合のみからなる分子を≪選択肢≫から選びなさい。

≪選択肢≫
1　H_2O　　2　N_2　　3　C_2H_4　　4　CO_2　　5　NH_3

問 37　化学結合に関する記述として、誤っているものを≪選択肢≫から選びなさい。

≪選択肢≫
1　多原子分子の中には、結合に極性があっても、分子の形によって無極性分子になるものがある。
2　二つの原子が電子を出し合って生じる結合は、共有結合である。
3　塩化ナトリウムの結晶では、ナトリウムイオン Na^+ と塩化物イオン Cl^- が静電気的な引力で結合している。
4　金属結合における自由電子とは、規則正しく並んだ各原子の価電子であり、元の原子に固定されず、金属内を自由に動き回ることができる。
5　アンモニウムイオン NH_4^+ の４つの N － H 結合のうち、１つは配位結合であり、他の３つの結合とは性質が異なる。

問 38　日常生活で用いられる物質の記述として正しいものを≪選択肢≫から選びなさい。

≪選択肢≫
1　ポリエチレンは、エチレンの重合でできた高分子化合物である。
2　塩化ナトリウムは、塩素系漂白剤の主成分として利用されている。
3　ステンレス鋼は、鉄とアルミニウムの合金であり、錆びにくい。
4　雨水には空気中の二酸化炭素が溶けているため、大気汚染の影響が無くても pH は７より大きくなる。
5　油で揚げたスナック菓子の袋には、油の酸化を防ぐために酸素が充填されている。

問 39　５％の砂糖水 500g を 25 ％まで濃縮したい。何 g の水を蒸発させれば良いか。≪選択肢≫から選びなさい。

≪選択肢≫
1　250g　　2　300g　　3　350g　　4　400g　　5　450g

問 40 ～問 42　問 40 から問 42 の設問において、必要ならば下記の原子量を用いなさい。また、標準状態（0 ℃、１気圧）の気体の体積は 22. 4L/ml とする。

原子量
H:1. 0　C:12　N:14　O:16　Na:23　S:32

問 40　標準状態の気体１ g の体積が最も小さい物質を≪選択肢≫から選びなさい。

≪選択肢≫
1　O_2　　2　C_2H_6　　3　N_2　　4　H_2S　　5　CO_2

問 41　点滴の輸液に用いられているグルコース（分子式:$C_6H_{12}O_6$）5. 0 ％水溶液のモル濃度として適当なものを≪選択肢≫から選びなさい。ただし、この水溶液の密度は 1. 0g/cm³であるとする。

≪選択肢≫
1　0. 028mo1/L　　2　0. 28mol/L　　3　0. 56mol/L　　4　2. 8mo1/L
5　5. 6mol/L

問 42　0. 10mol/L の希硫酸 50mL を中和するのに必要な水酸化ナトリウムは何 g か。≪選択肢≫から選びなさい。

≪選択肢≫
1　0. 1g　　2　0. 2g　　3　0. 3g　　4　0. 4g　　5　0. 5g

問 43　酸と塩基に関する記述として、誤っているものを≪選択肢≫から選びなさい。

≪選択肢≫
1　25℃で pH12 の塩基を純水で 1000 倍に希釈すると pH は 9 になる。
2　蓚酸は 3 価の強酸である。
3　ブレンステッド・ローリーの定義によると、酸とは水素イオン H^+を他に与える物質である。
4　塩基性の水溶液は赤色リトマス紙を青くする。
5　価数が等しい同じモル濃度の酸の水溶液において、電離度が大きい酸のほうがより強い酸性を示す。

問 44　25℃の 0.10mol/L アンモニア水溶液のｐＨとして正しいものを≪選択肢≫から選びなさい。ただし、アンモニアの電離度は 0.010 とする。

≪選択肢≫
1　1　　2　3　　3　5　　4　9　　5　11

問 45　次に示す 0.1mol/L の水溶液 a ～ c を pH の小さい順に並べたものはどれか。≪選択肢≫から選びなさい。

a　Na_2CO_3 水溶液
b　NH_4Cl 水溶液
c　NaCl 水溶液

≪選択肢≫
1　a ＜ b ＜ c　　2　a ＜ c ＜ b　　3　b ＜ c ＜ a　　4　b ＜ a ＜ c
5　c ＜ a ＜ b

問 46　次の a ～ d は pH 指示薬とよばれ、水溶液の液性によって特有の色を示す物質（色素）である。４本の試験管に純粋な水（中性：pH　7）を用意し、それぞれに a ～ d の pH 指示薬を少量加えた。
　各試験管に 0.1mol/L 塩酸を少しずつ加えて色の、観察をした。このとき、色の変化が起こらない pH 指示薬として正しいものはどれか。≪選択肢≫から選びなさい。

a b c d
純粋な水
(pH７)

a　フェノールフタレイン　　b　メチルオレンジ
c　BTB　　d　メチルレッド

≪選択肢≫
1　a　　2　b　　3　c　　4　d　　5　すべての指示薬

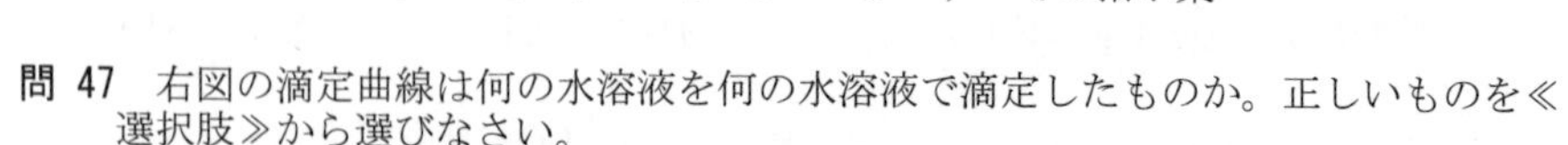

富山県

問 47　右図の滴定曲線は何の水溶液を何の水溶液で滴定したものか。正しいものを≪選択肢≫から選びなさい。

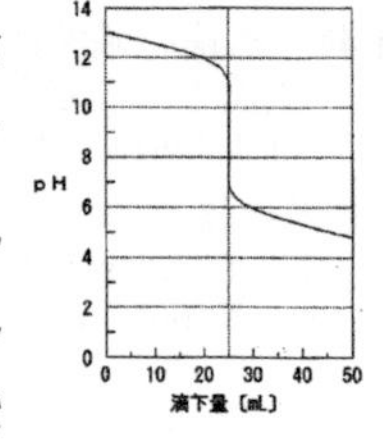

≪選択肢≫
1　0.10mol/L の塩酸 25mL を 0.10 mol/L の酢酸水溶液で滴定した。
2　0.10 mol/L の酢酸水溶液 50mL を 0.10mol/L のアンモニア水溶液で滴定した。
3　0.10mol/L の水酸化ナトリウム水溶液 50mL を 0.10mol/L の塩酸で滴定した。
4　0.10　mol/L の水酸化ナトリウム水溶液 25mL を 0.10mol/L の酢酸水溶液で滴定した。
5　0.10mol/L のアンモニア水溶液 25mL を 0.10mol/L の塩酸で滴定した。

問 48　次のイオンのうち、下線で示した原子の酸化数が最も小さいものはどれか。≪選択肢≫から選びなさい。

≪選択肢≫
1　$\underline{Cr}_2O_7^{2-}$　　2　$\underline{Mn}O_4^{-}$　　3　$\underline{C}O_3^{2-}$　　4　$\underline{Cl}O_3^{-}$　　5　$\underline{S}O_4^{2-}$

問 49　次の化学反応式の下線で示した物質が酸化剤としてはたらいているものを≪選択肢≫から選びなさい。

≪選択肢≫
1　$3\underline{Cu} + 8HNO_3 \longrightarrow 3Cu(NO_3)_2 + 4H_2O + 2NO$
2　$\underline{H_2O_2} + 2HI \longrightarrow 2H_2O + I_2$
3　$\underline{Mg} + 2H_2O \longrightarrow Mg(OH)_2 + H_2$
4　$2\underline{CO} + O_2 \longrightarrow 2CO_2$
5　$SO_2 + 2\underline{H_2S} \longrightarrow 3S + 2H_2O$

問 50　次のａ～ｄのうち、化学反応がおこるものはいくつあるか。≪選択肢≫から選びなさい。

a　硫酸銅(Ⅱ)水溶液に亜鉛板を入れる。
b　硫酸銅(Ⅱ)水溶液に鉄粉を入れる。
c　硝酸銀水溶液に鉛板を入れる。
d　硝酸亜鉛水溶液に銅板を入れる。

≪選択肢≫
1　1つ　　2　2つ　　3　3つ　　4　4つ　　5　1つもない

〔性質及び貯蔵その他取扱方法〕

(一般)

問１～問５　次の物質の主な用途として、最も適当なものを≪選択肢≫から選びなさい。

問１　シアン化銀　　問２　メタクリル酸　　問３　シアン酸ナトリウム
問４　サリノマイシンナトリウム　　問５　四エチル鉛

≪選択肢≫
1　鍍金用、写真用及び試薬
2　除草剤
3　ガソリンのアンチノック剤
4　飼料添加物（抗コクシジウム剤）
5　熱硬化性塗料、接着剤

問６～問 10　次の物質の貯蔵方法として、最も適当なものを≪選択肢≫から選びなさい。

問６　カリウム　　問７　アクロレイン　　問８　ブロムメチル
問９　クロロホルム　　問 10　ピクリン酸

≪選択肢≫
1　火気に対し安全で隔離された場所に、硫黄、沃素（ヨード）、ガソリン、アルゴール等と離して保管する。鉄、銅、鉛等の金属容器を使用しない。
2　冷暗所に貯蔵する。純品は空気と日光によって変質するので、少量のアルコールを加えて分解を防止する。
3　常温では気体なので、圧縮冷却して液化し、圧縮容器に入れ、直射日光その他、温度上昇の原因を避けて、冷暗所に貯蔵する。
4　火気厳禁。非常に反応性に富む物質なので、安定剤を加え、空気を遮断して貯蔵する。
5　空気中にそのまま貯蔵することはできないので、通常石油中に貯蔵する。

富山県

問11～問15　次の物質の毒性として、最も適当なものを≪選択肢≫から選びなさい。

問11　ニコチン
問12　メタノール
問13　ブラストサイジンＳベンジルアミノベンゼンスルホン酸塩
問14　２－イソプロピル－４－メチルピリミジル－６－ジエチルチオホスフェイト（別名　ダイアジノン）
問15　硝酸

≪選択肢≫

1　体内に吸収されて、コリンエステラーゼを阻害し、神経の正常な機能を妨げる。
2　頭痛、めまい、嘔吐、下痢、腹痛などを起こし、致死量に近ければ麻酔状態になり、視神経が侵され、眼がかすみ、失明することがある。
3　蒸気は眼。呼吸器などの粘膜及び皮膚に強い刺激性を有する。作用が強いものが皮膚に触れると、気体を生成して、組織ははじめ白く、次第に深黄色となる。
4　主な中毒症状は、振戦、呼吸困難である。肝臓に核の膨大及び変性、腎臓には糸球体、細尿管のうっ血、脾臓には脾炎が認められる。また散布に際して、眼刺激性が特に強いので注意を要する。
5　急性中毒では、よだれ、吐気、悪心、嘔吐があり、次いで脈拍緩徐不整となり、発汗、瞳孔縮小、意識喪失、呼吸困難、痙攣をきたす。慢性中毒では、咽頭、喉頭などのカタル、心臓障害、視力減弱、めまい、動脈硬化などをきたし、ときに精神異常を引き起こす。

問16～問20　次の物質の漏えい時又は飛散時の措置として、最も適当なものを≪選択肢≫から選びなさい。

問16　水酸化バリウム　　問17　塩化第二金　　問18　メチルエチルケトン
問19　クロルピクリン　　問20　黄燐

≪選択肢≫

1　飛散したものは空容器にできるだけ回収し、そのあとを希硫酸にて中和し、多量の水で洗い流す。
2　飛散したものは空容器にできるだけ回収し、炭酸ナトリウム、水酸化カルシウム等の水溶液を用いて処理し、そのあと食塩水を用いて処理し、多量の水で洗い流す。
3　付近の着火源となるものを速やかに取り除く。多量に漏えいした場合、漏えいした液は、土砂等でその流れを止め、安全な場所に導き、液の表面を泡で覆い、できるだけ空容器に回収する。
4　少量漏えいした場合、漏えいした液は布で拭き取るか、又はそのまま風にさらして蒸発させる。多量に漏えいした場合、漏えいした液は土砂等でその流れを止め、多量の活性炭又は水酸化カルシウムを散布して覆い、至急関係先に連絡し専門家の指示により処理する。
5　表面を速やかに土砂又は多量の水で覆い、水を満たした空容器に回収する。

問21～問22　次の物質を含有する製剤で、毒物及び劇物取締法や関連する法令により劇物の指定から除外される含有濃度の上限として最も適当なものを≪選択肢≫から選びなさい。

問21　クレゾール　　問22　ぎ酸

≪選択肢≫

1　5％　　2　10％　　3　30％　　4　50％　　5　90％

問 23 ～問 25　次の文章は、硫酸タリウムについて記述したものである。それぞれの(　　)内にあてはまる最も適当な語句を≪選択肢≫から選びなさい。

硫酸タリウムは(　問 23　)の結晶で、水に溶けにくく、熱湯には溶ける。
硫酸タリウムを含有する製剤は毒物及び劇物取締法で劇物に指定されているが、0.3 %以下を含有し、(　問 24　)に着色され、かつ、トウガラシエキスを用いて著しく辛く着味されているものは除かれる。
主な用途は(　問 25　)である。

≪選択肢≫

問 23	1	褐色	2	無色	3	淡黄色	4	灰色	5	緑青色
問 24	1	青色	2	赤色	3	黄色	4	白色	5	黒色
問 25	1	酸化剤	2	防腐剤	3	殺そ剤	4	接着剤	5	飼料添加物

(農業用品目)

問１～問５　次の物質の主な用途として、最も適当なものを≪選択肢≫から選びなさい。

問１　２－ジフェニルアセチル－１，３－インダンジオン(別名　ダイファシノン)
問２　２－クロルエチルトリメチルアンモニウムクロリド(別名　クロルメコート)
問３　１，１’－ジメチル－４，４’－ジピリジニウムジクロリド(別名　パラコート)
問４　２－ *t* －ブチル－５－（４－ *t* －ブチルベンジルチオ）－４－クロロピリダジン－3(2*H*)－オン
問５　ナラシン

≪選択肢≫

1　殺そ剤　　2　植物成長調整剤
3　除草剤
4　果樹、茶及びスイカ等の野菜のハダニ類の防除
5　飼料添加物

問６～問 10　次の物質の注意事項等として、最も適当なものを≪選択肢≫から選びなさい。

問６　ロテノン
問７　燐(りん)化アルミニウムとその分解促進剤とを含有する製剤
問８　硫酸タリウム
問９　塩化亜鉛
問 10　塩素酸ナトリウム

≪選択肢≫

1　強酸と反応し、発火又は爆発することがある。また、アンモニウム塩と混ざると爆発するおそれがあるため接触させない。
2　0.3 %粒剤で黒色に着色され、かつ、トウガラシエキスを用いて著しく辛く着味されているものは劇物ではない。
3　火災等で燃焼すると有毒な気体を生成する。また;水と徐々に反応することによっても有毒な気体を生成する。その気体は少量の吸入であっても危険なので注意する。
4　酸素によって分解し、殺虫効力を失うため、空気と光線を遮断して保管する必要がある。
5　火災等で強熱されると有毒な煙霧及び気体を生成するので、注意する。

問11～問15　次の物質の毒性について、最も適当なものを≪選択肢≫から選びなさい。

問11　燐(りん)化亜鉛
問12　クロルピクリン
問13　ニコチン
問14　シアン化水素
問15　トリクロルヒドロキシエチルジメチルホスホネイト（別名　DEP）

≪選択肢≫

1　急性中毒では、よだれ、吐気、悪心、嘔(おう)吐があり、次いで脈拍緩徐不整となり、発汗、瞳孔縮小、意識喪失、呼吸困難、痙攣(けいれん)をきたす。慢性中毒では、咽頭、喉頭などのカタル、心臓障害、視力減弱、めまい、動脈硬化などをきたし、ときに精神異常を引き起こす。

2　体内に吸収されて、コリンエステラーゼを阻害し、神経の正常な機能を妨げる。

3　極めて猛毒で、希薄な蒸気でも吸入すると呼吸中枢を刺激し、次いで麻痺(ひ)させる。

4　嚥(えん)下吸入したときに、胃及び肺で胃酸や水と反応してホスフィンを生成し中毒を起こす。

5　吸入すると、分解されずに組織内に吸収され、各器官が障害される。血液中でメトヘモグロビンを生成、また中枢神経や心臓、眼結膜を侵し、肺も強く障害する。

問16～問20　次の物質の漏えい時の措置として、最も適当なものを≪選択肢≫から選びなさい。

問16　ジエチル－5－(エチルチオエチル)－ジチオホスフェイト(別名　エチルチオメトン)ブロムメチル
問17　ブロムメチル水
問18　シアン化カリウム
問19　硫酸
問20　(*RS*)－α－シアノ－3－フェノキシベンジル＝(*RS*)－2－(4－クロロフェニル)－3－メチルブタノアート(別名　フェンバレレート)

≪選択肢≫

1　飛散したものは空容器にできるだけ回収する。砂利などに付着している場合は、砂利などを回収し、そのあとに水酸化ナトリウム、炭酸ナトリウム等の水溶液を散布してアルカリ性（pH11 以上）とし、さらに酸化剤の水溶液で酸化処理を行い、多量の水を用いて洗い流す。

2　少量漏えいした場合、漏えいした液は土砂等に吸着させて取り除くか、又は、ある程度水で徐々に希釈した後、水酸化カルシウム等で中和し、多量の水で洗い流す。

3　少量漏えいした場合、漏えいした液は速やかに蒸発するので、周辺に近づかないようにする。多量に漏えいした場合、漏えいした液は、土砂等でその流れを止め、液が広がらないようにして蒸発させる。

4　漏えいした液は土砂等でその流れを止め、安全な場所に導き、空容器にできるだけ回収し、そのあとを水酸化カルシウム等の水溶液にて処理し、中性洗剤等の分散剤を使用して多量の水で洗い流す。

5　漏えいした液は土砂等でその流れを止め、安全な場所に導き、空容器にできるだけ回収し、そのあとを土砂等に吸着させて掃き集め、空容器に回収する。

問 21 ～問 22　次の文章の(　　)内にあてはまる最も適当な語句を≪選択肢≫から選びなさい。

1，3－ジカルバモイルチオ－2－（*N,N* －ジメチルアミノ）－プロパン塩酸塩は，別名カルタップと呼ばれ，主に(　**問 21**　)に用いられる。
1，3－ジカルバモイルチオ－2－（*N,N* －ジメチルアミノ）－プロパンを含有する製剤は(　**問 22**　)を上限の含有濃度として劇物の指定から除外される。

≪選択肢≫
問 21　1　殺そ剤
2　稲のニカメイチュウ、野菜のコナガ、アオムシ等の駆除
3　除草剤
4　植物成長調整剤
5　野菜の根こぶ病等の病害の防除

問 21　1　2％　　2　4％　　3　10％　　4　20％　　5　50％

問 23 ～問 24　次の文章の(　　)内にあてはまる最も適当な語句を≪選択肢≫から選びなさい。

シアン化ナトリウムは(　**問 23**　)の粉末、粒状又はタブレット状の固体であり、農業用としては主に(　**問 24**　)に用いられる。

≪選択肢≫
問 23　1　白色　　2　青色　　3　黄色　　4　黒色　　5　赤褐色
問 24　1　植物成長調整剤　　2　殺そ剤　　3　除草剤　　4　展着剤
5　果樹の殺虫剤

問 25　シアン化ナトリウムの貯蔵方法として、最も適当なものを≪選択肢≫から選びなさい。

≪選択肢≫
1　少量ならばガラス瓶、多量ならばブリキ缶又は鉄ドラムを用い、酸類とは離して、風通しのよい乾燥した冷所に密封して貯蔵する。
2　空気に触れると発火しやすいので、水中に沈めて瓶に入れ、さらに砂を入れ、た缶中に固定して貯蔵する。
3　空気中に貯蔵することはできないので、通常、石油中に貯蔵する。
4　非常に反応性に富む物質であるため、安定剤を加え空気を遮断して貯蔵する。
5　空気と日光によって変質するので、少量のアルコールを加えて貯蔵する。

(特定品目)

問 1 ～問 5　次の物質の主な用途として最も適当なものを≪選択肢≫から選びなさい。

問 1　重クロム酸カリウム　　**問 2**　ホルマリン　　**問 3**　一酸化鉛
問 4　硝酸　　**問 5**　四塩化炭素

≪選択肢≫
1　洗浄剤及び種々の清浄剤の製造
2　フィルムの硬化、人造樹脂の製造
3　工業用の酸化剤、媒染剤、製革用、電池調整用、顔料原料
4　冶(や)金、ピクリン酸やニトログリセリンなどの製造
5　ゴムの加硫促進剤、顔料

富山県

問6～問 10　次の物質の貯蔵方法や注意事項として、最も適当なものを≪選択肢≫から選びなさい。

問6　アンモニア水　　問7　四塩化炭素　　問8　過酸化水素水
問9　水酸化カリウム　　問10　クロロホルム

≪選択肢≫
1　二酸化炭素と水を強く吸収するため、密栓をして保管する。
2　亜鉛又はスズメッキをした鋼鉄製容器で保管し、高温に接しない場所に保管する。
3　冷暗所に貯蔵する。純品は空気と日光によって変質するので、少量のアルコールを加えて分解を防止する。
4　成分が揮発しやすいので、密栓して保管する。
5　少量ならば褐色ガラス瓶、大量ならばカーボイなどを使用し、3分の1の空間を保って貯蔵する。

問 11 ～問 15　次の物質の毒性として、最も適当なものを≪選択肢≫から選びなさい。

問11　メタノール　　問12　水酸化カリウム　　問13　蓚(しゅう)酸
問14　トルエン　　問15　酢酸エチル

≪選択肢≫
1　血液中のカルシウム分を奪取し、神経系を侵す。急性中毒症状は、胃痛、嘔(おう)吐、口腔・咽喉の炎症、腎障害である。
2　蒸気の吸入により頭痛、食欲不振などがみられる。大量に吸入した場合、緩和な大赤血球性貧血をきたす。麻酔性が強い。
3　腐食性が極めて強いので、皮膚に触れると激しく侵し、また高濃度溶液を経口摂取すると、口内、食道、胃などの粘膜を腐食して死亡することがある。
4　蒸気は粘膜を刺激し、持続的に吸入するときは肺、腎臓及び心臓を障害する。
5　頭痛、めまい、嘔吐、下痢、腹痛などを起こし、致死量に近ければ麻酔状態になり、視神経が侵され、眼がかすみ、失明することがある。

問 16 ～問 20　次の物質の漏えい時又は飛散時の措置として、最も適当なものを≪選択肢≫から選びなさい。

問16　重クロム酸ナトリウム　　問17　塩化水素　　問18　硝酸
問19　キシレン　　問20　硅弗(けいふつ)化ナトリウム

≪選択肢≫
1　多量にガスが噴出する場合は遠くから霧状の水をかけて吸収させる。この場合、高濃度の廃液が河川等に排出されないよう注意する。
2　飛散したものは空容器にできるだけ回収し、そのあとを還元剤（硫酸第一鉄等）の水溶液を散布し、水酸化カルシウム、炭酸ナトリウム等の水溶液で処理した後、多量の水で洗い流す。
3　飛散したものは空容器にできるだけ回収し、そのあとを多量の水で洗い流す。
4　付近の着火源になるものを速やかに取り除く。多量に漏えいした場合、漏えいした液は、土砂等でその流れを止め、安全な場所に導き、液の表面を泡で覆い、できるだけ空容器に回収する。
5　多量に漏えいした場合、漏えいした液は土砂等でその流れを止め、これに吸着させるか、又は安全な場所に導いて、遠くから徐々に注水してある程度希釈した後、水酸化カルシウム、炭酸ナトリウム等で中和し多量の水で洗い流す。

問 21 ～問 23　次の文章は、メチルエチルケトンについて記述したものである。それぞれの(　　)内にあてはまる最も適当な語句を≪選択肢≫から選びなさい。

無色の液体で(　問 21　)の芳香を有する。蒸気は空気より重く、(　問 22　)しやすい。

吸入すると、眼、鼻、のどなどの粘膜を刺激する。高濃度で(　問 23　)となる。

≪選択肢≫

問 21　1　フェノール様　2　果実様　3　クロロホルム様
　　　4　エーテル様　5　アセトン様

問 22　1　分解　2　液化　3　吸湿　4　風化　5　引火

問 23　1　腎障害　2　麻酔状態　3　肝障害　4　ショック状態
　　　5　味覚障害

問 24 ～問 25　次の物質を含有する製剤で、毒物及び劇物取締法や関連する法令により劇物の指定から除外される含有濃度の上限として最も適当なものを≪選択肢≫から選びなさい。

問 24　アンモニア　　問 25　ホルムアルデヒド

≪選択肢≫

1　1％　2　5％　3　10％　4　50％　5　70％

〔識別及び取扱方法〕

(一般)

問 26 ～問 30　次の物質の性状について、最も適当なものを≪選択肢≫から選びなさい。

問 26　メチルアミン　問 27　塩素酸ナトリウム　問 28　臭素
問 29　硫化カドミウム　問 30　塩素

≪選択肢≫

1　黄橙色の粉末で、水に溶けず、熱硝酸、熱濃硫酸に溶ける。
2　常温においては窒息性臭気を有する黄緑色の気体で。冷却すると、黄色溶液を経て黄白色固体となる。
3　無色で魚臭（高濃度はアンモニア臭）の気体で、メタノール、エタノールに溶ける。
4　白色の正方単斜状の結晶で、水に溶けやすく、潮解性がある。
5　刺激性の臭気を放って揮発する赤褐色の重い液体である。引火性、燃焼性はないが、強い腐食作用を有する。

問 31 ～問 35　次の物質の性状について、最も適当なものを≪選択肢≫から選びなさい。

問 31　水素化アンチモン
問 32　酢酸エチル
問 33　塩化第一水銀
問 34　*S*, *S*－ビス(1－メチルプロピル)＝O－エチル＝ホスホロジチオアート
　　　(別名　カズサホス)
問 35　セレン

≪選択肢≫

1　白色の粉末で、水、エタノール、エーテルに不溶、王水に可溶。光によって分解する。
2　灰色の金属光沢を有するペレット又は黒色の粉末で、水に不溶、硫酸に可溶。
3　硫黄臭のある淡黄色の液体で、水に難溶、有機溶媒に可溶。
4　無色、ニンニク臭の気体で、空気中では常温でも徐々に分解する。
5　無色透明の液体で、果実様の芳香があり、引火性がある。

問36～問40　次の物質の識別方法として、最も適当なものを≪選択肢≫から選びなさい。

問36　硫酸亜鉛　　問37　無水硫酸銅　　問38　沃(よう)素　　問39　アンモニア水
問40　スルホナール

≪選択肢≫

1　この物質を水に溶かして硫化水素を通じると、白色の沈殿を生じる。また、この物質を水に溶かして塩化バリウムを加えると、白色の沈殿を生じる。
2　この物質はデンプンと反応すると藍色を呈し、これを熱すると退色し、冷えると再び藍色を現し、さらにチオ硫酸ナトリウム溶液と反応すると脱色する。
3　この物質に水を加えると青くなる。また、この物質を水に溶かして硝酸バリウムを加えると、白色の沈殿を生成する。
4　この物質を木炭とともに加熱すると、メルカプタンの臭気を放つ。
5　この物質に濃塩酸を潤したガラス棒を近づけると、白い霧を生じる。また、この物質に塩酸を加えて中和した後、塩化白金溶液を加えると、黄色、結晶性の沈殿を生じる。

問41～問45　次の物質の廃棄方法として、最も適当なものを≪選択肢≫から選びなさい。

問41　1，1’－ジメチル－4，4’－ジピリジニウムジクロリド(別名　パラコート)
問42　硫酸　　問43　水銀　　問44　ニッケルカルボニル　　問45　過酸化水素

≪選択肢≫

1　おが屑(くず)等に吸収させてアフターバーナー及びスクラバーを備えた焼却炉で焼却する。
2　徐々に石灰乳等の攪拌(かくはん)溶液に加え中和させた後、多量の水で希釈して処理する。
3　多量の水で希釈して処理する。
4　多量の次亜塩素酸ナトリウム水溶液を用いて酸化分解する。そののち過剰の塩素を亜硫酸ナトリウム水溶液等で分解させ、そのあと硫酸を加えて中和し、金属塩を沈殿ろ過し埋立処分する。
5　そのまま再利用するため蒸留する。回収を行う場合は専門業者に処理を委託することが望ましい。

(農業用品目)

富山県

問26～問30　次の物質の性状として、最も適当なものを≪選択肢≫から選びなさい。

問26　モノフルオール酢酸ナトリウム
問27　ジメチルジチオホスホリルフェニル酢酸エチル(別名　フェントエート)
問28　2，2’－ジピリジリウム－1，1’－エチレンジブロミド(別名　ジクワット)
問29　ジエチル－3，5，6－トリクロル－2－ピリジルチオホスフェイト
(別名　クロルピリホス)
問30　硫酸タリウム

≪選択肢≫

1　無色の結晶で．水に溶けにくいが、熱湯には溶ける。
2　白色の結晶で、アセトン、ベンゼンに溶けるが、水に溶けにくい。
3　芳香性刺激臭を有する赤褐色、油状の液体である。水、プロピレングリコールに不溶、リグロイン、アルコールに可溶である。アルカリに不安定である。
4　白色の粉末で、吸湿性がある。冷水には溶けやすいが、有機溶媒に溶けない。
5　淡黄色の吸湿性結晶で、水に溶ける。中性、酸性下で安定。アルカリ溶液で薄める場合には、2～3時間以上貯蔵できない。腐食性がある。

問 31 ～問 35　次の物質の性状について、最も適当なものを≪選択肢≫から選びなさい。

問 31　3－ジタチルジチオホスホリル－S－メチル－5－メトキシ－1，3，4－チアジアゾリン－2－オン(別名　メチダチオン)
問 32　ブラストサイジンSベンジルアミノベンゼンスルホン酸塩
問 33　ジメチル－2，2－ジクロルビニルホスフェイト(別名　DDVP)
問 34　弗化スルフリル
問 35　エチルジフェニルジチオホスフェイト(別名　エジフェンホス)

≪選択肢≫
1　無色の気体で、水に溶けにくいが、アセトン、クロロホルムに溶ける。
2　刺激性で、微臭のある比較的揮発性の無色油状の液体である。水に難溶、一般の有機溶媒に可溶、石油系溶剤に可溶である。
3　灰白色の結晶で、水に難溶、有機溶媒に可溶である。
4　純品は白色、針状の結晶で、粗製品は白色又は微褐色の粉末である。水、氷酢酸にやや可溶である。
5　無色から淡褐色の液体で、特異臭をもつ。水に難溶、有機溶媒に易溶である。アルカリ性で不安定、酸性で比較的安定、高温で不安定である。

問 36 ～問 40　次の物質の識別方法として、最も適当なものを≪選択肢≫から選びなさい。

問 36　燐化アルミニウムとその分解促進剤とを含有する製剤
問 37　アンモニア水　　問 38　無水硫酸銅　　問 39　硫酸亜鉛
問 40　塩素酸ナトリウム

≪選択肢≫
1　この物質を水に溶かして硫化水素を通じると、白色の沈殿を生成する。また、水に溶かして塩化バリウムを加えると、白色の沈殿を生成する。
2　この物質より生成された気体は、5～10％硝酸銀溶液を吸着させた濾紙を黒変させる。
3　炭の上に小さな孔をつくり、この物質を入れ吹管炎で熱灼すると、パチパチ音をたてて分解する。
4　この物質に水を加えると青くなる。また、この物質を水に溶かして硝酸バリウムを加えると、白色の沈殿を生成する。
5　この物質に濃塩酸を潤したガラス棒を近づけると、白い霧を生じる。また、この物質に塩酸を加えて中和した後、塩化白金溶液を加えると、黄色、結晶性の沈殿を生成する。

問 41 ～問 45　次の物質の廃棄方法として、最も適当なものを≪選択肢≫から選びなさい。

問 41　アンモニア　　問 42　硫酸　　問 43　硝酸亜鉛
問 44　*N*－メチル－1－ナフチルカルバメート(別名　カルバリル)
問 45　クロルピクリン

≪選択肢≫
1　可燃性溶剤とともに焼却炉の火室へ噴霧し焼却する。又は、水酸化ナトリウム水溶液等と加温して加水分解する。
2　徐々に石灰乳などの攪拌溶液に加え中和させた後、多量の水で希釈して処理する。
3　水で希薄な水溶液とし、酸（希塩酸など）で中和させた後、多量の水で希釈して処理する。
4　少量の界面活性剤を加えた亜硫酸ナトリウムと炭酸ナトリウムの混合溶液中で、攪拌し分解させた後、多量の水で希釈して処理する。
5　水に溶かし、水酸化カルシウム、炭酸ナトリウム等の水溶液を加えて処理し、沈殿濾過して埋立処分する。多量の場合には還元焙焼法により処理し、回収する。

(特定品目)

問 26 ～問 30　次の物質の性状として、最も適当なものを≪選択肢≫から選びなさい。

問26　塩素　　問27　クロロホルム　　問28　塩化水素　　問29　蓚(しゅう)酸
問 30　トルエン

≪選択肢≫
1　窒息性臭気を有する黄緑色の気体である。
2　２モルの結晶水を有する無色、稜(りょう)柱状の結晶であり、乾燥空気中で風化する。加熱すると昇華、急に加熱すると分解する。
3　無色、揮発性の液体で、特異臭を有する。空気に触れ、同時に日光の作用を受けると分解する。
4　無色の刺激臭を有する気体で、湿った空気中で激しく発煙する。
5　無色透明、可燃性のベンゼン臭を有する液体である。

問 31 ～問 33　次の文章は、硝酸について記述したものである。それぞれの（　）内にあてはまる最も適当な語句を≪選択肢≫から選びなさい。

極めて純粋な、水分を含まない硝酸は、（ 問 31 ）の液体である。硝酸に銅屑(くず)を加えて熱すると（ 問 32 ）を呈して溶け、その際（ 問 33 ）の亜硝酸の蒸気を生成する。

≪選択肢≫

	1	2	3	4	5
問31	無色	淡青色	橙赤色	暗紫色	白色
問32	無色	藍色	赤褐色	白色	灰色
問33	黄色	藍色	赤褐色	白色	灰色

問 34 ～問 35　次の文章は、硫酸について記述したものである。それぞれの（　）内にあてはまる最も適当な語句を≪選択肢≫から選びなさい。

常温では、（ 問 34 ）の液体である。硫酸を廃棄する際は、（ 問 35 ）で処理する。

≪選択肢≫
問34　1　淡黄色　2　白色　3黄緑色　4　無色透明　5　こはく色
問35　1　燃焼法　2　中和法　3　沈殿隔離法　4　酸化法
　5　分解沈殿法

問 36 ～問 40　次の物質の識別方法として、最も適当なものを≪選択肢≫から選びなさい。

問 36　水酸化ナトリウム　　問 37　アンモニア水　　問 38　一酸化鉛
問 39　メタノール　　問 35　四塩化炭素

≪選択肢≫
1　この物質の水溶液を白金線につけて無色の火炎中に入れると、火炎は著しく黄色に染まり、長時間続く。
2　この物質をアルコール性の水酸化カリウムと銅粉とともに煮沸すると、黄赤色の沈殿を生成する。
3　この物質を希硝酸に溶かすと、無色の液となり、これに硫化水素を通すと、黒色の沈殿を生成する。
4　この物質をサリチル酸と濃硫酸とともに熱すると、芳香のあるサリチル酸メチルエステルを生成する。
5　この物質に濃塩酸を潤したガラス棒を近づけると、白い霧を生じる。また、この物質に塩酸を加えて中和した後、塩化白金溶液を加えると、黄色、結晶性の沈殿を生じる。

問 41 ～問 45 次の物質の廃棄方法について、最も適当なものを≪選択肢≫から選びなさい。

問 41 硅弗（けいふつ）化ナトリウム　　**問 42** トルエン　　**問 43** クロロホルム

問 44 水酸化カリウム　　**問 45** 塩酸

≪選択肢≫

1　徐々に石灰乳などの攪拌（かくはん）溶液に加え中和させた後、多量の水で希釈して処理する。

2　水に溶かし、水酸化カルシウム等の水溶液を加えて処理した後、希硫酸を加えて中和し、沈殿濾（ろ）過して埋立処分する。

3　水を加えて希薄な水溶液とし、酸（希硫酸など）で中和させた後、多量の水で希釈して処理する。

4　硅そう土等に吸収させて、開放型の焼却炉で少量ずつ焼却する。

5　過剰の可燃性溶剤又は重油等の燃料とともに、アフターバーナー及びスクラバーを備えた焼却炉の火室へ噴霧して、できるだけ高温で焼却する。

石川県

令和２年度実施

※特定品目は、ありません。

〔法　規〕

（一般・農業用品目・特定品目共通）

問１　次の記述は、毒物及び劇物取締法の条文である。（　　）の中に入れるべき字句の正しい組み合わせはどれか。

第一条
この法律は、毒物及び劇物について、（　a　）上の見地から必要な取締を行うことを目的とする。

第二条第二項
この法律で「劇物」とは、別表第二に掲げる物であつて、（　b　）及び医薬部外品以外のものをいう。

【下欄】

	a	b
1	公衆衛生	農薬
2	公衆衛生	劇薬
3	保健衛生	医薬品
4	保健衛生	劇薬
5	環境衛生	医薬品

問２～問３　次の記述は、毒物及び劇物取締法第三条第三項の条文である。（　　）の中に入れるべき字句を下欄からそれぞれ選びなさい。

毒物又は劇物の販売業の登録を受けた者でなければ、毒物又は劇物を販売し、（　**問２**　）し、又は販売若しくは（　**問２**　）の目的で貯蔵し、運搬し、若しくは（　**問３**　）してはならない。

【下欄】

問２	1　授与	2　譲受	3　使用	4　貸与
問３	1　所持	2　陳列	3　製造	4　輸入

問４～問８　次の記述は、毒物及び劇物取締法第八条の条文である。（　　）の中に入れるべき正しい字句を下欄からそれぞれ選びなさい。

第八条第一項
次の各号に掲げる者でなければ、前条の毒物劇物取扱責任者となることができない。
一　（　**問４**　）
二　厚生労働省令で定める学校で、（　**問５**　）に関する学課を修了した者
三　都道府県知事が行う毒物劇物取扱者試験に合格した者

石川県

第八条第二項
次に掲げる者は、前条の毒物劇物取扱責任者となることができない。
一　（　**問６**　）未満の者
二　心身の障害により毒物劇物取扱責任者の業務を適正に行うことができない者として厚生労働省令で定めるもの
三　麻薬、大麻、あへん又は（　**問７**　）の中毒者
四　毒物若しくは劇物又は薬事に関する罪を犯し、（　**問８**　）以上の刑に処せられ、その執行を終り、又は執行を受けることがなくなった日から起算して３年を経過していない者

【下欄】

問4	1 臨床検査技師	2 危険物取扱者	3 医師	4 薬剤師
問5	1 基礎化学	2 応用化学	3 公衆衛生学	4 毒性学
問6	1 14歳	2 16歳	3 18歳	4 20歳
問7	1 覚せい剤	2 シンナー	3 向精神薬	4 アルコール
問8	1 懲役	2 禁錮	3 罰金	4 科料

問9 次の記述は、興奮、幻覚又は麻酔の作用を有する毒物又は劇物(これらを含有する物を含む。)に関する毒物及び劇物取締法施行令第三十二条の二の条文である。( )の中に入れるべき字句の正しい組み合わせはどれか。

法第三条の三に規定する政令で定める物は、(a)並びに(b)、(a)又はメタノールを含有するシンナー(塗料の粘度を減少させるために使用される有機溶剤をいう。)、接着剤、塗料及び閉そく用又はシーリング用の充てん料とする。

【下欄】

	a	b
1	トルエン	無水酢酸
2	トルエン	酢酸エチル
3	キシレン	酢酸エチル
4	キシレン	無水酢酸

問10 次の記述は、毒物及び劇物取締法及び同法施行規則の条文の一部である。( )の中に入れるべき字句の正しい組み合わせはどれか。

毒物及び劇物取締法第十一条第四項
毒物劇物営業者及び特定毒物研究者は、(a)又は厚生労働省令で定める(b)については、その容器として、(c)の容器として通常使用される物を使用してはならない。

毒物及び劇物取締法施行規則第十一条の四
法第十一条第四項に規定する(b)は、(d)の(b)とする。

【下欄】

	a	b	c	d
1	劇物	毒物	飲食物	液状
2	劇物	毒物	農薬	すべて
3	毒物	劇物	飲食物	すべて
4	毒物	劇物	農薬	液状
5	毒物	劇物	飲食物	固形

問11 次の物質のうち、毒物劇物営業者が販売するにあたり、容器及び被包に、厚生労働省令て定める解毒剤の名称を表示しなければいけないものはどれか。

1 有機シアン化合物　2 メタノール　3 硫化水素　4 有機燐(りん)化合物

問12～問14 次の記述は、毒物及び劇物取締法施行令第四十条の条文である。( )の中に入れるべき正しい字句を下欄からそれぞれ選びなさい。

法第十五条の二の規定により、毒物若しくは劇物又は法第十一条第二項に規定する政令で定める物の廃棄の方法に関する技術上の基準を次のように定める。
一 中和、加水分解、酸化、還元、(**問12**)その他の方法により、毒物及び劇物並びに法第十一条第二項に規定する政令で定める物のいずれにも該当しない物とすること。
二 (**問13**)又は揮発性の毒物又は劇物は、保健衛生上危害を生ずるおそれがない場所で、少量ずつ放出し、又は揮発させること。
三 可燃性の毒物又は劇物は、保健衛生上危害を生ずるおそれがない場所で、少量ずつ燃焼させること。

石川県

四　前各号により難い場合には、地下（ **問 14** ）以上で、かつ、地下水を汚染するおそれがない地中に確実に埋め、海面上に引き上げられ、若しくは浮き上がるおそれがない方法で海水中に沈め、又は保健衛生上危害を生ずるおそれがないその他の方法で処理すること。

【下欄】

問 12	1　稀釈	2　けん化	3　酵素分解	4　電気分解
問 13	1　固体	2　液体	3　ガス体	4　ゲル状
問 14	1　四十センチメートル 3　八十センチメートル		2　六十センチメートル 4　一メートル	

問 15 ～問 16　次の記述は、毒物及び劇物取締法第十七条第一項の条文である。（　　）の中に入れるべき正しい字句を下欄からそれぞれ選びなさい。

毒物劇物営業者及び特定毒物研究者は、その取扱いに係る毒物若しくは劇物又は第十一条第二項の政令で定める物が飛散し、漏れ、流れ出し、染み出し、又は地下に染み込んだ場合において、不特定又は多数の者について保健衛生上の危害が生ずるおそれがあるときは、（ **問 15** ）、その旨を（ **問 16** ）、警察署又は消防機関に届け出るとともに、保健衛生上の危害を防止するために必要な応急の措置を講じなければならない。

【下欄】

問 15	1　直ちに 3　十五日以内に		2　二十四時間以内に 4　三十日以内に	
問 16	1　医療機関	2　保健所	3　労働基準監督署	4　報道機関

問 17　次のうち、毒物及び劇物取締法第二十二条第一項の規定に基づく業務上取扱者の届出が必要な事業として、正しいものの組み合わせはどれか。

a　無機シアン化合物たる毒物を用いて、電気めっきを行う事業
b　最大積載量が 2,000 キログラムの自動車に、内容積 200 リットルの容器を積載して、無機シアン化合物を含有する製剤であり固形のものを運送する事業
c　砒（ひ）素化合物たる毒物を用いて、しろありの防除を行う事業
d　砒（ひ）素化合物たる毒物を用いて、試験研究を行う事業

1　（a、b）　　2　（a、c）　　3　（b、d）　　4　（c、d）

問 18　次の物質のうち、特定毒物に該当する物質として正しいものの組み合わせはどれか。

a　四アルキル鉛
b　ジエチルパラニトロフェニルチオホスフェイト（別名：パラチオン）
c　可溶性ウラン化合物
d　水銀

1　（a、b）　　2　（a、c）　　3　（b、d）　　4　（c、d）

問 19　特定毒物研究者に関する記述の正誤について、正しい組み合わせはどれか。

a　特定毒物研究者は、その取り扱う品目を変更するときは変更後 30 日以内に厚生労働大臣に届け出なければならない。
b　特定毒物研究者は、農林業の用途に特定毒物を供することができる。
c　特定毒物研究者は、都道府県知事が許可する。
d　特定毒物研究者は、一定期間ごとに許可の更新を受ける必要はない。

	a	b	c	d
1	誤	誤	正	正
2	正	誤	誤	正
3	正	正	誤	誤
4	正	正	正	誤
5	誤	正	正	正

問 20　次の記述は毒物及び劇物取締法施行令第四十条の六の一部である。(　　)の中に入れるべき正しい字句を下欄から選びなさい。

毒物又は劇物を車両を使用して、又は鉄道によって運搬する場合で、当該運搬を他に委託するときは、その荷送人は、(**問 20**)に対し、あらかじめ、当該毒物又は劇物の名称、成分及びその含量並びに数量並びに事故の際に講じなければならない応急の措置の内容を記載した書面を交付しなければならない。ただし、厚生労働省令で定める数量以下の毒物又は劇物を運搬する場合は、この限りでない。

【下欄】

問 20	1　警察署	2　消防機関	3　荷受人	4　運送人

〔基礎化学〕

(一般・農業用品目共通)

問 21　次のうち、メタノールの分子量として正しいものはどれか。ただし、原子量をH =1、C =12、O = 16 とする。

1　18　　2　29　　3　30　　4　32

問 22　次の組み合わせのうち、互いに同素体である正しい組み合わせはどれか。

a　水と氷　　b　水素と重水素　　c　酸素とオゾン
d　ダイヤモンドと黒鉛

1　(a、b)　　2　(a、c)　　3　(b、d)　　4　(c、d)

問 23　次のうち、共有結合の結晶はどれか。

1　ナトリウム　　2　鉄　　3　ダイヤモンド　　4　塩化ナトリウム

問 24　次のうち、無極性分子の最も適当な組み合わせはどれか。

a　四塩化炭素　　b　塩化水素　　c　水　　d　二酸化炭素

1　(a、c)　　2　(a、d)　　3　(b、c)　　4　(c、d)

問 25　水酸化ナトリウム(NaOH)40g を水に溶かして全体で 2L にしたときの水酸化ナトリウム水溶液のモル濃度(mol/L)として、最も適当なものはどれか。ただし、原子量を H= 1 、O =16、 Na=23 とする。

1　0.1　　2　0.5　　3　40　　4　80

問 26　標準状態で 11.2L のメタン(CH_4 の質量(g)として、最も適当なものはどれか。ただし、原子量を H= 1 、C=12 とし、標準状態における気体 1 mol の体積を 22.4 L とする。

1　0.8g　　2　8 g　　3　16g　　4　11.2g　　5　22.4g

問 27　濃度８%の食塩水 120g と濃度４%の食塩水 180g を混せたとき、できた食塩水の質量パーセント濃度(%)として、最も適当なものはどれか

1　0.56　　2　5.6　　3　12　　4　300

問 28　炎色反応で赤色の色調を示す物質のうち、最も適当なものはどれか。

1　銅　　2　バリウム　　3　リチウム　　4　セシウム

問 29　次のうち、最もイオン化傾向が大きい元素はどれか。

1　Fe　　2　Ca　　3　K　　4　Cu

問30　次のうち、水素(H_2)の水素原子の酸化数として正しいものはどれか。

1　0(ゼロ)　　2　+1　　3　+2　　4　+3

問31　0.01mol/L の水酸化ナトリウム(NaOH)水溶液を水で 100 倍に薄めたきの pH として、最も適当なものをを次の1～4から選びなさい。ただし、水酸化ナトリウム水溶液の電離度を1とする。

1　pH= 4　　2　pH= 7　　3　pH=10　　4　pH=14

問32　1.0mol/L の塩酸 10mL に一滴のフェノールフタレイン液を加え、0.5mol/L の水酸化ナトリウム水溶液を溶液が薄い赤色になるまで滴下した。滴下した水酸化ナトリウム水溶液は何 mL か、最も適当なものを選びなさい。

1 15mL　　2　20mL　　3　30mL

問33　次のうち、「電気分解において、陰極や陽極で変化した物質の量は、流れた電気量に比例する」ことを示す法則はどれか。

1　ファラデーの法則　　2　ドルトンの法則　　3　ヘンリーの法則

問34　一定温度において、100　kPa の酸素 5.0L と 400kPa の窒素 2.5L を 5.0L の容器に封入したとき、混合気体の全圧として、最も適当なものを次の1~4から選びなさい。

1 100kPa　　2　200kPa　　3　300kPa　　4　400kPa

問35　プロパン(C_3H_8)を完全燃焼させたときの熱化学方程式は次のとおりである。プロパン 44g を燃焼させたとき、何 kJ の熱量が発生するか、最も適当なものを次の1~4から選びなさい。ただし、原子量は H=1、C=12、O=16 とする。

C_3H_8(気) ＋ 5 O_2(気)＝3 CO_2(気) ＋4 H_2O(液) ＋ 2,220kJ

1　0 KJ　　2　555kJ　　3　1,110kJ　　4　2,220kJ

問36　熱運動している溶媒(分散媒)分子がコロイド粒子に不規則に衝突するために起こる現象として、最も適当なものを次の1~4から選びなさい。

1　ブラウン運動　　2　チンダル現象　　3　透析　　4　電気泳動

問37　次のうち、不斉炭素原子をもつものはどれか。

1　ホルムアルデヒド　　2　メタノール　　3　酢酸　　4　乳酸

問38　次のうち、アミノ酸の検出に用いられる反応として、最も適当なものを次の1~3から選びなさい。

1　ルミノール反応　　2　ニンヒドリン反応　　3　ヨウ素デンプン反応

石川県

問39　第一級アルコールの酸化反応に関する次の記述について、(　　)の中に入る最も適当なものの組み合わせはどれか。

炭素、水素、酸素のみから構成される第一級アルコールを酸化させると(　)が生成する。 これをさらに酸化させると(b)が生成する。

	a	b
1	ケトン	エステル
2	アルデヒド	エステル
3	ケトン	カルボン酸
4	アルデヒド	カルボン酸

問40　次のうち、物質とその官能基の組み合わせとして誤っているものを選びなさい。

1　酢酸　—　スルホ基
2　フェノール　—　水酸基
3　アセトン　—　ケトン基
4　ジエチルエーテル　—　エーテル基

〔各　論・実　地〕

(一般)

問1～問3　次の物質を含有する製剤は、毒物及び劇物取締法令上、一定濃度以下で劇物から除外される。その上限の濃度として、正しいものを下欄からそれぞれ選びなさい。ただし、同じ番号を繰り返し選んでもよい。

問1　硫酸　　問2　過酸化水素
問3　アンモニア

【下欄】

1　3％	2　6％	3　10％	4　15％	5　20％

問4　次の物質のうち、1％以下を含有し、黒色に着色され、かつ、トウガラシエキスを用いて著しくからく着味されている製剤については劇物から除外されるものを選びなさい。

1　燐(りん)化亜鉛　　2　ピクリン酸　　3　一酸化鉛　　4　硫酸亜鉛

問5　モノフルオール酢酸ナトリウムに関する次の記述のうち、誤っているものはどれか。

1　特定毒物に指定されている。
2　常温・常圧下で、白色の粉末であり、からい味と酢酸の臭いを有する。
3　水、エタノールに可溶である。
4　殺虫剤として使用されている。

問6～問9　次の物質の常温・常圧下における性状として、最も適当なものを下欄から選びなさい。

問6　ニコチン　　問7　フェノール　　問8　黄燐(りん)　　問9　弗(ふつ)化スルフリル

【下欄】

1　白色または淡黄色のロウ様半透明の結晶性固体で、ニンニク臭がある。
2　無色の空気より重い気体で、水に難溶であるが、アセトンやクロロホルムに可溶である。
3　無色の針状結晶あるいは白色の放射状結晶塊で、空気中で容易に赤変する。特異の臭気と灼(や)くような味を有する。
4　純粋なものは無色無臭の油状液体であるが、空気中では速やかに褐変する。水、アルコールと混和する。

問 10 ～問 13　毒物及び劇物の運搬事故時における応急措置の具体的な方法として厚生労働省が定めた「毒物及び劇物の運搬事故時における応急措置に関する基準」に基づき、次の物質の漏えい時等の措置として、最も適当なものを下欄から選びなさい。

問 10　燐(りん)化アルミニウム燻(くん)蒸(じょう)剤ル　　問 11　重クロム酸カリウム
問 12　トルエン　　問 13　液化塩化水素

【下欄】

1　付近の着火源となるものを取り除き、多量に漏えいした場合、土砂等でその流れを止め、安全な場所に導き、液の表面を泡で覆いできるだけ空容器に回収する。
2　飛散したものの表面を速やかに土砂等で覆い、密閉可能な空容器に回収して密閉する。
3　漏えいガスは多量の水をかけて吸収させる。多量にガスが噴出する場合は、遠くから霧状の水をかけ吸収させる。
4　飛散したものは、空容器にできるだけ回収し、そのあとを還元剤(硫酸第一鉄等)の水溶液を散布し、水酸化カルシウム、炭酸ナトリウム等の水溶液で処理した後、多量の水で洗い流す。

問 14 ～問 18　次の物質の用途として、最も適当なものを下欄から選びなさい。

問 14　蓚(しゅう)酸　　問 15　クロルピクリン　　問 16　シアン化ナトリウム
問 17　燐(りん)化亜鉛　　問 18　弗(ふっ)化水素酸

【下欄】

1　冶(や)金、鍍(と)金
2　殺鼠剤
3　漂白剤、鉄さびの汚れ落とし
4　ガラスのつや消し、フロンガスの原料
5　土壌燻(くん)蒸(じょう)剤

問 19 ～問 22　毒物及び劇物の品目ごとの具体的な廃棄方法として厚生労働省が定めた「毒物及び劇物の廃棄の方法に関する基準」に基づき、次の物質の廃棄方法として、最も適当なものを下欄から選びなさい。

問 19　塩素　　問 20　アンモニア　　問 21　硅弗(けいふっ)化ナトリウム
問 22　エチレンオキシド

【下欄】

1　水に溶かし、水酸化カルシウム等の水溶液を加えて処理した後、希硫酸を加えて中和し、沈殿ろ過して埋立処分する。(分解沈殿法)
2　水で希薄な水溶液とし、酸(希塩酸、希硫酸など)で中和させた後、多量の水で希釈して処理する。(中和法)
3　多量の水に少量ずつガスを吹き込み、溶解し希釈した後、少量の硫酸を加え、アルカリ水で中和し、活性汚泥で処理する。(活性汚泥法)
4　石灰乳または水酸化ナトリウム水溶液などの多量のアルカリ水溶液中に吹き込んだ後、多量の水で希釈して処理する。(アルカリ法)

問 23 ～問 25　次の物質による中毒の治療に用いられるものとして、最も適当なものを下欄から選びなさい。

問 23　弗(ふっ)化水素
問 24　水銀
問 25　ジメチル－2，2－ジクロルビニルホスフェイト（別名：DDVP、ジクロルボス）

【下欄】

1　エデト酸カルシウム二ナトリウム
2　ジメルカプロール（別名：BAL）
3　グルコン酸カルシウム
4　プラリドキシムヨウ化物（別名：PAM）

問 26 ～問 29　次の物質による毒性や中毒の症状として、最も適当なものを下欄から選びなさい。

問 26　シアン化ナトリウム　　問 27　メタノール　　問 28　ベタナフトール
問 29　モノフルオール酢酸ナトリウム

【下欄】

1　哺乳動物並びに人間には強い毒作用を呈するが、皮膚を刺激したり、皮膚から吸収されることはない。主な中毒症状に、激しい嘔(おう)吐、胃の疼(とう)痛、意識混濁、てんかん性痙攣(けいれん)、血圧下降等がある。
2　酸と反応すると有毒な青酸ガスを発生し、頭痛、めまい、悪心、意識不明、呼吸麻痺(ひ)等を起こす。
3　頭痛、めまい、嘔(おう)吐、下痢などを起こし、視神経が侵され、眼がかすみ、失明することもある。中毒の原因は、蓄積作用と、神経細胞内でぎ酸が生成されることによる。
4　吸入した場合は、腎炎を起こし、重症の場合には死亡することがある。また、肝臓を障害し黄疸(たん)が出たり、溶血を起こして血色素尿を見ることもある。皮膚からも吸収される。

問 30 ～問 33　次の物質の貯蔵方法として、最も適当なものを下欄からそれぞれ 1 つ選びなさい。

問 30　四塩化炭素　　問 31　ピクリン酸　　問 32　シアン化ナトリウム
問 33　ベタナフトール

【下欄】

1　少量ならばガラス瓶、多量ならばブリキ缶または鉄ドラムを用い、酸類とは離して風通しのよい乾燥した冷所に密封して保管する。
2　空気や光線に触れると赤変するため、遮光して貯蔵する。
3　火気に対し安全で隔離された場所に、硫黄、ヨード、ガソリン、アルコール等と離して貯蔵する。鉄、銅、鉛等の金属容器を使用しない。
4　亜鉛又は錫(すず)でメッキした鋼鉄製容器を用い、高温に接しない場所に貯蔵する。本品の蒸気は空気より重く、低所に滞留するので、地下室など換気の悪い場所には保管しない。

問 34　黄燐（りん）について、毒物及び劇物取締法施行令第四十条の五第二項第三号の規定により、運搬する車両に備えることとされている保護具として、（　　）の中にあてはまる最も適当なものを下欄から選びなさい。

保護具：保護手袋、保護長ぐつ、保護衣、（　　　）

【下欄】

1　普通ガス用防毒マスク	2　有機ガス用防毒マスク
3　酸性ガス用防毒マスク	

問 35 ～問 37　次の性状及び鑑別方法に関する記述に該当する物質として、最も適当なものはどれか、下欄から選びなさい。ただし、性状は常温・常圧下における性状とする。

問 35　無色透明の液体で、発煙性と刺激臭があり、硝酸銀溶液を加えると白い沈殿を生じる。

問 36　無色透明の催涙性液体で、刺激臭があり、アンモニア水を加え、さらに硝酸銀溶液を加えると徐々に金属銀を析出する。

問 37　無色透明な揮発性の液体で、サリチル酸と濃硫酸とともに熱すると芳香を生じる。

【下欄】

1　メタノール	2　塩酸	3　蓚（しゅう）酸	4　ホルマリン

問 38 ～問 40　次の文章は、臭素に関する記述である。（　　）の中に入る最も適当なものを下欄から選びなさい。なお、廃棄方法は「毒物及び劇物の廃棄方法に関する基準」によるものとする。

性　状：常温・常圧下では刺激性の臭気を放つ（ 問 38 ）で、強い腐食作用を有する。
鑑別法：でんぷんのり液を橙黄色に染め、ヨードカリでんぷん紙を（ 問 39 ）させる。
廃棄方法：（ 問 40 ）

【下欄】

問 38	1　固体	2　液体	3　気体
問 39	1　藍変	2　褐変	3　退色
問 40	1　燃焼法	2　中和法	3　アルカリ法

（農業用品目）

問１～問３　次の物質の常温・常圧下における性状等として、最も適当なものを下欄の中から選びなさい。

問１　ニコチン

問２　トリクロルヒドロキシエチルジメチルホスホネイト（別名：DEP）

問３　弗（ふっ）化スルフリル

【下欄】

１　無色の空気より重い気体で、水に難溶であるが、アセトンやクロロホルムに可溶である。
２　白色の結晶で弱い特異臭を有し、水や脂肪族炭化水素以外の有機溶剤（クロロホルム、ベンゼン、アルコール）に可溶である。アルカリで分解する。
３　純粋なものは無色無臭の油状液体であるが、空気中では速やかに褐変する。水、アルコールと混和する。

問４～問７　次の物質の用途として、最も適当なものを下欄から選びなさい。

問４　燐（りん）化亜鉛

問５　塩素酸ナトリウム

問６　２－クロルエチルトリメチルアンモニウムクロリド（別名：クロルメコート）

問７　ジメチル－（N－メチルカルバミルメチル）－ジチオホスフェイト（別名：ジメトエート）

【下欄】

１　除草剤　　２　殺虫剤　　３　殺鼠（そ）剤　　４　植物成長調整剤

問８～問９　毒物及び劇物の運搬事故時における応急措置の具体的な方法として厚生労働省が定めた「毒物及び劇物の運搬事故時における応急措置に関する基準」に基づき、漏えい時の措置として、下記の措置方法に対する最も適切な物質を下欄から選びなさい。

問８　漏えいした液は土砂等でその流れを止め、安全な場所に導く。洗い流す場合には、中性洗剤等の界面活性剤を使用して洗い流す。

問９　飛散したものは空容器にできるだけ回収し、多量の水で洗い流す。

【下欄】

１　液化アンモニア
２　１，３－ジカルバモイルチオ－２－（N，N－ジメチルアミノ）－プロパン塩酸塩（別名：カルタップ）
３　燐（りん）化アルミニウム燻（くんじょう）蒸剤
４　２－イソプロピル－４－メチルピリミジル－６－ジエチルチオホスフェイト（別名：ダイアジノン）

問 10 ～問 11　次の物質の貯蔵方法として、最も適当なものを下欄から選びなさい。

問10　ロテノン　　　問11　ブロムメチル

【下欄】

１　酸素によって分解し、殺虫効力を失うため、空気と光を遮断して貯蔵する。
２　少量ならガラス瓶、多量ならばブリキ缶あるいは鉄ドラム缶を用い、酸類とは離して、風通しの良い乾燥した冷所に密封して貯蔵する。
３　常温では気体なので、圧縮冷却して液化し、圧縮容器に入れ、直射日光や温度上昇の原因を避け、冷暗所で貯蔵する。

問 12 ～問 15　毒物及び劇物の品目ごとの具体的な廃棄方法として厚生労働省が定めた「毒物及び劇物の廃棄の方法に関する基準」に基づき、次の物質の廃棄方法として、最も適当なものを下欄から選びなさい。

問 12　塩化第一銅
問 13　ブロムメチル
問 14　1，1’－メチル－4，4’－ジピリジニウムジクロリド(別名：パラコート)
問 15　シアン化ナトリウム

【下欄】

1　セメントを用いて固化し、埋立処分する
2　水酸化ナトリウム水溶液を加えてアルカリ性(pH11 以上)とし、酸化剤(次亜塩素酸ナトリウム、さらし粉等)の水溶液を加えて酸化分解する。分解したのち硫酸を加え中和し、多量の水で希釈して処理する。
3　おが屑(くず)等に吸収させてアフターバーナーおよびスクラバーを備えた焼却炉で焼却する。
4　水で希薄な水溶液とし、酸(希塩酸、帝硫酸など)で中和させた後、多量の水で希釈して処理する。

問 16 ～問 18　次の物質を含有する製剤について、劇物の指定から除外される含有濃度の上限として最も適当なものを下欄からそれぞれ１つずつ選びなさい。ただし、同じ番号を繰り返し選んでもよい。

問 16　硫酸　　問 17　アンモニア　　問 18　ロテノン

【下欄】

1　1％　　2　2％　　3　10％　　4　20％

問 19 ～問 22　次の物質による毒性や中毒の症状として、最も適当なものを下欄から選びなさい。

問 19　２－ジフェニルアセチル－１，３－インダンジオン(別名：ダイファシノン)
問 20　ジメチル－２，２－ジクロルビニルホスフェイト(別名：DDVP、ジクロルボス)
問 21　モノフルオール酢酸ナトリウム
問 22　クロルピクリン

【下欄】

1　哺乳動物並びに人間には強い毒作用を呈するが、皮膚を刺激したり、皮膚から吸収されることはない。主な中毒症状に、激しい嘔(おう)吐、胃の疼(とう)痛、意識混濁、てんかん性痙攣(けいれん)、血圧下降等がある。
2　体内でビタミン K の働きを抑えることにより血液凝固を阻害し、出血を引き起こす。
3　有機燐(りん)化合物であり、体内に吸収されるとコリンエステラーゼの作用を阻害し、頭痛、めまい、意識混濁、全身痙攣(けいれん)等を引き起こす。
4　吸入すると、気管支を刺激してせきや鼻水が出る。多量に吸入すると、胃腸炎、肺炎、尿に血が混じる。悪心、呼吸困難、肺気腫を引き起こす。

石川県

問 23 ～問 26　次の物質の鑑識方法に関する記述について、（　　）の中にあてはまる最も適当なものを下欄からそれぞれ選びなさい。ただし、同じ番号を繰り返し選んでもよい。

(塩素酸カリウム)
塩素酸カリウムの水溶液に酒石酸を多量に加えると、（ **問 23** ）の結晶性の重酒石酸カリウムを生成する。
(クロルピクリン)
クロルピクリンの水溶液に金属カルシウムを加え、これにベタナフチルアミン及び硫酸を加えると、(**問 24**)の沈殿を生じる。
(ニコチン)
ニコチンのエーテル溶液に、ヨードのエーテル溶液を加えると、褐色の液状沈殿を生じ、こを放置すると、(**問 25**)の針状結晶となる。
ニコチンの硫酸酸性水溶液に、ピクリン酸溶液を加えると、ヒクリン酸ニコチンの(**問 26**)結晶が沈殿する。

【下欄】

1　白色	2　黒色	3　赤色	4　黄色

問 27 ～問 29　次の記述にあてはまる物質を下欄から選びなさい。

問 27　淡黄色の結晶性粉末で、0.3%以下を含有するものを除き、劇物に指定されている。野菜の根こぶ病等の病害に適用される殺菌剤の成分である。

問 28　淡黄色の粘稠(ねんちゅう)液体で、6％以下を含有するものを除き、劇物に指定されている。イネミズゾウムシ、イネドロオイムシ等の殺虫剤として適用されるカーバメイト系殺虫剤の成分である。

問 29　無臭の黄色の粉末結晶で、3％以下を含有するものを除き、劇物に指定されている。シンクイムシ類等の害虫の防除に適用されるネオニコチノイド系殺虫剤の成分である。

【下欄】

1　2，2－ジメチル－2，3－ジヒドロ－1－ベンゾフラン－7－イル=N － N －（2－エトキシカルボニルエチル）－ N －イソプロヒルスルフエナモイル]－N －メチルカルバマート(別名:ベンフラカルブ)
2　3－（6－クロロピリジン－3－イルメチル）－1 ，3－チアゾリジン－2－イリテンシアナミド(別名:チアクロプリド)
3　2’－4－ジクロロ－α，α，α－トリフルオロ－4'－ニトロメタトルエンスルホンアニリド(別名:フルスルファミド)

問 30　2－イソプロピル－4－メチルピリミジル－6－ジエチルチオホスフェイト(別名：ダイアジノン)に関する次の記述のうち、正しいものの組み合わせはどれか。

a　黄褐色の固体である。
b　殺虫剤として用いられる。
c　カーバメイト剤に分類される。
d　30 %含有する乳剤は劇物に指定されている。

1 （a、b）　　2 （a、c）　　3 （b、d）　　4 （c、d）

問31　次の記述の(　　)の中に入れるべき字句の正しい組み合わせはどれか。

Ｎ－メチル－１－ナフチルカルバメートは、別名カルバリル、(a)と呼ばれ、白色～淡黄褐色の粉末で、水に難溶であるが有機溶剤に可溶である。主に、稲のツマグロヨコバイ、ウンカなど農業用殺虫剤やりんごの摘果剤として用いられ、(b)以下を含有する製剤は、劇物から除かれる。

	a	b
1	PAP	３％
2	NAC	５％
3	PAP	５％
4	NAC	３％

問32　無色又は淡黄色の液体で、空気中で光により一部分解して褐色になるものは、次のうちどれか。

1　無水硫酸銅　　2　沃(よう)化メチル　3　塩化亜鉛

問33　２，２’－ジピリジリウム－１，１’－エチレンジブロミド(別名：ジクワット)に関する次の記述のうち、正しいものの組み合わせはどれか。

a　淡黄色結晶で、水に溶ける。
b　腐食性がある。
c　中性または酸性では不安定で、アルカリ性では安定である。
d　農業用殺虫剤として使用される。

1 （a、b）　　2 （b、c）　　3 （c、d）　　4 （a、d）

問34　次のうち、あせにくい黒色で着色したものでなければ、毒物劇物営業者が農業用として販売し、又は授与してはならないと規定されているものの正しい組み合わせはどれか。

a　燐(りん)化亜鉛を含有する製剤たる劇物
b　燐(りん)化アルミニウムを含有する製剤たる劇物
c　クロルピクリンを含有する製剤たる劇物
d　硫酸タリウムを含有する製剤たる劇物

1 （a、b）　　2 （b、c）　　3 （c、d）　　4 （a、d）

問35　トランス－Ｎ－(　６－クロロ－３－ピリジルメチル)－Ｎ’－シアノ－Ｎ－メチルアセトアミジン(別名　アセタミプリド)に関する次の記述のうち、<u>誤っているもの</u>はどれか。

1　白色の結晶固体である。
2　20％含有する水溶剤は、劇物に指定されている。
3　果菜類のアブラムシ類などの害虫に有効なネオニコチノイド系殺虫剤である。
4　眼や皮膚に対する刺激性が非常に強い。

問36　５－ジメチルアミノ－１，２，３－トリチアン、蓚(しゅう)酸塩(別名：チオシクラム)に関する記述について、正誤の組み合わせが正しいものはどれか。

a　太陽光線により分解される。
b　殺虫剤として用いられる。

	a	b
1	正	正
2	正	誤
3	誤	正
4	誤	誤

問 37 ～問 40　ジメチル－4－メチルメルカプト－3－メチルフェニルチオホスフェイト(別名:フェンチオン、MPP)を有効成分として含有する製剤について、次の問いに答えなさい。

問 37　この農薬の用途として、最も適当なものはどれか。

1　除草剤　　2　殺菌剤　　3　殺鼠剤　　4　殺虫剤

問 38　この有効成分の性状及び性質として、正しいものはどれか。

1　白色の針状結晶で、微かな硫黄臭を有する。
2　褐色の液体で、弱いニンニク臭を有する。
3　黄褐色の粘稠性液体又は塊で、無臭である。
4　色の粉末(結晶)で、アルデヒド臭を有する。

問 39　次のうち、この製剤による中毒の治療に用いられるものはどれか。

1　プラリドキシムヨウ化物(別名: PAM)
2　ジメルカプロール(別名: B A L
3　チオ硫酸ナトリウム

問 40　この成分を5%含有する製剤の毒物劇物の該当性について、正しいものはどれか。

1　毒物に該当　　2　劇物に該当　　3　毒物又は劇物に該当しない

福井県

令和２年度実施
※特定品目は、ありません。

〔法　規〕

（一般・農業用品目共通）

問１　毒物及び劇物取締法第１条および第２条の条文について、正しいものの組み合わせはどれか。

a　この法律は、毒物及び劇物について、公衆衛生上の見地から必要な規制を行うことを目的とする。
b　この法律で「毒物」とは、別表第一に掲げる物であって、特定毒物以外のものをいう。
c　この法律で「劇物」とは、別表第二に掲げる物であって、医薬品及び医薬部外品以外のものをいう。
d　この法律で「特定毒物」とは、毒物であって、別表第三に掲げるものをいう。

１（a、b）　２（a、c）　３（b、c）　４（b、d）　５（c、d）

問２　次の禁止規定に関する記述について、正しいものの組み合わせはどれか。

a　毒物もしくは劇物の製造業者又は特定毒物研究者でなければ、特定毒物を製造してはならない。
b　毒物もしくは劇物の輸入業者であっても、特定毒物を輸入してはならない。
c　特定毒物研究者は、特定毒物を学術研究以外の用途に供してはならない。
d　特定毒物研究者または特定毒物使用者は、毒物劇物営業者に特定毒物を譲り渡してはならない。

１（a、b）　２（a、c）　３（b、c）　４（b、d）　５（c、d）

問３　毒物及び劇物取締法第４条に関する記述について、（　　）の中に入れるべき字句として正しいものはどれか。

毒物又は劇物の製造業、輸入業又は販売業の登録を受けようとする者は、製造業者にあつては製造所、輸入業者にあつては営業所、販売業者にあつては店舗ごとに、その製造所、営業所又は店舗の所在地の（ a ）に申請書を出さなければならない。
製造業又は輸入業の登録は、（ b ）年ごとに、販売業の登録は、（ c ）年ごとに、更新を受けなければ、その効力を失う。

	a	b	c
1	都道府県知事	5	6
2	都道府県知事	5	5
3	保健所長	5	6
4	都道府県知事	6	5
5	保健所長	6	5

問4　法第３条の３に定める興奮、幻覚または麻酔の作用を有する毒物または劇物として正しいものの組み合わせはどれか。

a　キシレンを含有するシンナー
b　メタノールを含有する接着剤
c　ホルムアルデヒドを含有する接着剤
d　酢酸エチルを含有する塗料

1（a、b）　2（a、c）　3（b、c）　4（b、d）　5（c、d）

問5　法第３条の４に定める引火性、発火性または爆発性のある毒物または劇物として正しいものの組み合わせはどれか。

a　ピクリン酸を 50 %含有する製剤
b　塩素酸塩類を 35 %含有する製剤
c　ニトログリセリン
d　亜塩素酸ナトリウムを 30 %含有する製剤

1（a、b）　2（a、c）　3（b、c）　4（b、d）　5（c、d）

問6　法第 11 条第４項に基づき、その容器として、飲食物の容器として通常使用される物を使用してはならないものとして、正しいものはどれか。

1　すべての毒物または劇物
2　農薬である毒物のみ
3　農薬である劇物のみ
4　農薬である毒物または劇物のみ
5　毒物のみ

問7　毒物及び劇物取締法施行規則第４条の４第２項の規定に基づく、毒物または劇物の販売業の店舗の設備の基準として正しい組み合わせはどれか。

a　毒物または劇物を貯蔵するタンク、ドラムかん、その他の容器は、毒物または劇物が飛散し、漏れ、またはしみ出るおそれのないものであること。
b　毒物または劇物を貯蔵する場所にかぎをかける設備があること。ただし、その場所が性質上かぎをかけることができないものであるときは、その周囲に、堅固なさくが設けてあること。
c　毒物または劇物を陳列する場所にかぎをかける設備があること。
d　毒物または劇物の運搬用具は、毒物または劇物が飛散し、漏れ、またはしみ出るおそれがないものであること。

	a	b	c	d
1	正	正	正	誤
2	正	正	誤	正
3	正	誤	正	正
4	誤	正	正	正
5	正	正	正	正

問８　毒物及び劇物取締法第21条の規定に基づき、毒物劇物営業者登録が失効した場合等の措置として正しい組み合わせはどれか。

a　毒物劇物営業者は、その営業の登録が効力を失ったときは、15日以内に、現に所有する特定毒物の品名および数量を届け出なければならない。
b　特定毒物研究者は、その許可が効力を失ったときは、30日以内に、現に所有する特定毒物の品名および数量を届け出なければならない。
c　毒物劇物営業者は、その営業の登録が効力を失った日から起算して50日以内であれば、現に所有する特定毒物を他の毒物劇物営業者に譲り渡すことができる。
d　特定毒物使用者は、特定毒物使用者でなくなった日から起算して30日以内であれば、現に所有する特定毒物を他の特定毒物使用者に譲り渡すことができる。

	a	b	c	d
1	正	誤	正	誤
2	正	誤	正	正
3	正	正	誤	誤
4	誤	正	正	正
5	誤	正	誤	正

問９～問13　毒物及び劇物取締法施行令第４０条に関する記述について、（　）の中に入れるべき字句として正しいものはどれか。

法第15条の２の規定により、毒物若しくは劇物又は法第11条第２項に規定する政令で定める物の廃棄の方法に関する技術上の基準を次のように定める。
一　（問９）、加水分解、酸化、還元、稀釈その他の方法により、毒物及び劇物並びに法第11条第２項に規定する政令で定める物のいずれにも該当しない物とすること。
二　（問10）又は揮発性の毒物又は劇物は、保健衛生上危害を生ずるおそれがない場所で、少量ずつ（問11）し、又は揮発させること。
三　可燃性の毒物又は劇物は、保健衛生上危害を生ずるおそれがない場所で、少量ずつ（問12））させること。
四　前各号により難い場合には、地下１メートル以上で、かつ、（問12）を汚染するおそれがない地中に確実に埋め、海面上に引き上げられ、若しくは浮き上がるおそれがない方法で海水中に沈め、又は保健衛生上危害を生ずるおそれがないその他の方法で処理すること。

問９	1　固化　2　電気分解　3　中和　4　昇華
問10	1　ガス体　2　液体　3　固体　4　粉末
問11	1　放出　2　燃焼　3　焼却　4　固化
問12	1　放出　2　燃焼　3　流出　4　拡散
問13	1　大気　2　表流水　3　土壌　4　地下水

問14　毒物及び劇物取締法施行令第40条の５の規定により、クロルピクリンを、車両を使用して１回につき5,000 kg以上運搬する方法に関する記述について、正しいものの組合せはどれか。

a　１人の運転者による運転時間が、１日当たり９時間を超えて運搬する場合には、車両１台について運転者のほか交替して運転する者を同乗させること。
b　車両には、0.3 メートル平方の板に地を黒色、文字を白色として「劇」と表示した標識を、車両の前後の見やすい箇所に掲げること。
c　車両には、保護手袋、保護長ぐつ、保護衣および有機ガス用防毒マスクを１人分備えること。
d　車両には、運搬する毒物または劇物の名称、成分およびその含量ならびに事故の際に講じなければならない応急の措置の内容を記載した書面を備えること。

1（a、b）　2（a、d）　3（b、c）　4（b、d）　5（c、d）

福井県

問 15　毒物劇物営業者が、規則で定める方法により着色したものでなければ、農業用として販売してはならないものとして、毒物及び劇物取締法施行令で定められている劇物について、正しいものの組み合わせはどれか。

a　燐(りん)化亜鉛を含有する製剤たる劇物
b　メチルイソチオシアネートを含有する製剤たる劇物
c　硫酸タリウムを含有する製剤たる劇物
d　沃(よう)化メチルを含有する製剤たる劇物

1（a、b）　2（a、c）　3（b、c）　4（b、d）　5（c、d）

問 16　毒物及び劇物取締法第 14 条第 1 項に関する記述について、（　）の中に入れるべき字句として正しいものはどれか。

毒物劇物営業者は、毒物又は劇物を他の毒物劇物営業者に販売し、又は授与したときは、その都度、次に掲げる事項を書面に記載しておかなければならない。
一　毒物又は劇物の名称及び（ a ）
二　販売又は授与の年月日
三　（ b ）の氏名、（ c ）及び住所

	a	b	c
1	数量	譲受人	年齢
2	含量	譲渡人	年齢
3	数量	譲渡人	職業
4	含量	譲受人	年齢
5	数量	譲受人	職業

問 17　毒物劇物取扱責任者に関する記述について、正しい組み合わせはどれか。

a　毒物劇物営業者は、毒物劇物取扱責任者を設置するときは、事前に、毒物劇物取扱責任者の氏名を届けなければならない。
b　毒物劇物営業者は、毒物劇物取扱責任者を変更したときは、15 日以内に、毒物劇物取扱責任者の氏名を届けなければならない。
c　都道府県知事が行う毒物劇物取扱者試験に合格した者以外に、薬剤師、厚生労働省令で定める学校で応用化学に関する学課を修了した者も毒物劇物取扱責任者となることができる。
d　18 歳未満の者は、毒物劇物取扱責任者になることができない。

	a	b	c	d
1	正	誤	正	正
2	正	正	正	誤
3	正	正	誤	誤
4	誤	正	誤	正
5	誤	誤	正	正

問 18　毒物または劇物の表示に関する記述について、正しいものの組み合わせはどれか。

a　毒物または劇物の容器及び被包に、「医薬用外」の文字を表示しなければならない。
b　毒物の容器及び被包に、黒地に白色をもって「毒物」の文字を表示しなければならない。
c　劇物の容器及び被包に、白地に赤色をもって「劇物」の文字を表示しなければならない。
d　特定毒物の容器及び被包に、白地に黒色をもって「特定毒物」の文字を表示しなければならない。

1（a、b）　2（a、c）　3（b、c）　4（b、d）　5（c、d）

問 19 毒物及び劇物取締法第 17 条第１項に関する記述について、(　　) の中に入れるべき字句の正しい組み合わせはどれか。

毒物劇物営業者及び特定毒物研究者は、その取扱いに係る毒物若しくは劇物又は第 11 条第２項の政令で定める物が飛散し、漏れ、流れ出し、染み出し、又は地下に染み込んだ場合において、不特定又は多数の者について保健衛生上の危害が生ずるおそれがあるときは、直ちに、その旨を (a)、(b) 又は (c) に届け出るとともに、保健衛生上の危害を防止するために必要な応急の措置を講じなければならない。

	a	b	c
1	保健所	警察署	消防機関
2	都道府県知事	市町村長	警察署
3	保健所	市町村長	消防機関
4	都道府県知事	警察署	消防機関
5	保健所	市町村長	警察署

問 20 法第３条の２第９項の規定に基づき、着色の基準が定められている次の特定毒物に関する記述について、正しいものの組み合わせはどれか。

a　四アルキル鉛を含有する製剤は、赤色、青色、黄色または緑色に着色されていること。

b　モノフルオール酢酸の塩類を含有する製剤は、深紅色に着色されていること。

c　ジメチルエチルメルカプトエチルチオホスフエイトを含有する製剤は、青色に着色されていること。

d　モノフルオール酢酸アミドを含有する製剤は、紅色に着色されていること。

1（a、b）　2（a、c）　3（b、c）　4（b、d）　5（c、d）

問 21 次の事業者のうち、業務上、毒物または劇物を取り扱う者として、都道府県知事に届け出なければならない者として正しいものの組み合わせはどれか。

a　排水の pH 調整のため、水酸化ナトリウムを 5,000 Lのタンクに貯蔵している業者

b　砒(ひ)素化合物を使用して、しろありの防除を行う業者

c　シアン化ナトリウムを使用して、電気めっきを行う業者

d　トルエン、メタノールを使用して、シンナーを製造する業者

1（a、b）　2（a、c）　3（b、c）　4（b、d）　5（c、d）

問 22 ～問 24 毒物及び劇物取締法第 15 条第１項に関する記述について、(　　) の中に入れるべき字句として正しいものはどれか。

毒物劇物営業者は、毒物又は劇物を次に掲げる者に交付してはならない。
一　(**問 22**) の者
二　心身の障害により毒物又は劇物による (**問 23**) 上の危害の防止の措置を適正に行うことができない者として厚生労働省令で定めるもの
三　麻薬、大麻、あへん又は (**問 24**) の中毒者

問 22	1 14 歳未満	2 16 歳未満	3 18 歳未満	4 20 歳未満
問 23	1 環境衛生	2 生活衛生	3 公衆衛生	4 保健衛生
問 24	1 向精神薬	2 覚せい剤	3 シンナー	4 指定薬物

問25　毒物及び劇物取締法施行令第40条の9第1項の規定に基づき、毒物劇物営業者が譲受人に対し行う、販売または授与する毒物または劇物の情報提供に関する記述について、誤っているものはどれか。

1　情報提供は邦文で行わなければならない。
2　毒物劇物営業者に販売する場合には行わなくてもよい。
3　1回につき200mg以下の劇物を販売又は授与する場合には行わなくてもよい。
4　「名称並びに成分及びその含量」を情報提供しなければならない。

問26～問30　次の記述のうち、毒物及び劇物取締法の規定に照らし、正しいものには1を、誤っているものには2を記入しなさい。

問26　一般毒物劇物取扱者試験に合格した者は、農業用品目販売業の店舗における毒物劇物取扱責任者となることができる。
問27　毒物劇物販売業者は、毒物劇物営業者以外に毒物または劇物を販売するとき、法第14条第1項に基づく毒物または劇物の譲渡手続きに係る書面を販売の日から6年間保存しなければならない。
問28　店舗において直接毒物または劇物の現品を取扱わない場合、毒物劇物販売業の登録を受けなくても当該店舗で毒物または劇物を販売することができる。
問29　毒物劇物販売業者が不特定の者の需要に応じるため毒物または劇物をあらかじめ小分けにし、容器に充填しておくことは、毒物劇物製造業の登録を要する。
問30　四アルキル鉛を含有する製剤を貯蔵する場合には、容器を密閉し、十分に換気が行われる倉庫内に貯蔵しなければならない。

〔基礎化学〕

（一般・農業用品目共通）

問51から問80までの各問における原子量については次のとおりとする。
H＝1、N=14、O＝16、Na＝23、S＝32、Cl＝35、

問51　次の分子のうち、極性分子はどれか。

1　O_2　2　CH_4　3　H_2O　4　CO_2　5　F_2

問52　原子番号が同じで、質量数が異なる原子を互いに何というか。

1　異性体　2　同素体　3　ラセミ体　4　同位体　5　単体

問53　次の元素のうち、周期表の第2周期に属するものはどれか。

1　Na　2　B　3　S　4　Al　5　Cl

問54　次の元素のうち、アルカリ金属（周期表1族）に属さないものはどれか。

1　Li　2　Na　3　Ca　4　Cs　5　K

問55　「一定の気体の体積は、圧力に反比例し、絶対温度に比例する。」という法則を何というか。

1　ボイルの法則　2　ルシャトリエの法則　3　ファラデーの法則
4　ドルトンの法則　5　ボイル・シャルルの法則

問56　次の元素のうち、イオン化傾向の最も小さいものはどれか。

1　Hg　2　Ca　3　Sn　4　Pb　5　Fe

福井県

問 57 ～問 59　次の記述について、（　　）の中に入れるべき字句として正しいものはどれか。

化学反応式「$MnO_2 + 4HCl \rightarrow MnCl_2 + Cl_2 + 2H_2O$」で表される化学反応において、Mn 原子の酸化数は（ **問 57** ）から（ **問 58** ）となり、Mn は（ **問 59** ）された。

問 57	1　－4　2　－2　3　0　4　＋2　5　＋4
問 58	1　－4　2　－2　3　0　4　＋2　5　＋4
問 59	1　中和　2　酸化　3　還元　4　置換　5　付加

問 60　次の化合物のうち、その構造に官能基「－ OH」を有するものはどれか。

1　エチレン　2　クレゾール　3　クロロホルム　4　キシレン
5　アセトン

問 61　次の化合物のうち、2 価カルボン酸はどれか。

1　酢酸　2　安息香酸　3　ギ酸　4　シュウ酸　5　塩酸

問 62　次の官能基のうち、「－ＣＮ」の記号で呼称されるものはどれか。

1　ニトロ基　2　アミノ基　3　ニトリル基　4　アルキル基
5　スルホニル基

問 63　次の化合物のうち、その構造に二重結合を有するものはどれか。

1　プロピレン　2　ブタン　3　プロパン　4　エタン　5　ヘキサン

問 64　次のイオンのうち、1 価の陽イオンはどれか。

1　銅イオン　2　リチウムイオン　3　塩化物イオン　4　アルミニウムイオン
5　バリウムイオン

問 65　0.01mol/L の水酸化ナトリウム水溶液の pH として最も適当なものはどれか。ただし、電離度は 1 とする。

1　pH10　2　pH11　3　pH12　4　pH13　5　pH14

問 66　50 %の塩酸 40 g を希釈して、20 %の塩酸を作るために水は何 g 必要か。

1　10 g　2　20 g　3　40 g　4　60 g　5　80 g

問 67　硫酸 49 g を水に溶かして 2L にした場合、この水溶液のモル濃度として最も適当なものはどれか。

1　0.1mol/L　2　0.25mol/L　3　1 mol/L　4　2.5mol/L　5　4 mol/L

問 68　ある濃度の水酸化カルシウム水溶液 10mL を中和するのに 0.2mol/L の塩酸 120mL を要した。このときの水酸化カルシウム水溶液の濃度として最も適当なものはどれか。

1　0.6mol/L　2　1.2mol/L　3　2.4mol/L　4　4.8mol/L　5　12mol/L

問 69　水分子 0.5mol 中に含まれる水分子の数として最も適当なものはどれか。

1　3.01×10^{23} 個　2　4.01×10^{23} 個　3　5.02×10^{23} 個
4　6.02×10^{23} 個　5　9.03×10^{23} 個

問70　たんぱく質に、濃硝酸を加え、加熱すると黄色になる反応はどれか。

1　エステル反応　　2　ニンヒドリン反応　　3　ヨードホルム反応
4　銀鏡反応　　5　キサントプロテイン反応

問71～問74　次のア～エの記述の（　）の中に入れるべき字句として正しいものを【下欄】からそれぞれ1つ選びなさい。

ア　親水コロイドに、多量の電解質を加えると沈殿する現象のことを（ 問71 ）という。
イ　コロイド溶液に横から強い光を当てると光の進路が明るく見える現象のことを（ 問72 ）という。
ウ　コロイド溶液をセロハン膜などの半透膜を用いて、溶液中の他の分子やイオンを除いて分離精製する手法を（ 問73 ）という。
エ　豆腐やゼリーのような流動性のないコロイドを（ 問74 ）という。

【下欄】

1　乳化	2　凝析	3　塩析	4　透析	5　ゲル	6　ゾル
7　チンダル現象	8　電気泳動	9　ブラウン運動			

問75　次の物質の変化に関する記述について、正しいものの組み合わせはどれか。

a　固体から液体になる温度を凝固点という。
b　気体が液体になる現象を凝縮という。
c　固体が液体を経ずに気体になる現象を蒸発という。
d　溶液の凝固点が純溶媒の凝固点よりも低くなる現象を凝固点降下という。

1（a、b）　2（a、d）　3（b、c）　4（b、d）　5（c、d）

問76　次のハロゲン化水素を酸性の強いものから順に並べたとき、最も適当なものはどれか。

1　HF ＞ HBr ＞ HCl ＞ HI　　2　HF ＞ HCl ＞ HBr ＞ HI
3　HBr ＞ HI ＞ HCl ＞ HF　　4　HI ＞ HBr ＞ HCl ＞ HF
5　HI ＞ HBr ＞ HF ＞ HCl

問77～問79　次の操作を行ったときに発生する気体について、正しいものを【下欄】からそれぞれ1つ選びなさい。ただし、同じ番号を繰り返し選んでもよい。

問77　塩化ナトリウムと濃硫酸を加熱する。
問78　亜鉛に塩酸を加える。
問79　硫化鉄に塩酸を加える。

【下欄】

1　H_2	2　O_2	3　Cl_2	4　HCl	5　N_2	6　H_2S	7　NH_3	8　SO_2

問80　次の化合物のうち、芳香族化合物でないものはどれか。

1　サリチル酸　　2　ニコチン　　3　フェノール　　4　安息香酸
5　酢酸エチル

福井県

〔毒物および劇物の性質および貯蔵その他取扱方法〕

（一般）

問 31 ～問 35　次の物質を含有する製剤について、劇物に該当しなくなる濃度を【下欄】からそれぞれ１つ選びなさい。ただし、同じ番号を繰り返し選んでもよい。

問 31　硫酸　　問 32　エマメクチン　　問 33　塩化水素
問 34　ジニトロメチルヘプチルフエニルクロトナート（別名ジノカツプ）
問 35　ホルムアルデヒド

【下欄】

1　0.2％以下	2　1％以下	3　2％以下
4　5％以下	5　10％以下	6　規定なし

問 36 ～問 40　次の物質の貯蔵方法として最も適当なものを【下欄】からそれぞれ１つ選びなさい。

問 36　水酸化カリウム　　問 37　過酸化水素　　問 38　ナトリウム
問 39　四塩化炭素　　問 40　アクロレイン

【下欄】

1　亜鉛または錫メッキをした鋼鉄製容器で保管し、高温に接しない場所に保管する。発生する蒸気は空気より重く、低所に滞留するため、地下室等換気の悪い場所には保管しない。
2　二酸化炭素と水を強く吸収するため、密栓をして貯蔵する。
3　通常石油中に貯える。
4　少量ならば褐色ガラス瓶、大量ならばカーボイ等を使用し、３分の１の空間を保って貯蔵する。温度の上昇、動揺等によって爆発することがあるから、日光の直射を避け、冷所に、有機物等と引き離して貯蔵する。
5　火気厳禁。非常に反応性に富む物質なので、安定剤を加え、空気を遮断して貯蔵する。

問 41　ジエチルパラニトロフエニルチオホスフエイト（別名パラチオン）による中毒の治療に使用する解毒剤として最も適切な組み合わせはどれか。

a　ジメルカプロール（ＢＡＬ）
b　２－ピリジルアルドキシムメチオダイド（ＰＡＭ）
c　亜硝酸アミル
d　硫酸アトロピン

1（a、b）　2（a、c）　3（b、d）　4（c、d）

問 42 ～問 44　次の物質の廃棄方法として最も適切なものを【下欄】からそれぞれ１つ選びなさい。

問 42　砒（ひ）素　　問 43　メタノール　　問 44　クロルピクリン

【下欄】

1　セメントを用いて固化し、溶出試験を行い、溶出量が判定基準以下であることを確認して埋め立て処分する。
2　少量の界面活性剤を加えた亜硫酸ナトリウムと炭酸ナトリウムの混合溶液中で、撹拌（かくはん）し分解させたあと、多量の水で希釈して処理する。
3　焼却炉の火室へ噴霧し焼却する。

福井県

問 45 ～問 47　厚生労働省が毒物および劇物の運搬事故時における応急措置の方法を品目ごとに具体的に定めた「毒物及び劇物の運搬事故時における応急措置に関する基準」に基づき、次の物質が漏えいした際の措置として最も適切なものを【下欄】からそれぞれ１つ選びなさい。

問 45　ピクリン酸　　問 46　トルエン　　問 47　硝酸

【下欄】

1　風下の人を退避させる。漏えいした場所の周辺にはロープを張るなどして人の立入りを禁止する。付近の着火源となるものを速やかに取り除く。作業の際には必ず保護具を着用する。風下で作業をしない。少量では、漏えいした液は、土砂等に吸着させて空容器に回収する。多量では、漏えいした液は、土砂等でその流れを止め、安全な場所に導き、液の表面を泡で覆いできるだけ空容器に回収する。
2　飛散した場所の周辺にはロープを張るなどして人の立入りを禁止する。作業の際には必ず保護具を着用し、風下で作業をしない。飛散したものは空容器にできるだけ回収し、そのあとを多量の水を用いて洗い流す。なお、回収の際は飛散したものが乾燥しないよう、適量の水を散布して行い、また、回収物の保管、輸送に際しても十分に水分を含んだ状態を保つようにする。用具および容器は金属製のものを使用してはならない。
3　風下の人を退避させる。必要があれば水で濡らした手ぬぐい等で口および鼻を覆う。漏えいした場所の周囲にロープを張るなどして人の立入りを禁止する。作業の際には必ず保護具を着用する。風下で作業をしない。少量では、漏えいした液は土砂等に吸着させて取り除くか、またはある程度水で徐々に希釈した後、消石灰、ソーダ灰等で中和し、多量の水を用いて洗い流す。多量では、漏えいした液は土砂等でその流れを止め、これに吸着させるか、または安全な場所に導いて、遠くから徐々に注水してある程度希釈した後、消石灰、ソーダ灰等で中和し多量の水を用いて洗い流す。この場合、濃厚な廃液が河川等に排出されないよう注意する

問 48 ～問 50　次の物質の代表的な毒性について、最も適当なものを【下欄】からそれぞれ１つ選びなさい。

問 48　フェニレンジアミン　　問 49　メチルエチルケトン　　問 50　アクロレイン

【下欄】

1　目と呼吸器系を激しく刺激する。その催涙性を利用して化学戦用催涙ガスとしても使用されていた。
2　三種の異性体がある物質で、皮膚に触れると皮膚炎（かぶれ）を起こし、目に作用すると角結膜炎、結膜浮腫を起こし、呼吸器に対しては気管支喘息を起こす。
3　吸入すると、眼、鼻、のど等の粘膜を刺激する。高濃度で麻酔状態となる。

（農業用品目）

問 31 ～問 35　次の物質を含有する製剤について、劇物に該当しなくなる濃度を【下欄】からそれぞれ１つ選びなさい。ただし、同じ番号を繰り返し選んでもよい。

問 31　２－ヒドロキシ－４－メチルチオ酪酸
問 32　シアナミド
問 33　ブロムメチル
問 34　ジニトロメチルヘプチルフエニルクロトナート（別名ジノカツプ）
問 35　エチルジフエニルジチオホスフエイト

【下欄】

1　0.2％以下　　2　0.5％以下　　3　２％以下　　4　５％以下
5　10％以下　　6　規定なし

問36～問40　次の物質の用途として最も適当なものを【下欄】からそれぞれ１つ選びなさい。

問36　燐（りん）化アルミニウムとその分解促進剤とを含有する製剤
（別名：ホストキシン）

問37　２´・４－ジクロロ－α・α・α－トリフルオロ－４´－ニトロメタトルエンスルホンアニリド（別名：フルスルフアミド）

問38　２－クロルエチルトリメチルアンモニウム塩類（別名：クロルメコート）

問39　２・２´－ジピリジリウム－１・１´－エチレンジブロミド
（別名：ジクワット）

問40　ブラストサイジンＳ

【下欄】

1　除草剤
2　倉庫内、コンテナ内または船倉内におけるねずみ、昆虫等の駆除
3　植物成長調整剤
4　野菜の根瘤病等の病害を防除する
5　稲のイモチ病に用いる

問41　エチルパラニトロフエニルチオノベンゼンホスホネイト（別名 EPN）による中毒の治療に使用する解毒剤として最も適切な組み合わせはどれか。

a　ジメルカプロール（BAL）
b　２－ピリジルアルドキシムメチオダイド（PAM）
c　亜硝酸アミル
d　硫酸アトロピン

１（a、b）　２（a、c）　３（b、d）　４(c、d)

問42～問44　次の物質の廃棄方法として最も適切なものを【下欄】からそれぞれ１つ選びなさい。

問42　塩素酸ナトリウム
問43　エチレンクロルヒドリン
問44　塩化亜鉛

【下欄】

【下欄】
1　還元剤（例えばチオ硫酸ナトリウム等）の水溶液に希硫酸を加えて酸性にし、この中に少量ずつ投入する。反応終了後、反応液を中和し多量の水で希釈して処理する。
2　水に溶かし、消石灰、ソーダ灰等の水溶液を加えて処理し、沈殿ろ過して埋め立て処分する。
3　可燃性溶剤とともにスクラバーを具備した焼却炉で焼却する。なお、スクラバーの洗浄液にはアルカリ液を用い、焼却炉は有機ハロゲン化合物を焼却するのに適したものとする。

問 45 ～問 47　厚生労働省が毒物および劇物の運搬事故時における応急措置の方法を品目ごとに具体的に定めた「毒物及び劇物の運搬事故時における応急措置に関する基準」に基づき、次の物質が漏えいした際の措置として最も適切なものを【下欄】からそれぞれ１つ選びなさい。

問 45　クロルピクリン
問 46　燐（りん）化亜鉛
問 47　液化アンモニア

【下欄】

1　多量に発散した場合には、風下の人を退避させる。飛散した場所の周辺にはロープを張るなどして人の立入りを禁止する。作業の際には必ず保護具を着用し、風下で作業をしない。飛散した物質の表面を速やかに土砂等で覆い、密閉可能な空容器にできるだけ回収して密閉する。物質で汚染された土砂等も同様の措置をし、そのあとを多量の水を用いて洗い流す。
2　風下の人を退避させる。必要があれば水で濡らした手ぬぐい等で口および鼻を覆う。漏えいした場所の周辺にはロープを張るなどして人の立入りを禁止する。作業の際には必ず保護具を着用し、風下で作業をしない。少量の場合、飛散した液は布で拭きとるか、またはそのまま風にさらして蒸発させる。多量の場合、漏えいした液は土砂等でその流れを止め、多量の活性炭または消石灰を散布して覆い、至急関係先に連絡し専門家の指示により処理する。この場合、漏えいした物質が河川等に排出されないよう注意する。
3　風下の人を退避させる。必要があれば水で濡らした手ぬぐい等で口および鼻を覆う。漏えいした場所の周囲にロープを張るなどして人の立入りを禁止する。付近の着火源となるものを速やかに取除く。作業の際には必ず保護具を着用する。風下で作業をしない。少量の場合、漏えい箇所を濡れむしろ等で覆い、遠くから多量の水をかけて洗い流す。多量の場合、漏えい箇所を濡れむしろ等で覆い、ガス状の物質に対しては、遠くから霧状の水をかけ吸収させる。この場合、濃厚な廃液が河川等に排出されないよう注意する。

問 48 ～問 50　次の物質の代表的な毒性について、最も適当なものを【下欄】からそれぞれ １つ選びなさい。

問 48　モノフルオール酢酸ナトリウム
問 49　クロルピクリン
問 50　ニコチン

【下欄】

1　猛烈な神経毒であり、急性中毒では、よだれ、吐き気、悪心、嘔吐（おうと）があり、ついで脈拍緩徐不整となり、発汗、瞳孔縮小、呼吸困難等を引き起こす。慢性中毒では、咽頭、喉頭等のカタル、心臓障害等を来す。
2　皮膚を刺激したり、皮膚から吸収されることはない。主な中毒症状は、激しい嘔吐が繰り返され、胃の疼痛を訴え、しだいに意識が混濁し、てんかん性痙攣、脈拍の遅緩が起こり、チアノーゼ、血圧下降を来す。
3　吸入すると、分解しないで組織内に吸収され、各器官に障害を与える。血液に入ってメトヘモグロビンを作り、また、中枢神経や心臓、眼結膜を侵し、肺にも相当強い障害を与える。

〔実地試験（毒物及び劇物の識別及び取扱方法）〕

（一般）

問 81 ～問 85　次の物質の特徴について、正しいものの組み合わせをそれぞれ１つ選びなさい。

問 81　塩化亜鉛

	形状	液性	その他特徴
1	白色固体	水溶液は酸性	潮解性
2	白色固体	水溶液はアルカリ性	潮解性
3	黄色固体	水溶液は酸性	風解性
4	黄色固体	水溶液は酸性	潮解性
5	無色液体	水溶液はアルカリ性	風解性

問 82　モノフルオール酢酸ナトリウム

	形状	色	その他特徴
1	粉末	白色	風解性
2	粉末	黄色	風解性
3	粉末	白色	吸湿性
4	結晶	白色	風解性
5	結晶	黄色	吸湿性

問 83　キシレン

	形状	色	その他特徴
1	固体	白色	水によく溶ける
2	固体	黄色	水にほとんど溶けない
3	液体	黄色	水によく溶ける
4	液体	無色	水にほとんど溶けない
5	液体	無色	水によく溶ける

問 84　ジニトロフェノール

	形状	色	臭い
1	固体	黄色	フェノール様臭
2	固体	白色	無臭
3	液体	無色	フェノール様臭
4	液体	黄色	フェノール様臭
5	液体	無色	無臭

問 85　クロロプレン

	形状	色	その他特徴
1	固体	白色	水に易溶
2	固体	黄色	水に難溶
3	液体	黄色	水に易溶
4	液体	無色	水に易溶
5	液体	無色	水に難溶

問86～問90　次の物質の識別方法について、最も適当なものを【下欄】からそれぞれ１つ選びなさい。

問86　四塩化炭素　　問87　トリクロル酢酸　　問88　アンモニア水
問89　アニリン　　問90　硝酸銀

【下欄】

1　水酸化ナトリウム溶液を加えて熱すると、クロロホルムの臭気を放つ。
2　この物質の水溶液にさらし粉を加えると、紫色を呈する。
3　水に溶かして塩酸を加えると、白色の沈殿を生ずる。その液に硫酸と銅屑を加えて熱すると、赤褐色の蒸気を発生する。
4　アルコール性の水酸化カリウムと銅粉とともに煮沸すると、黄赤色の沈殿を生ずる。
5　濃塩酸をうるおしたガラス棒を近づけると白い霧を生ずる。

（農業用品目）

問 81 ～問 85　次の物質の特徴について、正しいものの組み合わせをそれぞれ１つ選びなさい。

問81　メチル＝N―［2―［1―（4―クロロフエニル）―1 H―ピラゾール―3―イルオキシメチル］フエニル］（N―メトキシ）カルバマート
（別名ピラクロストロビン）

	形状	色	その他特徴
1	粘稠固体	白色	有機リン化合物
2	粘稠固体	暗褐色	皮膚刺激性
3	粘稠固体	無色	有機リン化合物
4	液体	暗褐色	有機リン化合物
5	液体	無色	皮膚刺激性

問82　メチルイソチオシアネート

	形状	臭い	用途
1	結晶	無色	除草剤
2	結晶	黄色	除草剤
3	結晶	無色	土壌消毒剤
4	液体	無色	除草剤
5	液体	黄色	土壌消毒剤

問83　沃（よう）化メチル

	形状	色	その他特徴
1	固体	白色	殺虫剤
2	固体	紫色	殺虫剤
3	液体	紫色	木材用栄養剤
4	液体	無色	殺虫剤
5	液体	無色	木材用栄養剤

問84　塩化亜鉛

	形状	液性	その他特徴
1	白色固体	水溶液は酸性	潮解性
2	白色固体	水溶液はアルカリ性	潮解性
3	黄色固体	水溶液は酸性	風解性
4	黄色液体	水溶液は酸性	潮解性
5	無色液体	水溶液はアルカリ性	風解性

問85　2―イソプロピル―4―メチルピリミジル―6―ジエチルチオホスフエイト（別名ダイアジノン）

	形状	臭い	用途
1	褐色固体	無臭	殺鼠（そ）剤
2	白色固体	かすかなエステル臭	殺虫剤
3	白色固体	無臭	殺虫剤
4	褐色液体	無臭	殺鼠（そ）剤
5	無色液体	かすかなエステル臭	殺虫剤

問86～問90　次の物質の識別方法について、最も適当なものを【下欄】からそれぞれ1つ選びなさい。

問86　無水硫酸銅　　問87　ニコチン　　問88　アンモニア水
問89　クロルピクリン　　問90　硫酸

【下欄】

1　この物質の硫酸酸性水溶液に、ピクリン酸溶液を加えると、黄色結晶の沈殿を生ずる。
2　この物質のアルコール溶液にジメチルアニリンおよびブルシンを加えて溶解し、これにブロムシアン溶液を加えると、緑色ないし赤紫色を呈する。
3　この物質の希釈水溶液に塩化バリウムを加えると、白色の沈殿を生ずる。この沈殿は塩酸や硝酸に溶けない。
4　水を加えると青くなる。水に溶かしたものに硝酸バリウムを加えると、白色の沈殿を生ずる。
5　濃塩酸をうるおしたガラス棒を近づけると白い霧を生ずる。

山梨県
令和２年度実施
※特定品目はありません。

〔法　規〕

(一般・農業用品目共通)

問題１　次の文章は、毒物及び劇物取締法第２条第１項の条文である。(　　　)の中に当てはまる正しい語句はどれか。下欄の中から選びなさい。

(第２条第１項)
この法律で「毒物」とは、別表第一に掲げる物であって、医薬品及び(　　)以外のものをいう。

1 劇物	2 危険物	3 化粧品	4 医薬部外品	5 飲食物

問題２　次の文章は、毒物及び劇物取締法第３条の２第９項の条文である。(　　　)の中に当てはまる正しい語句の組合せはどれか。下欄の中から選びなさい。

(第３条の２第９項)
毒物劇物営業者又は特定毒物研究者は、保健衛生上の危害を防止するため政令で特定毒物について(ア)、(イ)又は(ウ)の基準が定められたときは、当該特定毒物については、その基準に適合するものでなければ、これを特定毒物使用者に譲り渡してはならない。

	ア	イ	ウ
1	品質	着色	表示
2	安全	着色	表示
3	有効性	用法	廃棄
4	品質	用法	廃棄
5	有効性	着色	使用

問題３　次のうち、毒物及び劇物取締法第３条の３に規定する「みだりに摂取し、若しくは吸入し、又はこれらの目的で所持してはならない。」とされているものとして正しい組合せはどれか。下欄の中から選びなさい。

ア クロロホルム　　イ トルエン　　ウ ホルムアルデヒドを含有する塗料
エ 酢酸エチルを含有する接着剤

1(ア、イ)	2(ア、ウ)	3(イ、ウ)	4(イ、エ)	5(ウ、エ)

問題４　次の文章は、毒物及び劇物取締法第７条第１項の条文の一部である。(　　)の中に当てはまる正しい語句の組合せはどれか。下欄の中から選びなさい。

(第７条第１項)
毒物劇物営業者は、毒物又は劇物を(ア)に取り扱う製造所、営業所又は店舗ごとに、(イ)の毒物劇物取扱責任者を置き、毒物又は劇物による保健衛生上の危害の防止に当たらせなければならない。

	ア	イ
1	常	常勤
2	直接	常勤
3	直接	専任
4	継続的	専任
5	継続的	常勤

問題５　次の文章の(　　)の中に入る語句として、毒物及び劇物取締法の規定に照らし、正しいものはどれか。下欄の中から選びなさい。

特定毒物研究者は、氏名又は住所を変更したときには、(　　)日以内に、その主たる研究所の所在地の都道府県知事にその旨を届け出なければならない。

1　30　　2　45　　3　60　　4　75　　5　90

問題６　次の文章は、毒物及び劇物取締法第 11 条第４項及び同法施行規則第 11 条の４の条文である。(　　)の中に当てはまる正しい記述の組合せはどれか。下欄の中から選びなさい。

(第 11 条第４項)

毒物劇物営業者及び特定毒物研究者は、毒物又は厚生労働省令で定める劇物については、その容器として、(ア)を使用してはならない。

(施行規則第 11 条の４)

法第 11 条第４項に規定する劇物は、(イ)とする。

	ア	イ
1	密閉できない物	揮発性の劇物
2	飲食物の容器として通常使用される物	すべての劇物
3	耐熱性ではない物	発熱性の劇物
4	密閉できない物	すべての劇物
5	飲食物の容器として通常使用される物	揮発性の劇物

問題７　次の記述について、毒物及び劇物取締法第 12 条の規定に照らし、正しい正誤の組合せはどれか。下欄の中から選びなさい。

ア　特定毒物研究者は、劇物を貯蔵する場所に「医薬用外」の文字及び「劇物」の文字を表示しなければならない。

イ　毒物劇物営業者は、毒物の容器及び被包に、白地に赤色をもって「毒物」の文字を表示しなければならない。

ウ　特定毒物研究者は、劇物の容器及び被包に、白地に赤色をもって「劇物」の文字を表示しなければならない。

エ　毒物劇物営業者は、厚生労働省令で定める劇物の容器及び被包に、厚生労働省令で定めるその解毒剤の名称を表示しなければ販売できない。

	ア	イ	ウ	エ
1	正	正	誤	正
2	正	誤	正	正
3	正	誤	誤	誤
4	誤	正	正	誤
5	誤	誤	正	正

問題８　次の記述のうち、毒物及び劇物取締法第 13 条の規定に照らし、硫酸タリウムを含有する製剤である劇物を農業用として販売する場合、着色する方法として正しいものはどれか。下欄の中から選びなさい。

1　あせにくい赤色で着色する方法
2　鮮明な青色で着色する方法
3　あせにくい緑色で着色する方法
4　鮮明な黄色で着色する方法
5　あせにくい黒色で着色する方法

問題９　次の記述のうち、毒物及び劇物取締法第14条の規定に照らし、毒物劇物営業者が他の毒物劇物営業者へ毒物又は劇物を授与したときに、書面に記載しなければならない事項及びその取扱いについて、正しい正誤の組合せはどれか。下欄の中から選びなさい。

ア　授与した時間を記載しなければならない。
イ　授与した譲受人の職業を記載しなければならない。
ウ　授与した毒物又は劇物の数量を記載しなければならない。
エ　書面は､授与の日から３年間保存しなければならない。

	ア	イ	ウ	エ
1	誤	誤	正	誤
2	誤	正	正	誤
3	正	正	誤	正
4	正	誤	正	正
5	正	誤	誤	誤

問題 10　次のうち、特定毒物に該当するものとして、正しいものの組合せはどれか。下欄の中から選びなさい。

ア　ジエチルパラニトロフェニルチオホスフェイト
イ　モノフルオール酢酸アミド
ウ　シアン酸ナトリウム
エ　過酸化尿素

1（ア、イ）　2（ア、エ）　3（イ、ウ）　4（イ、エ）　5（ウ、エ）

問題 11　次のうち、毒物及び劇物取締法第 17 条第２項の規定に照らし、毒物劇物営業者は、その取扱いに係る劇物が紛失したとき、直ちにその旨を届け出なければならないのはどこか。下欄の中から選びなさい。

1　厚生労働省　　2　都道府県の薬務主管課　　3　警察署　　4　保健所
5　消防署

問題 12　次の物質のうち、毒物及び劇物取締法第３条の４の規定に照らし、引火性、発火性又は爆発性がある劇物であって、業務その他正当な理由による場合を除いては、所持してはならないものはどれか。下欄の中から選びなさい。

1　ピクリン酸　　2　トルエン　　3　硫酸　　4　メタノール　　5　シンナー

問題 13　次の事業のうち、毒物及び劇物取締法第 22 条第１項の規定に照らし、届出が義務づけられているものとして、正しいものの組合せはどれか。下欄の中から選びなさい。

ア　無機水銀たる毒物を取り扱う、金属熱処理を行う事業
イ　最大積載量が 3，000 キログラムの自動車に固定された容器を用いて 20 ％水酸化ナトリウム水溶液の運送を行う事業
ウ　砒（ひ）素化合物たる毒物を取り扱う、しろありの防除を行う事業
エ　無機シアン化合物たる毒物を取り扱う、電気めっきを行う事業

1（ア、イ）　2（イ、ウ）　3（ウ、エ）4（ア、エ）　5（イ、エ）

問題 14　次のうち、劇物に該当するものとして正しい組合せはどれか。下欄の中から選びなさい。

ア　四塩化炭素　　イ　30％過酸化水素水　　ウ　５％塩酸　　エ　弗（ふっ）化水素

1（ア、イ） 2（ア、ウ） 3（ア、エ） 4（イ、ウ） 5（ウ、エ）

問題 15 次の文章は、毒物及び劇物の廃棄の方法に関する技術上の基準を定めた、毒物及び劇物取締法施行令第40条の条文の一部である。（　）の中に当てはまる正しい語句の組合せはどれか。下欄の中から選びなさい。

（施行令第40条）
一 略
二 ガス体又は揮発性の毒物又は劇物は、保健衛生上危害を生ずるおそれがない場所で、少量ずつ（ア）し、又は揮発させること。
三 （イ）の毒物又は劇物は、保健衛生上危害を生ずるおそれがない場所で、少量ずつ燃焼させること。
四 前各号により難い場合には、（ウ）以上で、かつ、地下水を汚染するおそれがない地中に確実に埋め、海面上に引き上げられ、若しくは浮き上がるおそれがない方法で海水中に沈め、又は保健衛生上危害を生ずるおそれがないその他の方法で処理すること。

	ア	イ	ウ
1	拡散	蒸発性	地下50センチメートル
2	濃縮	蒸発性	地下2メートル
3	拡散	可燃性	地下1メートル
4	放出	可燃性	地下1メートル
5	放出	不揮発性	地下50センチメートル

〔基礎化学〕

（一般・農業用品目共通）

問題 16 次の化学式と名称の組合せのうち、正しいものはどれか。下欄の中から選びなさい。

1	CH_3OH	－	メタノール
2	$C_2H_5OC_2H_5$	－	アセトン
3	CH_3CHO	－	トルエン
4	CH_3COOH	－	ギ酸

問題 17 ～ 19 次の物質の元素記号として、正しいものはどれか。下欄の中から選びなさい。

問題17 アルゴン　　**問題18** マンガン　　**問題19** 金

1 Hg	2 Au	3 Cl	4 Ar	5 Mn

問題 20 次の化学反応式の（　）の中に当てはまる正しい数字の組合せはどれか。下欄の中から選びなさい。

$$2\ C_3H_7OH + (ア)O_2 \rightarrow 6\ CO_2 + (イ)H_2O$$

	ア	イ
1	3	5
2	4	6
3	8	7
4	9	8

問題 21　0.1 mol/L の塩酸の pH はいくつか。下欄の中から選びなさい。ただし、塩酸の電離度は 1 とする。

1 pH 1	2 pH 2	3 pH 5	4 pH 8	5 pH10

問題 22　40 %ぶどう糖水溶液 30g と 20 %ぶどう糖水溶液 20g を混合して得られる水溶液の濃度は何%か。最も近いものを下欄の中から選びなさい。ただし、%は重量%とする。

1 28 %	2 32 %	3 38 %	4 42 %	5 52 %

問題 23　次の塩のうち、水に溶かしたとき中性を示す組合せはどれか。下欄の中から選びなさい。

ア CH_3COONa　イ K_2CO_3　ウ NH_4Cl　エ $NaCl$　オ Na_2SO_4

1（ア、イ）	2（ア、ウ）	3（イ、ウ）	4（ウ、オ）	5（エ、オ）

問題 24　次の有機化合物のうち、官能基(-CHO)をもつものはどれか。下欄の中から選びなさい。

1 クロロホルム	2 酢酸	3 アセトアルデヒド	4 フェノール	5 トルエン

問題 25　次の文章は、原子の構造に関する記述である。（　）の中に当てはまる正しい語句の組合せはどれか。下欄の中から選びなさい。

原子の中心には原子核がある。原子核は正の電荷をもつ（ ア ）と電荷をもたない（ イ ）からできている。このため原子核は正の電荷をもつ。この原子核の周りを（ ウ ）の電荷をもつ（ エ ）が取り巻くように存在している。原子核に含まれる（ ア ）の数と（ イ ）の数の和を（ オ ）という。原子番号は（ ア ）の数に等しい。

	ア	イ	ウ	エ	オ
1	電子	中性子	負	陽子	電子数
2	陽子	中性子	負	電子	質量数
3	陽子	電子	負	中性子	電子数
4	電子	中性子	正	電子	質量数
5	陽子	電子	正	中性子	陽子数

問題 26　次の化学反応式のとおりペンタン(C_5H_{12})7.2g を完全燃焼させると二酸化炭素(CO_2)と水(H_2O)が生じた。この時に発生する二酸化炭素(CO_2)の標準状態における体積は何 L か。最も近いものを下欄の中から選びなさい。なお、標準状態(0℃、1.013×10^5 Pa)での 1 mol の気体は 22.4L とし、原子量は H=1、C=12、O=16 とする。

$$C_5H_{12} + 8\ O_2 \rightarrow 5\ CO_2 + 6\ H_2O$$

1 6.7 L	2 11.2 L	3 17.9 L	4 22.4 L	5 44.8 L

問題 27 下線で示す原子の酸化数の変化の組み合わせとして正しいものはどれか。下欄の中から選びなさい。

<u>Mn</u>O_2 → <u>Mn</u>Cl_2

1 −2 → −1	2 −1 → +4	3 +1 → +2	4 +2 → −2
5 +4 → +2			

問題 28 分子式 C_6H_{14} で示される炭化水素について、構造異性体は何種類となるか。下欄の中から選びなさい。ただし、立体異性体は考えないものとする。

1 3種類	2 4種類	3 5種類	4 6種類	5 7種類

問題 29 次の可逆反応が平衡状態になっているとき、ルシャトリエの法則による平衡移動において左に移動させる操作として正しい組合せはどれか。下欄の中から選びなさい。

$N_2 + 3\ H_2 \rightleftarrows 2\ NH_3 + 92.2[\mathrm{kJ}]$

ア 圧力を下げる　イ H_2 を加える　ウ 温度を上げる　エ N_2 を加える
オ NH_3 を加える

1（ア、ウ）	2（ア、エ）	3（イ、オ）	4（ウ、オ）	5（エ、オ）

問題 30 次の文章は、物質の状態変化について述べたものである。(　　)の中に当てはまる語句の正しい組合せはどれか。下欄の中から選びなさい。

一定の圧力のもとで固体を加熱すると、ある温度で融けて液体になる。この現象を(ア)といい、(ア)が起こる温度を(イ)という。

液体を冷却すると、ある温度で固体になる。この現象を(ウ)といい、(ウ)が起こる温度を(エ)という。純物質の(エ)は(イ)に等しい。

液体から気体になる現象を(オ)という。

	ア	イ	ウ	エ	オ
1	凝固	凝固点	蒸発	沸点	凝縮
2	融解	融点	凝固	凝固点	蒸発
3	融解	融点	蒸発	沸点	昇華
4	凝固	凝固点	融解	融点	蒸発
5	溶解	溶解度	凝固	凝固点	昇華

〔毒物及び劇物の性質及び貯蔵その他取扱方法〕(一般)

問題 31 次の記述のうち、酢酸タリウムに関する説明として、誤っているものはどれか。下欄の中から選びなさい。

1 強い果実様の香気がある可燃性の結晶である。
2 水および有機溶媒に溶ける。
3 化学式は、CH_3COOTl である。
4 殺鼠(そ)剤として用いられる。
5 結晶は、湿った空気中で潮解(ちょうかい)する。

問題 32 次の記述のうち、四塩化炭素に関する説明として、誤っているものはどれか。下欄の中から選びなさい。

1 揮発性、麻酔性の芳香を有する。
2 無色の液体である。
3 不燃性で、強い消火力を示す。
4 水に易溶、アルコール、エーテル、クロロホルムに難溶である。
5 毒性が強く、吸入すると中毒を起こす。

問題 33 ～問題 35 次の物質の貯蔵方法として、最も適当なものはどれか。下欄の中から選びなさい。

問題 33 アクロレイン　**問題 34** 弗(ふっ)化水素酸　**問題 35** ブロムメチル

1 常温では気体なので、圧縮冷却して液化し、圧縮容器に入れ、直射日光その他、温度上昇の原因を避けて、冷暗所に貯蔵する。
2 火気厳禁。非常に反応性に富む物質なので、安定剤を加え、空気をしゃ断して貯蔵する。
3 炭酸ガスと水を吸収する性質が強いため、密栓をして貯蔵する。
4 空気中にそのまま貯蔵することができないので、通常、石油中 に貯蔵する。
5 銅、鉄、コンクリートまたは木製のタンクにゴム、鉛、ポリ塩化ビニルあるいはポリエチレンのライニングをほどこしたものを用いる。火気厳禁。

問題 36 ～問題 37 次の物質を含有する製剤で、劇物から除外される上限の濃度について正しいものはどれか。下欄の中から選びなさい。

問題 36 ギ酸　**問題 37** ベタナフトール

1 1％　2 10％　3 30％　4 60％　5 90％

問題 38 ～問題 40 次の物質の毒性として、最も適当なものはどれか。下欄の中から選びなさい。

問題 38 アニリン　**問題 39** ニコチン　**問題 40** 硝酸

1 猛烈な神経毒であり、急性中毒では、よだれ、吐き気、悪心、嘔吐があり、ついで発汗、呼吸困難、痙攣等をきたす。慢性中毒では、咽頭、喉頭等のカタル、心臓障害、視力障害、めまい、動脈硬化等をきたし、時として精神異常を引き起こすことがある。
2 蒸気を吸入した場合、血液に作用して、メトヘモグロビンをつくり、皮膚や粘膜が青黒くなる(チアノーゼ)。頭痛、めまい、吐き気が起こる。はなはだしい場合には、昏睡、意識不明となる。
3 蒸気は眼、呼吸器などの粘膜および皮膚に強い刺激性を持つ。濃いものが皮膚に触れると、ガスを発生して、組織は、はじめ白くしだいに深黄色となる。
4 コリンエステラーゼ阻害作用により、頭痛、めまい、倦怠感、嘔吐、縮瞳、意識混濁などを起こす。

問題 41 次の物質のうち、常温、常圧で気体のものはどれか。下欄の中から選びなさい。

ア 亜硝酸メチル　　イ 硅弗化ナトリウム　　ウ 酢酸エチル

エ 燐化水素(別名 ホスフィン)

1 (ア、イ)	2 (ア、ウ)	3 (ア、エ)	4 (イ、ウ)	5 (イ、エ)

問題 42 〜問題 45 次の物質の主な用途として、最も適当なものはどれか。下欄の中から選びなさい。

問題 42 モノフルオール酢酸ナトリウム　　**問題 43** 硅弗化亜鉛
問題 44 メタクリル酸　　**問題 45** トルエン

1 熱硬化性塗料、接着剤、皮革処理剤　　2 爆薬の原料
3 せっけんの製造、試薬　　4 木材防腐剤　　5 殺鼠剤

(農業用品目)

問題 31 〜問題 33 次の物質の性状として、最も適当なものはどれか。下欄の中から選びなさい。

問題 31 トリクロルヒドロキシエチルジメチルホスホネイト(別名 トリクロルホン)
問題 32 ジメチルメチルカルバミルエチルチオエチルチオホスフェイト
(別名 バミドチオン)
問題 33 ジメチル−4−メチルメルカプト−3−メチルフェニルチオホスフェイト
(別名 MPP、フェンチオン)

1 淡褐色の弱いニンニク臭のある液体。水にほとんど溶けない。有機溶剤に溶けやすい。
2 白色ワックス状又は脂肪状の固体で水によく溶け、シクロヘキサン、石油、エーテル以外の有機溶媒に溶けやすい。
3 白色の弱い特異臭のある結晶。水に溶けやすい。脂肪族炭化水素以外の有機溶剤に溶けやすい。
4 重い白色の粉末で吸湿性があり、からい味と酢酸の臭いとを有する。冷水にはたやすく溶けるが、有機溶媒には溶けない。

問題 34 ～問題 36 次の物質の用途として、最も適当なものはどれか。下欄の中から選びなさい。

問題 34 1・3－ジカルバモイルチオ－2－(N・N －ジメチルアミノ)－プロパン塩酸塩(別名 カルタップ)
問題 35 2－ジフェニルアセチル－1・3－インダンジオン(別名 ダイファシノン)
問題 36 塩素酸ナトリウム

1 除草剤	2 殺虫剤	3 殺鼠(そ)剤	4 殺菌剤	5 植物成長調整剤

問題 37 ～問題 39 次の物質の貯蔵方法として、最も適当なものはどれか。下欄の中から選びなさい。

問題 37 ブロムメチル　**問題 38** アンモニア水　**問題 39** シアン化カリウム

1 小量ならばガラスビン、多量ならばブリキ缶あるいは鉄ドラムを用い、酸類とは離して、空気の流通の良い乾燥した冷所に密封して貯蔵する。
2 常温では気体なので、圧縮冷却して液化し、圧縮容器に入れ、直射日光その他、温度上昇の原因を避けて冷暗所に貯蔵する。
3 空気中にそのまま貯えることはできないので、通常石油中に貯蔵する。
4 熱に不安定な油状液体で金属腐食性が大きいため、ガラス容器に密栓して冷暗所に貯蔵する。
5 溶液からガスが揮発しやすいので、よく密栓して貯蔵する。

問題 40 ～問題 42 次の物質を含有する製剤で、劇物の指定から除外される上限の濃度について、正しいものはどれか。下欄の中から選びなさい。

問題 40 3－(6－クロロピリジン－3－イルメチル)－1・3－チアゾリジン－2－イリデンシアナミド(別名 チアクロプリド)
問題 41 O －エチル＝ S －1－メチルプロピル＝(2－オキソ－3－チアゾリジニル)ホスホノチオアート(別名 ホスチアゼート)
問題 42 ジニトロメチルヘプチルフェニルクロトナート(別名 ジノカップ)

1 0.2％	2 1.5％	3 2％	4 3％	5 5％

問題 43 ～問題 45 次の物質の毒性・中毒症状として、最も適当なものはどれか。下欄の中から選びなさい。

問題 43 ジエチル－(5－フェニル－3－イソキサゾリル)－チオホスフェイト(別名 イソキサチオン)
問題 44 2・2’－ジピリジリウム－1・1’－エチレンジブロミド(別名ジクワット)
問題 45 無機銅塩類

1 吸入した場合、激しく鼻やのどを刺激し、長時間吸入すると肺や気管支に炎症を起こす。高濃度のガスを吸うと喉頭痙攣(けいれん)をおこすので極めて危険である。皮膚に触れた場合、やけど(薬傷)を起こす。
2 有機リン化合物であり、コリンエステラーゼを阻害しアセチルコリンが蓄積することにより様々な症状が引き起こされる。倦怠感、頭痛、めまい、嘔気(おうけ)、嘔吐(おうと)、腹痛、下痢、多汗等の症状を呈し、はなはだしい場合には、縮瞳、意識混濁、全身痙攣(けいれん)等を起こすことがある。
3 緑色または青色のものを吐き、のどがやけるように熱くなり、よだれが流れ、また、しばしば痛むことがある。急性の胃腸カタルを起こし血便を出す。
4 吸入した場合、鼻やのどなどの粘膜に炎症を起こし、はなはだしい場合には嘔気(おうけ)、嘔吐(おうと)、下痢等を起こすことがある。誤って嚥(えん)下した場合には、消化器障害、ショックのほか、数日遅れて腎臓の機能障害、肺の軽度の障害を起こすことがある。
5 出血傾向となり、結膜下出血、鼻出血、血尿、消化管出血等を起こす。

〔実　地〕

(一般)

問題 46 ～問題４９ 次の物質の廃棄方法として、最も適当なものはどれか。下欄の中から選びなさい。

問題 46 ホルムアルデヒド　　**問題 47** シアン化カリウム
問題 48 セレン　　**問題 49** 蓚(しゅう)酸

1 多量の水を加えて希薄な水溶液とした後、次亜塩素酸塩水溶液を加え分解させ廃棄する。
2 ナトリウム塩とした後、活性汚泥で処理する。
3 セメントを用いて固化し、埋め立て処分する。
4 水酸化ナトリウム水溶液等でアルカリ性とし、高温加圧下で加水分解する。
5 水を加えて希薄な水溶液とし、酸(希塩酸、希硫酸等)で中和させた後、多量の水で希釈して処理する。

問題 50 ～問題 53 次の物質の識別方法として、最も適当なものはどれか。下欄の中から選びなさい。

問題 50　過酸化水素水　　**問題 51**　カリウム　　**問題 52**　ホルマリン
問題 53　フェノール

1 水溶液に過クロール鉄液を加えると紫色を呈する。
2 白金線に試料をつけて、熔融(ようゆう)炎で熱し、炎の色をみると赤紫色となる。
3 過マンガン酸カリウムを還元し、過クロム酸を酸化する。また、ヨード亜鉛からヨードを析出する。
4 水溶液をアンモニア水で弱アルカリ性にして塩化カルシウムを加えると、白色の沈殿を生じる。
5 アンモニア水を加えて強アルカリ性とし、水浴上で蒸発する と水に溶解しやすい白色、結晶性の物質を残す。

問題 54 ～問題 57 次の物質が少量漏えいした場合の対応方法として、最も適当なものはどれか。下欄の中から選びなさい。

なお、対応については、厚生労働省が定めた「毒物及び劇物の運搬事故時における応急措置に関する基準」による。

問題 54 アンモニア水　**問題 55** アクロレイン　**問題 56** 硝酸
問題 57 クロルスルホン酸

1 漏えいした液は、亜硫酸水素ナトリウム水溶液(約 10%)で反応させた後、多量の水を用いて十分に希釈して洗い流す。
2 漏えい箇所を濡れむしろ等で覆い、遠くから多量の水をかけて洗い流す。
3 漏えいした液は、ベントナイト、活性白土、石膏等を振りかけて吸着させ空容器に回収した後、多量の水を用いて洗い流す。
4 漏えいした液は土砂等に吸着させて取り除くか、またはある程度水で徐々に希釈した後、消石灰、ソーダ灰等で中和し、多量の水を用いて洗い流す。

問題 58 ～問題 59 次の重クロム酸カリウムの記述について、最も適当なものはどれか。下欄の中から選びなさい。

(**問題 58**)の結晶で水に溶けやすく、強力な(**問題 59**)である。

問題 58

1 橙赤色　2 青緑色　3 黒色　4 淡黄色　5 無色

問題 59

1 中和剤　2 乳化剤　3 溶解剤　4 酸化剤　5 還元剤

問題 60 次の記述のうち、クロルピクリンに関する説明として、誤っているものはどれか。下欄の中から選びなさい。

1 無色～淡黄色の油状液体である。
2 催涙性がある。
3 アルコールに溶ける。
4 農業用としては、土壌燻蒸に使われ、土壌病原菌、センチュウ等の駆除等に用いられる。
5 水溶液に金属カルシウムを加えこれにベタナフチルアミンおよび硫酸を加えると、白色の沈殿を生じる。

(農業用品目)

問題 46 次の毒物又は劇物のうち、農業用品目販売業の登録を受けた者が販売できるものとして、正しいものの組合せはどれか。下欄の中から選びなさい。

ア クロロホルム　イ 沃化メチル　ウ モノフルオール酢酸
エ メチルエチルケトン

1 (ア、イ)　2 (ア、ウ)　3 (ア、エ)　4 (イ、ウ)　5 (イ、エ)

問題 47 ～問題 49 次の物質の廃棄方法として、最も適当なものはどれか。下欄の中から選びなさい。

問題 47 塩素酸ナトリウム　　**問題 48** 塩化第二銅
問題 49 ジメチル－４－メチルメルカプト－３－メチルフェニルチオホスフェイト(別名 ＭＰＰ、フェンチオン)

1　木粉(おが屑(くず))等に吸収させてアフターバーナー及びスクラバーを具備した焼却炉で焼却する。
2　少量の界面活性剤を加えた亜硫酸ナトリウムと炭酸ナトリウムの混合溶液中で、撹拌(かくはん)し分解された後、多量の水で希釈して処理する。分解は液中の油滴及び刺激臭が消失するまで行う。
3　水に溶かし、消石灰、ソーダ灰等の水溶液を加えて処理し、沈殿ろ過して埋立処分する。
4　還元剤(例えばチオ硫酸ナトリウム等)の水溶液に希硫酸を加えて酸性にし、この中に少量ずつ投入する。反応終了後、反応液を中和し多量の水で希釈して処理する。

問題 50 ～問題 57 次の物質について、該当する性状をＡ欄から、識別法をＢ欄から、それぞれ最も適当なものを一つ選びなさい。

物質	性状	識別法
燐(りん)化アルミニウムとその分解促進剤とを含有する製剤	**問題 50**	**問題 54**
塩素酸カリウム	**問題 51**	**問題 55**
ニコチン	**問題 52**	**問題 56**
塩化亜鉛	**問題 53**	**問題 57**

Ａ欄(性状)

1　大気中の湿気にふれると、徐々に分解して有毒なガスを発生する。
2　純粋なものは、無色、無臭の油状液体であるが、空気中では速やかに褐変する。水、アルコール、石油等によく溶ける。
3　強い酸化剤で、有機物その他酸化されやすいものと混合すると加熱、摩擦、衝撃により爆発することがある。
4　一般に流通している七水和物は、無色～白色結晶、顆粒または白色粉末で、乾燥空気中では風解(ふうかい)する。
5　空気にふれると、水分を吸収して潮解(ちょうかい)する。水及びアルコールによく溶ける。

Ｂ欄(識別法)

1　この物質から発生するガスは、5～10％硝酸銀溶液を吸着したろ紙を黒変させる。
2　アルコール溶液にジメチルアニリンおよびブルシンを加えて溶解し、これにブロムシアン溶液を加えると、緑色～赤紫色を呈する。
3　エーテルに溶解させ、ヨードのエーテル溶液を加えると、褐色の液状沈殿を生じ、これを放置すると、赤色の針状結晶となる。
4　水に溶かし、硝酸銀を加えると、白色の沈殿を生じる。
5　熱すると酸素を発生する。水溶液に酒石酸を多量に加えると、白色結晶を生じる。

問題58～問題59　次の硫酸第二銅の記述について、（　　）の中にあてはまる最も適当なものはどれか。下欄の中から選びなさい。

【性 状】一般に流通している五水和物は、濃い藍色の結晶で（**問題58**）があり、水に溶けやすく水溶液は酸性を示す。
【鑑別法】水溶液に硝酸バリウムを加えると、（**問題59**）の沈殿を生じる。

問題58

1　揮発性　2　催涙性　3　潮解性（ちょうかい）　4　風解性（ふうかい）　5　爆発性

問題59

1　赤色　2　黒色　3　緑色　4　青色　5　白色

問題60　次のエチルパラニトロフェニルチオノベンゼンホスホネイト（別名　ＥＰＮ）の記述について、最も適当なものはどれか。下欄の中から選びなさい。

1　黒色の結晶である。
2　有機塩素系化合物に分類される。
3　化学構造中にベンゼン環を３つ有する。
4　殺虫剤として利用される。
5　５％ＥＰＮを含有する製剤は劇物に該当する。

長野県
令和２年度実施

〔法　規〕

設問中の法令とは、毒物及び劇物取締法、毒物及び劇物取締法施行令(政令)、毒物及び劇物指定令(政令)、毒物及び劇物取締法施行規則(省令)を指す。

(一般・農業用品目・特定品目共通)

第１問　次の文は、毒物及び劇物取締法の条文の一部である。(　　)の中に入る字句として、正しいものの組合せはどれか。

ア　この法律は、毒物及び劇物について、保健衛生上の見地から必要な（　　）を行うことを目的とする。
イ　この法律で「劇物」とは、別表第２に掲げる物であって、医薬品及び（　　）以外のものをいう。

a　取締　　b　規制　　c　指導　　d　化粧品　　e　医薬部外品

1（a、d）　2（a、e）　3（b、d）　4（b、e）　5（c、e）

第２問　次の文は、毒物及び劇物取締法の条文の一部である。(　　)の中に入る字句として、正しいものの組合せはどれか。

毒物又は劇物の販売業の登録を受けた者でなければ、毒物又は劇物を販売し、（ a ）し、又は販売若しくは（ a ）の目的で（ b ）し、運搬し、若しくは（ c ）してはならない。

解答番号	a	b	c
1	譲渡	貯蔵	陳列
2	譲渡	保管	所持
3	授与	保管	陳列
4	授与	貯蔵	陳列
5	授与	貯蔵	所持

第３問　次の文は、毒物及び劇物取締法の条文の一部である。(　　)の中に入る字句として、正しいものの組合せはどれか。

（　　)、発火性又は（　　）のある毒物又は劇物であって政令で定めるものは、業務その他正当な理由による場合を除いては、所持してはならない。

a　引火性　　b　可燃性　　c　刺激性　　d　爆発性　　e　揮発性

1（a、d）　2（a、e）　3（b、d）　4（b、e）　5（c、e）

第４問　次のうち、興奮、幻覚又は麻酔の作用を有する毒物又は劇物（これらを含有する物を含む。）であって、みだりに摂取し、若しくは吸入し、又はこれらの目的で所持してはならないものとして、政令で定められているものはどれか。

1　クロロホルム　　2　トルエン　　3　キノリン
4　ピクリン酸　　5　キシレン

第５問　次のうち、劇物に該当するものはどれか。

1　ニコチン　　2　トリブチルアミン　　3　シアン化ナトリウム
4　亜硝酸イソプロピル　　5　10％水酸化ナトリウム水溶液

第6問　次のうち、特定毒物に該当するものはどれか。

1　クラーレ　　2　四塩化炭素　　3　メチルイソチオシアネート
4　モノフルオール酢酸アミド　　5　ロテノン

第7問　次のうち、毒物劇物農業用品目に<u>該当しないもの</u>はどれか。

1　アバメクチン　　2　シアン酸ナトリウム　　3　アクロレイン
4　沃(よう)化メチル　　5　硫酸タリウム

第8問　次のうち、毒物劇物特定品目に<u>該当しないもの</u>はどれか。

1　メチルエチルケトン　　2　塩基性酢酸鉛　　3　トルエン
4　硅弗(けいふつ)化ナトリウム　　5　クロルピクリン

第9問　次のうち、特定毒物研究者に関する記述として、正しいものはどれか。

1　特定毒物研究者以外の者は、特定毒物を所持してはならない。
2　特定毒物研究者は、特定毒物を品目ごとに政令で定める用途以外の用途に供してはならない。
3　特定毒物研究者は、学術研究のためであっても、特定毒物を製造することができない。
4　特定毒物研究者は、特定毒物使用者に対し、その者が使用することができる特定毒物以外の特定毒物を譲り渡してはならない。
5　特定毒物研究者は、特定毒物を必要とする研究事項を変更するときは、あらかじめ、その旨を、その主たる研究所の所在地の都道府県知事に届け出なければならない。

第10問　次のうち､特定毒物である四アルキル鉛を含有する製剤の着色の基準として、法令で<u>定められていない色</u>はどれか。

1　赤色　　2　青色　　3　黄色　　4　緑色　　5　黒色

第11問　次のうち、毒物劇物取扱責任者に関する記述として、正しいものの組合せはどれか。

a　毒物劇物営業者は、毒物劇物取扱責任者を変更したときは、30 日以内に、その毒物劇物取扱責任者の氏名を届け出なければならない。
b　一般毒物劇物取扱者試験に合格した者は、農業用品目販売業の店舗の毒物劇物取扱責任者になることができない。
c　毒物及び劇物の取り扱いに関する３年以上の実務経験がある者は、毒物劇物取扱責任者になることができる。
d　毒物又は劇物の販売業者は、毒物又は劇物を直接に取り扱う店舗において、自ら毒物劇物取扱責任者として毒物又は劇物による保健衛生上の危害の防止に当たる場合には、他に専任の毒物劇物取扱責任者を置かなくてもよい。
e　毒物若しくは劇物又は薬事に関する罪を犯し、罰金以上の刑に処せられ、その執行が終わった日から起算して５年を経過していない者は、毒物劇物取扱責任者になることができない。

1（a、b）　2（a、d）　3（b、c）　4（c、e）　5（d、e）

長野県

第12問 次の文は、毒物及び劇物取締法の条文の一部である。（　）の中に入る字句として、正しいものはどれか。

毒物劇物営業者及び特定毒物研究者は、毒物又は厚生労働省令で定める劇物については、その容器として、（　）を使用してはならない。

1　飲食物の容器として通常使用される物
2　腐食されやすい物
3　医薬品の容器として通常使用される物
4　密閉することができない物
5　破損しやすい物

第13問 次のうち、毒物又は劇物の販売業の店舗の設備の基準として、法令で定められていないものはどれか。

1　毒物又は劇物の貯蔵設備は、毒物又は劇物とその他の物とを区分して貯蔵できるものであること。
2　毒物又は劇物を貯蔵する場所が性質上かぎをかけることができないものであるときは、その周囲に、堅固なさくが設けてあること。
3　毒物又は劇物を含有する粉じん、蒸気又は廃水の処理に要する設備又は器具を備えていること。
4　毒物又は劇物を貯蔵するタンク、ドラムかん、その他の容器は、毒物又は劇物が飛散し、漏れ、又はしみ出るおそれのないものであること。
5　毒物又は劇物を陳列する場所にかぎをかける設備があること。

第14問 次のうち、毒物劇物営業者に関する記述として、法令で定められているものはどれか。

1　毒物劇物営業者は、その製造所、営業所又は店舗の営業時間を変更したときは、30日以内に、その旨を届け出なければならない。
2　毒物又は劇物の製造業者は、その製造所における営業を廃止したときは、30日以内に、その旨を届け出なければならない。
3　毒物又は劇物の輸入業者は、毒物又は劇物を貯蔵する設備の重要な部分を変更するときは、あらかじめ、登録の変更を受けなければならない。
4　毒物又は劇物の販売業者は、毒物又は劇物の購入元を変更したときは、30日以内に、その旨を届け出なければならない。
5　毒物又は劇物の販売業者は、法人の代表者を変更したときは、30日以内に、その旨を届け出なければならない。

第15問 次の文は、毒物及び劇物取締法の条文の一部である。（　）の中に入る字句として、正しいものの組合せはどれか。

毒物劇物営業者は、毒物又は劇物を次に掲げる者に交付してはならない。
一　（ a ）歳未満の者
二　（ b ）の障害により毒物又は劇物による保健衛生上の危害の防止の措置を適正に行うことができない者として厚生労働省令で定めるもの
三　（ c ）、大麻、あへん又は覚せい剤の中毒者

解答番号	a	b	c
1	15	精神	アルコール
2	18	精神	麻薬
3	15	精神	麻薬
4	18	心身	麻薬
5	18	心身	アルコール

長野県

第16問 次のうち、毒物劇物営業者が毒物の容器及び被包に表示しなければならない文字として、正しいものはどれか。

1 「医薬用外」の文字及び白地に赤色をもって「毒物」の文字
2 「医薬用外」の文字及び白地に黒色をもって「毒物」の文字
3 「医薬用外」の文字及び黒地に白色をもって「毒物」の文字
4 「医薬用外」の文字及び赤地に黒色をもって「毒物」の文字
5 「医薬用外」の文字及び赤地に白色をもって「毒物」の文字

第17問 次の文は、毒物及び劇物取締法の条文の一部である。( ) の中に入る字句として、正しいものの組合せはどれか。

毒物劇物営業者は、毒物又は劇物を他の毒物劇物営業者に販売し、又は授与したときは、その都度、次に掲げる事項を書面に記載しておかなければならない。
一 毒物又は劇物の名称及び(a)
二 販売又は授与の(b)
三 譲受人の氏名、(c) 及び住所(法人にあっては、その名称及び主たる事務所の所在 地)

解答番号	a	b	c
1	数量	年月日	職業
2	成分	目的	年齢
3	数量	目的	職業
4	成分	年月日	年齢
5	数量	年月日	年齢

第18問 次のうち、毒物劇物営業者が、毒物又は劇物を販売し、又は授与するとき、原則として、譲受人に提供しなければならない情報の内容として、法令で<u>定められていないもの</u>はどれか。

1 漏出時の措置
2 盗難又は紛失時の措置
3 毒性に関する情報
4 廃棄上の注意
5 輸送上の注意

第19問 次のうち、毒物劇物営業者が、毒物又は劇物を他の毒物劇物営業者に販売し、又は授与したとき、法令で定められた事項を記載した書面の保存期間として、正しいものはどれか。

1 販売又は授与の日から2年間
2 販売又は授与の日から3年間
3 販売又は授与の日から5年間
4 販売又は授与の日から7年間
5 販売又は授与の日から10年間

長野県

第 20 問 次の文は、毒物及び劇物取締法施行令の条文の一部である。（　）の中に入る字句として、正しいものの組合せはどれか。

法第 15 条の 2 の規定により、毒物若しくは劇物又は法第 11 条第 2 項に規定する政令で定める物の廃棄の方法に関する技術上の基準を次のように定める。
一　中和、加水分解、酸化、還元、（ a ）その他の方法により、毒物及び劇物並びに法第 11 条第 2 項に規定する政令で定める物のいずれにも該当しない物とすること。
二　ガス体又は揮発性の毒物又は劇物は、保健衛生上危害を生ずるおそれがない場所で、少量ずつ放出し、又は揮発させること。
三　可燃性の毒物又は劇物は、保健衛生上危害を生ずるおそれがない場所で、少量ずつ燃焼させること。
四　前各号により難い場合には、地下（ b ）メートル以上で、かつ、地下水を汚染するおそれがない地中に確実に埋め、海面上に引き上げられ、若しくは浮き上がるおそれがない方法で海水中に沈め、又は保健衛生上危害を生ずるおそれがないその他の方法で処理すること。法第 15 条の 2 の規定により、毒物若しくは劇物又は法第 11 条第 2 項に規定する政令で定める物の廃棄の方法に関する技術上の基準を次のように定める。

解答番号	a	b
1	脱水	3
2	稀釈	5
3	脱水	1
4	稀釈	1
5	蒸留	5

第 21 問 次のうち、水酸化ナトリウム 30 %を含有する液体状の製剤を、車両を使用して 1 回につき 5,000 キログラム以上運搬する場合、車両の前後の見やすい箇所に掲げなければならない標識として、正しいものはどれか。

1　0.3 メートル平方の板に地を黒色、文字を白色として「毒」と表示
2　0.3 メートル平方の板に地を赤色、文字を白色として「毒」と表示
3　0.3 メートル平方の板に地を白色、文字を黒色として「毒」と表示
4　0.3 メートル平方の板に地を白色、文字を赤色として「毒」と表示
5　0.3 メートル平方の板に地を黒色、文字を黄色として「毒」と表示

第 22 問 次のうち、1 回の運搬につき 1,000 キログラムを超える毒物又は劇物を、車両を使用して運搬する場合で、その運搬を他に委託するとき、荷送人が運送人に対して、あらかじめ交付しなければならない書面への記載事項として、法令で定められていないものはどれか。

1　事故の際に講じなければならない応急の措置の内容
2　運搬する毒物又は劇物の名称
3　運搬する毒物又は劇物の成分及びその含量
4　運搬する毒物又は劇物の数量
5　運搬する毒物又は劇物の廃棄の方法

第23問　次の文は、毒物及び劇物取締法の条文の一部である。（　）の中に入る字句として、正しいものの組合せはどれか。

毒物劇物営業者は、政令で定める毒物又は劇物については、厚生労働省令で定める方法により　（ａ）したものでなければ、これを（ｂ）として販売し、又は授与してはならない。

解答番号	a	b
1	着色	家庭用
2	希釈	農業用
3	着色	農業用
4	希釈	家庭用
5	濃縮	農業用

第24問　毒物又は劇物の事故の際の措置に関する次の記述の正誤について、正しい組合せはどれか。

a　毒物又は劇物の販売業者が、劇物を紛失したため、直ちに警察署に届け出た。
b　業務上取扱者である運送業者が、運送中に劇物を流出させ、不特定又は多数の者について保健衛生上の危害が生ずるおそれがあったため、直ちに保健所に届け出た。
c　毒物又は劇物の輸入業者が、その輸入した毒物が盗難にあったが、致死量に満たない量であったため、警察署に届け出なかった。

解答番号	a	b	c
1	正	誤	誤
2	誤	誤	正
3	正	誤	正
4	誤	正	誤
5	正	正	誤

第25問　次のうち、業務上取扱者として届け出なければならない者として、法令で定められているものはどれか。

1　四塩化炭素を含有する製剤を使用するクリーニング業者
2　シアン化ナトリウムを使用する金属熱処理業者
3　砒(ひ)素化合物を使用する電気めっき業者
4　ホルムアルデヒドを含有する製剤を使用する塗装業者
5　モノフルオール酢酸の塩類を含有する製剤を使用する野ねずみ駆除業者

〔学科・基礎化学〕

設問中の物質の性状は、特に規定しない限り常温常圧におけるものとする。
なお、L は「リットル」、mL は「ミリリットル」、mol/L は「モル濃度」を表すこととする。

(一般・農業用品目・特定品目共通)

第 26 問　次のうち、<u>国際単位系（SI）の基本単位でないもの</u>はどれか。

1　N（ニュートン）　2　A（アンペア）　3　kg（キログラム）
4　K（ケルビン）　5　mol（モル）

第 27 問　物質の状態変化に関する次の記述のうち、(　) の中に入る字句として、正しいものの組合せはどれか。

a　固体が気体になることを（　）という。
b　液体が固体になることを（　）という。
c　液体が気体になることを（　）という。

解答番号	a	b	c
1	昇華	凝縮	融解
2	昇華	凝固	蒸発
3	風解	凝固	蒸発
4	昇華	凝縮	蒸発
5	風解	凝縮	融解

第 28 問　次のうち、イオン化傾向が最も大きい金属はどれか。

1　Ni　2　Cu　3　Al　4　Ca　5　Au

第 29 問　元素と周期表に関する次の記述のうち、正しいものはどれか。

1　アルカリ土類金属は、２価の陰イオンになりやすい。
2　Ba は、アルカリ金属に分類される。
3　17 族元素は、希ガスと呼ばれ、常温で無色・無臭の気体である。
4　18 族元素は、ハロゲンと呼ばれ、１価の陽イオンになりやすい。
5　３族から 11 族までの元素は、遷移元素と呼ばれる。

第 30 問　次の炭化水素のうち、シクロアルケンに分類されるものはどれか。

1　シクロペンタン　2　ジメチルアセチレン　3　シクロヘキセン
4　プロピレン　5　プロパン

第 31 問　ある濃度の水酸化ナトリウム水溶液 200mL を過不足なく中和するのに、4 mol/L 硫酸を 50mL 要した。この水酸化ナトリウム水溶液のモル濃度として、正しいものはどれか。

1　0.5mol/L　2　1 mol/L　3　2 mol/L　4　4 mol/L　5　5 mol/L

第 32 問　酸と塩基に関する次の記述のうち、正しいものはどれか。

1　水酸化カルシウムは、１価の塩基である。
2　pH（水素イオン指数）が大きいほど酸性が強い。
3　塩化水素は、２価の酸である。
4　他の物質に水素イオン H^{+}を与えるものを酸という。
5　アンモニア水は、青色リトマス紙を赤変させる。

長野県

第 33 問　コロイド溶液に関する次の記述について、（　）の中に入る字句として、正しいものはどれか。

疎水コロイドに少量の電解質溶液を加えたとき、コロイド粒子が集まって沈殿する現象を（　）という。

1　チンダル現象　　2　凝析　　3　ブラウン運動
4　透析　　5　電気泳動

第 34 問　次のうち、化合物とそれに含まれる官能基の組合せとして、正しいものはどれか。

解答番号	化合物	官能基
1	安息香酸	$-COOH$
2	フェノール	$-CHO$
3	アニリン	$-NO_2$
4	酢酸エチル	$-OH$
5	トルエン	$-NH_2$

第 35 問　第 35 問 次の記述について、（　）の中に入る字句として、正しいものはどれか。

原子が電子１個を受け取って、１価の陰イオンになるときに放出するエネルギーを原子の（　）という。

1　中和熱　　2　電気陰性度　　3　イオン化エネルギー
4　クーロン力　　5　電子親和力

（一般）

第 36 問　アンモニアに関する次の記述のうち、正しいものの組合せはどれか。

a　刺激臭のある黄色の気体である。
b　５％を含有する製剤は、劇物に該当する。
c　水溶液は、揮発性を有する。
d　粘膜刺激性を有する。
e　水に溶けるが、エタノールには溶けない。

1（a、b）　2（a、c）　3（b、e）　4（c、d）　5（d、e）

第 37 問　クロルピクリンに関する次の記述のうち、正しいものの組合せはどれか。

a　純品は、無色の固体である。
b　金属腐食性を有する。
c　土壌燻（くん）蒸剤として用いられる。
d　10％を含有する製剤は、劇物から除外される。
e　引火性を有する。

1（a、b）　2（a、e）　3（b、c）　4（c、d）　5（d、e）

第 38 問　硫酸に関する次の記述のうち、誤っているものはどれか。

1　無色透明の液体である。
2　揮発性を有する。
3　濃硫酸を水に溶かすと、熱を発生する。
4　20 %を含有する製剤は、劇物に該当する。
5　希硫酸は、亜鉛と反応して水素を発生させる。

第 39 問　フェノールに関する次の記述のうち、正しいものの組合せはどれか。

a　無色又は白色の液体である。
b　アルコールに不溶である。
c　10 %を含有する製剤は、毒物に該当する。
d　空気中で容易に赤変する。
e　防腐剤として用いられる。

1（a、b）　2（a、c）　3（b、d）　4（c、e）　5（d、e）

第 40 問　弗化水素に関する次の記述のうち、正しいものはどれか。

1　褐色の液体である。
2　可燃性を有する。
3　水に不溶である。
4　顔料として用いられる。
5　水溶液はガラスを浸食する。

第 41 問　次のうち、エチルチオメトン（ジエチル－ S －（エチルチオエチル）－ジチオホスフェイト）の解毒剤として用いられるものはどれか。

1　PAM（2－ピリジルアルドキシムメチオダイド）
2　チオ硫酸ナトリウム
3　エタノール
4　亜硝酸アミル
5　ジメルカプロール

第 42 問　次の文は、ある物質の毒性に関する記述である。該当するものはどれか。

血液中のカルシウム分を奪取し、神経系を侵す。中毒症状は、胃痛、嘔吐、口腔や咽喉の炎症であり、腎障害を引き起こす。

1　四塩化炭素　2　トルエン　3　蓚酸
4　キシレン　5　メチルエチルケトン

第 43 問　次のうち、「毒物及び劇物の廃棄の方法に関する基準」で定めるピクリン酸の廃棄の方法として、正しいものはどれか。

1　少量の界面活性剤を加えた亜硫酸ナトリウムと炭酸ナトリウムの混合溶液中で、攪拌し分解させた後、多量の水で希釈して処理する。
2　炭酸水素ナトリウムと混合したものを少量ずつ紙などで包み、他の木材、紙等と一緒に危害を生ずるおそれがない場所で、開放状態で焼却する。
3　徐々にソーダ灰又は消石灰の攪拌溶液に加えて中和させた後、多量の水で希釈して処理する。消石灰の場合は、上澄液のみを流す。
4　多量の水酸化ナトリウム水溶液に少しずつ加えて中和した後、多量の水で希釈して活性汚泥で処理する。
5　セメントを用いて固化し、溶出試験を行い、溶出量が判定基準以下であることを確認して埋立処分する。

第 44 問 次のうち、「毒物及び劇物の運搬事故時における応急措置に関する基準」で定める硝酸の漏えい時の措置として、正しいものはどれか。

1 多量の場合は、土砂等でその流れを止め、安全な場所に導き、液の表面を泡で覆い、できるだけ空容器に回収する。
2 多量の場合は、漏えい箇所や漏えいした液には消石灰を十分に散布し、むしろ、シート等をかぶせ、その上に更に消石灰を散布して吸収させる。漏えい容器には散布しない。多量にガスが噴出した場所には遠くから霧状の水をかけて吸収させる。
3 少量の場合は、土砂等に吸着させて取り除くか、又はある程度水で徐々に希釈した後、消石灰、ソーダ灰等で中和し、多量の水を用いて洗い流す。
4 飛散したものは空容器にできるだけ回収し、そのあとを多量の水を用いて洗い流す。
5 少量の場合は、多量の水を用いて洗い流すか、又は土砂、おが屑(くず)等に吸着させて空容器に回収し安全な場所で焼却する。

第 45 問 次のうち、物質名とその用途の組合せとして、正しいものはどれか。

a アクリルアミド　　b ヒドラジン　　c クレゾール

解答番号	a	b	c
1	土質安定剤	ロケット燃料	消毒剤
2	殺菌剤	アンチノック剤	消毒剤
3	土質安定剤	マッチ原料	消毒剤
4	殺菌剤	ロケット燃料	除草剤
5	土質安定剤	アンチノック剤	除草剤

(農業用品目)

第 36 問 硫酸タリウムに関する次の記述のうち、正しいものの組合せはどれか。

a 褐色の液体である。
b 殺そ剤として用いられる。
c 強熱すると、ホスゲンを生成する。
d 化学式は、Tl_3SO_4 である。
e ３％を含有する製剤は、劇物に該当する。

1（a、b） 2（a、c） 3（b、e） 4（c、d） 5（d、e）

第 37 問 ニコチンに関する次の記述のうち、正しいものの組合せはどれか。

a 純品は、無色の油状液体である。
b 空気中で速やかに褐変する。
c 水、アルコールに難溶である。
d 20％を含有する製剤は、毒物から除外される。
e 乾燥剤として用いられる。

1（a、b） 2（a、e） 3（b、c） 4（c、d） 5（d、e）

第 38 問　シアン化カリウムに関する次の記述のうち、<u>誤っているもの</u>はどれか。

1　白色等軸晶の塊片又は粉末である。
2　水溶液は、強アルカリ性を示す。
3　空気中では湿気を吸収し、かつ空気中の二酸化炭素と反応してシアン化水素を生成する。
4　アルカリと反応してシアン化水素を生成する。
5　電気めっきに用いられる。

第 39 問　ブロムメチルに関する次の記述のうち、正しいものの組合せはどれか。

a　無色の固体である。
b　圧縮又は冷却により、褐色の液体を生成する。
c　気体は、空気より軽い。
d　燻蒸殺虫剤として用いられる。
e　クロロホルム様の臭気を有する。

1（a、b）　2（a、c）　3（b、d）　4（c、e）　5（d、e）

第 40 問　塩素酸ナトリウムに関する次の記述のうち、正しいものはどれか。

1　化学式は、Na_2ClO_3 である。
2　無色の液体である。
3　強酸と反応して二酸化塩素を生成する。
4　風解性を有する。
5　強い還元剤である。

第 41 問　パラコート（1，1′－ジメチル－4，4′－ジピリジニウムジクロリド）に関する次の記述のうち正しいものはどれか。

1　除草剤として用いられる。
2　有機燐化合物に分類される。
3　水に不溶である。
4　酸性下では極めて不安定である。
5　橙赤色の結晶である。

第 42 問　次のうち、エジフェンホス（エチルジフェニルジチオホスフェイト）の解毒剤として用いられ るものはどれか。

1　PAM（2－ピリジルアルドキシムメチオダイド）
2　チオ硫酸ナトリウム
3　エタノール
4　亜硝酸アミル
5　ジメルカプロール

第 43 問　次のうち、「毒物及び劇物の廃棄の方法に関する基準」で定めるダイアジノン（2－イソプロピル－4－メチルピリミジル－6－ジエチルチオホスフェイト）の廃棄の方法として、正しいものはどれか。

1　少量の界面活性剤を加えた亜硫酸ナトリウムと炭酸ナトリウムの混合溶液中で、撹拌し分解させた後、多量の水で希釈して処理する。
2　10 倍量以上の水と撹拌しながら加熱還流して加水分解し、冷却後、水酸化ナトリウム等の水溶液で中和する。
3　還元剤の水溶液に希硫酸を加えて酸性にし、この中に少量ずつ投入する。反応終了後、反応液を中和し多量の水で希釈して処理する。
4　可燃性溶剤とともにアフターバーナー及びスクラバーを具備した焼却炉の火室へ噴霧し、焼却する。

5　多量の次亜塩素酸ナトリウムと水酸化ナトリウムの混合水溶液を撹拌（かくはん）しながら少量ずつ加えて酸化分解する。過剰の次亜塩素酸ナトリウムをチオ硫酸ナトリウム水溶液等で分解した後、希硫酸を加えて中和し、沈殿ろ過して埋立処分する。

長野県

第 44 問　次のうち、「毒物及び劇物の運搬事故時における応急措置に関する基準」で定めるエチルチオメトン（ジエチル－Ｓ－（エチルチオエチル）－ジチオホスフェイト）の漏えい時の措置として、正しいものはどれか。

1　土壌等でその流れを止め、安全な場所に導き、空容器にできるだけ回収し、そのあとを土壌で覆って十分接触させた後、土壌を取り除き、多量の水を用いて洗い流す。
2　少量の場合は、布でふきとるか又はそのまま風にさらして蒸発させる。
3　少量の場合は、漏えい箇所は濡れむしろ等で覆い、遠くから多量の水をかけて洗い流す。
4　飛散したものは空容器にできるだけ回収し、そのあとを多量の水を用いて洗い流す。
5　土砂等でその流れを止め、安全な場所に導き、空容器にできるだけ回収し、そのあとを消石灰等の水溶液を用いて処理し、多量の水を用いて洗い流す。洗い流す場合には中性洗剤等の分散剤を使用して洗い流す。この場合、濃厚な廃液が河川等に排出されないよう注意する。

第 45 問　次のうち、物質名とその用途の組合せとして、正しいものはどれか。

a　燐（りん）化亜鉛
b　シアン酸ナトリウム
c　フェノブカルブ（２－（１－メチルプロピル）－フェニル－Ｎ－メチルカルバメート）

解答番号	a	b	c
1	殺そ剤	除草剤	殺虫剤
2	除草剤	防腐剤	殺虫剤
3	殺そ剤	防腐剤	除草剤
4	除草剤	殺虫剤	殺そ剤
5	除草剤	除草剤	殺そ剤

（特定品目）

第 36 問　過酸化水素水に関する次の記述のうち、正しいものの組合せはどれか。

a　無色透明の液体である。
b　常温で徐々に水と酸素に分解する。
c　安定剤としてアルカリを加えて貯蔵する。
d　５％過酸化水素水は、劇物に該当する。
e　還元作用を有するが、酸化作用はない。

1（a、b）　2（a、c）　3（b、e）　4（c、d）　5（d、e）

第 37 問　メチルエチルケトンに関する次の記述のうち、正しいものの組合せはどれか。

a　無色の液体である。　b　蒸気は、空気より軽く引火しにくい。
c　溶剤として用いられる。　d　空気に触れると赤褐色を呈する。
e　30％を含有する製剤は、劇物に該当する。

1（a、b）　2（a、c）　3（b、d）　4（c、e）　5（d、e）

第38問　硫酸に関する次の記述のうち、誤っているものはどれか。

1　無色透明の液体である。
2　揮発性を有する。
3　濃硫酸を水に溶かすと、熱を発生する。
4　20％を含有する製剤は、劇物に該当する。
5　希硫酸は、亜鉛と反応して水素を発生させる。

第39問　クロロホルムに関する次の記述のうち、正しいものの組合せはどれか。

a　無色の気体である。
b　化学式は、$CHCl_3$ である。
c　空気に触れ、日光の作用を受けると分解してホスゲンを生ずる。
d　冷却すると、紫色になる。
e　分解を防止するため、少量の酸を加えて貯蔵する。

1（a、c）　2（a、e）　3（b、c）　4（b、d）　5（d、e）

第40問　メタノールに関する次の記述のうち、正しいものの組合せはどれか。

a　無色透明の液体である。
b　ナトリウムと反応して水素を発生する。
c　不揮発性である。
d　手指消毒剤として用いられる。
e　化学式は、C_2H_5OH である。

1（a、b）　2（a、c）　3（b、d）　4（c、e）　5（d、e）

第41問　クロム酸鉛の用途として、正しいものはどれか。

1　界面活性剤　2　香料　3　有機溶媒　4　除草剤　5　顔料

第42問　硅弗化（けいふつ）ナトリウムの用途として、正しいものはどれか。

1　除草剤　2　釉薬（うわぐすり）　3　有機溶媒　4　加硫促進剤
5　香料

第43問　次の文は、ある物質の毒性に関する記述である。該当するものはどれか。

血液中のカルシウム分を奪取し、神経系を侵す。中毒症状は、胃痛、嘔吐（おうと）、口腔や咽喉の炎症であり、腎障害を引き起こす。

1　四塩化炭素　2　トルエン　3　蓚（しゅう）酸　4　キシレン
5　メチルエチルケトン

第44問　次のうち、「毒物及び劇物の廃棄の方法に関する基準」で定めるトルエンの廃棄の方法として、正しいものはどれか。

1　水で希薄な水溶液とし、酸で中和させた後、多量の水で希釈して処理する。
2　セメントを用いて固化し、溶出試験を行い、溶出量が判定基準以下であることを確認して 埋立処分する。
3　水酸化ナトリウム水溶液等でアルカリ性とし、過酸化水素水を加えて分解させ、多量の水で希釈して処理する。
4　ケイソウ土等に吸収させて開放型の焼却炉で少量ずつ焼却する。
5　多量のアルカリ水溶液中に吹き込んだ後、多量の水で希釈して処理する。

第 45 問 次のうち、「毒物及び劇物の運搬事故時における応急措置に関する基準」で定めるキシレンの漏えい時の措置として、正しいものはどれか。

1 多量の場合は、土砂等でその流れを止め、安全な場所に導き、液の表面を泡で覆いできるだけ空容器に回収する。
2 飛散したものは、空容器にできるだけ回収し、そのあとを還元剤の水溶液を散布し、消石灰、ソーダ灰等の水溶液で処理したのち、多量の水を用いて洗い流す。この場合、濃厚な廃液が河川等に排出されないよう注意する。
3 土砂等でその流れを止め、安全な場所に導き、空容器にできるだけ回収し、そのあとを多量の水を用いて洗い流す。洗い流す場合には中性洗剤等の分散剤を使用して洗い流す。この場合、濃厚な廃液が河川等に排出されないよう注意する。
4 少量の場合は、漏えい箇所は濡れむしろ等で覆い、遠くから多量の水をかけて洗い流す。
5 飛散したものは、空容器にできるだけ回収し、そのあとを多量の水を用いて洗い流す。

〔実 地〕

設問中の物質の性状は、特に規定しない限り常温常圧におけるものとする。

（一般）

第 46 問～第 50 問 次の表の各問に示した性状等にあてはまる物質を、それぞれ下記の物質欄から選びなさい。

問題番号	色	状態	用途	その他
第 46 問	銀白色	液体	気圧計	金とアマルガムを生成する
第 47 問	黄緑色	気体	酸化剤 殺菌剤	窒息性臭気を有する
第 48 問	赤褐色～ 暗赤褐色	液体	化学薬品	強い腐食性を有する
第 49 問	無色	結晶	合成染料原料	潮解性を有する
第 50 問	橙赤色	結晶	酸化剤 顔料	水に可溶

物質欄	1 Cl_2　　2 $CH_2ClCOOH$　　3 Hg　　4 Br_2　　5 $K_2Cr_2O_7$

第 51 問～第 52 問 過酸化尿素の性状及び用途に関する次の記述について、（　）にあてはまる字句を下欄からそれぞれ選びなさい。

【性 状】（**第 51 問**)）の結晶性粉末。水に可溶。
【用 途】（**第 52 問**）

≪下欄≫
第 51 問 1 白色　2 黒色　3 青色　4 緑色　5 褐色
第 52 問 1 釉(ゆう)薬（うわぐすり）　2 可塑(そ)剤　3 脱色剤　4 界面活性剤　5 難燃剤

第 53 問～第 54 問 酸化カドミウムの性状及び鑑別法に関する次の記述について、（　）にあてはまる字句を下欄からそれぞれ選びなさい。

【性　状】（**第 53 問**）の粉末。水に不溶。
【鑑別法】 フェロシアン化カリウムで(**第 54 問**)のフェロシアン化カドミウムの沈殿を生ずる。

≪下欄≫

第 53 問	1 白色	2 赤褐色	3 青色	4 緑色	5 黒色
第 54 問	1 赤色	2 黒色	3 青色	4 白色	5 緑色

第 55 問～第 57 問 水酸化カリウムの性状、用途及び鑑別法に関する次の記述について、（　）にあてはまる字句を下欄からそれぞれ選びなさい。

【性　状】（**第 55 問**）の固体。潮解性を有する。
【用　途】（**第 56 問**）、化学工業用。
【鑑別法】水溶液に酒石酸溶液を過剰に加えると、（**第 57 問**）の結晶性の沈殿を生ずる。

≪下欄≫

第 55 問	1 黄色	2 青色	3 白色	4 淡緑色	5 橙色
第 56 問	1 試薬	2 香料	3 有機溶剤	4 塗料	5 顔料
第 57 問	1 黄色	2 青色	3 黒色	4 白色	5 赤色

第 58 問 硝酸の鑑別法に関する次の記述について、（　）の中に入る字句として、正しいものはどれか。

銅屑（くず）を加えて熱すると、藍色を呈して溶け、その際、（　）の蒸気を生ずる。

1 白色　2 紫色　3 黄緑色　4 青色　5 赤褐色

第 59 問 次の文は、ある物質の性状に関する記述である。該当するものはどれか。

麻酔性の芳香を有する無色の重い液体。揮発して重い蒸気となり、火炎を包んで空気を遮断するため強い消火力を示す。

1 ジメチルアミン　2 硫酸タリウム　3 燐（りん）化水素　4 四塩化炭素
5 沃（よう）素

第 60 問 次のうち、酢酸タリウム及び水酸化ナトリウムが有する性状として、共通するものはどれか。

1 風解性　2 潮解性　3 爆発性　4 麻酔性　5 揮発性

（農業用品目）

第 46 問～第 50 問　次の表の各問に示した性状等にあてはまる物質を、それぞれ下記の物質欄から選びなさい。

問題番号	色	状態	用途	その他
第 46 問	白色	結晶	木材防腐剤	潮解性を有する
第 47 問	赤褐色	液体	殺虫剤	芳香性刺激臭を有する
第 48 問	淡黄色	結晶	除草剤	腐食性を有する
第 49 問	無色	気体	殺虫剤	アセトンに可溶
第 50 問	濃青色	結晶	殺菌剤	風解性を有する

物質欄
1　硫酸第二銅（五水和物）
2　弗（ふっ）化スルフリル
3　塩化亜鉛
4　ジクワット（2,2′-ジピリジリウム-1,1′-エチレンジブロミド）
5　フェントエート（ジメチルジチオホスホリルフェニル酢酸エチル）

第 51 問～第 52 問　次に掲げた物質の性状として最も適当なものを、下欄からそれぞれ選びなさい。

（**第 51 問**）モノフルオール酢酸ナトリウム

（**第 52 問**）沃（よう）化メチル

解答番号	色	状態	その他
1	暗赤色	粉末	希酸にホスフィンを出して溶解する
2	無色～淡黄色	液体	空気中で光により一部分解して褐色を呈する
3	白色	粉末	吸湿性を有する 水に可溶
4	褐色	液体	弱いニンニク臭を有する
5	灰白色	結晶	水に難溶

第 53 問～第 54 問　硫酸の性状及び鑑別法に関する次の記述について、（　　）にあてはまる字句を下欄からそれぞれ選びなさい。

【性　状】　無色透明の油様の液体。濃硫酸は、強い（**第 53 問**）を有する。
【鑑別法】　硫酸の希釈水溶液に塩化バリウム溶液を加えると、（**第 54 問**）の沈殿を生ずる。

≪下欄≫

第 53 問　1　揮発性　　2　麻酔性　　3　発火性　　4　昇華性　　5　吸湿性
第 54 問　1　青色　　2　白色　　3　黒色　　4　緑色　　5　褐色

第 55 問～第 56 問　クロルピクリンの性状、用途及び鑑別法に関する次の記述について、（　）にあてはまる字句を下欄から選びなさい。

【性　状】 純品は、(第 55 問)の油状液体である。催涙性、強い粘膜刺激臭を有する。
【用　途】 (第 56 問)、薬品原料。
【鑑別法】 アルコール溶液にジメチルアニリン及びブルシンを加えて溶解し、これにブロムシアン溶液を加えると、(第 57 問)ないし赤紫色を呈する。

≪下欄≫
第 55 問　1　無色　2　黒色　3　青色　4　赤褐色　5　緑色
第 56 問　1　酸化防止剤　2　防腐剤　3　土壌燻(くん)蒸剤　4　顔料　5　殺そ剤
第 57 問　1　黒色　2　青色　3　黄色　4　緑色　5　白色

第 58 問～第 59 問　アンモニアの性状及び鑑別法に関する次の記述について、（　）にあてはまる字句を下欄からそれぞれ選び、番号で答えなさい。

【性　状】 (第 58 問)の気体。刺激臭を有する。
【鑑別法】 アンモニア水に塩酸を加えて中和した後、塩化白金溶液を加えると、(第 59 問)の結晶性の沈殿を生ずる。

≪下欄≫
第 58 問　1　褐色　2　無色　3　黄色　4　緑色　5　青色
第 59 問　1　青色　2　白色　3　黒色　4　黄色　5　赤色

第 60 問　ジメトエート（ジメチル－（N－メチルカルバミルメチル）－ジチオホスフェイト）に関する次の記述の正誤について、正しい組合せはどれか。

a　赤褐色の液体である。
b　有機燐(りん)系殺虫剤に分類される。
c　熱に極めて安定である。

	a	b	c
1	正	誤	正
2	誤	正	正
3	正	誤	誤
4	誤	正	誤
5	正	正	誤

(特定品目)

第 46 問～第 50 問　次の表の各問に示した性状等にあてはまる物質を、それぞれ下記の物質欄から選び、番号で答えなさい。

問題番号	色	状態	用途	その他
第 46 問	黄緑色	気体	酸化剤 殺菌剤	窒息性臭気を有する
第 47 問	無色	気体	塩化ビニル原料	湿った空気中で発煙する
第 48 問	橙黄色～ 橙赤色	結晶	酸化剤 顔料	水に可溶
第 49 問	無色	結晶	漂白剤	無水物は吸湿性を有する
第 50 問	無色	液体	香料	果実様の芳香を有する

物 質 欄
1　塩化水素　2　酢酸エチル　3　重クロム酸カリウム　4　蓚酸　5　塩素

第51問～第52問　アンモニアの性状及び鑑別法に関する次の記述について、(　　) にあてはまる字句を下欄からそれぞれ選びなさい。

【性 状】 (**第51問**)の気体。刺激臭を有する。
【用 途】 アンモニア水に塩酸を加えて中和した後、塩化白金溶液を加えると、(**第52問**)の結晶性の沈殿を生ずる。

≪下欄≫

	1	2	3	4	5
第51問	褐色	無色	黄色	緑色	青色
第52問	青色	白色	黒色	黄色	赤色

第53問～第54問　硝酸の性状及び鑑別法に関する次の記述について、(　) にあてはまる字句を下欄からそれぞれ選びなさい。

【性　状】 純品は、(**第53問**)の液体。特異臭を有する。
【鑑別法】 銅屑を加えて熱すると、藍色を呈して溶け、その際、(**第54問**)の蒸気を生ずる。

≪下欄≫

	1	2	3	4	5
第53問	褐色	無色	黄色	緑色	青色
第54問	白色	紫色	黄緑色	青色	赤褐色

第55問～第57問　水酸化カリウムの性状、用途及び鑑別法に関する次の記述について、(　　) にあてはまる字句を下欄からそれぞれ選びなさい。

【性 状】 (**第55問**)の固体。潮解性を有する。
【用 途】 (**第56問**))、化学工業用
【鑑別法】 水溶液に酒石酸溶液を過剰に加えると、(**第 57 問**)の結晶性の沈殿を生ずる。

≪下欄≫

	1	2	3	4	5
第55問	黄色	青色	白色	淡緑色	橙色
第56問	試薬	香料	有機溶剤	塗料	顔料
第57問	黄色	青色	黒色	白色	赤色

第58問～第60問　次に掲げた物質の鑑別法として最も適当なものを、下欄からそれぞれ選びなさい。

(**第58問**)　四塩化炭素
(**第59問**)　一酸化鉛
(**第60問**)　ホルマリン（ホルムアルデヒドの水溶液）

解答番号	鑑別法
1	レゾルシンと33％水酸化カリウム溶液と熱すると黄赤色を呈し、緑色の蛍石彩を放つ。
2	アルコール性の水酸化カリウムと銅粉とともに煮沸すると、黄赤色の沈殿を生ずる。
3	硝酸を加え、さらにフクシン亜硫酸溶液を加えると、藍紫色を呈する。
4	濃塩酸を潤したガラス棒を近づけると、白煙を生ずる。
5	希硝酸に溶かすと、無色の液となり、これに硫化水素を通すと、黒色の沈殿を生ずる。

岐阜県
令和２年度実施

〔毒物及び劇物に関する法規〕

※問題文中の用語は次によるものとする。
法：毒物及び劇物取締法　　政令：毒物及び劇物取締法施行令　　規則：毒物及び劇物取締法施行規則
毒物劇物営業者：毒物又は劇物の製造業者、輸入業者又は販売業者

岐阜県

（一般・農業用品目・特定品目共通）

問１　法の目的に関する記述について、（　）内に当てはまる語句として、正しいものの組み合わせを①～⑤の中から一つ選びなさい。

<目的>
法第１条 この法律は、毒物及び劇物について、（ a ）の見地から必要な（ b ）を行うことを目的とする。

	a	b
①	保健衛生上	規制
②	保健衛生上	取締
③	保健衛生上	指導
④	公衆衛生上	規制
⑤	公衆衛生上	取締

問２　毒物又は劇物の禁止規定に関する記述について、（　）内に当てはまる語句として、正しいものの組み合わせを①～⑤の中から一つ選びなさい。

<禁止規定>
法第３条
３　毒物又は劇物の販売業の登録を受けた者でなければ、毒物又は劇物を販売し、（ a ）し、又は販売若しくは（ a ）の目的で（ b ）し、（ c ）し、若しくは陳列してはならない。但し、毒物又は劇物の製造業者又は輸入業者が、その製造し、又は輸入した毒物又は劇物を、他の毒物又は劇物の製造業者、輸入業者又は販売業者に販売し、（ a ）し、又はこれらの目的で（ b ）し、（ c ）し、若しくは陳列するときは、この限りでない。

	a	b	c
①	製造	保管	運搬
②	製造	貯蔵	研究
③	授与	貯蔵	運搬
④	授与	製造	輸入
⑤	譲渡	保管	研究

問3　法第3条の3の条文に関する記述について、（　）内に当てはまる語句として、正しいものの組み合わせを①～⑤の中から一つ選びなさい。

（ a ）、幻覚又は（ b ）の作用を有する毒物又は劇物（これらを含有する物を含む。）であつて政令で定めるものは、みだりに（ c ）し、若しくは（ d ）し、又はこれらの目的で（ e ）してはならない。

	a	b	c	d	e
①	麻痺	鎮静	販売	吸入	運搬
②	幻聴	麻痺	販売	譲与	貯蔵
③	幻聴	鎮静	摂取	授与	所持
④	興奮	麻酔	摂取	吸入	所持
⑤	興奮	鎮咳	授与	譲受	貯蔵

岐阜県

問4　法第3条の4及び政令第32条の3の規定により、引火性、発火性又は爆発性のある毒物又は劇物であるため、業務その他正当な理由による場合を除いては、所持してはならないものとして定められているものの正しい組み合わせを①～⑤の中から一つ選びなさい。

ア　ナトリウム　　イ　ピクリン酸　　ウ　トルエン　　エ　酢酸エチル

①（ア、イ）　②（ア、ウ）　③（イ、ウ）　④（イ、エ）
⑤（ウ、エ）

問5　毒物劇物営業者が行う手続きに関する次の記述の正誤について、正しいものの組み合わせを①～⑤の中から一つ選びなさい。

a　毒物又は劇物の販売業者が販売する毒物の品目を追加したときは、30日以内に届け出なければならない。
b　毒物又は劇物の輸入業者の営業所において、登録を受けた劇物以外の劇物を新たに輸入するときは、輸入後30日以内に登録の変更申請をしなければならない。
c　登録票の記載事項に変更が生じたときは、登録票の書換え交付を申請することができる。
d　登録票を破り、汚し、又は失ったときは、登録票の再交付を申請することができる。

	a	b	c	d
①	誤	誤	正	正
②	正	正	正	正
③	誤	正	誤	誤
④	誤	誤	正	誤
⑤	誤	正	正	正

問6　毒物又は劇物の製造所等の設備の基準に関する次の記述の正誤について、正しいものの組み合わせを①～⑤の中から一つ選びなさい。

a　毒物又は劇物の製造作業を行う場所は、コンクリート、板張り又はこれに準ずる構造とする等その外に毒物又は劇物が飛散し、漏れ、しみ出若しくは流れ出、又は地下にしみ込むおそれのない構造であること。
b　毒物又は劇物の製造作業を行う場所は、毒物又は劇物を含有する粉じん、蒸気又は廃水の処理に要する設備又は器具を備えていること。
c　毒物又は劇物の貯蔵設備は、毒物又は劇物とその他の物とを区分して貯蔵できるものであること。
d　毒物又は劇物の貯蔵設備は、毒物又は劇物を貯蔵する場所にかぎをかける設備があること。ただし、その場所が性質上かぎをかけることができないものであるときは、その周囲に、堅固なさくが設けてあること。

	a	b	c	d
①	正	正	正	正
②	正	正	誤	正
③	誤	正	正	誤
④	誤	誤	正	誤
⑤	誤	誤	誤	正

岐阜県

問7　毒物劇物取扱責任者に関する次の記述の正誤について、正しいものの組み合わせを①～⑤の中から一つ選びなさい。

a　毒物劇物営業者は、自ら毒物劇物取扱責任者として毒物又は劇物による保健衛生上の危害の防止にあたることはできない。

b　毒物又は劇物の輸入業の登録を受けた者が、毒物又は劇物の販売業を併せ営む場合において、その営業所、店舗が隣接しているとき、毒物劇物取扱責任者はこれらの施設を通じて一人で足りる。

c　毒物劇物営業者は、毒物劇物取扱責任者を変更したときは、60 日以内に、その毒物劇物取扱責任者の氏名を届け出なければならない。

	a	b	c
①	正	正	誤
②	誤	正	誤
③	正	正	正
④	誤	誤	正
⑤	正	誤	誤

問8　毒物及び劇物の廃棄の方法を定めた政令の条文（抜粋）について、(　) 内に当てはまる語句として、正しいものの組み合わせを①～⑤の中から一つ選びなさい。

法第 15 条の２の規定により、毒物若しくは劇物又は法第 11 条第２項に規定する政令で定める物の廃棄の方法に関する技術上の基準を次のように定める。

一　中和、(a)、酸化、還元、(b) その他の方法により、毒物及び劇物並びに法第 11 条第２項に規定する政令で定める物のいずれにも該当しない物とすること。

二　(c) 又は揮発性の毒物又は劇物は、保健衛生上危害を生ずるおそれがない場所で、少量ずつ放出し、又は揮発させること。

	a	b	c
①	溶解	稀釈	ガス体
②	溶解	脱水	液体
③	加水分解	稀釈	ガス体
④	加水分解	脱水	ガス体
⑤	溶解	稀釈	液体

問9　毒物劇物取扱責任者に関する記述について、(　　) 内に当てはまる語句として、正しいものの組み合わせを①～⑤の中から一つ選びなさい。

次に掲げる者は、法第７条の毒物劇物取扱責任者となることができない。

一　(a) 未満の者

二　心身の障害により毒物劇物取扱責任者の業務を適正に行うことができない者

三　麻薬、大麻、あへん又は (b) の中毒者

四　毒物若しくは劇物又は薬事に関する罪を犯し、罰金以上の刑に処せされ、その執行を終り、又は執行を受けることがなくなつた日から起算して (c) を経過していない者

	a	b	c
①	20 歳	覚醒剤	２年
②	20 歳	シンナー	３年
③	18 歳	覚醒剤	２年
④	18 歳	覚醒剤	３年
⑤	18 歳	シンナー	２年

問10　毒物又は劇物の表示に関する記述について、（　）内に当てはまる語句として、正しいものの組み合わせを①～⑤の中から一つ選びなさい。

＜毒物又は劇物の表示＞

法第 12 条 毒物劇物営業者及び特定毒物研究者は、毒物又は劇物の容器及び被包に、「（ a ）」の文字及び毒物については（ b ）をもつて「毒物」の文字、劇物については（ c ）をもつて「劇物」の文字を表示しなければならない。

	a	b	c
①	医薬用	赤地に白色	白地に赤色
②	医薬用外	白地に赤色	赤地に白色
③	医薬用外	赤地に白色	白地に赤色
④	医薬用	白地に黒色	黒地に白色
⑤	医薬用外	黒地に白色	白地に黒色

問11　法第12条第2項の規定により、毒物又は劇物の輸入業者が、その輸入した毒物又は劇物の容器及び被包に表示しなければ販売してはならないとされている事項として、正しいものを①～⑤の中から一つ選びなさい。

① 毒物又は劇物の成分及びその含量
② 毒物又は劇物の使用期限
③ 毒物又は劇物の原産国名
④ 毒物又は劇物の輸入業の登録番号
⑤ 毒物又は劇物の致死量

問 12　劇物のうち、着色しなければ農業用として販売し、又は授与してはならないと法令で定められているもの及びその着色方法について、正しいものの組み合わせを①～⑤の中から一つ選びなさい。

	着色すべき農業用劇物	着色方法
①	硫酸タリウムを含有する製剤たる劇物	あせにくい黒色で着色
②	燐（りん）化亜鉛を含有する製剤たる劇物	あせにくい赤色で着色
③	ロテノンを含有する製剤たる劇物	あせにくい黒色で着色
④	水酸化カリウムを含有する製剤たる劇物	あせにくい赤色で着色
⑤	硅弗（けいふっ）化水素酸を含有する製剤たる劇物	あせにくい黒色で着色

問13　毒物劇物営業者が、毒物又は劇物を他の毒物劇物営業者に販売又は授与したときに、書面に記載しなければならない事項及びその取扱いに関する次の記述の正誤について、正しいものの組み合わせを①～⑤の中から一つ選びなさい。

a　毒物又は劇物の名称及び数量を記載しなければならない。
b　販売又は授与の年月日を記載しなければならない。
c　譲受人の氏名、職業及び住所（法人にあっては、その名称及び主たる事務所の所在地）を記載しなければならない。
d　販売又は授与の日から3年間、当該書面を保存しなければならない。

	a	b	c	d
①	正	正	誤	誤
②	誤	誤	誤	正
③	正	正	正	誤
④	正	正	誤	正
⑤	誤	誤	正	誤

岐阜県

問14　水酸化ナトリウム10％を含有する製剤で液状のものを、車両を使用して一回につき5000キログラム以上運搬する場合に、その運搬車両に掲げなければならない標識に関する記述について、（　）内に当てはまる語句として、正しいものの組み合わせを①～⑤の中から一つ選びなさい。

0.3メートル平方の板に（ a ）として「（ b ）」と表示し、車両の前後の見やすい箇所に掲げなければならない。

	a	b
①	地を白色、文字を黒色	毒
②	地を黒色、文字を白色	毒
③	地を黒色、文字を白色	劇
④	地を白色、文字を赤色	劇
⑤	地を赤色、文字を白色	毒

問15　毒物及び劇物の運搬に係る荷送人の通知義務について定めた政令の条文（抜粋）について、（　）内に当てはまる語句として、正しいものの組み合わせを①～⑤の中から一つ選びなさい。

毒物又は劇物を車両を使用して、又は鉄道によつて運搬する場合で、当該運搬を他に委託するときは、その荷送人は、運送人に対し、（ a ）、当該毒物又は劇物の（ b ）、成分及びその含量並びに数量並びに（ c ）を記載した書面を交付しなければならない。

	a	b	c
①	必要に応じ	用途	事故の際に講じなければならない応急の措置の内容
②	必要に応じ	名称	盗難の際に講じなければならない連絡の体制
③	あらかじめ	用途	事故の際に講じなければならない応急の措置の内容
④	あらかじめ	用途	盗難の際に講じなければならない連絡の体制
⑤	あらかじめ	名称	事故の際に講じなければならない応急の措置の内容

問16　政令第30条の規定により、燐化アルミニウムとその分解促進剤とを含有する製剤を使用して倉庫内、コンテナ内又は船倉内のねずみ、昆虫などを駆除するための燻（くん）蒸作業を行う場合の基準に関する次の記述の正誤について、正しいものの組み合わせを①～⑤の中から一つ選びなさい。

a　倉庫内の燻（くん）蒸作業では、燻（くん）蒸中は、当該倉庫のとびら、通風口などを閉鎖しなければならない。

b　船倉内の燻（くん）蒸作業では、燻（くん）蒸中は、当該船倉のとびら及びその付近の見やすい場所に、当該船倉内に立ち入ることが著しく危険である旨を表示しなければならない。

c　コンテナ内の燻（くん）蒸作業は、都道府県知事が指定した場所で行わなければならない。

	a	b	c
①	正	正	誤
②	誤	正	正
③	正	誤	誤
④	誤	誤	誤
⑤	正	正	正

問17　毒物劇物営業者が、毒物又は劇物を販売する際に、譲受人に対して行う当該毒物又は劇物の性状及び取扱いに関する情報の提供に関する次の記述について、正しいものの組み合わせを①～⑤の中から一つ選びなさい。

ア　毒物劇物販売業者が、毒物を販売する際に、譲受人の承諾があれば、磁気ディスクの交付による方法で情報提供を行うことができる。
イ　毒物劇物輸入業者が、海外から輸入した劇物を他の毒物劇物営業者に販売する場合は、英文により情報提供を行うことができる。
ウ　毒物劇物販売業者が、毒物を販売する際に、販売する毒物が200ミリグラム以下であれば、情報提供を行わなくてもよい。
エ　硫酸を含有する液体状の住宅用洗浄剤を、主として生活の用に供する一般消費者に販売する場合は、情報提供を行わなくてもよい。

①（ア、イ）　②（ア、ウ）　③（ア、エ）　④（イ、ウ）　⑤（ウ、エ）

問 18　立入検査等に関する記述について、（　）内に当てはまる語句として、正しいものの組み合わせを①～⑤の中から一つ選びなさい。

＜立入検査等＞

法第 18 条第 1 項 都道府県知事は、保健衛生上必要があると認めるときは、毒物劇物営業者若しくは（ a ）から必要な報告を徴し、又は薬事監視員のうちからあらかじめ指定する者に、これらの者の製造所、営業所、店舗、（ b ）その他業務上毒物若しくは劇物を取り扱う場所に立ち入り、帳簿その他の物件を（ c ）させ、関係者に質問させ、若しくは試験のため必要な最小限度の分量に限り、毒物、劇物、第 11 条第 2 項の政令で定める物若しくはその疑いのある物を（ d ）させることができる。

	a	b	c	d
①	特定毒物研究者	研究所	収去	検査
②	特定毒物研究者	研究所	検査	収去
③	輸入業者	営業所	収去	検査
④	輸入業者	営業所	検査	収去
⑤	製造業者	製造所	収去	検査

問 19　特定毒物研究者の許可が失効した場合、又は特定毒物使用者でなくなった場合の措置に関する次の記述の正誤について、正しいものの組み合わせを①～⑤の中から一つ選びなさい。

a　特定毒物研究者は、その許可が効力を失ったときは、15 日以内に、現に所有する特定毒物の品名及び数量を届け出なければならない。

b　特定毒物研究者は、その許可が効力を失った日から起算して 50 日以内であれば、現に所有する特定毒物を特定毒物研究者に譲り渡すことができる。

c　特定毒物使用者は、特定毒物使用者でなくなったときは、15 日以内に、現に所有する特定毒物を廃棄しなければならない。

	a	b	c
①	誤	正	誤
②	正	正	誤
③	誤	正	正
④	誤	誤	正
⑤	正	誤	正

問 20　業務上、毒物又は劇物を取り扱う場合、その事業場の所在地の都道府県知事（その事業場の所在地が保健所を設置する市又は特別区の区域にある場合においては、市長又は区長）に届け出なければならない事業者として、正しいものの組み合わせを①～⑤の中から一つ選びなさい。

ア　シアン化ナトリウムを使用して、金属熱処理を行う事業者

イ　硝酸を使用して、電気めっきを行う事業者

ウ　内容量が 100 リットルの容器を大型自動車に積載して、四アルキル鉛を含有する製剤の輸送を行う事業者

エ　亜砒(ひ)酸を使用して、しろあり防除を行う事業者

①（ア、イ）　②（ア、ウ）　③（ア、エ）　④（イ、ウ）　⑤（イ、エ）

岐阜県

〔基礎化学〕
(一般・農業用品目・特定品目共通)

岐阜県

問 21　次のア～ウの記述の正誤について、正しいものの組み合わせを①～⑤の中から一つ選びなさい。

ア　原子は中心に負の電荷をもった原子核があり、その周りを正の電荷をもった電子が回っている。
イ　原子核は陽子と中性子からなる。
ウ　原子の質量数は陽子の数と中性子の数の合計で決まる。

	a	b	c
①	正	正	誤
②	正	正	正
③	誤	正	正
④	誤	誤	正
⑤	誤	正	誤

問 22　次のうち、炭素電極を用いて塩化ナトリウム（NaCl）水溶液を電気分解したとき、陽極から発生する気体はどれか。正しいものを①～⑤の中から一つ選びなさい。

①　水素（H_2）　②　窒素（N_2）　③　酸素（O_2）　④　塩素（Cl_2）
⑤　ナトリウム（Na）

問 23　次のア～ウの記述の正誤について、正しいものの組み合わせを①～⑤の中から一つ選びなさい。

ア　金属ナトリウムの小片を水に入れると水素が発生する。
イ　濃硫酸（濃度 98%）を希釈するときは、濃硫酸に水を加える。
ウ　リチウムなどのアルカリ金属は空気や水と反応しやすいので、石油中に保存する。

	a	b	c
①	誤	正	正
②	誤	正	誤
③	正	正	正
④	正	誤	正
⑤	正	誤	誤

問 24　次の記述について、（　）に当てはまるものとして正しいものを①～⑤の中から一つ選びなさい。

> メタン（CH_4）分子の炭素原子と水素原子の間にみられるような結合を（　）という。

①　金属結合　②　水素結合　③　配位結合　④　共有結合　⑤　イオン結合

問 25　次の物質のうち、常温常圧で昇華するものの正しい組み合わせを①～⑤の中から一つ選びなさい。

ア　水酸化ナトリウム（NaOH）　イ　炭酸ナトリウム（Na_2CO_3）
ウ　ナフタレン（$C_{10}H_8$）　エ　ヨウ素（I_2）
オ　トルエン（C_7H_8）

①（ア、イ）　②（ア、ウ）　③（ア、オ）　④（イ、エ）　⑤（ウ、エ）

問 26　0.02 mol/L の水酸化ナトリウム水溶液（電離度 1）の pH として最も近い値はどれか。正しいものを①～⑤の中から一つ選びなさい。
ただし、log2 = 0.3 とする。

①　9.0　②　11.3　③　11.7　④　12.0　⑤　12.3

問 27　0.4 mol/L の硫酸 100 mL に 2.0 mol/L の硫酸 300 mL を加えた。この硫酸の濃度として正しいものを①～⑤の中から一つ選びなさい。

① 0.64 mol/L　② 1.0 mol/L　③ 1.4 mol/L　④ 1.6 mol/L　⑤ 1.8 mol/L

問 28　温度が一定の状態で、200 kPa の一酸化炭素 1.0 L と、100 kPa の酸素 3.0 L を 5.0L の容器に封入したとき、混合気体の全圧として、最も近い値を①～⑤の中から一つ選びなさい。なお、このとき、化学反応は起こらないものとする。

① 50 kPa　② 75 kPa　③ 100 kPa　④ 125 kPa　⑤ 150 kPa

問 29　2 mol のプロパンに酸素を混合し、完全燃焼させたときに発生する二酸化炭素の質量として、正しいものを①～⑤の中から一つ選びなさい。
ただし、原子量を H=1，C=12，O=16 とする。

① 44 g　② 88 g　③ 132 g　④ 220 g　⑤ 264 g

問 30　炎色反応で黄色を示す金属元素として、正しいものを①～⑤の中から一つ選びなさい。

① Ca　② Li　③ Na　④ Cu　⑤ K

〔毒物及び劇物の性質及びその他の取扱方法〕
（一般）

問 31 ～問 34　次の物質の主な用途として最も適当なものを下欄から一つ選びなさい。

問 31　硅弗（けいふつ）化ナトリウム　**問 32**　亜硝酸イソプロピル
問 33　四アルキル鉛　**問 34**　ヘキサン－1・6－ジアミン

［下欄］
① 釉薬、試薬
② ナイロン 66 の原料、イソシアネートの原料
③ 合成色素
④ 燻（くん）蒸による倉庫内、コンテナ内又は船倉内におけるねずみ、昆虫等の駆除
⑤ ガソリンへの混入

問 35 ～問 38　次の物質の貯蔵方法として、最も適当なものを下欄から一つ選びなさい。

問 35　クロロホルム　**問 36**　黄燐（りん）　**問 37**　アクロレイン
問 38　シアン化カリウム

［下欄］
① 火気厳禁。非常に反応性に富む物質なので、安定剤を加え、空気を遮断して貯蔵する。
② 純品は空気と日光によって変質するので、少量のアルコールを加えて分解を防止し、冷暗所に貯蔵する。
③ 通常、石油中に貯蔵する。石油も酸素を吸収するため、長時間のうちには、表面に酸化物の白い皮を生じる。
④ 空気に触れると発火しやすいので、水中に沈めて瓶に入れ、さらに砂を入れた缶中に固定して、冷暗所に貯蔵する。
⑤ 光を遮り少量ならばガラス瓶、多量ならばブリキ缶あるいは鉄ドラム缶を用い、酸類とは離して、空気の通流のよい乾燥した冷所に密封して貯蔵する。

問 39　次の物質のうち、常温、常圧で液体のものの正しい組み合わせを、次の①～⑤の中から一つ選びなさい。

a　フェニレンジアミン　　b　酢酸エチル　　c　臭素　　d　硝酸銀

①（a、b）　②（a、c）　③（a、d）　④（b、c）　⑤（b、d）

問 40　「毒物及び劇物の廃棄の方法に関する基準」で定める水銀の廃棄方法として正しいものを、次の①～⑤の中から一つ選びなさい。

①　そのまま再生利用するため蒸留する。（回収法）
②　多量の水で希釈して処理する。（希釈法）
③　水で希薄な水溶液とし、酸（希塩酸、希硫酸など）で中和させた後、多量の水で希釈して処理する。（中和法）
④　アフターバーナーを具備した焼却炉の火室へ噴霧し焼却する。（燃焼法）
⑤　アルカリ水溶液（石灰乳又は水酸化水溶液）中に少量ずつ滴下し、多量の水で希釈して処理する。（アルカリ法）

問 41　毒物又は劇物の貯蔵方法として誤っているものを次の①～⑤の中から一つ選びなさい。

①　ピクリン酸は、爆発を防ぐため、鉄製容器を使用し、硫黄、ヨード、アルコールと離して貯蔵する。
②　水酸化カリウムは、二酸化炭素と水を強く吸収するため、密栓をして貯蔵する。
③　ナトリウムは、空気中にそのまま貯蔵することはできないので、石油中に貯蔵する。
④　五硫化二燐（りん）は、わずかの加熱で発火し、発生した硫化水素で爆発することがあるので、換気良好な冷暗所に貯蔵する。
⑤　シアン化水素は、少量ならば褐色ガラス瓶を用い、多量ならば銅製シリンダーを用いる。日光及び過熱を避け、通風のよい冷所に貯蔵する。

問 42 ～問 45　次の物質を含有する製剤において、含有する濃度が何％以下になると劇物に該当しなくなるか。正しいものを①～⑤の中から一つ選びなさい。ただし、同じ番号を繰り返し選んでもよい。

問 42　ホルムアルデヒド　　問 43　塩化水素
問 44　ジメチルアミン　　問 45　２－アミノエタノール

①　1％　②　10％　③　20％　④　50％　⑤　90％

問 46　風解性を示す物質として最も適当なものを次の①～⑤の中から一つ選びなさい。

①　硝酸亜鉛　②　硫酸第二銅　③　塩化ホスホリル
④　モノクロル酢酸　⑤　五塩化燐（りん）

問 47　次の物質とその漏えい時の措置について、正しいものの組み合わせを①～⑤の中から一つ選びなさい。

a　トルエン
付近の着火源となるものを速やかに取り除く。少量の場合、漏えいした液は、土砂等に吸着させて空容器に回収する。多量の場合、漏えいした液は、土砂等でその流れを止め、安全な場所に導き、液の表面を泡で覆い、できるだけ空容器に回収する。
b　液化アンモニア
土砂等に吸着させて取り除くか、又はある程度水で徐々に希釈した後、消石灰、ソーダ灰等で中和し、多量の水を用いて洗い流す。

c 塩化バリウム

飛散したものは空容器にできるだけ回収し、そのあとを硫酸ナトリウムの水溶液を用いて処理し、多量の水を用いて洗い流す。

d メタクリル酸

漏えいした液は土砂等でその流れを止め、安全な場所に導き、空容器にできるだけ回収し、そのあとを水酸化カルシウム等の水溶液を用いて処理し、多量の水を用いて洗い流す。

	a	b	c	d
①	正	正	誤	誤
②	誤	誤	正	誤
③	正	誤	正	正
④	誤	正	誤	正
⑤	誤	誤	誤	正

問48～問50 次の物質の性状について、最も適当なものを下欄から一つ選びなさい。

問48 水銀　問49 ピクリン酸　問50 亜硝酸メチル

［下欄］

① 暗赤色針状結晶で潮解性があり水に易溶であり、きわめて強い酸化剤である。
② 無色透明な油状の液体で、特有の臭気がある。空気に触れて赤褐色を呈する。
③ 水に難溶。蒸気は空気より重く、引火しやすい。ロケット燃料として使用される。
④ 淡黄色の光沢のある結晶で、急熱あるいは衝撃により爆発する。
⑤ 常温で液状のただ一つの金属である。

（農業用品目）

問31 トランス－N－（6－クロロ－3－ピリジルメチル）－N’－シアノ－N－メチルアセトアミジン（別名 アセタミプリド）に関する記述の正誤について、正しいものの組み合わせを①～⑤の中から一つ選びなさい。

a 刺激性がある。
b アセトン、メタノール等の有機溶媒に可溶である。
c 除草剤として用いられる。

	a	b	c
①	正	正	誤
②	誤	正	正
③	正	誤	正
④	誤	正	誤
⑤	正	誤	誤

問32～問35 次の物質の性状として、最も適当なものを下欄から一つ選びなさい。

問32 硫酸第二銅
問33 トリクロルヒドロキシエチルジメチルホスホネイト
(別名 トリクロルホン, DEP)
問34 ニコチン
問35 メチル＝N－［2－［1－（4－クロロフェニル）－1H－ピラゾール－3－イルオキシメチル］フェニル］（N－メトキシ）カルバマート
(別名 ピラクロストロビン)

［下欄］

① 空気中ですみやかに褐色となる液体で、水、アルコールに容易に溶ける。
② 濃い藍色の結晶で、風解性がある。水に溶けやすく、その水溶液は酸性を呈する。
③ 純品は白色の結晶で、クロロホルム、ベンゼン、アルコールに溶け、水にもかなり溶ける。
④ 白色から黄色の結晶性粉末で、原体は暗褐色の粘稠固体である。

問36　ジメチル－２・２－ジクロルビニルホスフェイト（別名 DDVP）に関する記述の正誤について、正しいものの組み合わせを①～⑤の中から一つ選びなさい。

a　殺鼠剤として用いられる。
b　毒性として激しい中枢神経刺激及び副交感神経刺激が認められる。
c　無色油状の液体で、水及びすべての有機溶媒に溶けにくい。
d　最も適当な廃棄方法として、アルカリ法があげられる。

	a	b	c	d
①	正	誤	正	誤
②	正	正	正	誤
③	誤	正	正	正
④	誤	正	誤	正
⑤	正	正	誤	誤

問37～問41　次の物質の性状として、最も適当なものを下欄から一つ選びなさい。

問37　２－ヒドロキシ－４－メチルチオ酪酸
問38　エマメクチン
問39　ジエチル－（２・４－ジクロルフェニル）チオホスフェイト
問40　２・２－ジメチル－２・３－ジヒドロ－１－ベンゾフラン－７－イル＝N－[N－（２－エトキシカルボニルエチル）－N－イソプロピルスルフェナモイル]－N－メチルカルバマート（別名 ベンフラカルブ）
問41　３－（６－クロロピリジン－３－イルメチル）－１・３チアゾリジン－２－イリデンシアナミド（別名 チアクロプリド）

［下欄］
①　０．５％以下　　②　２％以下　　③　３％以下　　④　５％以下　⑤　６％以下

問42　ジメチル－（N－メチルカルバミルメチル）－ジチオホスフェイト（別名 ジメトエート）に関する記述の正誤について、正しいものの組み合わせを①～⑤の中から一つ選びなさい。

a　白色の固体である。
b　太陽光線に不安定である。
c　有機燐化合物である。
d　稲のツマグロヨコバイ、ウンカ類、イネカラバエ等の駆除に用いられる。

	a	b	c	d
①	誤	誤	正	正
②	正	誤	正	正
③	正	正	誤	正
④	正	正	正	誤
⑤	正	正	正	正

問43　２－（１－メチルプロピル）－フェニル－N－メチルカルバメート（別名 BPMC）に関する記述の正誤について、正しいものの組み合わせを①～⑤の中から一つ選びなさい。

a　除草剤として用いられる。
b　皮膚に触れた場合、放置すると皮膚より吸収されて中毒を起こすことがある。
c　水にほとんど溶けない。
d　常温・常圧では、淡黄色の液体である。

	a	b	c	d
①	誤	正	正	誤
~~②~~	~~誤~~	~~正~~	~~正~~	~~誤~~
③	正	誤	誤	正
④	正	正	正	誤
⑤	誤	誤	正	正

問44　O－エチル＝S－プロピル＝[（２E）－２－（シアノイミノ）－３－エチルイミダゾリジン－１－イル]ホスホノチオアート（別名 イミシアホス）の常温常圧下での性状として、正しいものを①～⑤の中から一つ選びなさい。

①　微黄色の液体でメタノールに溶ける。
②　微黄色の固体でメタノールに溶けない。
③　無色透明の液体でメタノールに溶ける。
④　無色透明の液体でメタノールに溶けない。
⑤　無色透明の固体でメタノールに溶けない。

問45～問49　次の毒物又は劇物の貯蔵方法について、最も適当なものを下欄から一つ選びなさい。

問45　塩化亜鉛
問46　ロテノン
問47　燐(りん)化アルミニウムとその分解促進剤とを含有する製剤
問48　シアン化水素
問49　クロルピクリン

［下欄］
① 酸素によって分解し、殺虫効力を失うので、空気と光を遮断して貯蔵する。
② 空気中の湿気に触れると猛毒のガスを発生するため、密閉した容器を用い、風通しの良い冷暗所に貯蔵する。
③ 潮解性があるので、密封して冷暗所に貯蔵する。
④ 金属腐食性及び揮発性があるため、耐腐食性容器に入れ、密栓して冷暗所に貯蔵する。
⑤ 少量ならば褐色ガラスびんを用い、多量ならば銅製シリンダーを用いる。日光及び加熱を避け、風通しの良い冷所に貯蔵する。

問50　次の物質のうち、農業用品目販売業の登録を受けた者が販売できるものの正しい組み合わせを①～⑤の中から一つ選びなさい。

a　硝酸水銀
b　Ｏ－エチル＝Ｓ－１－メチルプロピル＝（２－オキソ－３－チアゾリジニル）ホスホノチオアート（別名 ホスチアゼート）５％を含有する製剤
c　ブラストサイジンＳ
d　ヘキサクロルエポキシオクタヒドロエンドエンドジメタノナフタリン（別名 エンドリン）

①（ａ、ｂ）　②（ｂ、ｃ）　③（ｃ、ｄ）　④（ａ、ｃ）　⑤（ｂ、ｄ）

（特定品目）

問31～問35　次の物質の性状について、最も適当なものを下欄から一つ選びなさい。

問31　蓚(しゅう)酸　　問32　クロロホルム　　問33　トルエン
問34　一酸化鉛　　問35　塩素

［下欄］
① 重い粉末で黄色から赤色までのものがある。水に不溶。酸、アルカリにはよく溶ける。
② ２モルの結晶水を有する無色、稜柱状の結晶で、乾燥空気中で風解する。注意して加熱すると昇華するが、急に加熱すると分解する。
③ 無色、揮発性の液体で、特異の香気と、甘味を有する。水に難溶。グリセリンとは混和しないが、純アルコール、エーテルとよく混和する。
④ 無色、可燃性のベンゼン臭を有する液体。水に不溶で、エタノール、ベンゼン、エーテルに可溶である。
⑤ 常温においては窒息性臭気を有する黄緑色気体である。

岐阜県

問 36 〜問 40　次の物質の毒性について、最も適当なものを下欄から一つ選びなさい。

問 36　塩化水素　　問 37　硝酸　　問 38　ホルムアルデヒド
問 39　アンモニア　　問 40　酢酸エチル

［下欄］

① 蒸気を吸入すると、はじめに短時間の興奮期を経て、麻酔状態に陥ることがある。蒸気は粘膜を刺激し、持続的に吸引すると、肺、腎臓及び心臓の障害を来す。
② 吸引した場合、のど、気管支、肺などを刺激し、粘膜が侵される。多量に吸入すると、喉頭けいれん、肺水腫を起こし呼吸困難・呼吸停止を起こす。
③ 吸引により、すべての露出粘膜の刺激症状を発し、咳、結膜炎、口腔、鼻、咽喉粘膜の発赤、高濃度では口唇、結膜の腫脹、一時的失明を来す。
④ 蒸気は粘膜を刺激し、鼻カタル、結膜炎、気管支炎などを来す。高濃度の水溶液は、皮膚の壊疽を来し、しばしば湿疹を生じる。
⑤ 皮膚に触れると、ガスを発生して、組織ははじめ白く、しだいに深黄色となる。

問 41 〜問 43　次の物質の主な用途について、最も適当なものを下欄から一つ選びなさい。

問 41　重クロム酸カリウム　　問 42　メタノール　　問 43　水酸化ナトリウム

［下欄］

① 酸化剤、媒染剤、電気鍍金
② 石けん製造、パルプ工業、染料工業、レーヨン工業、諸種の化学合成
③ 捺染剤、漂白剤、鉄錆による汚れ落とし、合成染料
④ 溶剤、合成原料、燃料

問 44 〜問 48　次の物質を含有する製剤について、劇物として取り扱いを受けなくなる濃度を下欄から一つ選びなさい。なお、同じものを繰り返し選んでもよい。

問 44　クロム酸鉛　　問 45　蓚(しゅう)酸　　問 46　硝酸
問 47　水酸化カリウム　　問 48　過酸化水素

［下欄］

① 1％以下　② 5％以下　③ 6％以下　④ 10％以下　⑤ 70％以下

問 49 〜問 50　次の劇物の貯蔵方法について、最も適当なものを下欄から一つ選びなさい。

問 49　四塩化炭素　　問 50　過酸化水素水

［下欄］

① 亜鉛又は錫メッキをした鋼鉄製容器に保管し、高温に接しない場所に保管する。
② 引火しやすく、その蒸気は空気と混合して爆発性混合ガスとなるので、火気に近づけないように貯蔵する。
③ 二酸化炭素と水を強く吸収するので、密栓をして貯蔵する。
④ 少量ならば褐色ガラスびんを使用し、大量ならばカーボイなどを使用し、三分の一の空間を保って、貯蔵する。日光の直射を避け冷所に、有機物、金属塩、樹脂、油類、その他有機性蒸気を放出する物質と引き離して貯蔵する。
⑤ 容器を密栓し、還元性があるので強酸化剤とは隔離して冷暗所に保管する。

〔毒物及び劇物の識別及び取扱方法〕

（一般）

問 51　沃素に関する記述の正誤について、正しいものの組み合わせを①～⑤の中から一つ選びなさい。

a　澱粉と反応すると藍色を呈し、これを冷やすと脱色する。
b　沃化水素酸水溶液には全く溶けない。
c　蒸気を吸入すると、めまいや頭痛を伴い一種の酩酊を起こす。

	a	b	c
①	正	正	誤
②	正	誤	正
③	誤	正	誤
④	誤	誤	正
⑤	誤	誤	誤

岐阜県

問 52　次の記述に該当する物質を①～⑤の中から一つ選びなさい。

> 橙黄色の結晶で、水によく溶けるが、アルコールには溶けない。
> 水溶液は硝酸バリウムと反応し、黄色のバリウム化合物を沈殿する。

①　クロム酸カリウム　②　蓚酸カルシウム　③　水酸化カリウム
④　水酸化ナトリウム　⑤　沃化カリウム

問 53　セレン化合物の記述として正しいものの組み合わせを①～⑤の中から一つ選びなさい。

a　亜セレン酸ナトリウムの水溶液は、硫酸銅液により、緑青色の結晶性の沈殿を生じる。
b　セレン化水素は、ニンニク臭のある気体である。
c　セレン酸は、黒色、柱状の結晶であり、水に溶けにくい。
d　六弗化セレンは、白色の粉末であり、水によく溶ける。

①（a、b）　②（b、c）　③（c、d）　④（a、c）　⑤（b、d）

問 54　次の物質のうち、特定毒物に<u>該当しないもの</u>を①～⑤の中から一つ選びなさい。

①　テトラエチルピロホスフェイトを含有する製剤
②　四アルキル鉛を含有する製剤
③　オクタメチルピロホスホアミドを含有する製剤
④　塩化ホスホリルを含有する製剤
⑤　モノフルオール酢酸を含有する製剤

問 55～問 57　次の物質の毒性について、最も適当なものを下欄から一つ選びなさい。

問 55　キシレン　　**問 56**　燐化亜鉛
問 57　エチルパラニトロフェニルチオノベンゼンホスホネイト（別名 EPN）

［下欄］
①　主な毒性は腎臓機能障害であり、糸球体性腎炎、ネフローゼ症、蛋白尿を引き起こす。
②　分解すると有毒ガスを発生し、中毒症状を呈する。重症では脈拍の急調、呼吸困難、昏睡状態に陥り、死亡する場合がある。
③　アセチルコリン等を加水分解するコリンエステラーゼを阻害し、副交感神経節後繊維終末（ムスカリン様受容体）あるいは神経筋接合部（ニコチン様受容体）におけるアセチルコリンの蓄積により神経系が過度の刺激状態になり、さまざまな症状を引き起こす。
④　吸入すると、鼻、のどを刺激する。高濃度で興奮、麻酔作用がある。

⑤　嚥下吸入したときに、胃で胃酸や水と反応してホスフィンガスを生成することにより中毒症状を呈する。吸入した場合、頭痛、吐き気等の症状を起こす。

問 58 ～問 60　次の物質の識別方法について、最も適当なものを下欄から一つ選びなさい。

問 58　塩酸　　**問 59**　過酸化水素　　**問 60**　ニコチン

［下欄］

①　本品の硫酸酸性水溶液に、ピクリン酸溶液を加えると、黄色結晶の沈殿を生じる。

②　刺激臭のある酸性の液体で、硝酸銀水溶液を加えると、白色沈殿を生じる。

③　水を加えると青くなる。これに硝酸バリウムを加えると、白色沈殿を生じる。

④　過マンガン酸カリウムを還元し、クロム酸塩を過クロム酸塩に変える。また、沃化亜鉛から沃素を析出する。

⑤　水溶液を白金線につけて火炎中に入れると、火炎は黄色に染まる

岐阜県

（農業用品目）

問 51　クロルピクリンの識別方法として、最も適当なものを①～⑤の中から一つ選びなさい。

①　特有の刺激臭があり、濃塩酸に浸したガラス棒を近づけると、白い霧を生じる。

②　水溶液に金属カルシウムを加え、ベタナフチルアミン及び硫酸を加えると、赤色の沈殿を生じる。

③　5～10％硝酸銀溶液を吸着させたろ紙を近づけると、発生したガスによりろ紙が黒変する。

④　熱すると酸素を発生し、これに塩酸を加えて熱すると、塩素を発生する。

⑤　酒石酸を多量に加えると、白色の結晶性物質を生ずる。

問 52 ～問 56　次の毒物又は劇物の常温における性状について、最も適当なものを下欄から一つ選びなさい。

問 52　エチルジフェニルジチオホスフェイト（別名　エジフェンホス，EDDP）
問 53　ロテノン
問 54　エチレンクロルヒドリン
問 55　ブラストサイジンＳベンジルアミノベンゼンスルホン酸塩
問 56　O－エチル＝S・S－ジプロピル＝ホスホロジチオアート（別名　エトプロホス）

［下欄］

①　エーテル臭をもつ無色の液体である。水、有機溶媒によく溶ける。

②　純品は白色、針状の結晶で、粗製品は白色ないし微褐色の粉末である。水、氷酢酸にやや可溶である。

③　淡黄色透明の液体で、水にほとんど溶けず、有機溶媒によく溶ける。アルカリ性で不安定、酸性で比較的安定であり、高温下で不安定である。

④　メルカプタン臭のある淡黄色透明の液体で、有機溶媒に溶けやすく、水に難溶である。

⑤　斜方六面体結晶で、水に難溶。ベンゼン、アセトンに可溶。クロロホルムに易溶である。

問 57 ～問 60　次の物質による中毒症状について、最も適当なものを下欄から一つ選びなさい。

問 57　ニコチン
問 58　ブロムメチル
問 59　エチレンクロルヒドリン
問 60　ジエチル－（５－フェニル－３－イソキサゾリル）－チオホスフェイト（別名 イソキサチオン）

[下欄]
① 皮膚から容易に吸収され、全身中毒症状を引き起こす。中枢神経系、肝臓、腎臓、肺に顕著な障害を引き起こす。致死量のガスに暴露すると、数時間ののちには呼吸困難、激しい頭痛、失神、チアノーゼ、左胸部痛等が生じ、最後には呼吸不全を起こして死亡する。
② 猛烈な神経毒であって、人体に対する経口致死量は 0.06g である。急性中毒では、吐き気、悪心、嘔吐があり、ついで、脈拍緩徐不整となり、発汗、瞳孔縮小、意識喪失、呼吸困難、痙攣をきたす。
③ 主な中毒症状は、振戦、呼吸困難である。本毒は肝臓に核の膨大及び変性を認められ、腎臓には糸球体、細尿管のうっ血、脾臓には脾炎が認められる。
④ 蒸気の吸入により、頭痛、眼や鼻孔の刺激、呼吸困難をきたす。燻蒸剤として用いられるが、普通の使用濃度では臭気を感じないため、気づくのが遅れ、中毒を起こすおそれがある。
⑤ 有機燐化合物であり、体内に吸収されるとコリンエステラーゼの作用を阻害し、縮瞳、頭痛、めまい、意識の混濁等の症状を引き起こす。

（特定品目）

問 51 ～問 55　次の物質の廃棄方法について、最も適当なものを下欄から一つ選びなさい。

問 51　塩素　　**問 52**　硝酸　　**問 53**　蓚酸
問 54　酢酸エチル　　**問 55**　酸化第二水銀

[下欄]
① 徐々にソーダ灰又は消石灰の撹拌溶液に加えて中和させたのち、多量の水で希釈して処理する。
② ナトリウム塩とした後、活性汚泥で処理する。
③ 多量のアルカリ水溶液中に吹き込んだ後、多量の水で希釈して処理する。
④ 硅そう土等に吸収させて開放型の焼却炉で焼却する。
⑤ 水に懸濁し硫化ナトリウム水溶液を加えて沈殿を生成させた後、セメントを加えて固化し、溶出試験を行い、溶出量が判定基準以下であることを確認して埋立処分する。

問 56 ～問 60 次の物質について、飛散又は漏えいした時の措置として、最も適当なものを下欄から一つ選びなさい。なお、作業にあたっては、風下の人を退避させ周囲の立入禁止、保護具の着用、風下での作業を行わないことや廃液が河川等に排出されないよう注意する等の基本的な対応のうえ実施する措置とする。

問 56 アンモニア水　**問 57** 重クロム酸ナトリウム　**問 58** トルエン
問 59 硫酸　**問 60** 四塩化炭素

［下欄］

① 多量の場合、漏えいした液は、土砂等でその流れを止め、安全な場所に導き、液の表面を泡で覆い、できるだけ空容器に回収する。付近の着火源となるものを速やかに取り除く。

② 飛散したものは、空容器にできるだけ回収し、そのあとを還元剤（硫酸第一鉄等）の水溶液を散布し、消石灰等の水溶液で処理した後、多量の水を用いて洗い流す。

③ 漏洩した液は土砂等でその流れを止め、安全な場所に導き、空容器にできるだけ回収し、そのあと多量の水を用いて洗い流す。洗い流す場合には中性洗剤等の分散剤を使用して洗い流す。

④ 少量の場合、漏えいした液は、むしろ等で覆い遠くから多量の水をかけて洗い流す。多量の場合、漏洩した液は土砂等でその流れを止め、安全な場所に導いて遠くから多量の水をかけて洗い流す。

⑤ 少量の場合、漏洩した液は、土砂等に吸着させて取り除くか、又はある程度水で徐々に希釈した後、消石灰、ソーダ灰等で中和し、多量の水を用いて洗い流す。多量の場合、漏洩した液は土砂等でその流れを止め、これに吸着させるか、安全な場所に導いて、遠くから徐々に注水してある程度希釈した後、消石灰、ソーダ灰等で中和し、多量の水を用いて洗い流す。

静岡県

令和２年度実施

（注）解答・解説については、この書籍の編者により編集作成しております。これに係わることについては、県への直接のお問い合わせはご容赦下さいます様お願い申し上げます。

〔学科：法　規〕

（一般・農業用品目・特定品目共通）

問１　次は、毒物及び劇物取締法第１条の規定について述べたものであるが、（　）内に入る語句の組合せとして、正しいものはどれか。

この法律は、毒物及び劇物について、（ ア ）上の（ イ ）から必要な（ ウ ）を行うことを目的とする。

	ア	イ	ウ
(1)	保健衛生	観点	取締
(2)	公衆衛生	観点	規制
(3)	保健衛生	見地	取締
(4)	公衆衛生	見地	規制

問２　次のうち、特定毒物について述べたものとして、誤っているものはどれか。

(1) 毒物若しくは劇物の輸入業者又は特定毒物使用者でなければ、特定毒物を輸入してはならない。

(2) 特定毒物研究者は、特定毒物を学術研究以外の用途に供してはならない。

(3) 毒物劇物営業者又は特定毒物研究者は、特定毒物使用者に対し、その者が使用することができる特定毒物以外の特定毒物を譲り渡してはならない。

(4) 特定毒物使用者は、その使用することができる特定毒物以外の特定毒物を譲り受け、又は所持してはならない。

問３　次の (a)から (d)のうち、毒物及び劇物取締法第３条の４において、業務その他正当な理由による場合を除いては、所持してはならないと規定された、引火性、発火性又は爆発性のある劇物に該当するものはいくつあるか。

(a) トルエン
(b) ナトリウム
(c) ピクリン酸
(d) 塩素酸ナトリウム 25 ％を含有する製剤

(1) １つ　(2) ２つ　(3) ３つ　(4) ４つ

問４　次のうち、毒物又は劇物の製造所の設備の基準について述べたものとして、誤っているものはどれか。

(1)　毒物又は劇物の製造作業を行なう場所は、毒物又は劇物を含有する粉じん、蒸気又は廃水の処理に要する設備又は器具を備えていること。

(2)　毒物又は劇物の運搬用具は、毒物又は劇物が飛散し、漏れ、又はしみ出るおそれがないものであること。

(3)　毒物又は劇物の貯蔵設備は、毒物又は劇物とその他の物とを区分して貯蔵できるものであること。

(4)　毒物又は劇物を陳列する場所にかぎをかける設備があること。ただし、その場所が性質上かぎをかけることができないものであるときは、この限りではない。

静岡県

問5　次のうち、毒物劇物取扱責任者について述べたものとして、正しいものの組合せはどれか。

(ア)　厚生労働省令で定める学校で、応用化学に関する学課を修了した者は、毒物劇物取扱責任者となることができる。
(イ)　農業用品目毒物劇物取扱者試験に合格した者は、毒物又は劇物のうち、農業用品目のみを取り扱う輸入業の営業所の毒物劇物取扱責任者となることができる。
(ウ) 18歳以下の者は、毒物劇物取扱責任者となることができない。
(エ)　毒物劇物営業者は、自ら毒物劇物取扱責任者として毒物又は劇物による保健衛生上の危害の防止に当たることはできない。

(1) ア、イ　(2) イ、ウ　(3) ウ、エ　(4) ア、エ

問6　次のうち、毒物又は劇物の表示について述べたものとして、誤っているものはどれか。

(1)　毒物劇物営業者は、毒物の容器及び被包に、「医薬用外」の文字及び赤地に白色をもって「毒物」の文字を表示しなければならない。
(2)　毒物劇物営業者は、劇物を貯蔵し、又は陳列する場所に、「医薬用外」の文字及び「劇物」の文字を表示しなければならない。
(3) 毒物劇物営業者は、有機シアン化合物及びこれを含有する製剤たる劇物を販売し、又は授与するときは、その容器及び被包に、厚生労働省令で定めるその解毒剤の名称を表示しなければならない。
(4) 毒物又は劇物の製造業者は、その製造した塩化水素又は硫酸を含有する製剤たる劇物（住宅用の洗浄剤で液体状のものに限る。）を販売し、又は授与するときは、その容器及び被包に、眼に入った場合は、直ちに流水でよく洗い、医師の診断を受けるべき旨を表示しなければならない。

問7　次の (a)から (d)のうち、毒物及び劇物取締法第14条の規定により、毒物劇物営業者が毒物又は劇物を毒物劇物営業者以外の者に販売し、又は授与するときに、譲受人から提出を受ける書面に記載されていなければならない事項として、正しいものはいくつあるか。

(a) 毒物又は劇物の名称及び数量
(b) 販売又は授与の年月日
(c) 譲受人の氏名
(d) 譲受人の職業

(1) 1つ　(2) 2つ　(3) 3つ　(4) 4つ

問8　次のうち、水酸化カリウム30％を含有する製剤で液体状のものを、車両を使用して1回につき 5,000 キログラム以上運搬する場合の運搬方法の基準について述べたものとして、誤っているものはどれか。

(1)　1人の運転者による運転時間が、1日当たり9時間を超える場合、車両1台について運転者のほか交替して運転する者を同乗させなければならない。
(2) 車両には、防毒マスク、ゴム手袋その他事故の際に応急の措置を講ずるために必要な保護具で厚生労働省令で定めるものを2人分以上備えなければならない。
(3) 車両には、運搬する劇物の名称、成分及びその含量並びに事故の際に講じなければならない応急の措置の内容を記載した書面を備えなければならない。
(4)　車両には、0.5メートル平方の板に地を白色、文字を黒色として「毒」と表示し、車両の前後の見やすい箇所に掲げなければならない。

問９　次は、毒物及び劇物取締法第 17 条に規定する毒物又は劇物の事故の際の措置について述べたものであるが、（　）内に入る語句の組合せとして、正しいものはどれか。

毒物劇物営業者及び特定毒物研究者は、その取扱いに係る毒物又は劇物が飛散し、漏れ、流れ出し、染み出し、又は地下に染み込んだ場合において、不特定又は多数の者について（ ア ）上の危害が生ずるおそれがあるときは、直ちに、その旨を（ イ ）に届け出るとともに、（ ア ）上の危害を防止するために必要な応急の措置を講じなければならない。

毒物劇物営業者及び特定毒物研究者は、その取扱いに係る毒物又は劇物が盗難にあい、又は紛失したときは、直ちに、その旨を（ ウ ）に届け出なければならない。

静岡県

	ア	イ	ウ
(1)	保健衛生	保健所、警察署又は消防機関	警察署
(2)	保健衛生	警察署又は消防機関	警察署又は保健所
(3)	公衆衛生	警察署又は消防機関	警察署
(4)	公衆衛生	保健所、警察署又は消防機関	警察署又は保健所

問 10　次のうち、毒物及び劇物取締法第 22 条第１項の規定により、その事業場の所在地の都道府県知事（その事業場の所在地が保健所を設置する市又は特別区の区域にある場合においては、市長又は区長）に業務上取扱者の届出をしなければならない者として、正しいものの組合せはどれか。

(ア) 塩酸を使用して、電気めっきを行う事業者
(イ) 亜砒（ひ）酸を使用して、ねずみの防除を行う事業者
(ウ) シアン化ナトリウムを使用して、金属熱処理を行う事業者
(エ) 内容積が１，０００リットルの容器を大型自動車に積載して、クロルスルホン酸を運送する事業者

(1) ア、イ　　(2) イ、ウ　　(3) ウ、エ　　(4) ア、エ

〔学科：基礎化学〕
（一般・農業用品目・特定品目共通）

問 11　次のうち、キシレンの分子量として、正しいものはどれか。
ただし、原子量を、H＝1、C＝12、N＝14、O＝16 とする。

(1) 92　　(2) 93　　(3) 94　　(4) 106

問 12　次の (a)から (d)のうち、金属元素とその炎色反応の組合せとして、正しいものはいくつあるか。

	金属元素	炎色反応
(1)	Li	青緑色
(2)	K	赤紫色
(3)	Ca	黄緑色
(4)	Ba	赤色

(1) 1つ　　(2) 2つ　　(3) 3つ　　(4) 4つ

問 13　次のうち、単体の金属をイオン化傾向の大きい順に並べたものとして、正しいものはどれか。

大　　　　　　　小
(1) Li ＞ Au ＞ Sn ＞ Fe
(2) Na ＞ Ni ＞ Zn ＞ Pt
(3) Ca ＞ Pb ＞ Al ＞ Cu
(4) K ＞ Mg ＞ Fe ＞ Ag

問 14　次のうち、0.001mol/L の水酸化カリウム水溶液の pH として、最も適当なものはどれか。
ただし、水酸化カリウムの電離度は 1.0 とする。

(1) 7　(2) 9　(3) 11　(4) 13

静岡県

問 15　次のうち、15 %の食塩水 200g に 30 %の食塩水 400g を加えてできる食塩水の濃度として、正しいものはどれか。

(1) 10 %　(2) 15 %　(3) 20 %　(4) 25 %

〔学科：性質・貯蔵・取扱〕

(一般)

問 16　次の(a)から(d)のうち、毒物に該当するものはいくつあるか。

(a) 亜塩素酸ナトリウム　(b) ヒドラジン　(c) 無水クロム酸
(d) メチルメルカプタン

(1) 1つ　(2) 2つ　(3) 3つ　(4) 4つ

問 17　次のうち、トルエンについて述べたものとして、<u>誤っているもの</u>はどれか。

(1) 化学式は、$C_6H_5CH_3$ である。
(2) 無色の液体である。
(3) 水に可溶である。
(4) 可燃性のベンゼン臭を有する。

問 18　次のうち、毒物又は劇物の貯蔵方法について述べたものとして、<u>誤っているもの</u>はどれか。

(1) 黄燐(りん)は、空気に触れると発火しやすいので、水中に沈めて瓶に入れ、さらに砂を入れた缶中に固定して、冷暗所に貯蔵する。
(2) シアン化ナトリウムは、少量ならばガラス瓶、多量ならばブリキ缶又は鉄ドラムを用い、酸類とは離して、風通しの良い乾燥した冷所に密封して貯蔵する。
(3) ブロムメチルは、常温では気体のため、圧縮冷却して液化し、圧縮容器に入れ、直射日光その他、温度上昇の原因を避けて、冷暗所に貯蔵する。
(4) 沃(よう)素は、空気や光線に触れると赤変するため、遮(しゃ)光して貯蔵する。

問 19　次のうち、毒物又は劇物とその主な用途の組合せとして、最も適当なものはどれか。

	名称	主な用途
(1)	ニトロベンゼン	アニリンの製造原料
(2)	アクロレイン	紙・パルプの漂白剤
(3)	ベタナフトール	殺虫剤
(4)	塩素酸ナトリウム	木材の防腐剤

問 20　次は、ある物質の毒性について述べたものであるが、物質名として最も適当なものはどれか。

吸入すると、分解されずに組織内に吸収され、各器官が障害される。血液中でメトヘモグロビンを生成し、また、中枢神経や心臓、眼結膜を侵し、肺も強く障害する。

(1) クロルピクリン　(2) シアン化水素　(3) ニコチン　(4) 硫酸タリウム

(農業用品目)

問 16　次のうち、毒物に該当するものとして、正しいものはどれか。

(1) トランス－N－（6－クロロ－3－ピリジルメチル）－N'－シアノ－N－メチルアセトアミジン（別名アセタミプリド）
(2) ヘキサキス（β, β－ジメチルフェネチル）ジスタンノキサン（別名酸化フェンブタスズ）
(3) 3, 7, 9, 13－テトラメチル－5, 11－ジオキサ－2, 8, 14－トリチア－4, 7, 9, 12－テトラアザペンタデカ－3, 12－ジエン－6, 10－ジオン（別名チオジカルブ）
(4) シアン酸ナトリウム

問 17　次の毒物又は劇物のうち、農業用品目販売業の登録を受けた者が販売できるものの組合せとして、正しいものはどれか。

(ア)　硝酸
(イ)　モノフルオール酢酸
(ウ)　塩素酸ナトリウム
(エ)　水酸化ナトリウム

(1) ア、イ　(2) イ、ウ　(3) ウ、エ　(4) ア、エ

問 18　次は、特定の用途に供される毒物又は劇物の販売について述べたものであるが、(　) 内に入る語句の組合せとして、正しいのはどれか。

(ア) たる劇物については、あせにくい (イ) で着色したものでなければ、これを農業用として販売してはならない。

	ア	イ
(1)	硫酸タリウムを含有する製剤	黒色
(2)	硫酸カリウムを含有する製剤	黒色
(3)	燐(りん)化亜鉛を含有する製剤	青色
(4)	燐(りん)化鉛を含有する製剤	青色

問 19　次のうち、ジメチルジチオホスホリルフェニル酢酸エチル（別名 PAP）について述べたものとして、正しいものはどれか。

(1) 無臭の乳白色を呈する液体である。
(2) 稲のニカメイチュウの駆除に用いられる。
(3) エーテルに不溶である。
(4) 水に可溶である。

問 20　次のうち、エチルパラニトロフェニルチオノベンゼンホスホネイト（別名 EPN）について述べたものの組合せとして、正しいものはどれか。

(ア)　アセトンに可溶である。
(イ)　白色結晶で、水に易溶である。
(ウ)　化学式は、$C_{14}H_{14}NO_4S$ である。
(エ)　殺虫剤として用いられる。

(1) ア、イ　(2) イ、ウ　(3) ウ、エ　(4) ア、エ

（特定品目）

問 16　次の(a)から(d)のうち、劇物に該当するものはいくつあるか。

(a) 塩化水素
(b) 塩化水素５％を含有する製剤
(c) 水酸化ナトリウム
(d) 水酸化ナトリウム５％を含有する製剤

(1) １つ　　(2) ２つ　　(3) ３つ　　(4) ４つ

問 17　次のうち、劇物である硫酸及びこれを含有する製剤で液体状のものを、車両を使用して１回につき 5,000 キログラム以上運搬する場合に、厚生労働省令で定める車両に備えなければならない保護具として、正しいものはどれか。

(1) 保護手袋、保護長ぐつ、保護衣及び保護眼鏡
(2) 保護手袋、保護長ぐつ、保護衣及び普通ガス用防毒マスク
(3) 保護手袋、保護衣、酸性ガス用防毒マスク及び保護眼鏡
(4) 保護長ぐつ、保護衣、酸性ガス用防毒マスク及び保護眼鏡

静岡県

問 18　次のうち、メチルエチルケトンの性状について述べたものとして、正しいものの組合せはどれか。

(ア) 無色の液体である。　　(イ) 蒸気は空気より軽い。
(ウ) 不燃性である。　　(エ) 水に可溶である。

(1) ア、イ　　(2) イ、ウ　　(3) ウ、エ　　(4) ア、エ

問 19　次のうち、劇物と主な用途の組合せとして、誤っているものはどれか。

	劇物	主な用途
(1)	トルエン	殺菌剤
(2)	硅弗化ナトリウム（けいふっ）	釉薬（ゆう）
(3)	蓚酸（しゅう）	漂白剤
(4)	水酸化ナトリウム	せっけんの製造原料

問 20　次のうち、四塩化炭素の貯蔵方法について述べたものとして、最も適当なものはどれか。

(1) 褐色ガラスビンを使用し、３分の１の空間を保って貯蔵する。
(2) 炭酸ガスを吸収する性質が強いため、密栓して貯蔵する。
(3) 空気中にそのまま貯蔵することはできないため、通常石油中に貯蔵する。
(4) 亜鉛又はスズメッキをした鋼鉄製容器で保管し、高温に接しない場所に貯蔵する。

〔実　地：識別・取扱〕

（一般・農業用品目・特定品目共通）

問１　次のうち、硫酸について述べたものとして、誤っているものはどれか。

(1) 無色透明、油様の液体である。
(2) 廃棄方法は、徐々に石灰乳の攪拌（かくはん）溶液に加え中和させた後、多量の水で希釈して処理する。
(3) 硫酸の希釈水溶液に塩化バリウムを加えると、黒色の硫酸バリウムを沈殿する。
(4) 水と急激に接触すると多量の熱を発生し、酸が飛散することがある。

問２　次のうち、アンモニアについて述べたものとして、正しいものはどれか。

(1) 特有の刺激臭のある黄色の気体である。
(2) 圧縮することによって、常温でも簡単に液化する。
(3) エタノールに不溶である。
(4) アンモニア５％を含有する製剤は劇物に該当する。

問３　0.05mol/L の硫酸 10mL を中和するのに水酸化ナトリウム水溶液 10mL を消費した。水酸化ナトリウム水溶液の濃度として、正しいものはどれか。

(1) 0.50mol/L　(2) 0.10mol/L　(3) 0.05mol/L　(4) 0.01mol/L

（一般）

問４　次のうち、毒物又は劇物の性状について述べたものとして、<u>誤っているもの</u>はどれか。

(1) 臭素は、無色の刺激臭を有する気体で、湿った空気中で激しく発煙する。
(2) アセトニトリルは、エーテル様の臭気を有する無色の液体で、エタノールに可溶である。
(3) メチルエチルケトンは、無色の液体で、アセトン様の芳香を有する。
(4) 硫化バリウムは、白色の結晶性粉末で、湿気中では硫化水素を生成する。

問５　次のうち、毒物又は劇物の性状について述べたものとして、正しいものの組合せはどれか。

(ア)　ヒドロキシルアミンは、無色針状の吸湿性結晶で、強い酸化作用を有する。
(イ)　シアン化カリウムは、特有の刺激臭のある無色の気体で、酸素中では黄色の炎をあげて燃焼する。
(ウ)　ブロムエチルは、無色透明、揮発性の液体で、エーテル様の香気を有する。
(エ) 硝酸銀は、無色透明の結晶で、光によって分解して黒変する。

(1) ア、イ　(2) イ、ウ　(3) ウ、エ　(4) ア、エ

問６　次のうち、四塩化炭素について述べたものとして、<u>誤っているもの</u>はどれか。

(1) 無色の液体である。
(2) 揮発性で麻酔性の芳香を有する。
(3) 可燃性である。
(4) エーテルやクロロホルムに可溶である。

問７　次は、ある物質の特徴について述べたものであるが、物質名として最も適当なものはどれか。

無色の気体で、窒息性を有しており、また、水により徐々に分解され、二酸化炭素と塩化水素を生成する。

(1) 塩化ホスホリル　(2) ホスゲン　(3) トリクロル酢酸　(4) アクリル酸

問8　次のうち、フェノールの識別方法として、正しいものはどれか。

(1) 木炭とともに加熱すると、メルカプタンの臭気を放つ。
(2) 熱すると、酸素を出して塩化物に変わる。
(3) 硝酸銀溶液を加えると、白い沈殿を生ずる。
(4) 水溶液に過クロール鉄液を加えると、紫色を呈する。

問9　次のうち、エチレンオキシドの廃棄方法について述べたものとして、最も適当なものはどれか。

(1) 珪(けい)そう土に吸収させて開放型の焼却炉で焼却する。
(2) 多量の水に少量ずつガスを吹き込み溶解し希釈した後、少量の硫酸を加えエチレングリコールに変え、アルカリ水で中和し、活性汚泥で処理する。
(3) 多量の塩化カルシウム水溶液に攪拌(かくはん)しながら少量ずつ加え、数時間熱攪拌(かくはん)する。ときどき消石灰水溶液を加えて中和し、もはや溶液が酸性を示さなくなるまで加熱し、沈殿ろ過して埋立処分する。
(4) そのまま再生利用するため蒸留する。

静岡県

問10　次のうち、蓚(しゅう)酸及びその塩類による中毒の解毒又は治療に用いられるものとして、最も適当なものはどれか。

(1) バルビタール製剤　(2) カルシウム剤
(3) アセトアミド　(4) チオ硫酸ナトリウム

(農業用品目)

問4　次は、ジメチル－2，2－ジクロルビニルホスフェイト（別名DDVP）について述べたものであるが、（　）内に入る語句の組合せとして、正しいものはどれか。

刺激性で、微臭のある比較的揮発性の（ ア ）油状の（ イ ）である。
また、水に難溶であり、一般の有機溶媒に（ ウ ）である。

	ア	イ	ウ
(1)	無色	液体	可溶
(2)	無色	固体	不溶
(3)	褐色	液体	不溶
(4)	褐色	固体	可溶

問5　次のうち、2－イソプロピル－4－メチルピリミジル－6－ジエチルチオホスフェイト（別名ダイアジノン）について述べたものとして、最も適当なものはどれか。

(1) エーテルに不溶である。　(2) 殺鼠(そ)剤として用いられる。
(3) 純品は褐色の固体である。　(4) 有機燐(りん)化合物である。

問6　次のうち、1，1'－ジメチル－4，4'－ジピリジニウムジクロリド（別名パラコート）について述べたものとして、誤っているものはどれか。

(1) 除草剤として用いられる。
(2) 廃棄する場合には、そのままアフターバーナー及びスクラバーを備えた焼却炉の火室へ噴霧し、焼却する。
(3) 中性、酸性下で不安定である。
(4) 水に可溶である。

問7　次のうち、トリクロルヒドロキシエチルジメチルホスホネイト（別名 DEP）について述べたものとして、誤っているものはどれか。

(1) 純品は無色透明の液体である。
(2) 接触性殺虫剤として用いられる。
(3) 水に易溶である。
(4) アルカリで分解する。

問8　次は、クロルピクリンの識別方法について述べたものであるが、（　）内に入る語句の組合せとして、正しいものはどれか。

水溶液に金属（ ア ）を加えこれにベタナフチルアミン及び（ イ ）を加えると、（ ウ ）の沈殿を生成する。

	ア	イ	ウ
(1)	カルシウム	塩酸	白色
(2)	カルシウム	硫酸	赤色
(3)	ナトリウム	塩酸	赤色
(4)	ナトリウム	硫酸	白色

静岡県

問9　次のうち、硫酸第二銅の廃棄方法について述べたものとして、最も適当なものはどれか。

(1) 少量の界面活性剤を加えた亜硫酸ナトリウムと炭酸ナトリウムの混合溶液中で、攪拌（かくはん）し分解させた後、多量の水で希釈して処理する。
(2) 水酸化ナトリウム水溶液でアルカリ性とし、高温加圧下で加水分解する。
(3) 水に溶かし、水酸化カルシウム水溶液を加えて処理し、沈殿ろ過して埋立処分する。
(4) チオ硫酸ナトリウム水溶液に希硫酸を加えて酸性にし、この中に少量ずつ投入する。反応終了後、反応液を中和し多量の水で希釈して処理する。

問10　次のうち、有機燐（りん）製剤による中毒の解毒又は治療に用いられるものとして、最も適当なものはどれか。

(ア) チオ硫酸ナトリウム
(イ) 硫酸アトロピン
(ウ) ２－ピリジルアルドキシムメチオダイド（別名ＰＡＭ）
(エ) 塩酸ナロキソン

(1) ア、イ　　(2) イ、ウ　　(3) ウ、エ　　(4) ア、エ

（特定品目）

問4　次は、塩素の性状等について述べたものであるが、（　）内に入る語句の組合せとして、正しいものはどれか。

常温においては（ ア ）の気体であり、別名クロールといい、化学式は（ イ ）である。また、廃棄方法に（ ウ ）がある。

	ア	イ	ウ
(1)	黄緑色	HCl	燃焼法
(2)	黄緑色	Cl_2	アルカリ法
(3)	赤褐色	HCl	燃焼法
(4)	赤褐色	Cl_2	アルカリ法

問5　次のうち、過酸化水素水の性状等について述べたものとして、<u>誤っているもの</u>はどれか。

(1) H_2O_2 の水溶液である。
(2) 強く冷却すると稜（りょう）柱状の結晶になる。
(3) 不安定な化合物であるため、安定剤として種々のアルカリを添加して貯蔵する。
(4) 漂白や消毒に用いられる。

問6　次のうち、酢酸エチルについて述べたものとして、誤っているものはどれか。

(1) 水に不溶である。
(2) 無色透明の液体である。
(3) 吸入した場合には、麻酔状態に陥ることがある。
(4) 引火性を有する。

問7　次は、蓚（しゅう）酸について述べたものであるが、（　）内に入る語句の組合せとして、正しいものはどれか。

無色、稜（りょう）柱状の結晶で、乾燥空気中で（ ア ）する。また、水溶液をアンモニア水で弱アルカリ性にして塩化カルシウムを加えると、蓚（しゅう）酸カルシウムの（ イ ）の沈殿を生成する。

	ア	イ
(1)	風化	黒色
(2)	潮解	黒色
(3)	風化	白色
(4)	潮解	白色

問8　次は、メタノールの識別方法について述べたものであるが、（　）内に入る語句の組合せとして、正しいものはどれか。

あらかじめ熱灼した酸化銅を加えると、（ ア ）ができ、酸化銅は還元されて（ イ ）を呈する。

	ア	イ
(1)	エタノール	硫酸銅色
(2)	ホルムアルデヒド	金属銅色
(3)	アセトアルデヒド	硫酸銅色
(4)	酢酸	金属銅色

問9　次の (a)から (d)のうち、劇物とその廃棄方法の組合せとして、正しいものはいくつあるか。

	劇物	廃棄方法
(a)	クロロホルム	燃焼法
(b)	キシレン	沈殿法
(c)	ホルムアルデヒドを含有する製剤	酸化法
(d)	過酸化水素を含有する製剤	還元法

(1) 1つ　(2) 2つ　(3) 3つ　(4) 4つ

問 10 次は、ある物質の漏えい時の措置について述べたものであるが、物質名として最も適当なものはどれか。

・ 風下の人を避難させ、必要があれば水で濡らした手ぬぐいで口及び鼻を覆う。
・ 漏えいした場所の周囲にロープを張り、人の立入りを禁止する。
・ 作業の際には、必ず保護具を着用し、風下で作業をしない。
・ 漏えいしたものが少量の場合には、土砂に吸着させて取り除くか、又はある程度水で徐々に希釈した後、水酸化カルシウムで中和し、多量の水で洗い流す。
・ 漏えいしたものが多量の場合には、土砂でその流れを止め、これに吸着させるか、又は安全な場所に導いて、遠くから徐々に注水してある程度希釈した後、水酸化カルシウムで中和し、多量の水で洗い流す。

(1) 硝酸　　(2) クロロホルム　　(3) キシレン　　(4) アンモニア水

愛知県

令和２年度実施

設問中、特に規定しない限り、「法」は「毒物及び劇物取締法」、「政令」は「毒物及び劇物取締法施行令」、「省令」は「毒物及び劇物取締法施行規則」とする。
なお、法令の促音等の記述は、現代仮名遣いとする。（例：「あつて」→「あって」）
また、設問中の物質の性状は、特に規定しない限り常温常圧におけるものとする。

〔毒物及び劇物に関する法規〕

（一般・農業用品目・特定品目共通）

問１　次の記述は、法第２条第２項の条文であるが、[　　]にあてはまる語句の組合せとして、正しいものはどれか。

この法律で「劇物」とは、別表第二に掲げる物であって、[ア]及び[イ]以外のものをいう。

	ア		イ
1	医薬品	――	放射性物質
2	医薬品	――	医薬部外品
3	危険物	――	放射性物質
4	危険物	――	医薬部外品

問２　次の記述は、法第３条の条文の一部であるが、[　　]にあてはまる語句の組合せとして、正しいものはどれか。

毒物又は劇物の販売業の登録を受けた者でなければ、毒物又は劇物を販売し、[ア]し、又は販売若しくは[ア]の目的で貯蔵し、[イ]し、若しくは陳列してはならない。

	ア		イ
1	授与	――	運搬
2	供与	――	運搬
3	授与	――	広告
4	供与	――	広告

問３　次のうち、法第３　条の２の規定に基づく政令の定めにより、使用者として都道府県知事の指定を受けたものが、モノフルオール酢酸の塩類を含有する製剤を使用する場合の用途として、正しいものはどれか。

1　ガソリンへの混入
2　かんきつ類、りんご、なし、桃又はかきの害虫の防除
3　食用に供されることがない観賞用植物若しくはその球根の害虫の防除
4　野ねずみの駆除

問４　次のうち、法第３条の３で「みだりに摂取し、若しくは吸入し、又はこれらの目的で所持してはならない。」と規定されている「興奮、幻覚又は麻酔の作用を有する毒物又は劇物」として、政令で定められているものはどれか。

1　亜酸化窒素　　2　キシレン
3　エタノール　　4　トルエン

問5　次のうち、法第３条の４で「業務その他正当な理由による場合を除いては、所持してはならない。」と規定されている「引火性、発火性又は爆発性のある毒物又は劇物」として、政令で定められていないものはどれか。

1　亜塩素酸ナトリウム　　2　塩素酸カリウム
3　カリウム　　4　ピクリン酸

問6　次の記述は、法第４条の条文であるが、［　　］にあてはまる語句の組合せとして、正しいものはどれか。

毒物又は劇物の製造業、輸入業又は販売業の登録を受けようとする者は、製造業者にあっては製造所、輸入業者にあっては営業所、販売業者にあっては店舗ごとに、その［ア］の所在地の［イ］に申請書を出さなければならない。

	ア		イ
1	製造所、営業所又は店舗	——	都道府県知事を経て、厚生労働大臣
2	住所(法人にあっては主たる事務所)	——	都道府県知事を経て、厚生労働大臣
3	製造所、営業所又は店舗	——	都道府県知事
4	住所(法人にあっては主たる事務所)	——	都道府県知事

愛知県

問7　次の記述は、毒物劇物取扱責任者に関するものであるが、正誤の組合せとして、正しいものはどれか。

ア　毒物劇物営業者は、自ら毒物劇物取扱責任者となることができない。
イ　毒物劇物営業者は、毒物劇物取扱責任者を変更するときは、あらかじめ、その毒物劇物取扱責任者の氏名を届け出なければならない。
ウ　毒物劇物営業者が毒物若しくは劇物の製造業、輸入業若しくは販売業のうち２以上を併せて営む場合において、その製造所、営業所若しくは店舗が互に隣接しているとき、毒物劇物取扱責任者は、これらの施設を通じて１人で足りる。

	ア	イ	ウ
1	正	正	誤
2	誤	正	正
3	誤	誤	正
4	正	誤	誤

問8　次の記述は、法第８条第２項の条文であるが、［　　］にあてはまる語句の組合せとして、正しいものはどれか。

次に掲げる者は、前条の毒物劇物取扱責任者となることができない。
一　18歳未満の者
二　心身の障害により毒物劇物取扱責任者の業務を適正に行うことができない者として厚生労働省令で定めるもの
三　麻薬、大麻、あへん又は覚せい剤の中毒者
四　毒物若しくは劇物又は［ア］に関する罪を犯し、罰金以上の刑に処せられ、その執行を終り、又は執行を受けることがなくなった日から起算して［イ］を経過していない者

	ア		イ
1	薬事	——	3年
2	危険物	——	3年
3	薬事	——	5年
4	危険物	——	5年

問９　次のうち、毒物劇物営業者が行う手続きに関する記述として、正しいものはどれか。

1　毒物劇物販売業者は、店舗の営業時間を変更したときは、変更後 30 日以内に届け出なければならない。
2　毒物劇物製造業者が、営業を廃止するときは、廃止する日の 30 日前までに届け出なければならない。
3　毒物劇物輸入業者は、登録を受けた劇物以外の劇物を新たに輸入したときは、輸入後 30 日以内に登録の変更を受けなければならない。
4　毒物劇物販売業者は、登録票の記載事項に変更を生じたときは、登録票の書換え交付を申請することができる。

問 10　次の記述は、法第 11 条第２項に基づき、毒物劇物営業者及び特定毒物研究者がその製造所、営業所若しくは店舗又は研究所の外に飛散し、漏れ、流れ出、若しくはしみ出、又はこれらの施設の地下にしみ込むことを防ぐのに必要な措置を講じなければならない毒物若しくは劇物を含有する物を定めた政令第 38 条第１項の条文であるが、[　　]にあてはまる語句の組合せとして、正しいものはどれか。

愛知県

法第 11 条第２項に規定する政令で定める物は、次のとおりとする。
一　[ア]を含有する液体状の物（[イ]含有量が１リットルにつき１ミリグラム以下のものを除く。）
二　塩化水素、硝酸若しくは硫酸又は水酸化カリウム若しくは水酸化ナトリウムを含有する液体状の物（水で 10 倍に希釈した場合の水素イオン濃度が水素指数[ウ]のものを除く。）

	ア		イ		ウ
1	無機シアン化合物たる毒物	――	シアン	――	5.8 から 8.6
2	無機シアン化合物たる毒物	――	シアン	――	2.0 から 12.0
3	セレン化合物たる毒物	――	セレン	――	5.8 から 8.6
4	セレン化合物たる毒物	――	セレン	――	2.0 から 12.0

問 11　次の記述は、法第 12 条第２項第４号に基づき、毒物又は劇物の取扱及び使用上特に必要な表示事項を定めた省令第 11 条の６の条文の一部であるが、[　　]にあてはまる語句として、正しいものはどれか。

四　毒物又は劇物の販売業者が、毒物又は劇物の直接の容器又は直接の被包を開いて、毒物又は劇物を販売し、又は授与するときは、その氏名及び住所（法人にあっては、その名称及び主たる事務所の所在地）並びに[　　]

1　直接の容器又は直接の被包を開いた年月日
2　販売又は授与される者の氏名
3　直接の容器又は直接の被包を開いた担当者の氏名
4　毒物劇物取扱責任者の氏名

問 12　次の記述は、法第 13 条に基づく特定の用途に供される劇物の販売等に関するものであるが、[　　]にあてはまる語句の組合せとして、正しいものはどれか。

毒物劇物営業者は、燐（りん）化亜鉛を含有する製剤たる劇物については、[ア]で[イ]したものでなければ、これを農業用として販売し、又は授与してはならない。

	ア		イ
1	トウガラシエキス	――	著しくからく着味
2	ニンニクエキス	――	着味
3	あせにくい黒色	――	着色
4	あせにくい青色	――	着色

問13　次の記述は、法第14条第1項の条文であるが、[　　]にあてはまる語句の組合せとして、正しいものはどれか。

毒物劇物営業者は、毒物又は劇物を他の毒物劇物営業者に販売し、又は授与したときは、その都度、次に掲げる事項を書面に記載しておかなければならない。

一　毒物又は劇物の[ア]及び数量
二　販売又は授与の[イ]
三　譲受人の氏名、職業及び住所（法人にあっては、その名称及び主たる事務所の所在地）

	ア		イ
1	製造番号	――	目　的
2	製造番号	――	年月日
3	名　　称	――	目　的
4	名　　称	――	年月日

問14　次の記述は、劇物たるナトリウムの販売及び交付について述べたものであるが、正誤の組合せとして、正しいものはどれか。

ア　毒物劇物営業者は、交付を受ける者が18歳に満たなかったため、交付しなかった。
イ　毒物劇物営業者は、譲受人から提出を受けた譲渡手続に係る書面を、販売の日から3年間保管した後に廃棄した。
ウ　毒物劇物営業者は、交付を受ける者の氏名及び住所を確認せずに、交付した。

	ア	イ	ウ
1	正	正	誤
2	誤	正	正
3	誤	誤	正
4	正	誤	誤

問15　次の記述は、政令第40条の条文の一部であるが、[　　]にあてはまる語句の組合せとして、正しいものはどれか。

法第15条の2の規定により、毒物若しくは劇物又は法第11条第2項に規定する政令で定める物の廃棄の方法に関する技術上の基準を次のように定める。

一　中和、[ア]、酸化、還元、稀釈その他の方法により、毒物及び劇物並びに法第11条第2項に規定する政令で定める物のいずれにも該当しない物とすること。
二　[イ]又は揮発性の毒物又は劇物は、保健衛生上危害を生ずるおそれがない場所で、少量ずつ放出し、又は揮発させること。

	ア		イ
1	加水分解	――	ガス体
2	加水分解	――	液　体
3	電気分解	――	ガス体
4	電気分解	――	液　体

問16　次のうち、政令第40条の9第1項に基づき、毒物劇物営業者が譲受人に対し、提供しなければならない情報として、省令第13条の12で<u>定められていないもの</u>はどれか。

1　情報を提供する毒物劇物営業者の氏名及び住所（法人にあっては、その名称及び主たる事務所の所在地）
2　毒物又は劇物の別
3　火災時の措置
4　効能又は効果

愛知県

問 17　次のうち、法第 22 条第１項の規定により、毒物又は劇物の業務上取扱者として、その事業場の所在地の都道府県知事(その事業場の所在地が保健所を設置する市又は特別区の区域にある場合においては、市長又は区長。)に届出が必要な事業はどれか。

1　無機シアン化合物たる毒物を用いて電気めっきを行う事業
2　無機シアン化合物たる毒物を含有する廃液の処理を行う事業
3　有機シアン化合物たる劇物を用いてしろありの防除を行う事業
4　砒(ひ)素化合物たる毒物を用いて野ねずみの駆除を行う事業

問 18　次のうち、法第３条の２第９項に基づき、四アルキル鉛を含有する製剤の着色の基準の色として、定められていないものはどれか。

1　赤色　　2　青色　　3　黄色　　4　紫色

問 19　次の記述は、政令第 40 条の６第１項の条文であるが、［　　］にあてはまる語句の組合せとして、正しいものはどれか。

毒物又は劇物を車両を使用して、又は鉄道によって運搬する場合で、当該運搬を他に委託するときは、その荷送人は、運送人に対し、あらかじめ、当該毒物又は劇物の名称、［ア］及びその含量並びに数量並びに事故の際に講じなければならない応急の措置の内容を［イ］しなければならない。ただし、厚生労働省令で定める数量以下の毒物又は劇物を運搬する場合は、この限りでない。

	ア		イ
1	貯法	――	記載した書面を交付
2	貯法	――	記載するよう指示
3	成分	――	記載した書面を交付
4	成分	――	記載するよう指示

問 20　次の記述は、毒物劇物販売業者の対応等を述べたものであるが、正誤の組合せとして、正しいものはどれか。

ア　登録更新申請書の提出を、登録の日から起算して６年を経過した日の 15 日後に行った。
イ　毒物劇物営業者以外の者から、譲受人が押印していない劇物の譲渡手続に係る書面の提出を受けたが、氏名の記載があったので、劇物を販売した。
ウ　販売先に配送するため劇物を車両に積載したところ、倉庫に残った数量が帳簿と合わず、当該劇物を紛失したことが判明したが、盗難の可能性は低いと判断し、警察署に届け出なかった。

	ア	イ	ウ
1	正	正	誤
2	誤	正	正
3	正	誤	正
4	誤	誤	誤

〔基礎化学〕
(一般・農業用品目・特定品目共通)

問21 次のうち、どちらも単体である組合せとして、正しいものはどれか。

1　金　――――　白金
2　青銅　――――　銅
3　はんだ　――――　ジュラルミン
4　酸化鉄　――――　硫化鉄

問22 次のうち、同位体に関する記述として、正しいものはどれか。

1　天然に同位体が存在しない元素はない。
2　$^{14}_{6}C$と$^{14}_{7}N$は、互いに同位体である。
3　天然に存在する水素原子 H のほとんどは、原子核が陽子 1 個と中性子 1 個からなる $^{2}_{1}H$である。
4　天然に存在する各同位体の存在比は、地球上ではほぼ一定である。

問23 次のうち、電子殻の一つである K 殻に収容できる電子の最大数として、正しいものはどれか。

1　2　　2　8　　3　18　　4　32

問 24 次のうち、物質を構成する粒子間にはたらく力の強い順に左から並べたものとして、正しいものはどれか。

1　共有結合　＞　ファンデルワールス力　＞　水素結合
2　ファンデルワールス力　＞　共有結合　＞　水素結合
3　共有結合　＞　水素結合　＞　ファンデルワールス力
4　水素結合　＞　ファンデルワールス力　＞　共有結合

問25 次のうち、イオン式とその名称の組合せとして、誤っているものはどれか。

1　Fe^{2+}　――――　鉄(Ⅱ)イオン
2　S^{2-}　――――　硫化物イオン
3　OH^{-}　――――　水酸化物イオン
4　HCO_3^{-}　――――　炭酸イオン

問26 次のうち、分子の形が直線形のものはどれか。

1　アセチレン(C_2H_2)　　2　アンモニア(NH_3)
3　クロロホルム($CHCl_3$)　　4　水(H_2O)

問27 次の記述の[　　]にあてはまる数値として、正しいものはどれか。

3.0mol の亜鉛(Zn)と、1.0mol の塩化水素(HCl)を反応させたところ、塩化水素は全て反応した。反応後には亜鉛が[　　]mol 残った。
なお、亜鉛と塩化水素の反応は次の化学反応式で表される。
$Zn + 2HCl \longrightarrow ZnCl_2 + H_2$

1　0.5　　2　1.0　　3　2.0　　4　2.5

問28 次の記述の[　　]にあてはまる語句として、正しいものはどれか。

水素(H_2)分子の水素原子間にみられるような結合を[　　]という。

1　水素結合　　2　配位結合　　3　共有結合　　4　イオン結合

問 29　次のうち、中和滴定に関する記述として正しいものはどれか。なお、本問中、pH は水素イオン指数である。

1　濃度不明の酢酸水溶液を 0.1mol/L の水酸化ナトリウム水溶液で中和滴定するときは、pH 指示薬としてフェノールフタレインとメチルオレンジのどちらを用いてもよい。
2　濃度不明の硫酸水溶液を 0.1mol/L のアンモニア水で中和滴定するときは、pH 指示薬としてフェノールフタレインを用いる。
3　中和滴定において、加えた塩基(又は酸)の水溶液の体積を横軸に、pH の変化を縦軸に表したグラフを滴定曲線という。
4　中和点での pH は常に 7 である。

問 30　次の記述の［　　］にあてはまる数値として、正しいものはどれか。

白金電極を用いて、硫酸銅(Ⅱ)水溶液を電気分解したとき、陽極及び陰極での反応式は以下のとおりである。
［陽極］$2\,H_2O \longrightarrow O_2 + 4\,H^+ + 4\,e^-$
［陰極］$Cu^{2+} + 2\,e^- \longrightarrow Cu$
硫酸銅(Ⅱ)水溶液を 5.0A の一定の直流電流で 16 分 5 秒間、電気分解したとき、陰極では銅が［　　］mol 析出する。
ただし、ファラデー定数を 9.65×10^4 C/mol とする。

1　0.025　　2　0.050　　3　0.25　　4　0.50

問 31　次の可逆反応と、その可逆反応が化学平衡の状態にあるときに行った操作の組合せのうち、化学平衡の移動が起こらない組合せはどれか。
ただし、可逆反応は全て気体であり、温度は一定とする。

	可逆反応		行った操作
1	$2HI \rightleftarrows H_2 + I_2$	——	I_2 を取り除く。
2	$N_2 + 3H_2 \rightleftarrows 2NH_3$	——	N_2 を加える。
3	$2NO_2 \rightleftarrows N_2O_4$	——	圧力を上げる。
4	$2SO_2 + O_2 \rightleftarrows 2SO_3$	——	触媒を加える。

問 32　次のうち、中和滴定を行うときに使う器具として、誤っているものはどれか。

1　コニカルビーカー　　2　ビュレット
3　ブフナーろうと　　4　ホールピペット

問 33　次のうち、蒸気圧降下に関連する現象の記述として、正しいものはどれか。

1　炭酸水の容器の栓を開けると、溶けていた二酸化炭素の泡が出てくる。
2　海水でぬれた服は、水でぬれた服よりも乾きにくい。
3　凍結防止剤として、塩化カルシウム($CaCl_2$)を道路に散布する。
4　半透膜を用いて、血液中から老廃物を除去する。

問 34　次の記述の［　　］にあてはまる数値として、正しいものはどれか。

次亜塩素酸ナトリウムの濃度が 0.4mg/L　の水溶液は水 100mL　中に［　　］μ g の次亜塩素酸ナトリウムが溶解している状態である。

1　0.04　　2　0.4　　3　4　　4　40

愛知県

問35　次のうち、元素名とその元素記号の組合せとして、正しいものはどれか。

1　ケイ素　———　Si
2　ニッケル　———　Ne
3　パラジウム　———　Pb
4　ホウ素　———　Br

問36　次のうち、シス-トランス異性体(幾何(きか)異性体)が存在するものはどれか。

1　エチレン($CH_2 = CH_2$)
2　プロペン($CH_2 = CH - CH_3$)
3　1－ブテン($CH_2 = CH - CH_2 - CH_3$)
4　2－ブテン($CH_3 - CH = CH - CH_3$)

問37　次のうち、($-NO_2$)で表される官能基の名称として、正しいものはどれか。

1　アミノ基　2　ニトロ基　3　ヒドロキシ基　4　カルボニル基

問38　次の記述の［　　］にあてはまる語句として、正しいものはどれか。

金属は、たたくと薄く広がる性質を持つ。その性質を［　　］という。

1　展性　2　弾性　3　電気伝導性　4　熱伝導性

問39　次のうち、下線を引いた原子が酸化された反応はどれか。

1　$\underline{S}O_2 + Cl_2 + 2H_2O \longrightarrow H_2SO_4 + 2HCl$
2　$\underline{Fe}_2O_3 + 2Al \longrightarrow 2Fe + Al_2O_3$
3　$\underline{H}_2SO_4 + \underline{Ba}(OH)_2 \longrightarrow BaSO_4 + 2H_2O$
4　$H_2S + \underline{I}_2 \longrightarrow S + 2HI$

問40　次のうち、油脂とセッケンに関する記述として、正しいものはどれか。

1　動物の皮下脂肪や植物の種子に含まれる油脂は、低級脂肪酸とグリセリンがエーテル結合したものである。
2　油脂に硫酸を加えて加熱すると、油脂はけん化されて、セッケンとグリセリンの混合物が得られる。
3　セッケンはカルシウムイオンやマグネシウムイオンを含む硬水中では、カルシウムイオンなどの塩となって水に溶けやすくなるため、洗浄力が強くなる。
4　セッケンを水に溶かすと、疎水基の部分を内側に向け、親水基の部分を外側に向けて集まり、コロイド粒子をつくる。これをミセルという。

〔取　扱〕

(一般・農業用品目・特定品目共通)

問 41　72%の硫酸 200g に水を加えて 30%の硫酸を作った。このとき加えた水の量は、次のうちどれか。
なお、本問中、濃度(%)は質量パーセント濃度である。

1　140g　　2　280g　　3　480g　　4　560g

問 42　3.0mol/L のアンモニア水 200mL に 2.0mol/L のアンモニア水を加えて、2.2mol/L のアンモニア水を作った。このとき加えた 2.0mol/L のアンモニア水の量は、次のうちどれか。

1　160mL　　2　320mL　　3　400mL　　4　800mL

問 43　1.2mol/L の硫酸 50mL を中和する場合、必要となるアンモニア水 200mL の濃度は、次のうちどれか。

1　0.3mol/L　　2　0.6mol/L　　3　1.2mol/L　　4　2.4mol/L

(一般)

問 44　次のうち、水素化アンチモンについての記述として、誤っているものはどれか。

1　水に難溶で、空気中で徐々に分解する。
2　スチビンとも呼ばれる。
3　無色、ニンニク臭の固体である。
4　火災等で燃焼すると酸化アンチモン(Ⅲ)の有毒な煙霧を生成する。

問 45　次のうち、アニリンについての記述として、誤っているものはどれか。

1　純品は無色透明な油状の液体で、特有の臭気がある。
2　水溶液にさらし粉を加えると、橙赤色を呈する。
3　吸入時の急性毒性として、皮膚や粘膜が青黒くなる(チアノーゼ)。頭痛、めまい等を引き起こす。
4　アルコール、エーテル、ベンゼンに易溶で、水には難溶である。

問 46　次のうち、毒物又は劇物とその解毒剤の組合せとして、適当でないものはどれか。

1　硫酸タリウム ――― 2－ピリジルアルドキシムメチオダイド〔別名：PAM〕
2　三酸化二砒(ひ)素〔別名:亜砒(ひ)酸 ――― ジメルカプロール〔別名：BAL〕
3　硫酸ニコチン ――― 硫酸アトロピン
4　シアン化ナトリウム ――― 亜硝酸ナトリウム

問 47　次のうち、毒物又は劇物とその用途の組合せとして、適当でないものはどれか。

1　4－クロロ－3－エチル－1－メチル－N－［4－(パラトリルオキシ)ベンジル］ピラゾール－5－カルボキサミド〔別名:トルフェンピラド〕 ――― 殺虫剤
2　ジデシル(ジメチル)アンモニウム＝クロリド ――― 殺菌剤、防腐剤又は消毒剤
3　ホスゲン ――― 媒(ばい)染剤
4　燐(りん)化亜鉛 ――― 殺鼠(そ)剤

問 48　次のうち、毒物又は劇物とその貯蔵等についての記述の組合せとして、適当でないものはどれか。

1 黄燐（りん） ――― 空気に触れると発火しやすいので、水中に沈めて瓶（びん）に入れ、さらに砂を入れた缶中に固定して冷暗所に貯蔵する。
2 四塩化炭素 ――― 常温では気体なので、圧縮冷却して液化し、圧縮容器に入れる。
3 アクリルニトリル ― 火災、爆発の危険性が強いため、炎や火花を生じるような器具から離す。また、硫酸や硝酸など強酸と激しく反応するので、強酸とも安全な距離を保つ。貯蔵場所は防火性で適当な換気装置を備える。
4 三硫化燐（りん） ――― 少量ならば、共栓ガラス瓶を用い、多量ならばブリキ缶を使用し、木箱入れとする。引火性、自然発火性、爆発性物質を遠ざけて通風の良い冷所に貯蔵する。

問 49　次のうち、劇物とその廃棄方法の組合せとして、適当でないものはどれか。

1　塩素 ――― 酸化法
2　ホウ酸鉛 ――― 固化隔離法
3　クロルメチル〔別名：塩化メチル〕 ――― 燃焼法
4　ぎ酸 ――― 活性汚泥法

問 50　次のうち、水酸化カリウム水溶液が多量に漏えいした時の措置として、適当でないものはどれか。

1　極めて腐食性が強いので、作業の際には必ず保護具を着用する。
2　漏えいした場所の周辺にはロープを張るなどして人の立入りを禁止する。
3　周辺で火災が発生した場合は、速やかに容器を安全な場所に移す。
4　漏えいした液は、土砂等でその流れを止め、安全な場所に導いて遠くから徐々に注水して希釈した後、消石灰で中和し、多量の水を用いて洗い流す。

（農業用品目）

問 44　次のうち、ジメチル－2，2－ジクロルビニルホスフェイト〔別名：ジクロルボス、DDVP〕についての記述として、誤っているものはどれか。

1　水に溶けにくい。
2　接触性殺虫剤として用いられる。
3　ピレスロイド系の農薬である。
4　刺激性で、微臭のある無色の液体である。

問 45　次のうち、アンモニアについての記述として、誤っているものはどれか。

1　水、エタノール、エーテルに可溶である。
2　特有の刺激臭のある黄色の気体である。
3　空気中では燃焼しないが、酸素中では黄色の炎をあげて燃焼する。
4　圧縮することによって、常温でも液化する。

問 46　次のうち、S－メチル－N－[(メチルカルバモイル)－オキシ]－チオアセトイミデート〔別名：メトミル〕の解毒剤の正誤の組合せとして、正しいものはどれか。

ア　亜硝酸アミル
イ　亜硝酸ナトリウム
ウ　硫酸アトロピン

	ア	イ	ウ
1	誤	誤	正
2	正	正	正
3	誤	正	誤
4	正	誤	誤

問 47　次のうち、農業用品目販売業の登録を受けた者が販売できる劇物の正誤の組合せとして、正しいものはどれか。

ア　スルホナール
イ　硫酸
ウ　塩化銅

	ア	イ	ウ
1	正	誤	誤
2	正	正	正
3	誤	正	正
4	誤	誤	正

愛知県

問 48　次のうち、毒物又は劇物とその用途の組合せとして、適当でないものはどれか。

1　4－クロロ－3－エチル－1－メチル－N－[4－(パラトリルオキシ)ベンジル]ピラゾール－5－カルボキサミド〔別名：トルフェンピラド〕 ―― 殺虫剤
2　アバメクチン ―― 除草剤
3　メチルイソチオシアネート ―― 土壌消毒剤
4　燐(りん)化亜鉛 ―― 殺鼠(そ)剤

問 49　次のうち、劇物である硫酸の廃棄方法として、最も適当なものはどれか。

1　中和法　　2　分解法　　3　燃焼法　　4　沈殿法

問 50　次のうち、劇物であるエチルジフェニルジチオホスフェイト〔別名：エジフェンホス、EDDP〕の事故の際の措置として、適当でないものはどれか。

1　漏えいした場合は、保護具を着用し、風下で作業をしない。
2　漏えいした場合は、付近の着火源となるものを速やかに取り除く。
3　皮膚に触れた場合は、直ちに汚染された衣服や靴などを脱がせ、付着部又は接触部を石けん水で洗浄し、多量の水で洗い流す。
4　漏えいした液は、直ちに多量の希硫酸を用いて洗い流す。

（特定品目）

問 44　次のうち、劇物に該当しないものはどれか。

1　過酸化水素９%を含有する製剤
2　ホルムアルデヒド６%を含有する製剤
3　メチルエチルケトン 80%を含有する製剤
4　硝酸 20%を含有する製剤

問 45　次のうち、一酸化鉛についての記述として、誤っているものはどれか。

1　水には溶けにくいが、酸、アルカリに容易に溶ける。
2　針状の結晶で、無色透明である。
3　密陀僧（みつだそう）の別名がある。
4　強熱すると有毒な煙霧を生成する。

問 46　次のうち、水酸化ナトリウムについての記述として、誤っているものはどれか。

1　白色、結晶性の硬い固体で、風解性をもつ。
2　水溶液を白金線につけて無色の火炎中に入れると、火炎は著しく黄色に染まり、長時間続く。
3　腐食性が極めて強く、皮膚に触れると激しく侵す。
4　水溶液はアルカリ性である。

問 47　次のうち、劇物とその用途の組合せとして、適当でないものはどれか。

1　酢酸エチル　――――　香料、溶剤
2　蓚（しゅう）酸　――――　捺（なつ）染剤
3　トルエン　――――　媒（ばい）染剤
4　塩素　――――　漂白剤（さらし粉）原料

問 48　次の劇物のうち、特定品目販売業の登録を受けた者が、販売できるものはどれか。

1　クロルピクリン　　2　クロロホルム　　3　フェノール　　4　クレゾール

問 49　次のうち、劇物である重クロム酸カリウムの廃棄方法として、最も適当なものはどれか。

1　還元沈殿法　　2　中和法　　3　希釈法　　4　燃焼法

問 50　次のうち、水酸化カリウム水溶液が多量に漏えいした時の措置として、適当でないものはどれか。

1　極めて腐食性が強いので、作業の際には必ず保護具を着用する。
2　漏えいした場所の周辺にはロープを張るなどして人の立入りを禁止する。
3　周辺で火災が発生した場合は、速やかに容器を安全な場所に移す。
4　漏えいした液は、土砂等でその流れを止め、安全な場所に導いて遠くから徐々に注水して希釈した後、消石灰で中和し、多量の水を用いて洗い流す。

〔実　地〕

設問中の物質の性状は、特に規定しない限り常温常圧におけるものとする。

（一般）

問１～４　次の各問の劇物の性状等として、最も適当なものは下の選択肢のうちどれか。

問１　沃(よう)化メチル　　問２　臭素　　問３　ホルマリン　　問４　クレゾール

1　無色透明の刺激臭を有する液体で、低温では混濁することがある。空気中の酸素によって一部酸化され、ぎ酸を生じる。
2　無色又は淡黄色透明の液体であり、エーテル様臭がある。空気中で光により一部分解して褐色になる。ガス殺菌剤として使用される。
3　刺激性の臭気を放って揮発する赤褐色の重い液体である。
4　オルト、メタ及びパラの３つの異性体がある。一般にはメタ、パラの異性体の混合物が多く流通しており、水に不溶である。

愛知県

問５～８　次の各問の劇物の貯蔵方法等として、最も適当なものは下の選択肢のうちどれか。

問５　クロロホルム　　問６　沃(よう)素
問７　水素化砒(ひ)素　　問８　シアン化ナトリウム

1　冷暗所に貯蔵する。純品は空気と日光によって変質するので、少量のアルコールを加えて分解を防止する。
2　酸と接触すると有毒ガスが発生するため、酸類とは離して、風通しのよい乾燥した冷所に密封して保存する。
3　引火性の気体であり、ボンベに貯蔵する。
4　容器は気密容器を用い、通風のよい冷所に保管する。腐食されやすい金属などは、なるべく引き離しておく。

問９～12　次の各問の毒物又は劇物の毒性等として、最も適当なものは下の選択肢のうちどれか。

問９　トリクロルヒドロキシエチルジメチルホスホネイト
　　〔別名：ディプテレックス、DEP〕
問10　アクロレイン
問11　クロム酸カリウム
問12　酢酸ウラニル

1　体内に吸収されるとコリンエステラーゼの作用を阻害し、縮瞳、頭痛、めまい、意識の混濁等の症状を引き起こす。
2　摂取により、口と食道が赤黄色に染まり、後に青緑色となる。腹痛、血便等を引き起こす。
3　引火性のある無色又は帯黄色の液体で、眼や鼻に刺激を与え、催涙作用を有する。また、気管支カタルや結膜炎を起こす。
4　腎臓に毒性を与え、タンパク尿、排泄機能の異常などが見られる。また、放射性物質である。

問13～16　次の各問の毒物又は劇物の廃棄方法等として、最も適当なものは下の選択肢のうちどれか。

問 13　重クロム酸カリウム
問 14　過酸化尿素
問 15　クロルスルホン酸
問 16　塩化バリウム

1　多量の水で希釈して処理する。
2　耐食性の細い導管より気体生成がないように少量ずつ、多量の水中深く流す装置を用い希釈してからアルカリ水溶液で中和して処理する。
3　水に溶かし、硫酸ナトリウムの水溶液を加えて処理し、沈殿濾過(ろか)して埋立処分する。
4　希硫酸に溶かし、還元剤の水溶液を過剰に用いて還元したのち、消石灰、ソーダ灰等の水溶液で処理し、沈殿濾過(ろか)する。

問17～20　次の各問の劇物の鑑識法として、最も適当なものは下の選択肢のうちどれか。

問 17　水酸化ナトリウム
問 18　ピクリン酸
問 19　クロム酸カルシウム
問 20　フェノール

1　水溶液に硝酸バリウム又は塩化バリウムを加えると黄色の沈殿を生じる。
2　アルコール溶液は、白色の羊毛又は絹糸を鮮黄色に染める。
3　水溶液を白金線につけて無色の火炎中に入れると、火炎は著しく黄色に染まり、長時間続く。
4　水溶液に塩化鉄(Ⅲ)〔別名:塩化第二鉄〕を加えると、紫色を呈する。

（農業用品目）

問１～４　次の各問の毒物又は劇物の性状等として、最も適当なものは下の選択肢のうちどれか。

問１　弗(ふっ)化スルフリル
問２　ジエチル－(５－フェニル－３－イソキサゾリル)－チオホスフェイト
〔別名：イソキサチオン〕
問３　沃(よう)化メチル
問４　シアン酸ナトリウム

1　無色又は淡黄色透明の液体であり、エーテル様臭がある。空気中で光により一部分解して褐色になる。ガス殺菌剤として使用される。
2　無色、無臭の気体。アセトン、クロロホルムに溶ける。水酸化ナトリウム溶液で分解される。殺虫剤、燻蒸(くんじょう)剤として使用される。
3　淡黄褐色の液体で水に難溶、有機溶媒によく溶ける。有機燐(りん)系殺虫剤として用いられ、製剤として乳剤及び粉剤などがある。
4　白色の結晶性粉末で、水に溶ける。熱水により加水分解して、炭酸ナトリウムやアンモニウム塩を生じる。除草剤として用いられる。

問５～８　次の各問の劇物の用途として、最も適当なものは下の選択肢のうちどれか。

問５　ブロムメチル
問６　５－メチル－１，２，４－トリアゾロ[３，４－b]ベンゾチアゾール
〔別名：トリシクラゾール〕
問７　２－クロルエチルトリメチルアンモニウムクロリド〔別名：クロルメコート〕
問８　２，２´－ジピリジリウム－１，１´－エチレンジブロミド
〔別名：ジクワット〕

1　果樹、種子、貯蔵食糧等の病害虫の燻蒸（くんじょう）に用いられる。
2　除草剤として用いられる。
3　植物成長調整剤として用いられる。
4　農業用殺菌剤として、イモチ病に用いられる。

問９～12　次の各問の毒物又は劇物の毒性等として、最も適当なものは下の選択肢のうちどれか。

愛知県

問９　トリクロルヒドロキシエチルジメチルホスホネイト
〔別名:ディプテレックス、DEP〕
問10　燐（りん）化アルミニウムとその分解促進剤とを含有する製剤
問11　クロルピクリン
問12　硫酸タリウム

1　有機燐（りん）化合物であり、体内に吸収されるとコリンエステラーゼの作用を阻害し、縮瞳、頭痛、めまい、意識の混濁等の症状を引き起こす。
2　吸入すると、血液中でメトヘモグロビンをつくり、また中枢神経や心臓、眼結膜を侵し、肺にも強い障害をあたえる。
3　大気中の湿気に触れると徐々に分解して有毒なガスを発生する。はじめ吐き気、疲労、顔面蒼白などの症状を呈し、重症の場合、肺水腫、呼吸困難、昏睡等を起こす。
4　疝痛（せんつう）、嘔吐（おうと）、振戦（しんせん）、痙攣（けいれん）、麻痺等の症状に伴い、次第に呼吸困難となり、虚脱症状となる。殺鼠（そ）剤として用いられる。

問13～16　次の各問の毒物又は劇物の廃棄方法等として、最も適当なものは下の選択肢のうちどれか。

問13　エチルパラニトロフェニルチオノベンゼンホスホネイト〔別名：EPN〕
問14　シアン化ナトリウム
問15　塩素酸ナトリウム
問16　硫酸亜鉛

1　水酸化ナトリウム水溶液を加えてアルカリ性(pH11 以上)とし、次亜塩素酸ナトリウムなどの酸化剤の水溶液を加えて、酸化分解する。その他にアルカリ法がある。
2　チオ硫酸ナトリウム等の還元剤の水溶液に希硫酸を加えて酸性にし、この中に少量ずつ投入する。反応終了後、反応液を中和し、多量の水で希釈して処理する。
3　水に溶かし、消石灰、ソーダ灰等の水溶液を加えて処理し、沈殿濾過（ろか）する。
4　有機燐（りん）化合物である本品を、可溶性溶剤とともに、アフターバーナー及びスクラバーを備えた焼却炉の火室へ噴霧し、焼却する。

問17～20　次の各問の劇物の鑑識法として、最も適当なものは下の選択肢のうちどれか。

問 17　無水硫酸銅　　問 18　アンモニア水　　問 19　クロルピクリン
問 20　塩素酸カリウム

1　水溶液に金属カルシウムを加え、これにベタナフチルアミン及び硫酸を加えると、赤色の沈殿を生じる。
2　濃塩酸をつけたガラス棒を近づけると、白い霧を生じる。また、塩酸を加えて中和した後、塩化白金溶液を加えると、黄色、結晶性の沈殿を生じる。
3　水に溶かすと青色になる。水溶液に硝酸バリウムを加えると、白色の沈殿を生成する。
4　熱すると酸素を生成する。水溶液に酒石酸を多量に加えると、白色の結晶を生じる。

（特定品目）

問１～４　次の各問の劇物の性状として、最も適当なものは下の選択肢のうちどれか。

問１　メチルエチルケトン　　問２　アンモニア
問３　塩酸　　問４　ホルマリン

1　無色透明の液体。25%以上のものは湿った空気中で発煙し、刺激臭がある。
2　無色の液体で、アセトン様の芳香を有する。蒸気は空気より重く引火しやすい。
3　特有の刺激臭のある無色の気体で、圧縮することによって、常温でも液化する。
4　無色透明の刺激臭を有する液体で、低温では混濁することがある。空気中の酸素によって一部酸化され、ぎ酸を生じる。

問５～８　次の各問の劇物の貯蔵方法等として、最も適当なものは下の選択肢のうちどれか。

問５　過酸化水素水　　問６　四塩化炭素　　問７　水酸化カリウム
問８　トルエン

1　アルカリ存在下では分解するため、安定剤として少量の酸を添加して、貯蔵する。
2　引火しやすく、その蒸気は空気と混合して爆発性混合気体となるので火気を近づけず、静電気に対する対策を考慮して貯蔵する。
3　二酸化炭素と水を吸収する性質が強いため、密栓して貯蔵する。
4　亜鉛又は錫（すず）メッキをした鋼鉄製容器を用いて、高温に接しない場所に貯蔵する。蒸気は空気より重く低所に滞留するので、換気の悪い場所には貯蔵しない。

問９～12　次の各問の劇物の毒性等として、最も適当なものは下の選択肢のうちどれか。

問９　キシレン　　問 10　蓚（しゅう）酸　　問 11　塩素　　問 12　硫酸

1　吸入すると、眼、鼻、のどを刺激する。高濃度になると、はじめに短時間の興奮期を経て、深い麻酔状態に陥ることがある。
2　黄緑色の気体で、吸入により窒息感、喉頭及び気管支筋の強直をきたし、呼吸困難に陥る。
3　摂取すると血液中のカルシウム分を奪い、神経系を侵す。急性中毒症状は、胃痛、嘔吐（おうと）、口腔（こうくう）・咽喉の炎症、腎障害である。
4　油様の液体で、皮膚に触れると激しい火傷を起こす。

問 13～16　次の各問の劇物の用途として、最も適当なものは下の選択肢のうちどれか。

問 13　重クロム酸カリウム　　　問 14　硅弗(けいふつ)化ナトリウム
問 15　メタノール　　　　　　　問 16　過酸化水素水

1　釉(ゆう)薬、試薬に用いられる。
2　有機合成原料、樹脂、塗料などの溶剤、燃料などに用いられる。
3　酸化、還元の両作用を有し、工業用は獣毛、羽毛、綿糸、絹糸などの漂白に、医療用は消毒等の目的で使用される。
4　工業用の酸化剤、媒(ばい)染剤、製革用、顔料原料などに用いられる。

問17～20　次の各問の劇物の鑑識法として、最も適当なものは下の選択肢のうちどれか。

問 17　蓚(しゅう)酸　　　問 18　アンモニア水　　　問 19　塩基性酢酸鉛
問 20　ホルマリン

1　水溶液に硫化水素を通すと、黒色の沈殿を生じる。
2　濃塩酸をつけたガラス棒を近づけると、白い霧を生じる。
3　水溶液を酢酸で弱酸性にして酢酸カルシウムを加えると、結晶性の沈殿を生じる。
4　フェーリング溶液とともに熱すると、赤色の沈殿を生じる。

三重県
令和２年度実施

〔法　規〕
(一般・農業用品目・特定品目共通)

問１　次の文は、毒物及び劇物取締法の条文の一部である。条文中の（　　）の中に入る語句として正しいものを下欄から選びなさい。

第２条
２　この法律で「劇物」とは、別表第２に掲げる物であつて、医薬品及び（　(1)　）以外のものをいう。

第４条
３　製造業又は輸入業の登録は、（　(2)　）ごとに、販売業の登録は、（　(3)　）ごとに、更新を受けなければ、その効力を失う。

第11条
４　毒物劇物営業者及び特定毒物研究者は、毒物又は厚生労働省令で定める劇物については、その容器として、（　(4)　）の容器として通常使用される物を使用してはならない。

下欄

(1)	1　食品	2　家庭用品	3　医薬部外品	4　化粧品
(2)	1　3年	2　4年	3　5年	4　6年
(3)	1　3年	2　4年	3　5年	4　6年
(4)	1　飲食物	2　洗剤	3　医薬品	4　危険物

問２　次の文は、毒物及び劇物取締法の条文の一部である。条文中の（　　）の中に入る語句として正しいものを下欄から選びなさい。

第15条
毒物劇物営業者は、毒物又は劇物を次に掲げる者に交付してはならない。
一　（　(5)　）の者
二　心身の障害により毒物又は劇物による保健衛生上の危害の防止の措置を適正に行うことができない者として厚生労働省令で定めるもの
三　麻薬、（　(6)　）、あへん又は覚せい剤の中毒者
２　毒物劇物営業者は、厚生労働省令の定めるところにより、その交付を受ける者の氏名及び（　(7)　）を確認した後でなければ、第３条の４に規定する政令で定める物を交付してはならない。
３　毒物劇物営業者は、帳簿を備え、前項の確認をしたときは、厚生労働省令の定めるところにより、その確認に関する事項を記載しなければならない。
４　毒物劇物営業者は、前項の帳簿を、（　(8)　）、保存しなければならない。

下欄

(5)	1　18歳未満 3　20歳未満	2　18歳以下 4　20歳以下		
(6)	1　大麻	2　指定薬物	3　アルコール	4　シンナー
(7)	1　用途	2　住所	3　職業	4　年齢
(8)	1　営業を廃止した日から２年間 2　営業を廃止した日から５年間 3　最終の記載をした日から２年間 4　最終の記載をした日から５年間			

問3　次の文は、毒物及び劇物取締法又は同法施行令の条文の一部である。条文中の（　）の中に入る語句として正しいものを下欄から選びなさい。

法第17条

毒物劇物営業者及び特定毒物研究者は、その取扱いに係る（　(9)　）が飛散し、漏れ、流れ出し、染み出し、又は地下に染み込んだ場合において、不特定又は多数の者について保健衛生上の危害が生ずるおそれがあるときは、直ちに、その旨を保健所、警察署又は消防機関に届け出るとともに、保健衛生上の危害を防止するために必要な応急の措置を講じなければならない。

2　毒物劇物営業者及び特定毒物研究者は、その取扱いに係る（　(10)　）が盗難にあい、又は紛失したときは、直ちに、その旨を警察署に届け出なければならない。

令第38条

法第11条第2項に規定する政令で定める物は、次のとおりとする。

一　無機シアン化合物たる毒物を含有する液体状の物（シアン含有量が1リットルにつき（　(11)　）以下のものを除く。）

二　塩化水素、硝酸若しくは硫酸又は水酸化カリウム若しくは水酸化ナトリウムを含有する液体状の物（水で10倍に希釈した場合の水素イオン濃度が水素指数（　(12)　）までのものを除く。）

三重県

参考：法第11条第2項

毒物劇物営業者及び特定毒物研究者は、毒物若しくは劇物又は毒物若しくは劇物を含有する物であって政令で定めるものがその製造所、営業所若しくは店舗又は研究所の外に飛散し、漏れ、流れ出、若しくはしみ出、又はこれらの施設の地下にしみ込むことを防ぐのに必要な措置を講じなければならない。

下欄

(9)	1　毒物	2　毒物又は劇物
	3　毒物若しくは劇物又は第11条第2項の政令で定める物	
	4　第11条第2項の政令で定める物	
(10)	1　毒物	2　毒物又は劇物
	3　毒物若しくは劇物又は第11条第2項の政令で定める物	
	4　第11条第2項の政令で定める物	
(11)	1　0.1ミリグラム	2　1ミリグラム
	3　0.1グラム	4　1グラム
(12)	1　2.0から12.0	2　3.0から11.0
	3　4.0から10.0	4　5.0から9.0

問4　次の（13）～（16）の設問について答えなさい。

(13)　次の文は、毒物及び劇物取締法の条文の一部である。条文中の（　）の中に入る語句として正しいものを下欄から選びなさい。

第10条

毒物劇物営業者は、次の各号のいずれかに該当する場合には、（　(13)　）、その製造所、営業所又は店舗の所在地の都道府県知事にその旨を届け出なければならない。

一　氏名又は住所（法人にあっては、その名称又は主たる事務所の所在地）を変更したとき。

二　毒物又は劇物を製造し、貯蔵し、又は運搬する設備の重要な部分を変更したとき。

三　その他厚生労働省令で定める事項を変更したとき。

四　当該製造所、営業所又は店舗における営業を廃止したとき。

下欄

1 直ちに	2 15日以内に	3 30日以内に	4 50日以内に

(14)　毒物及び劇物取締法第12条及び同法施行規則第11条の5の規定に基づき、毒物劇物営業者がその容器及び被包に、解毒剤の名称を表示しなければ販売又は授与してはならない毒物及び劇物として、正しいものを下欄から選びなさい。

下欄

1　無機シアン化合物及びこれを含有する製剤たる毒物及び劇物
2　砒素化合物及びこれを含有する製剤たる毒物及び劇物
3　有機燐化合物及びこれを含有する製剤たる毒物及び劇物
4　有機シアン化合物及びこれを含有する製剤たる毒物及び劇物

(15)　毒物及び劇物取締法第22条第1項の規定に基づき、その事業場の所在地の都道府県知事（その事業場の所在地が保健所を設置する市又は特別区の区域にある場合においては、市長又は区長）に業務上取扱者の届出をしなければならないものはどれか。正しいものの組合せを下欄から選びなさい。

a　無機シアン化合物たる毒物を使用して、電気めっきを行う事業
b　無機シアン化合物たる毒物を使用して、しろありの防除を行う事業
c　砒素化合物たる毒物を使用して、金属熱処理を行う事業
d　砒素化合物たる毒物を使用して、しろありの防除を行う事業

下欄

1 （a、b）	2 （a、d）	3 （b、c）	4 （c、d）

(16)　次の文は、毒物及び劇物取締法施行令第40条の5第2項の規定に基づき、車両（道路交通法（昭和35年法律第105号）第2条第8号に規定する車両をいう。）を使用して、クロルピクリンを、1回につき6,000kg運搬する場合の運搬方法に関する記述である。誤っているものの組合せを下欄から選びなさい。

a　0.3メートル平方の板に地を白色、文字を黒色として「毒」と表示した標識を、車両の前後の見やすい箇所に掲げなければならない。
b　運搬する時間にかかわらず、車両1台について、運転者のほか交替して運転する者を同乗させなければならない。
c　車両には、運搬する劇物の名称、成分及びその含量並びに事故の際に講じなければならない応急の措置の内容を記載した書面を備えなければならない。

下欄

1 （a、b）	2 （a、c）	3 （b、c）	4 （a、b、c）

問5　次の文は、毒物及び劇物取締法の条文の一部である。条文中の（　　）の中に入る語句として正しいものを下欄から選びなさい。

第12条
毒物劇物営業者及び特定毒物研究者は、毒物又は劇物の容器及び被包に、「医薬用外」の文字及び毒物については（　(17)　）をもって「毒物」の文字、劇物については（　(18)　）をもって「劇物」の文字を表示しなければならない。

第21条
毒物劇物営業者、特定毒物研究者又は特定毒物使用者は、その営業の登録若しくは特定毒物研究者の許可が効力を失い、又は特定毒物使用者でなくなったとき

は、（　(19)　）、毒物劇物営業者にあってはその製造所、営業所又は店舗の所在地の都道府県知事（販売業にあってはその店舗の所在地が、保健所を設置する市又は特別区の区域にある場合においては、市長又は区長）に、特定毒物研究者にあってはその主たる研究所の所在地の都道府県知事（その主たる研究所の所在地が指定都市の区域にある場合においては、指定都市の長）に、特定毒物使用者にあっては都道府県知事に、それぞれ現に所有する特定毒物の品名及び（　(20)　）を届け出なければならない。

下欄

(17)	1　黒地に白色 3　白地に黒色	2　赤地に白色 4　白地に赤色
(18)	1　黒地に白色 3　白地に黒色	2　赤地に白色 4　白地に赤色
(19)	1　直ちに 3　30日以内に	2　15日以内に 4　50日以内に
(20)	1　使用期限 3　廃棄方法	2　譲受年月日 4　数量

三重県

〔基礎化学〕
（一般・農業用品目・特定品目共通）

問６　次の各問（21）～（24）について、最も適当なものを下欄から選びなさい。

(21) 希ガス元素でないものはどれか。

下欄

1　ヘリウム	2　アルゴン	3　ネオン	4　フッ素

(22) 極性分子はどれか。

下欄

1　H_2O	2　N_2	3　CCl_4	4　CO_2

(23)　沸点の一番高い物質はどれか。

下欄

1　ヨウ化水素	2　フッ化水素	3　塩化水素	4　臭化水素

(24) 炎色反応で青緑色を呈する元素はどれか。

下欄

1　Li	2　Cu	3　Ca	4　Sr

問７　次次の各問（25）～（28）について、最も適当なものを下欄から選びなさい。

(25) 次の記述にあてはまる化学の法則はどれか。
「一定温度で、一定量の気体の体積Ｖは圧力ｐに反比例する。」

下欄

1　アボガドロの法則	2　ヘスの法則
3　ヘンリーの法則	4　ボイルの法則

(26) 標準状態で 1.12 L のメタン CH_4 は何 g か。
ただし、標準状態における気体 1mol の体積は、22.4 L、原子量は、H = 1、C = 12 とする。

下欄

1 5.00×10^{-2}g	2 8.00×10^{-1}g	3 8.00g	4 1.80×10g

(27) 次の A ～ D の水溶液を、pH の大きいものから順に並べたものはどれか。

A 0.01mol/L アンモニア水　　B 0.01mol/L 水酸化カルシウム水溶液
C 0.01mol/L 硫酸　　D 0.01mol/L 塩酸

下欄

1 B ＞ A ＞ D ＞ C	2 C ＞ D ＞ A ＞ B
3 C ＞ D ＞ A ＝ B	4 A ＝ B ＞ D ＞ C

(28) 10 %の塩化ナトリウム水溶液 50g に、さらに 10g の塩化ナトリウムを加えた。この水溶液の濃度を 15 %にするには水を（　）加えればよい。

下欄

1 40g	2 45g	3 50g	4 55g

三重県

問8 次の各問(29)～(32)について、最も適当なものを下欄から選びなさい。

(29) 60 ℃における硝酸ナトリウムの飽和水溶液 100g を 20 ℃に冷却すると、析出する結晶の質量に最も近いものはどれか。
ただし、水 100g に対する硝酸ナトリウムの溶解度を 60 ℃で 124、20 ℃で 88 とする。

1 16g	2 19g	3 36g	4 47g

(30) 理想気体の特徴に関する次の記述のうち、正しいものの組合せはどれか。

a 一定温度において、同じ体積の容器に 1 mol の水素を入れたときと、1 mol 二酸化炭素を入れたときとでは、二酸化炭素の方がより理想気体に近い。
b 高温・低圧ほど、実在気体は理想気体に近づく。
c 理想気体は、分子自身の体積を考慮している。
d 理想気体は、温度がいくら下がっても、圧力がいくら大きくなっても分子間力が生じることがない。

下欄

1 （a、c）	2 （a、d）	3 （b、c）	4 （b、d）

(31) ある 1 種類の物質を含む水溶液に、二酸化炭素を通じると、白色沈殿が生成し、さらに二酸化炭素を通じると沈殿は溶けた。この水溶液に含まれていた物質は、次のうちどれか。

下欄

1 KOH	2 NaOH	3 $Ca(OH)_2$	4 $Cu(OH)_2$

(32) 分子式 C_6H_{14} をもつ物質の構造異性体の数はいくつあるか。

下欄

1 3つ	2 4つ	3 5つ	4 6つ

（一般）

問９　次の各問(33)～(36)について、最も適当なものを下欄から選びなさい。

(33)　次の化学反応式は、プロパン（C_3H_8）の燃焼を表したものである。プロパン 0.5 mol を完全燃焼した時、生成する二酸化炭素の質量は何 g か。
ただし、原子量は、H ＝ 1 、C ＝ 12、O ＝ 16 とする。

化学反応式 $C_3H_8 + 5 O_2 \rightarrow 3 CO_2 + 4 H_2O$

下欄

1　22g	2　44g	3　66g	4　132g

(34)　次の文は、グルコースに関する記述である。文中の（　）の中に入る語句の正しい組合せを下欄から選びなさい。

グルコースを水に溶解すると、水溶液中では、環状構造と環が開いた鎖式構造が、一定の割合で平衡を保った状態となる。鎖式構造では、アルデヒド基を有するため、水溶液は（ （a） ）性を示す。そのため、水溶液はフェーリング液を（ （a） ）し、（ （b） ）反応を示す。

	(a)	(b)
1	還元	銀鏡
2	還元	ニンヒドリン
3	酸化	銀鏡
4	酸化	ニンヒドリン

(35)　同じ電子配置を持つ組合せのものはどれか。

下欄

1　O^{2-}、F^{-}、Mg^{2+}	2　He、Li^{+}、F
3　Li^{+}、O^{2-}、K^{+}	4　Al^{3+}、Na^{+}、Cl^{-}

(36)　27℃、1.5×10^5Pa　のもとで、100mL　を占める気体を 5℃、1.0×10^5Pa にすると、その体積は、何 mL になるか。
ただし、0℃の絶対温度を 273K（ケルビン）とする。

下欄

1　28mL	2　62mL	3　139mL	4　150mL

三重県

問 10　次の図は、フェノール、安息香酸、アニリン及びトルエンを含むジエチルエーテル溶液から各物質を分離する手順を示したものである。図中の物質 (37) ～ (40) はそれぞれ上記４種類の物質のうちのどれかである。

(37) ～ (40) に当てはまる物質として最も適当なものを下欄から選びなさい。

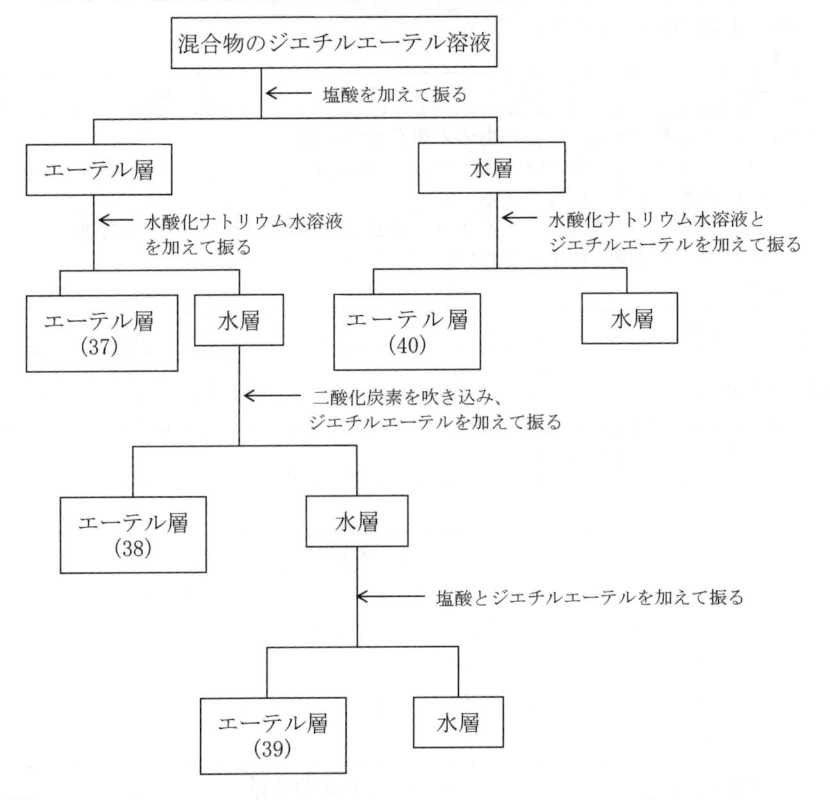

下欄

(37)	1　フェノール	2　安息香酸	3　アニリン	4　トルエン
(38)	1　フェノール	2　安息香酸	3　アニリン	4　トルエン
(39)	1　フェノール	2　安息香酸	3　アニリン	4　トルエン
(40)	1　フェノール	2　安息香酸	3　アニリン	4　トルエン

(農業用品目・特定品目共通)

問９　次の各問 (33) ～ (36) について、最も適当なものを下欄から選びなさい。

(33)　次のコロイド溶液に関する記述のうち、正しいものはどれか。

下欄

1　コロイド溶液に含まれるイオンなどを、半透膜を使って除去する操作を透析という。
2　コロイド粒子が光を散乱し、光の進路が明るく見える現象を塩析という。
3　少量の電解質で凝集・沈殿するコロイドを親水コロイドという。
4　帯電したコロイド粒子が、反対符号の電極へ移動する現象をチンダル現象という。

(34)　硫酸イオン SO_4^{2-} の硫黄原子の酸化数として正しいものはどれか。

下欄

1　－2	2　＋2	3　＋4	4　＋6

(35)　1価の塩基はどれか。

下欄

1　HNO_3	2　$Ca(OH)_2$	3　H_3PO_4	4　NH_3

(36)　次の記述のうち、正しいものの組合せはどれか。

a　ラクトースを希酸で加水分解すると、グルコースとガラクトースを生じる。
b　セロビオースは単糖類である。
c　マルトースの構造は、β－グルコース２分子が脱水縮合したものである。
d　スクロースは還元性を示さない。

下欄

1（a、c）	2　（a、d）	3　（b、c）	4　（b、d）

三重県

問10　次の各問(37)～(40)について、最も適当なものを下欄から選びなさい。

(37)　4 mol/L の硫酸 50mL を水酸化ナトリウムで過不足なく中和するには、水酸化ナトリウムは何 g 必要となるか。
ただし、原子量は、H＝1、O＝16、Na＝23、S＝32 とする。

下欄

1　2 g	2　4 g	3　8 g	4　16g

(38)　生成熱に関する次の記述について、(　　) の中に入るものはどれか。

二酸化炭素の生成熱は次の熱化学方程式で表される。この化学反応において、二酸化炭素 0.5mol が生成するとき、(　　) がある。

C（黒鉛）＋ O_2（気）＝ CO_2（気）＋ 394 kJ

下欄

1　394kJ の発熱	2　394kJ の吸熱
2　197kJ の発熱	4　197kJ の吸熱

(39)　有機化合物に関する記述のうち、誤っているものはどれか。

下欄

1　水に溶けたフェノールは弱酸性を示す。
2　アルコールに金属ナトリウムを加えると、弱塩基であるナトリウムアルコキシドを生じる。
3　ベンゼンは、付加反応よりも置換反応の方が起こりやすい。
4　アセチレンは三重結合を有し、付加反応を起こしやすい。

(40)　27 ℃、300kPa で 300mL の気体の体積を、100kPa で 5 ℃にすると、何 mL になるか。
ただし、0℃の絶対温度を 273 K（ケルビン）とする。

下欄

1　167mL	2　540mL	3　834mL	4　971mL

〔性状・貯蔵・取扱方法〕

(一般)

問 11　次の物質の常温・常圧下における性状として、最も適当なものを下欄から選びなさい。

(41) 重クロム酸カリウム
(42) クロルピクリン
(43) 1－（4－ニトロフェニル）－3－（3－ピリジルメチル）ウレア
　　（別名 ピリミニール）
(44) 六弗(ふつ)化セレン

下欄

1　純品は無色の油状液体で、催涙性、粘膜刺激性があり、アルコール、二硫化炭素に溶けやすい。
2　無臭の淡黄色の粉末で、水に溶けにくい。
3　橙赤色の結晶で、水に溶けやすい。
4　無色の気体で、空気中では発煙する。

問 12　次の物質の貯蔵方法として、最も適当なものを下欄から選びなさい。

(45) クロロホルム　　(46) 二硫化炭素
(47) ブロムメチル　　(48) カリウム

下欄

1　空気中にそのまま貯蔵することができないため、通常石油中に貯蔵する。水分の混入、火気を避けて貯蔵する。
2　常温では気体であるため、圧縮冷却して液化し、圧縮容器に入れ、直射日光、その他温度上昇の原因を避けて、冷暗所に貯蔵する。
3　純品は空気と日光によって分解するため、少量のアルコールを加え、冷暗所に貯蔵する。
4　少量ならば共栓ガラス瓶、多量ならば鋼製ドラム缶等に貯蔵する。低温でも引火性があるため、一度開封したものは、蒸留水を混ぜておくと安全である。

問 13　次の物質を含有する製剤は、毒物及び劇物取締法令上ある一定濃度以下で劇物から除外される。その除外される上限の濃度として、最も適当なものを下欄からそれぞれ選びなさい。

(49)　シアナミド

下欄

1　1%	2　5%	3　10%	4　30%

(50)　ヒドラジン一水和物

下欄

1　1%	2　5%	3　10%	4　30%

(51)　水酸化ナトリウム

下欄

1　1%	2　5%	3　10%	4　30%

(52)　メルカプト酢酸

下欄

1　1%	2　5%	3　10%	4　30%

問 14　次の物質の化学式として、最も適当なものを下欄から選びなさい。

(53) メチルエチルケトン　(54) 酢酸エチル
(55) エチレンオキシド　(56) アクロレイン

下欄

1 CH_2=CHCHO	2 $CH_3COOC_2H_5$	3 $(CH_2)_2O$	4 $CH_3COC_2H_5$

問 15　次の物質の毒性として、最も適当なものを下欄から選びなさい。

(57) 燐(りん)化亜鉛
(58) 2－ジフェニルアセチル－1，3－インダンジオン（別名 ダイファシノン）
(59) EPN
(60) 弗(ふっ)化水素酸

下欄

1　アセチルコリン等を分解するコリンエステラーゼの阻害があり、副交感神経節後線維終末（ムスカリン様受容体）あるいは神経筋接合部（ニコチン様受容体）におけるアセチルコリンの蓄積により、神経系が過度の刺激状態になり、さまざまな症状を引き起こす。
2　皮膚に触れた場合、激しい痛みを感じて、著しく腐食される。1～2％の低濃度であっても皮膚に付着すると、その場では異常がなくても数時間後に痛みだす。特に指先の場合が激しく、数日後に爪が剥離することがある。
3　体内でビタミン K の働きを抑えることにより血液凝固を阻害し、出血を引き起こす。
4　嚥(えん)下(げ)吸入した場合、胃及び肺で胃酸や水と反応してホスフィンを生成しチトクロームオキシダーゼを阻害する。過度に吸入した場合は、呼吸困難、こん睡を引き起こす。

三重県

（農業用品目）

問 11　次の物質の常温・常圧下における性状として、最も適当なものを下欄から選びなさい。

(41) カズサホス　(42) 燐(りん)化亜鉛　(43) エチレンクロルヒドリン
(44) ジエチル－S－（2－オキソ－6－クロルベンゾオキサゾロメチル）－ジチオホスフェイト（別名 ホサロン）

下欄

1　ネギ様の臭気のある白色結晶。シクロヘキサン及び石油エーテルに溶けにくい。
2　芳香のある無色液体。蒸気は空気より重い。水に任意の割合で混和する。
3　暗灰色の結晶または粉末。アルコールに溶けない。酸により分解し、有毒なホスフィンを発生する。
4　硫黄臭のある淡黄色液体。水に溶けにくい。

問 12　次の物質の常温・常圧下における性状等に関する記述において、（　　）内にあてはまる最も適当なものを下欄からそれぞれ選びなさい。

《ロテノン》
性　状：（ (45) ）結晶である。
貯蔵方法：（ (46) ）

《ブロムメチル》
性　状：無色の（ (47) ）である。
貯蔵方法：（ (48) ）

下欄

(45)	1 斜方六面体　2 葉状　3 稜（りょう）板状　4 潮解性針状特定毒物
(46)	1 空気中にそのまま貯蔵することはできないので、通常石油中に貯蔵する。水分の混入、火気を避けて貯蔵する。 2 光や酸素によって分解するため、空気と光線を遮断して貯蔵する。 3 五水和物は、風解性があるので、密栓して貯蔵する。 4 水中に沈めて瓶にいれ、さらに砂を入れた缶中に固定して、冷暗所に貯蔵する。
(47)	1 気体　2 液体　3 粉末　4 結晶石油中に貯蔵
(48)	1 七水和物は、風解性があるため、密栓して貯蔵する。 2 酸と反応すると有毒で引火性のガスを発生するため、光を遮り、酸類とは離して、空気の流通のよい乾燥した冷所に密封して貯蔵する。 3 アルカリ存在下では、分解するため、一般に安定剤として少量の酸が添加される。日光を避け、冷所に貯蔵する。 4 圧縮冷却して液化し、圧縮容器に入れ、直射日光、その他温度上昇の原因をさけて、冷暗所に貯蔵する。

問13　次の物質を含有する製剤は、毒物及び劇物取締法令上ある一定濃度以下で劇物から除外される。その除外される上限の濃度として、最も適当なものを下欄からそれぞれ選びなさい。

(49)　硫酸

下欄

1　1%	2　2%	3　6%	4　10%

(50)　ベンフラカルブ

下欄

1　1%	2　2%	3　6%	4　10%

(51)　メタアルデヒド

下欄

1　1%	2　2%	3　6%	4　10%

(52)　エマメクチン

下欄

1　1%	2　2%	3　6%	4　10%

問14　次の物質の分類について、最も適当なものを下欄から選びなさい。

(53) ジメトエート　(54) フルバリネート　(55) チオジカルブ
(56) アセタミプリド

下欄

1　ネオニコチノイド系農薬	2　ピレスロイド系農薬
3　カーバメート系農薬	4　有機リン系農薬

問 15　次の物質の化学式として、最も適当なものを下欄からそれぞれ選びなさい。

(57) クロルピクリン　　(58) 1，3－ジクロロプロペン
(59) メチルイソチオシアネート　　(60) エチレンクロルヒドリン

下欄

1	CH_3NCS	2	CCl_3NO_2
3	$ClCH_2CH_2OH$	4	$ClCH_2CH=CHCl$

(特定品目)

問 11　次の物質の常温・常圧下における性状として、最も適当なものを下欄から選びなさい。

(41) 一酸化鉛　(42) トルエン　(43) 重クロム酸カリウム　(44) 硝酸

下欄

1　無色、可燃性の液体で、ベンゼン様の臭気を有する。水にほとんど溶けない。
2　無色又は淡黄色の液体で息詰まるような刺激臭がある。高濃度のものは湿気を含んだ空気中で発煙する。
3　黄色又は橙色。粉末又は粒状。水に極めて溶けにくい。
4　橙赤色の結晶で、水に溶けやすい。強力な酸化剤である。

問 12　次の物質の貯蔵方法として、最も適当なものを下欄から選びなさい。

(45) 水酸化ナトリウム　　(46) 過酸化水素水
(47) メチルエチルケトン　　(48) クロロホルム

下欄

1　直射日光を避け、少量ならば褐色ガラス瓶、大量ならばカーボイなどを使用し、3分の1の空間を保って冷所に貯蔵する。
2　二酸化炭素と水を吸収する性質が強いので、密栓して貯蔵する。
3　純品は空気と日光によって分解するため、少量のアルコールを加えて冷暗所に貯蔵する。
4　引火しやすく、また、その蒸気は空気と混合して爆発性の混合ガスとなるため、火気を遠ざけて貯蔵する。

問 13　次の物質を含有する製剤は、毒物及び劇物取締法令上ある一定濃度以下で劇物から除外される。その除外される上限の濃度として、最も適当なものを下欄からそれぞれ選びなさい。

(49)　塩化水素

下欄

1	5%	2	6%	3	10%	4	70%

(50)　硫酸

下欄

1	5%	2	6%	3	10%	4	70%

(51)　水酸化カリウム

下欄

1	5%	2	6%	3	10%	4	70%

(52)　クロム酸鉛

下欄

1　5%	2　6%	3　10%	4　70%

問 14　次の物質の化学式として、最も適当なものを下欄から選びなさい。

(53)ホルムアルデヒド　　(54)酢酸エチル

(55)蓚酸　　(56)トルエン

下欄

1　$(COOH)_2$	2　$CH_3COOC_2H_5$	3　$C_6H_5CH_3$	4　HCHO

問 15　次の物質の毒性として、最も適当なものを下欄から選びなさい。

(57)四塩化炭素　　(58)硝酸　　(59)トルエン　　(60)蓚酸

下欄

1　高濃度の当該物質の水溶液が皮膚に触れると、ガスを発生して、組織ははじめ白く、しだいに深黄色となる。

2　蒸気の吸入により、はじめ頭痛、悪心などをきたし、また黄疸のように角膜が黄色となり、しだいに尿毒症様を呈し、はなはだしいときは死ぬことがある。

3　蒸気の吸入により頭痛、食欲不振等がみられる。大量では緩和な大赤血球性貧血をきたす。麻酔性が強い。

4　血液中の石灰分を奪取し、神経系を侵す。急性中毒症状は、胃痛、嘔吐、口腔・咽喉に炎症を起こし、腎臓が侵される。

〔実　地〕

(一般)

問 16　次の物質の用途として、最も適当なものを下欄から選びなさい。

(61)サリノマイシンナトリウム　　(62)硼弗化ナトリウム

(63)亜セレン酸ナトリウム

(64) 2－ジフェニルアセチル－1，3－インダンジオン（別名 ダイファシノン）

下欄

1　飼料添加物（抗コクシジウム剤）	2　ガラスの脱色剤
3　金属粒度改善剤	4　殺鼠剤

問 17　次の物質の鑑別方法として、最も適当なものを下欄から選びなさい。

(65)メチルスルホナール　　(66)臭化水素酸

(67)ホルムアルデヒド　　(68)ナトリウム

下欄

1　アンモニア水を加え、さらに硝酸銀溶液を加えると、徐々に金属銀を析出する。また、フェーリング溶液とともに熱すると、赤色の沈殿を生じる。

2　硝酸銀溶液を加えると、淡黄色の沈殿を生じ、この沈殿は硝酸に溶けず、アンモニア水には塩化銀に比べて溶けにくい。

3　木炭とともに熱すると、メルカプタンの臭気を放つ。

4　白金線に試料を付けて、溶融炎で熱すると、炎の色は黄色になる。また、コバルトの色ガラスを通して見れば、この炎は見えなくなる。

問 18　毒物及び劇物の品目ごとの具体的な廃棄方法として厚生労働省が定めた「毒物及び劇物の廃棄の方法に関する基準」に基づき、次の毒物又は劇物の廃棄方法として、最も適当なものを下欄から選びなさい。

(69) キノリン　(70) 硝酸　(71) ホスゲン　(72) 塩化バリウム

下欄

1　沈殿法	2　燃焼法	3　中和法	4　アルカリ法

問 19　毒物及び劇物の運搬事故時における応急措置の具体的な方法として厚生労働省が定めた「毒物及び劇物の運搬事故時における応急措置に関する基準」に基づき、次の毒物又は劇物が漏えい又は飛散した際の措置として、最も適当なものを下欄から選びなさい。

(73) 臭素　(74) クロム酸ストロンチウム
(75) メタクリル酸　(76) アクロレイン

下欄

1　漏えいした液は、土砂等でその流れを止め、安全な場所に導き、空容器にできるだけ回収し、そのあとを水酸化カルシウム等の水溶液を用いて処理し、多量の水を用いて洗い流す。この場合、濃厚な廃液が河川等に排出されないよう注意する。
2　多量に漏えいした場合、漏えい箇所や漏えいした液には消石灰を十分に散布し、ムシロ、シート等をかぶせ、その上にさらに消石灰を散布して吸収させる。
3　飛散したものは、空容器にできるだけ回収し、そのあとを還元剤（硫酸第一鉄等）の水溶液を散布し、消石灰、ソーダ灰等の水溶液で処理したのち、多量の水を用いて洗い流す。この場合、濃厚な廃液が河川等に排出されないよう注意する。
4　多量に漏えいした場合、漏えいした液は、土砂等でその流れを止め、安全な場所に穴を掘るなどしてこれをためる。これに亜硫酸水素ナトリウム水溶液（約 10 %）を加え、時々撹拌して反応させた後、多量の水を用いて十分に希釈して洗い流す。この際、蒸発した物質が大気中に拡散しないよう霧状の水をかけて吸収させる。この場合、濃厚な廃液が河川等に排出されないよう注意する。

問 20　次の物質の毒物及び劇物取締法施行令第 40 条の５第２項第３号に規定する厚生労働省令で定める保護具として、（　　）内にあてはまる最も適当なものを下欄からそれぞれ選びなさい。

(77)　水酸化カリウム及びこれを含有する製剤（水酸化カリウム５％以下を含有するものを除く。）で液体状のもの

保護具：保護手袋、保護長ぐつ、保護衣、（ (77) ）

下欄

1　保護眼鏡	2　有機ガス用防毒マスク
3　酸性ガス用防毒マスク	4　普通ガス用防毒マスク

(78)　塩素

保護具：保護手袋、保護長ぐつ、保護衣、（ (78) ）

下欄

1　保護眼鏡	2　有機ガス用防毒マスク
3　酸性ガス用防毒マスク	4　普通ガス用防毒マスク

三重県

(79)　ホルムアルデヒド及びこれを含有する製剤（ホルムアルデヒド１％以下を含有するものを除く。）で液体状のもの

保護具：保護手袋、保護長ぐつ、保護衣、（　(79)　）

下欄

1　保護眼鏡	2　有機ガス用防毒マスク
3　酸性ガス用防毒マスク	4　普通ガス用防毒マスク

(80)　アクリルニトリル

保護具：保護手袋、保護長ぐつ、保護衣、（　(80)　）

下欄

1　保護眼鏡	2　有機ガス用防毒マスク
3　酸性ガス用防毒マスク	4　普通ガス用防毒マスク

（農業用品目）

問 16　次の物質の主な農薬用の用途として、最も適当なものを下欄から選びなさい。

(61)アバメクチン　(62)燐(りん)化亜鉛　(63)トリシクラゾール
(64)２，２´－ジピリジリウム－１，１´－エチレンジブロミド（別名 ジクワット）

下欄

1　殺ダニ剤	2　殺鼠(そ)剤	3　殺菌剤	4　除草剤

問 17　次の物質の鑑別方法に関する記述について、（　　）内にあてはまる最も適当なものを下欄からそれぞれ選びなさい。

《燐(りん)化アルミニウムとその分解促進剤とを含有する製剤》
本剤より発生したガスは、５～10％硝酸銀溶液を吸着させたろ紙を（　(65)　）に変化させる。

《塩素酸カリウム》
熱すると酸素を発生し、塩化カリウムとなり、これに塩酸を加えて熱すると塩素を発生する。水溶液に酒石酸を多量に加えると、（　(66)　）の結晶性の物質を生じる。

《ニコチン》
ニコチンのエーテル溶液に、ヨードのエーテル溶液を加えると、（　(67)　）の液状沈殿を生じ、これを放置すると、（　(68)　）の針状結晶となる。

下欄

(65)	1　白色	2　黒色	3　褐色	4　赤色
(66)	1　白色	2　黒色	3　褐色	4　赤色
(67)	1　白色	2　黒色	3　褐色	4　赤色
(68)	1　白色	2　黒色	3　褐色	4　赤色

問 18　毒物及び劇物の品目ごとの具体的な廃棄方法として厚生労働省が定めた「毒物及び劇物の廃棄の方法に関する基準」に基づき、次の毒物又は劇物の廃棄方法として、最も適当なものを下欄から選びなさい。

(69)メトミル　(70)アンモニア　(71)硝酸亜鉛　(72)クロルピクリン

下欄

1　沈殿法	2　中和法	3　分解法	4　アルカリ法

問 19　毒物及び劇物の運搬事故時における応急措置の具体的な方法として厚生労働省が定めた「毒物及び劇物の運搬事故時における応急措置に関する基準」に基づき、次の毒物又は劇物が漏えい又は飛散した際の措置として、最も適当なものを下欄から選びなさい。

(73) パラコート　　(74) シアン化カリウム
(75) メトミル　　(76) ブロムメチル

下欄

1　多量に漏えいした場合、漏えいした液は、土砂等でその流れを止め、液が広がらないようにして蒸発させる。
2　飛散したものは、空容器にできるだけ回収する。砂利等に付着している場合は、砂利等を回収し、そのあとに水酸化ナトリウム、ソーダ灰等の水溶液を散布してアルカリ性（pH11 以上）とし、更に酸化剤（次亜塩素酸ナトリウム、さらし粉等）の水溶液で酸化処理を行い、多量の水を用いて洗い流す。この場合、濃厚な廃液が河川等に排出されないよう注意する。また、前処理なしに直接水で洗い流してはならない。
3　漏えいした液は、土壌等でその流れを止め、安全な場所に導き、空容器にできるだけ回収し、そのあとを土壌で覆（おお）って十分接触させた後、土壌を取り除き、多量の水を用いて洗い流す。
4　飛散したものは、空容器にできるだけ回収し、そのあとを消石灰等の水溶液を用いて処理し、多量の水を用いて洗い流す。この場合、濃厚な廃液が河川等に排出されないよう注意する。

三重県

問 20　次の各問（77）～（80）について、（　　）内にあてはまる最も適当なものを下欄からそれぞれ選びなさい。

(77)　燐（りん）化亜鉛を含有する製剤たる劇物を農業用として販売・授与する際には、あせにくい（　　）で着色しなければならない。

下欄

1　白色　　2　黒色　　3　濃紺色　　4　深紅色

(78)　ジエチル—S—（エチルチオエチル）—ジチオホスフェイト（別名 エチルチオメトン）を含有する製剤たる劇物は、毒物及び劇物取締法に基づき解毒剤の名称を記載しなければ販売し、又は授与してはならない。その記載しなければならない解毒剤は、2－ピリジルアルドキシムメチオダイド（別名 PAM）の製剤及び（　　）の製剤である。

下欄

1　亜硝酸ナトリウム及びチオ硫酸ナトリウム
2　硫酸アトロピン
3　アセトアミド
4　スキサメトニウム

(79)　中毒時にビタミン K 拮抗作用による出血傾向がある物質として最も適当なものは（　　）である。

下欄

1　パラコート
2　弗（ふっ）化スルフリル
3　2－ジフェニルアセチル－1，3－インダンジオン（別名 ダイファシノン）
4　2，2′－ジピリジリウム－1，1′－エチレンジブロミド（別名 ジクワット）

(80) アバメクチン1.8％を含有する製剤は（ ）に分類される。

下欄

1 特定毒物	2 毒物（特定毒物を除く）	3 劇物	4 普通物

（特定品目）

問16 次の物質の用途として、最も適当なものを下欄から選びなさい。

(61) クロム酸亜鉛カリウム　(62) 硝酸
(63) 硅弗化ナトリウム　(64) 過酸化水素水

下欄

1 漂白剤
2 ニトロ化合物の原料、冶金
3 さび止め下塗り塗料用
4 釉薬、ガラス乳濁剤、フォームラバーのゲル化安定剤

問17 次の物質の鑑別方法として、最も適当なものを下欄から選びなさい。

(65) 四塩化炭素　(66) ホルムアルデヒド
(67) 一酸化鉛　(68) 蓚酸

下欄

1 希硝酸に溶かすと無色の液となり、これに硫化水素を通じると黒色の沈殿を生じる。
2 水溶液を酢酸で弱酸性にして酢酸カルシウムを加えると、結晶性の沈殿を生じる。
3 アルコール性の水酸化カリウムと銅粉とともに煮沸すると、黄赤色の沈殿を生じる。
4 アンモニア水を加え、さらに硝酸銀溶液を加えると、徐々に金属銀を析出する。また、フェーリング溶液とともに熱すると、赤色の沈殿を生じる。

問18 毒物及び劇物の品目ごとの具体的な廃棄方法として厚生労働省が定めた「毒物及び劇物の廃棄の方法に関する基準」に基づき、次の毒物又は劇物の廃棄方法として、最も適当なものを下欄から選びなさい。

(69) 硅弗化ナトリウム　(70) 酸化第二水銀　(71) 蓚酸　(72) 硫酸

下欄

1 分解沈殿法	2 沈殿隔離法	3 活性汚泥法	4 中和法

問19 毒物及び劇物の運搬事故時における応急措置の具体的な方法として厚生労働省が定めた「毒物及び劇物の運搬事故時における応急措置に関する基準」に基づき、次の毒物又は劇物が多量に漏えいした際の措置として、最も適当なものを下欄から選びなさい。

(73) メチルエチルケトン
(74) ホルムアルデヒド
(75) 硝酸
(76) 液化塩化水素

下欄

1　漏えいガスは、多量の水をかけて吸収させる。多量にガスが噴出する場合は遠くから霧状の水をかけ吸収させる。この場合、濃厚な廃液が河川等に排出されないよう注意する。 2　漏えいした液は、土砂等でその流れを止め、これに吸着させるか、又は安全な場所に導いて、遠くから徐々に注水してある程度希釈したあと、消石灰、ソーダ灰等で中和し、多量の水を用いて洗い流す。この場合、濃厚な廃液が河川等に排出されないよう注意する。 3　漏えいした液は、その流れを土砂等で止め、安全な場所に導いて遠くからホース等で多量の水をかけ十分に希釈して洗い流す。この場合、濃厚な廃液が河川等に排出されないよう注意する。 4　漏えいした液は、土砂等でその流れを止め、安全な場所に導き、液の表面を泡で覆(おお)い、できるだけ空容器に回収する。

問 20　次の物質の毒物及び劇物取締法施行令第 40 条の５第２項第３号に規定する厚生労働省令で定める保護具として、（　）内にあてはまる最も適当なものを下欄からそれぞれ選びなさい。

三重県

(77)　過酸化水素及びこれを含有する製剤（過酸化水素６％以下を含有するものを除く。）

保護具：保護手袋、保護長ぐつ、保護衣、（ (77) ）

下欄

1	保護眼鏡	2	普通ガス用防毒マスク
3	酸性ガス用防毒マスク	4	有機ガス用防毒マスク

(78)　硝酸及びこれを含有する製剤（硝酸 10 ％以下を含有するものを除く。）で液体状のもの

保護具：保護手袋、保護長ぐつ、保護衣、（ (78) ）

下欄

1	保護眼鏡	2	普通ガス用防毒マスク
3	酸性ガス用防毒マスク	4	有機ガス用防毒マスク

(79)　水酸化ナトリウム及びこれを含有する製剤（水酸化ナトリウム５％以下を含有するものを除く。）で液体状のもの

保護具：保護手袋、保護長ぐつ、保護衣、（ (79) ）

下欄

1	保護眼鏡	2	普通ガス用防毒マスク
3	酸性ガス用防毒マスク	4	有機ガス用防毒マスク

(80)　塩素

保護具：保護手袋、保護長ぐつ、保護衣、（ (80) ）

下欄

1	保護眼鏡	2	普通ガス用防毒マスク
3	酸性ガス用防毒マスク	4	有機ガス用防毒マスク

関西広域連合統一共通〔滋賀県、京都府、大阪府、和歌山県、兵庫県、徳島県〕
令和２年度実施

〔毒物及び劇物に関する法規〕
（一般・農業用品目・特定品目共通）

問１　次の物質について、劇物に該当するものを１～５から一つ選べ。

1　ニコチン　　2　硫酸タリウム　　3　シアン化水素
4　砒（ひ）素　　5　セレン

問２　次の記述は法第３条の２第２項の条文である。（　）の中に入れるべき字句の正しい組合せを下表から一つ選べ。

毒物若しくは劇物の（ａ）業者又は（ｂ）でなければ、特定毒物を（ａ）してはならない。

	a	b
1	輸入	特定毒物研究者
2	輸出	特定毒物使用者
3	販売	特定毒物使用者
4	輸入	特定毒物使用者
5	輸出	特定毒物研究者

問３　特定毒物の品目とその政令で定める用途の正誤について、正しい組合せを下表から一つ選べ。

特定毒物の品目　　　用途
a　四アルキル鉛を含有する製剤　―　ガソリンへの混入
b　モノフルオール酢酸アミドを含有する製剤　―　野ねずみの駆除
c　モノフルオール酢酸の塩類を含有する製剤　―　かんきつ類などの害虫の防除

	a	b	c
1	正	正	正
2	正	誤	正
3	正	誤	誤
4	誤	正	正
5	誤	正	誤

問4　次の記述は法第3条の3の条文である。(　　)の中に入れるべき字句の正しい組合せを下表から一つ選べ。

興奮、(a)又は麻酔の作用を有する毒物又は劇物(これらを含有する物を含む。)であつて政令で定めるものは、みだりに摂取し、若しくは吸入し、又はこれらの目的で(b)してはならない。

	a	b
1	覚せい	販売
2	覚せい	所持
3	幻覚	使用
4	幻覚	所持
5	催眠	販売

問5　次の物質について、法第3条の4に規定する引火性、発火性又は爆発性のある毒物又は劇物であって政令で定めるものに該当するものを1～5から一つ選べ。

1　黄燐(りん)
2　カリウム
3　トルエン
4　亜塩素酸ナトリウム30％を含有する製剤
5　塩素酸ナトリウム30％を含有する製剤

問6　毒物又は劇物に関する営業の種類とその登録有効期間の正しい組合せを下表から一つ選べ。

	営業の種類	登録有効期間
1	製造業	2年
2	製造業	3年
3	輸入業	4年
4	販売業	5年
5	販売業	6年

関西広域連合統一

問7　毒物又は劇物の販売業に関する記述の正誤について、正しい組合せを下表から一つ選べ。

a　一般販売業の登録を受けた者であっても、特定毒物を販売してはならない。
b　農業用品目販売業の登録を受けた者は、農業上必要な毒物又は劇物であって省令で定めるもの以外の毒物又は劇物を販売してはならない。
c　特定品目販売業の登録を受けた者でなければ、特定毒物を販売することができない。

	a	b	c
1	正	正	正
2	正	正	誤
3	正	誤	正
4	誤	正	誤
5	誤	誤	正

問8　省令第4条の4で規定されている、毒物又は劇物の販売業の店舗の設備の基準に関する記述の正誤について、正しい組合せを下表から一つ選べ。

a　毒物又は劇物とその他の物とを区分して貯蔵できるものであること。
b　毒物又は劇物を陳列する場所にかぎをかける設備があること。
c　毒物又は劇物を貯蔵する場所が性質上かぎをかけることができないものであるときは、その周囲に警報装置が設けてあること。

	a	b	c
1	正	誤	正
2	誤	正	誤
3	正	正	誤
4	誤	誤	正
5	正	正	正

問９　法第６条の規定による毒物劇物販売業の登録事項について、正しいものの組合せを１～５から一つ選べ。

a　申請者の氏名及び住所(法人の場合は名称及び主たる事務所の所在地)
b　店舗の所在地
c　販売または授与しようとする毒物又は劇物の品目
d　店舗の営業時間

1（a、b）　2（a、d）　3（b、c）　4（b、d）　5（c、d）

問 10　次の記述は、法第７条の条文の一部である。(　　)の中に入れるべき字句の正しい組合せを下表から一つ選べ。

毒物劇物営業者は、毒物又は劇物を(　a　)取り扱う製造所、営業所又は店舗ごとに、(　b　)の毒物劇物取扱責任者を置き、毒物又は劇物による保健衛生上の危害の防止に当たらせなければならない。

	a	b
1	専門に	常勤
2	業務上	常勤
3	直接に	専任
4	業務上	専任
5	直接に	常勤

問 11　法の規定により、毒物劇物営業者が行う毒物又は劇物の表示に関する記述の正誤について、正しい組合せを下表から一つ選べ。

a　毒物の容器及び被包に、黒地に白色をもって「毒物」の文字を表示しなければならない。
b　劇物の容器及び被包に、白地に赤色をもって「劇物」の文字を表示しなければならない。
c　劇物の容器及び被包には「医薬用外」の文字を必ずしも記載する必要はないが、毒物の容器及び被包には「医薬用外」の文字を記載する必要がある。

	a	b	c
1	正	誤	正
2	誤	正	誤
3	正	正	誤
4	誤	誤	正
5	正	正	正

問 12　毒物劇物営業者が、毒物又は劇物の容器及び被包に表示しなければ販売又は授与できない事項について、正しいものの組合せを一つ選べ。

a　毒物又は劇物の成分及びその含量
b　毒物又は劇物の使用期限
c　毒物又は劇物の製造番号
d　有機燐(りん)化合物及びこれを含有する製剤たる毒物及び劇物の場合は、省令で定める解毒剤の名称

1（a、b）　2（a、c）　3（a、d）　4（b、c）　5（c、d）

問 13　毒物劇物営業者が、「あせにくい黒色」で着色したものでなければ、農業用として販売し、又は授与してはならないものとして、政令で定める劇物の正しいものの組合せを１～５から一つ選べ。

a　硫化カドミウムを含有する製剤たる劇物
b　硫酸タリウムを含有する製剤たる劇物
c　沃(よう)化メチルを含有する製剤たる劇物
d　燐(りん)化亜鉛を含有する製剤たる劇物

1（a、b）　2（a、c）　3（b、c）　4（b、d）　5（c、d）

問 14　法第 14 条の規定により、毒物劇物営業者が毒物又は劇物を毒物劇物営業者以外の者に販売するとき、その譲受人から提出を受けなければならない書面に記載が必要な事項について、正しいものの組合せを１～５から一つ選べ。

a　毒物又は劇物の名称及び数量　　b　使用の年月日
c　譲受人の氏名、職業及び住所　　d　譲受人の年齢

1（a、b）　2（a、c）　3（b、c）　4（b、d）　5（c、d）

問 15　法第 15 条に規定する、毒物又は劇物の交付の制限等に関する記述の正誤について、正しい組合せを下表から一つ選べ。

a　毒物劇物営業者は、毒物又は劇物を 18 歳の者に交付してはならない。
b　毒物劇物営業者は、毒物又は劇物を麻薬、大麻、あへん又は覚せい剤の中毒者に交付してはならない。
c　毒物劇物営業者は、ナトリウムの交付を受ける者の氏名及び住所を確認したときは、確認に関する事項を記載した帳簿を、最終の記載をした日から３年間、保存しなければならない。

	a	b	c
1	正	誤	正
2	誤	正	誤
3	正	正	誤
4	誤	誤	正
5	正	正	正

問 16　次の記述は政令第 40 条の条文の一部である。（　　）の中に入れるべき字句の正しい組合せを下表から一つ選べ。

法第 15 条の２の規定により、毒物若しくは劇物又は法第 11 条第２項に規定する政令で定める物の廃棄の方法に関する技術上の基準を次のように定める。
一　中和、加水分解、酸化、還元、（　a　）その他の方法により、毒物及び劇物並びに法第 11 条第２項に規定する政令で定める物のいずれにも該当しない物とすること。
二　（　b　）又は揮発性の毒物又は劇物は、保健衛生上危害を生ずるおそれがない場所で、少量ずつ放出し、又は（　c　）させること。
三　可燃性の毒物又は劇物は、保健衛生上危害を生ずるおそれがない場所で、少量ずつ（　d　）させること。
四　（略）

	a	b	c	d
1	稀釈	ガス体	揮発	燃焼
2	冷却	液体	濃縮	溶解
3	稀釈	液体	濃縮	燃焼
4	冷却	ガス体	濃縮	溶解
5	冷却	ガス体	揮発	燃焼

問 17　毒物又は劇物を運搬する車両に掲げる標識に関する記述について、（　　）の中に入れるべき字句の正しい組合せを下表から一つ選べ。

車両を使用して塩素を１回につき 6,000 キログラム運搬する場合、運搬する車両に掲げる標識は、（　a　）メートル平方の板に、地を（　b　）、文字を（　c　）として（　d　）と表示し、車両の前後の見やすい箇所に掲げなければならない。

	a	b	c	d
1	0.3	白色	黄色	「劇」
2	0.5	黒色	白色	「毒」
3	0.3	黒色	白色	「毒」
4	0.5	白色	黄色	「劇」
5	0.3	黒色	黄色	「毒」

問 18　政令第 40 条の９第１項の規定により、毒物劇物営業者が譲受人に対し、提供しなければならない情報の内容の正誤について、正しい組合せを下表から一つ選べ。

a　応急措置
b　漏出時の措置
c　安定性及び反応性
d　毒物劇物取扱責任者の氏名

	a	b	c	d
1	正	誤	正	誤
2	誤	正	誤	正
3	正	誤	誤	正
4	誤	誤	正	正
5	正	正	正	誤

問 19　毒物又は劇物の事故の際の措置に関する記述の正誤について、正しい組合せを下表から一つ選べ。

a　毒物劇物営業者は、その取扱いに係る毒物又は劇物が地下に染み込んだ場合において、不特定又は多数の者について保健衛生上の危害が生ずるおそれがあるときは、直ちに、その旨を保健所、警察署又は消防機関に届け出なければならない。
b　毒物劇物営業者は、その取扱いに係る毒物又は劇物が流れ出した場合において、不特定又は多数の者について保健衛生上の危害が生ずるおそれがあるときは、直ちに、保健衛生上の危害を防止するために必要な応急の措置を講じなければならない。
c　毒物劇物営業者は、その取扱いに係る毒物又は劇物が盗難にあい、又は紛失したときは、直ちに、その旨を警察署に届け出なければならない。

	a	b	c
1	正	誤	誤
2	誤	正	誤
3	正	正	誤
4	誤	誤	正
5	正	正	正

問 20　次の記述は登録が失効した場合等の措置に関する法第 21 条第１項の条文である。(　)の中に入れるべき字句の正しい組合せを下表から一つ選べ。

毒物劇物営業者、特定毒物研究者又は特定毒物使用者は、その営業の登録若しくは特定毒物研究者の許可が効力を失い、又は特定毒物使用者でなくなつたときは、(　a　)以内に、毒物劇物営業者にあつてはその製造所、営業所又は店舗の所在地の都道府県知事(販売業にあつてはその店舗の所在地が、保健所を設置する市又は特別区の区域にある場合においては、市長又は区長)に、特定毒物研究者にあつてはその主たる研究所の所在地の都道府県知事(その主たる研究所の所在地が指定都市の区域にある場合においては、指定都市の長)に、特定毒物使用者にあつては、都道府県知事に、それぞれ現に所有する(　b　)の(　c　)を届け出なければならない。

	a	b	c
1	15 日	特定毒物	品名及び数量
2	30 日	毒物及び劇物	品名及び廃棄方法
3	30 日	特定毒物	品名及び数量
4	15 日	毒物及び劇物	品名及び廃棄方法
5	15 日	毒物及び劇物	品名及び数量

〔基礎化学〕
(一般・農業用品目・特定品目共通)

問 21　メタン(CH_4)分子の立体構造について、正しいものを１～５から一つ選べ。

1　直線形　　2　正四面体形　　3　正六面体形
4　正八面体形　　5　折れ線形

問 22　次の純物質と混合物及びその分離に関する記述について、(　　)の中に入れるべき字句の正しい組合せを下表から一つ選べ。

物質は純物質と混合物に分類される。空気は(a)であるが、エタノールは(b)である。純物質にはほかにも(c)などがある。また、混合物の分離の方法として、原油からガソリンと灯油を分離する操作を(d)といい、熱湯を注いでコーヒーの成分を溶かし出す操作を(e)という。

	a	b	c	d	e
1	混合物	純物質	海水	ろ過	蒸留
2	純物質	混合物	岩石	分留	抽出
3	混合物	純物質	塩化ナトリウム	分留	抽出
4	純物質	混合物	牛乳	抽出	蒸留
5	混合物	純物質	塩化ナトリウム	抽出	分留

問 23　塩酸(HCl 水溶液)及び水酸化ナトリウム(NaOH)水溶液の性質に関する記述の正誤について、正しい組合せを下表から一つ選べ。

a　塩酸は、フェノールフタレイン溶液を赤色に変える。
b　水酸化ナトリウム水溶液は、赤色リトマス紙を青色に変える。
c　0.1mol/L　塩酸の pH は、5.7 程度の弱酸性を示す。
d　薄い水酸化ナトリウム水溶液が手につくとぬるぬるする。

	a	b	c	d
1	誤	正	誤	正
2	正	誤	正	誤
3	誤	正	正	誤
4	誤	誤	正	正
5	正	正	誤	誤

関西広域連合統一

問 24　原子に関する記述について、(　　)の中に入れるべき字句の正しい組合せを下表から一つ選べ。

原子は、中心にある原子核と、その周りに存在する電子で構成されている。原子核は、陽子と中性子からできており、このうち(a)の数は原子番号と等しくなる。また、原子には原子番号は同じでも、(b)の数が異なるために質量数が異なる原子が存在するものがあり、これらを互いに(c)という。たとえば、水素原子(H)の場合、^{1}H と ^{3}H では質量数が(d)倍異なるが、その化学的性質はほとんど同じである。

	a	b	c	d
1	陽子	中性子	同素体	3
2	中性子	陽子	同位体	3
3	陽子	中性子	同素体	2
4	中性子	陽子	同素体	2
5	陽子	中性子	同位体	3

問 25　0.1mol/L の酢酸(CH_3COOH)水溶液 10mL に水を加えて、全体で 100mL とした。この溶液の pH はいくらになるか。最も近いものを１～５から一つ選べ。
ただし、この溶液の温度は 25℃、CH_3COOH の電離度を 0.010 とする。

1　1.0　　2　2.0　　3　3.0　　4　4.0　　5　5.0

問 26　イオン結晶の性質に関する一般的な記述について、誤っているものを１～５から一つ選べ。

1　融点の高いものが多い。
2　固体は電気をよく通す。
3　硬いが、強い力を加えると割れやすい。
4　結晶中では、陽イオンと陰イオンが規則正しく並んでいる。
5　水に溶けると、イオンが動けるようになる。

問 27　次の電池に関する記述について、(　　)の中に入れるべき字句の正しい組合せを下表から一つ選べ。

電池は(　a　)反応を利用して電気エネルギーを取り出す装置である。一般にイオン化傾向の異なる２種類の金属を(　b　)に浸すと電池ができる。外部に電子が流れ出す電極を(　c　)、外部から電子が流れ込む電極を(　d　)という。また、両電極間に生じた電位差を(　e　)という。

	a	b	c	d	e
1	酸化還元	電解液	正極	負極	起電力
2	中和	標準液	正極	負極	起電力
3	中和	電解液	正極	負極	分子間力
4	酸化還元	標準液	負極	正極	分子間力
5	酸化還元	電解液	負極	正極	起電力

問 28　次の図は、温度と圧力の変化に応じて水がとりうる状態を示している。領域 A、B、C の状態を表す正しい組合せを下表から一つ選べ。

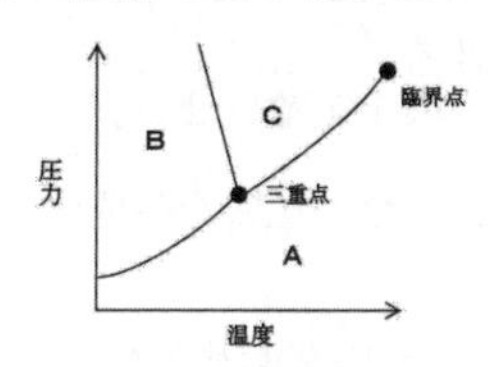

	A	B	C
1	気体	固体	液体
2	固体	気体	液体
3	液体	固体	気体
4	気体	液体	固体
5	固体	液体	気体

問 29　次の熱化学方程式で示される化学反応が、ある温度、圧力のもとで平衡状態にある。

$$H_2(気) + I_2(気) = 2\ HI(気) + 9\ kJ$$

平衡が右に移動する操作を１～５から一つ選べ。

1　圧力を高くする。
2　圧力を低くする。
3　ヨウ化水素ガスを加える。
4　温度を上げる。
5　温度を下げる。

問 30　海水に関する記述の正誤について、正しい組合せを下表から一つ選べ。

a　海水でぬれた布は、真水でぬれたものより乾きにくい。
b　海水は真水よりも低い温度で凝固する。
c　海水の沸点は、真水の沸点より低い。

	a	b	c
1	誤	誤	正
2	誤	正	正
3	正	正	正
4	正	正	誤
5	正	誤	誤

問 31　酸化物(酸素と他の元素との化合物)に関する記述について、(　　)の中に入れるべき字句の正しい組合せを下表から一つ選べ。

酸素は反応性に富み、多くの元素と化合して酸化物をつくる。非金属元素の酸化物のうち、SO_3 など、水と反応して酸を生じたり、塩基と反応して塩を生じるものを(a) 酸化物という。一方、金属元素の酸化物のうちMgOなど、水と反応して塩基を生じたり、酸と反応して塩を生じるものを(b)酸化物という。ZnOなど、酸・強塩基のいずれとも反応して塩を生じるものを(c) 酸化物という。

	a	b	c
1	酸性	塩基性	両性
2	酸性	両性	塩基性
3	塩基性	酸性	両性
4	塩基性	両性	酸性
5	両性	塩基性	酸性

関西広域連合統一

問 32　二酸化炭素の検出方法に関する記述について、正しいものを１～５から一つ選べ。

1　濃塩酸を近づけると白煙を上げる。
2　ヨウ化カリウム水溶液からヨウ素を遊離させる。
3　ヨウ素溶液の色を消す。
4　酢酸鉛(Ⅱ)水溶液に通じると、黒色の沈殿を生成する。
5　石灰水に通すと白濁する。

問 33　次の化学式で示される官能基とその官能基をもつ化合物の一般名の組合せについて、誤っているものを下表から一つ選べ。

	化学式	化合物の一般名
1	$-OH$	アルコール・フェノール類
2	$>C=O$	ケトン
3	$-NH_2$	アミン
4	$-CHO$	カルボン酸
5	$-SO_3H$	スルホン酸

問 34　次のエステルに関する一般的な記述について、誤っているものを１～５から一つ選べ。

1　カルボン酸とアルコールが縮合して生成する。
2　水に溶けやすく、有機溶媒に溶けにくい。
3　低分子量のカルボン酸エステルには、果実のような芳香を持つものがある。
4　エステルの加水分解反応では、H^+が存在すると触媒として働くため、反応が早くなる。
5　油脂は高級脂肪酸とグリセリンのエステルである。

問 35　一般的に、タンパク質を変性させる要因にならないものを１～５から一つ選べ。

1 加熱　　2 強酸　　3 水　　4 有機溶媒　　5 重金属イオン

〔毒物及び劇物の性質及び貯蔵その他取扱方法、識別〕

○「毒物及び劇物の廃棄の方法に関する基準」及び「毒物及び劇物の運搬事故時における応急措置に関する基準」は、それぞれ厚生省(現厚生労働省)から通知されたものをいう。

(一般)

問 36　次の物質のうち、毒物に該当するものを１～５から一つ選べ。

1　亜硝酸メチル　　2　亜硝酸イソプロピル
3　亜硝酸エチル　　4　亜硝酸イソブチル
5　亜硝酸イソペンチル

問 37　次の製剤のうち、劇物に該当するものの正しい組合せを１～５から一つ選べ。

a　過酸化ナトリウム 10 %を含む製剤
b　亜塩素酸ナトリウム 10 %を含む製剤
c　水酸化ナトリウム 10 %を含む製剤
d　アジ化ナトリウム 10 %を含む製剤

1(a、b)　2(a、c)　3(a、d)　4(b、d)　5(c、d)

問 38　弗(ふっ)化水素酸の貯蔵方法として、最も適切なものを１～５から一つ選べ。

1　少量ならば褐色ガラス瓶、多量ならばカーボイなどを使用し、３分の１の空間を保って貯蔵する。一般に安定剤として少量の酸類の添加は許容される。
2　少量ならば共栓ガラス瓶を用い、多量ならばブリキ缶を使用し、木箱に入れて貯蔵する。引火性物質を遠ざけて、通風のよい冷所におく。
3　銅、鉄、コンクリートまたは木製のタンクにゴム、鉛、ポリ塩化ビニルあるいはポリエチレンのライニングをほどこしたものに貯蔵する。
4　色ガラス瓶に入れて冷暗所に貯蔵する。
5　少量ならばガラス瓶、多量ならばブリキ缶又は鉄ドラム缶を用い、酸類とは離して風通しの良い乾燥した冷所に密栓して貯蔵する。

問 39　「毒物及び劇物の廃棄の方法に関する基準」に記載されている、クロルスルホン酸の廃棄方法として、最も適切なものを１～５から一つ選べ。

1　多量の水を加えて希薄な水溶液とした後、次亜塩素酸塩水溶液を加えて分解させ廃棄する。
2　多量のアルカリ水溶液(石灰乳又は水酸化ナトリウム水溶液等)中に吹き込んだ後、多量の水で希釈して処理をする。
3　可燃性溶剤と共にアフターバーナー及びスクラバーを具備した焼却炉の火室へ噴霧し焼却する。
4　耐食性の細い導管よりガス発生がないように少量ずつ、多量の水中深く流す装置を用い希釈してからアルカリ水溶液で中和して処理をする。
5　次亜塩素酸ナトリウム水溶液と水酸化ナトリウムの混合溶液を撹拌(かくはん)しながら、これに滴下し、酸化分解させた後、多量の水で希釈して処理をする。

問 40　ブロムメチルに関する記述の正誤について、正しい組合せを下表から一つ選べ。

a　少量ならばガラス瓶に密栓し、大量ならば木樽に入れる。

b　吸入した場合は、吐き気、嘔吐（おう）、頭痛、歩行困難、痙攣（けいれん）、視力障害、瞳孔拡大等の症状を起こすことがある。

c　「毒物及び劇物の廃棄の方法に関する基準」に記載されている廃棄方法は、可燃性溶剤と共に、スクラバーを具備した焼却炉の火室へ噴霧し焼却する。

	a	b	c
1	正	誤	誤
2	誤	誤	正
3	誤	正	誤
4	正	正	誤
5	誤	正	正

問 41　クロルメチルの常温、常圧での性状及び用途（過去の代表的な用途を含む）について、正しい組合せを下表から一つ選べ。

	性状（常温、常圧）	用途
1	無色透明の液体	煙霧剤
2	無色の気体	煙霧剤
3	黄色の液体	煙霧剤
4	無色透明の液体	殺菌剤
5	無色の気体	殺菌剤

問 42　2・2'－ジピリジリウム－1・1'－エチレンジブロミド（別名ジクワット）の溶解性及び用途について、正しい組合せを下表から一つ選べ。

	溶解性	用途
1	水に不溶	土壌燻（くん）蒸剤
2	水に可溶	土壌燻（くん）蒸剤
3	水に不溶	除草剤
4	水に可溶	除草剤
5	水に不溶	殺菌剤

問 43　ニコチンの性状及び毒性に関する記述について、（　　）の中に入れるべき字句の正しい組合せを下表から一つ選べ。

ニコチン（純品）は常温で無色の（　a　）であり、空気に触れると（　b　）になる。また神経毒を（　c　）。

	a	b	c
1	固体	褐色	有する
2	油状液体	白色	有していない
3	油状液体	褐色	有する
4	固体	白色	有していない
5	油状液体	褐色	有していない

問 44　次の劇物と皮膚に触れた場合の毒性に関する記述の正誤について、正しい組合せを下表から一つ選べ。

	劇物		毒性
a	カリウムナトリウム合金	－	皮膚に触れるとやけど(熱傷と薬傷)を起こすことがある。
b	塩素	－	皮膚が直接液に触れるとしもやけ(凍傷)を起こすことがあるが、ガスによって皮膚が侵されることはない。
c	アニリン	－	皮膚に触れると、チアノーゼ、頭痛、めまい、吐き気などを起こすことがある。

	a	b	c
1	正	正	誤
2	誤	正	正
3	正	正	正
4	正	誤	正
5	誤	誤	誤

問 45　次の物質の飛散又は漏えい時の措置について、「毒物及び劇物の運搬事故時における応急措置に関する基準」に適合するものとして、最も適切な組合せを下表から一つ選べ。

なお、作業にあたっては、風下の人を避難させる、飛散漏えいした場所の周辺にはロープを張るなどして人の立入りを禁止する、作業の際には必ず保護具を着用する、風下で作業をしない、廃液が河川等に排出されないように注意する、付近の着火源となるものは速やかに取り除く、などの基本的な対応を行っているものとする。

（物質名）アクロレイン、四弗(ふっ)化硫黄、砒(ひ)素

a　多量の場合、漏えいした液は土砂等でその流れを止め、安全な場所に穴を掘るなどしてこれをためる。これに亜硫酸水素ナトリウム水溶液（約 10 %）を加え、時々撹拌(かくはん)して反応させた後、多量の水を用いて十分に希釈して洗い流す。この際蒸発した本物質が大気中に拡散しないよう霧状の水をかけて吸収させる。

b　漏えいしたボンベ等を多量の水酸化カルシウム（消石灰）水溶液中に容器ごと投入してガスを吸収させ、処理し、その処理液を多量の水で希釈して流す。

c　飛散したものは空容器にできるだけ回収し、そのあとを硫酸鉄(Ⅲ)（硫酸第二鉄）等の水溶液を散布し、水酸化カルシウム（消石灰）、炭酸ナトリウム（ソーダ灰）等の水溶液を用いて処理した後、多量の水を用いて洗い流す。

	a	b	c
1	アクロレイン	砒(ひ)素	四弗(ふっ)化硫黄
2	砒(ひ)素	アクロレイン	四弗(ふっ)化硫黄
3	四弗(ふっ)化硫黄	砒(ひ)素	アクロレイン
4	四弗(ふっ)化硫黄	アクロレイン	砒(ひ)素
5	アクロレイン	四弗(ふっ)化硫黄	砒(ひ)素

問 46　無水クロム酸の性状に関する記述について、正しいものを１～５から一つ選べ。

1　風解性がある。
2　水に不溶である。
3　還元力を有する。
4　暗赤色結晶である。
5　水溶液は強アルカリ性である。

問 47　沃化水素酸の識別方法に関する記述について、最も適切なものを１～５から一つ選べ。

1　木炭とともに熱すると、メルカプタンの臭気を放つ。
2　水溶液に硝酸銀溶液を加えると、淡黄色の沈殿を生じる。
3　水溶液に金属カルシウムを加え、これにベタナフチルアミン及び硫酸を加えると、赤色の沈殿を生じる。
4　水溶液に酒石酸を多量に加えると、白色結晶を生じる。
5　アルコール溶液に水酸化カリウム溶液と少量のアニリンを加えて熱すると、不快な刺激臭を放つ。

問 48　ベタナフトール(別名２－ナフトール、β－ナフトール)の識別方法に関する記述について、最も適切なものを１～５から一つ選べ。

1　水溶液にアンモニア水を加えると、紫色の蛍石彩を放つ。
2　水溶液は、過マンガン酸カリウム溶液の赤紫色を消す。
3　水溶液に硝酸バリウムを加えると、白色沈殿を生ずる。
4　水溶液にさらし粉を加えると、紫色を呈する。
5　希釈水溶液に塩化バリウムを加えると、白色の沈殿を生ずるが、 この沈殿は塩酸や硝酸に溶けない。

問 49　ホルムアルデヒド水溶液(ホルマリン)の識別方法に関する記述について、最も適切なものを１～５から一つ選べ。

1　フェーリング溶液とともに熱すると、赤色の沈殿を生成する。
2　白金線に試料をつけて溶融炎で熱すると、炎の色が青紫色になる。
3　アルコール性の水酸化カリウムと銅粉とともに煮沸すると、黄赤色の沈殿を生成する。
4　水溶液に過クロール鉄液(塩化鉄(Ⅲ)水溶液)を加えると紫色を呈する。
5　希硝酸に溶かすと無色の液となり、これに硫化水素を通すと、黒色の沈殿を生成する。

問 50　潮解性を示す物質の正しい組合せを１～５から一つ選べ。

a　硝酸銀　　b　クロロホルム　　c　亜硝酸カリウム
d　水酸化ナトリウム

1（a、b）　2（a、c）　3（b、c）　4（b、d）　5（c、d）

(農業用品目)

問 36　次の物質を含有する製剤の記述について、正しいものの組合せを１～５から一つ選べ。なお、市販品の有無は問わない。

a　ナラシンとして 10 %を超えて含有する製剤は、毒物に該当する。
b　アバメクチン 1.8 %を含有する製剤は劇物に該当しない。
c　S－メチル－N－[(メチルカルバモイル)－オキシ]－チオアセトイミデート(別名メトミル)45 %を含有する製剤は、毒物に該当しない。
d　エマメクチンとして２%を含有する製剤は、劇物に該当する。

1（a、b）　2（a、c）　3（b、c）　4（b、d）　5（c、d）

問 37　次の物質を含有する製剤の記述について、正しいものを１～５から一つ選べ。なお、市販品の有無は問わない。

1　メチル=N －［２－［１－(４－クロロフエニル)－１ H －ピラゾール－３－イルオキシメチル］フエニル］(N －メトキシ)カルバマート(別名ピラクロストロビン)20 %を含有する製剤は、劇物に該当しない。

2　２－ジフエニルアセチル－１・３－インダンジオン(別名ダイファシノン)を0.005 %を超えて含有する製剤は、毒物に該当する。

3　１－(６－クロロ－３－ピリジルメチル)－ N －ニトロイミダゾリジン－２－イリデンアミン(別名イミダクロプリド)２%を含有する製剤(マイクロカプセル製剤は除く)は、劇物に該当する。

4　S·S －ビス(１－メチルプロピル)=O －エチル=ホスホロジチオアート(別名カズサホス)を 10 %を超えて含有する製剤は、劇物に該当する。

5　１・３－ジカルバモイルチオ－２－(N·N －ジメチルアミノ)－プロパン(別名カルタップ)として２%を含有する製剤は、劇物に該当する

問 38　次の物質の貯蔵方法の記述について、最も適切なものの組合せを１～５から一つ選べ。

a　エチルパラニトロフエニルチオノベンゼンホスホネイト(別名 EPN)は、常温では気体なので、圧縮冷却して液化し、圧縮容器に入れ、直射日光、その他、温度上昇の原因を避けて、冷暗所に貯蔵する。

b　燐(りん)化アルミニウムとその分解促進剤とを含有する製剤は、空気中の湿気に触れると徐々に分解し有毒ガスを発生するので、密閉容器に貯蔵する。

c　アンモニア水は、アンモニアが揮発しやすいので密栓して貯蔵する。

d　ブロムメチルは、少量ならばガラス瓶、多量であればブリキ缶または鉄ドラム缶を用い、酸類とは離して、空気の流通のよい乾燥した冷所に密封して貯蔵する。

1(a、b)　2(a、c)　3(b、c)　4(b、d)　5(c、d)

問 39　次の物質の廃棄方法の記述について、「毒物及び劇物の廃棄の方法に関する基準」に記載されている方法の組合せを１～５から一つ選べ。

a　硫酸は、多量の水の中に加え、希釈して活性汚泥で処理する。

b　燐(りん)化亜鉛は、多量の次亜塩素酸ナトリウムと水酸化ナトリウムの混合水溶液を撹拌(かくはん)しながら少量ずつ加えて酸化分解する。過剰の次亜塩素酸ナトリウムをチオ硫酸ナトリウム水溶液等で分解した後、希硫酸を加えて中和し、沈殿ろ過して埋立処分する。

c　Ｓ－メチル－Ｎ－［(メチルカルバモイル)－オキシ］－チオアセトイミデート(別名メトミル)は、希塩酸水溶液と加温して加水分解する。

d　硫酸第二銅は、水に溶かし、消石灰(水酸化カルシウム)、ソーダ灰(炭酸ナトリウム)等の水溶液を加えて処理し、沈殿ろ過して埋立処分する。

1(a、b)　2(a、c)　3(b、c)　4(b、d)　5(c、d)

問 40　次の物質の廃棄方法の記述について、「毒物及び劇物の廃棄の方法に関する基準」に記載されている方法の組合せを１～５から一つ選べ。

a　塩素酸カリウムは、水酸化ナトリウム水溶液を加えてアルカリ性(pH11 以上)とし、酸化剤(次亜塩素酸ナトリウム、さらし粉等)の水溶液を加えて酸化分解する。分解後は硫酸を加えて中和させた後、多量の水で希釈して処理する。
b　ジメチル－２・２－ジクロルビニルホスフエイト(別名 DDVP)は、水を加えて希薄な水溶液とし、酸(希塩酸、希硫酸など)で中和させた後、多量の水で希釈して処理する。
c　クロルピクリンは、少量の界面活性剤を加えた亜硫酸ナトリウムと炭酸ナトリウムの混合溶液中で、攪拌(かくはん)し分解させた後、多量の水で希釈して処理する。
d　２－イソプロピル－４－メチルピリミジル－６－ジエチルチオホスフエイト(別名ダイアジノン)は、可燃性溶剤とともにアフターバーナー及びスクラバーを具備した焼却炉の火室へ噴霧し、焼却する。

1(a、b)　2(a、c)　3(a、d)　4(b、c)　5(c、d)

問 41　ジエチル－(５－フエニル－３－イソキサゾリル)－チオホスフエイト(別名イソキサチオン)に関する記述について、正しいものの組合せを１～５から一つ選べ。

a　淡黄褐色の液体である。
b　水に溶けやすく、有機溶剤にもよく溶ける。
c　みかん、稲、野菜、茶などの害虫の駆除に用いる。
d　中毒時の解毒剤は、チオ硫酸ナトリウムである。

1(a、b)　2(a、c)　3(a、d)　4(b、c)　5(b、d)

関西広域連合統一

問 42　クロルピクリンに関する記述の正誤について、正しい組合せを下表から一つ選べ。

a　土壌病原菌、センチュウ等の駆除のため、土壌燻(くん)蒸剤として使用する。
b　吸入した場合、気管支を刺激してせきや鼻汁が出る。多量に吸入すると、胃腸炎、肺炎、尿に血が混じる、悪心、呼吸困難、肺水腫を起こす。
c　無臭の褐色液体である。

	a	b	c
1	正	誤	誤
2	誤	誤	正
3	誤	正	誤
4	正	正	誤
5	誤	正	正

問 43　S－メチル－N－[(メチルカルバモイル)－オキシ]－チオアセトイミデート(別名メトミル)に関する記述について、(　)の中に入れるべき字句の正しい組合せを下表から一つ選べ。

(a)色の結晶固体で、水に可溶である。(b)に用いられ、カーバメート系化合物であるため、中毒時の解毒剤は(c)の製剤である。

	a	b	c
1	赤	除草剤	硫酸アトロピン
2	白	殺虫剤	PAM ※
3	白	殺虫剤	硫酸アトロピン
4	白	除草剤	PAM ※
5	赤	除草剤	PAM ※

※２－ピリジルアルドキシムメチオダイドの別名

問 44　飛散又は漏えい時の措置について、「毒物及び劇物の運搬事故時における応急措置に関する基準」に適合するものとして、最も当てはまる物質を１～５から一つ選べ。なお、作業にあたっては、風下の人を避難させる、飛散漏えいした場所の周辺にはロープを張るなどして人の立入りを禁止する、作業の際には必ず保護具を着用する、風下で作業をしない、廃液が河川等に排出されないように注意する、付近の着火源となるものは速やかに取り除く、などの基本的な対応を行っているものとする。

飛散したものは空容器にできるだけ回収する。砂利などに付着している場合は、砂利などを回収し、そのあとに水酸化ナトリウム、ソーダ灰(炭酸ナトリウム)等の水溶液を散布してアルカリ性(pH11 以上)とし、さらに酸化剤(次亜塩素酸ナトリウム、さらし粉等)の水溶液で酸化処理を行い、多量の水を用いて洗い流す。

1　アンモニア水
2　エチルパラニトロフエニルチオノベンゼンホスホネイト(別名 EPN)
3　燐(りん)化亜鉛
4　シアン化ナトリウム
5　ブロムメチル

問 45　２－クロルエチルトリメチルアンモニウムクロリド(別名クロルメコート)の用途に関する記述として、最も当てはまるものを１～５から一つ選べ。

1　水稲のイネミズゾウムシ等の殺虫に用いる。
2　野菜のネコブセンチュウ等の防除に用いる。
3　有機燐(りん)系殺菌剤として用いる。
4　飼料に栄養成分の補給を目的として添加する。
5　植物成長調整剤として用いる。

問 46 ～問 50　次の物質について、正しい組合せを１～５から一つ選べ。

問 46　S･S －ビス(１－メチルプロピル)=O －エチル=ホスホロジチオアート(別名カズサホス)

	性状	溶解性	その他特徴
1	淡黄色固体	水に難溶	ニンニク臭
2	褐色固体	水に易溶	ニンニク臭
3	白色固体	水に易溶	硫黄臭
4	淡黄色液体	水に難溶	硫黄臭
5	黒色液体	水に難溶	アルコール臭

問 47　１・１'－ジメチル－４・４'－ジピリジニウムジクロリド(別名パラコート)

	性状	溶解性	その他特徴
1	アルカリ性では安定	水に可溶	土壌に強く吸着されて活性化する
2	アルカリ性では不安定	水に可溶	土壌に強く吸着されて不活性化する
3	アルカリ性では安定	水に不溶	土壌に強く吸着されて不活性化する
4	アルカリ性では安定	水に不溶	土壌に強く吸着されて活性化する
5	アルカリ性では不安定	水に不溶	土壌に強く吸着されて活性化する

問 48　塩素酸ナトリウム

	性状	溶解性	その他特徴
1	白(無)色結晶	水に可溶	潮解性
2	白(無)色結晶	水に不溶	風解性
3	褐色結晶	水に不溶	潮解性
4	褐色結晶	水に可溶	風解性
5	黒色結晶	水に不溶	風解性

問 49　2・3・5・6－テトラフルオロ－4－メチルベンジル=(Z)－(1RS・3RS)－3-(2－クロロ－3・3・3－トリフルオロ－1－プロペニル)－2・2－ジメチルシクロプロパンカルボキシラート(別名テフルトリン)

	性状	溶解性	その他特徴
1	固体	水に難溶	眼刺激性
2	液体	水に難溶	金属腐食性
3	液体	水に易溶	眼刺激性
4	固体	水に易溶	金属腐食性
5	固体	水に易溶	眼刺激性

問 50　ジメチル－4－メチルメルカプト－3－メチルフエニルチオホスフエイト(別名フェンチオン、MPP)

	性状	溶解性	その他特徴
1	液体	水に易溶	弱いアルコール臭
2	液体	水に易溶	強いエーテル臭
3	固体	水に易溶	強いホルマリン臭
4	固体	水に不溶(難溶)	無臭
5	液体	水に不溶(難溶)	弱いニンニク臭

(特定品目)

問 36　次の物質について、劇物に該当しないものを１～５から一つ選べ。

1　重クロム酸塩類及びこれを含有する製剤
2　水酸化カルシウム及びこれを含有する製剤
3　クロム酸塩類及びこれを含有する製剤。ただし、クロム酸鉛 70 %以下を含有するものを除く
4　硫酸及びこれを含有する製剤。ただし、硫酸 10 %以下を含有するものを除く
5　酸化水銀５%以下を含有する製剤

問 37 次の物質の「毒物及び劇物の廃棄の方法に関する基準」に記載されている廃棄方法について、誤っているものを１～５から一つ選べ。

1	硝酸	徐々にソーダ灰（炭酸ナトリウム）または消石灰（水酸化カルシウム）の撹拌（かくはん）溶液に加えて中和させたのち、多量の水で希釈して処理する。消石灰（水酸化カルシウム）の場合は上澄液のみを流す。
2	過酸化水素	希薄な水溶液にしたのち、次亜塩素酸塩水溶液を加えて分解する。
3	四塩化炭素	過剰の可燃性溶剤又は重油等の燃料と共にアフターバーナー及びスクラバーを具備した焼却炉の火室へ噴霧してできるだけ高温で焼却する。
4	塩素	多量のアルカリ水溶液（石灰乳又は水酸化ナトリウム水溶液等）中に吹き込んだ後、多量の水で希釈して処理する。
5	トルエン	ケイソウ土等に吸収させて開放型の焼却炉で少量ずつ焼却する。

問 38 メタノールに関する記述について、誤っているものを１～５から一つ選べ。

1　水とは任意の割合で混和する。
2　あらかじめ熱灼した酸化銅を加えると、酸化銅は還元されて金属銅色を呈する。
3　粘性のある、不揮発性の液体である。
4　高濃度の蒸気に長時間暴露された場合、失明することがある。
5　「毒物及び劇物の廃棄の方法に関する基準」に記載されている方法で、廃棄する場合は燃焼法による。

問 39 硝酸に関する記述について、誤っているものを１～５から一つ選べ。

1　空気に接すると白霧を発し、水を吸収する性質が強い。
2　ニトログリセリン等の爆薬の製造に用いられる。
3　金、白金その他白金族の金属を除く諸金属を溶解する。
4　極めて純粋な硝酸は、無色透明の結晶である。
5　強い硝酸が皮膚に触れると、気体を生成して、組織ははじめ白く、次第に深黄色となる。

問 40 次の物質の貯蔵方法や取扱上の注意事項に関する記述について、正しい組合せを下表から一つ選べ。

（物質名）塩化水素、過酸化水素水、硅弗（けいふつ）化ナトリウム、水酸化カリウム

a　吸湿すると大部分の金属やコンクリートを腐食する。
b　少量ならば褐色ガラス瓶、大量ならばカーボイなどを使用し、３分の１の空間を保って貯蔵する。一般に安定剤として少量の酸類の添加は許容されている。
c　二酸化炭素と水を強く吸収するため、密栓をして貯蔵する。
d　火災等で強熱されると有毒なガスを発生する。

	塩化水素	過酸化水素水	硅弗（けいふつ）化ナトリウム	水酸化カリウム
1	c	a	b	d
2	d	c	a	b
3	c	b	d	a
4	b	d	c	a
5	a	b	d	c

関西広域連合統一

問 41　アンモニアの性状等について、正しいものを１～５から一つ選べ。

1　常温で窒息性臭気をもつ黄緑色の気体である。
2　特有の刺激臭のある無色の気体で、酸素中では黄色の炎をあげて燃える。
3　無色揮発性で麻酔性の特有の香気とかすかな甘味を有する液体である。
4　刺激臭のある揮発性赤褐色の液体である。
5　無色の刺激臭のある液体である。

問 42　二酸化鉛に関する記述の正誤について、正しい組合せを下表から一つ選べ。

a　アルコールに溶ける。
b　電池の製造に使われる。
c　茶褐色の粉末で、水に不溶である。

	a	b	c
1	正	正	誤
2	誤	誤	正
3	正	誤	誤
4	誤	正	正
5	誤	正	誤

問 43　重クロム酸カリウムの用途(過去の代表的な用途を含む)として、正しいものを１～５から一つ選べ。

1　洗濯剤、溶剤、洗浄剤に用いられる。
2　農薬、釉(ゆう)薬、防腐剤に用いられる。
3　工業用の酸化剤や媒染剤、顔料原料、製革や電気めっきに用いられる。
4　漂白剤、殺菌剤に用いられる。
5　フィルムの硬化、人造樹脂の製造に用いられる。

問 44　次の物質の飛散又は漏えい時の措置について、「毒物及び劇物の運搬事故時における応急措置に関する基準」に適合するものとして、最も適切な組合せを下表から一つ選べ。

なお、作業にあたっては、風下の人を避難させる、飛散漏えいした場所の周辺にはロープを張るなどして人の立入りを禁止する、作業の際には必ず保護具を着用する、風下で作業をしない、廃液が河川等に排出されないように注意する、付近の着火源となるものは速やかに取り除く、などの基本的な対応を行っているものとする。

(物質名)塩素、重クロム酸塩類、水酸化ナトリウム、トルエン

a　少量の場合、漏えい箇所や漏えいした液には、消石灰(水酸化カルシウム)を十分に散布して吸収させる。
b　少量の場合、漏えいした液は多量の水を用いて十分に希釈して洗い流す。
c　飛散したものは空容器にできるだけ回収し、そのあとを還元剤(硫酸第一鉄等)の水溶液を散布し、消石灰(水酸化カルシウム)、ソーダ灰(炭酸ナトリウム)等の水溶液で処理したのち、多量の水で洗い流す。
d　多量の場合、漏えいした液は、土砂などでその流れを止め、安全な場所に導き、液の表面を泡で覆いできるだけ空容器に回収する。

	a	b	c	d
1	トルエン	塩素	重クロム酸塩類	水酸化ナトリウム
2	重クロム酸塩類	水酸化ナトリウム	塩素	トルエン
3	水酸化ナトリウム	トルエン	塩素	重クロム酸塩類
4	塩素	水酸化ナトリウム	重クロム酸塩類	トルエン
5	塩素	重クロム酸塩類	トルエン	水酸化ナトリウム

問 45　酢酸エチルの用途と毒性について、正しい組合せを下表から一つ選べ。

	用途	毒性
1	香料、有機合成原料	皮膚に触れた場合、皮膚が激しく腐食される。
2	香料、酸化剤	皮膚に触れた場合、皮膚が激しく腐食される。
3	燃料、有機合成原料	皮膚に触れた場合、皮膚が激しく腐食される。
4	燃料、酸化剤	吸入した場合、短時間の興奮期を経て、麻酔状態に陥ることがある。
5	香料、有機合成原料	吸入した場合、短時間の興奮期を経て、麻酔状態に陥ることがある。

問 46　次の記述について、(　　)の中に入れるべき物質名の正しい組合せを下表から一つ選べ。

(ａ)は、注意して加熱すると昇華し、急速に加熱すると分解する。
(ｂ)は引火しやすいので、静電気に対する対策も十分に考慮する。
高濃度の(ｃ)は、有機物と接触すると発火することがある。
(ｄ)は、酸素中で燃焼すると主に窒素と水が生成する。

	a	b	c	d
1	蓚(しゅう)酸	トルエン	アンモニア	硝酸
2	トルエン	アンモニア	硝酸	蓚(しゅう)酸
3	硝酸	アンモニア	塩酸	トルエン
4	蓚(しゅう)酸	トルエン	硝酸	アンモニア
5	トルエン	アンモニア	塩酸	蓚(しゅう)酸

問 47　次の記述について、正しいものの組合せを１～５から一つ選べ。

a　硅弗(けいふつ)化ナトリウムの性状は、白色の結晶である。
b　水酸化カリウムは、アンモニア水に易溶である。
c　蓚(しゅう)酸二水和物は、無色の結晶である。
d　一酸化鉛は、酸及びアルカリに不溶である。

1（a、b）　2（a、c）　3（b、c）　4（b、d）　5（c、d）

問 48　次の記述について、正しいものの組合せを１～５から一つ選べ。

a　塩化水素は、常温、常圧において無色の刺激臭を有する気体。湿った空気中で激しく発煙する。
b　アンモニアは、特有の刺激臭のある気体であるが、圧縮すると常温でも液化する。
c　塩素は、常温において窒息性臭気を有する無色の気体である。
d　ホルマリンは、無色透明で無臭の液体である。

1（a、b）　2（a、d）　3（b、c）　4（b、d）　5（c、d）

問 49　次の記述について、正しいものの組合せを１～５から一つ選べ。

a　メチルエチルケトンは、無色の液体で、蒸気は空気より重く引火しやすい。
b　純粋なクロロホルムは、空気中で日光により分解するが、少量のアルコールを添加すると分解を防ぐことができる。
c　ホルマリンは、混濁を防ぐため低温で貯蔵する。
d　メタノールにサリチル酸と濃硫酸を加えて熱すると、分解して酢酸と二酸化炭素を生成する。

1（a、b）　2（a、c）　3（b、c）　4（b、d）　5（c、d）

問 50　次の記述について、(　)の中に入れるべき物質名の最も適切な組合せを下表から一つ選べ。

(a)は、酸と接触すると有毒ガスを発生する。
(b)は、不燃性で、その蒸気は空気よりも重く消火力がある。
(c)は、空気中に放置すると、潮解する。炎色反応は、黄色を呈する。
(d)の水溶液は、過マンガン酸カリウム溶液の赤紫色を退色させる。

	a	b	c	d
1	四塩化炭素	硅弗化ナトリウム	水酸化ナトリウム	蓚酸
2	硅弗化ナトリウム	酸化第二水銀	蓚酸	四塩化炭素
3	水酸化ナトリウム	蓚酸	硅弗化ナトリウム	四塩化炭素
4	蓚酸	酸化第二水銀	硅弗化ナトリウム	水酸化ナトリウム
5	硅弗化ナトリウム	四塩化炭素	水酸化ナトリウム	蓚酸

奈良県
令和２年度実施
※特定品目はありません。

〔法　規〕
（一般・農業用品目共通）

問１　特定毒物に関する記述の正誤について、**正しい組み合わせ**を１つ選びなさい。

a　毒物若しくは劇物の輸入業者又は特定毒物研究者でなければ、特定毒物を輸入してはならない。

b　特定毒物研究者であれば、特定毒物を製造することができる。

c　特定毒物研究者又は特定毒物使用者でなければ、特定毒物を所持してはならない。

d　特定毒物使用者は、特定毒物を品目ごとに政令で定める用途以外の用途に供してはならない。

	a	b	c	d
1	誤	正	誤	誤
2	正	正	誤	正
3	正	誤	誤	正
4	誤	誤	正	正
5	正	正	正	誤

問２　特定毒物の用途に関する記述について、**正しいものの組み合わせ**を１つ選びなさい。

a　モノフルオール酢酸アミドを含有する製剤を、野ねずみの駆除に使用する。

b　モノフルオール酢酸の塩類を含有する製剤を、かきの害虫の防除に使用する。

c　ジメチルエチルメルカプトエチルチオホスフエイトを含有する製剤を、かんきつ類の害虫の防除に使用する。

d　四アルキル鉛を含有する製剤を、ガソリンへ混入する。

１（a、b）　２（a、c）　３（b、d）　４（c、d）

問３　次のうち、毒物及び劇物取締法第３条の３で規定されている興奮、幻覚又は麻酔の作用を有し、みだりに摂取し、若しくは吸入し、又はこれらの目的で所持してはならない劇物（これを含有する物を含む。）として、**正しいもの**を１つ選びなさい。

a　メタノールを含有するシンナー　　b　キシレンを含有する接着剤

c　クロロホルム　　d　アニリンを含有する塗料

問４　次のうち、毒物及び劇物取締法施行規則第４条の４の規定に基づき、毒物及び劇物の製造所の設備の基準として、**正しいものの組合せ**を１つ選びなさい。

a　毒物又は劇物を陳列する場所にかぎをかける設備があること。

b　毒物又は劇物の運搬用具は、毒物又は劇物が飛散し、漏れ、又はしみ出るおそれがないものであること。

c　毒物又は劇物を貯蔵する場所が、性質上かぎをかけることができないものであるときは、常時監視が行われていること。

d　毒物又は劇物とその他の物とを区分して貯蔵できないときは、貯蔵する場所に適切な識別表示を行うこと。

１（a、b）　２（a、c）　３（b、d）　４（c、d）

問５　毒物及び劇物取締法に関する記述の正誤について、**正しい組み合わせ**を１つ選びなさい。

a　毒物又は劇物の輸入業者は、毒物又は劇物の販売業の登録を受けなければ、その輸入した毒物を他の毒物劇物営業者に販売することができない。
b　毒物又は劇物の現物を直接に取り扱うことなく、伝票処理のみの方法によって、販売又は授与しようとする場合、毒物劇物取扱責任者を置けば、毒物又は劇物の販売業の登録を受ける必要はない。
c　毒物劇物一般販売業の登録を受けた者は、毒物及び劇物取締法施行規則で特定品目に定められている劇物を販売することができる。
d　毒物又は劇物の販売業の登録を受けようとする者が、法律の規定により登録を取り消され、取消の日から起算して３年を経過していないものであるときは、販売業の登録を受けることができない。

	a	b	c	d
1	正	正	正	誤
2	誤	正	誤	正
3	正	誤	誤	正
4	誤	誤	正	正
5	誤	誤	正	誤

問６　毒物劇物取扱者試験に関する記述の正誤について、正しい組み合わせを１つ選びなさい。

a　毒物劇物取扱者試験の合格者は、試験合格後ただちに毒物又は劇物を販売することができる。
b　毒物劇物取扱者試験の合格者は、その合格した試験が実施された都道府県内でのみ毒物劇物取扱責任者になることができる。
c　一般毒物劇物取扱者試験の合格者は、特定毒物を製造する工場の毒物劇物取扱責任者になることができる。
d　農業用品目毒物劇物取扱者試験の合格者は、硫酸を製造する工場の毒物劇物取扱責任者になることができる。

	a	b	c	d
1	誤	誤	正	誤
2	誤	正	誤	正
3	正	正	誤	誤
4	正	誤	誤	正
5	正	誤	正	誤

問７～９　次の記述は、毒物及び劇物取締法第８条の条文である。（　　）の中にあてはまる字句として、**正しいもの**を１つ選びなさい。

奈良県

（毒物劇物取扱責任者の資格）
第八条　略
２　次に掲げる者は、前条の毒物劇物取扱責任者となることができない。
　一　（**問７**）未満の者
　二　略
　三　麻薬、（**問８**）、あへん又は覚せい剤の中毒者
　四　毒物若しくは劇物又は薬事に関する罪を犯し、罰金以上の刑に処せられ、その執行を終り、又は執行を受けることがなくなつた日から起算して（**問９**）を経過していない者
３～５　略

	1	2	3	4	5
問７	十四歳	十六歳	十八歳	十九歳	二十歳
問８	コカイン	シンナー	アルコール	指定薬物	大麻
問９	一年	二年	三年	四年	五年

問 10　次のうち、毒物及び劇物取締法第 10 条第１項の規定に基づき、毒物及び劇物の販売業者が届け出なければならない場合として、**正しいものの組合せ**を１つ選びなさい。

a　法人の代表者を変更したとき
b　店舗の電話番号を変更したとき
c　店舗における営業を廃止したとき
d　毒物又は劇物を運搬する設備の重要な部分を変更したとき

1（a、b）　2（a、c）　3（b、d）　4（c、d）

問 11　次のうち、毒物及び劇物取締法第 12 条第２項の規定に基づき、毒物劇物営業者が、毒物又は劇物を販売するときに、その容器及び被包に表示しなければならない事項として、**正しいものの組合せ**を１つ選びなさい。

a　毒物又は劇物の製造番号　　b　毒物又は劇物の成分及びその含量
c　毒物又は劇物の使用期限　　d　毒物又は劇物の名称

1（a、b）　2（a、c）　3（b、d）　4（c、d）

問 12　次のうち、燐化亜鉛を含有する製剤たる劇物を農業用として販売する場合の着色の方法として、**正しいもの**を１つ選びなさい。

1　あせにくい緑色で着色する。　2　あせにくい青色で着色する。
3　あせにくい赤色で着色する。　4　あせにくい黒色で着色する。
5　あせにくい紅色で着色する。

問 13 ～ 14　次の記述は、毒物及び劇物取締法第 15 条の条文である。(　　)の中にあてはまる字句として、**正しいもの**を１つ選びなさい。

（毒物又は劇物の交付の制限等）
第十五条　略
2　毒物劇物営業者は、厚生労働省令の定めるところにより、その交付を受ける者の(**問 13**)を確認した後でなければ、第三条の四に規定する政令で定める物を交付してはならない。
3　略
4　毒物劇物営業者は、前項の帳簿を、最終の記載をした日から(**問 14**)、保存しなければならない。

問 13　1　年齢及び職業　2　使用目的及び職業　3　使用目的及び年齢
4　氏名及び年齢　5　氏名及び住所

問 14　1　二年間　2　三年間　3　五年間　4　十年間　5　十五年間

問 15 ～ 17　次の記述は、毒物及び劇物取締法施行令第 40 条の条文である。(　　)の中にあてはまる字句として、**正しいもの**を１つ選びなさい。

(廃棄の方法)

第四十条　法第十五条の二の規定により、毒物若しくは劇物又は法第十一条第二項に規定する政令で定める物の廃棄の方法に関する技術上の基準を次のように定める。

一　中和、加水分解、酸化、還元、(**問 15**)その他の方法により、毒物及び劇物並びに法第十一条第二項に規定する政令で定める物のいずれにも該当しない物とすること。

二　ガス体又は(**問 16**)性の毒物又は劇物は、保健衛生上危害を生ずるおそれがない場所で、少量ずつ放出し、又は(**問16**)させること。

三　可燃性の毒物又は劇物は、保健衛生上危害を生ずるおそれがない場所で、少量ずつ(**問 17**)させること。

四　略

問15	1	けん化	2	稀釈	3	電気分解	4	沈殿	5	燃焼
問16	1	揮発	2	凝縮	3	昇華	4	酸化	5	還元
問17	1	融解	2	燃焼	3	酸化	4	蒸発	5	昇華

問 18　毒物及び劇物取締法施行令第 40 条の５の規定に基づき、過酸化水素 35 %を含有する製剤(劇物)を、車両を使用して１回につき 5,000 キログラム以上運搬する場合の運搬方法に関する記述の正誤について、**正しい組み合わせ**を１つ選びなさい。

a　車両には、運搬する毒物又は劇物の名称、成分及びその含量並びに事故の際に講じなければならない応急の措置の内容を記載した書面を備える。

b　車両には、防毒マスク、ゴム手袋、保護手袋、保護長ぐつ、保護衣及び保護眼鏡を１人分備える。

c　車両には、0.3 メートル平方の板に地を黒色、文字を白色として「毒」と表示し、車両の前後の見やすい箇所に掲げる。

d　１人の運転者による運転時間が、１日当たり 10 時間であれば、交代して運転する者を同乗させる。

	a	b	c	d
1	誤	正	正	誤
2	誤	正	誤	正
3	正	誤	誤	正
4	正	誤	正	正
5	正	正	正	誤

奈良県

問 19 ～ 20　次の記述は、毒物及び劇物取締法第１７条の条文である。(　　)の中にあてはまる字句として、**正しいもの**を１つ選びなさい。

(事故の際の措置)

第十七条　毒物劇物営業者及び特定毒物研究者は、その取扱いに係る毒物若しくは劇物又は第十一条第二項の政令で定める物が飛散し、漏れ、流れ出し、染み出し、又は地下に染み込んだ場合において、不特定又は多数の者について保健衛生上の危害が生ずるおそれがあるときは、(**問 19**)、その旨を(**問 20**)に届け出るとともに、保健衛生上の危害を防止するために必要な応急の措置を講じなければならない。

２　略

問19　1　直ちに　2　遅滞なく　3　二十四時間以内に　4　四十八時間以内に　5　三日以内に

問20　1　保健所　2　警察署　3　警察署又は消防機関　4　保健所又は消防機関　5　保健所、警察署又は消防機関

〔基礎化学〕

(一般・農業用品目共通)

問 21 ～ 31　次の記述について、(　)の中に入れるべき字句のうち、**正しいもの**を1つ選びなさい。

問 21　次のうち、イオン化傾向が最も大きい元素は(　　)である。

1　Ca　　2　Co　　3　K　　4　Ni　　5　Li

問 22　次のうち、アンモニアの工業的製法は(　　)である。

1　アンモニアソーダ法　　2　オストワルト法　　3　ハーバー・ボッシユ法
4　接触法　　5　ホール・エルー法

問 23　次のうち、石灰水に二酸化炭素を通じると生成する物質は(　　)である。

1　Na_2CO_3　　2　$MgCO_3$　　3　$CaCO_3$　　4　NaCl　　5　$CaCl_2$

問 24　次のうち、原子番号 12 の元素は(　　)である。

1　Zn　　2　Na　　3　C　　4　Al　　5　Mg

問 25　次のうち、一定温度において、一定量の気体の体積は圧力に反比例することを示す法則は(　　)である。

1　ボイルの法則　　2　シャルルの法則　　3　ラウールの法則
4　ドルトンの分圧の法則　　5　ヘンリーの法則

問 26　次のうち、両性酸化物である化合物は(　　)である。

1　CO_2　　2　P_4O_{10}　　3　CuO　　4　BaO　　5　ZnO

問 27　次のうち、ヒドロキシ基とカルボキシ基の両方をもつ化合物は(　)である。

1　アセチルサリチル酸　　2　p－ヒドロキシアゾベンゼン
3　サリチル酸　　4　サリチル酸メチル　　5　クメンヒドロペルオキシド

問 28　HClO(次亜塩素酸)の塩素の酸化数は(　　)である。

1　－3　　2　－1　　3　0　　4　＋1　　5　＋3

問 29　次のうち、硫酸酸性の過マンガン酸カリウム水溶液とシュウ酸水溶液が酸化還元反応すると発生する気体は(　　)である。

1　CO_2　　2　O_2　　3　H_2　　4　Br_2　　5　CO

問 30　次のうち、炎色反応で黄色を示す元素は(　　)である。

1　Li　　2　Sr　　3　K　　4　Na　　5　Cu

問 31　次のうち、アルキンは(　　)である。

1　アセチレン　　2　ブタン　　3　シクロペンタン
4　δ－バレロラクタム　　5　1－ブテン

問 32　次の金属の化学的性質に関する記述のうち、**正しいもの**を1つ選びなさい。

1　Ca は、塩酸に溶けない。
2　Pt は、空気中(常温)で酸化されない。
3　Zn は、高温の水蒸気と反応しない。
4　Au は、王水に溶けない。

奈良県

問 33　次の鉄イオン(Fe^{2+}、Fe^{3+})の性質に関する記述のうち、**正しいもの**を１つ選びなさい。

1　Fe^{2+}の水溶液は黄褐色、Fe^{3+}の水溶液は淡緑色である。
2　Fe^{2+}、Fe^{3+}の配位数はいずれも４で、錯イオンは正四面体の構造をとる。
3　Fe^{2+}の水溶液にアンモニア水を加えるとゲル状沈殿を生成するが、この沈殿は過剰のアンモニア水を加えても溶解することはない。
4　Fe^{2+}を含む水溶液にチオシアン酸カリウム水溶液を加えると血赤色の溶液となる。

問 34　次の電気分解に関する記述のうち、**誤っているもの**を１つ選びなさい。

1　陽極では酸化反応がおこり、陰極では還元反応がおこる。
2　純水は電流がほとんど流れないため、電気分解を行うことはできない。
3　Ag^{+}とCu^{2+}を含む水溶液の電気分解では、最初に Cu が析出し、次に Ag が析出する。
4　陽極、陰極ともに白金電極を使用した塩化銅(Ⅱ)水溶液の電気分解では、陽極に塩素が発生し、陰極に銅が析出する。

問 35　次のアルデヒドに関する記述のうち、**正しいもの**を１つ選びなさい。

1　アセトアルデヒドは、酸化するとギ酸になる。
2　アルデヒド基の検出方法の１つとして、バイルシュタイン反応がある。
3　エタノールを硫酸酸性のニクロム酸カリウム水溶液を用いて穏やかに酸化させるとホルムアルデヒドが得られる。
4　ホルマリンは、長く放置すると白い沈殿(パラホルムアルデヒド)を生じることがある。

問 36　次のベンゼンに関する記述のうち、**誤っているもの**を１つ選びなさい。

1　ベンゼンに鉄粉を加えて、等物質量の塩素を通じると、クロロベンゼンが生成する。
2　ベンゼンを酸素のない条件で、光を当てながら塩素を作用させると、ヘキサクロロシクロヘキサンが生成する。
3　ベンゼンに濃硝酸と濃硫酸の混合物を加えて約 60 ℃で反応させるとニトロトルエンが生成する。
4　ベンゼン環を持つ炭化水素を、芳香族炭化水素またはアレーンという。

奈良県

問 37　次の同素体とその性質に関する記述のうち、**誤っているもの**を１つ選びなさい。

1　炭素の同素体としてグラファイト、ダイヤモンド、フラーレン等がある
2　ダイヤモンドは電気を通さないが、グラファイトは電気を通す。
3　酸素の同素体は存在しない。
4　硫黄の同素体である斜方硫黄と単斜硫黄では、常温においては斜方硫黄の方が安定である。

問 38　1.8×10^{24} 個の酸素分子は何 g になるか。**正しいもの**を１つ選びなさい。
(原子量：O ＝ 16、アボガドロ定数：6.0×10^{23} /mol とする。)

1　16 g　　2　32g　　3　64g　　4　96g　　5　128 g

問 39　40 ℃の硝酸カリウムの飽和水溶液 80g を 60 ℃に加熱すると、あと何 g の硝酸カリウムを溶かすことができるか。**正しいもの**を１つ選びなさい。ただし、固体の溶解度は溶媒(水)100g に溶けうる溶質の最大質量の数値(g)であり、硝酸カリウムの水に対する溶解度は 40 ℃で 60、60 ℃で 110 とする。

1　20 g　　2　25g　　3　30g　　4　35g　　5　40 g

問 40　プロパン(C_3H_8)とブタン(C_4H_{10})を混合した気体３ L を空気中で完全燃焼させたところ、二酸化炭素 11　L と水 14　L が生じた。この混合気体の完全燃焼に必要な空気の体積として、**正しいもの**を１つ選びなさい。ただし、空気は酸素と窒素が体積比で 1：4 の割合で混合したものとする。

1　18L　　2　36L　　3　72L　　4　90L　　5　108L

〔取扱・実地〕

(一般)

問 41　塩素酸ナトリウムに関する記述について、**正しいものの組み合わせ**を１つ選びなさい。

a　無色無臭の無色の正方単斜状の結晶である。
b　水に溶けにくく、風解性がある。
c　有機物、金属粉などの可燃物が混在すると、加熱、摩擦または衝撃により爆発する。
d　殺虫剤として用いられる。

1（a、b）　2（a、c）　3（b、d）　4（c、d）

問 42　ジエチルパラニトロフエニルチオホスフエイト(別名：パラチオン)に関する記述について、**正しいものの組み合わせ**を１つ選びなさい。

a　５％以下を含有する製剤は、特定毒物ではない。
b　純品は、無色あるいは淡黄色の液体であるが、通常は褐色の液体で、特異の臭気があり、アセトン、エーテル、アルコール等に溶ける。
c　カーバメイト系の殺虫剤である。
d　毒性は極めて強く、頭痛、めまい、吐気、発熱、麻痺(ひ)、痙攣(けいれん)等の中毒症状をおこす。

1（a、b）　2（a、c）　3（b、d）　4（c、d）

問 43 ～ 46　次の物質の性状について、**最も適当なもの**を１つずつ選びなさい。

問 43　黄燐(りん)　　**問 44**　クレゾール　　**問 45**　ジメチル硫酸　　**問 46**　セレン

1　灰色の金属光沢を有するペレットまたは黒色の粉末。融点 217 ℃。水に不溶。硫酸、二硫化炭素に可溶。
2　オルトおよびパラ異性体は無色の結晶。メタ異性体は無色または淡褐色の液体。フェノール様の臭いがある。アルコール、エーテルに可溶。水に不溶。
3　無色の油状液体で、刺激臭はない。沸点 188 ℃。水に不溶。水との接触で、徐々に加水分解する。
4　白色または淡黄色のロウ様半透明の結晶性固体。ニンニク臭がある。空気中では非常に酸化されやすく、放置すると 50 ℃で発火する。
5　淡黄色の光沢のある小葉状あるいは針状結晶。融点 122 ℃。発火点 320 ℃。徐々に熱すると昇華するが、急熱あるいは衝撃により爆発する。

問 47 ～ 50　次の物質の毒性について、**最も適当なもの**を１つずつ選びなさい。

問 47　エチルパラニトロフエニルチオノベンゼンホスホネイト（別名：EPN）

問 48　キシレン　**問 49**　トルイレンジアミン　**問 50**　燐(りん)化亜鉛

1　コリンエステラーゼと結合しその働きを阻害するため、神経終末にアセチルコリンが過剰に蓄積して、ムスカリン様症状、ニコチン様症状、中枢神経症状が出現する。

2　嚥下吸入したときに、胃および肺で胃酸や水と反応してホスフィンを生成し、中毒症状を呈する。吸入した場合、頭痛、吐き気等の症状を起こす。

3　吸入すると、鼻、のどを刺激する。高濃度で興奮、麻酔作用がある。

4　著明な肝臓毒で、脂肪肝を起こす。また、皮膚に触れると、皮膚炎（かぶれ）を起こす。

5　皮膚や粘膜につくと火傷を起こし、その部分は白色となる。経口摂取した場合には口腔、咽喉、胃に高度の灼熱感を訴え、悪心、嘔吐(おうと)、めまいを起こし、失神、虚脱、呼吸麻痺(ひ)で倒れる。尿は特有の暗赤色を呈する。

問 51 ～ 55　次の物質の廃棄方法に関する記述について、**最も適当なもの**を１つずつ選びなさい。

問 51　アクリルアミド　**問 52**　クロルピクリン　**問 53**　シアン化水素

問 54　酒石酸アンチモニルカリウム　**問 55**　ヒ素

1　アフターバーナーを備えた焼却炉で焼却する。水溶液の場合は、おが屑等に吸収させて同様に処理する。

2　水に溶かし、希硫酸を加えて酸性にし、硫化ナトリウム水溶液を加えて沈殿させ、濾過して埋立処分する。

3　多量のアルカリ水溶液に撹拌(かくはん)しながら少量ずつ加えて、徐々に加水分解させたあと、希硫酸を加えて中和する。

4　スクラバーを備えた焼却炉の火室に噴霧して、できるだけ高温で焼却する。

5　セメントを用いて固化し、溶出試験を行い、溶出量が判定基準以下であることを確認して埋立処分する。

6　少量の界面活性剤を加えた亜硫酸ナトリウムと炭酸ナトリウムの混合溶液中で、撹件し分解させた後、多量の水で希釈して処理する。

問 56 ～ 60　次の物質の漏えい又は飛散した場合の措置として、**最も適当なもの**を１つずつ選びなさい。

問 56　クロム酸ナトリウム　**問 57**　硝酸銀　**問 58**　二硫化炭素

問 59　ブロムメチル　**問 60**　メチルエチルケトン

1　飛散したものは、空容器にできるだけ回収し、そのあとを食塩水を用いて塩化物とし、多量の水を用いて洗い流す。

2　飛散したものは、空容器にできるだけ回収し、そのあとを還元剤（硫酸第一鉄等）の水溶液を散布し、水酸化カルシウム、炭酸ナトリウム等の水溶液を用いて処理した後、多量の水で洗い流す。

3　飛散したものは、速やかに掃き集めて空容器に回収し、そのあとを多量の水を用いて洗い流す。

4　多量に漏えいした場合、漏えいした液は、土砂等でその流れを止め、液が広がらないようにして蒸発させる。

5　多量に漏えいした場合、漏えいした液は、土砂等でその流れを止め、安全な場所に導き、水で覆った後、土砂等に吸着させて空容器に回収し、水封後密栓する。そのあとを多量に水を用いて洗い流す。

6　多量に漏えいした場合、漏えいした液は、土砂等でその流れを止め、安全な場所に導き、液の表面を泡で覆い、できるだけ空容器に回収する。

（農業用品目）

問 41　次の毒物又は劇物のうち、毒物劇物農業用品目販売業者が販売できるものとして、**正しいものの組み合わせ**を１つ選びなさい。

a　塩素　　b　塩化水素　　c　ニコチン　　d　硫酸タリウム

1 (a、b)　　2 (a、c)　　3 (b、d)　　4 (c、d)

問 42 ～ 44　次の物質を含有する製剤で、毒物としての指定から除外される上限濃度について、**正しいもの**を１つずつ選びなさい。

問 42　O －エチル－ O －(２－イソプロポキシカルボニルフエニル)－ N －イソプロピルチオホスホルアミド(別名：イソフエンホス)
問 43　２・３－ジシアノ－１・４－ジチアアントラキノン(別名：ジチアノン)
問 44　２－ジフエニルアセチル－１・３－インダンジオン

1　0.005％　　2　0.5％　　3　5％　　4　10％　　5　50％

問 45 ～ 47　次の物質の鑑別方法について、**最も適当なもの**を１つずつ選びなさい。

問 45　塩化亜鉛　　**問 46**　クロルピクリン
問 47　燐化アルミニウムとその分解促進剤とを含有する製剤

1　本薬物より生成された気体は、5 ～ 10 ％硝酸銀溶液を吸着させた濾紙を黒変することにより存在を確認する。
2　水に溶かし、硝酸銀を加えると、白色の沈殿物を生ずる。
3　水溶液に金属カルシウムを加え、これにベタナフチルアミン及び硫酸を加えると、赤色の沈殿物を生ずる。
4　水酸化ナトリウム及び過マンガン酸カリウムを加えて加熱し、発生した気体は、潤したヨウ化カリウムデンプン紙を青変する。

問 48 ～ 51　次の物質の用途について、**最も適当なもの**を１つずつ選びなさい。

問 48　ナラシン　　**問 49**　沃化メチル
問 50　エチル＝(Z)－３－〔N－ベンジル－N－〔〔メチル(１－メチルチオエチリデンアミノオキシカルボニル)アミノ〕チオ〕アミノ〕プロピオナート
問 51　２－メチリデンブタン二酸(別名：メチレンコハク酸)

1　ガス殺菌剤　　2　害虫を防除する農薬　　3　飼料添加物
4　摘花、摘果剤　　5　除草剤

問 52 ～ 54　次の物質の漏えい又は飛散した場合の措置として、**最も適当なもの**を１つずつ選びなさい。

問 52　１・１′－ジメチル－４・４′－ジピリジニウムジクロリド
問 53　ブロムメチル
問 54　S－メチル－N－〔(メチルカルバモイル)－オキシ〕－チオアセトイミデート(別名：メトミル)

1　飛散したものは空容器にできるだけ回収し、そのあとを水酸化カルシウム等の水溶液を用いて処理し、多量の水で洗い流す。
2　飛散したものは空容器にできるだけ回収し、そのあとを硫酸鉄(Ⅲ)等の水溶液を散布し、水酸化カルシウム、炭酸ナトリウム等の水溶液を用いて処理した後、多量の水で洗い流す。
3　漏えいした液が多量の場合は、土砂等でその流れを止め、液が広がらないようにして蒸発させる。
4　漏えいした液は、土壌などでその流れを止め、安全な場所に導き、空容器にできるだけ回収し、そのあとを土壌で覆って十分に接触させた後、土壌を取り除き、多量の水で洗い流す。

問 55 ～ 57　次の物質の廃棄方法について、**最も適当なもの**を１つずつ選びなさい。

問 55　塩素酸カリウム
問 56　ジメチル－４－メチルメルカプト－３－メチルフエニルチオホスフエイト
問 57　硫酸第二銅

1　おが屑等に吸収させてアフターバーナー及びスクラバーを備えた焼却炉で焼却する。
2　還元剤の水溶液に希硫酸を加えて酸性にし、この中に少量ずつ投入する。反応終了後、反応液を中和し多量の水で希釈して処理する。
3　水に溶かし、希硫酸を加えて中和し、沈殿濾過して埋立処分する。
4　水に溶かし、水酸化カルシウム、炭酸ナトリウム等の水溶液を加えて処理し、沈殿濾過して埋立処分する。

問 58 ～ 60　次の物質の毒性について、**最も適当なもの**を１つずつ選びなさい。

問 58　エチレンクロルヒドリン　　問 59　アンモニア
問 60　ブラストサイジンＳ

1　猛烈な神経毒であり、急性中毒では、よだれ、吐気、悪心、嘔吐（おうと）があり、次いで脈拍緩徐不整となり、発汗、瞳孔縮小、意識喪失、呼吸困難、痙攣（けいれん）をきたす。
2　主な中毒症状は、振戦、呼吸困難である。本毒は、肝臓に核の膨大及び変性、腎臓には糸球体、細尿管のうっ血、脾臓には脾炎が認められる。また、散布に際して、眼刺激性が特に強いので注意を要する。
3　すべての露出粘膜に刺激性を有し、せき、結膜炎、口腔、鼻、咽喉粘膜の発赤をきたす。
4　皮膚から容易に吸収され、全身中毒症状を引き起こす。中枢神経系、肝臓、腎臓、肺に著明な障害を引き起こす。

中国五県統一共通
〔島根県、鳥取県、岡山県、広島県、山口県〕
令和２年度実施

〔毒物及び劇物に関する法規〕
(一般・農業用品目・特定品目共通)

問１　法第１条及び第２条の条文に関する以下の記述のうち、誤っているものを一つ選びなさい。

1　この法律は、毒物及び劇物について、保健衛生上の見地から必要な取締を行うことを目的とする。
2　この法律で「毒物」とは、別表第一に掲げる物であって、医薬品及び医薬部外品以外のものをいう。
3　この法律で「特定毒物」とは、毒物及び劇物以外の物であって、別表第三に掲げるものをいう。

問２　以下の毒物及び劇物の組み合わせのうち、正しいものを一つ選びなさい。

	(毒物)		(劇物)
1	カリウム	――	ニコチン
2	四アルキル鉛	――	硫酸
3	水銀	――	シアン化ナトリウム
4	モノクロル酢酸	――	ベタナフトール

問３　以下の法の条文について、（　　）の中に入れるべき字句の正しい組み合わせを一つ選びなさい（なお、３箇所の（ ア ）内はいずれも同じ字句が入る）。

第３条　毒物又は劇物の製造業の（ ア ）を受けた者でなければ、毒物又は劇物を販売又は授与の目的で製造してはならない。
2　毒物又は劇物の輸入業の（ ア ）を受けた者でなければ、毒物又は劇物を販売又は授与の目的で輸入してはならない。
3　毒物又は劇物の販売業の（ ア ）を受けた者でなければ、毒物又は劇物を販売し、授与し、又は販売若しくは授与の目的で（ イ ）し、運搬し、若しくは（ ウ ）してはならない。(以下略)

	ア	イ	ウ
1	許可	保管	陳列
2	許可	貯蔵	広告
3	登録	貯蔵	陳列
4	登録	保管	広告

問４　特定毒物に関する以下の記述のうち、誤っているものを一つ選びなさい。

1　毒物若しくは劇物の輸入業者又は特定毒物使用者は、特定毒物を輸入することができる。
2　毒物劇物営業者又は特定毒物研究者は、特定毒物使用者に対し、その者が使用することができる特定毒物を譲り渡すことができる。
3　毒物劇物営業者、特定毒物研究者又は特定毒物使用者でなければ、特定毒物を譲り渡し、又は譲り受けることはできない。

問5　以下の法の条文について、（　　）の中に入れるべき字句の正しい組み合わせを一つ選びなさい。

第３条の４　引火性、（ ア ）又は爆発性のある毒物又は劇物であって政令で定めるものは、業務その他正当な理由による場合を除いては、（ イ ）してはならない。

	ア	イ
1	発火性	所持
2	揮発性	所持
3	発火性	保管
4	揮発性	保管

問6　毒物劇物営業者は、燐（りん）化亜鉛を含有する製剤たる劇物については、厚生労働省令で定める方法により着色したものでなければ、これを農業用として販売してはならないこととなっているが、その着色方法として、正しいものを一つ選びなさい。

1　あせにくい赤色で着色する方法
2　あせにくい青色で着色する方法
3　あせにくい黄色で着色する方法
4　あせにくい黒色で着色する方法

問7　以下の省令の条文について、（　　）の中に入れるべき字句の正しい組み合わせを一つ選びなさい。

第４条の４　毒物又は劇物の製造所の設備の基準は、次のとおりとする。
　一　毒物又は劇物の製造作業を行なう場所は、次に定めるところに適合するものであること。
　　イ　コンクリート、板張り又はこれに準ずる構造とする等その外に毒物又は劇物が（ ア ）し、漏れ、しみ出若しくは流れ出、又は地下にしみ込むおそれのない構造であること。
　　ロ　毒物又は劇物を含有する粉じん、蒸気又は（ イ ）の処理に要する設備又は器具を備えていること。

	ア	イ
1	飛散	排気
2	飛散	廃水
3	蒸発	排気
4	蒸発	廃水

中国五県統一

問8　以下の法の条文について、（　　）の中に入れるべき字句を一つ選びなさい。

第11条
４　毒物劇物営業者及び特定毒物研究者は、毒物又は厚生労働省令で定める劇物については、その容器として、（　　）を使用してはならない。

1　密閉できない物
2　飲食物の容器として通常使用される物
3　壊れやすい又は腐食しやすい物

問9　法第14条第１項の規定により、毒物劇物営業者が、毒物又は劇物を他の毒物劇物営業者に販売したとき、書面に記載しておかなければならない事項のうち、正しい組み合わせを一つ選びなさい。

ア　使用目的　　イ　販売の年月日　　ウ　譲受人の年齢　　エ　譲受人の職業

1（ア，イ）　2（ア，ウ）　3（イ，エ）　4（ウ，エ）

問 10　毒物又は劇物の販売業者が、毒物又は劇物を毒物劇物営業者以外の者へ販売する際の記述の正誤について、正しい組み合わせを一つ選びなさい。

ア　毒物又は劇物の販売業者は、必要な事項を記載し押印して作成した書面を提出した 19 歳の会社員に、毒物を販売することができる。

イ　毒物又は劇物の販売業者は、親の委任状を持ってきた 16 歳の高校生に、劇物を販売することができる。

ウ　毒物又は劇物の販売業者は、印鑑を持っていない顧客には、自筆で署名してもらい、販売することができる。

	ア	イ	ウ
1	正	誤	誤
2	誤	正	誤
3	誤	誤	正
4	正	正	正

問 11　事故の際の措置に関する以下の記述の正誤について、正しい組み合わせを一つ選びなさい。

ア　特定毒物研究者が取り扱う劇物が盗難にあったが、少量であったため、警察署に届出を行わなかった。

イ　毒物又は劇物の輸入業者が、輸入した毒物を輸送中に路上に漏えいさせ、不特定又は多数の者に保健衛生上の危害が生ずるおそれがあるため、直ちにその旨を保健所、警察署又は消防機関に届け出た。

ウ　毒物劇物営業者は、取り扱っている毒物を紛失したときは、直ちに保健所に届け出なければならない。

	ア	イ	ウ
1	正	誤	誤
2	誤	正	誤
3	正	正	正
4	誤	誤	正

問 12　以下の法の条文について、（ ）の中に入れるべき字句を一つ選びなさい。

第 18 条　都道府県知事は、保健衛生上必要があると認めるときは、（中略）試験のため必要な最小限度の分量に限り、毒物、劇物、第 11 条第２項の政令で定める物若しくはその疑いのある物を（　　）させることができる。

1　調査　　　2　収去　　　3　廃棄

問 13　以下の記述のうち、法第 22 条第１項の規定により、届出が必要な事業を一つ選びなさい。

1　最大積載量が 1,000 キログラムの自動車に固定された容器を用いて 20 ％水酸化ナトリウム水溶液の運送を行う事業
2　無機水銀たる毒物を取り扱う、金属熱処理を行う事業
3　無機シアン化合物たる毒物を取り扱う、電気めっきを行う事業

問 14　毒物又は劇物を車両を使用して運搬する場合で、当該運搬を他に委託するとき、政令第 40 条の６の規定により、荷送人が運送人にあらかじめ交付しなければならない書面の内容の正誤について、正しい組み合わせを一つ選びなさい。ただし、１回に 1,000 キログラムを超えて運搬することとする。

ア　毒物又は劇物の名称
イ　毒物又は劇物の成分及びその含量
ウ　毒物又は劇物の用途
エ　事故の際に講じなければならない応急の措置の内容

	ア	イ	ウ	エ
1	正	正	誤	正
2	正	誤	正	正
3	正	誤	誤	誤
4	誤	正	正	誤

問 15　政令第 40 条の９の規定により、毒物劇物営業者が毒物又は劇物を販売し、又は授与するときまでに、譲受人に対し、提供しなければならない情報の正誤について、正しい組み合わせを一つ選びなさい。

ア　情報を提供する毒物劇物取扱責任者の氏名及び住所
イ　廃棄上の注意
ウ　応急措置
エ　毒物又は劇物の別

	ア	イ	ウ	エ
1	正	誤	正	正
2	誤	誤	正	正
3	正	正	誤	誤
4	誤	正	正	正

問 16 ～問 25　以下の記述について、正しいものには１を、誤っているものには２をそれぞれ選びなさい。

問 16　毒物又は劇物の販売業の登録は、一般販売業、農業用品目販売業及び特定品目販売業の３種類である。

問 17　毒物又は劇物の製造業、輸入業又は販売業の登録は、５年ごとに更新を受けなければ、その効力を失う。

問 18　店舗における毒物又は劇物の貯蔵設備は、毒物又は劇物とその他の物とを区分して貯蔵できるものでなければならない。

問 19　毒物又は劇物の製造所の設備の基準として、毒物又は劇物を貯蔵する場所が性質上かぎをかけることができないものであるときは、その周囲に防犯カメラを設けなければならないこととされている。

問 20　都道府県知事が行う毒物劇物取扱者試験に合格した者と薬剤師のみが、毒物劇物取扱責任者となることができる。

問 21　毒物又は劇物の製造業と販売業を併せて営む場合に、その製造所と店舗が互いに隣接しているとき、毒物劇物取扱責任者はこれらの施設を通じて１人で足りる。

問 22　毒物劇物営業者及び特定毒物研究者は、劇物の容器及び被包に、「医薬用外」の文字及び白地に赤色をもって「劇物」の文字を表示しなければならない。

問 23　可燃性の毒物又は劇物を廃棄する場合、法第 15 条の２の規定により、保健衛生上危害を生ずるおそれがない場所で、少量ずつ放出させなければならない。

問 24　毒物劇物営業者が政令で定める技術上の基準に従って、毒物又は劇物を廃棄する際には、都道府県知事への届出が必要である。

問 25　毒物劇物営業者は、毒物又は劇物の譲渡手続に係る書面を、販売又は授与の日から５年間保存しなければならない。

〔基礎化学〕
（一般・農業用品目・特定品目共通）

問 26 ～問 33 以下の記述について、正しいものには１を、誤っているものには２をそれぞれ選びなさい。

問 26　二酸化炭素は分子に非共有電子対を４組もつ。

問 27　亜鉛は両性元素である。

問 28　酸素とオゾンのように、同じ元素からできている単体で性質が異なるものを同位体という。

問 29　ケトンには還元性がないが、銀鏡反応を示す。

問 30　サリチル酸の２種類の官能基はベンゼン環のオルト位に結合している。

問 31　遷移元素はすべて金属元素である。
問 32　マンガンの酸化数には＋２、＋３、＋５の３つがあるが、塩基性溶液では＋２の化合物が安定である。
問 33 リチウムは、炎色反応で赤色を示す。

問 34 ～問 38　以下の（　　）に入る最も適当な字句を下欄の１～３の中からそれぞれ一つ選びなさい。

硝酸を工業的につくるには次の方法による。まず、（ 問 34 ）を触媒としてアンモニアと酸素を反応させる。このとき生じた（ 問 35 ）は酸化されて（ 問 36 ）の気体となり、これを温水に溶かすことによって硝酸が得られる。
このような方法による硝酸の製法を（ 問 37 ）法という。
濃硝酸は強い酸化作用を示し、（ 問 38 ）を溶かす。

【下欄】

問 34	1 鉄	2 白金	3 酸化バナジウム（V）
問 35	1 二酸化窒素	2 一酸化窒素	3 四酸化二窒素
問 36	1 赤褐色	2 無色	3 黒紫色
問 37	1 ソルベー	2 ハーバー・ボッシュ	3 オストワルト
問 38	1 銅	2 ニッケル	3 鉄

問 39 質量パーセント濃度が 24.5 %、密度が 1.2g/cm³の硫酸水溶液のモル濃度として、最も適当なものを一つ選びなさい。
ただし、原子量はＨ＝１、Ｏ＝16、Ｓ＝32 とする。

1　0.3mol/L　　2　0.6mol/L　　3　3.0mol/L　　4　6.0mol/L

問 40　0.10mol/L の硫酸 15mL を中和するには、0.30mol/L の水酸化ナトリウム水溶液は何 mL 必要か、最も適当なものを一つ選びなさい。

1　1 mL　　2　5 mL　　3　10mL　　4　20mL

問 41　メタン（CH_4）8.0g を完全燃焼させたときに生成する水の質量は何 g になるか、最も適当なものを一つ選びなさい。
ただし、原子量はＨ＝１、Ｃ＝12、Ｏ＝16 とする。

1　4.5g　　2　9.0g　　3　18g　　4　45g

問 42　分子式 C_4H_{10} で表される物質の構造異性体の種類として、正しいものを一つ選びなさい。

1　２種類　　2　３種類　　3　４種類　　4　６種類

問 43　アルミニウム（Al）、カルシウム（Ca）、ニッケル（Ni）をイオン化傾向の大きい順に並べたとき、正しいものを一つ選びなさい。

1　Al ＞ Ca ＞ Ni
2　Ca ＞ Ni ＞ Al
3　Ca ＞ Al ＞ Ni
4　Ni ＞ Al ＞ Ca

問 44 アボガドロ数に関する記述の正誤について、正しい組み合わせを一つ選びなさい。ただし、原子量は H ＝ 1 、He ＝ 4 、Li ＝ 7 、N ＝ 14 とする。

ア　水素（H_2） 1 g 中の水素分子の数はアボガドロ数と同じである。
イ　窒素（N_2） 1 mol 中の窒素原子の数はアボガドロ数の２倍である。
ウ　リチウムイオン（Li^+） 1 mol 中のリチウムイオン（Li^+）の数はアボガドロ数の３倍である。
エ　ヘリウム（He） 1 mol　中のヘリウム原子の数はアボガドロ数と同じである。

	ア	イ	ウ	エ
1	正	誤	誤	誤
2	正	正	正	正
3	誤	正	誤	正
4	誤	正	正	誤

問 45 ～問 46 以下の物質の状態変化の名称について、最も適当なものを下欄の１～４の中からそれぞれ一つ選びなさい。

問 45　固体から液体への変化
問 46　気体から固体への変化

【下欄】

1　融解	2　溶解	3　昇華	4　凝固

問 47 以下の物質と下線部の原子の酸化数の組み合わせのうち、正しいものを一つ選びなさい。

1　$K_2\underline{Cr}_2O_7$　－　＋６
2　$H_2\underline{S}O_4$　－　＋５
3　$\underline{Fe}_2O_3$　－　＋２
4　$\underline{N}_2$　－　＋１

問 48 中和や pH（水素イオン指数）に関する以下の記述のうち、正しいものを一つ選びなさい。

1 酸と塩基が過不足なく反応して、中和が完了する点を臨界点という。
2 pH ＝５の水溶液の水素イオン濃度は、pH ＝３の水溶液の水素イオン濃度の 100 倍である。
3　塩酸の、アンモニア水による中和滴定で用いる指示薬としては、メチルオレンジが適当である。
4　0.1mol/L の酢酸水溶液（電離度 0.01）の pH は４である。

問 49 以下の記述のうち、不可逆反応を表しているものとして、最も適当なものを一つ選びなさい。

1　容器に水素とヨウ素を入れて高温下で放置すると、ヨウ化水素を生じる。
2　四酸化二窒素を加熱すると、二酸化窒素を生じる。
3　窒素と水素を混合して圧力をかけると、アンモニアを生じる。
4　炭酸ナトリウム水溶液に塩化カルシウム水溶液を加えると、炭酸カルシウムの沈殿を生じる。

問 50 タンパク質の検出反応に関する以下の記述のうち、誤っているものを一つ選びなさい。

1　ビウレット反応においては、青紫～赤紫色を呈することでアミノ酸を検出する。
2　キサントプロテイン反応では、分子内にベンゼン環を有するタンパク質を検出する。
3　タンパク質の構成アミノ酸にシステインが含まれる場合、硫黄反応により黒色沈殿を生じる。
4　ニンヒドリン反応は、タンパク質のみならず、アミノ酸でも起こる。

〔毒物及び劇物の性質及び貯蔵、識別及び取扱方法〕

(一般)

問 51　以下のうち、過酸化水素水に関する記述として、正しい組み合わせを一つ選びなさい。

ア　常温において徐々に酸素と水に分解するが、微量の不純物が混入したり、少し加熱されると、爆鳴を発して急激に分解する。

イ　酸化、還元の両作用を有しているため、工業上貴重な漂白剤として獣毛、羽毛、綿糸、絹糸、骨質、象牙などを漂白することに応用される。

ウ　廃棄に当たっては、多量の水酸化カルシウム水溶液に撹拌(かくはん)しながら少量ずつ加え、沈殿濾(ろ)過して埋立処分する。

	ア	イ	ウ
1	誤	誤	正
2	正	誤	正
3	正	正	誤

問 52　以下の物質とその性状及び用途に関する記述の正誤について、正しい組み合わせを一つ選びなさい。

ア　チメロサール　－　白色または淡黄色の結晶性粉末であり、殺菌消毒薬として用いられる。

イ　ピロカテコール　－　特徴的臭気のある無色の液体であり、顔料として用いられる。

ウ　ロテノン　－　斜方六面体結晶であり、農薬として用いられる。

	ア	イ	ウ
1	誤	誤	正
2	正	誤	正
3	正	正	誤

問 53 ～問 56　以下の物質の性状について、最も適当なものを下欄の１～５の中からそれぞれ一つ選びなさい。

問53　ナトリウム　　　**問54**　アセトニトリル

問55　ホルムアルデヒド　　　**問56**　四弗(ふっ)化硫黄

【下欄】

1　常温では可燃性の気体。刺激性の窒息性の臭気がある。水によく溶け、アルコール、エーテルにも溶ける。

2　二水和物は緑色の結晶。水、エタノール、メタノール、アセトンに溶ける。

3　エーテル様の臭気を有する無色の液体。加水分解すれば、酢酸とアンモニアになる。

4　無色の気体。ベンゼンに溶け、水とは激しく反応する。腐食性が強い。

5　軽い銀白色の軟かい固体。切断すると切断面は金属光沢を示すが、空気に触れると鈍い灰色となる。

問 57 ～問 60　以下の物質の注意事項について、最も適当なものを下欄の１～５の中からそれぞれ一つ選びなさい。

問 57　亜硝酸ナトリウム　　問 58　トルエン
問 59　塩酸　　問 60　ホルマリン

【下欄】

1　市販品には重合防止剤が添加されているが、加熱、直射日光、過酸化物、鉄錆(さび)等により重合が始まり、爆発することがある。
2　引火性ではないが、溶液が高温に熱せられると含有アルコールがガス状となって揮散し、これに着火して燃焼する場合がある。
3　爆発性でも引火性でもないが、各種の金属を腐食して水素ガスを生じ、これが空気と混合して引火爆発することがある。
4　酸類を接触させると、有毒な酸化窒素の気体を生成する。
5　引火しやすく、また、その蒸気は空気と混合して爆発性混合気体となるので火気に近づけない。

問 61　以下の物質とその用途に関する組み合わせのうち、最も適当なものを一つ選びなさい。

1　酸化カドミウム　－　増粘剤
2　クロム酸ストロンチウム　－　殺菌剤
3　六弗(ふっ)化タングステン　－　半導体配線の原料

問 62 ～問 65　以下の物質の鑑定法について、最も適当なものを下欄の１～５の中からそれぞれ一つ選びなさい。

問 62　水酸化カリウム　　問 63　アニリン
問 64　硝酸鉛　　問 65　ブロム水素酸

【下欄】

1　水溶液にさらし粉を加えると、紫色を呈する。
2　小さな試験管に入れて熱すると、始めに黒色に変わり、のちに分解して残ったものをなお熱すると、完全に揮散してしまう。
3　水溶液に酒石酸溶液を過剰に加えると、白色結晶性の沈殿を生じる。また、塩酸を加えて中性にしたのち、塩化白金溶液を加えると、黄色結晶性の沈殿を生じる。
4　ほんの少量を磁製のルツボに入れて熱すると小爆鳴を発する。赤褐色の蒸気を出して、酸化物を残す。
5　硝酸銀溶液を加えると、淡黄色の沈殿を生じる。

問 66 ～問 69　以下の物質の貯蔵方法について、最も適当なものを下欄の１～５の中からそれぞれ一つ選びなさい。

問 66　ブロムメチル　　問 67　クロロプレン
問 68　三酸化二ヒ素　　問 69　シアン化水素

【下欄】

1　少量ならば褐色ガラス瓶を用い、多量ならば銅製シリンダーを用いる。日光及び加熱を避け、通風のよい冷所におく。
2　少量ならばガラス瓶に密栓し、大量ならば木樽(だる)に入れる。
3　圧縮冷却して液化し、圧縮容器に入れ、直射日光、その他温度上昇の原因を避けて、冷暗所に貯蔵する。
4　水中に沈めて瓶に入れ、さらに砂を入れた缶中に固定して、冷暗所に貯蔵する。
5　重合防止剤を加えて窒素置換し遮光して冷所に貯蔵する。

問 70　以下の物質を含有する製剤と、それらが劇物の指定から除外される濃度に関する組み合わせのうち、誤っているものを一つ選びなさい。

1　フエノール　－　5％以下
2　クレゾール　－　10％以下
3　ベタナフトール　－　1％以下

問 71 ～問 74　以下の物質が漏えいまたは飛散した場合の応急措置について、最も適当なものを下欄の1～5の中からそれぞれ一つ選びなさい。

問 71　塩素　　問 72　アクロレイン
問 73　N－エチルアニリン　　問 74　アンモニア

【下欄】

1　空容器にできるだけ回収し、そのあとを中性洗剤等の分散剤を使用して多量の水で洗い流す。
2　多量の場合、漏えい箇所や漏えいした液には水酸化カルシウムを十分に散布し、シート等を被せ、その上にさらに水酸化カルシウムを散布して吸収させる。
3　少量の場合、漏えい箇所を濡れむしろ等で覆い、遠くから多量の水をかけて洗い流す。
4　少量の場合、漏えいした液は亜硫酸水素ナトリウム水溶液（約10％）で反応させた後、多量の水で十分に希釈して洗い流す。
5　空容器にできるだけ回収し、さらに土砂などに混ぜて空容器に全量を回収し、そのあとを多量の水で洗い流す。

問 75　以下の物質とその毒性に関する組み合わせのうち、誤っているものを一つ選びなさい。

1　塩素酸ナトリウム　－　強い酸化作用による赤血球の破壊に基づく貧血がみられる。
2　塩化バリウム　－　低カリウム血症、骨格筋の筋力低下、四肢、呼吸筋の脱力麻痺（ひ）が生じる。
3　四メチル鉛　－　血液中のカルシウム分を奪取し、神経系をおかす。

問 76　以下の物質とその中毒時に用いられる解毒剤または拮抗剤に関する組み合わせのうち、正しいものを一つ選びなさい。

1　クロム酸カルシウム　－　硫酸アトロピン
2　水銀　－　ジメルカプロール
3　メタノール　－　プラリドキシムヨウ化物（別名 PAM）

問 77 ～問 80　以下の物質の廃棄方法について、最も適当なものを下欄の1～5の中からそれぞれ一つ選びなさい。

問 77　一酸化鉛　　問 78　過酸化ナトリウム
問 79　2－アミノエタノール　　問 80　シアン化カリウム

【下欄】

1　水に加えて希薄な水溶液とし、酸で中和したあと、多量の水で希釈して処理する。
2　水酸化ナトリウム水溶液を加えてアルカリ性とし、酸化剤の水溶液を加えて酸化分解する。そののち硫酸を加え中和し、多量の水で希釈して処理する。
3　セメントを用いて固化し、溶出試験を行い、溶出量が判定基準以下であることを確認して埋立処分する。
4　水に溶かし、食塩水を加えて沈殿濾（ろ）過する。
5　多量の水で希釈し、希硫酸を加えて中和後、活性汚泥で処理する。

（農業用品目）

問 51 ～問 54　以下の物質を含有する製剤と、それらが劇物の指定から除外される上限の濃度として、正しいものを下欄の１～５の中からそれぞれ一つ選びなさい。

問 51　１－（６－クロロ－３－ピリジルメチル）－Ｎ－ニトロイミダゾリジン－２－イリデンアミン（別名 イミダクロプリド）

問 52　トリクロルヒドロキシエチルジメチルホスホネイト（別名 DEP）

問 53　ジニトロメチルヘプチルフエニルクロトナート（別名 ジノカツプ）

問 54　３－（６－クロロピリジン－３－イルメチル）－１，３－チアゾリジン－２－イリデンシアナミド（別名 チアクロプリド）

【下欄】

1　3％	2　0.2％	3　10％	
4　2％（マイクロカプセル製剤にあっては、12％）			5　65％

問 55　以下の物質とその用途に関する組み合わせのうち、正しいものを一つ選びなさい。

1	塩素酸ナトリウム	－	植物成長調整剤
2	クロルピクリン	－	防腐剤
3	エチルパラニトロフエニルチオノベンゼンホスホネイト（別名 EPN）	－	遅効性の殺虫剤

問 56 ～問 59　以下の用途に用いられる物質として、最も適当なものを下欄の１～５の中からそれぞれ一つ選びなさい。

問 56　殺鼠（そ）剤　　問 57　除草剤　　問 58　殺虫剤　　問 59　殺菌剤（稲のイモチ病用）

【下欄】

1　モノフルオール酢酸ナトリウム
2　Ｓ－メチル－Ｎ－［（メチルカルバモイル）－オキシ］－チオアセトイミデート（別名 メトミル）
3　２－クロルエチルトリメチルアンモニウムクロリド（別名 クロルメコート）
4　５－メチル－１，２，４－トリアゾロ［３，４－ｂ］ベンゾチアゾール（別名 トリシクラゾール）
5　１，１′－ジメチル－４，４′－ジピリジニウムジクロリド（別名 パラコート））

中国五県統一

問 60 ～問 63　以下の特徴を持つ物質として、最も適当なものを下欄の１～５の中からそれぞれ一つ選びなさい。

問 60　特異臭がある黄色～淡褐色の液体。水に溶けにくく、有機溶剤に溶けやすい。有機リン殺菌剤として用いられる。

問 61　斜方六面体の結晶。水に溶けにくいが、クロロホルムに溶けやすい。接触毒として、サルハムシ類やウリバエ類等に用いられる。

問 62　常温では無色の気体で、わずかに甘いクロロホルム様の臭いがある。病害虫の燻（くん）蒸に用いられる。

問 63　黄色の結晶性粉末。アセトンと酢酸に溶ける。殺鼠（そ）剤に用いられる。

【下欄】

1　エチルジフエニルジチオホスフエイト（別名 エジフェンホス、EDDP）
2　ロテノン
3　２－ジフエニルアセチル－１，３－インダンジオン（別名 ダイファシノン）
4　ブロムメチル
5　２，３，５，６－テトラフルオロ－４－メチルベンジル＝（Z）－（１RS，３RS）－３－（２－クロロ－３，３，３－トリフルオロ－１－プロペニル）－２，２－ジメチルシクロプロパンカルボキシラート（別名 テフルトリン）

問64～問67　以下の物質の性状について、最も適当なものを下欄の１～５の中からそれぞれ一つ選びなさい。

問 64　ジエチル－３，５，６－トリクロル－２－ピリジルチオホスフエイト（別名 クロルピリホス）

問65　ジメチルジチオホスホリルフエニル酢酸エチル（別名 フェントエート、PAP）

問 66　ジメチル－４－メチルメルカプト－３－メチルフエニルチオホスフエイト（別名　フェンチオン、MPP）

問 67　(S) －α－シアノ－３－フエノキシベンジル＝（１ R，３ S）－２，２－ジメチル－３－（１，２，２，２－テトラブロモエチル）シクロプロパンカルボキシラート（別名 トラロメトリン）

【下欄】

1　橙黄色の樹脂状固体で、キシレンやトルエンなど有機溶媒によく溶ける。熱や酸に安定だが、アルカリや光に不安定。
2　無色の結晶で、水に溶けやすい。アルカリ性で不安定。金属を腐食する。工業品は暗褐色または暗青色で特異臭のある水溶液。
3　弱いニンニク臭を有する褐色の液体。有機溶媒には溶ける。
4　白色の結晶で、アセトンやベンゼンに溶けるが、水に溶けにくい。
5　芳香性刺激臭を有する赤褐色、油状の液体。水、プロピレングリコールに溶けない。アルコール、アセトン、エーテル、ベンゼンに溶ける。

問 68　以下の物質とその廃棄方法に関する組み合わせのうち、正しいものを一つ選びなさい。

1	ブロムメチル	－	還元剤の水溶液に希硫酸を加えて酸性にし、この中に少量ずつ投入する。反応終了後、反応液を中和し多量の水で希釈して処理する。
2	ジ（2―クロルイソプロピル）エーテル（別名 DCIP）	－	おが屑（くず）等に吸収させてアフターバーナー及びスクラバーを備えた焼却炉で焼却する。
3	硫酸第二銅	－	少量の界面活性剤を加えた亜硫酸ナトリウムと炭酸ナトリウムの混合溶液中で、撹拌（かくはん）し分解させたあと、多量の水で希釈して処理する。

問 69　以下の貯蔵方法に関する記述の正誤について、正しい組み合わせを一つ選びなさい。

ア　ロテノンは、酸素によって分解するため、デリス製剤は、空気と光線を遮断して保管する。

イ　アンモニア水は、アンモニアが揮発しやすいので、密栓して保管する。

ウ　燐（りん）化アルミニウムとその分解促進剤とを含有する製剤は、分解すると有毒な気体を発生するため、「保管は、密閉した容器で行わなければならない。」と政令に規定されている。

	ア	イ	ウ
1	正	正	正
2	誤	正	誤
3	正	誤	誤

問 70 ～問 73　以下の物質の鑑定法について、最も適当なものを下欄の１～５の中からそれぞれ一つ選びなさい。

問 70　アンモニア水　　問 71　酢酸第二銅　　問 72　塩化亜鉛
問 73　ニコチン

【下欄】

1　水溶液は水酸化ナトリウム溶液と反応し、冷時青色の沈殿を生じる。
2　濃塩酸をうるおしたガラス棒を近づけると白い霧を生じる。また、塩酸を加えて中和したのち、塩化白金溶液を加えると黄色の結晶性の沈殿を生じる。
3　水に溶かし、硝酸銀を加えると、白色の沈殿を生じる。
4　この物質のエーテル溶液に、ヨードのエーテル溶液を加えると、褐色の液状沈殿を生じ、これを放置すると赤色針状結晶となる。
5　この物質より生成された気体は、５～10％硝酸銀溶液を吸着させた濾(ろ)紙を黒変させる。

問 74　以下の物質とそれらが漏えいまたは飛散したときの措置に関する組み合わせのうち、誤っているものを一つ選びなさい。

1	ジメチル－２，２－ジクロルビニルホスフエイト（別名 ジクロルボス、DDVP）	－	空容器にできるだけ回収し、そのあとを水酸化カルシウム等の水溶液を用いて処理した後、中性洗剤等の分散剤を使用して多量の水で洗い流す。
2	２，２’－ジピリジリウム－１，１’－エチレンジブロミド（別名 ジクワット）	－	空容器にできるだけ回収し、そのあとを土壌で覆って十分接触させた後、土壌を取り除き、多量の水で洗い流す。
3	１，３－ジカルバモイルチオ－２－（N，N－ジメチルアミノ）－プロパン塩酸塩（別名 カルタップ）	－	漏えいした液は土砂等に吸着させて取り除くか、水で徐々に希釈した後、水酸化カルシウム等で中和し、多量の水で洗い流す。

問 75 ～問 78　以下の物質の毒性について、最も適当なものを下欄の１～５の中からそれぞれ一つ選びなさい。

問 75　エチレンクロルヒドリン
問 76　２－イソプロピル－４－メチルピリミジル－６－ジエチルチオホスフエイト（別名 ダイアジノン）
問 77　クロルピクリン　　問 78　塩化第二銅

【下欄】

1　この物質の中毒では、緑色または青色のものを吐く。のどが焼けるように熱くなり、よだれが流れ、しばしば痛む。
2　血液中でメトヘモグロビンを生成、また中枢神経や心臓、眼結膜をおかし、肺も強く障害する。
3　すべての露出粘膜に刺激性を有する。慢性中毒としては、気管支炎、慢性結膜炎をきたす。直接液に触れると、やけど（腐食性薬傷）やしもやけ（凍傷）を起こす。
4　血中のコリンエステラーゼを阻害し、倦怠感、頭痛、嘔吐(おうと)、腹痛、下痢、多汗等の症状を呈し、重症の場合には縮瞳、意識混濁、全身痙攣けいれんなどを起こす。
5　皮膚から容易に吸収され、全身中毒症状を引き起こす。致死量のこの物質のガスに暴露すると粘膜刺激症状、眠気、めまい、吐気を起こし、数時間後には呼吸困難、激しい頭痛、チアノーゼ、左胸部痛などが生じ、最終的に呼吸不全を起こして死亡する。

問 79 ～問 80　テトラエチルメチレンビスジチオホスフエイト（別名 エチオン）に関する以下の記述について、（　）の中に入れるべき字句を下欄の１～３の中からそれぞれ一つ選びなさい。

本剤は、果樹のダニ類、クワカイガラムシなどに適用のある（ 問 79 ）殺虫剤である。解毒剤として（ 問 80 ）が用いられる。

【下欄】

問 79	1 カルバメート（カーバメート）系 3 ピレスロイド系	2 有機リン系
問 80	1 亜硝酸アミル 3 硫酸アトロピン	2 ジメルカプロール（別名 BAL）

（特定品目）

問 51 ～問 54　以下の物質の性状について、最も適当なものを下欄の１～５の中からそれぞれ一つ選びなさい。

問 51　クロロホルム　　問 52　酸化第二水銀
問 53　トルエン　　問 54　ホルマリン

【下欄】

1	無色の揮発性液体。特異臭と甘味を有し、水に難溶で、不燃性である。
2	無色の催涙性透明液体。刺激臭を有する。水、アルコールに混和する。
3	赤色または黄色の粉末。水に難溶だが、酸に易溶。
4	無色透明、可燃性のベンゼン臭を有する液体。
5	白色の顆粒状粉末。水に難溶。アルコールに不溶。

問 55　以下のうち、塩酸に関する記述として、最も適当なものを一つ選びなさい。

1　せっけん製造、パルプ工業等に用いられる。
2　無色透明の液体で、引火性がある。
3　種々の金属を溶解する。

問 56　以下のうち、メタノールに関する記述として、<u>誤っているもの</u>を一つ選びなさい。

1　無色透明の液体で、揮発性がある。
2　蒸気は空気より重く引火しやすい。
3　強い酸性を示す。

問 57 ～問 60　以下の物質を含有する製剤と、それらが劇物の指定から除外される濃度について、正しいものを下欄の１～５の中からそれぞれ一つ選びなさい。

問 57　水酸化ナトリウム　　問 58　クロム酸鉛
問 59　蓚（しゅう）酸　　問 60　ホルムアルデヒド

【下欄】

1　70 %以下	2　10 %以下	3　6 %以下
4　5 %以下	5　1 %以下	

中国五県統一

問 61 ～問 64　以下の物質の用途について、最も適当なものを下欄の１～５の中からそれぞれ一つ選びなさい。

問 61　一酸化鉛　　　　問 62　クロム酸ナトリウム
問 63　塩素　　　　　　問 64　硝酸

【下欄】

1　工業用として、酸化剤、製革用に使用される。
2　肥料、各種化学薬品の製造、石油の精製等に用いられる。
3　ゴムの加硫促進剤、顔料、試薬として用いられる。
4　ピクリン酸、ニトログリセリン等の爆薬、セルロイド工業等に用いられる。
5　酸化剤、紙・パルプの漂白剤、さらし粉の原料等に用いられる。

問 65 ～問 68　以下の物質の鑑定法について、最も適当なものを下欄の１～５の中からそれぞれ一つ選びなさい。

問 65　蓚(しゅう)酸　問 66　水酸化ナトリウム　問 67　硝酸　問 68　過酸化水素水

【下欄】

1　銅屑(くず)を加えて熱すると、藍色を呈して溶け、その際赤褐色の蒸気を発生する。
2　水溶液を白金線につけて無色の火炎中に入れると、火炎は著しく黄色に染まる。
3　濃塩酸をうるおしたガラス棒を近づけると白い霧を生じる。
4　過マンガン酸カリウムを還元し、過クロム酸を酸化する。
5　水溶液を酢酸で弱酸性にして酢酸カルシウムを加えると、結晶性の沈殿を生じる。

問 69　以下のうち、クロロホルムの鑑定法に関する記述として、誤っているものを一つ選びなさい。

1　硝酸銀溶液を加えると、塩化銀の白い沈殿を生じる。
2　アルコール溶液に水酸化カリウム溶液と少量のアニリンを加えて熱すると、不快な刺激性の臭気を放つ。
3　ベタナフトールと濃厚水酸化カリウム溶液と熱すると藍色を呈し、空気に触れて緑より褐色に変じ、酸を加えると赤色の沈殿を生じる。

問 70　以下のうち、キシレンの廃棄方法として、最も適当なものを一つ選びなさい。

1　燃焼法　　2　分解沈殿法　　3　還元法

問 71　以下のうち、一酸化鉛の廃棄方法に関する記述として、最も適当なものを一つ選びなさい。

1　多量の水で希釈して処理する。
2　セメントを用いて固化し、溶出試験を行い、溶出量が判定基準以下であることを確認して埋立処分する。
3　水を加えて希薄な水溶液とし、酸で中和させた後、多量の水で希釈して処理する。

問 72　以下のうち、水酸化カリウムの貯蔵方法に関する記述として、最も適当なものを一つ選びなさい。

1　純品は空気と日光によって変質するので、少量のアルコールを加えて分解を防止し、冷暗所で貯蔵する。
2　二酸化炭素と水を強く吸収するため、密栓をして貯蔵する。
3　亜鉛または錫(すず)メッキをした鋼鉄製容器で、高温に接しない場所に保管する。

問 73 ～問 76　以下の物質が漏えいまたは飛散した場合の応急措置について、最も適当なものを下欄の１～５の中からそれぞれ一つ選びなさい。

問 73　アンモニア水　　問 74　塩酸　　問 75　酢酸エチル
問 76　四塩化炭素

【下欄】

1　少量の場合、漏えいした液は、土砂等に吸着させて空容器に回収し、そのあとを多量の水を用いて洗い流す。
2　少量の場合、漏えい箇所は濡れむしろ等で覆い、遠くから多量の水をかけて洗い流す。
3　多量の場合、漏えいした液は土砂等でその流れを止め、これに吸着させるか、または安全な場所に導いて遠くから徐々に注水してある程度希釈した後、水酸化カルシウム、炭酸ナトリウム等で中和し、多量の水を用いて洗い流す。発生するガスは霧状の水をかけ吸収させる。
4　空容器にできるだけ回収し、そのあとを硫酸第一鉄等の還元剤の水溶液を散布し、水酸化カルシウム、炭酸ナトリウム等の水溶液で処理した後、多量の水を用いて洗い流す。
5　空容器にできるだけ回収し、そのあとを中性洗剤等の分散剤を使用して多量の水を用いて洗い流す。

問 77 ～問 80　以下の物質の毒性について、最も適当なものを下欄の１～５の中からそれぞれ一つ選びなさい。

問 77　蓚(しゅう)酸　　問 78　塩素　　問 79　クロロホルム　　問 80　硫酸

【下欄】

1　脳の節細胞を麻酔させ、赤血球を溶解する。
2　急性中毒症状は、胃痛、嘔吐(おうと)、口腔(くう)、咽喉に炎症を起こし、腎臓がおかされる。
3　高濃度のものは、人体に触れると、激しいやけどを起こす。
4　吸入により、窒息感、喉頭及び気管支筋の強直をきたし、呼吸困難に陥る。
5　黄疸のように角膜が黄色となり、しだいに尿毒症様を呈する。

香川県
令和２年度実施

〔法　規〕
（一般・農業用品目・特定品目共通）

問１　次の物質のうち、毒物に該当するものとして正しい組み合わせを下欄から一つ選びなさい。

a　セレン　　b　アニリン　　c　トリクロル酢酸　d　モノフルオール酢酸

下欄

1（a、b）　2（a、c）　3（a、d）　4（b、c）　5（c、d）

問２　次のうち、毒物及び劇物取締法第22条第１項の規定により、業務上取扱者の届出が必要な者として、正しい組み合わせを下欄から一つ選びなさい。

a　砒素化合物を含有する製剤を使用するしろあり防除業者
b　ホルムアルデヒドを含有する製剤を使用する塗装業者
c　無機シアン化合物を含有する製剤を使用する金属熱処理業者
d　無水クロム酸を使用する電気めっき業者

下欄

1（a、b）　2（a、c）　3（a、d）　4（b、c）　5（c、d）

問３～問４　次のうち、毒物及び劇物取締法第３条の２第３項及び第５項の規定により、政令で定める「モノフルオール酢酸アミドを含有する製剤の使用者及び用途」として、正しいものを下欄から一つ選びなさい。

問３　使用者の正しいものを一つ選びなさい。

下欄

1　石油精製業者	2　日本たばこ産業株式会社	3　農業協同組合
4　森林組合	5　船長	

問４　用途の正しいものを一つ選びなさい。

1　ガソリンへの混入
2　コンテナ内におけるねずみ等の駆除
3　野ねずみの駆除
4　りんごの害虫の防除
5　食用に供されることのない観賞用植物の害虫の防除

問５　次のうち、毒物及び劇物取締法第３条の２第９項の規定により、政令で定める「四アルキル鉛を含有する製剤の着色の基準」として、誤っているものを一つ選びなさい。

1　青色に着色されていること　　2　黒色に着色されていること
3　赤色に着色されていること　　4　黄色に着色されていること
5　緑色に着色されていること

問6　次のうち、毒物及び劇物取締法第３条の３の規定により、政令で定める「興奮、幻覚又は麻酔の作用を有する毒物又は劇物」として、正しいもの一つ選びなさい。

1　ベンゼン　　2　トルエン　　3　キシレン　　4　フェノール

問７～問８　次のうち、毒物及び劇物取締法第４条の規定により、営業の登録について正しい組み合わせを一つ選びなさい。

問７　営業者と登録権者の正しい組み合わせを一つ選びなさい。

	営業者		登録権者
1	製造業者	－	厚生労働大臣
2	輸入業者	－	都道府県知事
3	一般販売業	－	厚生労働大臣
4	農業用品目販売業	－	地方厚生局長

問８　登録をしなければならない者として、正誤の正しい組み合わせを下欄から一つ選びなさい。

a　塩化ナトリウムを販売する事業者
b　劇物を生徒の実験のため使用する学校の設置者
c　白家消費用として劇物を輸入する事業者
d　毒物を直接に取り扱わないが、注文を受けて販売する事業者

下欄

	a	b	c	d
~~1~~	~~正~~	誤	~~正~~	誤
2	誤	誤	誤	正
3	正	誤	正	誤
4	誤	正	誤	正
5	正	正	正	誤

問９　次のうち、毒物及び劇物取締法第８条の規定により、毒物劇物取扱責任者に関する記述として、正誤の正しい組み合わせを下欄から一つ選びなさい。

a　毒物劇物取扱者試験に合格しても、20 歳になるまで毒物劇物取扱責任者になることができない。
b　毒物劇物営業者は、自ら毒物劇物取扱責任者として毒物又は劇物による保健衛生上の危害の防止に当たることはできない。
c　毒物劇物営業者が毒物若しくは劇物の製造業、輸入業若しくは販売業のうち二以上を併せて営む場合において、その製造所、営業所若しくは店舗が互に隣接しているときは、毒物劇物取扱責任者はこれらの施設を通じて一人で足りる。
d　毒物若しくは劇物に関する罪を犯し、罰金以上の刑に処せられ、その執行が終わった日から起算して１年を経過した者は、毒物劇物取扱責任者になることができる。

下欄

	a	b	c	d
1	正	正	誤	正
2	誤	正	誤	正
3	正	正	正	誤
4	誤	誤	正	誤
5	正	誤	正	誤

問 10　次の文は、毒物及び劇物取締法の条文の抜粋である。次の(　)に当てはまる字句として、正しい組み合わせを下欄から一つ選びなさい。

(毒物劇物取扱責任者の資格)
第8条　次の各号に掲げる者でなければ、前条の毒物劇物取扱責任者となることができない。
一　(　a　)
二　厚生労働省令で定める学校で、(　b　)に関する学課を修了した者
三　略

下欄

	a	b
1	医師	応用物理学
2	薬剤師	応用化学
3	歯科医師	応用物理学
4	医師	化学
5	薬剤師	物理学

問 11　次のうち、毒物及び劇物取締法第 10 条の規定により、毒物劇物営業者が 30 日以内に届け出なければならない事項について、正しい組み合わせを下欄から一つ選びなさい。

a　法人である毒物劇物販売業者の業務を行う役員が変更になったとき
b　主たる事務所の電話番号を変更したとき
c　毒物劇物販売業者の店舗における営業を廃止したとき
d　毒物製造業者が、登録に係る毒物の品目の製造を廃止したとき

下欄

1(a、b)	2(a、c)	3(a、d)	4(b、c)	5(c、d)

問 12　次の文は、毒物及び劇物取締法の条文の抜粋である。次の(　　)に当てはまる字句として正しい組み合わせを下欄から一つ選びなさい。

(毒物又は劇物の譲渡手続)
第 14 条　毒物劇物営業者は、毒物又は劇物を他の毒物劇物営業者に販売し、又は授与したときは、(　a　)、次に掲げる事項を書面に記載しておかなければならない。
一　毒物又は劇物の名称及び(　b　)
二　販売又は授与の(　c　)
三　譲受人の氏名、(　d　)及び住所(法人にあつては、その名称及び主たる事務所の所在地)

下欄

	a	b	c	d
1	その都度	性状	目的	年齢
2	その都度	数量	年月日	職業
3	初回のみ	数量	年月日	年齢
4	その都度	数量	目的	職業
5	初回のみ	性状	目的	年齢

問 13　次のうち、毒物劇物販売業者が、20 %水酸化ナトリウム溶液を販売するときの対応として、適切な記述について、正しい組み合わせを下欄から一つ選びなさい。

a　購入者が 18 歳以上であることを確認した。
b　身分証明書の提示がなければ販売できないと伝えた。
c　廃棄するときには、購入した薬局への届出が必要と伝えた。
d　登録された営業者以外に販売するとき、購入者が押印した必要な事項が記載された書類の提出を受けた。

下欄

1（a、b）	2（a、c）	3（a、d）	4（b、c）	5（b、d）

問 14　次のうち、毒物及び劇物取締法施行規則第 13 条の 12 の規定により、提供しなければならない情報の内容として正しい組み合わせを下欄から一つ選びなさい。

a　応急措置　　b　火災時の措置　　c　有効期限　　d　紛失時の連絡先

下欄

1（a、b）	2（a、c）	3（a、d）	4（b、c）	5（b、d）

問 15　次の文は、毒物及び劇物取締法施行令の条文の抜粋である。次の（　　）に当てはまる字句として、正しい組み合わせを下欄から一つ選びなさい。

（廃棄の方法）
第 40 条　法 15 条の 2 の規定により、毒物若しくは劇物又は法第 11 条第 2 項に規定する政令で定める物の廃棄の方法に関する技術上の基準を次のように定める。
一　中和、（　a　）、酸化、還元、稀釈その他の方法により、毒物及び劇物並びに法第 11 条第 2 項に規定する政令で定める物のいずれにも該当しない物とすること。
二　ガス体又は（　b　）性の毒物又は劇物は、保健衛生上危害を生ずるおそれがない場所で、少量ずつ放出し、又は（　b　）させること。
三　略
四　前各号により難い場合には、地下（　c　）以上で、かつ、地下水を汚染するおそれがない地中に確実に埋め、海面上に引き上げられ、若しくは浮き上がるおそれがない方法で海水中に沈め、又は保健衛生上危害を生ずるおそれがないその他の方法で処理すること。

下欄

	a	b	c
1	加水分解	揮発	2メートル
2	電気分解	昇華	1メートル
3	加熱	揮発	5メートル
4	電気分解	昇華	3メートル
5	加水分解	揮発	1メートル

問 16　次のうち、毒物及び劇物取締法施行令第 30 条の規定に基づき、燐（りん）化アルミニウムとその分解促進剤とを含有する製剤を使用して倉庫内、コンテナ内又は船倉内のねずみ、昆虫等を駆除するための燻（くん）蒸作業を行なう場合の基準に関する記述の正誤について、正しい組み合わせを下欄から一つ選びなさい。

a　倉庫内の燻（くん）蒸作業では、燻（くん）蒸中は、当該倉庫のとびら、通風口等を閉鎖しなければならない。

b　船倉内の燻（くん）蒸作業では、燻（くん）蒸中は、当該船倉のとびら及びその附近の見やすい場所に、当船倉内に立ち入ることが著しく危険である旨を表示しなければならない。

c　コンテナ内の燻（くん）蒸作業は、都道府県知事が指定した場所で行わなければならない。

下欄

	a	b	c
1	正	正	正
2	正	正	誤
3	正	誤	正
4	誤	正	正
5	誤	誤	誤

問 17　次の文は、毒物及び劇物取締法の規定に基づき、劇物である塩素を、車両を使用して1回につき 5,000 キログラム以上運搬する場合の運搬方法に関する記述である。正誤の正しい組み合わせを下欄から一つ選びなさい。

a　運搬する毒物又は劇物の名称、成分及びその含量並びに事故の際に講じなければならない応急措置の内容を記載した書面を備えた。

b　保護手袋、保護長ぐつ、保護衣、普通ガス用防毒マスクを２人分備えた。

c　0.3 m平方の板に「医療用外」の文字及び白地に赤色をもって「劇物」の文字と表示した標識を車両の前後の見やすい箇所に掲げた。

下欄

	a	b	c
1	正	正	正
2	正	正	誤
3	正	誤	正
4	誤	正	正
5	誤	誤	誤

問 18　次のうち、毒物及び劇物取締法の規定に基づき、毒物又は劇物の取扱い及び事故の際の措置に関する記述として、正誤の正しい組み合わせを下欄から一つ選びなさい。

a　毒物劇物営業者及び特定毒物研究者は、毒物又は劇物が盗難にあい、又は紛失することを防ぐのに必要な措置を講じなければならない。

b　毒物劇物営業者は、その取扱いに係る毒物若しくは劇物が流れ出た場合において、不特定又は多数の者について保健衛生上の危害が生ずるおそれがあるときは、直ちに、その旨を保健所、警察署又は消防機関に届け出なければならない。

c　毒物劇物営業者は、その取扱いに係る毒物又は劇物が盗難にあったときは、直ちに、その旨を保健所に届け出なければならない。

下欄

	a	b	c
1	正	正	正
2	正	誤	正
3	誤	正	誤
4	正	正	誤
5	誤	誤	正

問 19 次の文は、毒物及び劇物取締法の条文の抜粋である。次の(　　)に当てはまる字句として正しい組み合わせを下欄から一つ選びなさい。

(立入検査等)
第 18 条　都道府県知事は、(　a　)上必要があると認めるときは、毒物劇物営業者若しくは特定毒物研究者から必要な報告を徴し、又は薬事監視員のうちからあらかじめ指定する者に、これらの者の製造所、営業所、店舗、研究所その他業務上毒物若しくは劇物を取り扱う場所に立ち入り、帳簿その他の物件を(　b　)させ、関係者に質問させ、若しくは試験のため必要な最小限度の分量に限り、毒物、劇物、第 11 条第２項の政令で定める物若しくはその疑いのある物を(　c　)させることができる。

下欄

	a	b	c
1	~~保健衛生~~	~~捜査~~	~~収去~~
2	犯罪捜査	捜査	調査
3	保健衛生	捜査	収去
4	犯罪捜査	検査	調査
5	保健衛生	検査	収去

問 20 次の違法行為に対する罰則規定として、毒物及び劇物取締法第 24 条の４の規定に基づき、正しいものを下欄から一つ選びなさい。

「正当な理由なくピクリン酸を所持していた。」

1　六月以下の懲役若しくは五十万円以下の罰金に処し、又はこれを併科する。
2　一年以下の懲役若しくは百万円以下の罰金に処し、又はこれを併科する。
3　二年以下の懲役若しくは百万円以下の罰金に処し、又はこれを併科する。
4　一年以下の懲役若しくは五十万円以下の罰金に処し、又はこれを併科する。
5　六月以下の懲役若しくは五万円以下の罰金に処し、又はこれを併科する。

〔基礎化学〕
（一般・農業用品目・特定品目共通）

問 21 ～問 25　下の表は原子番号、元素名、元素記号、原子量の表である。
次の設問に答えなさい。

原子番号	元素名	元素記号	原子量	原子番号	元素名	元素記号	原子量
1	水素	H	1	11	ナトリウム	Na	23
2	ヘリウム	He	4	12	マグネシウム	Mg	24
3	リチウム	Li	7	13	アルミニウム	Al	27
4	ベリリウム	Be	9	14	ケイ素	Si	28
5	ホウ素	B	11	15	リン	P	31
6	炭素	C	12	16	イオウ	S	32
7	窒素	N	14	17	塩素	Cl	35.5
8	酸素	O	16	18	アルゴン	Ar	40
9	フッ素	F	19	19	カリウム	K	39
10	ネオン	Ne	20	20	カルシウム	Ca	40

問 21　表にある第２周期ならびに第３周期の元素のうち、金属元素は何種類あるか。下欄のうち、あてはまる数字を選びなさい。

下欄

1　4種類	2　5種類	3　6種類	4　7種類	5　8種類

問 22　表にある第２周期ならびに第３周期の元素のうち、単体が常温、１気圧で気体である元素は何種類あるか。下欄のうち、あてはまる数字を選びなさい。

下欄

1　4種類	2　5種類	3　6種類	4　7種類	5　8種類

問 23　表にある第２周期ならびに第３周期の元素のうち、最も陽性が強い元素は何か。下欄のうち、あてはまる元素を選びなさい。

下欄

1　Li	2　Be	3　Na	4　Mg	5　Al

問 24　表にある第２周期ならびに第３周期の元素のうち、最も陰性が強い元素は何か。下欄のうち、あてはまる元素を選びなさい。

下欄

1　F	2　Ne	3　S	4　Cl	5　Arl

問 25　表にある第３周期の元素の酸化物のうち、両性酸化物となる元素はどれか。下欄のうち、あてはまる元素を選びなさい。

下欄

1　Na	2　Mg	3　Al	4　Si	5　P

問 26 ～問 30　次の化合物にあてはまる分子の形として、最も適するものを下欄から選びなさい。

問 26　塩化水素

下欄

1　直線形	2　折れ線形	3　正三角形	4　三角錐形	5　正四面体形

問 27　メタン

下欄

1　直線形	2　折れ線形	3　正三角形	4　三角錐形	5　正四面体形

問 28　水

下欄

1　直線形	2　折れ線形	3　正三角形	4　三角錐形	5　正四面体形

問 29　アンモニア

下欄

1　直線形	2　折れ線形	3　正三角形	4　三角錐形	5　正四面体形

問 30　二酸化炭素

下欄

1　直線形	2　折れ線形	3　正三角形	4　三角錐形	5　正四面体形

問 31 ～問 35　化合物A～Eを識別するために、次の実験を行った。実験結果により、あてはまる化合物を下欄から選びなさい。

実験1　化合物A～Eをそれぞれ水に入れたところ、A、B、Eは溶けなかったが、C、Dは溶けた。

実験2　化合物C、Dの水溶液をそれぞれ白金線の先につけて無色炎中にいれたところ、Cだけ炎色反応を示した。

実験3　化合物A、B、Eをそれぞれ塩酸と反応させたところ、Aだけ気体が発生した。

実験4　化合物B、Eの沈殿にそれぞれアンモニア水を過剰に加えると、Bだけが溶けた。

問 31　下欄のうち，化合物Aにあてはまるものを選びなさい。

下欄

1 Na_2CO_3	2 $CaCO_3$	3 $MgSO_4$	4 $Al(OH)_3$	5 $Zn(OH)_3$

問 32　下欄のうち，化合物Bにあてはまるものを選びなさい。

下欄

1 Na_2CO_3	2 $CaCO_3$	3 $MgSO_4$	4 $Al(OH)_3$	5 $Zn(OH)_2$

問 33　下欄のうち，化合物Cにあてはまるものを選びなさい。

下欄

1 Na_2CO_3	2 $CaCO_3$	3 $MgSO_4$	4 $Al(OH)_3$	5 $Zn(OH)_2$

問 34　下欄のうち，化合物Dにあてはまるものを選びなさい。

下欄

1 Na_2CO_3	2 $CaCO_3$	3 $MgSO_4$	4 $Al(OH)_3$	5 $Zn(OH)_3$

問 35　下欄のうち，化合物Eにあてはまるものを選びなさい。

下欄

1 Na_2CO_3	2 $CaCO_3$	3 $MgSO_4$	4 $Al(OH)_3$	5 $Zn(OH)_3$

問 36 〜問 40　次の設問の答えを下欄から選びなさい。
ただし、H ＝ 1、C ＝ 12、O=16、Na=23、Cl=35.5、アボガドロ定数を 6.0 × 10^{23}/mol として計算しなさい。

問 36　炭素 2.0 モルに含まれる炭素原子は何個か。

下欄

1 1.2×10^{23} 個	2 3.6×10^{23} 個	3 1.2×10^{24} 個
4 3.0×10^{24} 個	5 3.6×10^{24} 個	

問 37　標準状態で 67.2 リットルの塩化水素は標準状態で何 mol か。

下欄

1 1.5mol	2 3.0mol	3 4.5mol	4 6.0mol	5 7.5mol

問 38　ダイヤモンド 1.2 グラムに含まれる炭素原子は何個か。

下欄

1 3.0×10^{20} 個	2 3.0×10^{21} 個	3 6.0×10^{21} 個
4 3.0×10^{22} 個	5 6.0×10^{22} 個	

問 39　酸素分子 3.75×10^{24} 個は標準状態で何 L か。

下欄

1 6.25L	2 7L	3 14 L	4 70L	5 140L

問 40　水素 5.0 グラムは標準状態で何 L か。

下欄

1 56L	2 84L	3 112 L	4 140L	5 168L

問 41 〜問 45　次の記述にあてはまる化合物として、最も適するものを下欄から選びなさい。

問 41　フェーリング溶液と加熱すると、赤色の沈殿が生じる。

下欄

1　エタノール	2　プロピオンアルデヒド	3　アセトン
4　酢酸	5　ジメチルエーテル	

問 42　問 41 の構造異性体であるが、フェーリング溶液と反応しない。

下欄

1　エタノール	2　プロピオンアルデヒド	3　アセトン
4　酢酸	5　ジメチルエーテル	

問 43　水溶液は弱酸性を示し、炭酸水素ナトリウムと反応して気体を発生する。

下欄

1　エタノール	2　プロピオンアルデヒド	3　アセトン
4　酢酸	5　ジメチルエーテル	

問 44　水溶液は中性であり、ナトリウムと反応する。

下欄

1　エタノール	2　プロピオンアルデヒド	3　アセトン
4　酢酸	5　ジメチルエーテル	

問 45　問 44 の構造異性体であるが、ナトリウムと反応しない。

下欄

1　エタノール	2　プロピオンアルデヒド	3　アセトン
4　酢酸	5　ジメチルエーテル	

〔取り扱い〕

（一般）

問 46 ～問 49　次の物質を含有する製剤について、劇物として取り扱いを受けなくなる濃度を下欄から選びなさい。なお、同じ番号を何度選んでもよい。

問 46　クレゾール　　問 47　水酸化ナトリウム
問 48　トリフルオロメタンスルホン酸　　問 49　ぎ酸

下欄

1　2％以下	2　5％以下	3　10％以下
4　17％以下	5　90％以下	

問 50 ～問 53　次の物質の貯蔵方法として、最も適するものを下欄から選びなさい。

問 50　ホルムアルデヒド　　問 51　黄燐（りん）
問 52　四塩化炭素　　問 53　ベタナフトール

下欄

1　少量ならばガラス瓶（びん）、多量ならばブリキ缶又は鉄ドラム缶を用い、酸類とは離して風通しの良い乾燥した冷所に密栓して貯蔵する。
2　亜鉛又はスズメッキをした鋼鉄製容器で貯蔵し、高温に接しない場所に貯蔵する。蒸気は低所に滞留するので、地下室等の換気の悪い場所には貯蔵しない。
3　空気と日光により変質するので、遮光したガラス瓶（びん）を用いる。少量のアルコールを加えて密栓して常温で保存する。
4　空気に触れると発火しやすいので、水中に沈めて瓶（びん）に入れ、さらに砂を入れた缶中に固定して冷暗所に貯蔵する。
5　空気や光線に触れると赤変するので、遮光して保存する。

問 54 ～問 57　次の物質の漏えい又は飛散した場合の応急措置として、最も適するものを下欄から選びなさい。

問54　トルエン　　問55　臭素　　問56　フェノール　　問57　砒(ひ)素

下欄

1　多量に漏えいした液は、土砂等でその流れを止め、安全な場所に導き、液の表面を泡で覆いできるだけ空容器に回収する。
2　多量に漏えいした液は、土砂等でその流れを止め、土砂等で表面を覆い、放置して冷却固化させた後、掃き集めて空容器にできるだけ回収する。そのあとは多量の水を用いて洗い流す。この場合、高濃度の廃液が河川等に排出されないように注意する。
3　漏えいした液は、土砂等でその流れを止め、安全な場所に導き、重炭酸ナトリウム、又は炭酸十トリウムと水酸化カルシウムからなる混合物の水溶液で注意深く中和する。この場合、高濃度の廃液が河川等に排出されないように注意する。
4　飛散したものは空容器にできるだけ回収し、そのあとを硫酸第二鉄等の水溶液を散布し、水酸化カルシウム、炭酸ナトリウム等の水溶液を用いて処理した後、多量の水を用いて洗い流す。この場合、高濃度の廃液が河川等に排出されないように注意する。
5　漏えい箇所や漏えいした液には水酸化カルシウムを十分に散布し、むしろ、シート等をかぶせ、その上に更に水酸化カルシウムを散布して吸収させる。漏えい容器には散水しない。多量に気体が噴出した場所には遠くから霧状の水をかけ吸収させる。

問 58 ～問 61　次の物質の人体に対する代表的な毒性・中毒症状として、最も適するものを下欄から選びなさい。

問58　モノフルオール酢酸
問59　エチルパラニトロフェニルチオノベンゼンホスホネイト(別名：ＥＰＮ)
問60　アニリン
問61　クロロホルム

下欄

1　吸入した場合、倦怠感、頭痛、めまい、吐き気、嘔吐(おうと)、腹痛、下痢、多汗等の症状を呈し、重症の場合には、縮瞳、意識混濁、全身痙攣(けいれん)等を起こすことがある。
2　吸入した場合、強い麻酔作用があり、めまい、頭痛、吐き気を催し、重症の場合は、嘔吐(おうと)、意識不明などを起こす。皮膚に触れた場合は、皮膚からも吸収され、湿疹を生じたり、吸入した場合と同様の中毒症状を起こすことがある。
3　吸入した場合、咳、息苦しさ、吐き気、咽頭痛、嘔吐(おうと)、唾液分泌過多、しびれ感と刺激がある。症状は遅れて現れることがある。
4　吸入した場合、腎炎を起こし、重症の場合には死亡することがある。また、肝臓を障害し黄疸が出たり、溶血を起こして血色尿素をみることがある。
5　吸入した場合、皮膚や粘膜が青黒くなる(チアノーゼ)。頭痛、めまい、吐き気が起こる。重症の場合には、昏睡、意識不明となる。皮膚からも吸収され、吸入した場合と同様の中毒症状を起こす。

問62〜問65　次の物質の廃棄方法として、最も適するものを、下欄から選びなさい。

問62　水酸化カリウム
問63　塩素酸カリウム
問64　ジメチル－４－メチルメルカプト－３－メチルフェニルチオホスフエイト（別名：ＭＰＰ、フェンチオン）
問65　ホスゲン

下欄

1　多量の水酸化ナトリウム水溶液（10 %程度）に攪拌（かくはん）しながら少量ずつガスを吹き込み分解した後、希硫酸を加えて中和する。
2　還元剤（例えばチオ硫酸ナトリウム等）の水溶液に希硫酸を加えて酸性にし、この中に少量ずつ投入する。反応終了後、反応液を中和し多量の水で希釈して処理する。
3　可燃性溶剤とともにアフターバーナー及びスクラバーを備えた焼却炉の火室へ噴霧し、焼却する。スクラバーの洗浄液には水酸化ナトリウム水溶液を用いる。
4　水を加えて希薄な水溶液とし、酸（希塩酸、希硫酸など）で中和させた後、多量の水で希釈して処理する。
5　少量の界面活性剤を加えた亜硫酸ナトリウムと炭酸ナトリウムの混合溶液中で、攪拌（かくはん）し分解させた後、多量の水で希釈して処理する。

（農業用品目）

問 46 〜問 49　次の物質を含有する製剤について、劇物として取り扱いを受けなくなる濃度を下欄から選びなさい。なお、同じ番号を何度選んでもよい。

問 46　１・３－ジカルバモイルチオ－２－（Ｎ・Ｎ－ジメチルアミノ）－プロパン（別名：カルタップ）
問 47　エマメクチン
問 48　５－メチル－１・２・４－トリアゾロ〔３・４－ｂ〕ベンゾチアゾール（別名：トリシクラゾール）
問 49　硫酸

下欄

1　1％以下　2　2％以下　3　5％以下　4　8％以下　5　10％以下

問 50 〜問 53　次の物質の漏えい又は飛散した場合の応急処置として、最も適するものを下欄から選びなさい。

問 50　シアン化カリウム
問 51　Ｎ－メチル－１－ナフチルカルバメート（別名カルバリル、ＮＡＣ）
問 52　燐（りん）化亜鉛
問 53　硫酸

下欄

1　飛散したものは、空容器にできるだけ回収し、そのあとを水酸化カルシウム等の水溶液を用いて処理し、多量の水を用いて洗い流す。この場合、高濃度の廃液が河川に排出されないよう注意する。
2　少量の場合、漏えいした液は土砂等に吸着させて取り除くか又は、ある程度水で徐々に希釈した後水酸化カルシウム、炭酸ナトリウム等で中和し、多量の水を用いて洗い流す。多量の場合、漏えいした液は、土砂等でその流れを止め、これに吸着させるか、又は安全な場所に導いて、遠くから徐々に注水してある程度希釈した後、水酸化カルシウム、炭酸ナトリウム等で中和し、多量の水を用いて洗い流す。この場合、高濃度の廃液が河川等に排出されないよう注意する。
3　飛散した物質の表面を速やかに土砂等で覆い、密閉可能な空容器にできるだけ回収して密閉する。この物質で汚染された上砂等も同様の措置をし、そのあとを多量の水を用いて洗い流す。
4　飛散したものは空容器にできるだけ回収する。砂利等に付着している場合は、砂利等を回収し、そのあとに水酸化ナトリウム、炭酸ナトリウム等の水溶液を散布してアルカリ性（pH 11 以上）とし、さらに酸化剤（次亜塩素酸ナトリウム、さらし粉等）の水溶液で酸化処理を行い、多量の水を用いて洗い流す。
5　少量では、漏えい箇所を濡れむしろ、シート等で覆い、遠くから多量の水をかけて洗い流す。多量では、漏えい箇所を濡れむしろ、シート等で覆い、ガス状のものに対しては遠くから霧状の水をかけ吸収させる。この場合、高濃度の廃液が河川等に排出されないよう注意する。

問 54 ～問 55　次の物質の分類として、最も適するものを下欄から選びなさい。

問 54　ジメチル－２・２－ジクロルビニルホスフエイト（別名：ＤＤＶＰ）
問 55　メチル－N’・　N’－ジメチル－N－〔（メチルカルバモイル）オキシ〕－１－チオオキサムイミデート（別名：オキサミル）

下欄

1　カーバメート系農薬　　2　有機塩素系農薬
3　ピレスロイド系農薬　　4　有機燐（りん）系農薬
5　ネオニコチノイド系農薬

問 56 ～問 59　次の物質の代表的な用途について、最も適するものを下欄から選びなさい。

問 56　２・２’－ジピリジリウム―１・１’―エチレンジブロミド（別名：ジクワット）
問 57　クロルピクリン
問 58　硫酸タリウム
問 59　ブラストサイジンＳ

下欄

1　殺虫剤　　2　殺鼠（そ）剤　　3　殺菌剤　　4　土壌燻（くん）蒸剤
5　除草剤

問 60 ～問 61　次の物質の人体に対する代表的な毒性・中毒症状として、最も適するものを下欄から選びなさい。

問 60　2―イソプロピル―4―メチルピリミジル―6―ジエチルチオホスフエイト(別名：ダイアジノン)

問 61　モノフルオール酢酸ナトリウム

下欄

1　神経伝達物質のアセチルコリンを分解する酵素であるコリンエステラーゼと結合し、その働きを阻害する。吸入した場合、倦怠感、頭痛、めまい、吐き気、嘔吐、腹痛、下痢、多汗等の症状を呈し、重症の場合には、縮瞳、意識混濁、全身痙攣等を起こす。
2　吸入した場合、蒸気は鼻、のど、気管支、肺などを激しく刺激し炎症を起こす。血液に入ってメトヘモグロビンを作り中枢神経や肺に障害を与える。
3　吸入した場合、鼻、のどの粘膜を刺激し、悪心、嘔吐、下痢、チアノーゼ(皮膚や粘膜が青黒くなる)、呼吸困難などを起こす。
4　生体細胞内のＴＣＡサイクルを阻害し(アコニターゼの阻害)、激しい嘔吐、胃の疼痛、意識混濁、てんかん性痙攣、脈拍の緩除、チアノーゼ、血圧下降をきたす。
5　大気中の湿気に触れると徐々に分解して有毒なガスを発生する。はじめ吐き気、疲労、顔面蒼白などの症状を呈し、重症の場合、血圧低下、不整脈、肺水腫等を引き起こす。

問 62 ～問 65　次の物質の廃棄方法として、最も適するものを下欄から選びなさい。

問 62　１・１’－ジメチル－４・４’－ジピリジニウムヒドロキシド(別名：パラコート)

問 63　アンモニア

問 64　クロルピクリン

問 65　塩素酸カリウム

下欄

1　水で希薄な水溶液とし、酸(希塩酸、希硫酸など)で中和させた後、多量の水で希釈して処理する。
2　本粉(おが屑)等に吸収させてアフターバーナー及びスクラバーを備えた焼却炉で焼却する。
3　還元剤(例えばチオ硫酸ナトリウム等)の水溶液に希硫酸を加えて酸性にし、この中に少量ずつ投入する。反応修了後、反応液を中和し多量の水で希釈して処理する。
4　水に溶かし、水酸化カルシウム、炭酸ナトリウム等の水溶液を加えて処理し、沈殿ろ過して埋立処分する。
5　少量の界面活性剤を加えた亜硫酸ナトリウムと炭酸ナトリウムの混合溶液中で、攪拌し分解させた後、多量の水で希釈して処理する。

（特定品目）

問 46 ～問 49　次の物質を含有する製剤について、劇物として取り扱いを受けなくなる濃度を下欄から選びなさい。なお、同じ番号を何度選んでもよい。

問 46　クロム酸鉛　　問 47　硝酸　　問 48　アンモニア
問 49　過酸化水素

下欄

1　1％以下	2　5％以下	3　6％以下	4　10％以下
5　70％以下			

問 50 ～問 53　次の物質の貯蔵方法として、最も適するものを下欄から選びなさい。

問 50　ホルムアルデヒド　　問 51　四塩化炭素
問 52　重クロム酸カリウム　　問 53　メチルエチルケトン

下欄

1　容器を密閉して冷乾所に保存する。
2　空気と日光により変質するので、遮光したガラス瓶を用いる。少量のアルコールを加えて密栓して常温で保存する。
3　亜鉛又はスズメッキをした鋼鉄製容器で貯蔵し、高温に接しない場所に貯蔵する。蒸気は低所に滞留するので、地下室等の換気の悪い場所には貯蔵しない。
4　密栓保存(強い腐食性と吸湿性を有するため、色ガラス瓶に入れて冷暗所に保管する)。
5　引火しやすく、また、その蒸気は空気と混合して爆発性の混合ガスとなるため、火気を遠ざけて貯蔵する。

問 54 ～問 57　次の物質の漏えい又は飛散した場合の応急措置として、最も適するものを下欄から選びなさい。

問 54　塩素　　問 55　キシレン　　問 56　硝酸　　問 57　四塩化炭素

下欄

1　多量に漏えいした場合、漏えいした液は土砂等でその流れを止め、これに吸着させるか、または安全な場所に導いて、遠くから徐々に注水してある程度希釈した後、水酸化カルシウム、炭酸ナトリウム等で中和し、多量の水で洗い流す。
2　多量に漏えいした液は、上砂等でその流れを止め、安全な場所に導き、液の表面を泡で覆い、できるだけ空容器に回収する。また、本物質の蒸気は空気より重く引火しやすいため、漏えいした付近の着火源となるものを速やかに取り除く。
3　飛散したものは空容器にできるだけ回収し、そのあとを還元剤(硫酸第一鉄等)の水溶液を散布し、水酸化カルシウム、炭酸ナトリウム等の水溶液で処理をしたのち、多量の水を用いて洗い流す。
4　漏えいした液は上砂等でその流れを止め、安全な場所に導き、空容器にできるだけ回収し、そのあとを多量の水を用いて洗い流す。洗い流す場合には中性洗剤等の分散剤を使用して洗い流す。
5　多量に漏えいした場合、漏えい箇所や漏えいした液には水酸化カルシウムを十分に散布し、むしろ、シート等をかぶせ、その上に更に水酸化カルシウムを散布して吸収させる。漏えい容器には散布しない。多量に気体が噴出した場所には遠くから霧状の水をかけ吸収させる。

問 58 ～問 61　次の物質の人体に対する代表的な毒性・中毒症状として、最も適するものを下欄から選びなさい。

問 58　酢酸エチル　　問 59　過酸化水素　　問 60　メタノール
問 61　アンモニア

下欄

1　頭痛、めまい、嘔吐（おうと）、下痢、朧痛などを起こし、致死量に近ければ麻酔状態になり、視神経がおかされ、目がかすみ、失明することがある。
2　吸入した場合、激しく鼻やのどを刺激し長時間吸入すると肺や気管支に炎症を起こす。高濃度のガスを吸入すると喉頭痙攣（けいれん）を起こすので極めて危険である。
3　吸入した場合、はじめに短時間の興奮期を経て、麻痺状態に陥ることがある。蒸気は粘膜を刺激し、持続的に吸入するときは、肺、腎臓及び心臓の障害をきたす。
4　皮膚に触れた場合は、やけど（腐食性薬傷）を起こす。眼に入った場合、角膜が侵され、場合によっては失明することがある。
5　皮膚に触れた場合は、皮膚を刺激して乾性の炎症（鱗状症）を起こす。

問 62 ～問 65　次の物質の廃棄方法として、最も適するものを下欄から選びなさい。

問 62　重クロム酸カリウム　　問 63　硫酸　　問 64　メタノール
問 65　酸化水銀（酸化第二水銀）

下欄

1　中和法　　2　加水分解法
3　焙焼法又は沈殿隔離法　　4　還元沈殿法
5　燃焼法又は活性汚泥法

〔実　地〕

（一般）

問 66 ～問 69　次の物質に関する記述について、最も適するものを下欄から選びなさい。

問 66　キシレン　　問 67　フェノール　　問 68　弗（ふっ）化水素　　問 69　硫酸第二銅

下欄

1　無色の針状結晶あるいは白色の放射状結晶塊で、空気中で容易に赤変する。特異の臭気と灼くような味を有する。
2　純品は無色の油状体、市販品は通常微黄色を呈している。催涙性、強い粘膜刺激臭を有する。
3　無色透明の液体で、芳香族炭化水素特有の臭いを有する。水に不溶である。
4　無色液化した不燃性の気体である。空気中の水や湿気と作用して白煙を生じ、強い腐食性を示す。
5　濃い藍色の結晶で、水に溶ける。水溶液は青いリトマス試験紙を赤くし、酸性反応を呈する。

問 70 ～問 73　次の物質についてその性状を A 欄から、主な用途を B 欄から、最も適するものをそれぞれ 1 つずつ選びなさい。

1	物質名	性状	用途
2	アニリン	**問 70**	**問 72**
3	酢酸エチル	**問 71**	**問 73**

A 欄（性状）

1　純品は無色透明な油状の液体で、特有の臭気を有する。空気に触れて赤褐色を呈する。
2　果実様の芳香を有する無色透明の引火性の液体である。沸点は 77 ℃で、蒸気は空気より重い。
3　無色又は微黄色の液体で、強い苦扁桃様の香気を有する。水に可溶であり、その溶液は甘味を有する。

B 欄（用途）

1　タール中間物の製造原料、医薬品、写真現像用のハイドロキノン等の原料として使用する。
2　香料、溶剤、有機合成原料として使用する。
3　タール中間物の製造原料、合成化学の酸化剤、石鹸香料（ミルバン油）として使用する。

問 74 ～問 77　次に記述する性状に該当する物質として、最も適するものを下欄から選びなさい。

問 74　本品の水溶液は、刺激臭を有する催涙性透明の液体である。空気中の酸素によって一部酸化される。
問 75　橙黄色の結晶で、水に溶け易いが、アルコールに溶けない。水溶液は硝酸バリウム又は塩化バリウムで、黄色の沈殿が生成する。
問 76　淡黄色の光沢ある小葉状あるいは針状結晶である。純品は無臭であるが、通常品はかすかにニトロベンゼンの臭気を有する。急熱あるいは衝撃により爆発する。
問 77　無色透明、気より重く、可燃性のベンゼン臭を有する液体である。蒸気は空引火しやすい。

下欄

1　クロム酸カリウム　　2　ピクリン酸　　3　トルエン　　4　カリウム
5　ホルムアルデヒド

問78～問81　次の物質に関する記述について、最も適するものを下欄から選びなさい。

問78　水酸化ナトリウム　　問79　ヨウ素　　問80　ニコチン
問81　四塩化炭素

下欄

1　黒灰色、金属様の光沢のある稜板状結晶である。熱すると紫董色の蒸気を生成するが、常温でも多少不快な臭気を有する蒸気を放って揮散する。
2　揮発性、麻酔性の芳香を有する無色の重い液体である。揮発して重い蒸気となり、火炎を包んで空気を遮断するため強い消火力を示す。
3　無色透明、揮発性の液体である。濃塩酸を潤したガラス棒を近づけると、白い霧を生じる。
4　純品は、無色・無臭の刺激性の味を有する油状液体である。空気中では速やかに褐変する。硫酸酸性水溶液に、ピクリン酸溶液を加えると、黄色の結晶が沈殿する。
5　繊維状結晶様の破砕面を現す、白色、結晶性の硬い固体である。空気中に放置すると潮解する。

問82～問85　次の文章は、物質に関して記述したものである。(　　)内に最も適する語句を下欄から選びなさい。

●2・2’－ジピリジリウム－1・1’－エチレンジブロミド(別名：ジクワット)は、(問82)の吸湿性結晶である。アルカリ溶液で薄める場合には、2～3時間以上貯蔵できない。(問83)として用いる。

問82　下欄

1　無色　　2　淡黄色　　3　赤色　　4　白色　　5　赤褐色

問83　下欄

1　殺虫剤　　2　除草剤　　3　殺菌剤　　4　植物成長調整剤
5　土壌消毒剤

●塩酸は、(問84)の液体である。25％以上のものは湿った空気中で発煙し、刺激臭を有する。硝酸銀溶液を加えると(問85)の沈殿を生じる。

問84　下欄

1　藍色　　2　白色　　3　褐色　　4　淡黄色　　5　無色

問85　下欄

1　無色　　2　緑色　　3　赤褐色　　4　淡黄色　　5　白色

（農業用品目）

問 66 ～問 69　次の物質の性状に関する記述について、最も適するものを下欄から選びなさい。

問 66　クロルピクリン　　問 67　ニコチン　　問 68　硫酸
問 69　アンモニア水

下欄

1　催涙性、強い粘膜刺激臭を有する。アルコール溶液にジメチルアニリン及びブルシンを加えて溶解し、これにブロムシアン溶液を加えると、緑色ないし赤紫色を呈する。
2　純品は刺激性の味を有する、無色・無臭の油状液体である。硫酸酸性水溶液に、ピクリン酸溶液を加えると、黄色の結晶が沈殿する。
3　無色の結晶で、水に溶けにくいが、熱湯には溶ける。殺鼠（そ）剤として用いる。
4　無色透明、油様の液体であるが、粗製のものは、かすかに褐色を帯びていることがある。濃いものは比重が極めて大きく、水で薄めると発熱する。
5　無色透明、揮発性の液体である。濃塩酸を潤したガラス棒を近づけると、白い霧を生じる。

問 70 ～問 73　次の物質に関する記述について、最も適するものを下欄から選びなさい。

問 70　ジメチル－２・２－ジクロルビニルホスフエイト
　　（別名：ＤＤＶＰ）
問 71　ロテノン
問 72　ジエチル－Ｓ－（エチルチオエチル）－ジチオホスフエイト
　　（別名：エチルチオメトン）
問 73　メチルイソチオシアネート

下欄

1　無色～淡黄色の液体である。水に溶けにくいが、有機溶剤に溶ける。稲、野菜、果樹のアブラムシ、ハダニ等の吸汁性害虫の駆除に用いる。
2　無色の結晶で、土壌中のセンチュウ類や病原菌等に効果を発揮する土壌消毒剤である。
3　デリス根に含有される成分で、斜方六面体結晶である。貯蔵する場合、酸素によって分解し、殺虫効力を失うため、空気と光線を遮断して保管する必要がある。
4　刺激性で、微臭のある比較的揮発性の無色油状の液体である。水に溶けにくいが、一般の有機溶媒に溶ける。接触性殺虫剤として用いる。
5　本品を 25 ％含有する粉剤（水和剤）は、灰白色で、特異の不快臭がある。遅効性の殺虫剤で、通常、乳剤は 1000 ～ 3000 倍に希釈し、アカダニやアブラムシ等に使用する。

問 74 ～問 77　次に記述する性状に該当する物質として、最も適するものを下欄から選びなさい。

問 74　弱いメルカプタン臭のある淡褐色の液体である。野菜等のネコブセンチュウ等の害虫の防除に用いる。
問 75　無色の吸湿性結晶で、水に溶ける。水溶液中紫外線で分解する。除草剤として用いる。
問 76　赤褐色、芳香性刺激臭を有する油状の液体で、アルカリに不安定である。稲のニカメイチュウ、ツマグロヨコバイ等、果樹のモモシンクイガ（殺卵）等の駆除に用いる。
問 77　褐色の液体で、弱いニンニク臭を有する。稲のニカメイチュウ、ツマグロヨコバイ等、豆類のフキノメイガ、マメアブラムシ等の駆除に用いる。

下欄

1　1・1'－ジメチル－4・4'－ジピリジニウムヒドロキシド
　(別名：パラコート)
2　O－エチル＝S－1－メチルプロピル＝(2－オキソ－3－チアゾリジニル)ホスホノチオアート(別名：ホスチアゼート)
3　ジメチルジチオホスホリルフエニル酢酸エチル
　(別名：フェントエート、PAP)
4　トランス－N－(6－クロロ－3－ピリジルメチル)－N'－シアノ－N－メチルアセトアミジン(別名：アセタミプリド)
5　ジメチル－4－メチルメルカプト－3－メチルフエニルチオホスフエイト(別名：フェンチオン、MPP)

問 78 ～問 81　次に記述する性状に該当する物質として、最も適するものを下欄から選びなさい。

問 78　白色～淡黄褐色の粉末で、常温で安定している。稲のツマグロヨコバイ、ウンカ等の農業用殺虫剤、りんごの摘果剤として用いる。

問 79　白色の結晶で、ネギ様の臭気を有する。メタノール、エタノール等に溶ける農薬である。アブラムシ、ハダニ等の吸収口及び咀嚼(そしゃく)口を有する害虫の駆除に用いる。

問 80　弱い特異臭のある無色の結晶で、水に溶けにくい。野菜等のアブラムシ類等の害虫の防除に用いる。

問 81　硫黄臭のある淡黄色の液体である。野菜のネコブセンチュウ等の防除に用いる。

下欄

1　S・S－ビス(1－メチルプロピル)＝O－エチル＝ホスホロジチオアート
　(別名：カズサホス)
2　ジメチル－(N－メチルカルバミルメチル)－ジチオホスフエイト
　(別名：ジメトエート)
3　N－メチル－1－ナフチルカルバメート(別名：カルバリル)
4　ジエチル－S－(2－オキソ－6－クロルベンゾオキサゾロメチル)－ジチオホスフエイト(別名：ホサロン)
5　1－(6－クロロ－3－ピリジルメチル)－N－ニトロイミダゾリジン－2－イリデンアミン(別名：イミダクロプリド)

問 82 ～問 85　次の文章は、物質に関して記述したものである。(　　)内に最も適する語句を下欄から選びなさい。

●2・2'－ジピリジリウム－1・1'－エチレンジブロミド(別名：ジクワット)は、(**問 82**)の吸湿性結晶である。アルカリ溶液で薄める場合には、2～3時間以上貯蔵できない。(**問 83**)として用いる。

問 82　下欄

1　無色　　2　淡黄色　　3　赤色　　4　白色　　5　赤褐色

問 83　下欄

1　殺虫剤　　2　除草剤　　3　殺菌剤　　4　植物成長調整剤
5　土壌消毒剤

●シアン化カリウムは(問 84)、等軸晶の塊片、あるいは粉末である。十分に乾燥したものは無臭であるが、空気中では湿気を吸収し、かつ空気中の二酸化炭素に反応して(問 85)を放つ。

問 84　下欄

1 藍色	2 無色	3 黒色	4 白色	5 黄色

問 85　下欄

1 ベンゼン臭	2 ニンニク臭	3 アンモニア臭	4 硫黄臭
5 青酸臭			

(特定品目)

問 66 ～問 69　次の物質に関する記述について、最も適するものを下欄から選びなさい。

問 66　過酸化水素水　問 67　一酸化鉛　問 68　メタノール
問 69　アンモニア水

下欄

1　無色透明の高濃度な液体で、強く冷却すると稜柱状の結晶に変化する。強い殺菌力を有する。不安定な化合物で、アルカリ存在下では、その分解作用が著しい。
2　無色透明、揮発性の液体で、アルカリ性である。濃塩酸を潤したガラス棒を近づけると、白い霧を生じる。
3　白色の結晶で、水に溶けにくく、アルコールに難溶である。強熱したり、酸と接触すると、有害な気体を生成する。
4　無色透明、揮発性の液体である。特異な香気を有する。サリチル酸と濃硫酸とともに熱すると、サリチル酸メチルエステルを生成する。
5　重い粉末で黄色から赤色までのものがある。空気中に放置しておくと、徐々に炭酸を吸収する。希硝酸に溶かすと、無色の液となる。

問 70 ～問 73　次の物質に関する記述について、最も適するものを下欄から選びなさい。

問 70　四塩化炭素　問 71　トルエン　問 72　塩素　問 73　酢酸エチル

下欄

1　常温、常圧においては無色の刺激臭を有する気体である。冷却すると無色の液体及び固体となる。
2　無色透明、可燃性のベンゼン臭を有する液体である。蒸気は空気より重く、引火しやすい。
3　常温においては窒息性臭気を有する黄緑色の気体で、冷却すると黄色溶液を経て黄白色固体となる。
4　麻酔性の芳香を有する無色の重い液体である。アルコール性の水酸化カリウムと銅粉とともに煮沸すると、黄赤色の沈殿が生成する。
5　果実様の芳香を持つ、無色透明の液体である。沸点は 77 ℃で、蒸気は空気より重く、引火性がある。

問 74 ～問 77　次に記述する性状に該当する物質として、最も適するものを下欄から選びなさい。

問 74　25 %以上のものは湿った空気中で発煙し、刺激臭がある。硝酸銀溶液を加えると、白い沈殿を生じる。

問 75　無色透明、油様の液体であるが、粗製のものは、かすかに褐色を帯びていることがある。濃いものは猛烈に水を吸収する。

問 76　無色透明、芳香族炭化水素特有の臭いを有する液体で、水に溶けない。

問 77　白色結晶性の硬い固体である。空気中に放置すると潮解する。また、水溶液を白金線につけて無色の火炎中に入れると、火炎は黄色に染まる。

下欄

1　水酸化ナトリウム	2　塩酸	3　キシレン
4　硝酸	5　硫酸	

問 78 ～問 81　次に記述する性状に該当する物質として、最も適するものを下欄から選びなさい。

問 78　白色の固体で、水やアルコールに溶け、熱を発する。空気中に放置すると潮解する。

問 79　アセトン様の芳香を有する無色の液体である。蒸気は空気より重く引火しやすい。有機溶媒や水に溶ける。

問 80　無色の揮発性液体で、特異臭と甘味を有する。水に溶けにくい。純品は、空気と日光の作用により変質するが、少量のアルコールを含有させると分解を防ぐことができる。

問 81　本品の水溶液は、催涙性、刺激臭を有する無色透明の液体である。低温では混濁するので常温で保存する。農薬としても用いられる。

下欄

1　メチルエチルケトン	2　重クロム酸カリウム	3　ホルムアルデヒド
4　クロロホルム	5　水酸化カリウム	

問 82 ～問 85　次の文章は、物質に関して記述したものである。(　　)内に最も適する語句を下欄から選びなさい。

●蓚(しゅう)酸は、２モルの結晶水を有する(問 82)、稜柱状の結晶で、乾燥空気中で風化する。水溶液をアンモニア水で弱アルカリ性にして塩化カルシウムを加えると、(問 83)の沈殿を生じる。

問 82　下欄

1　赤色	2　白色	3　黄緑色	4　無色	5　紫色

問 83　下欄

1　黄色	2　無色	3　赤色	4　藍色	5　白色

●酸化第二水銀は、(問 84)又は黄色の粉末である。小さな試験管に入れて熱すると、初めに(問 85)に変わり、後に分解して水銀を残す。

問 84 下欄

1　紫色	2　白色	3　赤色	4　藍色	5　無色

問 85 下欄

1　赤色	2　白色	3　無色	4　黒色	5　紫色

愛媛県

令和２年度実施
※特定品目はありません

〔法規（選択式問題）〕
（一般・農業用品目・特定品目共通）

1　次の文章は、毒物及び劇物取締法施行令の条文の一部である。（　　）に当てはまる正しい字句を下欄からその番号を選びなさい。

第四十条　法第十五条の二の規定により、毒物若しくは劇物又は法第十一条第二項に規定する政令で定める物の廃棄の方法に関する技術上の基準を次のように定める。
一　中和、（**問題１**）、酸化、還元、（**問題２**）その他の方法により、毒物及び劇物並びに法第十一条第二項に規定する政令で定める物のいずれにも該当しない物とすること。
二　ガス体又は揮発性の毒物又は劇物は、保健衛生上危害を生ずるおそれがない場所で、少量ずつ放出し、又は（**問題３**）させること。
三　可燃性の毒物又は劇物は、保健衛生上危害を生ずるおそれがない場所で、少量ずつ（**問題４**）させること。
四　前各号により難い場合には、地下（**問題５**）メートル以上で、かつ、地下水を汚染するおそれがない地中に確実に埋め、海面上に引き上げられ、若しくは浮き上がるおそれがない方法で海水中に沈め、又は保健衛生上危害を生ずるおそれがないその他の方法で処理すること。

【下欄】

（問題１）	1　加水分解	2　加熱	3　燃焼	4　破砕
（問題２）	1　濃縮	2　稀釈	3　冷凍	4　蒸散
（問題３）	1　拡散	2　燃焼	3　蒸発	4　揮発
（問題４）	1　燃焼	2　拡散	3　稀釈	4　蒸発
（問題５）	1　一	2　三	3　五	4　十

2　次の文章は、毒物及び劇物取締法の条文の一部である。（　　）に当てはまる正しい字句を下欄からその番号を選びなさい。

第十五条　毒物劇物営業者は、毒物又は劇物を次に掲げる者に交付してはならない。
一　（**問題６**）歳未満の者
二　略
三　麻薬、大麻、あへん又は覚せい剤の（**問題７**）
２　毒物劇物営業者は、厚生労働省令の定めるところにより、その交付を受ける者の氏名及び（**問題８**）を確認した後でなければ、第三条の四に規定する政令で定める物を交付してはならない。
３　毒物劇物営業者は、（**問題９**）を備え、前項の確認をしたときは、厚生労働省令の定めるところにより、その確認に関する事項を記載しなければならない。
４　毒物劇物営業者は、前項の（**問題９**）を、最終の記載をした日から（**問題 10**）、保存しなければならない。

【下欄】

（問題６）	1　十五	2　十六	3　十八	4　二十
（問題７）	1　製造者	2　販売者	3　中毒者	4　所持者
（問題８）	1　住所	2　年齢	3　職業	4　生年月日
（問題９）	1　帳簿	2　台帳	3　個票	4　伝票
（問題 10）	1　一年間	2　三年間	3　五年間	4　十年間

3　特定毒物に関する次の記述について、(　　)に当てはまる正しい字句を下欄からその番号を選びなさい。

1　特定毒物使用者は、四アルキル鉛を含有する製剤を(**問題 11**)への混入以外の用途に供してはならない。
2　モノフルオール酢酸の塩類を含有する製剤は、(**問題 12**)に着色されていること。
3　モノフルオール酢酸アミドを含有する製剤は、(**問題 13**)に着色されていること。
4　燐(りん)化アルミニウムとその分解促進剤とを含有する製剤は、その表示の基準として「温度が(**問題 14**)度、相対湿度が七十パーセントの空気中において、その製剤中の燐(りん)化アルミニウムのすべてが分解するのに要する時間が十二時間以上二十四時間以内であること。」と定められている。
5　毒物及び劇物取締法第三条の二第四項において、「特定毒物研究者は、特定毒物を(**問題 15**)以外の用途に供してはならない。」と定められている。

【下欄】

(**問題 11**)	1 除草剤	2 殺鼠(そ)剤	3 アルコール	4 ガソリン
(**問題 12**)	1 緑色	2 青色	3 黄色	4 深紅色
(**問題 13**)	1 緑色	2 青色	3 黄色	4 深紅色
(**問題 14**)	1 十	2 一五	3 二十	4 二十五
(**問題 15**)	1 科学的研究	2 調査研究	3 臨床研究	4 学術研究

4　次の文章で正しいものには[1]を、誤っているものには[2]を選びなさい。

(**問題 16**)　毒物劇物営業者が個人経営から法人経営になる場合は、新たに登録を受けなければならない。
(**問題 17**)　高等学校で、基礎化学に関する学課を修了した者は毒物劇物取扱責任者となることができる。
(**問題 18**)　農業用品目販売業の登録を受けた者は、すべての特定品目を販売することができる。
(**問題 19**)　毒物劇物営業者は、店舗の営業を廃止したときは、30 日以内に都道府県知事にその旨を届け出なければならない。
(**問題 20**)　毒物劇物営業者は、毒物又は劇物を貯蔵する設備の重要な部分を変更したときは、15 日以内に都道府県知事にその旨を届け出なければならない。
(**問題 21**)　毒物劇物販売業者は、毒物又は劇物を直接に取り扱わない場合でも、店舗ごとに毒物劇物取扱責任者を置かなければならない。
(**問題 22**)　毒物劇物営業者が、毒物又は劇物を毒物劇物営業者以外の者に販売又は授与する場合に、提出を受けなければならない書面には譲受人の署名があれば押印は必要ない。
(**問題 23**)　毒物若しくは劇物又は薬事に関する罪を犯し、罰金以上の刑に処され、その執行を終り、又は執行を受けることがなくなった日から起算して５年を経過していない者は、毒物劇物取扱責任者となることができない。
(**問題 24**)　シアン化ナトリウムを取り扱って電気めっき業を営む者は、毒物劇物取扱責任者を置かなければならない。
(**問題 25**)　毒物劇物営業者は、その取扱いに係る毒物又は劇物が盗難にあい、又は紛失したときは、３日以内に、その旨を警察署に届け出なければならない。

〔法規(記述式問題)〕

(一般・農業用品目共通)

1　次の文章は、毒物及び劇物取締法の条文の一部である。正しい語句を記入しなさい。

第十四条　毒物劇物営業者は、毒物又は劇物を他の毒物劇物営業者に販売し、又は(問題1)したときは、その都度、次に掲げる事項を書面に記載しておかなければならない。

一　毒物又は劇物の(問題2)及び数量

二　販売又は(問題1)の(問題3)

三　譲受人の氏名、(問題4)及び(問題5)(法人にあつては、その名称及び主たる事務所の(問題6))

第十六条　(問題7)の危害を防止するため必要があるときは、(問題8)で、毒物又は劇物の運搬、貯蔵その他の取扱について、(問題9)の基準を定めることができる。

2　(問題7)の危害を防止するため特に必要があるときは、(問題8)で、次に掲げる事項を定めることができる。

一　特定毒物が附着している物又は特定毒物を含有する物の取扱に関する(問題9)の基準

二　特定毒物を含有する物の製造業者又は輸入業者が一定の品質又は(問題 10)の基準に適合するものでなければ、特定毒物を含有する物を販売し、又は授与してはならない旨

三　特定毒物を含有する物の製造業者、輸入業者又は販売業者が特定毒物を含有する物を販売し、又は授与する場合には、一定の表示をしなければならない旨

〔基礎化学(選択式問題)〕

(一般・農業用品目・共通)

1　次の記述について、正しいものは[1]を、誤っているものは[2]を選びなさい。

(問題 26)　アルカリ金属は原子番号が大きくなるほど原子半径も大きい。
(問題 27)　アルカリ金属の塩化物は全て白色(または無色)である。
(問題 28)　銅に濃硝酸を加えると、一酸化炭素を発生しながら溶ける。
(問題 29)　アルコールは、還元されるとケトンになる。
(問題 30)　アルデヒドは、酸化されやすく還元性がある。
(問題 31)　物質のうち、メタンのように、ただ一種の元素からできているものを単体という。
(問題 32)　水銀は、常温で液状のただ１つの金属であり、硝酸や塩酸に極めてよく溶ける。
(問題 33)　硫化水素は、白色で腐卵臭があり、有毒な気体である。
(問題 34)　界面活性剤は、著しく水の表面張力を大きくする作用をもつ。
(問題 35)　金属の電気伝導性が大きいのは、金属中に存在する自由電子が電気を伝えるためである。

2　次の物質について、水溶液が酸性を示すものには[1]を、中性を示すものには[2]を、塩基性を示すものには[3]を選びなさい。

(問題 36)　シアン化カリウム　　(問題 37)　塩化カリウム
(問題 38)　塩化水素　　(問題 39)　酢酸カリウム
(問題 40)　燐(りん)酸二水素ナトリウム

3　次の(　　)内に当てはまる最も適当な語句を下欄からその番号を選びなさい。

周期表の同じ族に属している元素を(**問題 41**)といい、その一部には固有の名称がつけられていて、それぞれ性質が似ている。

水素Hを除く1族元素を(**問題 42**)といい、(**問題 43**)個の価電子がある。(**問題 42**)の単体は、密度が小さくて融点が低く、やわらかい。

(**問題 44**)は、価電子の数が0であり、元素単体の気体の沸点は低い。ネオン Ne やアルゴン Ar などは、電球や放電管に使われている。

(**問題 45**)は、一価の陰イオンになりやすく、他の物質から電子を奪う力(酸化力)をもち、酸化力は原子番号が小さいほど強い。

【下欄】

1　典型元素	2　遷移元素	3　同族元素	4　希ガス元素
5　アルカリ金属元素	6　アルカリ土類元素	7　ハロゲン元素	
8　1	9　2	0　7	

4　次の芳香族化合物の名称を下欄からその番号を選びなさい。

(**問題 46**)

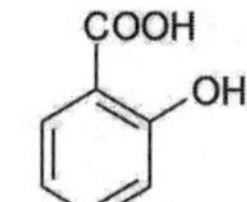

(**問題 47**)

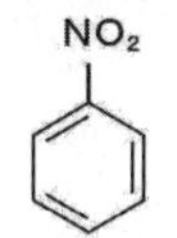

(**問題 48**)

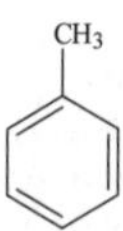

(**問題 49**)

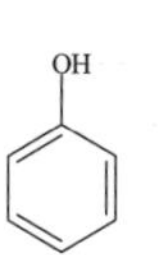

(**問題 50**)

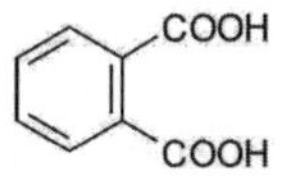

【下欄】

1　サリチル酸	2　ナフタレン	3　トルエン	4　ニトロベンゼン
5　安息香酸	6　フタル酸	7　ベンズアルデヒド	
8　アニリン	9　フェノール	0　ベンゼン	

〔基礎化学(記述式問題)〕

(一般・農業用品目共通)

1　次の問題について、(　　)内にあてはまる数値を選びなさい。ただし、原子量は、水素を1、炭素を12、酸素を16、硫黄を32、塩素を35.5とする。

(1) ある物質は、水250gに対して摂氏30度で50gまで溶ける。この物質の摂氏30度における飽和水溶液の濃度は、(**問題 11**)%である。(小数第2位を四捨五入せよ。)

(2) 密度が1.18g/㎤で、塩化水素を36.5%(質量パーセント濃度)含んでいる塩酸がある。この塩酸の濃度は(**問題 12**)mol/Lである。(小数第2位を四捨五入せよ。)

(3) 2.5mol/Lの硫酸1L中和するには、2mol/Lの水酸化ナトリウム水溶液(**問題 13**)Lが必要である。

(4) 20w/v%硫酸水溶液(**問題 14**)mLと80w/v%硫酸水溶液(**問題 15**)mLを混合すると、47w/v%硫酸水溶液1,000 mLになる。

〔薬物(選択式問題)〕

(一般)

愛媛県

1　次の表に挙げる物質の、「性状」についてはA欄から、「用途」についてはB欄から最も適当なものを選びなさい。

物質名	性　状	用　途
キノリン	(問題1)	(問題6)
エチレンオキシド	(問題2)	(問題7)
クロロホルム	(問題3)	(問題8)
2－イソプロピル－4－メチルピリミジル－6－ジエチルチオホスフエイト(別名ダイアジノン)	(問題4)	(問題9)
チオセミカルバジド	(問題5)	(問題10)

【A欄】

1　白色、結晶性粉末又は白色、針状結晶。水、アルコールに可溶。
2　エーテル臭のある無色の液体又は気体で、分解爆発性を有し、水、アルコール、エーテルに可溶。
3　不快臭の吸湿性の液体。熱水、アルコール、エーテル、二硫化炭素に可溶。
4　特異臭を持つ液体で、水にほとんど溶けない。エーテル、アルコールに可溶。
5　無色透明の揮発性液体。特異臭と甘味を有する。エタノールとはよく混和する。水には難溶。

【B欄】

1　溶媒として広く用いられる。
2　アルデヒド、ケトン類の確認試薬。殺鼠(そ)剤。
3　界面活性剤、農薬原料
4　有機合成原料、有機合成顔料、燻(くん)蒸消毒、殺菌剤
5　殺虫剤

2　次の物質の貯蔵方法として、最も適当なものを下欄からその番号を選びなさい。

(問題11)　黄燐(りん)　　(問題12)　ナトリウム
(問題13)　水酸化カリウム　　(問題14)　アクロレイン
(問題15)　臭素

【下欄】

1　水中に沈めて瓶に入れ、さらに砂を入れた缶中に固定して冷暗所に貯蔵する。
2　石油中に保存する。
3　火気厳禁。非常に反応性に富む物質なので、安定剤を加え、空気を遮断して貯蔵する。
4　二酸化炭素と水を強く吸収するため、密栓保存する。
5　ガラス密栓容器に保存し、直射日光を避けて、通風をよくする。

3　次の物質による中毒症状について、最も適当なものを下欄からその番号を選びなさい。

(問題 16)　四エチル鉛　　(問題 17)　硝酸タリウム
(問題 18)　トルエン　　(問題 19)　塩化第二水銀
(問題 20)　エチルパラニトロフエニルチオノベンゼンホスホネイト(別名 ＥＰＮ)

【下欄】

1　吸入した場合、はじめ、短時間の興奮期を経て、深い麻酔状態に陥ることがある。
2　吸入した場合、倦怠(けんたい)感、頭痛、めまい、下痢などの症状を呈し、はなはだしい場合は、縮瞳、意識混濁等コリンエステラーゼ活性阻害作用を起こすことがある。
3　吸入又は皮膚から浸透して体内に入りこみ、神経系を侵し、重い神経障害を起こす。
4　経口摂取すると、胃腸の運動過多、下痢、吐き気、脱水症状を起こす。
5　吸入した場合、鼻、のど、気管支、粘膜を刺激し、口腔(こうくう)、咽頭に炎症を起こす。

4　次の物質について、特定毒物に該当するものは[1]を、毒物に該当するものであって特定毒物に該当しないものは[2]を、劇物に該当するものは[3]を、毒物にも劇物にも該当しないものは[4]を選びなさい。ただし、記載してある物質は全て原体である。

(問題 21)　ブチル＝２・３－ジヒドロ－２・２－ジメチルベンゾフラン－７－イル＝Ｎ・Ｎ’－ジメチル－Ｎ・Ｎ’－チオジカルバマート(別名フラチオカルブ)
(問題 22)　硫化アンチモン
(問題 23)　塩化チオニル
(問題 24)　１・１－ジメチルヒドラジン
(問題 25)　メチルイソチオシアネート
(問題 26)　シアン酸ナトリウム
(問題 27)　モノフルオール酢酸アミド
(問題 28)　硫化バリウム
(問題 29)　アリルアルコール
(問題 30)　２－メチリデンブタン二酸(別名メチレンコハク酸)

5　次の物質について、劇物から除外される濃度を下から選びなさい。

(問題 31)　１・１’－イミノジ(オクタメチレン)ジグアニジン(別名イミノクタジン)
1　1％以下　2　3.5％以下　3　7.5％以下　4　10％以下　5　15％以下

(問題 32)　シアナミドを含有する製剤
1　0.1％以下　2　1％以下　3　2％以下　4　5％以下　5　10％以下

(問題 33)　過酸化尿素を含有する製剤
1　10％以下　2　17％以下　3　20％以下　4　35％以下　5　70％以下

(問題 34)　ぎ酸を含有する製剤
1　70％以下　2　75％以下　3　80％以下　4　90％以下　5　95％以下

(問題 35)　クロム酸鉛を含有する製剤
1　50％以下　2　60％以下　3　70％以下　4　80％以下　5　90％以下

(問題 36)　アンモニアを含有する製剤
1　1％以下　2　2.5％以下　3　5％以下　4　10％以下　5　20％以下

愛媛県

(問題 37) 水酸化カリウムを含有する製剤
1　1％以下　2　5％以下　3　10％以下　4　20％以下　5　25％以下

(問題 38) 蓚(しゅう)酸を含有する製剤
1　10％以下　2　15％以下　3　20％以下　4　25％以下　5　30％以下

(問題 39) ホルムアルデヒドを含有する製剤
1　1％以下　2　2％以下　3　5％以下　4　6％以下　5　10％以下

(問題 40) フエノールを含有する製剤
1　1％以下　2　2％以下　3　3％以下　4　4％以下　5　5％以下

(農業用品目)

1 次の用途に用いるものとして、最も適当なものを下欄からその番号を選びなさい。

(問題1) 殺鼠(そ)剤　(問題2) 殺虫剤　(問題3) 除草剤
(問題4) 有機リン殺菌剤　(問題5) 土壌燻(くん)蒸剤

【下欄】

1　1－(6－クロロ－3－ピリジルメチル)－N－ニトロイミダゾリジン－2－イリデンアミン(別名イミダクロプリド)
2　塩素酸ナトリウム
3　2－(フエニルパラクロルフエニルアセチル)－1・3－インダンジオン(別名クロロファシノン)
4　エチルジフエニルジチオホスフエイト(別名 EDDP)
5　メチルイソチオシアネート

2　次の文章の(　)に入る正しい字句をそれぞれ下欄からその番号を選びなさい。

クロルピクリンの純品は無色の(**問題6**)であるが、市販品はふつう微黄色を呈している。組成式は(**問題7**)で表される。

また、毒物及び劇物取締法で(**問題8**)に指定されており、水溶液に金属カルシウムを加え、これにベタナフチルアミン及び硫酸を加えると(**問題9**)の沈殿を生ずる。農薬としての主な用途は(**問題10**)である。

【下欄】

(問題6)
1　液体　2　固体　3　油状体　4　気体
(問題7)
1　CCl_3NO_2　2　CH_3Cl　3　HSO_3Cl　4　$Na_2Cl_2O_3$
(問題8)
1　特定毒物　2　毒物　3　劇物　4　医薬品
(問題9)
1　白色　2　赤色　3　青色　4　黄色
(問題10)
1　殺鼠(そ)剤　2　植物成長調整剤　3　抗菌剤　4　土壌燻(くん)蒸剤

3　次の物質の性状、特徴、用途について、最も適当な説明を下欄からその番号を選びなさい。

(問題 11) メチル＝(E)－２－[２－[６－(２－シアノフエノキシ)ピリミジン-4-イルオキシ]フエニル]－３－メトキシアクリレート(別名アゾキシストロビン)
(問題 12) メチル－N'・N'－ジメチル－N－[(メチルカルバモイル)オキシ]-1-チオオキサムイミデート(別名オキサミル)
(問題 13) ２－ヒドロキシ－４－メチルチオ酪酸
(問題 14) 硫酸タリウム
(問題 15) ３－ジメチルジチオホスホリル－S－メチル－５－メトキシ－１・３・４－チアジアゾリン－２－オン(別名メチダチオン)

【下欄】

1　白色針状結晶で、かすかに硫黄臭がある。アセトン、メタノール、酢酸エチル、水に溶けやすく、n－ヘキサン、クロロホルムにほとんど溶けない。殺線虫に用いられる。
2　灰白色の結晶で、わずかな刺激臭がある。水には難溶で、有機溶媒には溶けやすい。果樹や野菜の殺虫剤に用いられる。
3　無色の結晶で、水にやや溶け、熱湯には溶けやすい。当該物質は劇物に指定されているが、0.3%以下を含有し、黒色に着色され、かつ、トウガラシエキスを用いて著しくからく着味されているものは劇物に該当しない。殺鼠剤に用いられる。
4　白色粉末の固体であり、水、ヘキサンに不溶で、メタノール、トルエン、アセトンに可溶である。殺菌剤に用いられる。
5　褐色のやや粘性のある液体で、特異な臭いを有する。水、エーテル、クロロホルムと混和し、エタノールに極めて溶けやすい。飼料添加物として用いられる。

4　次の物質について、農業用品目販売業者が販売できる毒物は［１］を、農業用品目販売業者が販売できる劇物は［２］を、農業用品目販売業者が販売できない毒物又は劇物は［３］を、毒物及び劇物に該当しないものは［４］を選びなさい。

(問題 16) ヘキサクロルエポキシオクタヒドロエンドエンドジメタノナフタリン(別名エンドリン)1.5%を含有する製剤
(問題 17) １・１'－ジメチル－４・４'－ジピリジニウムジクロライド(別名パラコート)５%を含有する製剤
(問題 18) ジニトロメチルヘプチルフェニルクロトナート(別名ジノカップ)１%を含有する製剤
(問題 19) (S)－α－シアノ－３－フエノキシベンジル＝(１R・３S)－２・２－ジメチル－３－(１・２・２・２－テトラブロモエチル)シクロプロパンカルボキシラート(別名トラロメトリン)３%を含有する製剤
(問題 20) 亜砒酸ナトリウムを含有する製剤
(問題 21) ジメチルパラニトロフエニルチオホスフエイト(別名メチルパラチオン)５%を含有する製剤
(問題 22) マンネブ 40%を含有する製剤
(問題 23) ホルムアルデヒド５%を含有する製剤
(問題 24) アバメクチン５%を含有する製剤
(問題 25) ３－ジメチルジチオホスホリル－S－メチル－５－メトキシ－１・３・４－チアジアゾリン－２－オン(別名メチダチオン、DMTP)及びこれを含有する製剤

5　次の物質について、最も適当な貯蔵方法を下欄からその番号を選びなさい。

(問題26)　塩化亜鉛
(問題27)　シアン化ナトリウム
(問題28)　燐(りん)化アルミニウムとその分解促進剤とを含有する製剤
(問題29)　ロテノン
(問題30)　ブロムメチル

愛媛県

【下欄】

1　常温では気体なので、圧縮冷却して液化し、圧縮容器に入れ、直射日光等の温度上昇の原因を避けて、冷暗所に貯蔵する。
2　潮解性があるので、密栓して貯蔵する。
3　大気中の湿気に触れると、分解して有毒ガスを発生するので、密閉容器で風通しの良い冷暗所に貯蔵する。
4　酸素によって分解し、殺虫効力を失うので空気と光線を遮断して貯蔵する。
5　少量ならばガラス瓶、多量ならばブリキ缶又は鉄ドラム缶を用い、酸類とは離して、風通しの良い乾燥した冷所に密栓して貯蔵する。

〔実地(選択式問題)〕

(一般)

1　次の物質の漏えい時の措置として、最も適当なものを下欄からその番号を選びなさい。

(問題41)　ニトロベンゼン　　(問題42)　液化塩素
(問題43)　ジメチル硫酸　　(問題44)　ニツケルカルボニル
(問題45)　キシレン

【下欄】

1　漏えいした液が少量の場合は、多量の水を用いて洗い流すか、土砂、おがくず等に吸着させて空容器に回収し、安全な場所で焼却する。
2　着火源を速やかに取り除き、漏えいした液は、水で覆った後、土砂等に吸着させ、空容器に回収し、水封後密栓する。
3　漏えいした液が少量の場合は、アルカリ水溶液で分解した後、多量の水を用いて洗い流す。
4　漏えいした液が多量の場合は、土砂等でその流れを止め、安全な場所に導き、液の表面を泡で覆い、できるだけ空容器に回収する。
5　漏えいした場所及び漏えいした液には消石灰(水酸化カルシウム)を十分に散布して吸収させる。

2　次の表に挙げる物質のうち、毒物の性状についてはA 欄から、劇物の性状についてはB 欄から、最も適当なものを選びなさい。

毒物	(問題 46)　亜セレン酸ナトリウム	(問題 47)　五塩化燐(りん)
	(問題 48)　水素化砒(ひ)素	(問題 49)　硝酸第一水銀
	(問題 50)　ジエチルパラニトロフエニルチオホスフエイト(別名パラチオン)	
劇物	(問題 51)　トリクロロシラン	(問題 52)　ブロム水素酸
	(問題 53)　過酸化ナトリウム	(問題 54)　硝酸ウラニル
	(問題 55)　塩酸アニリン	

【A 欄】

1　白色結晶性の粉末で水に可溶。水溶液は硫酸銅液で緑青色の沈殿を生じるが、この沈殿は酸に溶ける。
2　無色のニンニク臭を有する気体。水に可溶。点火すると白色煙をはなって燃える。
3　淡黄色の刺激臭と不快臭のある結晶。不燃性。潮解性あり。水により加水分解し、塩酸と燐(りん)酸を精製する。
4　純品は無色ないし淡黄色の液体。特異の臭気があり、アセトン、エーテル、アルコール等には溶けるが、水、石油、石油エーテルにはほとんど溶けない。
5　無色の結晶で、風解性がある。多量の水で黄色沈殿を生じ、これに硝酸を加えると無色になる。

【B 欄】

1　純品は白色結晶又は結晶性粉末であるが、普通品は空気中で表面が酸化され、緑色ないし灰色を呈する。板状又は針状の結晶で水に溶けやすい。
2　無色の刺激臭のある液体。可燃性。水により加水分解し、塩酸を生成する。
3　常温で水と激しく反応して酸素を発生する。乾燥状態で炭素と接触すると、容易に発火する。
4　淡黄色の柱状結晶で緑色の光沢を有する。水に溶けやすい。
5　無色透明あるいは淡黄色の臭気がある液体。極めて反応性に富み、金、白金、タンタル以外のあらゆる金属を腐食する。

3　次の物質の廃棄方法として、最も適当なものを下欄からその番号を選びなさい。

(問題 56)　エピクロルヒドリン　　(問題 57)　過酸化水素水
(問題 58)　クレゾール　　(問題 59)　砒(ひ)素
(問題 60)　塩酸

【下欄】

1　多量の水で希釈し、アルカリ水で希釈した後、活性汚泥で処理する。
2　多量の水で希釈して処理する。
3　おがくず等に吸収させて焼却炉で焼却する。可燃性溶剤と共に焼却炉の火室へ噴霧し焼却する。
4　セメントを用いて固化し、溶出試験を行い、溶出量が判定基準以下であることを確認して埋立処分する。
5　徐々に消石灰(水酸化カルシウム)などの攪拌(かくはん)溶液に加え中和させた後、多量の水で希釈して処理する。

4　次の物質の鑑別について、最も適当なものを下欄からその番号を選びなさい。

(問題 61)　メタノール　　(問題 62)　トリクロル酢酸
(問題 63)　水酸化ナトリウム　　(問題 64)　硝酸
(問題 65)　スルホナール

1　水溶液を白金線につけて無色の火炎中に入れると、火炎は著しく黄色に染まり、長時間続く。
2　あらかじめ灼熱した酸化銅を加えるとホルムアルデヒドができ、酸化銅は還元されて金属銅色を呈する。
3　銅くずを加えて熱すると、藍色を呈して溶け、その際赤褐色の蒸気を発生する。
4　木炭と共に加熱すると、メルカプタンの臭気をはなつ。
5　水酸化ナトリウム溶液を加えて熱するとクロロホルム臭をはなつ。

5　次の物質を取り扱う際の注意事項について、最も適切なものを下欄からその番号を選びなさい。

(問題 66)　アクリルニトリル　　(問題 67)　塩化ベンジル
(問題 68)　(RS)－α－シアノ－3－フエノキシベンジル＝(RS)－2－(4－クロロフエニル)－2－メチルブタノアート(別名フェンバレレート)
(問題 69)　酸化カドミウム　　(問題 70)　ロテノン

【下欄】

1　金属の存在下で重合し、水の存在下で金属を腐食する。
2　空気、光にさらされると容易に重合する性質があるため、運搬時には重合防止剤を添加する。
3　強熱すると有害な煙霧を発生する。
4　酸素によって分解し、殺虫効果を失うため、空気と光を遮断する。
5　熱、酸に安定、アルカリに不安定。光で分解する。

(農業用品目)

1　次の物質の性状について、最も適当なものを下欄からその番号を選びなさい。

(問題 31)　(RS)－α－シアノ－3－フエノキシベンジル＝N－(2－クロロ－a・α・α－トリフルオロ-パラトリル)－D－バリナート(別名フルバリネート)
(問題 32)　O－エチル＝S－1－メチルプロピル＝(2－オキソ－3－チアゾリジニル)ホスホノチオアート(別名ホスチアゼート)
(問題 33)　1・1’－ジメチル－4・4’－ジピリジニウムジクロライド(別名パラコート)
(問題 34)　2・4・6・8－テトラメチル－1・3・5・7－テトラオキソカン(別名メタアルデヒド)
(問題 35)　ジメチルジチオホスホリルフエニル酢酸エチル(別名 PAP、フェントエート)

【下欄】

1　白色の粉末で、融点は、摂氏約 163　度である。水に溶けにくく、酸性で不安定であるが、アルカリ性で安定である。強酸化剤と接触又は混合すると、激しい反応が起こりうる。
2　赤褐色、油状の液体で、芳香性刺激臭を有し、水には不溶で、アルコールには溶ける。
3　弱いメルカプタン臭のある淡褐色液体で、水に極めて溶けにくい。pH 6及びpH 8で安定である。
4　淡黄色ないし黄褐色の粘稠(ちゅう)性液体で、水に難溶である。熱、酸性には安定であるが、太陽光、アルカリには不安定である。沸点は摂氏 450 度以上である。
5　白色の結晶で、分解温度は摂氏約 300　度である。水に非常に溶けやすく、強アルカリ性の状態で分解する。

2　次の文章の(　　)に入る正しい字句をそれぞれ下欄からその番号を選びなさい。

O－エチル＝S・S－ジプロピル＝ホスホロジチオアート(別名エトプロホス)は、(**問題 36**)臭のある(**問題 37**)透明の(**問題 38**)であり、水に(**問題 39**)、有機溶媒に(**問題 40**)。

【下欄】

(**問題 36**) 1 エステル　2 アーモンド　3 アンモニア　4 メルカプタン　5 酢酸
(**問題 37**) 1 無色　2 褐色　3 青色　4 暗赤色　5 淡黄色
(**問題 38**) 1 粉末　2 結晶　3 液体　4 気体　5 油状体質
(**問題 39**) 1 溶けにくく　2 溶けやすく　3 きわめて溶けやすく
(**問題 40**) 1 きわめて溶けにくい　2 溶けにくい　3 溶けやすい

3　次の表に挙げる物質の「廃棄方法」については【A 欄】から、「漏えい時の措置」については【B 欄】から最も適当なものの番号を選びなさい。

物質名	廃棄方法	漏えい時の措置
ジメチル－4－メチルメルカプト－3－メチルフエニルチオホスフエイト(別名フェンチオン、MPP)	(**問題 41**)	(**問題 43**)
硫酸銅	(**問題 42**)	(**問題 44**)
シアン化ナトリウム	／	(**問題 45**)

【A 欄】

1　水に溶かし、水酸化カルシウム水溶液を加えて生じる沈殿をろ過し埋立処分する。
2　多量の次亜塩素酸ナトリウムと水酸化ナトリウムの混合水溶液を撹拌しながら少量ずつ加えて酸化分解し、過剰の次亜塩素酸ナトリウムをチオ硫酸ナトリウム水溶液で分解した後、希硫酸を加えて中和し、沈殿ろ過する。
3　水酸化カルシウム水溶液に徐々に加え中和させた後、多量の水で希釈する。
4　おがくず等に吸着させ、アフターバーナー及びスクラバーを備えた焼却炉で焼却する。

【B 欄】

1　漏えいした液はできるだけ回収し、水酸化カルシウムの水溶液にて処理し、中性洗剤などの分散剤を使用して多量の水で洗い流す。
2　飛散したものを回収し、そのあとを水酸化カルシウム水溶液等で処理し、多量の水で洗い流す。
3　炭酸ナトリウム水溶液等を散布して pH11 以上とし、さらに酸化剤(次亜塩素酸ナトリウム等)の水溶液で酸化処理を行い、多量の水で洗い流す。
4　土砂に吸着させて取り除くか、ある程度徐々に注水してある程度希釈した後、水酸化カルシウムで中和し大量の水で洗い流す。

愛媛県

4　次の物質の鑑別について、最も適当なものを下欄からその番号を選びなさい。

(問題 46)　アンモニア水
(問題 47)　燐(りん)化アルミニウムとその分解促進剤と含有する製剤
(問題 48)　硫酸
(問題 49)　硫酸亜鉛
(問題 50)　ニコチン

【下欄】

1　水に溶かして硫化水素を通じると、白色の沈殿を生じる。また、水に溶かして塩化バリウムを加えると、白色の沈殿を生じる。
2　濃塩酸をうるおしたガラス棒を近づけると、白い霧を生じる。
3　エーテルに溶かし、沃(よう)素のエーテル溶液を加えると、褐色の液状沈殿を生じ、これを放置すると、赤色の針状結晶となる。また、ホルムアルデヒド水溶液１滴を加えた後、濃硝酸１滴を加えるとばら色を呈する。
4　ショ糖や木片に触れると、それらを黒変させる。
5　空気中で分解し発生するガスは、５～ 10%硝酸銀水溶液を吸着させたろ紙を黒変する。

5　次の物質による中毒症状について、最も適当なものを下欄からその番号を選びなさい。

(問題 51)　エチレンクロルヒドリン
(問題 52)　１・１’－ジメチル－４・４’－ジピリジニウムクロライド(別名パラコート)
(問題 53)　(RS)－α－シアノ－３－フエノキシベンジル＝(RS)－２－(４－クロロフエニル)－３－メチルブタノアート(別名フェンバレレート
(問題 54)　沃(よう)化メチル
(問題 55)　ジメチル－２・２－ジクロルビニルホスフエイト(別名 DDVP、ジクロルボス)

【下欄】

1　倦怠(けんたい)感、頭痛、めまい、嘔気(おうき)、嘔吐(おうと)、腹痛、下痢、多汗等のコリンエステラーゼ阻害剤特有症状を呈し、はなはだしい場合には、縮瞳、意識混濁、全身痙攣(けいれん)等を起こすことがある。
2　経口直後から２日以内に、激しい嘔吐(おうと)、粘膜障害及び食道穿(せん)孔などが発生し、２～３日で急性肝不全、進行性の糸球体腎炎、尿細管壊死による急性腎不全及び肺水腫、３～10 日で間質性肺炎や進行性の肺線維症を起こす。
3　吸入すると、嘔気(おうき)、嘔吐(おうと)、頭痛、胸痛の症状を起こすことがあり、これらの症状は、通常数時間後に現れる。皮膚を刺激し、皮膚から容易に吸収され、全身中毒症状を引き起こす。
4　中枢神経系の抑制作用があり、吸入すると嘔気、嘔吐、めまいなどが起こり、重篤な場合は意識不明となり、肺水腫を起こす。皮膚との接触時間が長い場合は、発赤や水疱等が生じる。
5　吸入した場合、倦怠感、運動失調等の症状を呈し、重症の場合には、流涎(えん)、全身痙攣(けいれん)、呼吸困難を起こす。皮膚に触れた場合、放置すると皮膚から吸収され中毒症状を起こす場合がある。

高知県

令和２年度実施

法規に関する設問中、特に規定しない限り、「法」は「毒物及び劇物取締法」、「政令」は「毒物及び劇物取締法施行令」、「省令」は「毒物及び劇物取締法施行規則」とする。

〔法　規〕

(一般・農業用品目・特定品目共通)

問１　次の記述は、毒物劇物取扱責任者に関する記述である。法及びこれに基づく法令の規定に照らし、正しいものには○、誤っているものには×を選びなさい。

(1)　毒物劇物営業者は、必ず製造所、営業所又は店舗ごとに、専任の毒物劇物取扱責任者を置かなければならない。
(2)　都道府県知事が行う毒物劇物取扱者試験に合格しても、20 歳にならなければ毒物劇物取扱責任者になることはできない。
(3)　農業用品目毒物劇物取扱者試験に合格した者は、農業用品目の毒物又は劇物を製造する製造所において毒物劇物取扱責任者になることができない。
(4)　薬事に関する罪を犯し、罰金以上の刑に処せられ、その執行を終わり、又は執行を受けることがなくなった日から起算して３年を経過していない者は、毒物劇物取扱者試験に合格しても毒物劇物取扱責任者になることができない。

問２　次の記述は、特定毒物に関する記述である。法及びこれに基づく法令の規定に照らし、正しいものには○、誤っているものには×を選びなさい。

(1)　特定毒物研究者は、特定毒物使用者に対し、その者が使用することができる特定毒物を譲り渡してはならない。
(2)　薬剤師であれば、毒物劇物営業者、特定毒物研究者又は特定毒物使用者でなくとも特定毒物を所持することができる。
(3)　特定毒物研究者に認められている特定毒物の用途は、学術研究のみである。
(4)　特定毒物を輸入することができるのは、毒物又は劇物の輸入業者又は特定毒物研究者である。

問３　次の記述は、法に関する記述である。記述の正誤について、正しい組み合わせを下表から一つ選びなさい。

ア　この法律は、毒物及び劇物について、保健衛生上の見地から必要な取締を行うことを目的としている。
イ　毒物又は劇物を無償で他人に譲り渡す目的で製造する場合は、毒物又は劇物の製造業の登録は必要ない。
ウ　この法律で「毒物」については第２条で定義されており、別表第１に掲げるものであって、医薬品も含まれる。

下表

	ア	イ	ウ
1	正	正	誤
2	正	誤	誤
3	誤	正	正
4	正	誤	正

問４　次の記述は、法第４条に関する記述である。記述の正誤について、正しい組み合わせを下表から一つ選びなさい。

ア　毒物又は劇物の販売業の登録は、６年ごとに、更新を受けなければ、その効力を失う。
イ　毒物又は劇物の輸入業の登録は、６年ごとに、更新を受けなければ、その効力を失う。
ウ　毒物又は劇物の製造業の登録は、５年ごとに、更新を受けなければ、その効力を失う。

下表

	ア	イ	ウ
1	正	正	正
2	正	正	誤
3	正	誤	正
4	誤	誤	正

高知県

問５　省令に規定されている毒物又は劇物の販売業の店舗における設備基準の記述の正誤について、正しい組み合わせを下表から一つ選びなさい。

ア　毒物又は劇物を貯蔵する場所が性質上かぎをかけることができないものであるときは、その周囲に、堅固なさくが設けてあること。

イ　毒物又は劇物の運搬用具は、毒物又は劇物が飛散し、漏れ、又はしみ出るおそれがないものであること。

ウ　毒物又は劇物を陳列する場所にかぎをかける設備があること。ただし、その場所が性質上かぎをかけることができないものであるときは、この限りではない。

エ　毒物又は劇物の貯蔵設備は、毒物又は劇物とその他の物とを区分して貯蔵できるものであること。

下表

	ア	イ	ウ	エ
1	正	正	正	正
2	誤	正	正	正
3	正	誤	正	正
4	正	正	誤	正
5	正	正	正	誤

問６　毒物又は劇物の業務上取扱者として都道府県知事に届け出る必要がある者として、正しいものを次の記述から一つ選びなさい。

1　水酸化ナトリウムを使用する金属熱処理事業者
2　燐（りん）化亜鉛を使用する野ねずみの防除を行う事業者
3　ヒ素化合物たる毒物を使用するしろあり防除を行う事業者
4　めっき液として硫酸を使用する電気めっき事業者
5　クロム酸塩類を使用する金属熱処理事業者

問７　法第14条第２項の規定により、毒物劇物営業者が、毒物又は劇物を一般人に販売し、又は授与する際、譲受人から提出を受けなければならない書面の記載事項として正しい組み合わせを下欄から一つ選びなさい。

a. 譲受人の書面　b. 譲受人の年齢　c. 譲受人の住所　d. 譲受人の性別
e. 譲受人の職業　f. 毒物又は劇物の名称　g. 毒物又は劇物の使用目的
h. 販売又は授与の年月日　i. 毒物又は劇物の数量　j. 毒物又は劇物の使用期限

下欄

1．(a・b・c・d・h・i)　2．(a・b・f・g・h・i)　3．(b・c・d・e・g・j)
4．(c・d・f・g・h・j)　5．(a・d・e・f・g・i)　6．(a・c・e・f・h・i)

問８　法第14条第４項の規定において、毒物劇物営業者が、他の毒物劇物営業者が他の毒物劇物営業者に毒物を譲渡したときの譲渡記録の保存期間として正しいものを、次の記述から一つ選びなさい。

1　販売又は授与の日から１年間
2　販売又は授与の日から３年間
3　販売又は授与の日から５年間
4　販売又は授与の日から６年間

問９　引火性、発火性又は爆発性のある毒物又は劇物で、業務その他正当な理由による場合しを除いては、所持してはならないものとして政令で定められているものを次の物質から一つ選びなさい。

1　水酸化ナトリウム　2　クロルピクリン　3　トルエン
4　アセトン　5　亜塩素酸ナトリウム

問 10　興奮、幻覚又は麻酔の作用を有する毒物又は劇物（これらを含有する物を含む。）で、みだりに摂取、吸入してはならないものとして政令で定められているものを次の物質から一つ選びなさい。

1　クロロホルム　　　　2　酢酸エチルを含有する接着剤
3　キシレン　　　　　　4　メチルエチルケトンを含有する溶剤

問 11　毒物劇物営業者に関する次の記述の正誤について、正しい組み合わせを下表から一つ選びなさい。

ア　客の求めに応じて、劇物を飲料に小分けして販売した。
イ　常時取引関係にある者から、押印の代わりに署名した毒物又は劇物の譲渡手続きに係る書面の提出があったが、劇物を販売しなかった。
ウ　親からの委任状を持参した 16 歳の高校生に毒物を交付した。
エ　常時取引関係にあり、氏名及び住所を知っている者であったので、身分証明書や運転免許証等の提示を受けることなく、ピクリン酸を交付した。

下表

	ア	イ	ウ	エ
1	正	正	正	正
2	正	誤	誤	誤
3	誤	誤	正	誤
4	誤	誤	正	正
5	誤	正	誤	正

問 12　次の記述は法の条文の一部である。（　　）の中にあてはまる正しい組み合わせを下表から一つ選びなさい。

毒物劇物営業者及び特定毒物研究者は、毒物又は劇物の容器及び被包に、「（　ア　）」の文字及び毒物については（　イ　）をもつて「毒物」の文字、劇物については（　ウ　）をもつて「劇物」の文字を表示しなければならない。

下表

	ア	イ	ウ
1	医薬部外品	黒地に白色	白地に赤色
2	医薬部外品	白地に赤色	赤地に白色
3	医薬用外	黒地に白色	白地に赤色
4	医薬用外	赤地に白色	白地に赤色
5	医薬用外	白地に赤色	赤地に白色

問 13　次の記述は、発煙硫酸を車両を使用して 1 回につき 5,000kg 以上の運搬する場合、法及びこれに基づく法令に基づき車両に掲げなければならない標識についての記述である。（　　）内にあてはまる正しい語句の組み合わせを下表から一つ選びなさい。

（　ア　）メートル平方の板に（　イ　）として「毒」と表示し、車両の（　ウ　）の見やすい箇所に掲げなければならない。

下表

	ア	イ	ウ
1	0.2	地を黒色、文字を白色	前後
2	0.2	地を白色、文字を黒色	前
3	0.3	地を白色、文字を黒色	前後
4	0.3	地を黒色、文字を白色	前後
5	0.3	地を白色、文字を黒色	前

高知県

問 14　毒物劇物営業者において保管・管理していた毒物又は劇物の飛散等により不特定又は多数の者について保健衛生上の危害が発生するおそれがあるときは、直ちにその旨を届け出なければならないが、法令で定める届出先として正しい組合せを次の記述から一つ選びなさい。

1．厚生労働省、保健所又は警察署
2．厚生労働省、保健所又は市町村役場
3．保健所、医療機関又は消防機関
4．保健所、市町村役場又は医療機関
5．保健所、警察署又は消防機関

問 15　法第 11 条第2項に規定する政令で定める物の廃棄の方法に関する次の記述の正誤について、正しい組合わせを下表から一つ選びなさい。

ア　地下1メートル以内の地に確実に埋め、海面上に引き上げられ、若しくは浮き上がるおそれがない方法で海水中に沈め、又は保健衛生上危害を生ずるおそれがないその他の方法で処理すること。
イ　ガス体又は揮発性の毒物又は劇物は、保健衛生上危害を生ずるおそれがない場所で、少量ずつ放出し、又は揮発させること。
ウ　中和、加水分解、酸化、還元、稀釈その他の方法により、毒物及び劇物並びに法第 11 条第2項に規定する政令で定める物のいずれに該当しない物とすること。

下表

	ア	イ	ウ
1	正	正	正
2	誤	誤	正
3	誤	正	正
4	正	誤	誤
5	正	正	誤

問 16　次の(ア)から(カ)の事例について、法等の規定により必要な手続きとして正しいものを下欄から一つ選びなさい。必要があれば、同じ番号を繰り替えしてもよい。

(ア)　毒物又は劇物の販売業者が公道を隔てた向かいの土地に店舗を移転し、引き続き毒物又は劇物の販売を行うとき
(イ)　毒物又は劇物の販売業者が店舗の名称を変更したとき
(ウ)　毒物又は劇物の販売業者が不要となった毒物又は劇物を廃棄するとき
(エ)　法人である毒物又は劇物の販売業者の代表取締役が変更となったとき
(オ)　毒物又は劇物の販売業者が所有する毒物又は劇物の貯蔵設備の重要な部分を変更したとき
(カ)　店舗において、毒物劇物を直接取扱わず、伝票操作のみの販売を開始するとき

下欄

1．登録申請　　2．登録申請　　3．廃止の届出　　4．変更の届出
5．廃棄の届出　　6．手続き不要

〔基礎化学〕

（一般・農業用品目・特定品目共通）

問題文中の記述については、条件等の記載が無い場合は、標準状態（0℃、1.0 × 10^5Pa）とし、気体は理想気体としてふるまうものとする。

問１　次のアからソに該当するものを下欄からそれぞれ１つ選びなさい。

ア　ハロゲン元素であるもの

下欄

1　Cl	2　Fe	3　Na	4　Al	5　Ca

イ　単体であるもの

下欄

1　塩化ナトリウム	2　空気	3　二酸化炭素	4　オゾン	5　水

ウ　原子を構成する基本粒子のうち負の電荷をもつもの

下欄

1　中性子	2　電子	3　陽子	4　カチオン	5　原子核

エ　フッ素（$_9$F）がＬ殻に収容できる電子数

下欄

1　1	2　3	3　5	4　7	5　9

オ　二酸化炭素が有する化学結合

下欄

1　配位結合	2　共有結合	3　金属結合	4　イオン結合
5　水素結合			

カ　アセトアルデヒドの分子量として正しいもの
　　ただし、原子量はH＝12、O＝16とする

下欄

1　30	2　36	3　44	4　46	5　60

キ　水溶液が塩基性を示すもの

下欄

1　塩化アンモニウム	2　炭酸水素ナトリウム	3　安息香酸
4　塩化ナトリウム	5　硫酸水素ナトリウム	

ク　二重結合をもつもの

下欄

1　アセチレン	2　シクロヘキサン	3　メタン	4　エタン
5　シクロヘキセン			

ケ　２価アルコールであるもの

下欄

1　メタノール	2　フェノール	3　2－プロパノール
4　エチレングリコール	5　*tert*－ブチルアルコール	

コ　塩素(Cl_2)の塩素原子の酸化数

下欄

1　0	2　＋1	3　+2	4　－1	5　－2

サ　化学物質の分離操作のうち、溶媒に対する溶解度の差を利用したもの

下欄

1　抽出	2　クロマトグラフィー	3　分留	4　昇華法	5　蒸留

シ　アルデヒドの検出に用いられるもの

下欄

1　メチルレッド	2　石灰水	3　塩化鉄(Ⅱ)水溶液
4　塩化コバルト紙	5　アンモニア正硝酸銀水溶液	

ス　二次電池であるもの

下欄

1　マンガン電池	2　ボルタ電池	3　ダニエル電池
4　ニッケル水素電池	5　酸化銀電池	

セ　次の化学反応式中で還元剤として働くもの

$SO_2 + 2\ H_2S \rightarrow 3\ S + 2\ H_2O$

下欄

1　SO_2	2　H_2S	3　S	4　H_2O

ソ　面心立方格子の結晶構造を持つ金属結晶で１つの原子を取り囲んでいる原子数

下欄

1　1	2　2	3　4	4　5	5　12

問２　ダイヤモンド 2.0 カラットに含まれる炭素原子の物質量として、最も適当なものを下欄から１つ選びなさい。

ただし、1.0 カラットは 0.2g とし、原子量は C ＝ 12 とする。

下欄

1　0.0017mol	2　0.0033mol	3　0.017mol	4　0.033mol
5　0.17mol	6　0.33mol		

問３　エタノール(C_2H_5OH)を完全燃焼させ、発生した二酸化炭素が88gであったとき、燃焼に消費された酸素の質量として最も適当なものを下欄から１つ選びなさい。ただし、原子量はH＝１、C＝12、O＝16とする。

下欄

1　32g	2　48g	3　64g	4　80g	5　96g

問４　窒素56gが、17℃、1.2×10^5Paのもとで占める体積について最も適当なものを下欄から１つ選びなさい。ただし、原子量はN＝14とし、気体定数Rは、8.3×10^3(Pa・L/(K・mol)とする。

なお、理想気体の状態方程式は$pV = nRT$であり、pは圧力、Vは体積、nは物質量、Tは絶対温度とする。

下欄

1　0.40L	2　4.0L	3　40L	4　400L	5　4000L

問５　水酸化ナトリウム40gを0.5mol/Lの硫酸水溶液を用いて完全に中和させるときに必要な硫酸水溶液の体積について、最も適当なものを下欄から１つ選びなさい。

ただし、原子量はH＝１、O＝16、Na＝23、S＝32とする。

下欄

1　0.5L	2　1.0L	3　2.0L	4　3.0L	5　4.0L

高知県

〔毒物及び劇物の性質及び貯蔵その他取扱方法〕

問題文中の性状等の記述については、条件等の記載が無い場合は、常温常圧下における性状について記述しているものとする。

（一般）

問１　次の物質の性状について、最も適当なものを下欄からそれぞれ１つ選びなさい。

(1)　無色透明の液体で、可燃性のベンゼン臭を有する液体。麻酔性を有し、蒸気は空気より重く、引火し易い。

(2)　白色または淡黄色の蝋様半透明の固体で、ニンニク臭を有する。空気中では非常に酸化されやすく発火しやすい。

(3)　無色またはわずかに着色した透明な液体で、特有の刺激臭がある。不燃性であり、高濃度なものは空気中で白煙を生じる。

(4) 無色透明の結晶。強力な酸化剤で、腐食性を有する。光によって分解し黒変する。

(5) 無色の結晶で、水に溶けやすく、エタノール、エーテル、クロロホルムに溶ける。

下欄

ア．アクリルアミド	イ．黄燐(りん)	ウ．弗(ふっ)化水素酸	エ．トルエン
オ．硝酸銀			

高知県

問2　次の(1)から(5)の方法で貯蔵する物質として、最も適当なものを下欄からそれぞれ1つ選びなさい。

(1) 火気に対して安全で隔離された場所に、硫黄、ヨード、ガソリン、アルコール等と離して貯蔵する。鉄、銅、鉛等の金属容器を使用しない。
(2) 空気中にそのまま保存することができないので、通常石油中に貯蔵する。
(3) 少量ならば共栓ガラス瓶、多量ならば鋼製ドラム缶などを使用する。直射日光を避け、可燃性のあるもののからは十分に離して、冷所に貯蔵する。
(4) 空気や光線に触れると赤変するため、空気と遮断し遮光して貯蔵する。
(5) 二酸化炭素と水を強く吸収するため、密栓して貯蔵する。

下欄

ア．ピクリン酸	イ．二硫化炭素	ウ．水酸化カリウム
エ．ナトリウム	オ．ベタナフトール	

問3　次の(1)から(5)の毒性を持つ物質として、最も適当なものを下欄からそれぞれ1つ選びなさい。

(1) 皮膚に触れると褐色に染め、その揮散する蒸気を吸入すると、めまいや頭痛を伴う一種の酩酊を起こす。
(2) 吸入した場合、分解されずに組織内に吸収され、中枢神経や心臓、眼結膜を侵し、肺にも強い障害を与える。
(3) 高濃度の蒸気を吸入すると酩酊、頭痛、眼のかすみなどの症状を呈し、さらに高濃度のときは昏睡を起こす。
(4) 多量に蒸気を吸入すると、呼吸器や粘膜を刺激し、重症の場合は肺炎を起こす。眼に入った場合、異物感を与え、粘膜を刺激する。
(5) 蒸気は眼、呼吸器などの粘膜及び皮膚に強い刺激性を有する。高濃溶液が皮膚に触れるとガスを発生し、組織は初め白く、次第に深黄色となる。

下欄

ア．メタノール	イ．クロルピクリン	ウ．蓚酸	エ．水銀	オ．沃素（よう）

問4　次の(1)から(5)の方法で廃棄する物質として、最も適当なものを下欄からそれぞれ1つ選びなさい。

(1) セメントで固化し溶出試験を行い、溶出量が判定基準以下であることを確認して埋立処分する。
(2) 徐々に石灰乳などの攪拌（かくはん）溶液に加えて中和させた後、多量の水で稀釈して処理する。
(3) 過剰の可燃性溶剤または重油等の燃料とともに、アフターバーナー及びスクラバーを具備した焼却炉の火室へ噴霧し高温で焼却する。
(4) 水に溶かし、希硫酸を加えて中和し、沈殿ろ過して埋立処分する。
(5) 多量の水で希釈して処理する。

下欄

ア．酸化カドミウム	イ．過酸化尿素	ウ．クロロホルム
エ．水酸化バリウム	オ．塩酸	

問５　次の(1)から(5)の物質を含有する製剤で、毒物又は劇物の指定から除外される含有濃度の上限として最も適当なものを下欄からそれぞれ１つ選びなさい。必要があれば、同じものを繰り返し選んでもよい。

(1) アンモニア水　　　(2) アジ化ナトリウム　　　(3) ベタナフトール
(4) 塩酸
(5) １－３－ジカルバモイルチオ－２－(N, N－ジメチルアミノ)－プロパン塩酸塩
(別名：カルタップ)

下欄

ア．0.1％	イ．１％	ウ．２％	エ．５％	オ．10％	カ．17％

高知県

(農業用品目)

問１　次の(1)から(5)の性状をもつ物質について、最も適当なものを下欄からそれぞれ１つ選びなさい。

(1) 特有の刺激臭のある無色の気体。空気中では燃焼しないが、酸素中では黄色の炎をあげて燃焼する。
(2) 弱いニンニク臭を有する褐色の液体。各種有機溶媒に溶けるが、水には溶けない。
(3) 白色等軸晶の塊片、あるいは粉末。十分に乾燥したものは無臭であるが、空気中では湿気を吸収し、かつ空気中の二酸化炭素に反応して有毒な青酸臭を放つ。
(4) 純物質は無色無臭の油状液体であるが、空気中では速やかに褐変する。水、アルコール、エーテル、石油等に溶ける。
(5) 無色の吸湿性結晶で、約300℃で分解する。中性、酸性下で安定。アルカリ性で不安定。工業品は暗褐色または暗青色の特異臭のある水溶液。
(6) 無色無臭の白色の正方単斜状の結晶。強い酸化剤で有機物、硫黄、金属粉などの可燃物が混在すると、加熱、摩擦または衝撃により爆発する。

下欄

ア．１，１’－ジメチル－４，４’－ジピリジニウムジクロリド
(別名：パラコート)
イ．ジメチル－４－メチルメルカプト－３－メチルフェニルチオホスフェイト
(別名：フェンチオン)
ウ．シアン化カリウム　　　エ．アンモニア
オ．ニコチン　　　カ．塩素酸ナトリウム

問２　次の(1)から(4)の方法で貯蔵する物質として、最も適当なものを下欄からそれぞれ１つ選びなさい。

(1) 常温では気体であるため、圧縮冷却して液化し、圧縮容器に入れ、直射日光その他、温度上昇の原因を避けて、冷暗所に貯蔵する。
(2) 揮発しやすいため、密栓して貯蔵する。
(3) 少量ならガラス瓶、多量ならばブリキ缶あるいは鉄ドラムを用い、酸類、とは離して、風通しのよい乾燥した冷所に密封して貯蔵する。
(4) 酸素によって分解し、殺虫効力を失うため、空気と光線を遮断して貯蔵する。

下欄

ア．ブロムメチル	イ．アンモニア水	ウ．ロテノン	エ．シアン化カリウム

問3　次の(1)から(5)の毒性を持つ物質として最も適当なものを下欄からそれぞれ1つ選びなさい。

(1) 吸入した場合、倦怠感、めまい、嘔気、嘔吐（おうと）、腹痛、下痢、多汗等の症状を呈し、重症の場合には、縮瞳、ヽ意識混濁、全身痙攣（けいれん）などを起こす。

(2) 吸入した場合、鼻、のどの粘膜を刺激し悪心、嘔吐（おうと）、下痢、チアノーゼ、呼吸困難などを起こす。

(3) 吸入した場合、鼻や喉などの粘膜に炎症を起こし、重症な場合には、嘔気、嘔吐（おうと）、下痢等を起こす。誤って嚥下した場合には、数日遅れて腎臓の機能障害、肺の軽度の障害を起こすことがある。

(4) 吸入した場合、麻酔性があり、悪心、嘔吐（おうと）、めまい等が起こり、重症な場合は意識不明となり、肺水腫を起こす。皮膚に触れた場合、皮膚との接触時間が長い場合は、発赤、水泡等を生じる。

(5) 嚥下吸入したときに、胃及び肺で胃酸や体内の水と反応しホスフィンを発生することにより、頭痛、嘔気、嘔吐（おうと）、悪寒などの症状を起こす。

下欄

ア．2，2’－ジピリジリウム－1，1’－エチレンジブロミド（別名：ジクワット）
イ．塩素酸カリウム
ウ．燐（りん）化亜鉛
エ．沃化メチル
オ．エチルパラニトロフェニルチオノベンゼンホスホネイト（別名：EPN）

問4　次の(1)から(5)の方法で廃棄する物質として、最も適当なものを下欄からそれぞれ1つ選びなきい。

(1) 水に溶かし、水酸化カルシウム、炭酸ナトリウム等の水溶液を加えて処理し、沈殿濾過して埋立処分する。

(2) 徐々に石灰乳などの攪拌（かくはん）溶液に加え中和させた後、多量の水で希釈して処理する。

(3) 還元剤の水溶液に希硫酸を加えて酸性にし、この中に少量ずつ投入する。反応終了後、反応液を中和し、多量の水で希釈して処理する。

(4) 少量の界面活性剤を加えた亜硫酸ナトリウムと炭酸ナトリウムの混合液中で、攪拌（かくはん）し分解させた後、多量の水で希釈して処理する。

(5) おが屑などに吸収させてアフターバーナー及びスクラバーを具備した焼却炉で焼却する。

下欄

ア．硝酸亜鉛
イ．1，1’－ジメチル－4，4’－ジピリジニウムジクロリド（別名：パラコート）
ウ．塩素酸ナトリウム　　エ．クロルピクリン　　オ．硫酸

問5　次の(1)から(5)の物質を含有する製剤について、毒物又は劇物の指定から除外される含有濃度の上限として最も適当なものを下欄からそれぞれ1つ選びなさい。必要があれば、同じものを繰り返し選んでもよい。

(1) メトミル
(2) 燐化亜鉛
(3) ジメチル－4－メチルメルカプト－3－メチルフェニルチオホスフェイト（別名：フェンチオン
(4) ジメチルジチオホスホリルフェニル酢酸エチル（別名：フェントエート）
(5) N－メチル－1－ナフチルカルバメート（別名：NAC）

下欄

ア．1％	イ．2％	ウ．3％	エ．5％	オ．45％

（特定品目）

問１　次の(1)から(5)の性状をもつ物質について、最も適当なものを下欄からそれぞれ１つ選びなさい。

(1) 特有の刺激臭のある無色の気体。空気中では燃焼しないが、酸素中では黄色の炎をあげて燃焼する。
(2) 無色の気体で、刺激臭がある。湿った空気中で激しく発煙する。冷却すると無色の液体及び固体となる。
(3) 無色透明の液体。芳香族炭化水素特有の臭いがある。引火しやすく、その蒸気は空気と混合して爆発性混合ガスとなる。
(4) 無色の液体でアセトン様の芳香を有する。蒸気は空気より重く引火しやすい。有機溶媒、水に溶ける。
(5) 無色透明の油状液体。粗製のものは、しばしば有機質が混じり、かすかに褐色を帯びていることがある。

下欄

ア．硫酸	イ．塩化水素	ウ．キシレン	エ．アンモニア
オ．メチルエチルケトン			

問２　次の(1)から(5)の方法で貯蔵する物質として、最も適当なものを下欄からそれぞれ１つ選びなさい。

(1) 揮発しやすいのでよく密栓する。
(2) 純品は空気と日光によって変質するため、分解防止用の少量のアルコールを加えて冷暗所に貯蔵する。
(3) 少量ならば褐色ガラスびん、大量ならばカーボイなどを使用し、空間の三分の一を保って貯蔵する。
(4) 亜鉛または錫（すず）メッキをした鋼鉄製容器で保管し、高温に接しない場所に保管する。
(5) 二酸化炭素と水を強く吸収するため、密栓して貯蔵する。

下欄

ア．アンモニア水	イ．過酸化水素水	ウ．水酸化カリウム
エ．クロロホルム	オ．四塩化炭素	

問３　次の(1)から(5)の毒性を持つ物質として最も適当なものを下欄からそれぞれ１つ選びなさい。

(1) 粘膜に接触すると刺激症状を呈し、眼、鼻、咽頭及び口腔粘膜に障害を与える。吸入すると、窒息感、咽頭及び気管支筋の強直をきたし、呼吸困難に陥る。
(2) 吸入すると、鼻、喉、気管支、肺などの粘膜を刺激し、炎症を起こすことがある。眼に入ると異物感を与え、粘膜を刺激する。
(3) 皮膚に触れた場合、激しいやけどを起こす。眼に入った場合、失明することがある。
(4) 揮発性蒸気の吸入などにより、はじめ頭痛、悪心などをきたし、また、黄疸のように角膜が黄色となり、しだいに尿毒症様を呈し、重症な場合は死亡する。
(5) 皮膚に触れると激しく侵し、また高濃度溶液を経口摂取すると、口内、食道、胃などの粘膜を腐食し死亡する。

下欄

ア．硫酸	イ．硅弗化ナトリウム	ウ．水酸化ナトリウム
エ．四塩化炭素	オ．塩素	

問４　次の(1)から(5)の廃棄方法について、最も適当なものを下欄からそれぞれ１つ選びなさい。

(1) 一酸化鉛　(2) 塩酸　(3) 過酸化水素
(4) 重クロム酸カリウム　(5) トルエン

下欄

ア．セメントを用いて固化し、溶出試験を行い、溶出量が判定基準以下であることを確認し埋立処分する。
イ．珪そう土などに吸収させて開放型の焼却炉で少量ずつ焼却する。
ウ．多量の水で希釈して処理する。
エ．希硫酸に溶かし、還元剤（硫酸第一鉄等）の水溶液を過剰に用いて還元した後、水酸化カルシウム、炭酸ナトリウム等の水溶液で処理し、沈殿ろ過する。溶出試験を行い、溶出量が判定基準以下であることを確認して埋立処分する。
オ．徐々に石灰乳などの攪拌溶液に加え中和させた後、多量の水で希釈し処理する。

問５　次の(1)から(5)の物質を含有する製剤で、毒物又は劇物の指定から除外される含有濃度の上限として最も適当なものを下欄からそれぞれ１つ選びなさい。必要があれば、同じものを繰り返し選んでもよい。

(1) 硫酸　(2) 硝酸　(3) クロム酸鉛
(4) 過酸化水素　(5) 水酸化カリウム

下欄

ア．0.1％　イ．1％　ウ．5％　エ．6％　オ．10％　カ．70％

〔実　地〕

問題文中の性状等の記述については、条件等の記載が無い場合は、常温常圧下における性状について記述しているものとする。

(一般)

問１　次の物質について、該当する性状をＡ欄から、廃棄方法をＢ欄からそれぞれ最も適当なものを１つ選びなさい。

物質名	性状(Ａ欄)	用途(Ｂ欄)
クロム酸鉛	（ 1 ）	（ 6 ）
一水素二弗化アンモニウム	（ 2 ）	（ 7 ）
ニトロベンゼン	（ 3 ）	（ 8 ）
過酸化水素水	（ 4 ）	（ 9 ）
シアン化水素	（ 5 ）	（ 10 ）

高知県

A欄

ア．無色斜方または正方晶結晶で、潮解性を有する。水に溶けやすく、水溶液は酸性で大部分の金属、コンクリート等を激しく腐食する。
イ．無色透明の液体で、強い酸化力、還元力及び殺菌力を有する。
ウ．黄色または赤黄色の粉末。酢酸、アンモニア水に溶けず、水にはほとんど溶けないが、酸、アルカリに溶ける。
エ．無色で特異臭のある液体で、アルコールによく混和し、点火すれば青紫色の炎を発し燃焼する。水溶液は極めて弱い酸性。
オ．無色または微黄色の吸湿性の液体で、強い苦扁桃様の香気を有する。水に可溶であり、その溶液は甘みを有する。

B欄

カ．ガラスの加工。
キ．漂白剤、洗浄剤、消毒剤。
ク．アニリンの製造原料、クール中間物の製造原料。
ケ．殺虫剤、船底倉庫の殺鼠（そ）剤。
コ．顔料。

問2　次の(1)から(5)の方法で鑑別する物質として最も適当なものを下欄からそれぞれ1つ選びなさい。

(1) 水溶液にアンモニア水を加えると、紫色の螢石彩を放つ。
(2) 水溶液に硝酸バリウムまたは塩化バリウムを加えると、黄色の沈殿を生じる。
(3) 水溶液を酢酸で弱酸性にし、酢酸カルシウムを加えると、結晶性の沈殿を生じる。
(4) 塩酸を加えて中和した後、塩化白金溶液を加えると、黄色結晶性沈殿を生じる。
(5) 木炭とともに熱すると、メルカプタンの臭気を放つ。

下欄

ア．クロム酸カリウム　　イ．蓚（しゅう）酸　　ウ．ベタナフトール
エ．水酸化カリウム　　オ．スルホナール

問3　次の記述は、各物質の識別法である。（　　）の中に当てはまる、最も適当なものを下欄からそれぞれ1つ選びなさい。必要があれば、同じものを繰り返し選んでもよい。

硫酸第二銅

水溶液に硝酸バリウムを加えると、（　1　）の沈殿を生じる。

ピクリン酸

ピクリン酸のアルコール溶液は白色の羊毛または絹糸を、（　2　）に染める。

一酸化鉛

希硝酸に溶かすと（　3　）の液となり、これに硫化水素を通じると（　4　）の沈殿を生じる。

下欄

ア．鮮黄色　イ．白色　ウ．藍色　エ．赤色　オ．黒色　カ．緑色
キ．無色

高知県

問4　次の(1)から(4)の物質について、それらが飛散した場合又は、漏えいした場合の措置として最も適当なものを下欄からそれぞれ1つ選びなさい。

(1) クロロホルム　(2) キシレン　(3) 過酸化ナトリウム　(4) ぎ酸

下欄

ア．漏えいした液は、密閉可能な空容器にできるだけ回収し、そのあとを水酸化カルシウムなどの水溶液で中和した後、多量の水を用いて洗い流す。 イ．漏えいした液は土砂等でその流れを止め、空容器にできるだけ回収し、そのあとを中性洗剤などの分散剤を使用して多量の水で洗い流す。 ウ．漏えいした液は、布で拭き取るか、またはそのまま風にさらして蒸発させる。 エ．飛散したものは、空容器にできるだけ回収する。回収したものは、発火のおそれがあるので速やかに多量の水に溶かして処理する。 オ．漏えいした液は、土砂でその流れを止め、液の表面を泡で覆いできるだけ空容器に回収する。

（農業用品目）

問1　次の(1)から(5)の方法で鑑別する物質として、最も適当なものを下欄からそれぞれ1つ選びなさい。

(1) ホルマリン1滴を加えた後、濃硝酸1滴を加えると、ばら色を呈する。
(2) 水に溶かし、硝酸銀を加えると、白色の沈殿物を生じる。
(3) 水に溶かして硝酸バリウムを加えると、白色の沈殿を生ずる。
(4) 炭の上に小さな孔をつくり、試料を入れ吹管炎で熱灼すると、パチパチ音をたてて分解する。
(5) 濃塩酸を潤したガラス棒を近づけると、白い霧を生じる。

下欄

ア．塩化亜鉛	イ．硫酸第二銅	ウ．ニコチン
エ．塩素酸ナトリウム	オ．アンモニア水	

問2　次の物質について、該当する性状をA欄から、廃棄方法をB欄からそれぞれ最も適当なものを1つ選びなさい。

物質名	性状(A欄)	用途(B欄)
エチルパラニトロフェニルチオノベンゼンホスホネイト(別名：EPN)	（ 1 ）	（ 6 ）
2，2’－ジピリジリウム－1，1’－エチレンジブロミド(別名：ジクワット)	（ 2 ）	（ 7 ）
硫酸	（ 3 ）	（ 8 ）
ロテノン	（ 4 ）	（ 9 ）
沃(よう)化メチル	（ 5 ）	（ 10 ）

A欄

ア．淡黄色の吸湿性結晶で約 300 ℃で分解される。中性、酸性下では安定しているが、アルカリ性では不安定である。
イ．斜方６面体結晶で、水に溶けにくく、ベンゼン、アセトン、クロロホルムに溶ける。
ウ．白色結晶で、水にはほとんど溶けず、一般有機溶媒に溶ける。工業的製品は暗褐色の液体である。本薬物を 25 %含有する粉剤は灰白色で、特異の不快臭がある。
エ．無色もしくは淡黄色透明の液体で、エーテル様臭がある。空気中で光により一部分解して、褐色になる。
オ．無色透明の油状液体。粗製のものは、しばしば有機質が混じり、かすかに褐色を帯びていることがある。

B欄

カ．除草剤
キ．接触毒としてサルハムシ類、ウリバエ類等に使用。
ク．肥料、各種化学物質の製造、石油の精製。
ケ．たばこの根瘤線虫のガス殺虫剤。
コ．遅効性の殺虫剤。

問３　次の(1)から(4)の物質の分類として、最も適当なものを下欄からそれぞれ１つ選びなさい。必要があれば、同じものを繰り返し選んでもよい。

(1) １，３－ジカルバモイルチオ－２－（N, N －ジメチルアミノ）－プロパン塩酸塩（別名：カルタップ）
(2) N －メチル－１－ナフチルカルバメート（別名：NAC）
(3) エチルパラニドロフェニルチオノベンゼンホスホネイト（別名：EPN）
(4) ２－イソプロピル－４－メチルピリミジル－６－ジェチルチオホスフェイト（別名：ダイアジノン）

下欄

ア．有機りん剤　　イ．カーバメート剤　　ウ．ネライストキシン剤
エ．ピレスロイド剤

問４　次の(1)から(4)の物質について、それらが飛散した場合又は、漏えいした場合の対応として、最も適当なものを下欄からそれぞれ１つ選びなさい。

(1) エチルパラニトロフェニルチオノベンゼンホスホネイト(別名：EPN)
(2) １，１’-ジメチル-４，４’-ジピリジニウムジクロリド(別名：パラコート)
(3) クロルピクリン
(4) ２－イソプロピル－４－メチルピリミジル－６－ジエチルチオホスフェイト（別名：ダイアジノン）

下欄

ア．漏えいした液は、土砂等でその流れを止め、空容器にできるだけ回収し、そのあとを水酸化カルシウム等の水溶液を用いて処理し、中性洗剤等の界面活性剤を使用し多量の水を用いて洗い流す。
イ．飛散したものは空容器にできるだけ回収し、そのあとに水酸化カルシウム等の水溶液を用いて処理し、多量の水で洗い流す。
ウ．漏えいした液は、土砂などでその流れを止め、多量の活性炭または水酸化カルシウムを散布して覆い、至急関係先に連絡し専門家の指示により処理する。
エ．漏えいした液は、土壌などでその流れを止め、空容器にできるだけ回収し、そのあとを土壌で覆って十分に接触させた後、土壌を取り除き、多量の水を用いて洗い流す。

（特定品目）

問1　次の物質について、該当する性状をA欄から、廃棄方法をB欄からそれぞれ最も適当なものを1つ選びなさい。

物質名	性状	廃棄方法
塩酸	（ 1 ）	（ 6 ）
過酸化水素	（ 2 ）	（ 7 ）
クロム酸鉛	（ 3 ）	（ 8 ）
メタノール	（ 4 ）	（ 9 ）
重クロム酸アンモニウム	（ 5 ）	（ 10 ）

A欄

ア．無色透明の液体で、強い酸化力、還元力及び殺菌力を有する。
イ．無色透明で揮発性の液体。特異な香気を有する。蒸気は空気より重く、引火しやすい。
ウ．無色透明の液体で、刺激臭がある。腐食性が強く強酸性を示す。
エ．橙赤色の結晶で、水に溶けやすい。185 ℃で気体の窒素を生成し、ルミネッセンスを発して分解する。
オ．黄色または赤黄色の粉末。酢酸、アンモニア水に溶けず、水にはほとんど溶けないが、酸、アルカリに溶ける。

B欄

カ．漂白剤、洗浄剤、消毒剤。
キ．染料などの有機合成原料。
ク．顔料。
ケ．試薬。
コ．膠の製造、獣炭の精製。

問2　次の(1)から(5)の方法で鑑別する物質として最も適当なものを下欄からそれぞれ1つ選びなさい。

(1) 硝酸銀溶液を加えると、白色の沈殿を生じる。
(2) 水溶液に硝酸バリウムまたは塩化バリウムを加えると、黄色の沈殿を生じる。
(3) 水溶液を酢酸で弱酸性にし、酢酸カルシウムを加えると、結晶性の沈殿を生じる。
(4) 塩酸を加えて中和した後、塩化白金溶液を加えると、黄色結晶性沈殿を生じる。
(5) アルコール性の水酸化カリウムと銅粉とともに煮沸すると、黄赤色の沈殿を生じる。

下欄

ア．クロム酸カリウム　　イ．蓚（しゅう）酸　　ウ．塩酸
エ．水酸化カリウム　　オ．四塩化炭素

問３　次の記述は、各物質の識別法である。(　　　)の中に当てはまる、最も適当なものを下欄からそれぞれ１つ選びなさい。必要があれば、同じものを繰り返し選んでもよい。

水酸化ナトリウム

水溶液を白金線につけて無色の火炎中に入れると、火炎は著しく(　１　)に染まり、長時間続く。

クロロホルム

レゾルシンと33%水酸化カリウム溶液と熱すると(　２　)を呈し、緑色の蛍石彩を放つ。

一酸化鉛

希硝酸に溶かすと(　３　)の液となり、これに硫化水素を通じると、(　４　)の沈殿を生じる。

下欄

ア．黄赤色	イ．黄色	ウ．赤色	エ．白色	オ．黒色
カ．藍色	キ．無色			

問４　次の(1)から(4)の物質について、それらが飛散した場合又は漏えいした場合の措置として、最も適当なものを下欄からそれぞれ１つ選びなさい。

(1) クロロホルム　　(2) キシレン　　(3) 塩化水素　　(4) 硝酸

下欄

ア．漏えいした液は、土砂等に吸着させて取り除くか、または、ある程度水で徐々に希釈した後、水酸化カルシウム、炭酸ナトリウム等で中和し、多量の水を用いて洗い流す。
イ．漏えいした液は土砂等でその流れを止め、空容器にできるだけ回収し、そのあとを中性洗剤などの分散剤を使用して多量の水で洗い流す。
ウ．漏えいした液は、布で拭き取るか、またはそのまま風にさらして蒸発させる。
エ．漏えいガスは水を用いて十分に吸着させる。多量にガスが噴出する場合は遠くから霧状の水をかけ吸収させる。
オ．漏えいした液は、土砂等でその流れを止め、液の表面を泡で覆いできるだけ空容器に回収する。

九州全県〔福岡県・佐賀県・長崎県・熊本県・大分県・宮崎県・鹿児島県〕・沖縄県統一共通

令和２年度実施

〔法　規〕

（一般・農業用品目・特定品目共通）

※　法規に関する以下の設問中、毒物及び劇物取締法を「法律」、毒物及び劇物取締法施行令を「政令」、毒物及び劇物取締法施行規則を「省令」とそれぞれ略称する。

問　1　毒物及び劇物の定義に関する以下の記述のうち、正しいものの組み合わせを下から一つ選びなさい。

ア　法律の別表第一に掲げられている物であっても、医薬品又は医薬部外品に該当するものは、毒物から除外される。
イ　法律の別表第二に掲げられている物であっても、食品添加物に該当するものは劇物から除外される。
ウ　特定毒物とは、毒物であって、法律の別表第三に掲げるものをいう。
エ　メタノールを含有する製剤は、劇物に該当する。

1（ア、イ）　2（ア、ウ）　3（イ、エ）　4（ウ、エ）

問　2　以下の物質うち、毒物に該当するものを一つ選びなさい。

1　ニコチン　2　カリウム　3　ニトロベンゼン　4　アニリン

問　3　登録又は許可に関する以下の記述のうち、誤っているものを一つ選びなさい。

1　法律第４条の規定により、毒物又は劇物の製造業の登録は、製造所ごとに厚生労働大臣が行う。
2　法律第４条の規定により、毒物又は劇物の輸入業の登録は、営業所ごとにその営業所の所在地の都道府県知事が行う。
3　法律第４条の規定により、毒物又は劇物の販売業の登録は、店舗ごとにその店舗の所在地の都道府県知事（その店舗の所在地が、地域保健法第５条第１項の政令で定める市又は特別区の区域にある場合においては、市長又は区長。）が行う。
4　法律第６条の２の規定により、特定毒物研究者の許可を受けようとする者は、その主たる研究所の所在地の都道府県知事（その主たる研究所の所在地が、地方自治法第 252 条の 19 第１項の指定都市の区域にある場合においては、指定都市の長。）に申請書を出さなければならない。

問 4 登録又は許可の変更等に関する以下の記述の正誤について、正しい組み合わせを下から一つ選びなさい。

ア 毒物劇物営業者は、毒物又は劇物を製造し、貯蔵し、又は運搬する施設の重要な部分を変更する場合は、あらかじめ、登録の変更を受けなければならない。
イ 毒物又は劇物の製造業者が、登録を受けた毒物又は劇物以外の毒物又は劇物を製造した場合は、製造を始めた日から30日以内に、その旨を届け出なければならない。
ウ 毒物劇物営業者が、当該製造所、営業所又は店舗における営業を廃止した場合は、50日以内に、その旨を届け出なければならない。
エ 特定毒物研究者が、主たる研究所の所在地を変更した場合は、新たに許可を受けなければならない。

	ア	イ	ウ	エ
1	正	正	誤	誤
2	正	誤	誤	正
3	誤	誤	正	誤
4	誤	誤	誤	誤

問 5 毒物又は劇物の販売業に関する以下の記述のうち、正しいものの組み合わせを下から一つ選びなさい。

ア 一般販売業の登録を受けた者は、農業用品目又は特定品目を販売することができない。
イ 毒物又は劇物の販売業の登録は、5年ごとに、更新を受けなければ、その効力を失う。
ウ 毒物又は劇物の販売業者は、登録票を破り、汚し、又は失ったときは、登録票の再交付を申請することができる。
エ 毒物又は劇物の販売業者が、登録票の再交付を受けた後、失った登録票を発見したときは、これを返納しなければならない。

1（ア、イ） 2（ア、ウ） 3（イ、エ） 4（ウ、エ）

問 6 以下の記述は、法律第3条の3の条文である。（ ）の中に入れるべき字句の正しい組み合わせを下から一つ選びなさい。

法律第3条の3
興奮、幻覚又は（ ア ）の作用を有する毒物又は劇物（これらを含有する物を含む。）であつて政令で定めるものは、みだりに摂取し、若しくは吸入し、又はこれらの目的で（ イ ）してはならない。

	ア	イ
1	幻聴	所持
2	幻聴	譲渡
3	麻酔	所持
4	麻酔	譲渡

問 7 以下の物質のうち、法律第3条の4の規定により、引火性、発火性又は爆発性のある毒物又は劇物であって政令で定められているものを一つ選びなさい。

1 トルエン 2 塩素酸塩類 3 クロルピクリン 4 過酸化水素

問 8 毒物又は劇物の製造所等の設備に関する以下の記述のうち、<u>誤っているもの</u>を一つ選びなさい。

1 毒物又は劇物の輸入業の営業所は、コンクリート、板張り又はこれに準ずる構造とする等その外に毒物又は劇物が飛散し、漏れ、しみ出若しくは流れ出、又は地下にしみ込むおそれのない構造としなければならない。
2 毒物又は劇物に該当しない農薬は、毒物又は劇物と区分して貯蔵しなければならない。
3 毒物又は劇物の販売業の店舗で毒物又は劇物を陳列する場所には、かぎをかける設備が必要である。
4 毒物又は劇物を貯蔵する場所が性質上かぎをかけることができないものであるときは、その周囲に、堅固なさくを設けなければならない。

問　9　毒物又は劇物の譲渡手続に関する以下の記述のうち、正しいものの組み合わせを下から一つ選びなさい。

ア　毒物又は劇物の譲渡手続に係る書面には、毒物又は劇物の名称及び数量、販売又は授与の年月日並びに譲受人の氏名、職業及び住所(法人にあっては、その名称及び主たる事務所の所在地)を記載しなければならない。
イ　毒物劇物営業者が、毒物又は劇物を毒物劇物営業者以外の者に販売し、又は授与する場合、毒物又は劇物を販売又は授与した後に、譲受人から毒物又は劇物の譲渡手続に係る書面の提出を受けなければならない。
ウ　毒物劇物営業者が、毒物又は劇物を毒物劇物営業者以外の者に販売し、又は授与する場合、毒物又は劇物の譲渡手続に係る書面には、譲受人の押印が必要である。
エ　毒物劇物営業者は、毒物又は劇物の譲渡手続に係る書面を、販売又は授与の日から３年間、保存しなければならない。

１（ア、イ）　２（ア、ウ）　３（イ、エ）　４（ウ、エ）

九州全県・沖縄県統一

問　10　以下の記述は、法律第12条第２項の条文である。(　　)の中に入れるべき字句の正しい組み合わせを下から一つ選びなさい。

法律第12条第２項
　毒物劇物営業者は、その容器及び被包に、左に掲げる事項を表示しなければ、毒物又は劇物を販売し、又は授与してはならない。
　一　毒物又は劇物の名称
　二　(　ア　)
　三　厚生労働省令で定める毒物又は劇物については、それぞれ厚生労働省令で定めるその(　イ　)の名称
　四　毒物又は劇物の取扱及び使用上特に必要と認めて、厚生労働省令で定める事項

	ア	イ
1	毒物又は劇物の成分及びその含量	解毒剤
2	毒物又は劇物の成分及びその含量	中和剤
3	取扱及び保管上の注意	解毒剤
4	取扱及び保管上の注意	中和剤

問　11　以下の記述は、法律第８条第１項の条文である。(　　)の中に入れるべき字句の正しい組み合わせを下から一つ選びなさい。

法律第８条第１項
　次の各号に掲げる者でなければ、前条の毒物劇物取扱責任者となることができない。
　一　(　ア　)
　二　厚生労働省令で定める学校で、(　イ　)に関する学課を修了した者
　三　都道府県知事が行う毒物劇物取扱者試験に合格した者

	ア	イ
1	医師、歯科医師又は薬剤師	基礎化学
2	医師、歯科医師又は薬剤師	応用化学
3	薬剤師	基礎化学
4	薬剤師	応用化学

問　12　毒物劇物取扱責任者に関する以下の記述のうち、正しいものの組み合わせを下から一つ選びなさい。

ア　毒物又は劇物の販売業者は、毒物又は劇物を直接に取り扱わない場合であっても、店舗ごとに専任の毒物劇物取扱責任者を置かなければならない。
イ　毒物劇物営業者は、自ら毒物劇物取扱責任者として毒物又は劇物による保健衛生上の危害の防止に当たることができる。
ウ　毒物劇物営業者が、毒物又は劇物の製造業、輸入業又は販売業のうち、２つ以上を併せて営む場合において、その製造所、営業所又は店舗が互いに隣接しているとき、毒物劇物取扱責任者は、これらの施設を通じて１人で足りる。
エ　毒物劇物営業者は、毒物劇物取扱責任者を置いたときは、50 日以内に、その毒物劇物取扱責任者の氏名を届け出なければならない。なお、毒物劇物取扱責任者を変更したときも、同様である。

1（ア、イ）　2（ア、エ）　3（イ、ウ）　4（ウ、エ）

問　13　以下の記述は、法律第 13 条に規定する特定の用途に供される毒物又は劇物の販売等に関するものである。（　　）の中に入れるべき字句の正しい組み合わせを下から一つ選びなさい。

毒物劇物営業者は、硫酸タリウムを含有する製剤たる劇物については、あせにくい（　ア　）で着色したものでなければ、これを（　イ　）として販売し、又は授与してはならない。

	ア	イ
1	黒色	農業用
2	黒色	工業用
3	赤色	農業用
4	赤色	工業用

問　14　以下の記述は、法律第 11 条第２項及び政令第 38 条第１項の条文である。（　　）の中に入れるべき字句の正しい組み合わせを下から一つ選びなさい。

法律第 11 条第２項
　毒物劇物営業者及び特定毒物研究者は、毒物若しくは劇物又は毒物若しくは劇物を含有する物であつて政令で定めるものがその製造所、営業所若しくは店舗又は研究所の外に飛散し、漏れ、流れ出、若しくはしみ出、又はこれらの施設の地下にしみ込むことを防ぐのに必要な措置を講じなければならない。

政令第 38 条第１項
　法第 11 条第２項に規定する政令で定める物は、次のとおりとする。
　一　無機シアン化合物たる毒物を含有する液体状の物（シアン含有量が１リツトルにつき１ミリグラム以下のものを除く。）
　二　塩化水素、硝酸若しくは硫酸又は水酸化カリウム若しくは（　ア　）を含有する液体状の物（水で 10 倍に希釈した場合の水素イオン濃度が水素指数（　イ　）までのものを除く。）

	ア	イ
1	アンモニア	2.0 から 12.0
2	水酸化ナトリウム	2.0 から 12.0
3	アンモニア	3.0 から 11.0
4	水酸化ナトリウム	3.0 から 11.0

問 15 以下のうち、法律第12条第1項の規定により、毒物又は劇物の容器及び被包に表示しなければならない事項として正しいものを一つ選びなさい。

1 毒物劇物営業者は、毒物の容器及び被包に、「医薬用外」の文字及び黒地に白色をもって「毒物」の文字を表示しなければならない。
2 毒物劇物営業者は、劇物の容器及び被包に、「医薬用外」の文字及び白地に赤色をもって「劇物」の文字を表示しなければならない。
3 特定毒物研究者は、特定毒物の容器及び被包に、「医薬用外」の文字及び白地に赤色をもって「特定毒物」の文字を表示しなければならない。
4 特定毒物研究者は、特定毒物以外の劇物の容器及び被包には、「医薬用外」の文字や「劇物」の文字は表示しなくてもよい。

問 16 毒物又は劇物の交付の制限等に関する以下の記述の正誤について、正しい組み合わせを下から一つ選びなさい。

ア 毒物劇物営業者は、17歳の者に、毒物又は劇物を交付してもよい。
イ 毒物劇物営業者は、大麻の中毒者に、毒物又は劇物を交付してもよい。
ウ 毒物劇物営業者が、法律第3条の4に規定する引火性、発火性及び爆発性のある劇物を交付する場合は、その交付を受ける者の氏名及び住所を確認した後でなければ、交付してはならない。
エ 毒物劇物営業者が、法律第3条の4に規定する引火性、発火性又は爆発性のある劇物を交付した場合、帳簿を備え、交付した劇物の名称、交付の年月日、交付を受けた者の氏名及び住所を記載しなければならない。

	ア	イ	ウ	エ
1	正	正	正	誤
2	正	誤	誤	正
3	誤	正	誤	誤
4	誤	誤	正	正

問 17 以下の記述は、政令第40条に定める毒物又は劇物の廃棄の方法に関するものである。(　　)の中に入れるべき字句の正しい組み合わせを下から一つ選びなさい。

一 省略
二 ガス体又は揮発性の毒物又は劇物は、保健衛生上危害を生ずるおそれがない場所で、少量ずつ放出し、又は(ア)させること。
三 省略
四 前各号により難い場合には、地下(イ)以上で、かつ、地下水を汚染するおそれがない地中に確実に埋め、海面上に引き上げられ、若しくは浮き上がるおそれがない方法で海水中に沈め、又は保健衛生上危害を生ずるおそれがないその他の方法で処理すること。

	ア	イ
1	揮発	1メートル
2	燃焼	1メートル
3	燃焼	10メートル
4	揮発	10メートル

問 18 以下の記述のうち、車両を使用して1回につき、5,000キログラムの20%塩酸を運搬する場合における運搬方法について、正しいものの組み合わせを下から一つ選びなさい。

ア 1人の運転者による連続運転時間(1回が連続10分以上で、かつ、合計が30分以上の運転の中断をすることなく連続して運転する時間をいう。)が、3時間を超える場合は、車両1台について、運転者のほか交替して運転する者を同乗させなければならない。

イ　車両には、0.3 メートル平方の板に地を黒色、文字を白色として「毒」と表示した標識を、車両の前後の見やすい箇所に掲げなければならない。
ウ　車両には、防毒マスク、ゴム手袋その他事故の際に応急の措置を講ずるために必要な保護具で、省令で定めるものを１名分備えなければならない。
エ　車両には、運搬する毒物又は劇物の名称、成分及びその含量並びに事故の際に講じなければならない応急の措置の内容を記載した書面を備えなければならない。

1（ア、イ）　2（ア、ウ）　3（イ、エ）　4（ウ、エ）

問 19　以下のうち、法律第８条第２項の規定により、都道府県知事が行う毒物劇物取扱者試験に合格した者で、あきらかに毒物劇物取扱責任者となることができないものを一つ選びなさい。

1　20 歳の者
2　毒物劇物営業登録施設での実務経験が３年未満の者
3　麻薬の中毒者
4　道路交通法違反で罰金以上の刑に処せられ、その執行を終わり、1 年を経過した者

問 20　政令第 40 条の６に規定する荷送人の通知義務に関する以下の記述について、(　　)に入れるべき字句を下から一つ選びなさい。

毒物又は劇物を車両を使用して、又は鉄道によって運搬する場合で、当該運搬を他に委託するときは、その荷送人は、運送人に対し、あらかじめ、当該毒物又は劇物の名称、成分及びその含量並びに数量並びに事故の際に講じなければならない応急の措置の内容を記載した書面を交付しなければならない。ただし、１回の運搬につき(　　)以下の毒物又は劇物を運搬する場合は、この限りでない。

1　千キログラム　　2　２千キログラム
3　３千キログラム　　4　５千キログラム

問 21　以下のうち、政令第 40 条の９及び省令第 13 条の 12 の規定により、毒物劇物営業者が毒物又は劇物を販売し、又は授与する時までに、譲受人に対し提供しなければならない情報の内容について、誤っているものを一つ選びなさい。

1　情報を提供する毒物劇物営業者の氏名及び住所(法人にあっては、その名称及び主たる事務所の所在地)
2　応急措置
3　輸送上の注意
4　管轄保健所の連絡先

問 22　以下の記述は、法律第 17 条第２項の条文である。(　　)の中に入れるべき字句を下から一つ選びなさい。

法律第 17 条第２項
　毒物劇物営業者及び特定毒物研究者は、その取扱いに係る毒物又は劇物が盗難にあい、又は紛失したときは、直ちに、その旨を(　　)に届け出なければならない。

1　保健所　　2　警察署　　3　厚生労働省
4　保健所、警察署又は消防機関

問 23 以下のうち、法律第22条第1項の規定により、業務上取扱者の届出を要する事業として、定められていないものを一つ選びなさい。

1 無機シアン化合物たる毒物を用いて、電気めっきを行う事業
2 シアン化ナトリウムを用いて、金属熱処理を行う事業
3 内容積が200Lの容器を大型自動車に積載して、弗(ふっ)化水素を運搬する事業
4 砒(ひ)素化合物たる毒物を用いて、しろありの防除を行う事業

問 24 法律第22条第5項の規定にする届出を要しない業務上取扱者に関する以下の記述の正誤について、正しい組み合わせを下から一つ選びなさい。

ア 法律第 11 条に規定する毒物又は劇物の盗難又は紛失の防止措置が適用される。
イ 法律第 12 条第3項に規定する毒物又は劇物を貯蔵する場所への表示が適用される。
ウ 法律第17条に規定する事故の際の措置が適用される。
エ 法律第18条に規定する立入検査等が適用される。

	ア	イ	ウ	エ
1	正	正	正	正
2	正	誤	正	誤
3	誤	正	誤	誤
4	誤	誤	誤	正

問 25 以下の記述は、法律第18条第1項の条文である。（　　）の中に入れるべき字句を下から一つ選びなさい。

法律第18条第1項
　都道府県知事は、（　ア　）ときは、毒物劇物営業者若しくは特定毒物研究者から必要な報告を徴し、又は薬事監視員のうちからあらかじめ指定する者に、これらの者の製造所、営業所、店舗、研究所その他業務上毒物若しくは劇物を取り扱う場所に立ち入り、帳簿その他の物件を（　イ　）させ、関係者に質問させ、若しくは試験のため必要な最小限度の分量に限り、毒物、劇物、第11条第2項の政令で定める物若しくはその疑いのある物を収去させることができる。

	ア	イ
1	保健衛生上必要があると認める	捜査
2	保健衛生上必要があると認める	検査
3	事故が発生し緊急性が認められる	捜査
4	事故が発生し緊急性が認められる	検査

〔基礎化学〕
（一般・農業用品目・特定品目共通）

問 26 混合物の分離又は精製に関する以下の組み合わせについて、誤っているものを一つ選びなさい。

1 海水から水を得る。 — 蒸留
2 泥水を土と水に分離する。 — ろ過
3 原油からガソリン、灯油、軽油等を得る。— 昇華
4 昆布からだしをとる。 — 抽出

問 27 以下の物質のうち、単体であるものを一つ選びなさい。

1 ベンゼン　　2 アルゴン　　3 ベンジン　　4 プロパン

問　28　触媒に関する以下の記述について、（　　）の中に入れるべき字句の適切な組み合わせを下から一つ選びなさい。

触媒は、反応の活性化エネルギーを（　ア　）はたらきをすることで反応速度を（　イ　）する。触媒は反応前後で変化（　ウ　）。

	ア	イ	ウ
1	上げる	速く	する
2	上げる	遅く	しない
3	下げる	速く	しない
4	下げる	遅く	する

問　29　コロイドの性質に関する以下の記述について、（　　）の中に入れるべき字句を下から一つ選びなさい。

疎水コロイドに少量の電解質を加えたとき、沈殿が生じた。この現象を（　）という。

1　ブラウン運動　　2　チンダル現象　　3　塩析　　4　凝析

問　30　以下の元素のうち、炎色反応で黄緑色を呈するものを一つ選びなさい。

1　ナトリウム　　2　カルシウム　　3　バリウム　　4　リチウム

問　31　以下の化合物のうち、芳香族化合物であるものを一つ選びなさい。

1　キシレン　　2　エチレン　　3　アセチレン　　4　セレン

問　32　以下のうち、27 ℃、9.85×10^4Pa において、800mL の体積を占める理想気体が、0 ℃、1.01×10^5Pa において示す体積として最も適当なものを一つ選びなさい。

1　570mL　　2　640mL　　3　710mL　　4　780mL

問　33　以下のうち、0.3mol/L の水酸化ナトリウム水溶液 40mL を中和するために必要な硫酸 20mL のモル濃度として最も適当なものを一つ選びなさい。

1　0.3mol/L　　2　0.6mol/L　　3　0.9mol/L　　4　1.2mol/L

問　34　以下のうち、10%塩化ナトリウム水溶液 300mL に 20%塩化ナトリウム水溶液 200mL を加えた溶液の質量パーセント濃度として最も適当なものを一つ選びなさい。なお、混合後の水溶液の体積は、混合前の 2 つの水溶液の体積の総和と等しいものとする。

1　12%　　2　14%　　3　16%　　4　18%

問　35　以下の化学反応式について、（　　）の中に入れるべき係数の正しい組み合わせを下から一つ選びなさい。

$2\ KMnO_4 + 5\ H_2O_2 +$（　ア　）H_2SO_4
　　$\rightarrow\ 2\ MnSO_4 +$（　イ　）$H_2O +$（　ウ　）$O_2 + K_2SO_4$

	ア	イ	ウ
1	3	5	8
2	3	8	5
3	5	8	5
4	5	5	8

問 36 硫化水素に関する以下の記述のうち、正しいものの組み合わせを下から一つ選びなさい。

ア 強力な酸化剤である。
イ 無色の悪臭(腐卵臭)をもつ有毒な気体である。
ウ 空気よりも軽いため、実験室では上方置換法により捕集する。
エ 鉛、銅などの金属イオンと反応して特有の色の沈殿をつくる。

1（ア、イ） 2（ア、ウ） 3（イ、エ） 4（ウ、エ）

問 37 以下の金属のうち、イオン化傾向が最も小さいものを一つ選びなさい。

1 金 2 鉄 3 カリウム 4 銅

問 38 以下の物質のうち、同素体の組み合わせについて正しいものを一つ選びなさい。

1 水と水蒸気 2 一酸化窒素と二酸化窒素
3 黄リンと赤リン 4 塩素と塩化水素

問 39 以下の物質のうち、アミノ基を持つものを一つ選びなさい。

1 トルエン 2 アニリン 3 ぎ酸 4 ジエチルエーテル

問 40 以下の試薬のうち、ブドウ糖の検出に用いられるものとして最も適当なものを一つ選びなさい。

1 ネスラー試薬 2 フェーリング液
3 メチルオレンジ 4 フェノールフタレイン

〔性質・貯蔵・取扱〕

（一般）

問題 以下の物質の用途として、最も適当なものを下から一つ選びなさい。

物質名	用途
硅弗(けいふつ)化水素酸	問 41
亜塩素酸ナトリウム	問 42
酢酸エチル	問 43
塩化亜鉛	問 44

1 脱水剤、木材防腐剤、活性炭の原料、乾電池材料、脱臭剤、染料安定剤
2 香料、溶剤、有機合成原料
3 セメントの硬化促進剤、錫(すず)の電解精錬やめっきの際の電解液
4 繊維、木材、食品の漂白

問題　以下の物質の性状として、最も適当なものを下から一つ選びなさい。

物　質　名	性 状
ニトロベンゼン	問　45
塩化水素	問　46
アクリルニトリル	問　47
シアン化ナトリウム	問　48

1　無臭又は微刺激臭のある無色透明の蒸発しやすい液体。
2　常温、常圧においては、無色の刺激臭をもつ気体で、湿った空気中で激しく発煙する。冷却すると無色の液体及び固体となる。
3　無色又は微黄色の吸湿性の液体で、強い苦扁桃様の香気をもち、光線を屈折させる。
4　白色の粉末、粒状又はタブレット状の固体で、酸と反応すると有毒かつ引火性のガスを生成する。

問題　以下の物質の廃棄方法として、最も適当なものを下から一つ選びなさい。

物　質　名	廃棄方法
水銀	問　49
ホスゲン	問　50
２－クロロニトロベンゼン	問　51
塩化第一錫（すず）	問　52

1　多量の水酸化ナトリウム水溶液(10%程度)に撹拌しながら少量ずつガスを吹き込み分解した後、希硫酸を加えて中和する。
2　水に溶かし、水酸化カルシウム(消石灰)、炭酸ナトリウム(ソーダ灰)等の水溶液を加えて処理し、沈殿ろ過して埋立処分する。
3　アフターバーナー及びスクラバーを備えた焼却炉で少量ずつ又は可燃性溶剤とともに焼却する。
4　そのまま再生利用するため蒸留する。

問題　以下の物質の漏えい時の措置として、最も適当なものを下から一つ選びなさい。

物　質　名	漏えい時の措置
ピクリン酸アンモニウム	問　53
硝酸	問　54
アンモニア	問　55
シアン化水素	問　56

1　多量の場合、漏えい箇所を濡れむしろ等で覆い、ガス状のものに対しては遠くから霧状の水をかけ吸収させる。
2　漏えいしたボンベ等を多量の水酸化ナトリウム水溶液に容器ごと投入してガスを吸収させ、さらに酸化剤の水溶液で酸化処理を行い、多量の水で洗い流す。
3　多量の場合、土砂等でその流れを止め、これに吸着させるか、又は安全な場所に導いて、遠くから徐々に注水してある程度希釈した後、水酸化カルシウム(消石灰)、炭酸ナトリウム(ソーダ灰)等で中和し、多量の水で洗い流す。
4　飛散したものは金属製ではない空容器にできるだけ回収し、そのあとを多量の水で洗い流す。なお、回収の際は飛散したものが乾燥しないよう、適量の水を散布し、また、回収物の保管、輸送に際しても十分に水分を含んだ状態を保つようにする。

九州全県・沖縄県統一

問題　以下の物質の貯蔵方法として、最も適当なものを下から一つ選びなさい。

物　質　名	貯蔵方法
黄燐(りん)	問　57
ベタナフトール	問　58
水酸化ナトリウム	問　59
ブロムメチル	問　60

1　光線に触れると赤変するため、遮光して保管する。
2　空気に触れると発火しやすいので、水中に沈めて瓶に入れ、さらに砂を入れた缶中に固定して、冷暗所に保管する。
3　常温では気体なので、圧縮冷却して液化し、圧縮容器に入れ、直射日光など温度上昇の原因を避けて、冷暗所に保管する。
4　二酸化炭素と水を吸収する性質が強いため、密栓して保管する。

（農業用品目）

問題　以下の物質の性状として、最も適当なものを下から一つ選びなさい。

物　質　名	性 状
燐(りん)化亜鉛	問 41
Ｓ－メチル－Ｎ－［(メチルカルバモイル)－オキシ］－チオアセトイミデート(別名メトミル)	問 42
１－(６－クロロ－３－ピリジルメチル)－Ｎ－ニトロイミダゾリジン－２－イリデンアミン(別名イミダクロプリド)	問 43
ジエチル－(５－フェニル－３－イソキサゾリル)-チオホスフェイト(別名イソキサチオン)	問 44

1　淡黄褐色の液体である。水に溶けにくく、有機溶剤には溶ける。アルカリに不安定である。
2　白色の結晶固体で、弱い硫黄臭がある。水、メタノール、アセトンに溶ける。
3　無色の結晶で、弱い特異臭がある。水にきわめて溶けにくい。
4　暗灰色又は暗赤色の粉末で、光沢がある。水、アルコールに溶けない。希酸にホスフィンを出して溶解する。

問題　以下の物質の用途として、最も適当なものを下から一つ選びなさい。

物　質　名	用 途
２・３－ジヒドロ－２・２－ジメチル－７－ベンゾ[b]フラニル－Ｎ－ジブチルアミノチオ－Ｎ－メチルカルバマート(別名カルボスルファン)	問 45
２・３－ジシアノ－１・４－ジチアアントラキノン(別名ジチアノン)	問 46
２・２’－ジピリジリウム－１・１’－エチレンジブロミド(別名ジクワット)	問 47
２－ジフェニルアセチル－１・３－インダンジオン(別名ダイファシノン)	問 48

1　除草剤　　2　殺鼠剤　　3　殺虫剤　　4　殺菌剤

問題　以下の物質の毒性として、最も適当なものを下から一つ選びなさい。

物　質　名	毒性
無機銅塩類	問　49
クロルピクリン	問　50
ブロムメチル	問　51
ジメチルジチオホスホリルフェニル酢酸エチル（別名フェントエート）	問　52

1　神経伝達物質のアセチルコリンを分解する酵素であるコリンエステラーゼと結合し、その働きを阻害する。吸入した場合、倦怠感、頭痛、嘔吐（おうと）、下痢、多汗等の症状を呈し、重症な場合には、縮瞳、意識混濁等を起こすことがある。
2　のどが焼けるように熱くなり、緑又は青色のものを嘔吐（おうと）する。
3　吸入すると、分解されずに組織内に吸収され、各器官が障害される。血液中でメトヘモグロビンを生成、また中枢神経や心臓、眼結膜を侵し、肺も強く障害する。
4　常温では気体であり、蒸気は空気より重いため、吸入による中毒を起こしやすく、吸入した場合は、吐き気、嘔吐（おうと）、頭痛、歩行困難、けいれん、視力障害、瞳孔拡大等の症状を起こすことがある。

問題　以下の物質の廃棄方法として、最も適当なものを下から一つ選びなさい。

物　質　名	廃棄方法
シアン化ナトリウム	問　53
塩化亜鉛	問　54
ジメチル－4－メチルメルカプト－3－メチルフェニルチオホスフェイト（別名フェンチオン、MPP）	問　55
塩化第一銅	問　56

1　おが屑等に吸収させてアフターバーナー及びスクラバーを備えた焼却炉で焼却する。
2　水に溶かし、水酸化カルシウム（消石灰）、炭酸ナトリウム（ソーダ灰）等の水溶液を加えて処理し、沈殿ろ過して埋立処分する。
3　水酸化ナトリウム水溶液等でアルカリ性とし、高温加圧下で加水分解する。
4　セメントを用いて固化し、埋立処分する。

問題　以下の物質を含有する製剤について、含有する濃度が何%以下になると劇物に該当しなくなるか、正しいものを下から一つ選びなさい。

物　質　名	濃度
N－メチル－1－ナフチルカルバメート（別名カルバリル）	問　57
ジメチルジチオホスホリルフェニル酢酸エチル（別名フェントエート）	問　58
アンモニア	問　59
ジニトロメチルヘプチルフェニルクロトナート（別名ジノカップ）	問　60

1　0.2%　　2　3%　　3　5%　　4　10%

（特定品目）

問題　以下の物質の用途として、最も適当なものを下から一つ選びなさい。

物　質　名	用途
トルエン	問　41
一酸化鉛	問　42
過酸化水素	問　43
重クロム酸カリウム	問　44

1　織物や油絵の洗浄、消毒
2　工業用の酸化剤、媒染剤、電気めっき、電池調整
3　爆薬・染料・香料・サッカリン・合成高分子材料の原料、溶剤
4　ゴムの加硫促進剤、顔料、試薬

問題　以下の物質の毒性として、最も適当なものを下から一つ選びなさい。

物　質　名	毒性
メタノール	問　45
クロロホルム	問　46
蓚(しゅう)酸	問　47
水酸化ナトリウム	問　48

1　脳の節細胞を麻酔させ、赤血球を溶解する。吸収すると、はじめは嘔吐(おうと)、瞳孔の縮小、運動性不安が現れ、脳及びその他の神経細胞を麻酔させる。
2　腐食性がきわめて強く、皮膚に触れると激しく侵し、また高濃度溶液を経口摂取すると口内、食道、胃などの粘膜を腐食して死亡する。
3　血液中のカルシウム分を奪取し、神経系を侵す。急性中毒症状は、胃痛、嘔吐(おうと)、口腔(こうこう)・咽喉の炎症、腎障害などがある。
4　頭痛、めまい、嘔吐(おうと)、下痢、腹痛などをおこし、致死量に近ければ麻酔状態になり、視神経が侵され、眼がかすみ、失明することがある。

問題　以下の物質の廃棄方法として、最も適当なものを下から一つ選びなさい。

物　質　名	廃棄方法
硝酸	問　49
硅弗(けいふっ)化ナトリウム	問　50
クロロホルム	問　51
水酸化カリウム	問　52

1　水を加えて希薄な水溶液とし、酸で中和させた後、多量の水で希釈して処理する。
2　徐々に炭酸ナトリウム（ソーダ灰）又は水酸化カルシウム（消石灰）の撹拌溶液に加えて中和させた後、多量の水で希釈して処理する。水酸化カルシウム（消石灰）の場合は上澄液のみを流す。
3　過剰の可燃性溶剤又は重油などの燃料とともに、アフターバーナー及びスクラバーを備えた焼却炉の火室へ噴霧して、できるだけ高温で焼却する。
4　水に溶かし、水酸化カルシウム（消石灰）などの水溶液を加えて処理した後、希硫酸を加えて中和し、沈殿ろ過して埋立処分する。

問題　以下の物質の性状として、最も適当なものを下から一つ選びなさい。

物　質　名	性状
ホルマリン	問　53
トルエン	問　54
重クロム酸カリウム	問　55
硝酸	問　56

1　無色透明で、可燃性のベンゼン臭を有する液体である。ベンゼン、エーテルに溶ける。
2　無色又は淡黄色の液体で、窒息性の臭気があり、腐食性が激しい。
3　無色の催涙性透明液体で、刺激臭がある。
4　橙赤色又は黄赤色の柱状結晶で、水に溶ける。強力な酸化剤である。

問題　以下の物質の貯蔵方法として、最も適当なものを下から一つ選びなさい。

物　質　名	貯蔵方法
過酸化水素	問　57
メタノール	問　58
クロロホルム	問　59
水酸化カリウム	問　60

1　二酸化炭素と水を強く吸収するため、密栓して保管する。
2　火災の危険性があり、揮発しやすいため密栓して冷暗所に保管する。
3　純品は空気と日光によって変質するため、分解防止用の少量のアルコールを加えて冷暗所に保管する。
4　少量ならば褐色ガラス瓶、大量ならばカーボイなどを使用し、3分の1の空間を保って保管する。

〔実　地〕

(一般)

問題　以下の物質について、該当する性状をA欄から、識別方法をB欄から、それぞれ最も適当なものを下から一つ選びなさい。

物　質　名	性状	識別方法
弗(ふっ)化水素酸	問　61	問　63
黄燐(りん)	問　62	問　64
四塩化炭素		問　65

【A欄】(性状)

1　無色又はわずかに着色した透明の液体で、特有の刺激臭がある。不燃性で、高濃度のものは空気中で白煙を生じる。
2　白色又は淡黄色のロウ様半透明の結晶性固体で、ニンニク臭を有する。
3　揮発性、麻酔性の芳香を有する無色の重い液体で、不燃性である。溶剤として種々の工業に用いられるが、毒性が強く、吸入すると中毒を起こす。
4　無色の催涙性透明の液体で、刺激性の臭気がある。

【B欄】(識別方法)

1　ロウを塗ったガラス板に針で任意の模様を描いたものに塗ると、針で削り取られた模様の部分は腐食される。
2　暗室内で酒石酸又は硫酸酸性で水蒸気蒸留を行うと、冷却器あるいは流出管の内部に美しい青白色の光が認められる。
3　アルコール性の水酸化カリウムと銅粉とともに煮沸すると、黄赤色の沈殿を生成する。
4　水浴上で蒸発すると、水に溶けにくい白色、無晶形の物質が残る。

問題　以下の物質について、該当する性状をA欄から、識別方法をB欄から、それぞれ最も適当なものを下から一つ選びなさい。

物　質　名	性状	識別方法
スルホナール	問　66	問　68
ピクリン酸	問　67	問　69
塩素酸ナトリウム		問　70

【A欄】(性状)

1　無色、稜柱状の結晶性粉末である。
2　淡黄色の光沢ある小葉状あるいは針状結晶である。
3　無色無臭の正方単斜状の結晶で、水に溶けやすく、空気中の水分を吸収して潮解する。
4　無色の針状結晶又は白色の放射状結晶塊で、空気中で容易に赤変する。特異の臭気がある。

【B欄】(識別方法)

1　木炭とともに熱すると、メルカプタンの臭気を放つ。
2　アルコール溶液は、白色の羊毛又は絹糸を鮮黄色に染める。
3　炭の上に小さな孔をつくり、試料を入れ吹管炎で熱灼すると、パチパチ音を立てて分解する。
4　水溶液に塩化鉄(Ⅲ)液(過クロール鉄液)を加えると紫色を呈する。

(農業用品目)

問題　以下の物質の識別方法について、最も適当なものを下から一つ選びなさい。

物質名	識別方法
燐(りん)化アルミニウムとその分解促進剤	問 61
無水硫酸銅	問 62
ニコチン	問 63
硫酸	問 64

1　本物質に水を加えると青くなる。
2　本物質の希釈水溶液に塩化バリウムを加えると、白色の沈殿を生じるが、この沈殿は塩酸や硝酸に溶けない。
3　本物質をエーテルに溶かし、ヨード(沃(よう)素)のエーテル溶液を加えると、褐色の液状沈殿を生じ、これを放置すると、赤色の針状結晶となる。また、本物質にホルマリン1滴を加えた後、濃硝酸1滴を加えると、ばら色を呈する。
4　本物質が大気中の湿気に触れることで徐々に発生する気体は、5~10%硝酸銀溶液を吸着させたろ紙を黒変させる。

問 66　以下の物質について、該当する性状をA欄から、代表的な用途をB欄から、それぞれ最も適当なものを下から一つ選びなさい。

物質名	性状	用途
S・S－ビス(1－メチルプロピル)=O－エチル=ホスホロジチオアート(別名カズサホス)	問 65	
弗(ふつ)化スルフリル	問 66	問 68
ナラシン	問 67	問 69
塩素酸ナトリウム		問 70

【A欄】(性状)
1　無色の気体
2　微臭のある無色油状の液体
3　白色から淡黄色の粉末。特異な臭いがある。
4　淡黄色の液体。硫黄臭がある。

【B欄】(用途)
1　除草剤　　2　飼料添加物　　3　殺虫剤　　4　植物成長調整剤

(特定品目)

問題　以下の物質について、該当する性状をA欄から、識別方法をB欄から、それぞれ最も適当なものを下から一つ選びなさい。

物　質　名	性状	識別方法
塩酸	問　61	問　63
過酸化水素	問　62	問　64
一酸化鉛		問　65

【A欄】(性状)

1　重い粉末で黄色のものから赤色のものまであり、水に溶けず、酸、アルカリには溶ける。
2　無色透明の液体で、刺激臭がある。
3　無色透明の液体。常温において徐々に酸素と水に分解するが、微量の不純物が混入すると、爆鳴を発して急激に分解する。
4　白色、結晶性の固い固体で、繊維状結晶様の破砕面を現す。

【B欄】(識別方法)

1　希硝酸に溶かすと無色の液となり、これに硫化水素を通すと黒色の沈殿が生成する。
2　過マンガン酸カリウムを還元し、クロム酸塩を過クロム酸塩に変える。またヨード亜鉛からヨード(沃(よう)素)を析出する。
3　水溶液を白金線につけて無色の火炎中に入れると、火炎は著しく黄色に染まり、長時間続く。
4　硝酸銀溶液を加えると、白色の沈殿を生じる。

問題　以下の物質について、該当する性状をA欄から、識別方法をB欄から、それぞれ最も適当なものを下から一つ選びなさい。

物　質　名	性状	識別方法
蓚(しゅう)酸	問　66	問　69
キシレン	問　67	
アンモニア水	問　68	問　70

【A欄】(性状)

1　無色透明の液体であり、芳香族炭化水素特有の臭いがある。
2　橙黄色の結晶であり水に溶けるが、アルコールには溶けない。
3　無色透明、揮発性の液体であり、鼻をさすような臭気があり、アルカリ性を呈する。
4　無色、稜柱状の結晶で、乾燥空気中で風化する。

【B欄】(識別方法)

1　濃塩酸を潤したガラス棒を近づけると、白い霧を生じる。また、塩酸を加えて中和した後、塩化白金溶液を加えると、黄色、結晶性の沈殿を生じる。
2　水溶液を酢酸で弱酸性にして酢酸カルシウムを加えると、結晶性の沈殿を生成する。
3　過マンガン酸カリウムを還元し、クロム酸塩を過クロム酸塩に変える。またヨード亜鉛からヨード(沃(よう)素)を析出する。
4　水溶液に硝酸バリウム又は塩化バリウムを加えると、黄色の沈殿を生じる。

解答・解説編

北海道
令和２年度実施

〔毒物及び劇物に関する法規〕
（一般・農業用品目・特定品目共通）

問１　1
〔解説〕
法第１条の目的
問２　3
〔解説〕
法第４条第３項におけるの登録の更新。
問３　2　　問４　1
〔解説〕
法第８条第２項の毒物劇物取扱責任者の不適格者のこと。
問５　1　　問６　4
〔解説〕
法第３条の４のこと。
問７　2　　問８　1
〔解説〕
法第 13 条は着色する農業用品目のこと。
問９　4　　問10　2
〔解説〕
法第 17 条第２項における盗難紛失の措置のこと。
問 11　1
〔解説〕
解答のとおり。
問 12　2
〔解説〕
業務上取扱者の届出をしなければならない事業者については、法第 22 条第１項→施行令第 41 条及び同第 42 条で、①シアン化ナトリウム又は無機シアン化合物たる毒物を使用する電気めっきを行う事業、②シアン化ナトリウム又は無機シアン化合物たる毒物を使用する金属熱処理上を行う事業、③大型自動車 5,000kg 以上に毒物又は劇物を積載して行う大型運送業、④ヒ素化合物たる毒物を使用するしろあり防除を行う事業のこと。このことからアとウが正しい。なお、ウについては、四アルキル鉛を含有する製剤について、施行規則第 13 条の 13 で、運搬する場合の容器は、200 リットル、それ以外の毒物又は劇物を運搬する容器については、1,000 リットルと内容積が規定されている。
問 13　4
〔解説〕
この設問は、法第７条及び法第８条における毒物劇物取扱責任者についてで、４が正しい。４は法第７条第１項ただし書規定のこと。なお、１は法第８条第２項第一号により、18 歳未満の者は、毒物劇物取扱責任者になることは出来ないと示されている。２の毒物劇物取扱責任者を変更した際には、法第７条第３項により、30 日以内に届出なければならない。この設問は誤り。３については法第７条第１項で、毒物又は劇物を直接取り扱う製造所、営業所又は店舗ごとに専任の毒物劇物取扱責任者を置かなければならないと示されている。
問 14　2
〔解説〕
法第３条の３について、施行令第 32 条の２次の品目→①トルエン、②酢酸エチル、トルエン又はメタノールを含有する接着剤、塗料及び閉そく用又はシーリングの充てん料は、みだりに摂取、若しくは吸入し、又はこれらの目的で所持してはならない。このことから２のトルエンが正しい。
問 15　3
〔解説〕
この設問は、法第 12 条第２項に示されている毒物又は劇物の容器及び被包に掲げなければならない表示事項→①毒物又は劇物の名称、②毒物又は劇物の成分及びその含量、③施行規則第 11 条の５で示されている解毒剤〔①２－ピリジルアルドキシムメチオダイド(PAM)の製剤、②硫酸アトロピンの製剤)〕の名称。正しいのは、イとウである。

問16　4

〔解説〕

この設問は、法第11条第4項に示されている飲食物容器の容器使用禁止のこと。解答のとおり。

問17　4

〔解説〕

この設問で正しいのは、ウとエ。ウは、法第3条の2第1項ただし書のこと。エの特定毒物を所持出来るのは、①毒物営業者〔1．毒物又は劇物製造業、2．毒物又は劇物営業者、毒物又は劇物販売業者〕、2．特定毒物研究者、3．特定毒物使用者〔その者が使用できる特定毒物のみ〕で、このことは、法第3条の2第10項に示されている。なお、アについては、特定毒物販売業者のことで、法第4条の3第2項→施行規則第4条の3→施行規則別表第二に掲げられている劇物のみ。よって誤り。イは、18歳未満の者に交付してはならないと法第15条第1項第一号に示されている。

問18　3

〔解説〕

解答のとおり。

問19　4

〔解説〕

この設問は、施行規則第4条の4における設備基準のことで正しいのは、イとエが正しい。なお、アの毒物又は劇物を陳列する場所には、かぎをかける設備があることである(施行規則第4条の4第1項第三号)。ウは、その周囲に関係者以外の立入を禁止ではなく、その周囲に堅固なさく設けていることである。(施行規則第4条の4第1項第二号ホ)

問20　2

〔解説〕

この設問は、毒物又は劇物を車両で運搬する場合、車両の前後に掲げなければならない車両の標識のこと。(施行規則第13条の5)

〔基礎化学〕
(一般・農業用品目・特定品目共通)

問21　2

〔解説〕

電子はK殻に2個、L殻に8個、M殻に18個まで収容できる。

問22　3

〔解説〕

単体とはただ一つの元素からなる物質でダイヤモンドはCのみから成る。

問23　2

〔解説〕

17族元素ハロゲンという。F, Cl, Br, I。

問24　3

〔解説〕

水分子は分子の形が折れ線であるため極性分子であるが、二酸化炭素は直線であるため極性を持たない。

問25　3

〔解説〕

2-ブテンはシス及びトランスの幾何異性体を有する。

問26　4

〔解説〕

アルカンの一般式はC_nH_{2n+2}で表される。

問27　1

〔解説〕

イオン化傾向が大きい金属元素ほど陽イオンになりやすい。Au（金）は陽イオンに非常になりにくい金属元素である。

問28　1

〔解説〕

ナトリウムは炎色反応において黄色を呈する。

問 29　4

〔解説〕

メスフラスコはメニスカスに合わせることで、正確に体積を測ることができるガラス器具である。

問 30　3

〔解説〕

アルカリ金属元素とアルカリ土類金属元素は常温の水と反応し水素ガスを発生しながら自身は陽イオンになる。

問 31　1

〔解説〕

コロイド粒子と溶媒分子が衝突し、コロイド粒子が不規則な動きをする現象をブラウン運動という。

問 32　3

〔解説〕

0.4 mol/L の塩酸 250 mL に含まれる塩化水素のモル数は $0.4 \times 250/1000 = 0.1$ mol、水酸化ナトリウムと塩化水素はモル比が 1:1 で反応するから必要な水酸化ナトリウムのモル数は 0.1 mol。水酸化ナトリウム(NaOH)の式量は 40 であるから必要な重さは $40 \times 0.1 = 4.0$ g

問 33　2

〔解説〕

触媒を加えても平衡は移動しない。圧力を上げると総分子数を減らす方向に平衡は右に移動する。NH_3 を加えると NH_3 を減らす方向に平衡は移動する。温度を上げると温度を下げる方向に平衡は移動する。

問 34　3

〔解説〕

リン酸カルシウムは弱塩基性、硝酸鉄は弱酸性、シュウ酸ナトリウムは弱塩基性を示す。

問 35　2

〔解説〕

0. 01mol/L の塩酸の水素イオン濃度は 1.0×10^{-2} である。したがって pH は 2 となる。

問 36　4

〔解説〕

還元された物質は酸化数が減少する。Cl_2 の酸化数は 0 だが KCl 中の Cl は－ 1。H_2SO_4 中の H の酸化数は+1、H_2 の H の酸化数は 0 である。

問 37　3

〔解説〕

固体が液体を経ずに気体に、あるいは気体が液体を経ずに固体になる状態変化を昇華という。

問 38　4

〔解説〕

水(H_2O)の分子量は 18 である。よって 0.5 mol の水の重さは $18 \times 0.5 = 9.0$ g

問 39　1

〔解説〕

解答のとおり

問 40　3

〔解説〕

Na の酸化数は+1、O の酸化数は－ 2、よって Cl の酸化数は+1 となる（酸化数は分子中の各元素の酸化数の総和が 0 となる)。

〔毒物及び劇物の性質及び貯蔵その他取扱方法〕

（一般）

問１～問４　問１　4　問２　3　問３　1　問４　2

〔解説〕

問１　塩化チオニル($SOCl_2$)は劇物。無色または淡黄色の刺激臭のある液体。水と反応して分解し、有害なガスを生じる。ベンゼン、クロロホルム、四塩化炭素に可溶。　**問2**　ジメチルアミン$(CH_3)_2NH$ は、劇物。無色で魚臭様の臭気のある気体。水に溶ける。水溶液は強いアルカリ性を呈する。　**問3**　クロルメチル CH_3Cl は、劇物。無色の気体。エーテル様の臭いと甘味を有する。水にわずかに溶ける。圧縮すれば無色の液体になる。　**問4**　リン化水素 PH_3 は、毒物。別名ホスフィンは腐魚臭様の無色気体。水にわずかに溶ける。酸素及びハロゲンと激しく反応する。

問5～問7　**問5**　3　**問6**　4　**問7**　1

〔解説〕

問5　黄リン P_4 は、無色又は白色の蝋様の固体。毒物。別名を白リン。暗所で空気に触れるとリン光を放つ。水、有機溶媒に溶けないが、二硫化炭素には易溶。湿った空気中で発火する。空気に触れると発火しやすいので、水中に沈めてビンに入れ、さらに砂を入れた缶の中に固定し冷暗所で貯蔵する。　**問6**　カリウム K は、劇物。銀白色の光輝があり、ろう様の高度を持つ金属。カリウムは空気中にそのまま貯蔵することはできないので、石油中に保存する。黄リンは水中で保存。　**問7**　水酸化ナトリウム(別名：苛性ソーダ)NaOH は、白色結晶性の固体。水と炭酸を吸収する性質が強い。空気中に放置すると、潮解して徐々に炭酸ソーダの皮層を生ずる。貯蔵法については潮解性があり、二酸化炭素と水を吸収する性質が強いので、密栓して貯蔵する。

問8　4

〔解説〕

酢酸タリウム CH_3COOTl は劇物。無色の結晶。湿った空気中では潮解する。水及び有機溶媒易溶。市販品は、あせにくい黒色で着色されている。用途は殺鼠剤。

問9　1

〔解説〕

キシレン $C_6H_4(CH_3)_2$：引火性無色液体。吸入すると、目、鼻、のどを刺激する。高濃度では興奮、麻酔作用がある。皮膚に触れた場合、皮膚を刺激し、皮膚から吸収される。

問10　1

〔解説〕

シアン化亜鉛 $Zn(CN)_3$ は白色粉末。水にほとんど溶けない。廃棄方法は、水酸化ナトリウム水溶液を加えてアルカリ性(pH11 以上)とし、酸化剤(次亜塩素酸ナトリウム、さらし粉等)の水溶液を加えて CN 成分を酸化分解する酸化沈殿法と、多量の場合は還元燃焼法により金属(亜鉛、銅)を回収する焙焼法。

問11　4

〔解説〕

ウの用途が誤り。ホストキシン(リン化アルミニウム AlP とカルバミン酸アンモニウム $H_2NCOONH_4$ を主成分とする。)は、ネズミ、昆虫駆除に用いられる。リン化アルミニウムは空気中の湿気で分解して、猛毒のリン化水素 PH3(ホスフィン)を発生する。空気中の湿気に触れると徐々に分解して有毒なガスを発生するので密閉容器に貯蔵する。使用方法については施行令第 30 条で規定され、使用者についても施行令第 18 条で制限されている。用途は、ネズミ、昆虫駆除に用いられる。

問12　2

〔解説〕

クロム酸ナトリウムは十水和物が一般に流通。十水和物は黄色結晶で潮解性がある。水に溶けやすい。また、酸化性があるので工業用の酸化剤などに用いられる。廃棄方法は還元沈殿法を用いる。

問13　3

〔解説〕

イが誤り。キシレン $C_6H_4(CH_3)_2$ は劇物。無色透明の液体で芳香族炭化水素特有の臭いを有する。蒸気は空気より重い。水に不溶、有機溶媒に可溶である。

問14～問16　**問14**　1　**問15**　3　**問16**　4

〔解説〕

解答のとおり。

問 17 ～問 19　問 17　1　　問 18　4　　問 19　2、3

〔解説〕

問 17　硫酸タリウム Tl_2SO_4 は、劇物。白色結晶で、水にやや溶け、熱水に易溶、用途は殺鼠剤。　問 18　パラコートは、毒物で、ジピリジル誘導体で無色結晶性粉末、水によく溶け低級アルコールに僅かに溶ける。アルカリ性では不安定。金属に腐食する。不揮発性。用途は除草剤。　問 19　メチルイソチオシアネート（C_2H_3NS）は劇物。無色結晶。用途は土壌中のセンチュウ類や病原菌などに効果を発揮する土壌消毒剤。

問 20　2

〔解説〕

アが誤り。カーバメイト系の殺虫剤（稲のツマグロヨコバイ、ウンカ類、野菜のミナミキイロアザミウマ等の駆除）

（農業用品目）

問1～問4　問1　3　　問2　4　　問3　2　　問4　4

〔解説〕

問1　アバメクチンは毒物。1.8 %以下は毒物から除外。アバメクチンは 1.8% 以下は劇物。　問2　イソフェンホスは5%を超えて含有する製剤は毒物。ただし、5%以下は毒物から除外。イソフェンホスは5%以下は劇物。　問3　EPN を含有する製剤は毒物。ただし、1.5 %以下を含有する毒物から除外。1.5 %以下を含有する製剤は劇物。　問4　O －エチル＝ S, S －ジプロピル＝ホスホロジチオアート（別名エトプロホス）を含有する製剤は5%以下で毒物から除外。

問5～問7　問5　2　　問6　3　　問7　1

〔解説〕

解答のとおり。

問8～問 11　問8　3　　問9　1　　問 10　2　　問 11　4

〔解説〕

問8　硫酸銅（Ⅱ）$CuSO_4 \cdot 5H_2O$ は、濃い藍色の結晶で、風解性がある。硫酸第二銅の水溶液は酸性を示し、硝酸バリウムを加えると、白色の沈殿を生じる。

問9　本物質は別名は、フェンバレレートは劇物。黄褐色の粘調性液体。水にはほとんど溶けない。メタノール、アセトニトリル、酢酸エチルに溶けやすい。熱、酸に安定。アルカリに不安定。また、光で分解。　問 10　硫酸亜鉛 $ZnSO_4 \cdot 7H_2O$ は、一般的には七水和物が流通しており、それは白色の結晶で、水にきわめて溶けやすい。　問 11　メソミル（別名メトミル）は、毒物（劇物は 45 %以下は劇物）。白色の結晶。弱い硫黄臭がある。水、メタノール、アセトンに溶ける。融点 78 ～ 79 ℃。

問 12 ～問 14　問 12　1　　問 13　4　　問 14　2，3

〔解説〕

一般の問 17 ～問 19 を参照。

問 15 ～問 17　問 15　3　　問 16　1　　問 17　2

〔解説〕

問 15　アンモニア水は無色透明、刺激臭がある液体。揮発性があり、空気より軽いガスを発生するので、よく密栓して貯蔵する。　問 16　ブロムメチル CH_3Br は常温では気体であるため、これを圧縮液化し、圧容器に入れ冷暗所で保存する。

問 17　クロルピクリン CCl_3NO_2 は、無色～淡黄色液体、催涙性、粘膜刺激臭。金属腐食性と揮発性があるため、耐腐食性容器に入れ、密栓して冷暗所に貯蔵する。

問 18　2

〔解説〕

一般の問 20 を参照。

問 19　4

〔解説〕

一般の問 11 を参照。

問 20　4

〔解説〕

農業用品目販売業者の登録が受けた者が販売できる品目については、法第四条の三第一項→施行規則第四条の二→施行規則別表第一に掲げられている品目である。このことから、アのシアン酸ナトリウムとイのエママクチンが農業品目として販売できる。

（特定品目）

問１～問３　問１　４　　問２　２　　問３　３　　問４　３

〔解説〕

問１　クロム酸鉛 $PbCrO_4$ は 70 %以下は劇物から除外。　問２　過酸化水素 H_2O_2 は６%以下で劇物から除外。　問３　硫酸 H_2SO_4 は 10%以下で劇物から除外。

問４　２

〔解説〕

アが誤り。硫酸 H_2SO_4 は、劇物。無色無臭澄明な油状液体、腐食性が強い、比重 1.84、水、アルコールと混和するが発熱する。空気中および有機化合物から水を吸収する力が強い。用途は、肥料、各種化学薬品の製造、石油の精製、冶金、塗料、顔料などの製造、乾燥剤、試薬等

問５～問７　問５　２　　問６　１　　問７　４　　問８　４

〔解説〕

問５　酢酸エチル $CH_3COOC_2H_5$(別名酢酸エチルエステル、酢酸エステル)は、劇物。強い果実様の香気ある可燃性無色の液体。揮発性がある。蒸気は空気より重い。引火しやすい。水にやや溶けやすい。沸点は水より低い。　問６　クロム酸鉛 PbCrO4 は黄色または赤黄色粉末、水にほとんど溶けず、希硝酸、水酸化アルカリに溶ける。別名はクロムイエロー。　問７　四塩化炭素(テトラクロロメタン)CCl_4(別名四塩化メタン)は、揮発性、麻酔性の芳香を有する無色の重い液体である。不燃性であるが、さらに揮発して重い蒸気となり火炎をつつんで空気を遮断するので強い消火力を示す。また、油脂類をよく溶解する性質がある。

問８～問11　問８　４　　問９　２　　問10　１　　問11　３

〔解説〕

問８　水酸化ナトリウム(別名：苛性ソーダ)NaOH は、白色結晶性の固体。水と炭酸を吸収する性質が強い。空気中に放置すると、潮解して徐々に炭酸ソーダの皮層を生ずる。貯蔵法については潮解性があり、二酸化炭素と水を吸収する性質が強いので、密栓して貯蔵する。　問９　アンモニア水は無色透明、刺激臭がある液体。揮発性があり、空気より軽いガスを発生するので、よく密栓して貯蔵する。　問10　過酸化水素 H_2O_2 は、無色無臭で粘性の少し高い液体。徐々に水と酸素に分解する。貯蔵法は少量なら褐色ガラス瓶(光を遮るため)、多量ならば現在はポリエチレン瓶を使用し、3 分の 1 の空間を保ち、日光を避けて冷暗所保存。　問11　クロロホルム $CHCl_3$ は、無色、揮発性の液体で特有の香気とわずかな甘みをもち、麻酔性がある。空気中で日光により分解し、塩素、塩化水素、ホスゲンを生じるので、少量のアルコールを安定剤として入れて冷暗所に保存。

問12　２

〔解説〕

一般の問 12 を参照。

問13～問15　問13　１　　問14　３　　問15　４

〔解説〕

一般の問 14 ～問 16 を参照。

問16～問19　問16　２　　問17　３　　問18　１　　問19　４

〔解説〕

問16　クロロホルムの中毒：原形質毒、脳の節細胞を麻酔、赤血球を溶解する。吸収するとはじめ嘔吐、瞳孔縮小、運動性不安、次に脳、神経細胞の麻酔が起きる。中毒死は呼吸麻痺、心臓停止による。　問17　塩素 Cl_2 は、黄緑色の窒息性の臭気をもつ空気より重い気体。ハロゲンなので反応性大。水に溶ける。中毒症状は、粘膜刺激、目、鼻、咽喉および口腔粘膜に障害を与える。　問18　シュウ酸を摂取すると体内のカルシウムと安定なキレートを形成することで低カルシウム血症を引き起こし、神経系が侵される。　問19　メタノール CH_3OH は特有な臭いの無色液体。水に可溶。可燃性。中毒症状：吸入した場合、めまい、頭痛、吐気など、はなはだしい時は嘔吐、意識不明。中枢神経抑制作用。飲用により視神経障害、失明。

問20　３

〔解説〕

一般の問 13 を参照。

〔実　　地〕

（一般）

問 21 ～問 22　問 21　2　　問 22　4

〔解説〕

トリクロル酢酸 CCl_3CO_2H は、劇物。無色の斜方六面体の結晶。わずかな刺激臭がある。潮解性あり。水、アルコール、エーテルに溶ける。水溶液は強酸性、皮膚、粘膜に腐食性が強い。水酸化ナトリウム溶液を加えて熱するとクロロホルム臭を放つ。

問 23 ～問 24　問 23　2　　問 24　1

〔解説〕

沃化水素酸は、劇物。無色の液体。ヨード水素の水溶液に硝酸銀溶液を加えると、淡黄色の沃化銀の沈殿を生じる。この沈殿はアンモニア水にはわずかに溶け、硝酸には溶けない。

問 25 ～問 28　問 25　4　　問 26　2　　問 27　1　　問 28　3

〔解説〕

解答のとおり。

問 29　2

〔解説〕

砒素化合物については、胃洗浄を行い、吐剤、牛乳、蛋白粘滑剤を与える。解毒剤としては、ジメルカプロール(別名 BAL)。

問 30　4

〔解説〕

四アルキル鉛は特定毒物。用途は、自動車ガソリンのオクタン価向上剤。

問 31　1

〔解説〕

硫酸タリウム Tl_2SO_4 は、劇物。白色結晶で、水にやや溶け、熱水に易溶、用途は殺鼠剤。

問 32　3

〔解説〕

シアン化ナトリウム NaCN は毒物：白色粉末、粒状またはタブレット状。融点は 564 ℃で水に易溶。アルコール、アンモニア水に可溶。空気中で湿気を吸収し、二酸化炭素と反応して有毒な HCN ガスを発生する。水溶液は強アルカリ性である。識別は水に溶解後、水蒸気蒸留して得られた留液に、水酸化ナトリウム水溶液を加えてアルカリ性とし、硫酸第一鉄溶液及び塩化第二鉄溶液を加えて熱し、塩酸で酸性とすると藍色を呈する。

問 33　4

〔解説〕

酢酸鉛 $Pb(CH_3COO)_2$ は無色結晶。用途は染料、鉛塩の製造、試薬。

問 34 ～問 36　問 34　2　　問 35　1　　問 36　3

〔解説〕

解答のとおり。

問 37 ～問 40　問 37　2　　問 38　1　　問 39　3　　問 40　4

〔解説〕

問 37　硅弗化ナトリウムは劇物。無色の結晶。水に溶けにくい。アルコールにも溶けない。　水に溶かし、消石灰等の水溶液を加えて処理した後、希硫酸を加えて中和し、沈殿濾過して埋立処分する分解沈殿法。　　**問 38**　酢酸鉛 $Pb(CH_3COO)_2 \cdot 3H_2O$ は、無色結晶または白色粉末か顆粒で僅かに酢酸臭がある。水、グリセリンに易溶。廃棄は 1)沈澱隔離法：水に溶かして消石灰などのアルカリで水に不溶性の水酸化鉛 $Pb(OH)_2$ として沈殿ろ過してセメントで固化し、溶出試験で基準以下を確認後、埋立処分。　2)焙焼法：還元焙焼法で金属鉛として回収。　　**問 39**　塩化水素 HCl は酸性なので、石灰乳などのアルカリで中和した後、水で希釈する中和法。　　**問 40**　トルエンは可燃性の溶液であるから、これを珪藻土などに付着して、焼却する燃焼法。

（農業用品目）

問21～問24　問21　1　　問22　1　　問23　4　　問24　1

〔解説〕

解答のとおり。

問25～問27　問25　3　　問26　1　　問27　2

〔解説〕

問25　フェントエートは、劇物。赤褐色、油状の液体で、芳香性刺激臭を有し、水、プロピレングリコールに溶けない。リグロインにやや溶け、アルコール、エーテル、ベンゼンに溶ける。有機燐系の殺虫剤。　**問26**　シアン化水素 HCN は毒物。無色で特異臭(アーモンド様の臭気)のある液体。水溶液は極めて弱い酸性である。水、アルコールに溶ける。点火すれば青紫色の炎を発し燃焼する。

問27　エトプロホスは、毒物(5 %以下は除外、5 %以下で 3 %以上は劇物)、有機リン製剤、メルカプタン臭のある淡黄色透明液体、水に難溶、有機溶媒に易溶。用途は野菜等のネコブセンチュウの防除。

問28　4

〔解説〕

ピラクロホスは劇物。淡黄色油状の液体。水にほとんど溶けない。アセトン、エタノールに溶けやすい。用途は有機燐系農業殺虫剤。

問29　1

〔解説〕

一般の問31を参照。

問30～問31　問30　4　　問31　2

〔解説〕

解答のとおり。

問32～問34　問32　2　　問33　1　　問34　3

〔解説〕

解答のとおり。

問35～問36　問35　2　　問36　4

〔解説〕

問35　フェンチオン(MPP)は、劇物。褐色の液体。弱いニンニク臭を有する。各種有機溶媒に溶ける。水には溶けない。廃棄法：木粉(おが屑)等に吸収させてアフターバーナー及びスクラバーを具備した焼却炉で焼却する焼却法。(スクラバーの洗浄液には水酸化ナトリウム水溶液を用いる。)　**問36**　クロルピクリン CCl_3NO_2 は、無色～淡黄色液体、催涙性、粘膜刺激臭。水に不溶。線虫駆除、燻蒸剤。廃棄方法は、少量の界面活性剤を加えた亜硫酸ナトリウムと炭酸ナトリウムの混合液中で、撹拌し分解させた後、多量の水で希釈して処理する分解法。。

問37～問38　問37　4　　問38　1

〔解説〕

問37　シアン酸ナトリウムは無機シアン化合物で、シアンの急性中毒症状は、ミトコンドリアの呼吸酵素を阻害する。硫酸アトロピン（PAMの有効性は立証されていない。）解毒剤は、チオ硫酸ナトリウム。　**問38**　ダイアジノンは、有機リン製剤、接触性殺虫剤、かすかにエステル臭をもつ無色の液体、水に難溶、有機溶媒に可溶。有機リン製剤なのでコリンエステラーゼ活性阻害。有機燐化合物特有の症状が現れ、解毒にはPAM又は硫酸アトロピンの製剤を用いる。

問39　3

〔解説〕

アンモニア水は無色透明、刺激臭がある液体。アルカリ性を呈する。アンモニア NH_3 は空気より軽い気体。濃塩酸を近づけると塩化アンモニウムの白い煙を生じる。$NH_3 + HCl \rightarrow NH_4Cl$

問40　3

〔解説〕

一般の問32を参照

（特定品目）

問21～問24　問21　3　　問22　1　　問23　4　　問24　2

〔解説〕

問21　過酸化水素 H_2O_2 は劇物。無色無臭で粘性の少し高い液体。徐々に水と酸素に分解(光、金属により加速)する。安定剤として酸を加える。　ヨード亜鉛からヨウ素を析出する。過酸化水素自体は不燃性。しかし、分解が起こると激しく酸素を発生する。周囲に易燃物があると火災になる恐れがある。　問22　一酸化鉛 PbO は、重い粉末で、黄色から赤色までの間の種々のものがある。水に溶けず、酸、アルカリには溶ける。希硝酸に溶かすと、無色の液となり、これに硫化水素を通じると、黒色の沈殿を生じる。　問23　水酸化ナトリウム NaOH は、白色、結晶性のかたいかたまりで、繊維状結晶様の破砕面を現す。水と炭酸を吸収する性質がある。水溶液を白金線につけて火炎中に入れると、火炎は黄色に染まる。　問24　シュウ酸 $(COOH)_2 \cdot 2H_2O$ は無色の柱状結晶、風解性、還元性、漂白剤、鉄さび落とし。無水物は白色粉末。水、アルコールに可溶。エーテルには溶けにくい。また、ベンゼン、クロロホルムにはほとんど溶けない。水溶液を酢酸で弱酸性にして酢酸カルシウムを加えると、結晶性の沈殿を生じる。

問25～問28　問25　4　　問26　1　　問27　3　　問28　2

〔解説〕

問25　メチルエチルケトン $CH_3COC_2H_5$ は、劇物。アセトン様の臭いのある無色液体。引火性。有機溶媒。用途は接着剤、印刷用インキ、合成樹脂原料、ラッカー用溶剤。　問26　硝酸 HNO_3 は無色透明結晶で光によって分解して黒変するる強力な酸化剤であり、水に極めて溶けやすく、アセトン、グリセリンにも溶ける。用途は冶金、爆薬製造、セルロイド工業、試薬。　問27　塩素 Cl_2 は、黄緑色の刺激臭の空気より重い気体で、酸化力があるので酸化剤、用途は漂白剤、殺菌剤、消毒剤として使用される(紙パルプの漂白、飲用水の殺菌消毒などに用いられる)。　問28　重クロム酸ナトリウム $Na_2Cr_2O_7 \cdot 2H_2O$ は、やや潮解性の赤橙色結晶、酸化剤。水に易溶。有機溶媒には不溶。用途は試薬、酸化剤。

問29　2

〔解説〕

２が正しい。酸化第二水銀 HgO は毒物。赤色または黄色の粉末。水にはほとんど溶けない。希塩酸、硝酸、シアン化アルカリ溶液には溶ける。酸には容易に溶ける。用途は塗料、試薬。

問30　4

〔解説〕

酢酸鉛 $Pb(CH_3COO)_2$ は無色結晶。染料、鉛塩の製造。

問31～問32　問31　4　　問32　1

〔解説〕

解答のとおり。

問33～問36　問33　1　　問34　4　　問35　3　　問36　2

〔解説〕

解答のとおり。

問37～問40　問37　2　　問38　1　　問39　3　　問40　4

〔解説〕

一般の問37～問40を参照。

東北六県統一〔青森県・岩手県・宮城県・秋田県・山形県・福島県〕

令和２年度実施

〔法　規〕

（一般・農業用品目・特定品目共通）

問１　２
〔解説〕
解答のとおり。

問２　４
〔解説〕
解答のとおり。

問３　１
〔解説〕
解答のとおり。

問４　３
〔解説〕
法第４条第３項は登録の更新。解答のとおり。

問５　４
〔解説〕
法第 12 条第１項は、毒物又は劇物の容器及び被包についての表示。

問６　４
〔解説〕
この設問では誤っているものはどれかとあるので、４が誤り。法第８条第２項とは、毒物劇物取扱者の不適格者のことで、４については起算して五年をではなく、３年を経過していないものである。

問７　１
〔解説〕
この設問では、a と b が正しい。a の薬剤師については法第８条第１項第一号に示されているとおり。b では、毒物又は劇物を直接取り扱うことなくとあるので、法第７条第１項において毒物又は劇物を直接取り扱わない場合は、毒物劇物取扱責任者を置かなくてもよい。設問のとおり。なお、c については、他の都道府県においても毒物劇物取扱責任者になることができる。この設問は誤り。d の一般毒物劇物取扱者試験に合格した者は、全ての製造所、営業所、店舗の毒物劇物取扱責任者になることができる。毒物又は劇物の販売品目の制限はない。

問８　４
〔解説〕
この設問で正しいのは c と d である。c 法第 10 条第１項第一号の届出。d は法第３条の２第４項に示されている。なお、a については登録以外劇物を輸入した場合、届出ではなく、あらかじめ登録の変更を受けなければならないである。法第９条第１項に示されている。b については自ら製造した毒物又は劇物を毒物又は劇物販売業者に販売する際には、法第３条第３項ただし書規定により、販売業の登録を要しない。よってこの設問は誤り。

問９　２
〔解説〕
この設問は毒物又は劇物製造所の設備基準〔施行規則第４条の４第１項〕についてで、a と c が正しい。なお、b の毒物又は劇物を陳列する場所には、かぎをかける設備があることである。（施行規則第４条の４第１項第四号）d は、その周囲に関係者以外の立入を禁止ではなく、その周囲に堅固なさく設けていることである。（施行規則第４条の４第１項第二号ホ）

問 10　３
〔解説〕
この設問は、法第 11 条第４項に示されている飲食物容器の容器使用禁止のこと。３が正しい。

問11　1
〔解説〕
着色する農業用品目については、法第 13 条→施行令第 39 条でにおいて、①硫酸タリウムを含有する製剤たる劇物、②燐化亜鉛を含有する製剤たる劇物→施行規則第 12 条で、あせにくい黒色で着色と示されている。

問12　3
〔解説〕
この設問では、b と c が正しい。b は法第 21 条第２項に示されている。c は f 法第 21 条第１項に示されている。なお、a の特定毒物研究者については、登録制度ではなく、その主たる研究所の所在地の都道府県知事に申請をしなければならない。〔法第６条の２〕d の特定毒物使用者は、施行令で定められている用途のみ特定毒物を使用することができる。特定毒物を製造できる者は、①毒物又は劇物の製造業者、②特定毒物研究者である。

問13　4
〔解説〕
毒物又は劇物を譲渡する際の書面に掲げる事項とは、①毒物又は劇物の名称及び数量、②販売又は授与の年月日、③譲受人の氏名、職業及び住所(法人にあっては、その名称及び主たる事務所の所在地)である。このことから c と d が正しい。

問14　4
〔解説〕
この設問で正しいのは、c と d が正しい。c は法第４条の３→施行規則第４条の２に示されている。d は施行令第 36 条第１項に示されている。なお、a については、起算して３年をではなく、２年を経過していないものである。このことは法第５条〔登録基準〕に示されている。b の毒物又は劇物の販売業の登録は、厚生労働大臣ではなく、店舗の所在地の都道府県知事〔①政令で定める市(保健所を設置する市)、②特別区の区域にある市長又は区長〕である。法第４条第１項。

問15　1
〔解説〕
法第３条の４で規定する引火性、発火性又は爆発性のある毒物又は劇物→施行令第 32 条の３で、①亜塩素酸ナトリウム及びこれを含有する製剤 30 %以上、②塩素酸塩類を含有する製剤 35 %以上、③ナトリウム、④ピクリン酸については正当な理由を除いては所持してはならないと規定されている。

問16　2
〔解説〕
この設問の法第 17 条第１項は、事故の際の措置のこと。解答のとおり。

問17　4
〔解説〕
業務上取扱者の届出をしなければならない事業者については、法第 22 条第１項→施行令第 41 条及び同第 42 条で、①シアン化ナトリウム又は無機シアン化合物たる毒物を使用する電気めっきを行う事業、②シアン化ナトリウム又は無機シアン化合物たる毒物を使用する金属熱処理上を行う事業、③大型自動車 5,000kg 以上に毒物又は劇物を積載して行う大型運送業、④ヒ素化合物たる毒物を使用するしろあり防除を行う事業のこと。このことから該当するのは、c と d である。

問18　3
〔解説〕
この設問は、施行令第 40 条の９において、毒物劇物営業者が毒物又は劇物を販売し、又は授与する時までに、譲受人に対して、毒物又は劇物の性状及び取扱いについて情報提供をしなければならない。その情報の内容について、施行規則第 13 条の 12 に 13 項目示されている。このことから b と d が正しい。

問 19　4

〔解説〕

この設問は、毒物又は劇物を運搬方法のことについてである。このことは施行令第 40 条の 5 に示されている。正しいのは、c と d である。c は施行令第 40 条の 5 第 2 項第一号→施行規則第 13 条の 3 のこと。d は施行令第 40 条の 5 第 2 項第四号のこと。なお、a は、毒物又は劇物を運搬する車両に掲げる標識についてで、地を赤色ではなく、地を黒色である。施行規則第 13 条の 4 に示されている。b は事故の際の応急措置を講ずる必要な保護具のことてで、この設問では発煙硫酸を運搬とあることから、施行規則別表第五で、①保護手袋、②保護長ぐつ、③保護衣、④酸性ガス用防毒マスクを備え、施行令第 40 条の 5 第 2 項第三号で、二人分以上備えなければならないである。

問 20　4

〔解説〕

この設問は法第 14 条第 4 項に示されている。解答のとおり。

〔基礎化学〕
（一般・農業用品目・特定品目共通）

問 21　1

〔解説〕

$FeS + H_2SO_4 \rightarrow FeSO_4 + H_2S$

問 22　3

〔解説〕

ニトロ基($-NO_2$)であるので、ニトロベンゼンが解となる。

問 23　2

〔解説〕

20%食塩水 50 g に含まれる溶質は $50 \times 20/100 = 10$ g　この溶液に食塩 5 g を加え、水 x g 加えたときの濃度が 15%であるから式は、　$(10 + 5) / (50 + 5 + x) \times 100 = 15$, $x = 45$ g

問 24　4

〔解説〕

構造異性体とは分子式は同じであるが、分子の並びが異なっているものである。ブタンもメチルプロパンもどちらも C_4H_{10} で表すことができる分子であるが、分子の並びが異なる。

問 25　4

〔解説〕

酸化数はアルカリ金属と水素は+1、酸素は-2 として計算し、分子ならば全体で酸化数の総和が 0 に、イオンならその価数になるように計算する。

問 26　1

〔解説〕

炭化水素とは炭素と水素から成る化合物の総称であり、スチレンは $C_6H_5CH=CH_2$、ヘキサンは C_6H_{14}、アセチレンは $HC \equiv CH$ である。アニリンは $C_6H_5NH_2$ と窒素が含まれる。

問 27　2

〔解説〕

酸と塩基が過不足なく反応し、塩と水ができる反応を中和という。

問 28　1

〔解説〕

アンモニアは極性分子で三角錐構造をとる。

問 29　1

〔解説〕

塩化アンモニウムは強酸である HCl と弱塩基である NH_3 からなる塩であるので、その水溶液は弱酸性を示す。残りの化合物は（弱）塩基性を示す。

問 30　4

〔解説〕

気体が液体になる状態変化を凝縮という。

問 31　3

〔解説〕

単体とは一つの元素からなる物質である。酢酸 CH_3COOH（化合物)、水銀 Hg

（単体）、プロパン C_3H_8（化合物）、銀 Ag（単体）
問 32　1
〔解説〕
フッ素 F は全元素で最も電気陰性度の大きい元素である。
問 33　4
〔解説〕
同素体は単体である。二酸化炭素 CO_2 は化合物である。
問 34　4
〔解説〕
pH が 1 異なると、水素イオン濃度は 10 倍異なる。
問 35　4
〔解説〕
解答のとおり
問 36　1
〔解説〕
リチウムは赤（紅）、ナトリウムは黄色の炎色反応を示す。
問 37　3
〔解説〕
シャルルの法則より、温度変化後の体積を x とおくと式は、300/(273+27) = x/(273 + 47)　x = 320 mL
問 38　1
〔解説〕
-CHO をアルデヒド基という。
問 39　4
〔解説〕
18 族を希ガスと言い、He, Ne, Ar, Kr, Xe, Rn である。ラジウムは 2 族の元素である。
問 40　1
〔解説〕
イオン化傾向は陽イオンになりやすい順に並べたものであり、アルカリ金属やアルカリ土類金属が強い傾向がある。

〔毒物及び劇物の性質及び貯蔵その他取扱方法〕
（一般）

問 41　3
〔解説〕
N-メチル-1-ナフチルカルバメート 5 %以下は劇物から除外。
問 42　2
〔解説〕
メチルエチルケトン $CH_3COC_2H_5$（2-ブタノン、MEK）は劇物。アセトン様の臭いのある無色液体。蒸気は空気より重い。引火性。有機溶媒。水に可溶。毒性：粘膜刺激、高濃度では麻酔状態。
問 43　1
〔解説〕
クレゾール $C_6H_4(CH_3)OH$：オルト、メタ、パラの 3 つの異性体の混合物。無色～ピンクの液体、フェノール臭、光により暗色になる。用途は消毒、木材の防腐剤などに使用される。
問 44　1
〔解説〕
モノフルオール酢酸ナトリウムは有機フッ素系である。有機フッ素化合物の中毒：TCA サイクルを阻害し、呼吸中枢障害、激しい嘔吐、てんかん様痙攣、チアノーゼ、不整脈など。治療薬はアセトアミド。
問 45　1
〔解説〕
ブロムメチル CH_3Br は可燃性・引火性が高いため、火気・熱源から遠ざけ、直射日光の当たらない換気性のよい冷暗所に貯蔵する。耐圧等の容器は錆防止のため床に直置きしない。

問46　1
〔解説〕
この設問では誤りどれかとあるので、1が誤り。一酸化鉛 PbO(別名リサージ)は劇物。赤色～赤黄色結晶。重い粉末で、黄色から赤色の間の様々なものがある。水にはほとんど溶けないが、酸、アルカリにはよく溶ける。酸化鉛は空気中に放置しておくと、徐々に炭酸を吸収して、塩基性炭酸鉛になることもある。光化学反応をおこし、酸素があると四酸化三鉛、酸素がないと金属鉛を遊離する。
問47　3
〔解説〕
シュウ酸$(COOH)_2$・$2H_2O$は無色の柱状結晶、風解性、還元性、漂白剤、鉄さび落とし。無水物は白色粉末。直射日光の当たらない屋内貯蔵所で、火気を避け、換気の良い冷暗所に保管する。
問48　4
〔解説〕
ホルマリンはホルムアルデヒド HCHO を水に溶解したもの、無色透明な刺激臭の液体、低温ではパラホルムアルデヒドの生成により白濁または沈澱が生成することがある。還元性大。空気中の酸素によって一部酸化されて蟻酸を生じる。蒸気は粘膜を刺激し、結膜炎、気管支炎などをおこさせる。高濃度のものは皮膚に対し壊死をおこさせる。
問49　2
〔解説〕
この設問では、特定毒物ではないものとあるので、2のチオセミカルバジド〔毒物〕である。なお、特定毒物は法第2条第3項→法別表第三→指定令第3条に掲げられている。
問50　4
〔解説〕
塩素酸ナトリウム $NaClO_3$ の中毒症状は初期に顔面蒼白などの貧血症状、ついで強い酸化作用により赤血球破壊(溶血)による貧血、チアノーゼ、メトヘモグロビン形成。腎障害、消化器障害(吐気、嘔吐、腹痛)、神経症状(痙攣、昏睡)、呼吸器症状(呼吸困難)。

（農業用品目）

問41～問43　問41　1　　問42　3　　問43　4
〔解説〕
問41　クロルフェナピルは0.6％以下は劇物から除外。　**問42**　DEP は10%以下で劇物から除外。　**問43**　アゾキシストロビン $C_{22}H_{17}N_3O_5$ は 80 ％以下は劇物から除外。
問44～問45　問44　2　　問45　3
〔解説〕
問44　ピラクロストロビンは劇物。暗褐色粘稠な物質。水にわずかに溶ける。用途は殺菌剤。　**問45**　クロルメコートは、劇物、白色結晶で魚臭、非常に吸湿性の結晶。エーテルに不溶。水、アルコールに可溶。用途は植物成長調整剤。
問46　1
〔解説〕
一般の問45を参照。
問47～問48　問47　3　　問48　1
〔解説〕
問47　メチルイソチオシアネート(CH_3-N=C=S)は劇物。無色結晶。土壌中のセンチュウ類や病原菌などに効果を発揮する土壌消毒剤。　**問48**　レバミゾールは劇物。白色の結晶性粉末。用途は松枯れ防止剤。
問49～問50　問49　3　　問50　4
〔解説〕
問49　リン化亜鉛 Zn_3P_2 は、灰褐色の結晶又は粉末。かすかにリンの臭気がある。ベンゼン、二硫化炭素に溶ける。ホスフィンにより嘔吐、めまい、呼吸困難などが起こる。　**問50**　塩素酸ナトリウム $NaClO_3$ の中毒症状は初期に顔面蒼白などの貧血症状、ついで強い酸化作用により赤血球破壊(溶血)による貧血、チアノーゼ、メトヘモグロビン形成。腎障害、消化器障害(吐気、嘔吐、腹痛)、神経症状(痙攣、昏睡)、呼吸器症状(呼吸困難)。

（特定品目）

問 41　3

〔解説〕

酢酸鉛 $Pb(CH_3COO)_2$ は無色結晶。用途は、合成染料、絹の増量剤、防水剤、試薬等に用いられる。

問 42　2

〔解説〕

a と c が正しい。塩素 Cl_2 は劇物。黄緑色の気体で激しい刺激臭がある。冷却すると、黄色溶液を経て黄白色固体。水にわずかに溶ける。不燃性を有して、鉄、アルミニウム等の燃焼を助ける。また、極めて、反応性が強い。水素又は炭化水素と爆発的に反応。粘膜接触により、刺激症状を呈する。廃棄法：アルカリ法と還元法がある。

問 43　4

〔解説〕

メタノール CH_3OH は特有な臭いの無色液体。水に可溶。可燃性。染料、有機合成原料、溶剤。　メタノールの中毒症状：吸入した場合、めまい、頭痛、吐気など、はなはだしい時は嘔吐、意識不明。中枢神経抑制作用。飲用により視神経障害、失明。

問 44　1

〔解説〕

一般の問 46 を参照。

問 45　3

〔解説〕

一般の問 47 を参照。

問 46　3

〔解説〕

四塩化炭素（テトラクロロメタン）CCl_4 は、特有な臭気をもつ不燃性、揮発性無色液体、水に溶けにくく有機溶媒には溶けやすい。強熱によりホスゲンを発生。亜鉛またはスズメッキした鋼鉄製容器で保管、高温に接しないような場所で保管。

問 47　1

〔解説〕

水酸化ナトリウム（別名：苛性ソーダ）NaOH は、は劇物。白色結晶性の固体。用途は化学工業用として、せっけん製造、パルプ工業、染料工業、レイヨン工業、諸種の合成化学などに使用されるほか、試薬、農薬として用いられる。

問 48　4

〔解説〕

一般の問 48 を参照。

問 49　2

〔解説〕

メチルエチルケトン $CH_3COC_2H_5$ は、劇物。アセトン様の臭いのある無色液体。蒸気は空気より重い。水に可溶。引火性。有機溶媒。用途は溶剤、有機合成原料。

問 50　1

〔解説〕

水酸化カリウム KOH（別名苛性カリ）は 5%以下で劇物から除外。

〔実　地〕

（一般）

問 51 ～問 52　問 51　4　　問 52　2

〔解説〕

問 51　塩素酸ナトリウム $NaClO_3$ は酸化剤なので、希硫酸で $HClO_3$ とした後、これを還元剤中へ加えて酸化還元後、多量の水で希釈処理する還元法。　問 52　クロルピクリン CCl_3NO_2 は、無色～淡黄色液体、催涙性、粘膜刺激臭。水に不溶。線虫駆除、燻蒸剤。廃棄方法は分解法。すなわち、水に不溶なため界面活性剤を加え溶解し、Na_2SO_3 と Na_2CO_3 で分解後、希釈処理する分解法。

問 53　4

〔解説〕

ピクリン酸（$C_6H_2(NO_2)_3OH$）は、淡黄色の針状結晶で、温飽和水溶液にシアン化カリウム水溶液を加えると、暗赤色を呈する。

問 54　3

〔解説〕

二硫化炭素 CS_2 は、劇物。無色透明の麻酔性芳香をもつ液体。ながく吸入すると麻酔をおこす。廃棄法は、多量の水酸化ナトリウム(10 %程度)に攪拌しながら少量ずつガスを吹き込み分解した後、希硫酸を加えて中和する酸化法。

問 55　4

〔解説〕

ヒドラジン($H_2N・NH_2$)は、毒物。無色の油状の液体。アルコールに難溶。エーテルに不溶。アンモニア様の強い臭気がある。用途は強い還元剤でロケット燃料にも使用される。

問 56 ～問 57　問 56　1　　問 57　3

〔解説〕

問 56　,3-ジクロロプロペン $C_3H_4Cl_2$ 無色～琥珀色、淡黄褐色の液体。有機塩素化合物。シス型とトランス型とがある。メタノールなどの有機溶媒によく溶け、水にはあまり溶けない。アルミニウムに対する腐食性がある。　**問 57**　硫酸銅、硫酸銅(Ⅱ)$CuSO_4・5H_2O$ は、濃い青色の結晶。風解性。水に易溶、水溶液は酸性。劇物。

問 58　1

〔解説〕

キシレン $C_6H_4(CH_3)_2$ は、無色透明な液体で o-、m-、p-の 3 種の異性体がある。水にはほとんど溶けず、有機溶媒に溶ける。付近の着火源となるものを速やかに取り除く。土砂等でその流れを止め、安全な場所に導き、液の表面を泡で覆い、できるだけ空容器に回収する。

問 59　3

〔解説〕

酢酸エチル $CH_3COOC_2H_5$ は劇物。強い果実様の香気ある可燃性無色の液体。可燃性であるので、珪藻土などに吸収させたのち、燃焼により焼却処理する燃焼法。

問 60　2

〔解説〕

水酸化カリウム水溶液＋酒石酸水溶液→白色結晶性沈澱(酒石酸カリウムの生成)。不燃性であるが、アルミニウム、鉄、すず等の金属を腐食し、水素ガスを発生。これと混合して引火爆発する。水溶液を白金線につけガスバーナーに入れると、炎が紫色に変化する。

（農業用品目）

問 51 ～問 52　問 51　3　　問 52　1

〔解説〕

問 51　N-メチル-1-ナフチルカルバメート(NAC)は、:劇物。白色無臭の結晶。水に溶けない。アルカリに不安定。常温では安定。有機溶媒に可溶。皮膚に触れた場合には放置すると皮膚より吸収されて中毒を起こすことがある。中毒症状が発現した場合には、至急医師による硫酸アトロピン製剤を用いた解毒手当を受ける。　**問 52**　シアン化ナトリウム NaCN(別名青酸ソーダ)は、白色、潮解性の粉末または粒状物、空気中では炭酸ガスと湿気を吸って分解する(HCN を発生)。また、酸と反応して猛毒の HCN(アーモンド様の臭い)を発生する。　無機シアン化化合物の中毒：猛毒の血液毒、チトクローム酸化酵素系に作用し、呼吸中枢麻痺を起こす。治療薬は亜硝酸ナトリウムとチオ硫酸ナトリウム。

問 53 ～問 54　問 53　4　　問 54　2

〔解説〕

一般の問 51 ～問 52 を参照。

問 55 ～問 55　問 55　2　　問 56　3

〔解説〕

問 55　パラコートは毒物。　**問 56**　燐化亜鉛は劇物。

問 57 ～問 58　問 57　1　　問 58　2

〔解説〕

問 57　ダイアジノンは、有機リン製剤。接触性殺虫剤、かすかにエステル臭をもつ無色の液体、水に難溶、有機溶媒に可溶。付近の着火源となるものを速やかに取り除く。空容器にできるだけ回収し、その後消石灰等の水溶液を多量の水を用いて洗い流す。　**問 58**　シアン化水素 HCN は、無色の気体または液体、特異臭(アーモンド様の臭気)、弱酸、水、アルコールに溶ける。毒物。風下の人を退避させる。作業の際には必ず保護具を着用して、風下で作業をしない。漏えいしたボンベ等の規制多量の水酸化ナトリウム水溶液に容器ごと投入してガスを吸収させ、さらに酸化剤(次亜塩素酸ナトリウム、さらし粉等)の水溶液で酸化処理を行い、多量の水を用いて洗い流す。

問59～問60　問59　1　　問60　3

〔解説〕

一般の問56～問57を参照。

（特定品目）

問51　1

〔解説〕

塩化水素 HCl は常温で無色の刺激臭のある気体。水、メタノール、エーテルに溶ける。湿った空気中で発煙し塩酸になる。毒性は目、呼吸器系粘膜を強く刺激する。35ppm では短時間曝露で喉の痛み、咳、窒息感、胸部圧迫をおぼえる。

問52　3

〔解説〕

この設問では、3 が誤り。次のとおり。少量の場合、漏洩箇所は濡れむしろ等で覆い遠くから多量の水をかけて洗い流す。アンモニア水は、弱アルカリ性なので多量の水で希釈処理。

問53　1

〔解説〕

過酸化水素 H_2O_2 は劇物。無色透明の濃厚な液体で、弱い特有のにおいがある。過マンガン酸カリウムを還元し、クロム酸塩を過クロム酸塩に替える。また、ヨード亜鉛からヨードを析出する。

問54　1

〔解説〕

一般の問58を参照。

問55　4

〔解説〕

クロム酸カルシウム $CaCrO_4 \cdot 2H_2O$ は、淡黄色の粉末。水に溶けやすい。酸、アルカルにも可溶。廃棄法は、還元沈殿法。

問56　3

〔解説〕

一般の問59を参照。

問57　3

〔解説〕

重クロム酸カリウム $K_2Cr_2O_7$ は重金属を含む酸化剤なので還元沈澱法、希硫酸に溶かし、還元剤の水溶液を過剰に用いて還元した後、消石灰、ソーダ灰等の水溶液で処理して沈殿濾過させる。溶出試験を行い、溶出量が判定基準以下であることを確認して埋立処分する。

問58　1

〔解説〕

硝酸 HNO_3 は純品なものは無色透明で、徐々に淡黄色に変化する。特有の臭気があり腐食性が高い。うすめた水溶液に銅屑を加えて熱すると、藍色を呈して溶け、その際赤褐色の蒸気を発生する。藍(青)色を呈して溶ける。

問59　2

〔解説〕

一般の問60を参照。

問60　1

〔解説〕

トルエンは可燃性の溶液であるから、これを珪藻土などに付着して、焼却する燃焼法。

茨城県
令和２年度実施

〔法　規〕
（一般・農業用品目・特定品目共通）

茨城県

問１　４
〔解説〕
解答のとおり。

問２　３
〔解説〕
この設問で劇物に該当するのは、イとウである。なお、アのアンモニア NH_3 は10%以下で劇物から除外。エの硫酸 H_2SO_4 も10%以下で劇物から除外。

問３　３
〔解説〕
この法第３条の２における特定毒物研究者についてで、イが誤り。イについては法第３条の２第４項で、学術研究以外に供してはならないと示されている。

問４　２
〔解説〕
法第３条の４で規定する引火性、発火性又は爆発性のある毒物又は劇物→施行令第 32 条の３で、①亜塩素酸ナトリウム及びこれを含有する製剤 30 ％以上、②塩素酸塩類を含有する製剤 35 ％以上、③ナトリウム、④ピクリン酸については正当な理由を除いては所持してはならないと規定されている。このことからアとウが正しい。

問５　４
〔解説〕
この設問の毒物劇物取扱責任者については法第７条及び法第８条に示されている。このことからアとエが誤り。アの医師は、法第８条第１項により、毒物劇物取扱責任者になることはできない。エについては、農業用品目のみを取り扱う製造業の製造所においてとあるが、法第８条第４項で、農業用品目のみを取り扱う輸入業の営業所若しくは農業用品目販売業の店舗においてのみである。因みに、イは法第８条第２項第一号。ウは法第７条第３項の届出の変更。オは法第７条第２項。

問６　４
〔解説〕
この設問で正しいのは、ウとオである。ウは法第 10 条第１項第一号。オは法第９条における登録の変更〔追加申請〕。なお、アにある代表者を変更したときは、届出を要しない。イについては、毒物劇物取扱責任者の住所が変更してたときとあるので、届出を要しない。エについては、登録以外の毒物又は劇物を製造する場合は、30 日以内に届出ではなく、あらかじめ届け出なければならない。オと同様に法第９条における登録の変更〔追加申請〕。

問７　１
〔解説〕
この設問では、ウが誤り。アは法第 11 条第４項の飲食物容器の使用禁止。設問のとおり。イは、施行規則第４条の４第１項第二号ホにおける設備基準のこと。なお、ウについては、毒物又は劇物とその他の物とを区分して貯蔵である。施行規則第４条の４第１項第二号イに示されている。よってこの設問は誤り。

問８　２
〔解説〕
解答のとおり。

問９　５
〔解説〕
この設問は、いわゆる一般人に販売又は授与する際について、法第 14 条第２項のことで、譲受人から提出を受ける書面の事項で、①毒物又は劇物の名称及び数量、②販売又は授与の年月日、③譲受人の氏名、職業及び住所（法人にあっては、その名称及び主たる事務所の所在地）である。このことからウのみが誤り。

問10　1
〔解説〕
解答のとおり。
問11　5
〔解説〕
解答のとおり。
問12　5
〔解説〕
この設問は、毒物又は劇物の運搬方法のことで、エとオが正しい。エは法第 12 条第２項。オは施行令第 40 条の５第２項第四号。因みに、アは施行令第 40 条の５第２項第一号→施行規則第 13 条の３で、１日当たり９時間を超える場合、交替して運転する者を同乗させなければならないである。イは毒物又は劇物を運搬して車両に掲げる標識で、施行令第 40 条の５第２項第二号→施行規則第 13 条の４において、0.3 メートル平方の板に地を黒色、文字を白色として「毒」と表示しなければならないである。ウは車両に備える保護具は、施行令第 40 条の５第２項第三号で、２人分以上備えること示されている。
問13　2
〔解説〕
この設問は、法第 17 条における事故の際の措置について、アとイが正しい。なお、ウについては、法第 17 条第２項で、直ちにその旨を警察署に届け出なければならないである。エは、法第 17 条第１項のことで、直ちに、その旨を保健所、警察署又は消防機関に届け出るとともに、必要な応急措置を講じならなければならないである。
問14　3
〔解説〕
この設問は法第 21 条における登録が失効した場合等の措置のこと。解答のとおり。
問15　1
〔解説〕
この設問は法第 22 条第１項における業務上取扱者の届出のこと。解答のとおり。

茨城県

〔基礎化学〕
（一般・農業用品目・特定品目共通）

問16　2
〔解説〕
リービッヒ冷却管は蒸留などの精製操作に用いる器具である。
問17　1
〔解説〕
同一元素で質量数（中性子の数）が異なるものを同位体という。
問18　1
〔解説〕
固体から液体に変わる状態変化を融解という。液体から固体に変わる状態変化を凝固という。通常凝固点と融点は等しくなる。
問19　5
〔解説〕
石灰水には Ca^{2+}が含まれており、これが二酸化炭素と反応し、水に溶けにくい炭酸カルシウム $CaCO_3$ が析出する。
問20　2
〔解説〕
S はイオウであり、非金属元素である。
問21　5
〔解説〕
（第一）イオン化エネルギーとは電子 1 個を取り去り、1 価の陽イオンにするために必要なエネルギーであり、最も安定である希ガスが同一周期中では最大となる。

問 22　4
〔解説〕
食塩(NaCl)はイオン結合、鉄(Fe)は金属結合、ダイヤモンド(C)は共有結合、水素(H_2)は共有結合である。
問 23　4
〔解説〕
メタン分子は炭素を中心に水素原子 4 つが正四面体の頂点に位置した構造を取っている無極性分子である。
問 24　3
〔解説〕
水銀(Hg)のように常温常圧で液体の金属もある。
問 25　4
〔解説〕
黄銅は銅と亜鉛、青銅は銅と錫、白銅は銅とニッケル、ステンレス鋼は鉄とクロム、ジュラルミンはアルミニウムと銅、マグネシウムの合金である。

茨城県

問 26　3
〔解説〕
水酸化ナトリウム(NaOH: 式量 40)の 12%水溶液 200 g に含まれる溶質の重さは 200 × 12/100 = 24 g、よってこの溶質のモル数は 24/40 = 0.6 mol
問 27　2
〔解説〕
1.17/58.5 × 1000/250 = 0.08 mol/L
問 28　5
〔解説〕
左辺と右辺の原子の数が等しく、かつ実在する分子(O_2)でなければならない。
問 29　3
〔解説〕
白金(Pt)および金（Au）はイオン化傾向がとても小さく、王水にのみ溶解しイオンを形成する。
問 30　1
〔解説〕
リチウムイオン電池、鉛蓄電池のように充電できる電池を二次電池という。

〔毒物及び劇物の性質及び貯蔵その他取扱方法〕
（一般）

問 31　4
〔解説〕
イとウが正しい。次のとおり。二硫化炭素 CS_2 は、無色透明の麻酔性芳香を有する液体。市販品は不快な臭気をもつ。有毒で長く吸入すると麻酔をおこす。引火性が強い。水に溶けにくく、エーテル、クロロホルム、アルコールに可溶。蒸気は空気より重い。
問 32　2
〔解説〕
この設問では誤っているのはどれかとあるので、2が誤り。ホルマリンはホルムアルデヒド HCHO を水に溶解したもの、無色透明な刺激臭の液体。寒冷にあえば混濁することがある。空気中の酸素によって一部酸化されて蟻酸を生じる。
問 33　1
〔解説〕
この設問は全て正しい。セレン化水素(別名水素化セレニウム)は、毒物。無色、ニンニク臭の気体。空気より重い。水に難溶。用途はドーピングガス。
問 34　3
〔解説〕
イのクロルピクリンの用途が誤り。次のとおり。クロルピクリン CCl_3NO_2 は、無色～淡黄色液体、催涙性、粘膜刺激臭。水に不溶。アルコール、エーテルなどには溶ける。用途は、線虫駆除、土壌燻蒸剤(土壌病原菌、センチュウ等の駆除)。
問 35　5
〔解説〕
この設問では誤っているはどれかとあるので、5のアクリルアミドの用途が誤り。次のとおり。アクリルアミドは無色の結晶。用途は、土木工事用の土質安定剤、接着剤、凝集沈殿促進剤などに用いられる。
問36　3
〔解説〕
この設問の硝酸については、イの貯蔵法が誤り。次のとおり。硝酸 HNO_3 は、劇物。無色透明の液体。刺激臭をもつ。強酸性物質なのでアルカリ性物質との接触を避けて保管する。ガラスを腐食しないので、ガラス容器で保管する。皮膚に付けたり、蒸気を吸入しないように適切な保護具を着用する。
問37　4
〔解説〕
硝酸銀 $AgNO_3$ は、劇物。無色透明結晶。光によって分解して黒変する強力な酸化剤である。また、腐食性がある。水にきわめて溶けやすく、アセトン、クリセリンに溶ける。
問38　4
〔解説〕
有機リン化合物の解毒剤には、硫酸アトロピンや PAM を使用。
問39　2
〔解説〕
クロロホルム $CHCl_3$ は、無色、揮発性の液体で特有の香気とわずかな甘みをもち、麻酔性がある。空気中で日光により分解し、塩素、塩化水素、ホスゲンを生じるので、少量のアルコールを安定剤として入れて冷暗所に保存。原形質毒、脳の節細胞を麻酔、赤血球を溶解する。吸収するとはじめ嘔吐、瞳孔縮小、運動性不安、次に脳、神経細胞の麻酔が起きる。中毒死は呼吸麻痺、心臓停止による。
問40　1
〔解説〕
水酸化ナトリウム NaOH は、水溶液は皮膚の蛋白質を激しく侵し、皮膚内部まで侵襲する。吸うと肺水腫をおこすことがあり、また目に入れれば失明する。マウスにおける 50 %致死量は、腹腔内投与で体重 1 kg あたり 40mg である。

（農業用品目）

問31　3　　問32　5　　問33　4
〔解説〕
問31　パラコートは、毒物で、ジピリジル誘導体で無色結晶、水によく溶け低級アルコールに僅かに溶ける。融点 300 度。金属を腐食する。不揮発性である。除草剤。4 級アンモニウム塩なので強アルカリでは分解。　問32　エチレンクロルヒドリン CH_2ClCH_2OH(別名グリコールクロルヒドリン)は劇物。無色液体で芳香がある。水、アルコールに溶ける。蒸気は空気より重い。　問33　モノフルオール酢酸ナトリウム FCH_2COONa は特毒。重い白色粉末、吸湿性、冷水に易溶、有機溶媒には溶けない。水、メタノールやエタノールに可溶。からい味と酢酸のにおいを有する。野ネズミの駆除に使用。特毒。
問34　5　　問35　2　　問36　3
〔解説〕
問34　ジクワットは、劇物で、ジピリジル誘導体で淡黄色結晶、水に溶ける。用途は、除草剤。　問35　イミノクタジンは、劇物。白色の粉末(三酢酸塩の場合)。果樹の腐らん病、晩腐病等、麦の斑葉病、芝の葉枯病殺菌する殺菌剤。
問36　メソミル(別名メトミル)は 45 %以下を含有する製剤は劇物。白色結晶。水、メタノール、アルコールに溶ける。有機燐系化合物。用途は殺虫剤3
問37　4　問38　1
〔解説〕
問37　アンモニア水は無色透明、刺激臭がある液体。アンモニア NH_3 は空気より軽い気体。濃塩酸を近づけると塩化アンモニウムの白い煙を生じる。NH_3 が揮発し易いので密栓。　問38　シアン化カリウム KCN は、白色、潮解性の粉末または粒状物、空気中では炭酸ガスと湿気を吸って分解する(HCN を発生)。また、酸と反応して猛毒の HCN(アーモンド様の臭い)を発生する。貯蔵法は、少量ならばガラス瓶、多量ならばブリキ缶又は鉄ドラム缶を用い、酸類とは離して風通しの良い乾燥した冷所に密栓して貯蔵する。
問39　2　　問40　1
〔解説〕
問39　塩素酸ナトリウム $NaClO_3$ は、劇物。無色無臭結晶で潮解性をもつ。酸化剤、水に易溶。毒性は血液に働いて毒作用を示すため、チアノーゼ（皮膚や粘液が青黒くなる）を起こす。また、腎臓もおかされるため、尿に血液が混じり、尿の量が少なくなる。　**問 40**　硫酸は、無色透明の液体。劇物から 10 %以下のものを除く。皮膚に触れた場合は、激しいやけどを起こす。眼に入った場合は、粘膜を激しく刺激し、失明することがある。直ちにに付着又は接触部を多量の水で、15 分間以上洗い流す。

（特定品目）

問 31　5　**問 32** 4

〔解説〕

問 31　四塩化炭素(テトラクロロメタン) CCl_4 は、特有な臭気をもつ不燃性、揮発性無色液体、水に溶けにくく有機溶媒には溶けやすい。

メチルエチルケトン $CH_3COC_2H_5$(別名 2-ブタノン)は、劇物。アセトン様の臭いのある無色液体。引火性。有機溶媒、水に溶ける。　**問 32**　クロム酸ナトリウムは十水和物が一般に流通。十水和物は黄色結晶で潮解性がある。水に溶けやすい。その液は、アルカリ性を示す。重クロム酸カリウム $K_2Cr_2O_7$ は、橙赤色結晶、酸化剤。水に溶けやすく、有機溶媒には溶けにくい。

茨城県

問 33　4　**問 34**　1

〔解説〕

問 33　塩素 Cl_2 は劇物。黄緑色の気体で激しい刺激臭がある。冷却すると、黄色溶液を経て黄白色固体。水にわずかに溶ける。沸点-34 . 05 ℃。強い酸化力を有する。極めて反応性が強く、水素又はアセチレンと爆発的に反応する。　**問 34**　トルエン $C_6H_5CH_3$(別名トルオール、メチルベンゼン)は劇物。無色透明な液体で、ベンゼン臭がある。蒸気は空気より重く、可燃性である。沸点は水より低い。水には不溶、エタノール、ベンゼン、エーテルに可溶である。

問 35　3　**問 36**　2

〔解説〕

問 35　水酸化ナトリウム(別名：苛性ソーダ)NaOH は、は劇物。白色結晶性の固体。用途は試薬や農薬のほか、石鹸製造などに用いられる。　**問 36**　過酸化水素水 H_2O_2：無色無臭で粘性の少し高い液体。徐々に水と酸素に分解する。酸化力、還元力をもつ。漂白、医薬品、化粧品の製造。

問 37　5　**問 38**　3

〔解説〕

問 37　アンモニア NH_3 は空気より軽い気体。貯蔵法は、揮発しやすいので、よく密栓して貯蔵する。　**問 38**　四塩化炭素(テトラクロロメタン) CCl_4 は、特有な臭気をもつ不燃性、揮発性無色液体、水に溶けにくく有機溶媒には溶けやすい。強熱によりホスゲンを発生。亜鉛またはスズメッキした鋼鉄製容器で保管、高温に接しないような場所で保管。

問 39　4　**問 40**　3

〔解説〕

問 39　キシレン $C_6H_4(CH_3)_2$ は、無色透明な液体。水に不溶。高濃度を吸入すると短時間の興奮期を経て、深い麻酔状態に陥る。　**問 40**　硫酸は、無色透明の液体。劇物から 10 %以下のものを除く。皮膚に触れた場合は、激しいやけどを起こす。眼に入った場合は、粘膜を激しく刺激し、失明することがある。直ちにに付着又は接触部を多量の水で、15 分間以上洗い流す。

〔毒物及び劇物の識別及び貯蔵その他取扱方法〕

（一般）

問 41　5　**問 42**　2　**問 43**　1

〔解説〕

問 41　塩素酸カリウム $KClO_3$ は白色固体。加熱により分解し酸素発生 $2KClO_3 \rightarrow 2KCl + 3O_2$　マッチの製造、酸化剤。熱すると酸素を発生して、塩化カリとなり、これに塩酸を加えて熱すると、塩素を発生する。水溶液に酒石酸を多量に加えると、白色の結晶性の物質を生ずる。　**問 42**　この設問では固体であるものはどれかとあるので、２のトリクロル酢酸。トリクロル酢酸 CCl_3CO_2H は、劇物。無色の斜方六面体の結晶。わずかな刺激臭がある。潮解性あり。なお、クロルスルホン酸 HSO_3Cl は、劇物。無色または淡黄色、発煙性、刺激臭の液体。アセトニトリル CH_3CN は劇物。エーテル様の臭気を有する無色の液体。塩化第二錫 $SnCl_4$

は、劇物。無色の液体。クロルメチル(CH_3Cl)は、劇物。無色のエータル様の芳香のある気体。

問43　1　問44　4　問45　5

〔解説〕

問43　臭素 Br_2 は、劇物。赤褐色・特異臭のある重い液体。澱粉糊(でんぷんのり)液を橙黄色に染め、ヨードカリ澱粉(でんぷん)紙を藍変し、フルオレッセン溶液を赤変する。　問44　四塩化炭素(テトラクロロメタン)CCl_4 は、特有な臭気をもつ不燃性、揮発性無色液体、水に溶けにくく有機溶媒には溶けやすい。確認方法はアルコール性 KOH と銅粉末とともに煮沸により黄赤色沈殿を生成する。

問45　シュウ酸は無色の結晶で、水溶液を酢酸で弱酸性にして酢酸カルシウムを加えると、結晶性の沈殿を生ずる。水溶液は過マンガン酸カリウム溶液を退色する。水溶液をアンモニア水で弱アルカリ性にして塩化カルシウムを加えると、蓚酸カルシウムの白色の沈殿を生ずる。

問46　1

〔解説〕

メチルエチルケトン $CH_3COC_2H_5$ は、アセトン様の臭いのある無色液体。引火性。有機溶媒。廃棄法は、硅(けい)そう土等に吸収させ開放型の焼却炉で焼却する燃焼法。

問47　2

〔解説〕

無水クロム酸 CrO_3(別名酸化クロム(VI)は劇物。暗赤色針状結晶。潮解性がある。水に易溶。強い酸化剤である。廃棄方法は希硫酸に溶かし、還元剤(l 硫酸第一鉄等)の水溶液を用いて還元したのち消石灰、ソーダ灰等での水溶液で処理して、水酸化クロムとして沈殿ろ過する還元沈殿法。

問48　3

〔解説〕

この設問では廃棄方法で希釈法はどれかとあるので、過酸化尿素が該当する。次のとおり。過酸化尿素は、劇物。白色の結晶又は結晶性粉末。水に溶ける。空気中で尿素、水、酸に分解する。廃棄法は多量の水で希釈して処理する希釈法。なお、五塩化砒素は毒物。無色、刺激臭の気体。水で分解する。廃棄法は沈殿隔離法。六弗化セレンは毒物。無色の気体。水及び有機溶剤にほとんど溶けない。廃棄法は沈殿隔離法。　塩化第二水銀は、毒物。白色の重い針状の結晶。廃棄方法は、還元焙焼法。シアン化ナトリウム NaCN の廃棄法は、酸化法又はアルカリ法。

問49　5

〔解説〕

解答のとおり。

問50　3

〔解説〕

解答のとおり。

(農業用品目)

問41　1　問42　5　問43　3

〔解説〕

問41　物質 A は、リン化亜鉛 Zn_3P_2 は、灰褐色の結晶又は粉末。かすかにリンの臭気がある。水、アルコールには溶けないが、ベンゼン、二硫化炭素に溶ける。酸と反応して有毒なホスフィン PH3 を発生。劇物、1％以下で、黒色に着色され、トウガラシエキスを用いて著しくからく着味されているものは除かれる。殺鼠剤。

問42　物質 B は、硫酸タリウム Tl_2SO_4 は、劇物。白色結晶で、水にやや溶け、熱水に易溶、用途は殺鼠剤。ただし 0.3 ％以下を含有し、黒色に着色され、かつ、トウガラシエキスを用いて著しくからく着味されているものは劇物から除外。 5

問43　解答のとおり。因みに、リン化亜鉛と硫酸タタリウムは、毒物及び劇物取締法第 13 条において、着色する農業品目として示されている。

問44　1　問45　2　問46　4

〔解説〕

問44　臭化メチル(ブロムメチル)　CH_3Br は、劇物。常温では気体であるが、冷却圧縮すると液化しやすく、クロロホルムに類する臭気がある。ガスは重く、空気の 3.27 倍である。液化したものは無色透明で、揮発性がある。　問45　シアン化水素 HCN は毒物。無色で特異臭(アーモンド様の臭気)のある液体。水溶液は極めて弱い酸性である。水、アルコールに溶ける。点火すれば青紫色の炎を発し燃焼する。　**問 46**　フェントエートは、劇物。赤褐色、油状の液体で、芳香性刺激臭を有し、水、プロピレングリコールに溶けない。リグロインにやや溶け、アルコール、エーテル、ベンゼンに溶ける。

問 47　3　**問 48**　2　**問 49**　5

〔解説〕

問 47　硫酸亜鉛 $ZnSO_4$ の廃棄方法は、金属 Zn なので 1) 沈澱法；水に溶かし、消石灰、ソーダ灰等の水溶液を加えて生じる沈殿物をろ過してから埋立。2) 焙焼法；還元焙焼法により Zn を回収。　**問 48**　DDVP は劇物。刺激性があり、比較的揮発性の無色の油状の液体。水に溶けにくい。廃棄方法は木粉(おが屑)等に吸収させてアフターバーナー及びスクラバーを具備した焼却炉で焼却する燃焼法と 10 倍量以上の水と撹拌しながら加熱乾留して加水分解し、冷却後、水酸化ナトリウム等の水溶液で中和するアルカリ法。　**問 49**　アンモニア NH_3 は無色刺激臭をもつ空気より軽い気体。水に溶け易く、その水溶液はアルカリ性でアンモニア水。廃棄法はアルカリなので、水で希釈後に酸で中和し、さらに水で希釈処理する中和法。

茨城県

問 50　4

〔解説〕

クロルピクリン CCl_3NO_2 は、無色～淡黄色液体、催涙性、粘膜刺激臭。水に不溶。漏えいした液が少量の場合は、速やかに蒸発するので周辺に近付かないようにする。多量の場合は、多量の活性炭又は消石灰を散布して覆い処理する。

（特定品目）

問 41　5　**問 42**　2

〔解説〕

解答のとおり。

問 43　2　**問 44**　1

〔解説〕

解答のとおり。

問 45　4　**問 46**　3

〔解説〕

問 45　アンモニア水は無色透明、刺激臭がある液体。アルカリ性を呈する。アンモニア NH_3 は空気より軽い気体。濃塩酸を近づけると塩化アンモニウムの白い煙を生じる。　**問 46**　硝酸 HNO_3 は純品なものは無色透明で、徐々に淡黄色に変化する。特有の臭気があり腐食性が高い。うすめた水溶液に銅屑を加えて熱すると、藍色を呈して溶け、その際赤褐色の蒸気を発生する。藍(青)色を呈して溶ける。

問 47　2　**問 48**　1

〔解説〕

問 47　ホルマリンはホルムアルデヒド HCHO の水溶液で劇物。無色あるいはほとんど無色透明な液体。廃棄方法は多量の水を加え希薄な水溶液とした後、次亜塩素酸ナトリウムなどで酸化して廃棄する酸化法。　**問 48**　一酸化鉛 PbO は、水に難溶性の重金属なので、そのままセメント固化し、埋立処理する固化隔離法。

問 49　1　**問 50**　5

〔解説〕

解答のとおり。

栃木県
令和２年度実施

〔法規・共通問題〕
（一般・農業用品目・特定品目共通）

問１　１
〔解説〕
解答のとおり。

問２　３
〔解説〕
この設問は法第３条の２における特定毒物についてで、誤っているものはどれかとあるので、３が誤り。３の特定毒物研究者は、法第３条の２第１項により、特定毒物を製造できる。又同条第４項において学術研究のみ使用できることからこの設問は誤り。

問３　４
〔解説〕
法第３条の３→施行令 32 条の２において、興奮、幻覚又は麻酔の作用を有する物として、①トルエン、②酢酸エチル、トルエン又はメタノールを含有する接着剤、塗料及び閉そく用又はシーリングの充てん剤のこと。このことから４が正しい。

問４　５
〔解説〕
解答のとおり。

問５　３
〔解説〕
解答のとおり。

問６　１
〔解説〕
この設問は法第４条第３項における登録の更新のことで、１が正しい。

問７　４
〔解説〕
この設問は法第７条及び法第８条における毒物劇物取扱責任者についてで、B と D が正しい。B は法第８条第２項第一号に示されている。D は法第７条第１項のこと。なお、A の設問にあるような実務経験の規定はない。C の一般毒物劇物取扱者試験に合格した者は、全ての毒物及び劇物の販売、又は授与ができる。このことから設問は誤り。

問８　１
〔解説〕
法第 12 条第１項の毒物及び劇物についての容器及び被包の表示。解答のとおり。

問９　３
〔解説〕
毒物及び劇物についての容器及び被包に解毒剤の名称は、法第 12 条第２項第三号→施行規則第 11 条の５により、有機燐製剤たる毒物及び劇物については、解毒剤として、①２－ピリジルアルドキシムメチオダイド（別名 PAM）の製剤、②硫酸アトロピン製剤を表示しなければならない。

問 10　１
〔解説〕
解答のとおり。

問 11　２
〔解説〕
業務上取扱者の届出をしなければならない事業者については、法第 22 条第１項→施行令第 41 条及び同第 42 条で、①シアン化ナトリウム又は無機シアン化合物たる毒物を使用する電気めっきを行う事業、②シアン化ナトリウム又は無機シアン化合物たる毒物を使用する金属熱処理上を行う事業、③大型自動車 5,000kg 以上に毒物又は劇物を積載して行う大型運送業、④ヒ素化合物たる毒物を使用するしろあり防除を行う事業のこと。このことからこの設問は全て届出を要する。

問12　4
〔解説〕
この設問は施行規則第４条の４第２項における毒物劇物販売業の店舗についての設備基準のこと。C と D が正しい。なお、A については、毒物又は劇物を陳列する場所には、かぎをかける設備があることである。この設問にあるただし書については規定されていない。B は、毒物又は劇物とその他の物とを区分してあることである。

問13　2
〔解説〕
法第 11 条第４項とは、飲食物容器使用禁止についてのこと。

問14　4
〔解説〕
この設問は、毒物又は劇物の運搬方法のことで、B と C が正しい。B は毒物又は劇物を運搬して車両に掲げる標識で、施行令第 40 条の５第２項第二号→施行規則第 13 条の４。C は施行令第 40 条の５第２項第四号のこと。
なお、A は B と同様に、施行令第 40 条の５第２項第二号→施行規則第 13 条の４で、0.3 メートル平方の板に地を黒色、文字を白色として「毒」と表示しなければならないである。D は、車両に備える保護具のことで、施行令第 40 条の５第２項第三号で、２人分以上備えること示されている。

栃木県

問15　2
〔解説〕
この設問の特定毒物とは、A のモノフルオール酢酸と C の四アルキル鉛である。なお、モノクロル酢酸と四塩化炭素は、劇物。

〔基礎化学・共通問題〕
（一般・農業用品目・特定品目共通）

問16　3
〔解説〕
同位体は陽子の数が同じであり、質量数（中性子の数）が異なる。^{2}H 水素は陽子が１つ中性子が１つ、^{3}H は中性子が２つである。

問17　5
〔解説〕
必要な水酸化ナトリウム水溶液の体積を V とする。$0.1 \times 2 \times 10 = 0.05 \times 1 \times V$, $V = 40$ mL

問18　2
〔解説〕
水素イオン濃度が 1.0×10^{-9} の溶液の pH は 9 であり、塩基性となる。液体の電気伝導性は、液体中に存在するイオンの数が多いほどよく導く。

問19　1
〔解説〕
２族元素である Ca や Sr はアルカリ土類金属である（Be, Mg は除く）。

問20　4
〔解説〕
プロパンの燃焼の化学反応式は $C_3H_8 + 5O_2 \rightarrow 3CO_2 + 4H_2O$ である。44.8 L のプロパンは 2 mol であるから、そこから生じる二酸化炭素（CO_2:分子量 44）は 6 mol である。よって $6 \times 44 = 264$ g の二酸化炭素が生じる。

問21　2
〔解説〕
0.001 mol/L の水酸化ナトリウムの水酸化物イオン濃度は 1.0×10^{-3} mol/L。よってこの溶液の pOH は 3 である。pOH + pH = 14 より、pH は 11 となる。

問22　1
〔解説〕
$2Na + 2H_2O \rightarrow 2NaOH + H_2$ となり、水素を放出する。「イオン化傾向の大きな金属は酸素酸化されやすい。

問23　2

〔解説〕
K 殻には 2 個、L 殻には 8 個、M 殻には 18 個の電子を最大収容できる。
問 24　1
〔解説〕
還元剤は相手を還元することで自らは酸化される。過酸化水素は過マンガン酸カリウムなどの強力な酸化剤と共存すると、還元剤として作用する。
問 25　2
〔解説〕
窒素分子には非共有電子対が 2 組、三重結合が 1 本存在する。アンモニア水は弱塩基性を示し、フェノールフタレイン溶液で赤色に呈する。
問 26　1
〔解説〕
Li は赤、Sr は紅、K は紫色の炎色反応を示す。
問 27　4
〔解説〕
液体から固体への状態変化を凝固、固体から液体への変化を融解、固体から気体への変化を昇華という。
問 28　2
〔解説〕
水分子は折れ線構造を取っているので極性分子である。
問 29　1
〔解説〕
ヘンリーの法則は気体の液体に対する溶解度の法則、シャルルの法則は気体の温度と体積に関する法則、ボイルの法則は気体の圧力と体積に関する法則である。
問 30　3
〔解説〕
3 以外は全て物理的変化である。

〔実地試験・選択問題〕

（一般）

問 31 ～ 34　　問 31　3　　問 32　4　　問 33　2　　問 34　1
〔解説〕
問 31　一酸化鉛 PbO は、水に難溶性の重金属なので、そのままセメント固化し、埋立処理する固化隔離法。　問 32　臭素 Br_2 の廃棄方法は、酸化法(還元法)、過剰の還元剤(亜硫酸ナトリウムの水溶液)に加えて還元し($Br_2 \rightarrow 2Br^-$)、余分の還元剤を酸化剤(次亜塩素酸ナトリウム等)で酸化し、水で希釈処理。アルカリ法は、アルカリ水溶液中に少量ずつ多量の水で希釈して処理する。　問 33　アクリルアミドは無色の結晶。廃棄方法は、アフターバーナーを具備した焼却炉で焼却する。水溶液の場合は、木粉(おが屑)等に吸収させて同様に処理する焼却法。
問 34　キシレン $C_6H_4(CH_3)_2$ は、C、H のみからなる炭化水素で揮発性なので珪藻土に吸着後、焼却炉で焼却する燃焼法。
問 35 ～ 38　　問 35　3　　問 36　2　　問 37　1　　問 38　4
〔解説〕
問 35　クロロホルム $CHCl_3$：無色、揮発性の液体で特有の香気とわずかな甘みをもち。麻酔性がある。空気と日光によって変質するので、少量のアルコールを加えて、密栓し、冷暗所で遮光容器に入れて貯蔵する。　問 36　黄リン P_4 は、無色又は白色の蝋様の固体。毒物。別名を白リン。暗所で空気に触れるとリン光を放つ。水、有機溶媒に溶けないが、二硫化炭素には易溶。湿った空気中で発火する。空気に触れると発火しやすいので、水中に沈めてビンに入れ、さらに砂を入れた缶の中に固定し冷暗所で貯蔵する。　問 37　過酸化水素水 H_2O_2 は、少量なら褐色ガラス瓶(光を遮るため)、多量ならば現在はポリエチレン瓶を使用し、3 分の 1 の空間を保ち、日光を避けて冷暗所保存。　問 38　ピクリン酸($C_6H_2(NO_2)_3OH$)は爆発性なので、火気に対して安全で隔離された場所に、イオウ、ヨード、ガソリン、アルコール等と離して保管する。鉄、銅、鉛等の金属容器を使用しない。

問 39 ～ 42　問 39　1　問 40　4　問 41　2　問 42　3
〔解説〕
問 39　ヒ素 As は、毒物。同素体のうち灰色ヒ素が安定、金属光沢があり、空気中で燃やすと青白色の炎を出して As_2O_3 を生じる。水に不溶。鉛との合金は球形となりやすい性質があるため、散弾の製造に用い、また冶金、化学工業用として使用される。少量は花火の製造にも用いられる。　問 40　水酸化ナトリウム(別名：苛性ソーダ)NaOH は、は劇物。白色結晶性の固体。用途は試薬や農薬のほか、石鹸製造などに用いられる。　問 41　アセトニトリル CH_3CN は劇物。エーテル様の臭気を有する無色の液体。水、メタノール、エタノールに可溶。用途は有機合成原料、合成繊維の溶剤など。　問 42　アジ化ナトリウム NaN_3 は毒物。無色板状結晶で無臭。用途は試薬、医療検体の防腐剤、エアバッグのガス発生剤。
問 43 ～ 45　問 43　2　問 44　1　問 45　3
〔解説〕
問 43　弗化水素酸(HF・aq)は毒物。弗化水素の水溶液で無色またはわずかに着色した透明の液体。特有の刺激臭がある。不燃性。濃厚なものは空気中で白煙を生ずる。皮膚に触れた場合、激しい痛みを感じ、皮膚の内部にまで浸透腐食する。薄い溶液でも指先に触れると爪の間に浸透し、激痛を感じる、数日後に爪がはく離することもある。　問 44　ホルムアルデヒド HCHO は、無色透明な液体で刺激臭がある。吸引するとその蒸気は鼻、のど、気管支、肺などを激しく刺激し炎症を起こす。　問 45　トルエンは、劇物。無色、可燃性のベンゼ臭を有する液体。麻酔性が強い。蒸気の吸入により頭痛、食欲不振などがみられる。大量では緩和な大血球性貧血をきたす。
問 46 ～ 47　問 46　2　問 47　4
〔解説〕
トリクロル酢酸 CCl_3CO_2H は、劇物。無色の斜方六面体の結晶。わずかな刺激臭がある。潮解性あり。水、アルコール、エーテルに溶ける。水溶液は強酸性、皮膚、粘膜に腐食性が強い。水酸化ナトリウム溶液を加えて熱するとクロロホルム臭を放つ。
問 48 ～ 50　問 48　2　問 49　1　問 50　3
〔解説〕
問 48　塩酸 HCl は作業の際には保護具を着用し、必ず風下で作業をさせない。土砂等でその流れを止め、これに吸着させるか、又は安全な場所に導いて、遠くから徐々に注水してある程度希釈した後、消石灰、ソーダ灰等で中和し、多量の水を用いて洗い流す。発生するガスは霧状の水をかけ吸収させる。　問 49　ホルムアルデヒド HCHO は劇物。無色刺激臭の気体で水に良く溶ける。これをホルマリンという。ホルマリンは無色透明な刺激臭の液体、低温ではパラホルムアルデヒドの生成により白濁または沈澱が生成することがある。多量に漏えいした場合は、漏えいした液はその流れを土砂で止め、安全な場所に導いて遠くからホース等で多量の水をかけ十分に希釈して洗い流す。　問 50　酢酸エチルは無色で果実臭のある可燃性の液体。多量の場合は、漏えいした液は、土砂等でその流れを止め、安全な場所に導いた後、液の表面を泡等で覆い、できるだけ空容器に回収する。その後は多量の水を用いて洗い流す。少量の場合は、漏えいした液は、土砂等に吸着させて空容器に回収し、その後は多量の水を用いて洗い流す。作業の際には必ず保護具を着用する。風下で作業をしない。

（農業用品目）
問 31　4
〔解説〕
ホスチアゼートは、劇物。弱いメルカプタン臭いのある淡褐色の液体。水にきわめて溶けにくい。pH6 及び pH8 で安定。
問 32　4
〔解説〕
B のみが正しい。クロルピクリン CCl_3NO_2 は、無色～淡黄色液体、催涙性、粘膜刺激臭。水に不溶。アルコール、エーテルなどには溶ける。毒性・治療法は、血液に入りメトヘモグロビンを作り、また、中枢神経、心臓、眼結膜を侵し、肺にも強い傷害を与える。治療法は酸素吸入、強心剤、興奮剤。

問33　4
〔解説〕
ニコチンは、毒物。アルカロイドであり、純品は無色、無臭の油状液体であるが、空気中では速やかに褐色する。水、アルコール、エーテル等に容易に溶ける。
問34　2
〔解説〕
硫酸 H_2SO_4 は10%以下で劇物から除外。
問35～37　問35　1　問36　2　問37　3
〔解説〕
問35　塩素酸ナトリウム $NaClO_3$ の中毒症状は初期に顔面蒼白などの貧血症状、ついで強い酸化作用により赤血球破壊(溶血)による貧血、チアノーゼ、メトヘモグロビン形成。腎障害、消化器障害(吐気、嘔吐、腹痛)、神経症状(痙攣、昏睡)、呼吸器症状(呼吸困難)。　問36　DDVP：有機リン製剤で接触性殺虫剤。無色油状、水に溶けにくく、有機溶媒に易溶。水中では徐々に分解。生体内のコリンエステラーゼ活性を阻害し、アセチルコリン分解能が低下することにより、蓄積されたアセチルコリンがコリン作動性の神経系を刺激して中毒症状が現れる。
問37　シアン化ナトリウム NaCN(別名青酸ソーダ)は、白色、潮解性の粉末または粒状物、空気中では炭酸ガスと湿気を吸って分解する(HCN を発生)。また、酸と反応して猛毒の HCN(アーモンド様の臭い)を発生する。　無機シアン化化合物の中毒：猛毒の血液毒、チトクローム酸化酵素系に作用し、呼吸中枢麻痺を起こす。治療薬は亜硝酸ナトリウムとチオ硫酸ナトリウム。
問38～40　問38　1　問39　2　問40　3
〔解説〕
問38　ロテノンはデリスの根に含まれる。空気中の酸素により有効成分が分解して殺虫効力を失い、日光によって酸化が著しく進行することから、密栓及び遮光して貯蔵する。　問39　シアン化カリウム KCN は、白色、潮解性の粉末または粒状物、空気中では炭酸ガスと湿気を吸って分解する(HCN を発生)。また、酸と反応して猛毒の HCN(アーモンド様の臭い)を発生する。したがって、酸から離し、通風の良い乾燥した冷所で密栓保存。安定剤は使用しない。　問40　臭化メチル(ブロムメチル)　CH_3Br は本来無色無臭の気体だが、クロロホルム様の臭気をもつ。空気より重い。圧縮冷却して液化し、圧縮容器に入れ、直射日光その他、温度上昇の原因を避けて冷暗所に貯蔵する。
問41～42　問41　1　問42　3
〔解説〕
問41　クロルピクリン CCl_3NO_2 は、無色～淡黄色液体、催涙性、粘膜刺激臭。漏えいした液が少量の場合は、速やかに蒸発するので周辺に近付かないようにする。多量の場合は、多量の活性炭又は消石灰を散布して覆い処理する。　問42
シアン化カリウムが飛散したものは空容器にできるだけ回収する。砂利等に付着している場合は、砂利等を回収し、そのあとに水酸化ナトリウム、ソーダ灰等の水溶液を散布してアルカリ性（pH　11以上）とし、更に酸化剤（次亜塩素酸ナトリウム、さらし粉等）の水溶液で酸化処理を行い、多量の水を用いて洗い流す。
問43～46　問43　4　問44　3　問45　1　問46　2
〔解説〕
問43　ヨウ化メチル CH_3I は、無色または淡黄色透明液体、低沸点、光により I2 が遊離して褐色になる(一般にヨウ素化合物は光により分解し易い)。エタノール、エーテルに任意の割合に混合する。水に不溶。Ｉｉｙｅガス殺菌剤としてたばこの根瘤線虫、立枯病に使用する。　問44　ブロムメチル(臭化メチル)CH_3Br は、常温では気体(有毒な気体)。冷却圧縮すると液化しやすい。用途について沸点が低く、低温ではガス体であるが、引火性がなく、浸透性が強いので果樹、種子等の病害虫の燻蒸剤として用いられる。　問45　パラコートは、毒物で、ジピリジル誘導体で無色結晶性粉末。用途は除草剤。　問46　ダイアジノンは劇物。有機リン製剤。かすかにエステル臭をもつ無色の液体。用途は接触性殺虫剤。
問47　3
〔解説〕
パラコートの廃棄方法は、おが屑等に吸収させてアフターバーナー及びスクラバーを具備した焼却炉で焼却する燃焼法。
問48　2
〔解説〕
メソミルは、別名メトミル、カルバメート剤。廃棄方法は、スクラバーを具備した焼却炉で焼却する、もしくは水酸化ナトリウム水溶液等と加温して加水分解する燃焼法。
問 49　1
〔解説〕
シアン化ナトリウム NaCN は、酸性だと猛毒のシアン化水素 HCN が発生するのでアルカリ性にしてから酸化剤でシアン酸ナトリウム NaOCN にし、余分なアルカリを酸で中和し多量の水で希釈処理する酸化法。水酸化ナトリウム水溶液等でアルカリ性とし、高温加圧下で加水分解するアルカリ法。
問 50　3
〔解説〕
アンモニア水は、無色透明の刺激臭がある液体。揮発性である。濃塩酸をうるおしたガラス棒を近づけると、白い霧を生ずる。また、塩酸を加えて中和したのち、塩化白金溶液を加えると、黄色、結晶性の沈殿を生ずる。

（特定品目）

問 31 ～ 33　　問 31　1　　問 32　3　　問 33　2
〔解説〕
問 31　硫酸 H_2SO_4 は酸なので廃棄方法はアルカリで中和後、水で希釈する中和法。　問 32　硅弗化ナトリウムは劇物。無色の結晶。水に溶けにくい。廃棄法は水に溶かし、消石灰等の水溶液を加えて処理した後、希硫酸を加えて中和し､沈殿濾過して埋立処分する分解沈殿法。　問 33　アンモニア NH_3(刺激臭無色気体)は水に極めてよく溶けアルカリ性を示すので、廃棄方法は、水に溶かしてから酸で中和後、多量の水で希釈処理する中和法。
問 34 ～ 36　　問 34　2　　問 35　1　　問 36　3
〔解説〕
一般の問 48 ～ 50 を参照。
問 37 ～ 39　　問 37　3　　問 38　2　　問 39　1
〔解説〕
問 37　過酸化水素水 H_2O_2 は、過酸化水素の水溶液。無色無臭で粘性の少し高い液体。用途は漂白、医薬品、化粧品の製造。　問 38　キシレン $C_6H_4(CH_3)_2$ は、無色透明な液体で o-、m-、p-の 3 種の異性体がある。用途は、溶剤、染料中間体などの有機合成原料、試薬等。　問 39　硅弗化ナトリウム Na_2SiF_6 は劇物。無色の結晶。用途は、釉薬原料、漂白剤、殺菌剤、消毒剤。
問 40 ～ 42　　問 40　1　　問 41　3　　問 42　4
〔解説〕
問 40　四塩化炭素(テトラクロロメタン)CCl_4 は、特有な臭気をもつ不燃性、揮発性無色液体。確認方法はアルコール性の水酸化カリウム KOH と銅粉末とともに煮沸により黄赤色沈殿を生成する。　問 41　メタノール CH_3OH は特有な臭いの無色透明な揮発性の液体。水に可溶。可燃性。触媒量の濃硫酸存在下にサリチル酸と加熱するとエステル化が起こり、芳香をもつサリチル酸メチルを生じる　問 42　一酸化鉛 PbO は、重い粉末で、黄色から赤色までの間の種々のものがある。希硝酸に溶かすと、無色の液となり、これに硫化水素を通じると、黒色の沈殿を生じる。
問 43 ～ 44　　問 43　3　　問 44　2
〔解説〕
問 43　トルエン $C_6H_5CH_3$ は、劇物。無色、可燃性のベンゼン臭を有する液体である。水には不溶、エタノール、ベンゼン、エーテルに可溶である。　問 44　メチルエチルケトン $CH_3COC_2H_5$ は、無色の液体でアセトン様の芳香があり､引火性が大きい｡有機溶媒､水に溶ける。
問 45 ～ 47　　問 45　3　　問 46　2　　問 47　1
〔解説〕
解答のとおり。
問 48 ～ 49　　問 48　2　　問 49　1
〔解説〕
問 48　水酸化ナトリウム(別名：苛性ソーダ)NaOH は、白色結晶性の固体。水と炭酸を吸収する性質が強い。空気中に放置すると、潮解して徐々に炭酸ソーダの皮層を生ずる。貯蔵法については潮解性があり、二酸化炭素と水を吸収する性質が強いので、密栓して貯蔵する。　問 49　クロロホルム $CHCl_3$：無色、揮発性の液体で特有の香気とわずかな甘みをもち。麻酔性がある。空気と日光によって変質するので、少量のアルコールを加えて、密栓し、冷暗所で遮光容器に入れて貯蔵する。

問50　1

〔解説〕

この設問は全て正しい。塩素 Cl_2 は、常温においては窒息性臭気をもつ黄緑色気体、冷却すると黄色溶液を経て黄白色固体となる。用途は酸化剤、紙パルプの漂白剤、殺菌剤、消毒薬。廃棄法は、多量のアルカリ水溶液（石灰乳又は水酸化ナトリウム水溶液等）中に吹き込んだ後、多量の水で希釈して処理するアルカリ法。

栃木県

群馬県
令和２年度実施

〔法　規〕
（一般・農業用品目・特定品目共通）

問１　４
　〔解説〕
　　解答のとおり。

問２　４
　〔解説〕
　　法第３条の３について、施行令第 32 条の２次の品目→①トルエン、②酢酸エチル、トルエン又はメタノールを含有する接着剤、塗料及び閉そく用又はシーリングの充てん料は、みだりに摂取、若しくは吸入し、又はこれらの目的で所持してはならない。このことからウのメタノールを含有スルムシンナーとエのトルエンが正しい。

問３　３
　〔解説〕
　　法第 21 条は登録を失効した場合の措置。解答のとおり。

問４　３
　〔解説〕
　　この設問は法第 14 条における毒物又は劇物の譲渡手続についてで、ウのみが正しい。ウは法第 14 条第２項→施行規則第 12 条の２に示されている。なお、アは法第 14 条第１項において書面を記載しなければならないである。イにあるような書面の省略をすることはできない。

群馬県

問５　２
　〔解説〕
　　法第 12 条第２項は、毒物又は劇物の表示のことで、毒物又は劇物を販売又は授与する際には、容器及び被包に次の事項として①毒物又は劇物の表示、②毒物又は劇物の成分及びその含量、③厚生労働省令で定める毒物又は劇物〔有機燐化合物及びこれを含有する製剤〕には、解毒剤の名称〔２－ピリジルアルドキシムメチオダイド(PAM)及び硫酸アトロピンの製剤〕を表示しなければならない。

問６　３
　〔解説〕
　　業務上取扱者の届出をしなければならない事業者については、法第 22 条第１項→施行令第 41 条及び同第 42 条で、①シアン化ナトリウム又は無機シアン化合物たる毒物を使用する電気めっきを行う事業、②シアン化ナトリウム又は無機シアン化合物たる毒物を使用する金属熱処理上を行う事業、③大型自動車 5,000kg 以上に毒物又は劇物を積載して行う大型運送業、④ヒ素化合物を使用するしろあり防除を行う事業のこと。このことからイ、ウ、エが正しい。なお、アについては、アセトニトリルを運送する事業とあることから施行令別表第二に、アセトニトリルは掲げられていない。これにより法第 22 条第１項に示されている業務上取扱者の届出には該当しない。よって誤り。

問７　２
　〔解説〕
　　この設問は法第３条の２における特定毒物についで、２が正しい。２については、毒物又は劇物一般販売業者とあるので毒物劇物営業者であり、法第３条の２第６項に示されているとおり譲り渡しすることができる。設問のとおり。なお、１の特定毒物の製造については、①毒物又は劇物製造業者、②特定毒物研究者は特定毒物を製造できる〔法第３条の２第１項〕。この設問は誤り。３については、特定毒物研究者は、毒物劇物取扱責任者の資格を要しない。４では、特定毒物使用者に対して、使用する特定毒物以外とあることから法第３条の２第３項に示されているとおり、使用している特定毒物以外は使用することができない。この設問は誤り。

問８　１
　〔解説〕
　　この設問では、アとウが正しい。アは法第３条第３項ただし書規定に示されている。設問のとおり。ウは登録の更新のことで、法第４条第３項に示されている。

なお、イについては、法第４条第１項により、毒物又は劇物販売業の登録は、店舗ごとにその店舗の所在地の都道府県知事(政令で定める保健所設置市長、特別区長)に登録を受けなければならない。エは毒物又は劇物について、登録以外の製造、または輸入については法第９条に示されているように、あらかじめ登録の変更を受けなければならない。設問は誤り。

問９　1

〔解説〕

この設問は、施行規則第４条の４における設備基準のことで正しいのは、アとイが正しい。アは施行規則第４条の４第１項第二号ハのこと。イは施行規則第４条の４第１項第四号のこと。なお、ウは、その周囲に関係者以外の立入を禁止ではなく、その周囲に堅固なさく設けていることである。(施行規則第４条の４第１項第二号ホ)、エの設問について製造所の設備基準では該当するが、設問には毒物又は劇物の輸入業の営業所とあることから適用されない。よって誤り。

問10　3

〔解説〕

解答のとおり。

〔基礎化学〕

(一般・農業用品目・特定品目共通)

問１　1

〔解説〕

アルカリ金属やアルカリ土類金属はイオン化傾向が大きい。

問２　3

〔解説〕

2-プロパノールは第二級アルコールであり、第二級アルコールを酸化するとケトンになる。

問３　4

〔解説〕

解答のとおり

問４　2

〔解説〕

加える硫酸の体積を V mL とする。$1.0 \times 2 \times V = 1.0 \times 1 \times 50$,　$V = 25$ mL。

問５　3

〔解説〕

フェノールフタレインは酸性側で無色、アルカリ性側で赤色である。メチルオレンジは酸性側で赤色、アルカリ性側で黄色を示す。

〔性質及び貯蔵その他取扱方法〕

(一般)

問１　3

〔解説〕

この設問では特定毒物については、ウの四アルキル鉛とエの燐化アルミニウムとその分解促進剤とを含有する製剤が特定毒物。特定毒物は、法第２条第３項→法別表第三→指定令第３条に掲げられている。

問２　3

〔解説〕

イとウの品目の用途が正しい。因みに、アのチオセミカルバジドは、毒物。用途は殺鼠剤。 エのナラシンは毒物。用途は飼料添加物。

問３　4

〔解説〕

ウとエの品目が正しい。因みに、アのピロリン酸第二銅〔無機銅塩類〕は、劇物。淡青色粉末。用途は、銅メッキ。 イのセレン化水素(別名水素化セレニウム)は、毒物。無色、ニンニク臭の気体。用途はドーピングガス。

問４　4

〔解説〕

ウとエが正しい。トルエンについては、次のとおり。トルエン $C_6H_5CH_3$ は、劇物。特有な臭い(ベンゼン様)の無色液体。水に不溶。比重 1 以下。可燃性。引火

群馬県

性。劇物。用途は爆薬原料、香料、サッカリンなどの原料、揮発性有機溶媒。中毒症状は、蒸気吸入により頭痛、食欲不振、大量で大赤血球性貧血。皮膚に触れた場合、皮膚の炎症を起こすことがある。また、目に入った場合は、直ちに多量の水で十分に洗い流す。廃棄法は、揮発性有機溶媒なので燃焼法。

問5　4

〔解説〕

エのみが正しい。なお、カリウム K は、劇物。銀白色の光輝があり、ろう様の高度を持つ金属。カリウムは空気中にそのまま貯蔵することはできないので、石油中に保存する。ピクリン酸($C_6H_2(NO_2)_3OH$)は爆発性なので、火気に対して安全で隔離された場所に、イオウ、ヨード、ガソリン、アルコール等と離して保管する。鉄、銅、鉛等の金属容器を使用しない。

問6　1

〔解説〕

アとウが正しい。なお、クロロホルムの中毒は次のとおり。クロロホルムの中毒：原形質毒、脳の節細胞を麻酔、赤血球を溶解する。吸収するとはじめ嘔吐、瞳孔縮小、運動性不安、次に脳、神経細胞の麻酔が起きる。中毒死は呼吸麻痺、心臓停止による。

問7　2

〔解説〕

アとウが正しい。なお、ベタナフトールの鑑別法；1)水溶液にアンモニア水を加えると、紫色の蛍石彩をはなつ。　2)水溶液に塩素水を加えると白濁し、これに過剰のアンモニア水を加えると澄明となり、液は最初緑色を呈し、のち褐色に変化する。シュウ酸$(COOH)_2 \cdot 2H_2O$ は無色の柱状結晶。水溶液を酢酸で弱酸性にして酢酸カルシウムを加えると、結晶性の沈殿を生じる。

群馬県

問8　2

〔解説〕

解答のとおり。

問9　3

〔解説〕

有機リン化合物の解毒剤には、硫酸アトロピンや PAM を使用。なお、蓚酸塩類は、多量の石灰水を与えるか、胃の洗浄を行う。また、カルシウム剤の静脈注射を行うとよい。有機塩素化合物は中枢神経毒である。解毒剤は中枢神経を鎮静せしめるバルビタール製剤。砒素化合物については、胃洗浄を行い、吐剤、牛乳、蛋白粘滑剤を与える。解毒剤としては、ジメルカプロール(別名 BAL)等のキレート剤。

問10　3

〔解説〕

イとウが正しい。なお、二硫化炭素 CS_2 は、低沸点、揮発性の特異臭の液体。比重は水より大きい。漏えい時の措置は、多量に漏えいした液は、土砂等でその流れを止め、安全な場所に導き、水で覆った後、土砂等に吸着させて空容器に回収し、水封後密栓する。そのあとを多量の水を用いて洗い流す。酢酸エチルは、無色で果実臭のある可燃性の液体。多量の場合は、漏えいした液は、土砂等でその流れを止め、安全な場所に導いた後、液の表面を泡等で覆い、できるだけ空容器に回収する。その後は多量の水を用いて洗い流す。少量の場合は、漏えいした液は、土砂等に吸着させて空容器に回収し、その後は多量の水を用いて洗い流す。作業の際には必ず保護具を着用する。風下で作業をしない。

（農業用品目）

問1　1

〔解説〕

農業用品目については、法第四条の三第一項→施行規則第四条の二→施行規則別表第一に掲げられている品目である。アの塩素酸塩類とイのベンダイオカルブが取り扱える。

問2　3

〔解説〕

この設問の用途については、イのイソキサチオンが誤り。次のとおり。イソキサチオンは有機リン剤、劇物(2 %以下除外)、淡黄褐色液体。用途は、ミカン、稲、野菜、茶等の害虫駆除。(有機燐系殺虫剤)

問３　１
〔解説〕
解答のとおり。
問４　２
〔解説〕
クロルピクリン CCl_3NO_2 は、無色～淡黄色液体、催涙性、粘膜刺激臭。気管支を刺激してせきや鼻汁が出る。多量に吸入すると、胃腸炎、肺炎、尿に血が混じる。悪心、呼吸困難、肺水腫を起こす。
問５　４
〔解説〕
ロテノンはデリスの根に含まれる。殺虫剤。貯蔵法は、酸素によって分解するので、空気と光線を遮断して貯蔵する。
問６　１
〔解説〕
１が正しい。なお、ハリフェンブロックスは、ピレスロイド系農薬。メトミルは、カーバメイト系農薬。テフルトリンは、ピレスロイド系農薬。
問７　４
〔解説〕
イとエが正しい。DDVP は有機リン製剤で接触性殺虫剤。無色油状液体、水に溶けにくく、有機溶媒に易溶。本品は、有機リン系製剤なので、解毒剤には、硫酸アトロピンや PAM を使用される。
問８　４
〔解説〕
解答のとおり。
問９　３
〔解説〕
３のチオジカルブが正しい。チオジカルブは、白色結晶性の粉末。カーバメート系殺虫剤。本剤の解毒剤は硫酸アトロピン(PAM は無効)。なお、ジメトエートは、白色の固体。有機燐製剤の一種である。その毒性も他の有機燐製剤とほぼ同じ。このことから解毒剤は、硫酸アトロピンや PAM を使用。硫酸タリウム Tl_2SO_4 は、劇物。白色結晶。治療法は、カルシウム塩、システインの投与。抗けいれん剤(ジアゼパム等)の投与。チオジカルブ：白色結晶性の粉末。カーバメート系殺虫剤。解毒剤は硫酸アトロピン(PAM は無効)。
問10　２
〔解説〕
この設問は、着色する農業用品目として法 13 条→施行令第 39 条→施行規則第 12 条により、あせにくい黒色とされている。

（特定品目）

問１　４
〔解説〕
特定品目販売業の登録を受けた者が販売できる品目については、法第四条の三第二項→施行規則第四条の三→施行規則別表第二に掲げられている品目のみである。解答のとおり。
問２　２
〔解説〕
この設問は除外濃度についで、アの塩化水素を含有する製剤が正しい。なお、イのホルムアルデヒド HCHO は 1%以下で劇物から除外。 ウの水酸化ナトリウムは５％以下で劇物から除外。
問３　２
〔解説〕
この設問における廃棄方法は、アとイが正しい。なお、ウの酸化水銀は、別名酸化第二水銀。毒物（５％以下は劇物）。鮮赤色ないし橙赤色の無臭の結晶性粉末のものと橙黄色ないし黄色の無臭の粉末とがある。水にほとんど溶けず、希塩酸、硝酸、シアン化アルカリ溶液に溶ける。廃棄法は、還元焙焼法により、金属水銀として処理する焙焼法。

問4　2
〔解説〕
この物質の用途については、アとエが正しい。なお、メタノール(メチルアルコール)CH3OH は、劇物。(別名：木精)無色透明。用途は染料その他有機合成原料、樹脂、塗料などの溶剤、燃料、試薬などに用いられる。トルエン $C_6H_5CH_3$ は、劇物。特有な臭い(ベンゼン様)の無色液体。可燃性。引火性。劇物。用途は爆薬原料、香料、サッカリンなどの原料、揮発性有機溶媒。
問5　3
〔解説〕
解答のとおり。
問6　1
〔解説〕
解答のとおり。
問7　1
〔解説〕
この設問の貯蔵法については、イ水酸化カリウムが誤り。次のとおり。水酸化カリウム(KOH)は劇物(５%以下は劇物から除外)。(別名：苛性カリ)。空気中の二酸化炭素と水を吸収する潮解性の白色固体である。二酸化炭素と水を強く吸収するので、密栓して貯蔵する。
問8　4
〔解説〕
メチルエチルケトンについては次のとおり。メチルエチルケトン $CH_3COC_2H_5$(別名 2-ブタノン)は、劇物。無色の液体でアセトン様の芳香があり、引火性が大きい。有機溶媒、水に溶ける。
問9　2
〔解説〕
この設問のメタノールについては次のとおり。メタノール CH_3OH は特有な臭いの無色液体。水に可溶。可燃性。中毒症状：吸入した場合、めまい、頭痛、吐気など、はなはだしい時は嘔吐、意識不明。中枢神経抑制作用。飲用により視神経障害、失明。あらかじめ熱灼した酸化銅を加えると、ホルムアルデヒドができ、酸化銅は還元されて金属銅色を呈する。メタノールは原体のみ劇物で指定されている。
問10　3
〔解説〕
解答のとおり。

〔識別及び取扱方法〕

(一般)

問1　7　　問2　3　　問3　4　　問4　2　　問5　6
〔解説〕
問1　無水クロム酸(三酸化クロム、酸化クロム(IV))CrO3 は、劇物。暗赤色の結晶またはフレーク状で、水に易溶、潮解性、きわめて強い酸化剤である。
問2　四塩化炭素(テトラクロロメタン)CCl_4 は、劇物。揮発性、麻酔性の芳香を有する無色の重い液体。水に溶けにくく有機溶媒には溶けやすい。強熱によりホスゲンを発生。蒸気は空気より重く、低所に滞留する。　問3　クロルピクリン CCl_3NO_2 は、無色～淡黄色液体、催涙性、粘膜刺激臭。水に不溶。
問4　塩素 Cl_2 は劇物。黄緑色の気体で激しい刺激臭がある。冷却すると、黄色溶液を経て黄白色固体。水にわずかに溶ける。　問5　トリクロル酢酸 CCl_3CO_2H は、劇物。無色の斜方六面体の結晶。わずかな刺激臭がある。潮解性あり。水、アルコール、エーテルに溶ける。

(農業用品目)

問1　5　　問2　1　　問3　7　　問4　6　　問5　4
〔解説〕
問1　フェントエートは、劇物。赤褐色、油状の液体で、芳香性刺激臭を有し、水、プロピレングリコールに溶けない。リグロインにやや溶け、アルコール、エーテル、ベンゼンに溶ける。　問2　硫酸 H_2SO_4 は、劇物。無色無臭澄明な油状液体、腐食性が強い、比重 1.84、水、アルコールと混和するが発熱する。
問3　エトプロホスは、毒物(5%以下は除外、5%以下で3%以上は劇物)、

群馬県

有機リン製剤、メルカプタン臭のある淡黄色透明液体、水に難溶、有機溶媒に易溶。　　　**問4**　ビアラホスは、劇物。褐色または暗緑色で、肪状又は結晶。殺菌剤。　　　**問5**　チアクロプリドは、有機塩素化合物、無臭の黄色粉末結晶。水に難溶。アセトンにやや溶けにくい。

（特定品目）

問1　4　　**問2**　1　　**問3**　2　　**問4**　3　　**問5**　6

〔解説〕

解答のとおり。

埼玉県
令和２年度実施

〔毒物及び劇物に関する法規〕
（一般・農業用品目・特定品目共通）

問１　3
〔解説〕
解答のとおり。

問２　2
〔解説〕
２が正しい。農業用品目については、法第四条の三第一項→施行規則第四条の二→施行規則別表第一に掲げられている品目である。特定品目については、法第四条の三第二項→施行規則第四条の三→施行規則別表第二に掲げられている品目のみである。

問３　4
〔解説〕
この設問では誤りはどれかとあるので、４が誤り。４は法第７条第３項に示されているとおり、毒物劇物取扱責任者を変更したときは 30 日以内に届け出なければならない。

問４　削除

問５　2
〔解説〕
この設問は、法第 14 条第１項における他の毒物劇物営業者に販売又は授与する際についてで、提出を受ける書面の事項で、①毒物又は劇物の名称及び数量、②販売又は授与の年月日、③譲受人の氏名、職業及び住所(法人にあっては、その名称及び主たる事務所の所在地)である。このことから B と D が正しい。

埼玉県

問６　1
〔解説〕
解答のとおり。

問７　2
〔解説〕
この設問の施行令第 40 条の６第１項に示されている交付する書面に記載する事項は、１回の運搬 1,000kg ↑で､①名称、②成分、③含量、④数量、⑤書面〔事故の際に講じなければならない応急の措置の内容を記載〕である。このことから２が正しい。

問８　4
〔解説〕
法第９条とは、既に登録されている毒物又は劇物以外の毒物又は劇物を製造、輸入する場合、あらかじめ登録の変更しなければならない。このことから４が正しい。

問９　4
〔解説〕
この設問は廃棄の基準のこと。解答のとおり。

問 10　4
〔解説〕
この設問は、施行規則第４条の４における製造業の設備基準のことで誤っているものはどれかとあるので、４が誤り。４は、毒物又は劇物を陳列する場所には、かぎをかける設備があることである(施行規則第４条の４第１項第三号)。

（農業用品目）

問 11　1

〔解説〕

この設問は法第 13 条における着色する農業品目のことで、法第 13 条→施行令 39 条において、①硫酸タリウムを含有する製剤たる劇物、②燐化亜鉛を含有する製剤たる劇物→施行規則第 12 条で、あせにくい黒色に着色しなければならないと規定されている。このことから 1 が正しい。

（特定品目）

問 11　2

〔解説〕

解答のとおり。

問 12　1

〔解説〕

飲食物容器使用禁止については、法第 11 条第 4 項→施行規則第 11 条の 4 において劇物について、すべての劇物を使用してはならない。なお、毒物については法第 11 条第 4 項で飲食物容器使用禁止となっている。以上のことから毒物又は劇物すべて飲食物容器使用禁止である。

問 13　2

〔解説〕

業務上取扱者の届出をしなければならない事業者については、法第 22 条第 1 項→施行令第 41 条及び同第 42 条で、①シアン化ナトリウム又は無機シアン化合物たる毒物を使用する電気めっきを行う事業、②シアン化ナトリウム又は無機シアン化合物たる毒物を使用する金属熱処理上を行う事業、③大型自動車 5,000kg 以上に毒物又は劇物を積載して行う大型運送業、④ヒ素化合物たる毒物を使用するしろあり防除を行う事業のこと。以上のこのことから 2 が正しい。

埼玉県

〔基礎化学〕

（一般・農業用品目・特定品目共通）

(注) 基礎化学の設問には、一般・農業用品目・特定品目に共通の設問があることから編集の都合上、一般の設問番号を通し番号(基本)として、農業用品目・特定品目における設問番号をそれぞれ繰り下げの上、読み替えいただきますようお願い申し上げます。

問 11　3

〔解説〕

バリウムは 2 族元素であり、黄緑色の炎色反応を呈する。

問 12　1

〔解説〕

アルゴンのような希ガスは価電子が 0 となる。

問 13　3

〔解説〕

解答のとおり。

問 14　1

〔解説〕

2 は透析、3 はブラウン運動、4 はチンダル現象。

問 15　4

〔解説〕

必要な塩化ナトリウムの重さを x とする。　$x/300 \times 100 = 15,\ x = 45$ g

問 16　1

〔解説〕

イオン化傾向は金属元素が陽イオンになりやすさの順に並べたものである。

問 17　3

〔解説〕

アレニウスの酸と塩基の定義における塩基とは、電離して OH^- を放出するものである。アンモニアは自ら水素イオンを奪っているので通常はブレンステッド塩基という（アレニウスの塩基とは言わない）。

問 18　1
〔解説〕
2 の Fe の酸化数は+2、NH_4^+ の N の酸化数は－ 3、$K_2Cr_2O_7$ の Cr の酸化数は+6 である。
問 19　2
〔解説〕
解答のとおり
問 20　3
〔解説〕
2 価の銅イオンがアルデヒドにより還元され、Cu_2O の沈殿が生じる。

（農業用品目）

問 22　1
〔解説〕
$4HCl + MnO_2 \rightarrow MnCl_2 + 2H_2O + Cl_2$　塩素ガスは水に溶解しやすい空気よりも重たい気体であるため下方置換で収集する。

（特定品目）

問 24　1
〔解説〕
BTB 溶液は酸性で黄色、アルカリ性で青色になる。
問 25　4
〔解説〕
エチレンとベンゼンは二重結合、アセチレンは三重結合を持つ。

埼玉県

〔毒物及び劇物の性質及び貯蔵その他取扱方法〕

（一般）

問 21　4
〔解説〕
硅弗化ナトリウム Na_2SiF_6 は劇物。無色の結晶。水に溶けにくい。融点 485 ℃である。アルコールにも溶けない。水に溶けにくく、酸と接触すると有毒なガスを発生する。用途はうわぐすり、試薬。
問 22　3
〔解説〕
メチルエチルケトン $CH_3COC_2H_5$ は、劇物。アセトン様の臭いのある無色液体。引火しやすく、その蒸気は空気と混合して爆発性の混合ガスとなるので、火気には絶対に近づけない。吸入すると眼、鼻、のどなどの粘膜を刺激し、高濃度で麻酔状態となる。蒸気は空気より重い。水に可溶。引火性。有機溶媒。用途は接着剤、印刷用インキ、合成樹脂原料、ラッカー用溶剤。
問 23　2
〔解説〕
この設問の塩素で、誤っているものはどれかとあるので、2 の用途が誤り。用途は酸化剤、紙パルプの漂白剤、殺菌剤、消毒薬。塩素 Cl_2 は、黄緑色の窒息性の臭気をもつ空気より重い気体。ハロゲンなので反応性大。水に溶ける。中毒症状は、粘膜刺激、目、鼻、咽喉および口腔粘膜に障害を与える。
問 24　2
〔解説〕
エチルチオメトンは、毒物。淡黄色の液体。硫黄特有の臭いがある。水に難溶。有機溶媒に可溶。コリンエステラーゼ阻害、神経系に影響を及ぼす。治療薬にはＰAM・硫酸アトロピンを用いる。用途は殺虫剤。
問 25　4
〔解説〕
N-メチル-1-ナフチルカルバメート(NAC)は、:劇物。白色無臭の結晶。水に極めて溶にくい。(摂氏 30 ℃で水 100mL に 12mg 溶ける。)アルカリに不安定。常温では安定。有機溶媒に可溶。用途はカーバーメイト系農業殺虫剤。カルバメート剤なので中毒の治療薬は硫酸アトロピン製剤。

問 26　1
〔解説〕
硝酸タリウムは、劇物。白色の結晶。沸騰水にはよく溶ける。アルコールには不溶。融点は 260 ℃、分解点は 450 ℃。用途は、殺鼠剤。経口摂取すると、胃腸の運動過多、下痢、吐き気、脱水症状を起こす。
問 27　2
〔解説〕
パラコートの廃棄方法は、おが屑等に吸収させてアフターバーナー及びスクラバーを具備した焼却炉で焼却する燃焼法。
問 28　3
〔解説〕
3が正しい。シアン化カリウム KCN(別名青酸カリ)は毒物。無色の塊状又は粉末。空気中では湿気を吸収し、二酸化炭素と作用して青酸臭をはなつ、アルコールにわずかに溶け、水に可溶。強アルカリ性を呈し、煮沸騰すると蟻酸カリウムとアンモニアを生ずる。本品は猛毒。(酸と反応して猛毒の青酸ガス(シアン化水素ガス)を発生する。貯蔵法は、少量ならばガラス瓶、多量ならばブリキ缶又は鉄ドラム缶を用い、酸類とは離して風通しの良い乾燥した冷所に密栓して貯蔵する。
問 29　4
〔解説〕
4が正しい。砒酸は、毒物。無色透明な微少な板状結晶又は結晶性粉末。潮解性がある。水、アルコール、グリセリンに溶ける。中性溶液から硝酸銀によって、赤褐色の沈殿を生じ、加熱した酸性液からは、砒化水素によって黄色沈を生ずる。用途は、砒酸鉛、砒酸石灰、フクシンその他医薬用砒素剤の原料に用いられる。煙霧は少量の吸入であっても強い溶血作用がある。
問 30　1
〔解説〕
パラチオン(ジエチルパラニトロフエニルチオホスフエイト)は、特毒。純品は無色～淡黄色の液体。水に溶けにくく。有機溶媒に可溶。農業用は褐色の液で、特有の臭気を有する。アルカリで分解する。用途は遅効性殺虫剤。

埼玉県

(農業用品目)
問 23　2
〔解説〕
一般の問 24 を参照。
問 24　4
〔解説〕
一般の問 25 を参照。
問 25　3
〔解説〕
チアクロプリドは、黄色粉末結晶。ネオニコチノイド系の殺虫剤。
問 26　4
〔解説〕
アンモニア水は無色透明、刺激臭がある液体。アンモニア NH_3 は空気より軽い気体。揮発性があり、空気より軽いガスを発生するので、よく密栓して貯蔵する。
問 27　4
〔解説〕
この設問のダイアジノンにおける4の用途が正しい。次のとおり。ダイアジノンは劇物。有機リン製剤、接触性殺虫剤、かすかにエステル臭をもつ無色の液体、水に難溶、エーテル、アルコールに溶解する。有機溶媒に可溶。ダイアジノンは有機リン系化合物であり、治療薬は硫酸アトロピンと PAM。
問 28　3
〔解説〕
ヨウ化メチル CH_3I は、無色または淡黄色透明液体、低沸点、光により I_2 が遊離して褐色になる(一般にヨウ素化合物は光により分解し易い)。エタノール、エーテルに任意の割合に混合する。水に不溶。用途はＩｉｙｅガス殺菌剤としてたばこの根瘤線虫、立枯病に使用する。

問 29　2
〔解説〕
テフルトリンは毒物(0.5 ％以下を含有する製剤は劇物。淡褐色固体。水にほとんど溶けない。有機溶媒に溶けやすい。用途は野菜等のピレスロイド系殺虫剤。
問 30　3
〔解説〕
エチレンクロルヒドリン CH_2ClCH_2OH(別名グリコールクロルヒドリン)は劇物。無色液体で芳香がある。水、アルコールに溶ける。蒸気は空気より重い。用途は有機合成中間体、溶剤等。吸入した場合は吐気、嘔吐、頭痛及び胸痛等の症状を起こすことがある。皮膚にふれた場合は、皮膚を刺激し、皮膚からも吸収され吸入した場合と同様の中毒症状を起こすことがある。

（特定品目）

問 26　4
〔解説〕
一般の問 21 を参照。
問 27　3
〔解説〕
一般の問 22 を参照。
問 28　2
〔解説〕
一般の問 23 を参照。
問 29　3
〔解説〕
トルエン $C_6H_5CH_3$ は、劇物。無色透明な液体で、ベンゼン臭がある。蒸気は空気より重く、可燃性である。沸点は水より低い。水には不溶、エタノール、ベンゼン、エーテルに可溶である。用途は爆薬原料、香料、サッカリンなどの原料、揮発性有機溶媒。
問 30　4
〔解説〕
四塩化炭素(テトラクロロメタン) CCl_4 は、劇物。揮発性、麻酔性の芳香を有する無色の重い液体。水には溶けにくいが、アルコール、エーテル、クロロホルムにはよく溶け、不燃性である。強熱によりホスゲンを発生。蒸気は空気より重く、低所に滞留する。溶剤として用いられる。

〔毒物及び劇物の識別及び取扱方法〕

（一般）

問 31　(1) 3　(2) 2
〔解説〕
硫化カドミウム(カドミウムイエロー) CdS は黄橙色粉末または結晶。水に難溶。熱硝酸や熱濃硫酸には可溶。用途は顔料、電池製造。
問 32　(1) 5　(2) 1
〔解説〕
三塩化アンチモン $SbCl_3$ は、無色潮解性のある結晶、空気中で発煙する。水、有機溶媒に溶ける。用途は媒染剤、試薬。劇物。水溶液は、硫化水素、硫化アンモニア、硫化ナトリウム等で、橙赤色の沈殿を生ずる。
問 33　(1) 1　(2) 1
〔解説〕
塩化亜鉛 $ZnCl_2$ は、白色の結晶で、空気に触れると水分を吸収して潮解する。水およびアルコールによく溶ける。水に溶かし、硝酸銀を加えると、白色の沈殿が生じる。
問 34　(1) 4　(2) 1
〔解説〕
クロルピクリン CCl_3NO_2 は、劇物。無色～淡黄色液体、催涙性、粘膜刺激臭。水に不溶。線虫駆除、燻蒸剤。確認方法：CCl_3NO_2 ＋金属 Ca ＋ベタナフチルアミン＋硫酸→赤色

問35　(1) 2　(2) 1
〔解説〕
セレン Se は毒物。灰色の金属光沢を有するペレットまたは黒色の粉末。水に不溶。鑑別法は炭の上に小さな孔をつくり、脱水炭酸ナトリウムの粉末とともに試料を吹管炎で熱灼すると、特有のニラ臭を出し、冷えると赤色のかたまりとなる。これは濃硫酸に緑色に溶ける。。

（農業用品目）

問31　(1) 5　(2) 2
〔解説〕
カルタップは、劇物。２％以下は劇物から除外。無色の結晶。水、メタノールに溶ける。用途は農薬の殺虫剤。

問32　(1) 1　(2) 2
〔解説〕
リン化亜鉛 Zn_3P_2 は、灰褐色の結晶又は粉末。かすかにリンの臭気がある。水アルコールに溶けない。ベンゼン、二硫化炭素に溶ける。酸と反応して有毒なホスフィン PH3 を発生。殺鼠剤、倉庫内燻蒸剤。

問33　(1) 3　(2) 2
〔解説〕
オキサミルは、毒物。白色針状結晶。かすかな硫黄臭がある。アセトン、メタノール、酢酸エチル、水に溶けやすい。用途はカーバメイト系殺虫、殺線剤。

問34　(1) 4　(2) 1
〔解説〕
ホサロンは､劇物｡白色の結晶で､水に不溶｡メタノールやアセトンに溶ける｡2.2％以下は劇物から除外。ネギの様な臭気がある。用途は殺虫剤。

問35　(1) 2　(2) 2
〔解説〕
ジメチルジチオホスホリルフェニル酢酸エチル(フェントエート、PAP)は、赤褐色、油状の液体で、芳香性刺激臭を有し、水、プロピレングリコールに溶けない。リグロインにやや溶け、アルコール、エーテル、ベンゼンに溶ける。有機燐系の殺虫剤。

埼玉県

（特定品目）

問31　(1) 3　(2) 2
〔解説〕
クロム酸カルシウム $CaCrO_4 \cdot 2H_2O$ は劇物。淡赤黄色の粉末。水に溶けやすい。アルカリに可溶。用途は顔料。

問32　(1) 1　(2) 1
〔解説〕
一酸化鉛 PbO(別名密陀僧、リサージ)は劇物。赤色～赤黄色結晶。重い粉末で、黄色から赤色の間の様々なものがある。水にはほとんど溶けない。用途はゴムの加硫促進剤、顔料、試薬等。希硝酸に溶かすと無色の液となり、これに硫化水素を通じると黒色の沈殿を生ずる。

問33　(1) 2　(2) 2
〔解説〕
硝酸 HNO_3 は純品なものは無色透明で、徐々に淡黄色に変化する。特有の臭気があり腐食性が高い。うすめた水溶液に銅屑を加えて熱すると、藍色を呈して溶け、その際赤褐色の蒸気を発生する。藍(青)色を呈して溶ける。

問34　(1) 5　(2) 1
〔解説〕
水酸化カリウム(KOH)は劇物(5 %以下は劇物から除外)。(別名：苛性カリ)。空気中の二酸化炭素と水を吸収する潮解性の白色固体である。二酸化炭素と水を強く吸収するので、密栓して貯蔵する。

問35　(1) 4　(2) 2
〔解説〕
酢酸エチル $CH_3COOC_2H_5$ は劇物。強い果実様の香気ある可燃性無色の液体。可燃性であるので、珪藻土などに吸収させたのち、燃焼により焼却処理する燃焼法。

千葉県
令和２年度実施

〔筆記：毒物及び劇物に関する法規〕
（一般・農業用品目・特定品目共通）

問１　(1)　1　(2)　2　(3)　5　(4)　1　(5)　4
(6)　4　(7)　2　(8)　3　(9)　1　(10)　5
(11)　5　(12)　1　(13)　2　(14)　2　(15)　3
(16)　3　(17)　2　(18)　2　(19)　2　(20)　5

〔解説〕
(1)　解答のとおり。　(2)　解答のとおり。　(3)　解答のとおり。
(4)　解答のとおり。　(5)　解答のとおり。　(6)　解答のとおり。
(7)　解答のとおり。　(8)　解答のとおり。　(9)　解答のとおり。
(10)　解答のとおり。

(11)　ウの四アルキル鉛とエのモノフルオール酢酸が特定毒物。なお、水銀は毒物。アクリルニトリルは劇物。

(12)　法第３条の３について、施行令第 32 条の２次の品目→①トルエン、②酢酸エチル、トルエン又はメタノールを含有する接着剤、塗料及び閉そく用又はシーリングの充てん料は、みだりに摂取、若しくは吸入し、又はこれらの目的で所持してはならない。このことからアとイが正しい。

(13)　法第３条の４で規定する引火性、発火性又は爆発性のある毒物又は劇物→施行令第 32 条の３で、①亜塩素酸ナトリウム及びこれを含有する製剤 30 %以上、②塩素酸塩類を含有する製剤 35 %以上、③ナトリウム、④ピクリン酸については正当な理由を除いては所持してはならないと規定されている。このことから２のピクリン酸が該当する。ン

(14)　この設問は法第７条及び法第８条のことで、アのみが正しい。アについては法第８条第４項に示されている。なお、イについては、他の都道府県においても毒物劇物取扱責任者になることができる。よって誤り。ウについては法第７条第２項における同一店舗二業種についてで、毒物劇物取扱責任者は、一人で足りる。

(15)　この設問は法第 10 条第２項の届出についてで、イのみが誤り。なお、イにある研究所の代表者の変更については、届出を要しない。

(16)　この設問は法第 17 条における事故の際の措置についてで、イが誤り。なお、イにある毒物又は劇物を紛失したときは、直ちに、その旨を警察署に届け出なければならない。よって誤り。

(17)　この設問は法第 18 条における立入検査等についてで、アとイが正しい。アは、法第 18 条第３項に示されている。イは、法第 18 条第１項に示されている。なお、ウについては、イと同様に法第 18 条第１項のことであるが、この設問にあるような、関係者を身体検査をすることはできない。エについては法第 18 条第４項により犯罪捜査のために認められたものとは解してはならないとあることからこの設問は誤り。

(18)　業務上取扱者の届出をしなければならない事業者については、法第 22 条第１項→施行令第 41 条及び同第 42 条で、①シアン化ナトリウム又は無機シアン化合物たる毒物を使用する電気めっきを行う事業、②シアン化ナトリウム又は無機シアン化合物たる毒物を使用する金属熱処理上を行う事業、③大型自動車 5,000kg 以上に毒物又は劇物を積載して行う大型運送業、④ヒ素化合物たる毒物を使用するしろあり防除を行う事業のこと。このことからエのみが誤り。

(19)　この設問は、施行規則第４条の４における設備基準のことでイのみが誤り。イについては毒物又は劇物とその他の物とを区分して貯蔵できるものである。このことからイが誤り。

(20)　この設問は車両を使用して毒物又は劇物を運搬する際に、車両に保護具を備えなければならない。この設問では、クロルピクリンを運搬とあることから、ことは施行令第 40 条の５第２項第３号〔施行令別表二掲げられている品目〕→施行規則第 13 条の５→施行規則別表第五に品目ごとに保護具が示されている。このことから５が正しい。

〔筆記：基礎化学〕
（一般・農業用品目・特定品目共通）

問２

(21)	3	(22)	1	(23)	2	(24)	1	(25)	3
(26)	4	(27)	5	(28)	1	(29)	2	(30)	5
(31)	5	(32)	1	(33)	3	(34)	4	(35)	3
(36)	2	(37)	2	(38)	3	(39)	2	(40)	4

〔解説〕

(21)　電気陰性度は希ガスを除き、一般的に周期表の右に行くほど強く、周期が小さいほうが強くなる。

(22)　アンモニア(NH_3)は１つの非共有電子対と３つの結合電子対を有する。

(23)　リチウムはアルカリ金属、バリウムはアルカリ土類金属である。

(24)　ナトリウムは１族の元素であるの最外殻に電子を１つ持つ。

(25)　水は折れ線構造であるため極性分子となる。

(26)　固体が液体を経ずに気体に、あるいは気体が液体を経ずに固体になる状態変化を昇華という。

(27)　酢酸エチル($CH_3COOCH_2CH_3$：分子量 88)、フェノール(C_6H_5OH：94)、無水酢酸($(CH_3CO)_2O$：102)、硫酸(H_2SO_4：98)、塩化水素(HCl：36.5)

(28)　グリセリンはヒドロキシ基(OH)を分子内に 3 つ有する 3 価アルコールである。

(29)　ピクリン酸(2,4,6-トリニトロフェノール)は分子内にニトロ基(NO_2)を 3 つ有しており、爆発性がある物質である。

(30)　正解２ カルボン酸とアルコールの脱水縮合をエステル化という。反対にエステルを水酸化ナトリウムのようなアルカリで加水分解することをけん化という。

(31)　第一級アルコールを酸化するとアルデヒドを経てカルボン酸まで酸化される。第二級アルコールを酸化するとケトンが生成する。

(32)　すべて正しい。

(33)　水酸化ナトリウム(NaOH)の式量は 40 である。よって 16.0　g の水酸化ナトリウムのモル数は 16.0/40 = 0.4 mol。これを溶解させ 100 mL にした時のモル濃度は 0.4 × 1000/100 = 4.0 mol/L

(34)　10%水酸化カルシウム水溶液 200　g に含まれる溶質の重さは 200 × 10/100 = 20 g。同様に 30%水酸化カルシウム水溶液 300 g に含まれる溶質の重さは 300 × 30/100 = 90 g。よってこの混合溶液の濃度は(20 + 90)/(200 + 300)× 100 = 22.0%

(35)　アルカリ金属元素の酸化数は+1、酸素の酸化数は－ 2 であるので、Cr の酸化数は (+1)× 2 ＋ x × 2+(－ 2)× 7 = 0, x = +6

(36)　シャルルの法則より、10/280 = x/308, x = 11 L

(37)　化学反応は分子同士の接触で起こるため、濃度が濃いほど接触確率が上がり、反応速度は早くなる。

(38)　100 % = 1,000,000 ppm である。よって 500 ppm = 0.05 %

(39)　蒸気圧降下、沸点上昇、凝固点降下が見られる。

(40)　Na_2SO_4：硫酸ナトリウム、$Fe(OH)_2$：水酸化鉄(II)

〔筆記：毒物及び劇物の性質及び貯蔵その他取扱方法〕
（一般）

問３

(41)	4	(42)	3	(43)	1	(44)	5	(45)	2

〔解説〕

(41)　クロロホルム $CHCl_3$ は、無色、揮発性の液体で特有の香気とわずかな甘みをもち、麻酔性がある。空気中で日光により分解し、塩素、塩化水素、ホスゲンを生じるので、少量のアルコールを安定剤として入れて冷暗所に保存。

(42)　シアン化ナトリウム NaCN(別名青酸ソーダ、シアンソーダ、青化ソーダ)は毒物。白色の粉末またはタブレット状の固体。酸と反応して有毒な青酸ガスを発生するため、酸とは隔離して、空気の流通が良い場所冷所に密封して保存する。

(43)　ピクリン酸($C_6H_2(NO_2)_3OH$)は爆発性なので、火気に対して安全で隔離され

千葉県

た場所に、イオウ、ヨード、ガソリン、アルコール等と離して保管する。鉄、銅、鉛等の金属容器を使用しない。　(44)　カリウム K は、劇物。銀白色の光輝があり、ろう様の高度を持つ金属。カリウムは空気中にそのまま貯蔵することはできないので、石油中に保存する。黄リンは水中で保存。　(45)　四塩化炭素(テトラクロロメタン)CCl_4 は、特有な臭気をもつ不燃性、揮発性無色液体、水に溶けにくく有機溶媒には溶けやすい。強熱によりホスゲンを発生。亜鉛またはスズメッキした鋼鉄製容器で保管、高温に接しないような場所で保管。

問4　(46)　2　(47)　4　(48)　1　(49)　3　(50)　5

〔解説〕

(46)　重クロム酸カリウム $K_2Cr_2O_7$ は、橙赤色の結晶。融点 398 ℃、分解点 500 ℃、水に溶けやすい。アルコールには溶けない。強力な酸化剤である。で吸湿性も潮解性みない。水に溶け酸性を示す。　(47)　クロルエチル C_2H_5Cl は、劇物。常温で気体。可燃性である。点火すれば緑色の辺緑を有する炎をあげて燃焼する。水にわずかに溶ける。アルコール、エーテルには容易に溶解する。

(48)　クラーレは、毒物。猛毒性のアルカロイドである。植物の樹皮から抽出される。黒または黒褐色の塊状あるいは粒状をなしている。　(49)　アニリン $C_6H_5NH_2$ は、新たに蒸留したものは無色透明油状液体、光、空気に触れて赤褐色を呈する。特有な臭気。水には難溶、蒸気は空気より重い。有機溶媒には可溶。水溶液にさらし粉を加えると紫色を呈する。劇物。　(50)　ヨウ素 I_2 は、黒褐色金属光沢ある稜板状結晶、昇華性。水に溶けにくい。ヨードあるいはヨード水素酸を含有する水には溶けやすい。有機溶媒に可溶(エタノールやベンゼンでは褐色、クロロホルムでは紫色)。

問5　(51)　5　(52)　4　(53)　2　(54)　1　(55)　3

〔解説〕

(51)　臭化銀(AgBr)は、劇物。淡黄色無臭の粉末。光により暗色化する。用途は写真感光材料。　(52)　塩素 Cl_2 は、黄緑色の刺激臭の空気より重い気体で、酸化力があるので酸化剤、用途は漂白剤、殺菌剤、消毒剤として使用される(紙パルプの漂白、飲用水の殺菌消毒などに用いられる)。　(53)　ベタナフトール $C_{10}H_7OH$ は、劇物。無色の光沢のある小葉状結晶あるいは白色の結晶性粉末。用途は工業用として染料製造原料、防腐剤、試薬など。　(54)　ヒドラジン($H_2N \cdot NH_2$)は、毒物。無色の油状の液体。沸点 113.5 ℃、融点 2 ℃、水、低級アルコールと混合。空気中で発煙する。強い還元剤である。用途は、ロケット燃料。

(55)　エチレンオキシド$(CH_2)_2O$ は、劇物。快臭のある無色のガス、水、アルコール、エーテルに可溶。可燃性ガス、反応性に富む。用途は有機合成原料、界面活性剤、殺菌剤。

千葉県

問6　(56)　4　(57)　3　(58)　2　(59)　5　(60)　1

〔解説〕

(56)　ニコチンは猛烈な神経毒を持ち、急性中毒では、よだれ、吐気、悪心、嘔吐、ついで脈拍緩徐不整、発汗、瞳孔縮小、呼吸困難、痙攣が起きる。

(57)　シュウ酸の中毒症状：血液中のカルシウムを奪取し、神経系を侵す。胃痛、嘔吐、口腔咽喉の炎症、腎臓障害。　(58)　過酸化水素 H_2O_2 は、無色無臭で粘性の少し高い液体。徐々に水と酸素に分解(光、金属により加速)する。安定剤として酸を加える。35 %以上の溶液が皮膚に付くと水泡を生じる。目に対しては腐食作用、蒸気は低濃度でも刺激盛大。　(59)　トルイジン $C_6H_4(NH_2)CH_3$ には、オルトー、メター、パラーの 3 種の異性体がある。水に難溶、有機溶媒に易溶。メトヘモグロビン形成能があり、チアノーゼを起こす。頭痛、疲労感、呼吸困難や、腎臓、膀胱の刺激を起こし血尿をきたす。　(60)　ヨウ素 I_2 は、黒褐色金属光沢ある稜板状結晶、昇華性。毒性は、蒸気を吸入するとめまい、頭痛を伴う酩酊(いわゆるヨード熱)を起こす。応急手当には澱粉糊液に煆製マグネシア混和したものを飲用。

(農業用品目)

問3　(41)　4　(42)　5　(43)　2　(44)　3

〔解説〕

(41)　DDVP は有機リン製剤であるので、解毒薬は PAM 又は硫酸アトロピンを使用。　(42)　硫酸銅、硫酸銅(Ⅱ)$CuSO_4 \cdot 5H_2O$ は、濃い青色の結晶。風解性。水に易溶、水溶液は酸性。劇物。経口摂取により嘔吐が誘発される。大量に経口摂取した場合では、メトヘモグロビン血症及び腎臓障害を起こして死亡に至る。なお、急性症状は嘔吐、吐血、低血圧、下血、昏睡、黄疸である。治療薬はペニシラミンあるいはジメチルカプロール(BAL)。　(43)　硫酸タリウム Tl_2SO_4 は、白色結晶で、水にやや溶け、熱水に易溶、劇物。中毒症状は、疝痛、嘔吐、震せん、けいれん麻痺等の症状に伴い、しだいに呼吸困難、虚脱症状を呈する。治療法は、カルシウム塩、システインの投与。抗けいれん剤(ジアゼパム等)の投与。　(44)　シアン化ナトリウム NaCN(別名青酸ソーダ)は、白色、潮解性の粉末または粒状物、空気中では炭酸ガスと湿気を吸って分解する(HCN を発生)。また、酸と反応して猛毒の HCN(アーモンド様の臭い)を発生する。　無機シアン化化合物の中毒：猛毒の血液毒、チトクローム酸化酵素系に作用し、呼吸中枢麻痺を起こす。治療薬は亜硝酸ナトリウムとチオ硫酸ナトリウム。

問４　(45)　3　(46)　4　(47)　1　(48)　5　(49)　2

〔解説〕

(45)　フェンバレレートは劇物。黄褐色の粘調性液体。水にはほとんど溶けない。メタノール、アセトニトリル、酢酸エチルに溶けやすい。熱、酸に安定。アルカリに不安定。また、光で分解。　(46)　ニコチンは、毒物。アルカロイドであり、純品は無色、無臭の油状液体であるが、空気中では速やかに褐変する。水、アルコール、エーテル等に容易に溶ける。　(47)　ヨウ化メチル CH_3I は、無色又は淡黄色透明の液体であり、空気中で光により一部分解して褐色になる。

(48)　エトプロホスは、毒物(５％以下は除外、５％以下で３％以上は劇物)、有機リン製剤、メルカプタン臭のある淡黄色透明液体、水に難溶、有機溶媒に易溶。　(49)　リン化亜鉛 Zn_3P_2 は、灰褐色の結晶又は粉末。かすかにリンの臭気がある。水、アルコールには溶けないが、ベンゼン、二硫化炭素に溶ける。酸と反応して有毒なホスフィン PH3 を発生。劇物、１％以下で、黒色に着色され、トウガラシエキスを用いて著しくからく着味されているものは除かれる。

問５　(50)　2　(51)　5　(52)　1　(53)　4

〔解説〕

(50)　パラコートは、毒物で、ジピリジル誘導体で無色結晶性粉末、水によく溶け低級アルコールに僅かに溶ける。アルカリ性では不安定。金属に腐食する。不揮発性。用途は除草剤。　(51)　モノフルオール酢酸ナトリウム FCH_2COONa は、特毒。重い白色粉末。からい味と酢酸の臭いとを有する。吸湿性、冷水に易溶、メタノールやエタノールに可溶。野ネズミの駆除に使用。　(52)　メソミル(別名メトミル)は 45％以下を含有する製剤は劇物。白色結晶。水、メタノール、アルコールに溶ける。有機燐系化合物。カルバメート剤。用途は殺虫剤

(53)　ナラシンは毒物(１%以上～ 10%以下を含有する製剤は劇物。)アセトン－水から結晶化させたものは白色～淡黄色。特有な臭いがある。用途は飼料添加物。

千葉県

問６　(54)　5　(55)　1　(56)　3　(57)　4

〔解説〕

(54)　アンモニア NH_3 は空気より軽い気体。貯蔵法は、揮発しやすいので、よく密栓して貯蔵する。　(55)　ブロムメチル CH_3Br は可燃性・引火性が高いため、火気・熱源から遠ざけ、直射日光の当たらない換気性のよい冷暗所に貯蔵する。耐圧等の容器は錆防止のため床に直置きしない。　(56)　ロテノンはデリスの根に含まれる。殺虫剤。酸素、光で分解するので遮光保存。２％以下は劇物から除外。　(57)　シアン化カリウム KCN は、白色、潮解性の粉末または粒状物、空気中では炭酸ガスと湿気を吸って分解する(HCN を発生)。また、酸と反応して猛毒の HCN(アーモンド様の臭い)を発生する。。貯蔵法は、少量ならばガラス瓶、多量ならばブリキ缶又は鉄ドラム缶を用い、酸類とは離して風通しの良い乾燥した冷所に密栓して貯蔵する。

問７　(58)　2　(59)　3　(60)　1

〔解説〕

(58)　クロルピクリン CCl_3NO_2 は、無色～淡黄色液体、催涙性、粘膜刺激臭。吸入すると、分解しないで組織内に吸収され、各器官に障害を与える。血液に入ってメトヘモグロビンをつくり、各器官に障害を与える。また、大量に吸収すると中枢神経や心臓、眼結膜をおかし、肺に強い障害を与える。(59)　パラコートは、毒物で、ジピリジル誘導体で無色結晶性粉末、水によく溶け低級アルコールに僅かに溶ける。消化器障害、ショックのほか、数日遅れて肝臓、腎臓、肺等の機能障害を起こす。解毒剤はないので、徹底的な胃洗浄、小腸洗浄を行う。誤って嚥下した場合には、消化器障害、ショックのほか、数日遅れて肝臓、肺等の機能障害を起こすことがあるので、特に症状がない場合にも至急医師による手当てを受けること。　(60)　ダイアジノンは、有機リン製剤、接触性殺虫剤、かすかにエステル臭をもつ無色の液体、水に難溶、有機溶媒に可溶。有機リン製剤なの

でコリンエステラーゼ活性阻害。

（特定品目）

問３　(41)　4　(42)　5　(43)　2　(44)　1　(45)　3

〔解説〕

解答のとおり。

問４　(46)　2　(47)　1　(48)　3　(49)　4　(50)　5

〔解説〕

解答のとおり。

問５　(51)　2　(52)　2　(53)　3　(54)　1　(55)　4

〔解説〕

(51)　硫酸は、無色透明の液体。劇物から10％以下のものを除く。皮膚に触れた場合は、激しいやけどを起こす。可燃物、有機物と接触させない。直接中和剤を散布すると発熱し、酸が飛散することがある。眼に入った場合は、粘膜を激しく刺激し、失明することがある。直ちにに付着又は接触部を多量の水で、15分間以上洗い流す。　(52)　蒸気は粘膜を刺激し、結膜炎、気管支炎などをおこさせる。高濃度の液体は皮膚に壊疽(えそ)をおこさせたり、しばしば湿疹を生じさせる。ホルムアルデヒドHCHOは、無色刺激臭の気体で水に良く溶け、これをホルマリンという。ホルマリンは無色透明な刺激臭の液体。吸引するとその蒸気は鼻、のど、気管支、肺などを激しく刺激し炎症を起こす。

(53)　トルエンは、劇物。無色、可燃性のベンゼ臭を有する液体。麻酔性が強い。蒸気の吸入により頭痛、食欲不振などがみられる。大量では緩和な大血球性貧血をきたす。常温では容器上部空間の蒸気濃度が爆発範囲に入っているので取扱いに注意。　(54)　四塩化炭素 CCl_4：(テトラクロロメタン) CCl_4 は、特有な臭気をもつ不燃性、揮発性無色液体、水に溶けにくく有機溶媒には溶けやすい。毒性は揮発性の蒸気の吸入によることが多い。はじめ頭痛、悪心などをきたし、また、黄疸のように角膜が黄色となり、次第に尿毒症様を呈する。火災等で強熱されるとホスゲンを発生する恐れがあるので注意する。

(55)　メタノール(メチルアルコール) CH_3OH は無色透明、揮発性の液体で水と随意の割合で混合する。火を付けると容易に燃える。：毒性は頭痛、めまい、嘔吐、視神経障害、失明。致死量に近く摂取すると麻酔状態になり、視神経がおかされ、目がかすみ、ついには失明することがある。用途は主として溶剤や合成原料、または燃料など。

問６　(56)　1　(57)　4　(58)　5　(59)　3　(60)　2

〔解説〕

(56)　一酸化鉛 PbO(別名密陀僧、リサージ)は劇物。赤色～赤黄色結晶。重い粉末で、黄色から赤色の間の様々なものがある。水にはほとんど溶けない。用途はゴムの加硫促進剤、顔料、試薬等。　(57)　四塩化炭素(テトラクロロメタン) CCl_4 は、特有な臭気をもつ不燃性、揮発性無色液体、水に溶けにくく有機溶媒には溶けやすい。用途は洗濯剤、清浄剤の製造などに用いられる。

(58)　硫酸 H_2SO_4 は、無色無臭澄明な油状液体、腐食性が強い、比重1.84、水、アルコールと混和するが発熱する。空気中および有機化合物から水を吸収する力が強い。肥料、石油精製、冶金、試薬など用いられる。　(59)　過酸化水素 H_2O_2 の水溶液が過酸化水素水。無色無臭で粘性の少し高い液体。徐々に水と酸素に分解する。酸化力、還元力をもつ。漂白、医薬品、化粧品の製造。　(60)　トルエン $C_6H_5CH_3$ は、劇物。特有な臭い(ベンゼン様)の無色液体。水に不溶。比重1以下。可燃性。引火性。劇物。用途は爆薬原料、香料、サッカリンなどの原料、揮発性有機溶媒。

〔実地：毒物及び劇物の識別及び取扱方法〕

（一般）

問７　(61)　2　(62)　1　(63)　3　(64)　5　(65)　4

〔解説〕

(61)　ホルムアルデヒド HCHO は、無色刺激臭の気体で水に良く溶け、これをホルマリンという。ホルマリンは無色透明な刺激臭の液体、低温ではパラホルムアルデヒドの生成により白濁または沈澱が生成することがある。水、アルコール、エーテルと混和する。アンモニ水を加えて強アルカリ性とし、水浴上で蒸発すると、水に溶解しにくい白色、無晶形の物質を残す。フェーリング溶液とともに熱すると、赤色の沈殿を生ずる。　(62)　過酸化水素 H_2O_2 の水溶液が過酸化水素水。無色無臭で粘性の少し高い液体。徐々に水と酸素に分解(光、金属により加速)する。安定剤として酸を加える。ヨード亜鉛からヨウ素を析出する。

(63)　沃素(別名ヨード、ヨジウム)(I_2)は劇物。黒灰色、金属様の光沢ある稜板状結晶。常温でも多少不快な臭気をもつ蒸気をはなって揮散する。水には黄褐色を呈して、ごくわずかに溶ける。澱粉にあうと藍色(ヨード澱粉)を呈し、これを熱すると退色する。　(64)　水酸化ナトリウム NaOH は、白色、結晶性のかたいかたまりで、繊維状結晶様の破砕面を現す。水と炭酸を吸収する性質がある。水溶液を白金線につけて火炎中に入れると、火炎は黄色に染まる。

(65)　黄リン P_4 は、白色又は淡黄色の固体で、ニンニク臭がある。水酸化ナトリウムと熱すればホスフィンを発生する。酸素の吸収剤として、ガス分析に使用され、殺鼠剤の原料、または発煙剤の原料として用いられる。暗室内で酒石酸又は硫酸酸性で水蒸気蒸留を行い、その際冷却器あるいは流水管の内部に美しい青白色の光がみられる。

問８　(66)　3　(67)　1　(68)　5　(69)　2　(70)　4

〔解説〕

(66)　エチレンオキシドは、劇物。快臭のある無色のガス。水、アルコール、エーテルに可溶。可燃性ガス、反応性に富む。廃棄法：多量の水に少量ずつガスを吹き込み溶解し希釈した後、少量の硫酸を加えエチレングリコールに変え、アリカリ水で中和し、活性汚泥で処理する活性汚泥法。　(67)　臭素 Br_2 は、劇物。赤褐色の刺激臭液体。燃焼性はないが、強い腐食性がある。廃棄法は、アルカリ水溶液(石灰乳又は水酸化ナトリウム水溶液)中に少量ずつ滴下し多量の水で稀釈して処理するアルカリ法。　(68)　一酸化鉛 PbO は、水に難溶性の重金属なので、1)固化隔離法：そのままセメント固化し、埋立処理。2)還元焙焼法：還元的燃焼法により金属鉛として回収。　(69)　水銀は、気圧計や寒暖計、その他理化学機器として用いる。アマルガム（水銀とほかの金属の合金）は試薬や歯科で用いられる。廃棄法は、そのまま再生利用するため蒸留する回収法。

(70)　弗化水素 HF は毒物。不燃性の無色液化ガス。激しい刺激性がある。ガスは空気より重い。空気中の水や湿気と作用して白煙を生じる。また、強い腐食性を示す。廃棄方法は沈殿法：多量の消石灰水溶液中に吹き込んで吸収させ、中和し、沈殿濾過して埋立処分する。

問９　(71)　1　(72)　4　(73)　2　(74)　5　(75)　3

〔解説〕

解答のとおり。

問10　(76)　3　(77)　4　(78)　1　(79)　2　(80)　5

〔解説〕

解答のとおり。

（農業用品目）

問８　(61)　3　(62)　5　(63)　4　(64)　1　(65)　2

〔解説〕

(61)　塩化亜鉛 $ZnCl_2$ は、白色の結晶で、空気に触れると水分を吸収して潮解する。水およびアルコールによく溶ける。水に溶かし、硝酸銀を加えると、白色の沈殿が生じる。　(62)　アンモニア NH_3 は、常温では無色刺激臭の気体、冷却圧縮すると容易に液化する。水、エタノール、エーテルに可溶。強いアルカリ性を示し、腐食性は大。濃塩酸をうるおしたガラス棒を近づけると、白い霧を生ずる。また、塩酸を加えて中和したのち、塩化白金溶液を加えると、黄色、結晶性の沈殿を生ずる。　(63)　クロルピクリン CCl_3NO_2 の確認方法は、本品の水溶液に金属カルシウムを加え、これにベタナフチルアミン及び硫酸を加えると、赤色の沈殿を生じる。　(64)　無水硫酸銅 $CuSO_4$　無水硫酸銅は灰白色粉末、これに水を加えると五水和物 $CuSO_4 \cdot 5H_2O$ になる。これは青色ないし群青色の結晶、または顆粒や粉末。水に溶かして硝酸バリウムを加えると、白色の沈殿を生ずる。　(65)　AlP の確認方法：湿気により発生するホスフィン PH3 により硝酸銀中の銀イオンが還元され銀になる($Ag^+ \rightarrow Ag$)ため黒変する。

問9　(66)　3　(67)　2　(68)　1　(69)　4　(70)　5

〔解説〕

(66)　塩素酸ナトリウム $NaClO_3$ は酸化剤なので、希硫酸で $HClO_3$ とした後、これを還元剤中へ加えて酸化還元後、多量の水で希釈処理する還元法。

(67)　リン化亜鉛 Zn_3P_2 は、灰褐色の結晶又は粉末。かすかにリンの臭気がある。ベンゼン、二硫化炭素に溶ける。酸と反応して有毒なホスフィン PH3 を発生。劇物。廃棄法は、燃焼法と酸化法がある。　(68)　硫酸亜鉛 $ZnSO_4$ の廃棄方法は、金属 Zn なので 1)沈澱法；水に溶かし、消石灰、ソーダ灰等の水溶液を加えて生じる沈殿物をろ過してから埋立。2)焙焼法；還元焙焼法により Zn を回収。

(69)　クロルピクリン CCl_3NO_2 は、無色～淡黄色液体、催涙性、粘膜刺激臭。廃棄方法は分解法。少量の界面活性剤を加えた亜硫酸ナトリウムと炭酸ナトリウムの混合溶液中で、攪拌し分解させた後、多量の水で希釈して処理する。

(70)　シアン化ナトリウム NaCN は、酸性だと猛毒のシアン化水素 HCN が発生するのでアルカリ性にしてから酸化剤でシアン酸ナトリウム NaOCN にし、余分なアルカリを酸で中和し多量の水で希釈処理する酸化法。水酸化ナトリウム水溶液等でアルカリ性とし、高温加圧下で加水分解するアルカリ法。

問10　(71)　5　(72)　3　(73)　2　(74)　1

〔解説〕

解答のとおり。

問11　(75)　5　(76)　3　(77)　4　(78)　2　(79)　1

〔解説〕

解答のとおり。

問12　(80)　5

〔解説〕

ウのみが正しい。次のとおり。イミダクロプリドは劇物。弱い特異臭のある無色結晶。水にきわめて溶けにくい。マイクロカプセル製剤の場合、12 %以下を含有するものは劇物から除外。用途は野菜等のアブラムシ等の殺虫剤(クロロニコチニル系農薬)。

千葉県

(特定品目)

問7　(61)　4　(62)　1　(63)　5　(64)　3　(65)　2

〔解説〕

解答のとおり。

問8　(66)　1　(67)　2　(68)　3　(69)　4　(70)　5

〔解説〕

解答のとおり。

問9　(71)　1　(72)　5　(73)　3　(74)　2　(75)　4

〔解説〕

(71)　硝酸 HNO_3 は純品なものは無色透明で、徐々に淡黄色に変化する。特有の臭気があり腐食性が高い。うすめた水溶液に銅屑を加えて熱すると、藍色を呈して溶け、その際赤褐色の蒸気を発生する。高濃度の場合、水と急激に接触すると多量の熱をを発生し酸が飛散することがある。　(72)　クロロホルム CHCl3 は、無色、揮発性の液体で特有の香気とわずかな甘みをもち、麻酔性がある。蒸気は空気より重い。水にはほとんど溶けない。空気に触れ、同時に日光の作用を受けると分解する。火災等で強熱されるとホスゲンを発生するおそれがあるので注意をする。　(73)　塩素 Cl_2 は、黄緑色の刺激臭の空気より重い気体で、酸化力があるので酸化剤、漂白剤、殺菌剤消毒剤として使用される。不燃性を有して、鉄、アルミニウム等の燃焼を助ける。また、極めて、反応性が強い。水素又は炭化水素と爆発的に反応。　(74)　過酸化水素水 H_2O_2 は劇物。無色透明な濃厚な液体。過マンガン酸カリウムを還元し、過クロム酸を酸化する。また、ヨード亜鉛からヨードを析出する。分解が起こると激しく酸素を生成し、周囲に易燃物があると火災になるおそれがある。　(75)　トルエン $C_6H_5CH_3$(別名トルオール、メチルベンゼン)は劇物。特有な臭いの無色液体。水に不溶。比重 1 以下。可燃性。揮発性有機溶媒。麻酔作用が強い。その取扱いは引火しやすく、また、その蒸気は空気と混合して爆発性混合ガスとなるので火気は絶対に近づけない。静電気に対する対策を十分に考慮しなければならない。

問 10

〔解説〕

(76)　一酸化鉛 PbO は、重い粉末で、黄色から赤色までの間の種々のものがある。水に溶けず、酸、アルカリには溶ける。希硝酸に溶かすと、無色の液となり、これに硫化水素を通じると、黒色の沈殿を生じる。　(77)　過酸化水素水 H2O2 は劇物。無色透明な濃厚な液体。過マンガン酸カリウムを還元し、過クロム酸を酸化する。また、ヨード亜鉛からヨードを析出する。　(78)　ホルマリンはホルムアルデヒド HCHO の水溶液。フクシン亜硫酸はアルデヒドと反応して赤紫色になる。アンモニア水を加えて、硝酸銀溶液を加えると、徐々に金属銀を析出する。またフェーリング溶液とともに熱すると、赤色の沈殿を生ずる。

(79)　シュウ酸$(COOH)_2$・$2H_2O$ は無色の柱状結晶、風解性、還元性、漂白剤、鉄さび落とし。無水物は白色粉末。水、アルコールに可溶。エーテルには溶けにくい。また、ベンゼン、クロロホルムにはほとんど溶けない。水溶液を酢酸で弱酸性にして酢酸カルシウムを加えると、結晶性の沈殿を生じる。　(80)水酸化カリウム水溶液＋酒石酸水溶液→白色結晶性沈澱(酒石酸カリウムの生成)。不燃性であるが、アルミニウム、鉄、すず等の金属を腐食し、水素ガスを発生。これと混合して引火爆発する。水溶液を白金線につけガスバーナーに入れると、炎が紫色に変化する。

千葉県

神奈川県
令和２年度実施

〔毒物及び劇物に関する法規〕
（一般・農業用品目・特定品目共通）

問１～問５　問１　7　問２　5　問３　8　問４　2　問５　0
〔解説〕
解答のとおり。

問６～問10　問６　1　問７　1　問８　2　問９　2　問10　2
〔解説〕
問６　法第３条の２第６項に示されている。　問７　法第11条第４項の飲食物容器使用禁止のこと。　問８　法第12条第１項により、‥赤地に白色‥ではなく、白色に赤地である。　問９　この設問は法第12条第２項のことで、この設問にある‥その使用期限を表示は規定されていない。次の事項である。①毒物又は劇物の名称、②毒物又は劇物の成分及びその含量、③施行規則第11条の５で示されている解毒剤〔①２－ピリジルアルドキシムメチオダイド(PAM)の製剤、②硫酸アトロピンの製剤)〕の名称。　問10　この設問は法第17条第２項の盗難紛失の措置のこと。その旨を警察署に届け出なければならないである。

問11～問15　問11　8　問12　5　問13　7　問14　3　問15　4
〔解説〕
この設問は法第14条の譲渡手続きについて。解答のとおり。

問16～問20　問16　1　問17　2　問18　2　問19　1　問20　1
〔解説〕
問16　設問のとおり。登録更新のこと。　問17　この設問にある‥５年を経過していない者ではなく、‥３年を経過していない者である。　問18　この設問にある‥45日以内ではなく、‥30日以内に毒物劇物取扱責任者の氏名を届け出なければならないである。　問19　設問のとおり。　問20　設問のとおり。

問21～問25　問21　2　問22　1　問23　2　問24　3　問25　1
〔解説〕
問21　アジ化ナトリウムは毒物。〔0.1％以下は毒物から除外。〕　問22　劇物　問23　毒物　問24　特定毒物　問25　劇物
なお、毒物は法第２条第１項→法別表第一→指定令第１条。劇物は法第２条第２項→法別表第二→指定令第２条。特定毒物は法第２条第３項→法別表第三→指定令第３条にそれぞれ示されている。

〔基礎化学〕
（一般・農業用品目・特定品目共通）

問26～問30　問26　4　問27　3　問28　2　問29　1　問30　1
〔解説〕
問26　親水コロイドに多量の電解質を加えて沈殿させる操作を塩析という。
問27　メチルオレンジの変色域は酸性側にあるため、弱酸強塩基による中和滴定には不向きである（強酸弱塩基の中和滴定には用いることが可能）。
問28　フェノールは水に溶解すると弱酸性を示す。
問29　C もH も非金属の典型元素であるので共有結合により結ばれる。
問30　でんぷんはアミロースまたはアミロペクチンである。

問31～問35　問31　5　問32　2　問33　9　問34　3　問35　7
〔解説〕
解答のとおり

問36～問40　問36　3　問37　5　問38　4　問39　3　問40　4
〔解説〕
問36　気体1 mol は標準状態で22.4 L であるから、67.2 L の塩化水素(HCl)のモル数は $67.2 \div 22.4 = 3.0$ mol。HCl の分子量は36.5 であるから $36.5 \times 3.0 = 109.5$ g。
問37　ダイヤモンドはC のみで構成されている。$0.24 \div 12 = 0.02$ mol

問 38　$2CO + O_2 \rightarrow 2CO_2$ であるから、4 mol の一酸化炭素を燃焼させるために必要な酸素のモル数は 2 mol である。$2 \times 22.4 = 44.8$ L。

問 39　4 mol の一酸化炭素から 4 mol の二酸化炭素が生じる。二酸化炭素(CO_2)の分子量は 44 であるから、$4 \times 44 = 176$ g。

問 40　硫酸は 2 価の酸であり、水酸化ナトリウムは 1 価の塩基である。硫酸のモル濃度を x とおく。$2 \times x \times 10 = 1 \times 0.4 \times 12$,　$x = 0.24$ mol/L

問 41 ～問 45　**問 41**　1　**問 42**　4　**問 43**　3　**問 44**　4　**問 45**　5

〔解説〕

問 41　ハロゲンは 17 族の元素である。F, Cl, Br, I

問 42　酢酸エチルは酢酸とエタノールが脱水縮合したエステルである。

問 43　銅は緑、カリウムは紫、バリウムは緑、ナトリウムは黄色の炎色反応をしめす。

問 44　記載されている化合物の中で水によく溶解するのは塩化水素とアンモニアであり、アンモニアは水に溶解して弱塩基性を示す。

問 45　同素体とは同じ元素からなる単体で、性質が異なるものである。水素と三重水素は同位体の関係になる。

問 46 ～問 50　**問 46**　8　**問 47**　2　**問 48**　4　**問 49**　3　**問 50**　7

〔解説〕

解答のとおり

〔毒物及び劇物の性質及び貯蔵その他の取扱方法〕

（一般）

問 51 ～問 55　**問 51**　5　**問 52**　1　**問 53**　4　**問 54**　2　**問 55**　3

〔解説〕

問 51　クロロホルム $CHCl_3$ は、無色、揮発性の液体で特有の香気とわずかな甘みをもち、麻酔性がある。空気中で日光により分解し、塩素、塩化水素、ホスゲンを生じるので、少量のアルコールを安定剤として入れて冷暗所に保存。

問 52　ヨウ素 I_2 は、黒褐色金属光沢ある稜板状結晶、昇華性。水に溶けにくい(しかし、KI 水溶液には良く溶ける $KI + I_2 \rightarrow KI_3$)。有機溶媒に可溶(エタノールやベンゼンでは褐色、クロロホルムでは紫色)。気密容器を用い、風通しのよい冷所に貯蔵する。腐食されやすい金属なので、濃塩酸、アンモニア水、アンモニアガス、テレビン油等から引き離しておく。　**問 53**　アンモニア水は無色透明、刺激臭がある液体。アンモニア NH_3 は空気より軽い気体。貯蔵法は、揮発しやすいので、よく密栓して貯蔵する。　**問 54**　水酸化ナトリウム(別名：苛性ソーダ)NaOH は、白色結晶性の固体。水と炭酸を吸収する性質が強い。空気中に放置すると、潮解して徐々に炭酸ソーダの皮層を生ずる。貯蔵法については潮解性があり、二酸化炭素と水を吸収する性質が強いので、密栓して貯蔵する。

問 55　カリウム K は、劇物。銀白色の光輝があり、ろう様の高度を持つ金属。貯蔵法は水や酸素との接触を断つため通常は石油の中に貯蔵する。

問 56 ～問 60　**問 56**　2　**問 57**　4　**問 58**　5　**問 59**　3　**問 60**　1

〔解説〕

問 56　クレゾール $C_6H_4(CH_3)OH$：オルト、メタ、パラの 3 つの異性体の混合物。消毒力がメタ体が最も強い。無色～ピンクの液体、フェノール臭、光により暗色になる。用途は殺菌消毒薬、木材の防腐剤。　**問 57**　硝酸タリウム $TiNO_3$ は、劇物。白色の結晶。水に溶けにくい。沸騰水にはよく溶ける。アルコールには不溶。用途は殺鼠剤。　**問 58**　メチルメルカプタン CH_3SH は、毒物。メタンチオールとも呼ばれる。腐ったキャベツ様の悪臭を有する引火性無色気体。用途は殺虫剤、付臭剤、香料、反応促進剤など。　**問 59**　クロム酸ストロンチウム $SrCO_4$ は、劇物。黄色粉末、比重 3.89、冷水には溶けにくい。ただし、熱水には溶ける。酸、アルカリに溶ける。用途はさび止め用。　**問 60**　メタクリル酸 $CH_3C(=CH_2)COOH$：融点 16 ℃の無色結晶、温水に溶け、アルコール、エーテルと混和する。重合性。用途は熱硬化性塗料、接着剤など。

問 61 ～問 65　**問 61**　3　**問 62**　1　**問 63**　1　**問 64**　2　**問 65**　3

〔解説〕

解答のとおり。

問 66 ～問 70　**問 66**　3　**問 67**　5　**問 68**　2　**問 69**　4　**問 70**　1

〔解説〕

問 66　フェノール(C_6H_5OH は、劇物。無色の針状結晶または白色の放射状結晶

神奈川県

性の塊。空気中で容易に赤変する。特異の臭気と灼くような味がする。アルコール、エーテル、クロロホルムにはよく溶ける。水にはやや溶けやすい。皮膚や粘膜につくと火傷を起こし、その部分は白色となる。内服した場合には、尿は特有な暗赤色を呈する。　**問 67**　スルホナールは劇物。無色、稜柱状の結晶性粉末。臭気はない。味もない。水、アルコール、エーテルに溶けにくい。嘔吐、めまい、胃腸障害、腹痛、下痢又は便秘などをおこす。運動失調、麻痺、腎臓炎、尿量減退、ポルフィリン尿(尿が赤色を呈する。)として現れる。解毒剤は、重炭酸ソーダまたはマグネシア、酢酸カリ液などのアルカリ剤を使用。　**問 68**　ダイアジノンは、有機リン製剤、接触性殺虫剤、かすかにエステル臭をもつ無色の液体、水に難溶、有機溶媒に可溶。有機リン製剤なのでコリンエステラーゼ活性阻害。

問 69　アニリン $C_6H_5NH_2$ は、新たに蒸留したものは無色透明油状液体、光、空気に触れて赤褐色を呈する。毒性は、血液毒であるので、血液に作用してメトヘモグロビンを作り、チアノーゼを起こさせる。　**問 70**　アクロレイン CH_2=CH-CHO は、劇物。無色または帯黄色の液体。刺激臭があり、引火性である。毒性については、目と呼吸系を激しく刺激する。皮膚を刺激して、気管支カタルや結膜炎をおこす。

問 71 〜問 75　**問 71**　3　**問 72**　4　**問 73**　5　**問 74**　1　**問 75**　2

〔解説〕

問 71　一酸化鉛 PbO(別名リサージ)は劇物。赤色〜赤黄色結晶。重い粉末で、黄色から赤色の間の様々なものがある。水にはほとんど溶けないが、酸、アルカリにはよく溶ける。酸化鉛は空気中に放置しておくと、徐々に炭酸を吸収して、塩基性炭酸鉛になることもある。光化学反応をおこし、酸素があると四酸化三鉛、酸素がないと金属鉛を遊離する。　**問 72**　燐化水素(別名ホスフィン)は無色、腐魚臭の気体。気体は自然発火する。水にわずかに溶け、酸素及びハロゲンとは激しく結合する。エタノール、エーテルに溶ける。　**問 73**　ジボランは毒物。無色のビタミン臭のある気体。可燃性。水によりすみやかに加水分解する。

問 74　硫酸銅(Ⅱ)$CuSO_4 \cdot 5H_2O$ は、無水物は灰色ないし緑色を帯びた白色の結晶又は粉末。五水和物は青色ないし群青色の大きい結晶、顆粒又は白色の結晶又は粉末である。空気中でゆるやかに風解する。水に易溶、メタノールに可溶。

問 75　ホスゲンは独特の青草臭のある無色の圧縮液化ガス。蒸気は空気より重い。トルエン、エーテルに極めて溶けやすい。酢酸に対してはやや溶けにくい。水により加水分解し、二酸化炭素と塩化水素を生成する。不燃性。

（農業用品目）

問 51 〜問 55　**問 51**　4　**問 52**　2　**問 53**　5　**問 54**　1　**問 55**　3

〔解説〕

問 51　ヨウ化メチル CH_3I は、無色または淡黄色透明液体、低沸点、光により I 2 が遊離して褐色になる(一般にヨウ素化合物は光により分解し易い)。エタノール、エーテルに任意の割合に混合する。水に不溶。Ｉｉｙｅガス殺菌剤としてたばこの根瘤線虫、立枯病に使用する。　**問 52**　メタアルデヒドは劇物。白色粉末(結晶)、アルデヒド臭。酸性で不安定。アルカリに不安定。用途は農薬(殺虫剤)。

問 53　硫酸タリウム Tl_2SO_4 は、劇物。白色結晶で、水にやや溶け、熱水に易溶、用途は殺鼠剤。硫酸タリウム 0.3 %以下を含有し、黒色に着色され、かつ、トウガラシエキスを用いて著しくからく着味されているものは劇物から除外。

問 54　EPN は毒物。芳香臭のある淡黄色油状または白色結晶で、水には溶けにくい。一般の有機溶媒には溶けやすい。用途は遅効性の殺虫剤として使用される。

問 55　イソキサチオンは有機リン剤、劇物(2 %以下除外)、淡黄褐色液体、水に難溶、有機溶剤に易溶、アルカリには不安定。ミカン、稲、野菜、茶等の害虫駆除。(有機燐系殺虫剤)。

問 56 〜問 60　**問 56**　1　**問 57**　2　**問 58**　2　**問 59**　2　**問 60**　3

〔解説〕

解答のとおり。

問 61 〜問 65　**問 61**　1　**問 62**　2　**問 63**　2　**問 64**　3　**問 65**　1

〔解説〕

解答のとおり。

問 66 〜問 70　**問 66**　4　**問 67**　3　**問 68**　1　**問 69**　2　**問 70**　1

〔解説〕

解答のとおり。

問71～問75　問71　4　問72　1　問73　3　問74　5　問75　2

〔解説〕

問71　カルタップは、:劇物。: 2%以下は劇物から除外。無色の結晶。融点179 ～ 181 ℃。水、メタノールに溶ける。ベンゼン、アセトン、エーテルには溶けない。ネライストキシン系の殺虫剤。　問72　エチル＝(Z)-3-[N-ベンジル-N-[[メチル(1-メチルオエチリデンアミノオキシカルボニル)アミノ]プロヒオナート(別名アラニカルブ)は劇物。白色結晶、水に極めて溶けにくい。pH7 及び 9 で安定。用途はたばこのタバコアオムシ、ヨトムシ等の害虫を防除する農薬。カーバメイト系殺虫剤。　問73　テフルトリンは毒物(0.5%以下を含有する製剤は劇物。淡褐色固体。水にほとんど溶けない。有機溶媒に溶けやすい。用途は野菜等のピレスロイド系殺虫剤。　問74　フェンチオンMPP は、劇物(2%以下除外)、有機リン剤、淡褐色のニンニク臭をもつ液体。有機溶媒には溶けるが、水には溶けない。稲のニカメイチュウ、ツマグロヨコバイなどの殺虫に用いる。(有機燐系殺虫剤)　問75　トリシクラゾールは、劇物、8%以下は劇物除外。無色無臭の結晶、水、有機溶媒にはあまり溶けない。農業用殺菌剤(イモチ病に用いる。)。〔メラニン生合成阻害殺菌剤〕

(特定品目)

問51～問55　問51　4　問52　2　問53　3　問54　1　問55　5

〔解説〕

問51　クロム酸鉛 $PbCrO_4$ は黄色または赤黄色粉末、沸点:844 ℃、水にほとんど溶けず、酸、アルカリに溶ける。別名はクロムイエロー。　問52　硝酸 HNO_3 は、劇物。無色の液体。特有な臭気がある。腐食性が激しい。空気に接すると刺激性白霧を発し、水を吸収する性質が強い。　問53　キシレン $C_6H_4(CH_3)_2$ は劇物。無色透明の液体で芳香族炭化水素特有の臭いを有する。蒸気は空気より重い。水に不溶、有機溶媒に可溶である。　問54　塩素 Cl_2 は劇物。黄緑色の気体で激しい刺激臭がある。冷却すると、黄色溶液を経て黄白色固体。水にわずかに溶ける。沸点-34.05℃。強い酸化力を有する。　問55　過酸化水素 H_2O_2 水は、無色透明の濃厚な液体で、弱い特有のにおいがある。強く冷却すると稜柱状の結晶となる。不安定な化合物であり、常温でも徐々に水と酸素に分解する。酸化力、還元力を併有している。

問56～問60　問56　1　問57　5　問58　3　問59　4　問60　2

〔解説〕

問56　メチルエチルケトン $CH_3COC_2H_5$ は、アセトン様の臭いのある無色液体。引火性。有機溶媒。貯蔵方法は直射日光を避け、通風のよい冷暗所に保管し、また火気厳禁とする。なお、酸化性物質、有機過酸化物等と同一の場所で保管しないこと。　問57　アンモニア水は無色透明、刺激臭がある液体。アンモニア NH_3 は空気より軽い気体。濃塩酸を近づけると塩化アンモニウムの白い煙を生じる。NH_3 が揮発し易いので密栓。　問58　水酸化カリウム(KOH)は劇物(5%以下は劇物から除外)。(別名：苛性カリ)。空気中の二酸化炭素と水を吸収する潮解性の白色固体である。二酸化炭素と水を強く吸収するので、密栓して貯蔵する。
問59　四塩化炭素(テトラクロロメタン)CCl_4 は、特有な臭気をもつ不燃性、揮発性無色液体、水に溶けにくく有機溶媒には溶けやすい。強熱によりホスゲンを発生。亜鉛またはスズメッキした鋼鉄製容器で保管、高温に接しないような場所で保管。　問60　ホルマリンは、容器を密閉して換気の良いところで貯蔵すること。直射日光をさけて保管すること。

問61～問65　問61　3　問62　5　問63　2　問64　4　問65　1

〔解説〕

問61　水酸化カリウム KOH は強アルカリ性なので、高濃度のものは腐食性が強く、皮膚に触れると激しく侵す。ダストとミストを吸入すると、呼吸器官を侵す。強アルカリ性なので眼に入った場合には、失明する恐れがある。

問62　ホルムアルデヒドを吸引するとその蒸気は鼻、のど、気管支、肺などを激しく刺激し炎症を起こす。　問63　クロロホルムの中毒：原形質毒、脳の節細胞を麻酔、赤血球を溶解する。吸収するとはじめ嘔吐、瞳孔縮小、運動性不安、次に脳、神経細胞の麻酔が起きる。中毒死は呼吸麻痺、心臓停止による。

問64　シュウ酸を摂取すると体内のカルシウムと安定なキレートを形成することで低カルシウム血症を引き起こし、神経系が侵される。　問65　塩素 Cl_2 は、黄緑色の窒息性の臭気をもつ空気より重い気体。ハロゲンなので反応性大。水に溶ける。中毒症状は、粘膜刺激、目、鼻、咽喉および口腔粘膜に障害を与える。

問 66 ～問 70　問 66　2　問 67　1　問 68　3　問 69　5　問 70　4
〔解説〕
問 66　一酸化鉛 PbO (別名密陀僧、リサージ) は劇物。赤色～赤黄色結晶。重い粉末で、黄色から赤色の間の様々なものがある。水にはほとんど溶けない。用途はゴムの加硫促進剤、顔料、試薬等。　問 67　硅弗化ナトリウム Na_2SiF_6 は劇物。無色の結晶。水に溶けにくい。アルコールにも溶けない。用途はうわぐすり、試薬。　問 68　水酸化ナトリウム (別名：苛性ソーダ) NaOH は、は劇物。白色結晶性の固体。用途は試薬や農薬のほか、石鹸製造などに用いられる。
問 69　メタノール (メチルアルコール) CH_3OH は、劇物。(別名：木精) 無色透明。揮発性の可燃性液体である。用途は主として溶剤や合成原料、または燃料など。　問 70　過酸化水素水 H_2O_2 は、無色無臭で粘性の少し高い液体。用途は漂白、医薬品、化粧品の製造。
問 71 ～問 75　問 71　2　問 72　1　問 73　2　問 74　2　問 75　3
〔解説〕
解答のとおり。

〔実地〕

（一般）

問 76 ～問 80　問 76　5　問 77　1　問 78　4　問 79　3　問 80　2
〔解説〕
問 76　塩化バリウム $BaCi_2 \cdot 2H_2O$ は、劇物。無水物もあるが一般的には二水和物で無色の結晶。廃棄法は水に溶かし、硫酸ナトリウムの水溶液を加えて処理し、沈殿ろ過して埋立処分する沈殿法。　問 77　四塩化炭素 (テトラクロロメタン) CCl_4 は、特有な臭気をもつ不燃性、揮発性無色液体、水に溶けにくく有機溶媒には溶けやすい。強熱によりホスゲンを発生。廃棄方法は液体の含塩素有機化合物なので燃焼法 (溶剤や重油とともにアフターバーナー＋スクラバーをもつ焼却炉。)
問 78　過酸化尿素は、劇物。白色の結晶又は結晶性粉末。水に溶ける。空気中で尿素、水、酸に分解する。廃棄法は多量の水で希釈して処理する希釈法。
問 79　シアン化カリウム KCN は、毒物で無色の塊状又は粉末。①酸化法　水酸化ナトリウム水溶液を加えてアルカリ性 (pH11 以上) とし、酸化剤 (次亜塩素酸ナトリウム、さらし粉等) 等の水溶液を加えて CN 成分を酸化分解する。CN 成分を分解したのち硫酸を加え中和し、多量の水で希釈して処理する。②アルカリ法　水酸化ナトリウム水溶液等でアリカリ性とし、高温加圧下で加水分解する。
問 80　水銀は、気圧計や寒暖計、その他理化学機器として用いる。アマルガム (水銀とほかの金属の合金) は試薬や歯科で用いられる。廃棄法は、そのまま再生利用するため蒸留する回収法。
問 81 ～問 85　問 81　2　問 82　4　問 83　3　問 84　5　問 85　1
〔解説〕
問 81　硫酸亜鉛 $ZnSO_4 \cdot 7H_2O$ は、硫酸亜鉛の水溶液に塩化バリウムを加えると硫酸バリウムの白色沈殿を生じる。　問 82　セレン Se は毒物。灰色の金属光沢を有するペレットまたは黒色の粉末。水に不溶。鑑別法は炭の上に小さな孔をつくり、脱水炭酸ナトリウムの粉末とともに試料を吹管炎で熱灼すると、特有のニラ臭を出し、冷えると赤色のかたまりとなる。これは濃硫酸に緑色に溶ける。
問 83　硫酸第一錫は劇物。白色結晶。水、希硫酸に溶ける。炭の上に小さな孔をつくり、無水炭酸ナトリウムの粉末とともに試料を吹管炎で熱灼すると、白色の粒状となる。これに硝酸を加えても溶けない。　問 84　ナトリウム Na は、銀白色金属光沢の柔らかい金属、湿気、炭酸ガスから遮断するために石油中に保存。空気中で容易に酸化される。水と激しく反応して水素を発生する。炎色反応で黄色を呈する。　問 85　二塩化鉛 (塩化鉛、塩化第一鉛) は劇物。無色又は白色のはりのような結晶。冷水には溶けにくい。温水にはたやすく溶ける。用途は、試薬、顔料。白金線に試料をつけて、溶解炎で熱し、次に希塩酸で白金線を湿して、再び溶解炎で炎の色を見ると、淡青色となる。これをコバルトの色ガラスを通して見ると、淡紫色になる。
問 86 ～問 90　問 86　1　問 87　4　問 88　3　問 89　2　問 90　5
〔解説〕
解答のとおり。

問91～問95　問91　1　　問92　3　　問93　3　　問94　2　　問95　2
〔解説〕
解答のとおり。
問96～問100　問96　2　　問97　1　　問98　3　　問99　2　　問100　1
〔解説〕
解答のとおり。

（農業用品目）

問76～問80　問76　4　　問77　3　　問78　2　　問79　1　　問80　5
〔解説〕
問76　クロルピクリン CCl_3NO_2 は、無色～淡黄色液体、催涙性、粘膜刺激臭。アルコール溶液にジメチルアニリン及びブルシンを加えて溶解し、これにブロムシアン溶液を加えると、緑色ないし赤紫色を呈した。　問77　ニコチンは、毒物。アルカロイドであり、純品は無色、無臭の油状液体であるが、空気中では速やかに褐変する。水、アルコール、エーテル等に容易に溶ける。ニコチンの確認：1)ニコチン＋ヨウ素エーテル溶液→褐色液状→赤色針状結晶　2)ニコチン＋ホルマリン＋濃硝酸→バラ色。　問78　塩化亜鉛 $ZnCl_2$ は、白色の結晶で、空気に触れると水分を吸収して潮解する。水およびアルコールによく溶ける。水に溶かし、硝酸銀を加えると、白色の沈殿が生じる。　問79　塩素酸ナトリウム $NaClO_3$ は、劇物。潮解性があり、空気中の水分を吸収する。また強い酸化剤である。炭の中にいれ熱灼すると音をたてて分解する。　問80　アンモニア水は無色透明、刺激臭がある液体。アルカリ性を呈する。アンモニア NH_3 は空気より軽い気体。濃塩酸をうるおしたガラス棒を近づけると、白い霧を生ずる。また、塩酸を加えて中和したのち、塩化白金溶液を加えると、黄色、結晶性の沈殿を生ずる。
問81～問85　問81　1　　問82　3　　問83　3　　問84　3　　問85　1
〔解説〕
解答のとおり。
問86～問90　問86　2　　問87　1　　問88　1　　問89　1　　問90　2
〔解説〕
問86　ジクワットは、劇物で、ジピリジル誘導体で淡黄色結晶、水に溶ける。除草剤。4級アンモニウム塩なので中性あるいは酸性で安定。廃棄方法は、有機物なので燃焼法、但しアフターバーナーとスクラバーを具備した焼却炉で焼却。
問87　解答のとおり。　問88　解答のとおり。　問89　解答のとおり。
問90　メソミルは、別名メトミル、カルバメート剤、廃棄方法は、スクラバーを具備した焼却炉で焼却する、もしくは水酸化ナトリウム水溶液等と加温して加水分解するアルカリ法。
問91～問95　問91　5　　問92　4　　問93　1　　問94　3　　問95　2
〔解説〕
解答のとおり。
問96～問100　問96　1　　問97　2　　問98　3　　問99　2　　問100　1
〔解説〕
解答のとおり。

（特定品目）

問76～問80　問76　1　　問77　5　　問78　4　　問79　2　　問80　3
〔解説〕
問76　クロロホルム $CHCl_3$(別名トリクロロメタン)は、無色、揮発性の液体で特有の香気とわずかな甘みをもち、麻酔性がある。レゾルシン及び33％の水酸化カリウム溶液と熱すると黄赤色を呈し、緑色の蛍石彩を放つ。　問77　酸化カリウム水溶液＋酒石酸水溶液→白色結晶性沈澱(酒石酸カリウムの生成)。不燃性であるが、アルミニウム、鉄、すず等の金属を腐食し、水素ガスを発生。これと混合して引火爆発する。水溶液を白金線につけガスバーナーに入れると、炎が紫色に変化する。　問78　アンモニア水は無色透明、刺激臭がある液体。濃塩酸をうるおしたガラス棒を近づけると、白い霧を生じる。　問79　ホルムアルデヒド HCHO は、無色あるいは無色透明の液体で、刺激性の臭気をもち、寒冷にあえば混濁することがある。空気中の酸素によって一部酸化されて蟻酸を生じる。
問80　塩酸は塩化水素 HCl の水溶液。無色透明の液体25％以上のものは、湿った空気中で著しく発煙し、刺激臭がある。塩酸は種々の金属を溶解し、水素を発生する。硝酸銀溶液を加えると、塩化銀の白い沈殿を生じる。

問81～問85　問81　2　問82　1　問83　2　問84　1　問85　2
〔解説〕
解答のとおり。特定品目販売業の登録を受けた者が販売できる品目については、法第四条の三第二項→施行規則第四条の三→施行規則別表第二に掲げられている品目のみである。

問86～問90　問86　1　問87　2　問88　1　問89　3　問90　3
〔解説〕
解答のとおり。

問91～問95　問91　1　問92　4　問93　2　問94　5　問95　3
〔解説〕
問91　クロム酸鉛 $PbCrO_4$ は黄色粉末、水にほとんど溶けず、希硝酸、水酸化アルカリに溶ける。別名はクロムイエロー。廃棄法は、還元沈殿法で希硫酸を加えたのち、還元剤(硫酸第一鉄等)の水溶液を過剰に用いて残存する可溶性クロム酸塩類を還元したのち消石灰、ソーダ灰等の水溶液で処理し、沈殿濾過するの他に焙焼法がある。　問92　塩素 Cl_2 は劇物。黄緑色の気体で激しい刺激臭がある。廃棄法は、多量のアルカリ水溶液（石灰乳又は水酸化ナトリウム水溶液等）中に吹き込んだ後、多量の水で希釈して処理するアルカリ法。　問93　過酸化水素水は H_2O_2 の水溶液で、劇物。無色透明な液体。廃棄方法は、多量の水で希釈して処理する希釈法。　問94　トルエンは可燃性の溶液であるから、これを珪藻土などに付着して、焼却する燃焼法。　問95　硫酸 H_2SO_4 は酸なので廃棄方法はアルカリで中和後、水で希釈する中和法。

問96～問100　問96　2　問97　1　問98　3　問99　1　問100　2
〔解説〕
解答のとおり。

神奈川県

新潟県
令和２年度実施
※特定品目は、ありません。
〔毒物及び劇物に関する法規〕
（一般・農業用品目共通）
問１　２
〔解説〕
解答のとおり。
問２　３
〔解説〕
この設問については、３が正しい。３は法第 11 条第４項の飲食物容器容器使用禁止のこと。なお、１は、法第 12 条第項第三号についてで、解毒剤の名称を表示しなければならない品目とは、有機燐化合物及びこれを含有する製剤たる毒物及び劇物について、解毒剤〔①２－ピリジルアルドキシムメチオダイド(別名 PAM)の製剤、②硫酸アトロピン製剤〕である。この設問にあるシアン化水素は、有機燐化合物に該当しない。２は着色する農業品目については、法第 13 条→施行令第 39 条でにおいて、①硫酸タリウムを含有する製剤たる劇物、②燐化亜鉛を含有する製剤たる劇物→施行規則第 12 条で、あせにくい黒色で着色と示されている。４は、法第 12 条第１項に示されている。このことから、毒物‥‥赤地に白色をもってである。
問３　１
〔解説〕
この設問は法第７条及び法第８条における毒物劇物取扱責任者についてで、アとウが正しい。アは法第７条第１項に示されている。ウは法第７条第２項に示されている。なお、イは法第８条第４項についてで、‥‥輸入業の営業所若しくは特定品目販売業の店舗においてのみである。エは法第８条第２項第一号により、18 歳未満の者は毒物劇物取扱責任者になることができないである。この設問は誤り。
問４　３
〔解説〕
この設問の法第 10 条の届出にかかわるものは、３の店舗の名称を変更したときが該当する。なお、１の店舗における休止、２の‥‥その代表者の変更について、４の毒物又は劇物を変更したときは、届け出を要しない。
問５　２
〔解説〕
この設問は、いわゆる一般人に販売又は授与する際について、法第 14 条第２項のことで、譲受人から提出を受ける書面の事項で、①毒物又は劇物の名称及び数量、②販売又は授与の年月日、③譲受人の氏名、職業及び住所(法人にあっては、その名称及び主たる事務所の所在地)である。このことからアとエが正しい。
問６　４
〔解説〕
解答のとおり。
問７　１
〔解説〕
この設問で正しいのは、アとウである。アは法第 17 条第２項の盗難紛失の措置のこと。解答のとおり。イは、施行規則第４条の４第１項第二号イに示されている。なお、イの毒物又劇物の容器及び被包に掲げる事項は、①毒物又は劇物の名称、②毒物又は劇物の成分及びその含量、③有機燐化合物及びこれを含有する毒物又は劇物について解毒剤の名称(２－ピリジルアルドキシムメチオダイドの製剤及び硫酸アトロピンの製剤)である。このことからこの設問にある製造番号は該当しない。エの毒物又は劇物の製造業の登録は、法第４条第１項に示されているとおり、その製造所の所在地の都道府県知事である。
問８　４
〔解説〕
業務上取扱者の届出をしなければならない事業者については、法第 22 条第１項→施行令第 41 条及び同第 42 条で、①シアン化ナトリウム又は無機シアン化合物たる毒物を使用する電気めっきを行う事業、②シアン化ナトリウム又は無機シアン化合物たる毒物を使用する金属熱処理上を行う事業、③大型自動車 5,000kg 以上に毒物又は劇物を積載して行う大型運送業、④ヒ素化合物たる毒物を使用するしろあり防除を行う事業のこと。このことから正しいのは、4である。

問９　2

〔解説〕

この設問の施行令第 40 条の６は、毒物又は劇物を他に委託する場合についてのこと。解答のとおり。

問 10　4

〔解説〕

この設問は施行令第 40 条の５における毒物又は劇物を運搬方法のことで、水酸化ナトリウムを運搬する際に、車両に備えなければならない保護具〔２人分以上〕についてで、施行令第 40 条の５第２項第三号〔施行令別表第二掲げる品目→水酸化ナトリウム〕→施行規則第 13 条の６施行規則別表第五に示されている。

〔基礎化学〕

（一般・農業用品目共通）

問 11　2

〔解説〕

カルシウムはアルカリ土類金属。水素は 1 族元素であるが金属元素ではない。ナトリウムはアルカリ金属である。

問 12　1

〔解説〕

バリウムは黄緑色の炎色反応を示す。ナトリウムは黄色、赤紫はカリウム、青緑は銅である。

問 13　4

〔解説〕

原子核は陽子と中性子からなり、原子のほとんどの重さを持つ。

問 14　2

〔解説〕

アンモニウムイオンはアンモニアと水素イオンが配位結合で結ばれたものである。塩化ナトリウムはイオン結合で結ばれている。

問 15　3

〔解説〕

酢酸(CH_3COOH: 分子量 60)の 3 mol/L 水溶液 500 mL に含まれる酢酸のモル数は $3 \times 500/1000 = 1.5$ mol。よってこの時の酢酸分子の重さは $1.5 \times 60 = 90$ g。

問 16　3

〔解説〕

リチウムはイオン化傾向が全元素中最も大きい。

問 17　4

〔解説〕

物質が融解する温度を融点、液体から固体への状態変化を凝固、３は状態変化である。

新潟県

問 18　2

〔解説〕

pH7 より大きい水溶液はアルカリ性である。メチルオレンジは pH2 付近では赤色になる。酸と塩基が過不足なく反応することを中和という。

問 19　4

〔解説〕

メタン(CH_4)は正四面体構造をとり、非共有電子対は持たない分子である。

問 20　4

〔解説〕

四塩化炭素(CCl_4)はメタンと同じ正四面体構造をもつので極性を持たない。

〔毒物及び劇物の性質及び貯蔵その他取扱方法〕

（一般）

問 21　1

〔解説〕

１のフルオロスルホン酸は毒物。なお、硅弗化ナトリウム、酢酸タリウム、イミダクロプリドは劇物。毒物については法第２条第１項→法別表第一→指定令第１条に示されている。

問 22　2

〔解説〕

硫酸 H_2SO_4 は、無色無臭澄明な油状液体、腐食性が強い。硫酸の希釈液に塩化バリウムを加えると白色の硫酸バリウムが生じるが、これは塩酸や硝酸に溶解しない。

問 23　2

〔解説〕

この設問は貯蔵法についてで、正しいのは２のナトリウム。なお、１のフッ化水素酸 HF は強い腐食性を持ち、またガラスを侵す性質があるためポリエチレン容器に保存する。火気厳禁。３のピクリン酸は爆発性なので、火気に対して安全で隔離された場所に、イオウ、ヨード、ガソリン、アルコール等と離して保管する。鉄、銅、鉛等の金属容器を使用しない。４の黄リン P_4 は、無色又は白色の蝋様の固体。毒物。別名を白リン。空気中の酸素と反応して自然発火するため、水を張ったビンの中に沈め、さらに砂を入れた缶中に固定して冷暗所に貯蔵する。

問 24　4

〔解説〕

４のホルマリンが正しい。なお、塩化第二水銀は毒物。白色の透明で重い針状結晶。水、エーテルに溶ける。昇汞の溶液に石灰水を加えると赤い酸化水銀の沈殿をつくる。また、アンモニア水を加えると白色の白降汞をつくる。アニリンは、新たに蒸留したものは無色透明油状液体、光、空気に触れて赤褐色を呈する。特有な臭気。水には難溶、有機溶媒には可溶。水溶液にさらし粉を加えると紫色を呈する。亜硝酸ナトリウムは、劇物。白色または微黄色の結晶性粉末。潮解性がある。空気中では徐々に酸化する。硝酸銀の中性溶液で白色の沈殿を生ずる。

問 25　2

〔解説〕

この設問では固体はどれかとあるので、２のトリクロル酢酸。トリクロル酢酸は、劇物。無色の斜方六面体の結晶。なお、四エチル鉛は、特定毒物。純品は無色の揮発性液体。アクロレインは、劇物。無色又は帯黄色の液体。シクロルヘキシルアミンは、劇物。強い魚臭様の臭気をもつ液体。

問 26　1

〔解説〕

ダイアジノンは、劇物で純品は無色の液体。有機燐系。廃棄方法：燃焼法　廃棄方法はおが屑等に吸収させてアフターバーナー及びスクラバーを具備した焼却炉で焼却する。(燃焼法)

問 27　4

〔解説〕

硫酸銅、硫酸銅（Ⅱ）$CuSO_4 \cdot 5H_2O$ は、濃い青色の結晶。風解性。水に易溶、水溶液は酸性。劇物。なお、硝酸バリウム（$Ba(NO_3)_2$）は劇物。無色の結晶。水に易溶解。潮解性がある。アルコール、アセトンにわずかに溶ける。五酸化二砒素は、劇物。潮解性を有する白色無定型の粉末。水に溶けやすい。塩素酸ナトリウムは潮解性があり、空気中の水分を吸収する。

問 28　2

〔解説〕

メタノール CH_3OH は、特有な臭いの無色透明な揮発性の液体。水に可溶。可燃性。あらかじめ熱灼した酸化銅を加えると、ホルムアルデヒドができ、酸化銅は還元されて金属銅色を呈する。。

問 29　1
〔解説〕
トリククロルヒドロキシエチルジメチルホスホネイト(別名 DEP)は劇物。純品は白色の結晶。クロロホルム、ベンゼン、アルコールに溶け、水にもかなり溶ける。血液中のアセチルコリンエステラーゼと結合し、その作用を止める。PAM による治療が非常に効果が高い。
問 30　4
〔解説〕
この設問では、4の硝酸が正しい。次のとおり。硝酸 HNO_3 は純品なものは無色透明で、徐々に淡黄色に変化する。特有の臭気があり腐食性が高い。うすめた水溶液に銅屑を加えて熱すると、藍色を呈して溶け、その際赤褐色の蒸気を発生する。藍(青)色を呈して溶ける。なお、1の塩酸は塩化水素 HCl の水溶液。無色透明の液体 25 %以上のものは、湿った空気中で著しく発煙し、刺激臭がある。塩酸は種々の金属を溶解し、水素を発生する。硝酸銀溶液を加えると、塩化銀の白い沈殿を生じる。2の五塩化燐 PCl_5 は毒物。淡黄色の刺激臭と不快臭のある結晶。不燃性で、潮解性がある。水により加水分解し、リン酸と塩酸を生じる。3の沃素(別名ヨード、ヨジウム)(I_2)は劇物。黒灰色、金属様の光沢ある稜板状結晶。常温でも多少不快な臭気をもつ蒸気をはなって揮散する。水には黄褐色を呈して、ごくわずかに溶ける。澱粉にあうと藍色(ヨード澱粉)を呈し、これを熱すると退色する。

(農業用品目)

問 21　3
〔解説〕
解答のとおり。
問 22　2
〔解説〕
EPN は、有機リン製剤、毒物(1.5 %以下は除外で劇物)、芳香臭のある淡黄色油状または融点 36 ℃の結晶。水に不溶、有機溶媒に可溶。遅効性殺虫剤(アカダニ、アブラムシ、ニカメイチュウ等)　有機リン製剤の中毒：コリンエステラーゼを阻害し、頭痛、めまい、嘔吐、言語障害、意識混濁、縮瞳、痙攣など。治療薬は硫酸アトロピンと PAM。
問 23　1
〔解説〕
カルタップは、劇物。無色の結晶。水、メタノールに溶ける。廃棄法は：そのままあるいは水に溶解して、スクラバーを具備した焼却炉の火室へ噴霧し、焼却する焼却法。
問 24　3
〔解説〕
この設問では、液体はどれかとあるので、3のホスチアゼート。ホスチアゼートは、劇物。弱いメルカプタン臭いのある淡褐色の液体。用途は野菜等のネコブセンチュウ等の害虫を殺虫剤(有機燐系農薬)。因みに、ダイファシノンは毒物。黄色結晶性粉末。ジメトエートは、白色の固体。フルスルファミドは、淡黄色結晶性粉末。
問 25　4
〔解説〕
この設問では2%を含有する劇物はどれかとあるので、4のメトミル 45 %以下を含有する製剤は劇物で、それ以上含有する製剤は毒物。なお、他の品目については、イミノクタジンは2%以下は劇物から除外。カルバリル、NAC は5%以下は劇物から除外。ベンフラカルブは6%以下で劇物から除外。
問 26　3
〔解説〕
ブロムメチル CH_3Br は常温で気体なので、圧縮冷却して液化し、圧縮容器に入れ、直射日光、その他温度上昇の原因を避けて、冷暗所に貯蔵する。
問 27　1
〔解説〕
DDVP は劇物。刺激性があり、比較的揮発性の無色の油状の液体。有機リン製剤で用途は、接触性殺虫剤。廃棄法は、水に溶けにくい。廃棄方法は木粉(おが屑)等に吸収させてアフターバーナー及びスクラバーを具備した焼却炉で焼却する燃焼法と10倍量以上の水と攪拌しながら加熱乾留して加水分解し、冷却後、水酸化ナトリウム等の水溶液で中和するアルカリ法。

問28　4

〔解説〕

シフルトリンは劇物。黄褐色の粘稠性または塊。無臭。水に極めて溶けにくい。キシレン、アセトンによく溶ける。0.5％以下は劇物から除外。用途は農業用ピレスロイド系殺虫剤(野菜、果樹のアオムシ、コナガやバラ、キクのアブラムシ類に使用)。なお、アセタミプリドは、劇物(２％以下は劇物から除外)。白色結晶固体。ネオニコチノイド製剤。殺虫剤として用いられる。オキサミルは毒物。白色粉末または結晶、かすかに硫黄臭を有する。用途は、殺虫剤(カーバメイト系農薬)。ダイアジノンは劇物。有機リン製剤、接触性殺虫剤、かすかにエステル臭をもつ無色の液体。

問29　1

〔解説〕

エチルチオメトンは、毒物。淡黄色の液体。硫黄特有の臭いがある。水に難溶。有機溶媒に可溶。廃棄法：焼却法。用途は殺虫剤。

問30　2

〔解説〕

解答のとおり。

〔毒物及び劇物の識別及び取扱方法〕

（一般）

問31　2

〔解説〕

アセトニトリル CH_3CN は劇物。エーテル様の臭気を有する無色の液体。水、メタノール、エタノールに可溶。用途は有機合成原料、合成繊維の溶剤など。

問32　1

〔解説〕

問31解説を参照。

問33　4

〔解説〕

イソキサチオンは有機リン剤、劇物(２％以下除外)、淡黄褐色液体、水に難溶、有機溶剤に易溶、アルカリには不安定。ミカン、稲、野菜、茶等の害虫駆除。(有機燐系殺虫剤)　。

問34　3

〔解説〕

問33解説を参照。

問35　1

〔解説〕

三塩化アンチモンは、劇物。淡黄色結晶で潮解性がある。水に極めて溶けやすい。用途は、媒染剤等に用いられる。。

問36　2

〔解説〕

問35解説を参照。

問37　1

〔解説〕

トリブチルアミンは劇物。無色～黄色の吸湿性液体。エタノール、エーテルに可溶。用途は防錆剤、腐食防止剤、医薬品・農薬の原料。

問38　4

〔解説〕

問37解説を参照。

問39　3

〔解説〕

四塩化炭素(テトラクロロメタン) CCl_4 は、特有な臭気をもつ不燃性、揮発性無色液体、水に溶けにくく有機溶媒には溶けやすい。用途は洗濯剤、清浄剤の製造などに用いられる。。

問 40　3
〔解説〕
問 39 解説を参照。

（農業用品目）

問 31　3
〔解説〕
フェントエートは、劇物。赤褐色、油状の液体で、芳香性刺激臭を有し、水、プロピレングリコールに溶けない。リグロインにやや溶け、アルコール、エーテル、ベンゼンに溶ける。有機燐系の殺虫剤。
問 32　4
〔解説〕
問 31 解説を参照。
問 33　4
〔解説〕
イミダクロプリドは、劇物。弱い特異臭のある無色の結晶。水にきわめて溶けにくい。用途は、野菜等のアブラムシ類等の害虫を防除する農薬。(クロロニコチル系殺虫剤)
問 34　1
〔解説〕
問 33 解説を参照。
問 35　3
〔解説〕
パラコートは、毒物で、ジピリジル誘導体で無色結晶、水によく溶け低級アルコールに僅かに溶ける。融点 300 度。金属を腐食する。不揮発性である。除草剤。4 級アンモニウム塩なので強アルカリでは分解。
問 36　2
〔解説〕
問 35 解説を参照。
問 37　2
〔解説〕
シペルメトリンは劇物。白色の結晶性粉末。水にほとんど溶けない。メタノール、アセトン、キシレン等有機溶媒に溶ける。酸、中性には安定、アルカリには不安定。用途はピレスロテド系殺虫剤。
問 38　2
〔解説〕
問 37 解説を参照。
問 39　4
〔解説〕
硫酸第二銅 $CuSO_4 \cdot 5H_2O$ は、濃い青色の結晶。風解性。水に易溶、水溶液は酸性。劇物。用途は、工業用の電解液、媒染剤、農業用殺菌剤。
問 40　1
〔解説〕
問 39 解説を参照。

富山県
令和２年度実施

〔法　規〕
（一般・農業用品目・特定品目共通）

問１～問３　問１　２　問２　４　問３　２

〔解説〕

解答のとおり。

問４　３

〔解説〕

この設問では、c のみが正しい。c は法第３条の２第６項に示されている。なお、a は、自ら製造した毒物又は劇物を毒物劇物営業者〔毒物又は劇物製造業者、輸入業者、販売業者〕に販売することは出来る。法第３条第３項ただし書規定のこと。b については法第３条第３項により、法第４条の登録を受けなければならない。d については法第３条の２第４項で、特定毒物を学術研究以外の供してはならないと示されている。よって誤り。

問５　１

〔解説〕

この設問は特定毒物でないものとあるので、１の水銀が毒物。なお、毒物は法第２条第１項→法別表第一に示されている。また、特定毒物は法第２条第３項→法別表第三に示されている。

問６　３

〔解説〕

解答のとおり。

問７　２

〔解説〕

法第３条の４で規定する引火性、発火性又は爆発性のある毒物又は劇物→施行令第 32 条の３で、①亜塩素酸ナトリウム及びこれを含有する製剤 30 %以上、②塩素酸塩類を含有する製剤 35 %以上、③ナトリウム、④ピクリン酸については正当な理由を除いては所持してはならないと規定されている。なお、この設問では定められていないものとあるので、２のトリニトロトルエンが該当する。

問８　５

〔解説〕

この設問で正しいのは、c と d である。なお、登録の更新については法第４条第３項で、毒物又は劇物製造業又は輸入業の登録は、５年ごとに、販売業の登録は、６年ごとに登録の更新を受けなければならないと示されている。なお、d については、法第６条の２第１項によりその所在地の都道府県知事への申請書を出さなければならないと示されている。設問のとおり。

問９　５

〔解説〕

この設問は法第 10 条における届け出についで、b と d が正しい。b は法第 10 条第１項第四号に示されている。d は法第 10 条第１項第一号に示されている。なお、a の法人の代表者の変更については届け出を要しない。c の個人から法人の変更は、新たに登録の申請をして、廃止届を届け出るである。

問 10　５

〔解説〕

この設問は施行規則第４条の４における製造所等の設備基準についてで、b と d が正しい。b は施行規則第４条の４第１項第二号ハに示されている。d は施行規則第４条の４第１項第二号イに示されている。なお、a の設問については、製造業所の設備基準では該当するが、設問では毒物又は劇物の販売を行うとあることか施行規則第４条の４第２項により適用されない。よって誤り。c の設問のただし書はない。要するに毒物又は劇物を陳列する場所にはかぎをかける設備があることである。施行規則第４条の４第１項第三号に示されている。

問 11　２

〔解説〕

この設問は a のみ正しい。a は法第３条の２第１項に示されている。なお、b については法第６条の２第２項における許可の条件として、毒物に関し相当の知識

をもっていることが示されている。このことからこの設問にある毒物劇物取扱責任者の資格は要しない。c における規定はない。d の特定毒物使用者についてはその者が使用する特定毒物のみである。設問にある特定毒物を製造はできない。なお、特定毒物を製造できる者は、①毒物又は劇物製造業者、②特定毒物研究者のみである。

問 12　1

〔解説〕

a と b が正しい。a は法第 8 条第 2 項第一号に示されている。b は法第 8 条第 1 項第二号に示されている。なお、c の設問にあるような業務経験の規定はない。法第 8 条第 1 項に示されている者のみである。d についても c と同様で、法第 8 条第 1 項に示されている者のみである。このことから医師は毒物劇物取扱責任者になることはできない。

問 13　4

〔解説〕

解答のとおり。

問 14　2

〔解説〕

a と c が正しい。a は設問のとおり。c は法第 7 条第 2 項に示されている。なお、b の毒物劇物取扱責任者の氏名の変更は、法第 7 条第 3 項に、30 日以内にその旨を届け出なければならないである。d は法第 8 条第 4 項において、農業用品目のみを取り扱う輸入業の営業所若しくは農業用品目販売業の店舗においてのみである。

問 15　5

〔解説〕

法第 11 条第 4 項→施行規則第 11 条の 4 においてすべての劇物と示されている。

問 16　5

〔解説〕

この設問で正しいのは、b のみである。b は法第 12 条第 1 項に示されている。なお、a は、「医薬用外」の文字及び毒物については赤地に白色をもって「毒物」の文字を表示しなければならないである。c の劇物についても法第 12 条第 1 項により表示しなければならない。d の特定毒物は、毒物に含まれているので「医薬用外」の文字及び毒物については赤地に白色をもって「毒物」の文字を表示しなければならないである。特定毒物とは、毒物よりも毒性の強いものこと。

問 17　1

〔解説〕

この設問にある有機燐化合物を販売するときに毒物又は劇物の容器及び被包に解毒剤の表示については、施行規則第 11 条の 5 で示されている解毒剤〔①２－ピリジルアルドキシムメチオダイド(PAM)の製剤、②硫酸アトロピンの製剤)〕の名称。正しいのは、a と b である。

問 18　5

〔解説〕

着色する農業用品目については、法第 13 条→施行令第 39 条でにおいて、①硫酸タリウムを含有する製剤たる劇物、②燐化亜鉛を含有する製剤たる劇物→施行規則第 12 条で、あせにくい黒色で着色と示されている。

問 19　1

〔解説〕

この設問は、法第 14 条第 2 項における毒物劇物営業者以外の者に販売又は授与する際には法第 14 条第 2 項に示されている提出を受ける書面の事項は、①毒物又は劇物の名称及び数量、②販売又は授与の年月日、③譲受人の氏名、職業及び住所(法人にあっては、その名称及び主たる事務所の所在地)である。なお、この設問では規定きていされていないものとあるので、1 の毒物又は劇物の使用目的が該当する。

問 20　4

〔解説〕

この設問の衣料用の防虫剤については施行規則第 11 条の 6 第 3 号に、その容器及び被包に表示事項が示されている。解答のとおり。

問 21　5

〔解説〕

解答のとおり。

問 22　1
〔解説〕
解答のとおり。
問 23　3
〔解説〕
解答のとおり。
問 24　3
〔解説〕
この設問は毒物又は劇物の運搬方法については施行令第 40 条の５のことで、a と d が正しい。a は施行令第 40 条の５第２項第二号→施行規則第 13 条の４に示されている。d は施行令第 40 条の５第２項第四号に示されている。なお、b は施行令第 40 条の５第２項第三号により、保護具は２人以上備えること示されている。よって誤り。c は毒物又は劇物を車両に掲げる標識については施行規則第 13 条の５で、‥‥板を黒色、文字を白色として「毒」と表示しなければならないである。
問 25　1
〔解説〕
業務上取扱者の届出をしなければならない事業者については、法第 22 条第１項→施行令第 41 条及び同第 42 条で、①シアン化ナトリウム又は無機シアン化合物たる毒物を使用する電気めっきを行う事業、②シアン化ナトリウム又は無機シアン化合物たる毒物を使用する金属熱処理上を行う事業、③大型自動車 5,000kg 以上に毒物又は劇物を積載して行う大型運送業、④ヒ素化合物たる毒物を使用するしろあり防除を行う事業のこと。このことから a と b が正しい。

〔基礎化学〕
（一般・農業用品目・特定品目共通）

問 26　5
〔解説〕
純物質は氷、エタノール、塩化ナトリウム、二酸化炭素、鉄である。他は混合物（塩酸は塩化水素と水の混合物）。
問 27　4
〔解説〕
ヨウ素は昇華性があるため、昇華による精製が一番良い。
問 28　5
〔解説〕
水は化合物である。黄リンは空気中で発火するので水中で保存する。酸素の同素体にオゾンがある。一酸化炭素も二酸化炭素も化合物である。
問 29　2
〔解説〕
$CaCO_3$ や Na_2CO_3 に塩酸を加えると二酸化炭素を放出する。二酸化炭素は Ca^{2+} を含む溶液を通過させると白色沈殿である $CaCO_3$ を生じる。Ca^{2+} の炎色反応は橙である。
問 30　3
〔解説〕
沸点は大気圧が高いほど高く、低くなるほど低くなる。
問 31　5
〔解説〕
セルシウス度で 0 ℃は 273 K である。水の沸点は 100 ℃であるので 373 K となる。
問 32　4
〔解説〕
陽子の数が等しく、中性子の数が異なるものを同位体という。原子核は陽子と中性子からなり、原子のほとんどの重さを占める。^{1}H のように中性子をもたない原子もある。
問 33　4
〔解説〕
原子番号 17=陽子の数 17 である。質量数 35 で陽子の数が 17 であれば中性子の数は 18 となる。よって塩素分子の中性子の数は 36 個である。
問 34　1

〔解説〕
S^{2-}は 18 個の電子をもつ。Na^+, NH_4^+, Al^{3+}は 10 個、Li^+は 2 個の電子をもつ。
問 35　3
〔解説〕
塩素分子は 6 組の非共有電子対を持つ。
問 36　4
〔解説〕
H_2O は単結合が 2 本、N_2 は三重結合が 1 本、C_2H_4 は単結合が 4 本、二重結合が 1 本、CO_2 は二重結合が 2 本、NH_3 は単結合が 3 本
問 37　5
〔解説〕
NH_4^+の結合は 4 本とも等価な結合となる。
問 38　1
〔解説〕
塩素系漂白剤の主成分は次亜塩素酸ナトリウムである。ステンレス鋼は鉄とクロムの合金である。二酸化炭素が水に溶解し、炭酸となるため pH は 7 よりも小さくなる。
問 39　4
〔解説〕
5%砂糖水 500 g に含まれる溶質の重さは、500 × 0.05 ＝ 25 g　この溶質 25 g を溶解して 25%の溶液にするのに必要な水量 x g は、25/x × 100 = 25, x = 100 g。よって蒸発させる水の量は 500 － 100 = 400 g
問 40　5
〔解説〕
標準状態では気体の種類にかかわらず、1mol の体積は 22.4 L となる。すなわち、1 g 当たりの体積が最も小さいというのは、分子量が最も大きいものとなる。O_2 = 32、C_2H_6 = 30、 N_2 = 28、H_2S = 34、CO_2 = 44
問 41　2
〔解説〕
グルコース C6H12O6 の分子量は 180 である。5%グルコース水溶液 1000 mL (=1000 g) あった時の溶質の重さは 50 g である。よってこの溶液のモル濃度は 50/180 = 0.2777 mol/L
問 42　4
〔解説〕
硫酸は 2 価の酸であるから 0.1 mol/L の硫酸には 0.2 mol/L の水素イオンが含まれる。水酸化ナトリウムの式量は 40 であるから式は、0.2 × 50/1000 × 40 ＝ 0.4g
問 43　2
〔解説〕
シュウ酸は 2 価の中程度の酸である。
問 44　5
〔解説〕
0.1 mol/L アンモニア水の電離度は 0.01 であるから、これに含まれる水酸化物イオンのモル濃度は 0.1 × 0.01 = 1.0 × 10^{-3} mol/L。よってこの水溶液の pOH は 3 となる。pH + pOH = 14 であるから、この溶液の pH は 11 となる。
問 45　3
〔解説〕
塩化アンモニウムの水溶液は弱酸性、塩化ナトリウムは中性、炭酸ナトリウムの水溶液はアルカリ性である。
問 46　1
〔解説〕
フェノールフタレインの変色域はアルカリ性側にあり、酸性で無色、アルカリ性側で赤色を呈する。
問 47　4
〔解説〕
滴定曲線から、滴下前は pH13 であるので、電離度 1 の強塩基であることがわかる。また滴定の最後では pH が 4 よりも大きいので、電離度が小さい弱酸であることがわかる。
問 48　3
〔解説〕
Cr は+6, Mn は+7, C は+4, Cl は+5, S は+6 の酸化数を取っている。

問 49　2
〔解説〕
酸化剤として働くと自身は還元される（酸化数が減少する）。Cu は 0 →+2、H_2O_2 の O は-1 →-2、Mg は 0 →+2、C は+2 →+4、H_2S の S は-2 → 0 となる。
問 50　3
〔解説〕
イオン化傾向の小さい金属イオンと、イオン化傾向の大きい金属の単体を併せると、イオン化傾向の大きい金属が溶解して陽イオンとなり、小さい金属イオンは金属単体として析出する。

〔性質及び貯蔵その他取扱方法〕

（一般）

問１～問５　問１　1　問２　5　問３　2　問４　4　問５　3
〔解説〕
問１　シアン化銀 AgCN は毒物。白色または帯黄白色の粉末あるいは粉末。水にほとんど溶けない。用途は鍍金用、写真用及び試薬に用いられる。
問２　メタクリル酸 $CH_3C(=CH_2)COOH$ は、融点 16 ℃の無色結晶、温水に溶け、アルコール、エーテルと混和する。重合性。用途は熱硬化性塗料、接着剤など。　問３　シアン酸ナトリウム NaOCN は、白色の結晶性粉末、水に易溶、有機溶媒に不溶。熱水で加水分解。劇物。除草剤、有機合成、鋼の熱処理に用いられる。　問４　サリノマイシンナトリウムは劇物。白色～淡黄色の結晶性粉末。わずかに臭いがある。酢酸エチルにきわめて溶ける。水にほとんど溶けない。が、ベンゼン、クロロホルム、アセトン、メタノールに溶けやすい。用途は飼料添加物。　問５　四エチル鉛 $(C_2H_5)_4Pb$ は、特定毒物。常温においては無色可燃性の液体。ハッカ実臭をもつ液体。水にほとんど溶けない。金属に対して腐食性がある。用途はガソリンのアンチック剤。
問６～問 10　問６　5　問７　4　問８　3　問９　2　問 10　1
〔解説〕
問６　カリウム K は、劇物。銀白色の光輝があり、ろう様の高度を持つ金属。カリウムは空気中では酸化され、ときに発火することがある。カリウムやナトリウムなどのアルカリ金属は空気中の酸素、湿気、二酸化炭素と反応する為、石油中に保存する。　問７　アクロレイン $CH_2=CHCHO$　刺激臭のある無色液体、引火性。光、酸、アルカリで重合しやすい。貯法は、反応性に富むので安定剤を加え、空気を遮断して貯蔵する。　問８　ブロムメチル CH_3Br は常温で気体なので、圧縮冷却して液化し、圧縮容器に入れ、直射日光、その他温度上昇の原因を避けて、冷暗所に貯蔵する。　問９　クロロホルム $CHCl_3$ は、無色、揮発性の液体で特有の香気とわずかな甘みをもち、麻酔性がある。空気中で日光により分解し、塩素、塩化水素、ホスゲンを生じるので、少量のアルコールを安定剤として入れて冷暗所に保存。　問 10　沃素 I2 は、黒褐色金属光沢ある稜板状結晶、昇華性。貯蔵法は気密容器を用い、通風のよい冷所に貯蔵する。腐食されやすい金属、濃硫酸、アンモニア水、アンモニアガス、テレビン油等から引き離しておく。
問 11 ～問 15　問 11　5　問 12　2　問 13　4　問 14　1　問 15　3
〔解説〕
問 11　ニコチンは猛烈な神経毒をもち、急性中毒ではよだれ、吐気、悪心、嘔吐、ついで脈拍緩徐不整、発汗、瞳孔縮小、呼吸困難、痙攣が起きる。
問 12　メタノール CH_3OH は特有な臭いの無色液体。中毒症状は吸入した場合、めまい、頭痛、吐気など、はなはだしい時は嘔吐、意識不明。中枢神経抑制作用。飲用により視神経障害、失明。　問 13　ブラストサイジン S ベンジルアミノベンゼンスルホン酸塩は、劇物。白色針状結晶。中毒症状は、振せん、呼吸困難。目に対する刺激特に強い。　問 14　ダイアジノンは、有機リン製剤、接触性殺虫剤、かすかにエステル臭をもつ無色の液体、水に難溶、有機溶媒に可溶。有機リン製剤なのでコリンエステラーゼ活性阻害により、縮瞳、頭痛、めまい等の症状を呈して呼吸困難に至る。　問 15　硝酸 HNO_3 が皮膚に触れると、キサントプロテイン反応を起こし黄色に変色する。粘膜および皮膚に強い刺激性をもち、濃いものは、皮膚に触れるとガスを発生して、組織ははじめ白く、しだいに深黄色となる。

問 16 ～問 20　問 16　1　　問 17　2　　問 18　3　　問 19　4　　問 20　5

〔解説〕

解答のとおり。

問 21 ～問 22　問 21　1　　問 22　5

〔解説〕

問 21　クレゾールは 5%以下は劇物から除外。　　問 22　ギ酸は 90 %以下は劇物から除外。

問 23 ～問 25　問 23　2　　問 24　5　　問 25　3

硫酸タリウムは、毒物及び劇物取締法第 13 条において着色する農業用として施行規則第 12 条であせにくい黒色に着色する示されている。性状、主な用途は設問のとおり。

（農業用品目）

問 1 ～問 5　問 1　1　　問 2　2　　問 3　3　　問 4　4　　問 5　5

〔解説〕

問 1　ダイファシノンは、黄色結晶性粉末。殺鼠剤。　　問 2　クロルメコートは、劇物。白色結晶。魚臭い。用途は農薬の植物成長調整剤。

問 3　パラコートは、毒物。ジピリジル誘導体で無色結晶。用途は除草剤。

問 4　2-t-ブチル－ 5-(4 － t －ブチルベンジルチオ)－ 4 -クロロピリダジン 3 (2 *H*)－オン(別名ピリダベン)は、劇物。白色結晶性粉末。用途はかんきつ類、果樹等、野菜のハダニ類を防除する農薬。　　問 5　ナラシンは毒物(10 %以下は劇物)。白色～淡黄色の粉末。特異な臭い。用途は飼料添加物。

問 6 ～問 10　問 6　4　　問 7　3　　問 8　2　　問 9　5　　問 10　1

〔解説〕

解答のとおり。

問 11 ～問 15　問 11　4　　問 12　5　　問 13　1　　問 14　3　　問 15　2

〔解説〕

問 11　燐化亜鉛 Zn_3P_2 は、灰褐色の結晶又は粉末。かすかにリンの臭気がある。ベンゼン、二硫化炭素に溶ける。酸と反応して有毒なホスフィン PH3 を発生。ホスフィンにより嘔吐、めまい、呼吸困難などが起こる。　　問 12　クロルピクリン CCl_3NO_2 は、無色～淡黄色液体、催涙性、粘膜刺激臭。気管支を刺激してせきや鼻汁が出る。多量に吸入すると、胃腸炎、肺炎、尿に血が混じる。悪心、呼吸困難、肺水腫を起こす。　　問 13　ニコチンは猛烈な神経毒をもち、急性中毒ではよだれ、吐気、悪心、嘔吐、ついで脈拍緩徐不整、発汗、瞳孔縮小、呼吸困難、痙攣が起きる。　　問 14　シアン化水素ガスを吸引したときの中毒は、頭痛、めまい、悪心、意識不明、呼吸麻痺を起こす。治療薬は亜硝酸ナトリウムとチオ硫酸ナトリウムの投与。　　問 15　DEP は、劇物。白色の結晶。有機燐製剤の一種で、中毒症状はパラチオンと類似する。治療法としては、PAM 又は硫酸アトロピン製剤を用いる。中毒症状は吸入した場合は、倦怠感、頭痛、嘔吐めまい、腹痛、下痢等の症状にともない、しだいに呼吸困難、虚脱症状を呈する。

問 16 ～問 20　問 16　4　　問 17　3　　問 18　1　　問 19　2　　問 20　5

〔解説〕

解答のとおり。

問 21 ～問 22　問 21　2　　問 22　1

〔解説〕

解答のとおり。

問 23 ～問 25　問 23　1　　問 24　5

〔解説〕

シアン化ナトリウム NaCN は毒物：白色粉末、粒状またはタブレット状。別名は青酸ソーダという。水に溶けやすく、水溶液は強アルカリ性である。用途は、果樹の殺虫剤、冶金やメッキ用として使用される。ナトリウムの炎色反応は黄色である。

問 25　1

〔解説〕

シアン化ナトリウムは酸と反応して有毒な青酸ガスを発生するため、酸とは隔離して、空気の流通が良い場所冷所に密封して保存する。

（特定品目）

問１～問５　問１　3　問２　2　問３　5　問４　4　問５　1

〔解説〕

問１　重クロム酸カリウム $K_2Cr_2O_7$ は、橙赤色柱状結晶。用途として強力な酸化剤、焙染剤、製革用、電池調整用、顔料原料、試薬。　問２　ホルマリンは、ホルムアルデヒド HCHO を水に溶かしたもの。無色透明な液体で刺激臭を有し、寒冷地では白濁する場合がある。用途はフィルムの硬化、樹脂製造原料、試薬等。

問３　一酸化鉛 PbO(別名密陀僧、リサージ)は劇物。赤色～赤黄色結晶。用途はゴムの加硫促進剤、顔料、試薬等。　問４　硝酸 HNO_3 は、腐食性が激しく、空気に接すると刺激性白霧を発し、水を吸収する性質が強い。用途は冶金に用いられ、また硫酸、シュウ酸などの製造、あるいはニトロベンゾール、ピクリン酸、ニトログリセリンなどの爆薬の製造やセルロイド工業などに用いられる。

問５　四塩化炭素(テトラクロロメタン) CCl_4 は、特有な臭気をもつ不燃性、揮発性無色液体。用途は洗濯剤、清浄剤の製造などに用いられる。１。

問６～問 10　問６　4　問７　2　問８　5　問９　1　問 10　3

〔解説〕

問６　アンモニア水は無色刺激臭のある揮発性の液体。ガスが揮発しやすいため、よく密栓して貯蔵する。　問７　四塩化炭素(テトラクロロメタン) CCl_4 は、特有な臭気をもつ不燃性、揮発性無色液体、水に溶けにくく有機溶媒には溶けやすい。強熱によりホスゲンを発生。亜鉛またはスズメッキした鋼鉄製容器で保管、高温に接しないような場所で保管。　問８　過酸化水素水 H_2O_2 は、少量なら褐色ガラス瓶(光を遮るため)、多量ならば現在はポリエチレン瓶を使用し、3 分の 1 の空間を保ち、日光を避けて冷暗所保存。特に、温度の上昇、動揺などによって爆発することがあるので、注意を要する。　問９　水酸化カリウム(KOH)は劇物(5 %以下は劇物から除外)。(別名：苛性カリ)。空気中の二酸化炭素と水を吸収する潮解性の白色固体である。二酸化炭素と水を強く吸収するので、密栓して貯蔵する。　問 10　クロロホルム $CHCl_3$ は、無色、揮発性の液体で特有の香気とわずかな甘みをもち、麻酔性がある。空気中で日光により分解し、塩素、塩化水素、ホスゲンを生じるので、少量のアルコールを安定剤として入れて冷暗所に保存。

問 11 ～問 15　問 11　5　問 12　3　問 13　1　問 14　2　問 15　4

〔解説〕

解答のとおり。

問 16 ～問 20　問 16　2　問 17　1　問 18　5　問 19　4　問 20　3

〔解説〕

解答のとおり。

問 21 ～問 23　問 21　5　問 22　5　問 23　2

〔解説〕

メチルエチルケトン $CH_3COC_2H_5$(2-ブタノン、MEK)は劇物。アセトン様の臭いのある無色液体。蒸気は空気より重い。引火性。有機溶媒。水に可溶。メチルエチルケトンのガスを吸引すると鼻、のどの刺激、頭痛、めまい、おう吐が起こる。はなはだしい場合は、こん睡、意識不明となる。皮膚に触れた場合には、皮膚を刺激して乾性(鱗状症)を起こす。

問 24 ～問 25　問 24　3　問 25　1

〔解説〕

問 24　アンモニアは 10%以下で劇物から除外。　問 25　ホルムアルデヒドは 1%以下で劇物から除外。

〔識別及び取扱方法〕

（一般）

問 26 ～問 30　問 26　3　問 27　4　問 28　5　問 29　1　問 30　2

〔解説〕

問 26　メチルアミン(CH_3NH_2)は劇物。無色でアンモニア臭のある気体。メタノール、エタノールに溶けやすく、引火しやすい。また、腐食が強い。

問 27　塩素酸ナトリウム $NaClO_3$(別名：クロル酸ソーダ、塩素酸ソーダ)は、無色無臭結晶で潮解性をもつ。酸化剤、水に易溶。有機物や還元剤との混合物は加熱、摩擦、衝撃などにより爆発することがある。酸性では有害な二酸化塩素を発生する。　問 28　臭素 Br_2 は、劇物。赤褐色・特異臭のある重い液体。比重3.12(20 ℃)、沸点 58.8 ℃。強い腐食作用があり、揮発性が強い。引火性、燃焼性はない。水、アルコール、エーテルに溶ける。　問 29　硫化カドミウム(CdS)は劇物。黄橙色の粉末。硫化亜鉛を含むと青黄色になる。水にほとんど溶けない。熱硝酸、熱濃硫酸に可溶。　問 30　塩素 Cl_2 は劇物。黄緑色の気体で激しい刺激臭がある。冷却すると、黄色溶液を経て黄白色固体。水にわずかに溶ける。沸点-34 .05 ℃。強い酸化力を有する。極めて反応性が強く、水素又はアセチレンと爆発的に反応する。水分の存在下では、各種金属を腐食する。水溶液は酸性を呈する。粘膜接触により、刺激症状を呈する。

問 31 ～問 35　問 31　4　問 32　5　問 33　1　問 34　3　問 35　2

〔解説〕

問 31　水素化アンチモンは、劇物。無色、ニンニク臭の気体。空気中では常温でも徐々に水素と金属アンチモンに分解する。水に難溶。エタノールに可溶。

問 32　酢酸エチル $CH_3COOC_2H_5$(別名酢酸エチルエステル、酢酸エステル)は、劇物。強い果実様の香気ある可燃性無色の液体。揮発性がある。蒸気は空気より重い。引火しやすい。水にやや溶けやすい。沸点は水より低い。

問 33　塩化第一水銀 $Hg2Cl2$ は、白色粉末。400 ℃で昇華する。水にほとんど溶けない。希硝酸にわずかに溶ける。エタノールに不溶。王水には溶ける。

問 34　カズサホスは、10 %を超えて含有する製剤は毒物、10 %以下を含有する製剤は劇物。有機リン製剤、硫黄臭のある淡黄色の液体。水に溶けにくい。有機溶媒に溶けやすい。　問 35　セレント Se は、毒物。灰色の金属光沢を有するペレット又は黒色の粉末。融点 217 ℃。水に不溶。硫酸、二硫化炭素に可溶。

問 36 ～問 40　問 36　1　問 37　3　問 38　2　問 39　5　問 40　4

〔解説〕

解答のとおり。

問 41 ～問 45　問 41　1　問 42　2　問 43　5　問 44　4　問 45　3

〔解説〕

解答のとおり。

（農業用品目）

問 26 ～ 問 30　問 26　4　問 27　3　問 28　5　問 29　2　問 30　1

〔解説〕

問 26　モノフルオール酢酸ナトリウム FCH_2COONa は特毒。重い白色粉末、吸湿性、冷水に易溶、有機溶媒には溶けない。水、メタノールやエタノールに可溶。からい味と酢酸のにおいを有する。　問 27　フェントエートは、劇物。赤褐色、油状の液体で、芳香性刺激臭を有し、水、プロピレングリコールに溶けない。リグロインにやや溶け、アルコール、エーテル、ベンゼンに溶ける。

問 28　ジクワットは、劇物で、ジピリジル誘導体で淡黄色結晶、水に溶ける。土壌等に強く吸着されて不活性化する性質がある。アルカリ溶液で薄める場合は、２～３時間以上貯蔵できない。腐食性を有する。　問 29　クロルピリホスは、白色の結晶である。アセトン、ベンゼンに溶けるが、水に溶けにくい。有機リン製剤であり、果樹の害虫防除、白アリ駆除に使用される。シックハウス症候群を引き起こす原因物質の一つである。　問 30　硫酸タリウム Tl_2SO_4 は、劇物。白色結晶で、水にやや溶け、熱水に易溶、用途は殺鼠剤。ただし 0.3 %以下を含有し、黒色に着色され、かつ、トウガラシエキスを用いて著しくからく着味されているものは劇物から除外。

問 31 ～問 35　問 31　3　問 32　4　問 33　2　問 34　1　問 35　5

〔解説〕

問 31　メチダチオンは劇物。灰白色の結晶。水には１%以下しか溶けない。有機溶媒に溶ける。有機燐化合物。　問 32　ブラストサイジン S ベンジルアミノベンゼンスルホン酸塩は、純品は白色、針状結晶、粗製品は白色ないし微褐色の粉末である。融点 250 ℃以上で徐々に分解。水、氷酢酸にやや可溶、有機溶媒に難溶。pH5 ～ 7 で安定。　問 33　DDVP(別名ジクロルボス)は有機リン製剤で接触性殺虫剤。刺激性で微臭のある比較的揮発性の無色油状液体、水に溶けにくく、有機溶媒に易溶。水中では徐々に分解。　問 34　弗化スルフリル(SO_2F_2)は毒物。無色無臭の気体である。水には溶けにくい。アセトン、クロロホルム、四塩化炭素に溶けやすい。水酸化ナトリウム溶液で分解される。　問 35　エジフェンホス(EDDP)は、黄色～淡褐色透明な液体、特異臭、水に不溶、有機溶媒に可溶。有機リン製剤、劇物(2 %以下は除外)。

問 36 ～問 40　問 36　2　問 37　5　問 38　4　問 39　1　問 40　3
〔解説〕
解答のとおり。
問 41 ～問 45　問 41　3　問 42　2　問 43　5　問 44　1　問 45　4
〔解説〕
解答のとおり。

（特定品目）

問 26 ～問 30　問 26　1　問 27　3　問 28　4　問 29　2　問 30　5
〔解説〕
解答のとおり。
問 31 ～問 33　問 31　1　問 32　2　問 33　3
〔解説〕
硝酸 HNO_3 は純品なものは無色透明で、徐々に淡黄色に変化する。特有の臭気があり腐食性が高い。うすめた水溶液に銅屑を加えて熱すると、藍色を呈して溶け、その際赤褐色の蒸気を発生する。藍(青)色を呈して溶ける。
問 34 ～問 35　問 34　4　問 35　2
〔解説〕
硫酸 H_2SO_4 は無色、無臭、透明な油状液体で強い腐食性がある。酸なので廃棄方法はアルカリで中和後、水で希釈する中和法。。
問 36 ～問 40　問 36　1　問 37　5　問 38　3　問 39　4　問 40　2
〔解説〕
解答のとおり。
問 41 ～問 45　問 41　2　問 42　4　問 43　5　問 44　3　問 45　1
〔解説〕
解答のとおり。

石川県
令和２年度実施

〔法　規〕
（一般・農業用品目・特定品目共通）

問１　3
〔解説〕
解答のとおり。

問２～問３　問２　1　問３　2
〔解説〕
解答のとおり。

問４～問８　問４　4　問５　2　問６　3　問７　1　問８　3
〔解説〕
解答のとおり。

問９　2
〔解説〕
法第３条の３→施行令 32 条の２の条文のこと。解答のとおり。

問 10　3
〔解説〕
毒物又は劇物における飲食物使用禁止のこと。解答のとおり。

問 11　4
〔解説〕
この設問は解毒剤の名称についての表示は、毒物及び劇物についての容器及び被包に解毒剤の名称は、法第 12 条第２項第三号→施行規則第 11 条の５により、有機燐製剤たる毒物及び劇物については、解毒剤として、①２－ピリジルアルドキシムメチオダイド(別名 PAM)の製剤、②硫酸アトロピン製剤を表示しなければならない。このことから４が正しい。

問 12 ～問 14　問 12　1　問 13　3　問 14　4
〔解説〕
施行令第 40 条は毒物又は劇物の廃棄方法のこと。解答のとおり。

問 15 ～問 16　問 15　1　問 16　2
〔解説〕
法第 17 条は事故の際の措置のこと。解答のとおり。

問 17　2
〔解説〕
業務上取扱者の届出をしなければならない事業者については、法第 22 条第１項→施行令第 41 条及び同第 42 条で、①シアン化ナトリウム又は無機シアン化合物たる毒物を使用する電気めっきを行う事業、②シアン化ナトリウム又は無機シアン化合物たる毒物を使用する金属熱処理上を行う事業、③大型自動車 5,000kg 以上に毒物又は劇物を積載して行う大型運送業、④ヒ素化合物たる毒物を使用するしろあり防除を行う事業のこと。このことから該当するのは、a と c である。

問 18　1
〔解説〕
この設問における特定毒物は法第２条第３項→法別表第三に示されている。このことから該当するのは、a と b である。

問 19　1
〔解説〕
この設問でw正しいのは、c と d である。c は法第６条の２に示されている。d については c に示されているとおり、登録の更新ではなく、都道府県知事の許可による。なお、a については法第 10 条第３項→施行規則第 10 条の３第三号で、その所在地の都道府県知事に届け出る。b については特定毒物研究者は、特定毒物を学術研究以外の用途に供してはならないである。

問 20　4
〔解説〕
施行令第 40 条の６は、毒物又は劇物を車両を使用して運搬を他に委託する場合のことが示されている。

〔基礎化学〕
（一般・農業用品目・特定品目共通）

問 21 4
〔解説〕
メタノールは CH_3OH である。

問 22 4
〔解説〕
水と氷はどちらも化合物である。水素と重水素は同位体の関係にある。

問 23 3
〔解説〕
炭素の単体であるダイヤモンドは共有結合により結ばれている。

問 24 2
〔解説〕
塩化水素と水は極性分子である。

問 25 2
〔解説〕
この溶液のモル濃度は $40/40 \times 1000/2000 = 0.5$ mol/L

問 26 2
〔解説〕
11.2 L のメタン(分子量 16)の質量は、$11.2/22.4 \times 16 = 8.0$ g

問 27 2
〔解説〕
8%食塩水 120 g に含まれる溶質の重さは、$120 \times 0.08 = 9.6$ g。同様に 4%食塩水 180 g に含まれる溶質の重さは $180 \times 0.04 = 7.2$ g。よってこの混合溶液の濃度は $(9.6 + 7.2)/(120+180) \times 100 = 5.6$ %

問 28 3
〔解説〕
銅は青緑、バリウムは黄緑の炎色反応を呈する。

問 29 3
〔解説〕
カリウムはリチウムに次ぐイオン化傾向の大きい元素である。

問 30 1
〔解説〕
単体の酸化数は 0 となる。

問 31 3
〔解説〕
0.01 mol/L の水酸化ナトリウムを水で 100 倍に希釈した時の水酸化物イオン濃度は $0.01 \times 1.0 \times 10^{-2} = 1.0 \times 10^{-4}$ mol/L。従って pOH は 4 となり、pH+pOH = 14 であることから pH は 10 となる。

問 32 2
〔解説〕
必要な水酸化ナトリウム水溶液の体積を x mL とする。$1.0 \times 1 \times 10 = 0.5 \times 1 \times x$,　x = 20 mL

問 33 1
〔解説〕
解答のとおり

問 34 3
〔解説〕
全圧は各成分気体の分圧の和である。酸素の分圧はボイルの法則より、$100 \times 5.0 = P_{O_2} \times 5.0$,　$P_{O_2} = 100$ kPa,　同様に窒素の分圧 P_{N_2} は $400 \times 2.5 = P_{N_2} \times 5.0$, $P_{N_2} = 200$ kPa よって全圧 P は 100 + 200 = 300 kPa

問 35 4
〔解説〕
プロパンの分子量は 44 であるので 44 g のプロパンは 1 mol である。

石川県

問 36 1
〔解説〕
チンダル現象はコロイド粒子に光を当てると光の進路が光束となって見える現象である。
問 37 4
〔解説〕
乳酸は不斉炭素原子に、H, CH3, OH, COOH と 4 つ異なった置換基を有する。
問 38 2
〔解説〕
ルミノール反応は血液などの検出に用いる。
問 39 4
〔解説〕
第二級アルコールは酸化されるとケトンになる。第三級アルコールは酸化を受けない。
問 40 1
〔解説〕
酢酸はカルボキシ基(COOH)を有する。

〔各　論・実　地〕

（一般）

問１～問４　問１ 3　問２ 2　問３ 3　問４ 1
〔解説〕
問１ 硫酸は 10%以下で劇物から除外。　問２ 過酸化水素は６%以下で劇物から除外。　問３ アンモニアは 10%以下で劇物から除外。
問４ 1
〔解説〕
燐化亜鉛を含有する製剤は劇物。ただし、１%以下を含有し、黒色に着色され、かつ、トウガラシエキスを用いて著しくからく着味されていものが劇物から除外。着色する農業用品目として法 13 条→施行令第 39 条→施行規則第 12 条により、あせにくい黒色とされている。
問５ 4
〔解説〕
この設問では誤っているものはどれかとあるので、４の用途が誤り。次のとおり。モノフルオール酢酸ナトリウム FCH_2COONa は重い白色粉末。からい味と酢酸の臭いとを有する。吸湿性、冷水に易溶、メタノールやエタノールに可溶。冷水に易溶、メタノールやエタノールに可溶で酢酸臭がある。用途は、野ネズミの駆除に使用。特毒。
問６～問９　問６ 4　問７ 3　問８ 1　問９ 2
〔解説〕
問６ ニコチンは、毒物。アルカロイドであり、純品は無色、無臭の油状液体であるが、空気中では速やかに褐変する。水、アルコール、エーテル等に容易に溶ける。刺激性の味を有する。　問７ フェノール C_6H_5OH(別名石炭酸、カルボール)は、劇物。無色の針状晶あるいは結晶性の塊りで特異な臭気があり、空気中で酸化され赤色になる。水に少し溶け、アルコール、エーテル、クロロホルム、二硫化炭素、グリセリンには容易に溶ける。石油ベンゼン、ワセリンには溶けにくい。　問８ 黄燐 P_4 は、毒物。白色又は淡黄色のロウ様半透明の結晶性固体。ニンニク臭を有し、水には不溶である。湿った空気に触れ、徐々に酸化され、また、暗所では光を発する。　問９ 弗化スルフリル(SO_2F_2)は毒物。無色無臭の気体。沸点-55.38 ℃。水に難溶である。アルコール、アセトンにも溶ける。
問 10 ～問 13　問 10 2　問 11 4　問 12 1　問 13 3
〔解説〕
解答のとおり。
問 14 ～問 18　問 14 3　問 15 5　問 16 1　問 17 2　問 18 4
〔解説〕
問 14 蓚酸$(COOH)_2$・$2H_2O$ は無色の柱状結晶。用途は、木・コルク・綿などの漂白剤。その他鉄錆びの汚れ落としに用いる。　問 15 クロルピクリン CCl_3NO_2 は、劇物。無色～淡黄色液体。用途は、線虫駆除、燻蒸剤。　問 16 シアン化ナトリウム NaCN は毒物。白色粉末、粒状またはタブレット状。用途は、果樹の殺虫剤、冶金やメッキ用として使用される。　**問 17**　燐化亜鉛 Zn_3P_2 は、灰褐色の結晶又は粉末。劇物。用途は殺鼠剤。　**問 18**　弗化水素酸はガラスを侵す性質があるので、ガラスの艶消しや半導体のエッチング剤に用いられる。

問 19 ～問 22　**問 19**　4　**問 20**　2　**問 21**　1　**問 22**　3

〔解説〕

問 19　塩素 Cl_2(別名クロール)は、黄緑色の刺激臭の空気より重い気体である。廃棄方法は、多量のアルカリ水溶液（石灰乳又は水酸化ナトリウム水溶液等）中に吹き込んだ後、多量の水で希釈して処理するアルカリ法。　**問 20**　アンモニア NH_3(刺激臭無色気体)は水に極めてよく溶けアルカリ性を示すので、廃棄方法は、水に溶かしてから酸で中和後、多量の水で希釈処理する中和法。

問 21　硅弗化ナトリウムは劇物。無色の結晶。水に溶けにくい。廃棄法は水に溶かし、消石灰等の水溶液を加えて処理した後、希硫酸を加えて中和し、沈殿濾過して埋立処分する分解沈殿法。　**問 22**　エチレンオキシドは、劇物。快臭のある無色のガス。水、アルコール、エーテルに可溶。可燃性ガス、反応性に富む。廃棄法：多量の水に少量ずつガスを吹き込み溶解し希釈した後、少量の硫酸を加えエチレングリコールに変え、アリカリ水で中和し、活性汚泥で処理する活性汚泥法。

問 23 ～問 25　**問 23**　3　**問 24**　2　**問 25**　4

〔解説〕

問 23　弗化水素酸が皮膚に付着すると激しい痛みを感じ、皮膚の内部にまで浸透腐食する。薄い溶液でも指先に触れるとつめの間に浸透し、激痛を感じる。数日後につめがはく離することがある。治療薬は、グルコン酸カルシウム。　**問 24**　水銀 Hg は常温で唯一の液体の金属である。銀白色の重い流動性がある。常温でも僅かに揮発する。毒物。多量に蒸気を吸入すると、呼吸器や粘膜を刺激し、重傷の場合は肺炎を起こす。眼に入った場合、異物感を与え、粘膜を刺激する。治療薬は、ジメカプロール(別名 BAL)　**問 25**　DVP は、有機リン製剤で接触性殺虫剤。無色油状、水に溶けにくく、有機溶媒に易溶。水中では徐々に分解。生体内のコリンエステラーゼ活性を阻害し、アセチルコリン分解能が低下することにより、蓄積されたアセチルコリンがコリン作動性の神経系を刺激して中毒症状が現れる。有機リン剤の解毒薬は硫酸アトロピンまたは PAM。

問 26 ～問 29　**問 26**　2　**問 27**　3　**問 28**　4　**問 29**　1

〔解説〕

解答のとおり。

問 30 ～問 33　**問 30**　4　**問 31**　3　**問 32**　1　**問 33**　2

〔解説〕

問 30　四塩化炭素(テトラクロロメタン)CCl_4 は、特有な臭気をもつ不燃性、揮発性無色液体、水に溶けにくく有機溶媒には溶けやすい。強熱によりホスゲンを発生。亜鉛またはスズメッキした鋼鉄製容器で保管、高温に接しないような場所で保管。　**問 31**　ピクリン酸($C_6H_2(NO_2)_3OH$)は爆発性なので、火気に対して安全で隔離された場所に、イオウ、ヨード、ガソリン、アルコール等と離して保管する。鉄、銅、鉛等の金属容器を使用しない。　**問 32**　シアン化ナトリウム NaCN(別名青酸ソーダ、シアンソーダ、青化ソーダ)は毒物。白色の粉末またはタブレット状の固体。酸と反応して有毒な青酸ガスを発生するため、少量ならばガラス壜、多量ならばブリキ缶あるいは鉄ドラムを用い、酸類とは離して、空気の流通のよい乾燥した冷所に密封して貯蔵する。　**問 33**　ベタナフトール $C_{10}H_7OH$ は、無色～白色の結晶、石炭酸臭、水に溶けにくく、熱湯に可溶。有機溶媒に易溶。貯蔵法は遮光保存(フェノール性水酸基をもつ化合物は一般に空気酸化や光に弱い)。

問 34　3

〔解説〕

毒物又は劇物を車両で運搬するときは、保護具を備えることについて施行令第 40 条の５第２項第三号〔施行令別表第二に掲げられている品目〕→施行規則第 13 条の５において施行規則別表第五で品目ごとに保護具が示されている。この設問の黄燐では、①保護手袋、②保護長ぐつ、③保護衣、④酸性ガス用防毒マスクの４つの保護具を２人分以上備えなければならない。解答のとおり。

問 35 ～問 37　**問 35**　2　**問 36**　4　**問 37**　1

〔解説〕

問 35　塩酸は塩化水素 HCl の水溶液。無色透明の液体 25 ％以上のものは、湿った空気中で著しく発煙し、刺激臭がある。塩酸は種々の金属を溶解し、水素を発生する。硝酸銀溶液を加えると、塩化銀の白い沈殿を生じる。　**問 36**　ホルマリンはホルムアルデヒド HCHO の水溶液。フクシン亜硫酸はアルデヒドと反応して赤紫色になる。アンモニア水を加えて、硝酸銀溶液を加えると、徐々に金属銀を析出する。またフェーリング溶液とともに熱すると、赤色の沈殿を生ずる。
問 37 メタノール CH_3OH は特有な臭いの無色透明な揮発性の液体。水に可溶。可燃性。染料、有機合成原料、溶剤。確認反応：触媒量の濃硫酸存在下にサリチル酸と加熱するとエステル化が起こり、芳香をもつサリチル酸メチルを生じる。

問 38 ～問 40　　問 38 2　　問 39 1　　問 40 3
〔解説〕
解答のとおり。

（農業用品目）

問１～問３　問１ 3　問２ 2　問３ 1
〔解説〕
問１ ニコチンは、毒物。無色無臭の油状液体だが空気中で褐色になる。沸点 246 ℃、比重 1.0097。純ニコチンは、刺激性の味を有している。ニコチンは、水、アルコール、エーテル等に容易に溶ける。　問２ DEP(ディプテレックス)は、劇物。純品は白色の結晶。クロロホルム、ベンゼン、アルコールに溶ける。また、水にも溶ける。有機燐製剤の一種。　問３ 弗化スルフリル(SO_2F_2)は毒物。無色無臭の気体。沸点-55.38 ℃。水１１に 0.75G 溶ける。アルコール、アセトンにも溶ける。

問４～問７　問４ 3　問５ 1　問６ 4　問７ 2
〔解説〕
問４ 燐化亜鉛 Zn_3P_2 は、灰褐色の結晶又は粉末。用途は、殺鼠剤、倉庫内燻蒸剤。　問５ 塩素酸ナトリウム $NaClO_3$ は、無色無臭結晶。用途は除草剤、酸化剤、抜染剤。　問６ クロルメコートは、劇物、白色結晶で魚臭、非常に吸湿性の結晶。用途は植物成長調整剤。　問７ ジメチルー（Nーメチルカルバミルメチルージチオホスフェイト(別名ジメトエート)は、白色の固体。用途は、稲のツマグロヨコバイ、ウンカ類、果樹のﾔﾉﾈｶｲｶﾞﾗﾑｼ、ミカンハモグリガ、ハダニ類、アブラムシ類、ハダニ類の駆除(有機燐系農薬)。

問８～問９　問８ 4　問９ 2
〔解説〕
解答のとおり。

問 10 ～問 11　問 10 1　問 11 3
〔解説〕
問 10 ロテノンを含有する製剤は空気中の酸素により有効成分が分解して殺虫効力を失い、日光によって酸化が著しく進行することから、密栓及び遮光して貯蔵する。　問 11 ブロムメチル CH_3Br は常温では気体であるため、これを圧縮液化し、圧容器に入れ冷暗所で保存する。

問 12 ～問 15　問 12 1　問 13 4　問 14 3　問 15 2
〔解説〕
問 12 塩化第一銅(CuCl)は、劇物(無機銅塩類)。白色又は帯灰白色の結晶粉末。融点 430 ℃。空気中で酸化されやすく緑色の塩基性塩化銅(Ⅱ)となり、光により褐色を呈する。水に極めて溶けにくい。塩酸アンモニア水に可溶。廃棄方法はセメントを用いて固化し、埋立処分する固化隔離法と、多量の場合には還元焙焼法により金属銅として回収する焙焼。　問 13 ブロムメチル(臭化メチル)CH_3Br は、燃焼させると C は炭酸ガス、H は水、ところが Br は HBr(強酸性物質、気体)などになるのでスクラバーを具備した焼却炉が必要となる燃焼法。
問 14 パラコートの廃棄方法は①燃焼法では、おが屑等に吸収させてアフターバーナー及びスクラバーを具備した焼却炉で焼却する。②検定法。
問 15 シアン化ナトリウム NaCN は、酸性だと猛毒のシアン化水素 HCN が発生するのでアルカリ性にしてから酸化剤でシアン酸ナトリウム NaOCN にし、余分なアルカリを酸で中和し多量の水で希釈処理する酸化法。

問 16 ～問 18　問 16　3　　問 17　3　　問 18　2

〔解説〕

問 16 硫酸は 10%以下で劇物から除外。　　問 17 アンモニアは 10%以下で劇物から除外。　　問 18　ロテノン(デリスの根に含まれる)は２％以下は劇物から除外。

問 19 ～問 22　　問 19　2　　問 20　3　　問 21　1　　問 22　4

〔解説〕

問 19　2-ジフェニルアセチル-1･3-インダンジオン(ダイファシノン)は、劇物。黄色結晶性粉末。アセトン、酢酸に溶ける。水にほとんど溶けない。ビタミンKの働きを抑えることにる血液凝固を阻害して、出血を引き起こす。

問 20　DDVP は有機リン製剤で接触性殺虫剤。無色油状、水に溶けにくく、有機溶媒に易溶。水中では徐々に分解。生体内のコリンエステラーゼ活性を阻害し、アセチルコリン分解能が低下することにより、蓄積されたアセチルコリンがコリン作動性の神経系を刺激して中毒症状が現れる。　　問 21　モノフルオール酢酸ナトリウム FCH_2COONa は重い白色粉末、吸湿性、冷水に易溶、メタノールやエタノールに可溶。野ネズミの駆除に使用。特毒。摂取により毒性発現。皮膚刺激なし、皮膚吸収なし。　モノフルオール酢酸ナトリウムの中毒症状：生体細胞内の TCA サイクル阻害(アコニターゼ阻害)。激しい嘔吐の繰り返し、胃疼痛、意識混濁、てんかん性痙攣、チアノーゼ、血圧下降。　問 22 クロルピクリン CCl_3NO_2 は、無色～淡黄色液体、催涙性、粘膜刺激臭。水に不溶。線虫駆除、燻蒸剤。毒性・治療法は、血液に入りメトヘモグロビンを作り、また、中枢神経、心臓、眼結膜を侵し、肺にも強い傷害を与える。治療法は酸素吸入、強心剤、興奮剤。

問 23 ～問 26　問 23　1　　問 24　3　　問 25　3　　問 26　4

〔解説〕

解答のとおり。

問 27 ～問 29　問 27　3　　問 28　1　　問 29　2

〔解説〕

問 27 フルスルファミドは、劇物(0.3％以下は劇物から除外)。淡黄色結晶性粉末。水に難溶。有機溶媒に溶けやすい。用途は農薬の殺菌剤。　　問 28　ベンフラカルブは、劇物(６％以下は劇物から除外)。淡黄色粘稠液体。有機溶媒には可溶であるが水にはほとんど溶けない。用途は農業殺虫剤(カーバーメート系化合物)。　　問 29　チアクロプリドは、有機塩素化合物、無臭の黄色粉末結晶。水に難溶。アセトンにやや溶けにくい。比重は 1.46、沸点は 136 ℃。劇物(３％以下は除外)。用途はシンクイムシに類等の殺虫剤(ネオニコチノイド系殺虫剤)。

問 30　3

〔解説〕

この設問のダイアジノンについては、b と d が正しい。次のとおり。ダイアジノンは劇物。有機リン製剤、接触性殺虫剤、かすかにエステル臭をもつ無色の液体、水に難溶、エーテル、アルコールに溶解する。有機溶媒に可溶。用途は接触性殺虫剤。

問 31　2

〔解説〕

解答のとおり。

問 32　2

〔解説〕

ヨウ化メチル CH_3I は、無色又は淡黄色透明の液体で、水に可溶である。空気中で光により一部分解して、褐色になる。なお、無水硫酸銅 $CuSO_4$　無水硫酸銅は灰白色粉末、これに水を加えると五水和物 CuSO4・5H2O になる。これは青色ないし群青色の結晶、または顆粒や粉末。水に溶かして硝酸バリウムを加えると、白色の沈殿を生ずる。　塩化亜鉛 $ZnCl_2$ は、白色の結晶で、空気に触れると水分を吸収して潮解する。水およびアルコールによく溶ける。水に溶かし、硝酸銀を加えると、白色の沈殿が生じる。

問 33　1

〔解説〕

この設問のジクワットについては、a と b が正しい。次のとおり。ジクワットは、劇物で、ジピリジル誘導体で淡黄色結晶、水に溶ける。中性又は酸性で安定、アルカリ溶液でうすめる場合には、２～３時間以上貯蔵できない。腐食性を有する。土壌等に強く吸着されて不活性化する性質がある。用途は、除草剤。

石川県

問 34 4

〔解説〕

着色する農業用品目については、法第 13 条→施行令第 39 条でにおいて、①硫酸タリウムを含有する製剤たる劇物、②燐化亜鉛を含有する製剤たる劇物→施行規則第 12 条で、あせにくい黒色で着色と示されている。

問 35 4

〔解説〕

この設問にあるアセタミプリドについては誤っているのはどれかとあるので、4の毒性が誤り。アセタミプリドは、劇物。白色結晶固体。アセトン、メタノール、エタノール、クロロホルなどの有機溶媒に溶けやすい。神経のシナプス後膜にある nACH レセプターと結合し、神経系過剰刺激を引き起こす。経口摂取した場合、悪心、嘔吐、流涎、頻脈、口渇、意識障害、低酸素症等を引き起こす。

問 36 1

〔解説〕

設問のとおり。

問 37 ～問 40　問 37 4　問 38 2　問 39 1　問 40 2

〔解説〕

フェンチオン MPP は、劇物(2 %以下劇物から除外)、有機リン剤、淡褐色のニンニク臭をもつ液体。有機溶媒には溶けるが、水には溶けない。稲のニカメイチュウ、ツマグロヨコバイなどの殺虫に用いる。有機燐製剤の一種で、パラチオン等と同じにコリンエステラーゼの阻害に基づく中毒症状。このことから有機燐化合物の解毒剤には、硫酸アトロピンや PAM を使用。

福井県

令和２年度実施
※特定品目は、ありません。

〔法　規〕

（一般・農業用品目共通）

問１　5
〔解説〕
この設問では、c と d が正しい。c は法第２条第２項に示されている。d は法第２条第３項に示されている。なお、a は法第１条で、‥‥必要な規制ではなく、必要な取締である。b は法第２条第１項のことで、‥‥特定毒物以外ではなく、‥‥医薬品及び医薬部外品以外である。

問２　2
〔解説〕
この設問は法第３条の２における特定毒物についての禁止規定のこと。正しいのは、a と c である。a は法第３条の２第１項に示されている。c は法第３条の２第４項に示されている。なお、b は特定毒物を輸入できる者は、毒物又は劇物輸入業者と特定毒物研究者が特定毒物を輸入できる〔法第３条の２第２項〕。d について、特定毒物を譲り渡すことができるのは、毒物劇物営業者、特定毒物研究者、特定毒物使用者である。このことからこの設問にある毒物劇物営業者〔毒物又は劇物製造業者、輸入業者、販売業者〕にゆずり渡すことができる(法第３条の２第６項)。

問３　1
〔解説〕
解答のとおり。

問４　4
〔解説〕
法第３条の３について、施行令第 32 条の２次の品目→①トルエン、②酢酸エチル、トルエン又はメタノールを含有する接着剤、塗料及び閉そく用又はシーリングの充てん料は、みだりに摂取、若しくは吸入し、又はこれらの目的で所持してはならない。このことから b と d が正しい。

問５　4
〔解説〕
法第３条の４で規定する引火性、発火性又は爆発性のある毒物又は劇物→施行令第 32 条の３で、①亜塩素酸ナトリウム及びこれを含有する製剤 30 ％以上、②塩素酸塩類を含有する製剤 35 ％以上、③ナトリウム、④ピクリン酸については正当な理由を除いては所持してはならないと規定されている。このことから b と d が正しい。

問６　1
〔解説〕
この設問の飲食物容器の容器使用禁止については、法第 11 条第４項→施行規則第 11 条の４により、すべての毒物又は劇物である。

問７　5
〔解説〕
この設問はすべて正しい。解答のとおり。

問８　1
〔解説〕
この設問では、a と c が正しい。a は法第 21 条第１項に示されている。c は法第 21 条第２項に示されている。なお、b は a と同様に法第 21 条第１項のことで、‥‥ 50 日以内ではなく、‥‥ 15 日以内である。d は c 同様に法第 21 条第２項のことで、‥‥ 30 日以内ではなく、‥‥ 50 日以内である。

問９～問 13　　問９　3　　問 10　1　問 11　1　　問 12　2　　問 13　4
〔解説〕
この設問は、廃棄基準のこと。解答のとおり。

問 14　2
〔解説〕
この設問は、毒物又は劇物を運搬方法のことについてである。このことは施行令第 40 条の５に示されている。正しいのは、a と d である。a は施行令第 40 条の

５第２項第一号→施行規則第 13 条の３のこと。d は施行令第 40 条の５第２項第三号のこと。なお、b は、毒物又は劇物を運搬する車両に掲げる標識についてで、‥‥「劇」と表示した標識ではなく、‥‥「毒」と表示した標識である。
c においては、この設問ではクロルピクリンを運搬とあることから、施行規則別表第五で、①保護手袋、②保護長ぐつ、③保護衣、④有機ガス用防毒マスクを備え、施行令第 40 条の５第２項第三号で、二人分以上備えなければならないである。

問 15　2
〔解説〕
着色する農業用品目については、法第 13 条→施行令第 39 条でにおいて、①硫酸タリウムを含有する製剤たる劇物、②燐化亜鉛を含有する製剤たる劇物→施行規則第 12 条で、あせにくい黒色で着色と示されている。このことから a と c が正しい。

福井県

問 16　5
〔解説〕
解答のとおり。

問 17　5
〔解説〕
この設問は法第７条及び法第８条における毒物劇物取扱責任者についてで、c と d が正しい。c は法第８条第１項第二号に示されている。d は法第８条第２項第一号に示されている。なお、a の毒物劇物営業者が毒物劇物取扱責任者を置くときは、30 日以内に、毒物劇物取扱責任者の氏名を届け出なければならない(法第７条第３項)。b の毒物劇物取扱責任者を変更した場合は、a と同様に法第７条第３項により、30 日以内に毒物劇物取扱責任者の氏名を届け出なければならない。よってこの設問誤り。

問 18　2
〔解説〕
この設問は法第 12 条における毒物又は劇物の表示についてで、a と c が正しい。a と c は第 12 条第 1 項に示されている。なお、b の毒物についての表示は、赤地に白色をもって「毒物」の文字である。d の特定毒物については、毒物であることから、表示は、赤地に白色をもって「毒物」の文字である。

問 19　1
〔解説〕
法第 17 条第１項とは、事故の際の措置についてのこと。解答のとおり。

問 20　1
〔解説〕
法第３条の２第９項に基づいて、施行令により着色基準が定められている品目〔特定毒物〕がある。この設問で正しいのは、a と b が正しい。a の四アルキル鉛については、施行令第２条に示されている。b のモノフルオール酢酸の塩類を含有する製剤については、施行令第 12 条に示されている。なお、c のジメチルエチルメルカプトエチルチオホスフエイトを含有する製剤にいては、施行令第 17 条で、紅色に着色とされている。d のモノフルオール酢酸アミドを含有する製剤については、施行令第 17 条で、青色に着色とされている。

問 21　4
〔解説〕
業務上取扱者の届出をしなければならない事業者については、法第 22 条第１項→施行令第 41 条及び同第 42 条で、①シアン化ナトリウム又は無機シアン化合物を使用する電気めっきを行う事業、②シアン化ナトリウム又は無機シアン化合物を使用する金属熱処理上を行う事業、③大型自動車 5,000kg 以上に毒物又は劇物を積載して行う大型運送業、④ヒ素化合物を使用するしろあり防除を行う事業のこと。このことから b と c が正しい。なお、a と d は非届出取扱業者であることから届け出を要しない。

問 22 ～問 24　　問 22　3　　問 23　4　　問 24　2
〔解説〕
この設問は毒物又は劇物の交付の不適格者についてである。解答のとおり。

問 25　2
〔解説〕
この設問は施行令第 40 条の９における毒物又は劇物を販売又は授与する時までに毒物又は劇物の性状及び取扱いに関する情報提供のことで、誤ってるものは２が誤り。

問 26 ～問 30　　問 26　1　　問 27　2　　問 28　2　　問 29　1　　問 30　1
〔解説〕
問 26　設問のとおり。一般毒物劇物取扱者試験に合格した者は、すべての毒物及び劇物について販売し、授与することができる。販売品目の制限はない。
問 27　毒物又は劇物の譲渡手続きに係わる書面については、５年間保存しなければならない。(法第 14 条第４項)　問 28　この設問は直接毒物又は劇物を取り扱わなくても法第３条第３項により、法第４条第１項に基づいて販売業の登録を要する。問 29　設問のとおり。この設問にある「小分け」について製造する行為と見做し製造業の登録を要する。　問 30　設問のとおり。施行令第４条に示されている。

〔基礎化学〕

（一般・農業用品目共通）

問 51　3
〔解説〕
水分子は折れ曲がった構造を取った極性分子である。

問 52　4
〔解説〕
同素体とは同じ原子からなる単体であるが、互いに性質の異なるものである。

問 53　2
〔解説〕
第二周期元素は Li, Be, B, C, N, O, F, Ne である。

問 54　3
〔解説〕
カルシウムは 2 族であり、アルカリ土類金属である。

問 55　5
〔解説〕
圧力に反比例し、まではボイルの法則。そのあとの絶対温度に比例するはシャルルの法則、併せてボイル・シャルルの法則。

問 56　1
〔解説〕
イオン化傾向の順は　K> Ca> Na> Mg> Al> Zn> Fe> Ni> Sn> Pb> (H)> Cu> Hg> Ag> Pt> Au である。

問 57 ～問 59　　問 57　5　　問 58　4　　問 59　3
〔解説〕
問 57　化合物中の酸素の酸化数は-2、ハロゲンの酸化数は-1 とする（ただし過酸化物やハロゲン酸類を除く）。よって MnO_2 の Mn の酸化数は+4 となる。
問 58　解答のとおり
問 59　酸化数が減少することを還元されたという。

問 60　2
〔解説〕
クレゾールやエタノールのように分子内に-OH をもつものは語尾がオールで終わるものが多い。

問 61　4
〔解説〕
酢酸、安息香酸、ギ酸は 1 価のカルボン酸、塩酸はカルボン酸ではない。

問 62　3
〔解説〕
ニトリル、あるいはシアノと言われる官能基である。

問 63　1
〔解説〕
二重結合をもつ化合物をアルケンといい、語尾の母音がエンとなる。

問 64　2
〔解説〕
銅イオンは Cu^{2+}, 塩化物イオンは Cl^{-}, アルミニウムイオンは Al^{3+}, バリウムイオンは Ba^{2+}である。

問 65　3
〔解説〕
0.01　mol/L の水酸化ナトリウム水溶液の水酸化物イオン濃度[OH^-]は、1.0 × 10^{-2} mol/L、したがって pOH は 2 となる。pOH + pH = 14 より、pH = 12
問 66　4
〔解説〕
50%の塩酸 40 g に含まれる溶質の重さは 40 × 50/100 = 20 g。加える水の重さを x g とすると式は、20/(40+x) × 100 = 20, x = 60 g
問 67　2
〔解説〕
硫酸(H_2SO_4：分子量 98)49　g を水に溶かして 2　L としたときのモル濃度は、49/98 ÷ 2= 0.25 mol/L
問 68　2
〔解説〕
水酸化カルシウム($Ca(OH)_2$)は 2 価の塩基、塩酸(HCl)は 1 価の酸である。水酸化カルシウム溶液の濃度を x とおくと式は、0.2 × 1 × 120 = x × 2 × 10,　x = 1.2 mol/L
問 69　1
〔解説〕
どんな分子でも 1 mol あれば 6.02 × 10^{23} 個である。
問 70　5
〔解説〕
ニンヒドリン反応はアミノ基の確認、ヨードホルム反応はメチルケトンの確認、銀鏡反応はアルデヒド基の確認反応である。
問 71 ～問 74　　問 71　3　　問 72　7　　問 73　4　　問 74　5
〔解説〕
問 74　ゲルまたはキセロゲルという。
問 75　4
〔解説〕
固体が液体になる温度を融点という(ただし融点と凝固点は等しい温度となる)。固体が液体を経ずに気体になる状態変化を昇華という。
問 76　4
〔解説〕
ハロゲン化水素の酸性度は周期が大きいものほど強くなる。
問 77 ～問 79　　問 77　4　　問 78　1　　問 79　6
〔解説〕
問 77　$NaCl + H_2SO_4 \rightarrow NaHSO_4 + HCl$
問 78　$Zn + 2HCl \rightarrow ZnCl_2 + H_2$
問 79　$FeS + 2HCl \rightarrow FeCl_2 + H_2S$
問 80　5
〔解説〕
ニコチンはベンゼン環ではなく、芳香族性のあるピリジン環を有する化合物である。

〔毒物及び劇物の性質及び貯蔵その他取扱方法〕

(一般)

問 31 ～問 35　　問 31　5　　問 32　3　　問 33　5　問 34　1　　問 35　2
〔解説〕
問 31　硫酸 H_2SO_4 は 10%以下で劇物から除外。　**問 32**　エマメクチンは 2 %以下は劇物から除外。　**問 33**　塩化水素 HCl は 10 %以下は劇物から除外。　**問 34**　ジノカップは 0.2%以下で劇物から除外。　**問 35**　ホルムアルデヒド HCHO は 1%以下で劇物から除外。
問 36 ～問 40　　問 36　2　　問 37　4　　問 38　3　　問 39　1　　問 40　5
〔解説〕
問 36　水酸化カリウム(KOH)は劇物(5 %以下は劇物から除外)。(別名：苛性カリ)。空気中の二酸化炭素と水を吸収する潮解性の白色固体である。二酸化炭素

福井県

と水を強く吸収するので、密栓して貯蔵する。　**問 37**　過酸化水素 H_2O_2 は、無色無臭で粘性の少し高い液体。安定剤として少量の酸を加え、少量ならば褐色ガラス瓶、大量ならばカーボイなどを使用し、３分の１の空間を保って貯蔵する。直射日光を避け、有機物、金属塩などと引き離して、冷所に貯蔵する。
問 38　ナトリウム Na は、銀白色の金属光沢固体。通常石油中に貯える。冷所で雨水等の漏れが絶対にないような場所に保存する。　**問 39**　四塩化炭素(テトラクロロメタン) CCl_4 は、特有な臭気をもつ不燃性、揮発性無色液体、水に溶けにくく有機溶媒には溶けやすい。強熱によりホスゲンを発生。亜鉛またはスズメッキした鋼鉄製容器で保管、高温に接しないような場所で保管。
問 40　アクロレイン CH_2=CHCHO　刺激臭のある無色液体、引火性。光、酸、アルカリで重合しやすい。貯法は、非常に反応性に富む物質であるため、安定剤を加え、空気を遮断して貯蔵する。極めて引火し易く、またその蒸気は空気と混合して爆発性混合ガスとなるので、火気には絶対に近づけない。

福井県

問 41　3
〔解説〕
パラチオンは特定毒物。純品は無色ないし淡褐色の液体。頭痛、めまい、嘔気、発熱、麻痺、痙攣等の症状を起こす。有機燐化合物。有機燐化合物の解毒剤には、硫酸アトロピンや PAM を使用。

問 42 ～問 44　**問 42**　1　**問 43**　3　**問 44**　2
〔解説〕
問 42　ヒ素は金属光沢のある灰色の単体である。セメントを用いて固化し、溶出試験を行い溶出量が判定基準以下であることを確認して埋立処分する固化隔離法。　**問 43**　メタノール(メチルアルコール) CH_3OH は、無色透明の揮発性液体。硅藻土等に吸収させ開放型の焼却炉で焼却する。また、焼却炉の火室へ噴霧し焼却する焼却法。　**問 44**　クロルピクリン CCl_3NO_2 は、無色～淡黄色液体、催涙性、粘膜刺激臭。廃棄方法は少量の界面活性剤を加えた亜硫酸ナトリウムと炭酸ナトリウムの混合液中で、撹拌し分解させた後、多量の水で希釈して処理する分解法。

問 45 ～問 47　**問 45**　2　**問 46**　1　**問 47**　3
〔解説〕
問 45　ピクリン酸が漏えいした場合、飛散したものは空容器にできるだけ回収し、そのあとを多量の水を用いて洗い流す。なお、回収の際は飛散したものが乾燥しないよう、適量の水を散布して行い、また、回収物の保管、輸送に際しても十分に水分を含んだ状態を保つようにする。用具及び容器は金属製のものを使用してはならない。　**問 46**　トルエン $C_6H_5CH_3$ が漏えいした場合は、漏えいした液は、土砂等に吸着させて空容器に回収する。また多量に漏えいした液場合は、土砂等でその流れを止め、安全な場所に導き、液の表面を泡で覆いできるだけ空容器に回収する。　**問 47**　硝酸が漏えいしたら風下の人を退避させる。必要があれば水で濡らした手ぬぐい等で口及び鼻を覆う。漏えいした液は土砂等に吸着させて取り除くか、又はある程度水で徐々に希釈した後、消石灰、ソーダ灰等で中和し、多量の水を用いて洗い流す。多量の場合、漏えいした液は土砂等でその流れを止め、これに吸着させるか、又は安全な場所に導いて、遠くから徐々に注水してある程度希釈した後、消石灰、ソーダ灰等で中和し多量の水を用いて洗い流す。

問 48 ～問 50　**問 48**　2　**問 49**　3　**問 50**　1
〔解説〕
問 48　フェニレンジアミンにはオルト、メタ、パラの３腫の異性体がある。いずれも結晶。皮膚に触れるとかぶれを起こし、目に作用すると角結膜炎、結膜浮腫を起こし、呼吸器に対しては気管支喘息を起こす。　**問 49**　メチルエチルケトンのガスを吸引すると鼻、のどの刺激、頭痛、めまい、おう吐が起こる。はなはだしい場合は、こん睡、意識不明となる。皮膚に触れた場合には、皮膚を刺激して乾性(鱗状症)を起こす。　**問 50**　アクロレイン CH_2=CH-CHO は、劇物。無色または帯黄色の液体。刺激臭があり、引火性である。毒性については、目と呼吸系を激しく刺激する。皮膚を刺激して、気管支カタルや結膜炎をおこす。

（農業用品目）

問 31 ～問 35　問 31　2　問 32　5　問 33　6　問 34　1　問 35　3

〔解説〕

問 31　2-ヒドロキシ-4-メチルチオ酪酸は 0.5 %以下は劇物から除外。
問 32　シアナミドは 10 %以下は劇物から除外。　問 33　除外される濃度はない。　問 34　ジノカップは 0.2%以下で劇物から除外。　問 35　エチルジフェニルジチオホスフェイトは２％以下は劇物から除外。

問 36 ～問 40　問 36　3　問 37　4　問 38　3　問 39　1　問 40　5

福井県

〔解説〕

問 36　ホストキシンは、特毒。燐化アルミニウムとバルミン酸アンモンを主成分とする淡黄色の錠剤。用途はﾈｽﾞﾐ、昆虫等の駆除。　問 37　フルスルファミドは、劇物(0.3 %以下は劇物から除外)。淡黄色結晶性粉末。水に難溶。有機溶媒に溶けやすい。用途は農薬の殺菌剤。　問 38　クロルメコートは、劇物、白色結晶で魚臭、非常に吸湿性の結晶。エーテルに不溶。水、アルコールに可溶。用途は植物成長調整剤。　問 39　ジクワットは、劇物で、ジピリジル誘導体で淡黄色結晶、水に溶ける。腐食性を有する。土壌等に強く吸着されて不活性化する性質がある。用途は、除草剤。　問 40　ブラストサイジン S は、劇物。白色針状結晶、融点 250 ℃以上で徐々に分解。水に可溶、有機溶媒に難溶。用途は、塩基性抗カビ抗生物質で、稲のイモチ病に用いる殺菌剤。

問 41　3

〔解説〕

EPN は、有機リン製剤、毒物(1.5 %以下は除外で劇物)、芳香臭のある淡黄色油状または融点 36 ℃の結晶。水に不溶、有機溶媒に可溶。遅効性殺虫剤(アカダニ、アブラムシ、ニカメイチュウ等)　有機リン製剤の中毒：コリンエステラーゼを阻害し、頭痛、めまい、嘔吐、言語障害、意識混濁、縮瞳、痙攣など。治療薬は硫酸アトロピンと PAM。

問 42 ～問 44　問 42　1　問 43　3　問 44　2

〔解説〕

問 42　塩素酸ナトリウム $NaClO_3$ は酸化剤なので、希硫酸で $HClO_3$ とした後、これを還元剤中へ加えて酸化還元後、多量の水で希釈処理する還元法。
問 43　エチレンクロルヒドリンは、エーテル臭がある無色液体。水、有機溶媒に可溶。廃棄方法は燃焼法で可燃性溶剤とともにスクラバーを具備した焼却炉で焼却する。　問 44　塩化亜鉛 $ZnCl_2$ は水に易溶なので、水に溶かして消石灰などのアルカリで水に溶けにくい水酸化物にして沈殿ろ過して埋立処分する沈殿法。

問 45 ～問 47　問 45　2　問 46　1　問 47　3

〔解説〕

解答のとおり。

問 48 ～問 50　問 48　2　問 49　3　問 50　1

〔解説〕

解答のとおり。

〔実地試験〕

（一般）

問 81 ～問 85　問 81　1　問 82　3　問 83　4　問 84　1　問 85　5

〔解説〕

問 81　塩化亜鉛 $ZnCl_2$ は、白色の結晶で、空気に触れると水分を吸収して潮解する。水およびアルコールによく溶ける。　問 82　モノフルオール酢酸ナトリウム FCH_2COONa は特毒。重い白色粉末、吸湿性、冷水に易溶、有機溶媒には溶けない。水、メタノールやエタノールに可溶。　問 83　キシレン $C_6H_4(CH_3)_2$(別名キシロール、ジメチルベンゼン、メチルトルエン)は、無色透明な液体で o-、m-、p-の 3 種の異性体がある。水にはほとんど溶けず、有機溶媒に溶ける。蒸気は空気より重い。揮発性、引火性。　問 84　ジニトロフェノールは毒物。黄色の結晶。結晶粉末。特異な臭気と苦味を有する。アルコール、ベンゼン、クロロホルムに可溶。水に難溶。　問 85　クロロプレンは劇物。無色の揮発性の液体。多くの有機溶剤に可溶。水に難溶。

問 86 ～問 90　問 86　4　問 87　1　問 88　5　問 89　2　問 90　3

〔解説〕

問 86　四塩化炭素(テトラクロロメタン)CCl_4 は、特有な臭気をもつ不燃性、揮発性無色液体、水に溶けにくく有機溶媒には溶けやすい。洗濯剤、清浄剤の製造などに用いられる。確認方法はアルコール性の水酸化カリウム KOH と銅粉末とともに煮沸により黄赤色沈殿を生成する。　**問 87**　トリクロル酢酸 CCl_3CO_2H は、劇物。無色の斜方六面体の結晶。わずかな刺激臭がある。潮解性あり。水、アルコール、エーテルに溶ける。水溶液は強酸性、皮膚、粘膜に腐食性が強い。水酸化ナトリウム溶液を加えて熱するとクロロホルム臭を放つ。

問 88　アンモニア水は、アンモニア NH_3 が気化し易いので、濃塩酸を近づけると塩化アンモニウムの白い煙を生じる。　**問 89**　アニリン $C_6H_5NH_2$ は、新たに蒸留したものは無色透明油状液体、光、空気に触れて赤褐色を呈する。特有な臭気。水には難溶、有機溶媒には可溶。水溶液にさらし粉を加えると紫色を呈する。

問 90　硝酸銀 $AgNO_3$ は、劇物。無色結晶。水に溶して塩酸を加えると、白色の塩化銀を沈殿する。その硫酸と銅屑を加えて熱すると、赤褐色の蒸気を発生する。

福井県

（農業用品目）

問 81 ～問 85　　**問 81**　2　　**問 82**　3　　**問 83**　4　　**問 84**　1　　**問 85**　5

〔解説〕

問 81　ピラクロストロビンは、暗褐色粘稠固体。。皮膚に対する刺激性がある。用途は殺菌剤(農薬)。　**問 82**　メチルイソチオシアネート(CH_3-N=C=S)は劇物。無色結晶。土壌中のセンチュウ類や病原菌などに効果を発揮する土壌消毒剤。

問 83　ヨウ化メチル CH_3I は、無色または淡黄色透明液体、低沸点、光により I2 が遊離して褐色になる(一般にヨウ素化合物は光により分解し易い)。エタノール、エーテルに任意の割合に混合する。水に不溶。Ｉｉｙｅガス殺菌剤としてたばこの根瘤線虫、立枯病に使用する。　**問 84**　塩化亜鉛 $ZnCl_2$ は、白色の結晶で、空気に触れると水分を吸収して潮解する。水およびアルコールによく溶ける。

問 85　ダイアジノンは劇物。有機リン製剤、接触性殺虫剤、かすかにエステル臭をもつ無色の液体、水に難溶、エーテル、アルコールに溶解する。有機溶媒に可溶。用途は接触性殺虫剤。

問 86 ～問 90　　**問 86**　4　　**問 87**　1　　**問 88**　5　　**問 89**　2　　**問 90**　3

〔解説〕

解答のとおり。

山梨県

令和２年度実施
※特定品目は、ありません。

〔法　規〕

（一般・農業用品目共通）

山梨県

問題１　4
〔解説〕
解答のとおり。
問題２　1
〔解説〕
解答のとおり。
問題３　4
〔解説〕
法第３条の３について、施行令第 32 条の２次の品目→①トルエン、②酢酸エチル、トルエン又はメタノールを含有する接着剤、塗料及び閉そく用又はシーリングの充てん料は、みだりに摂取、若しくは吸入し、又はこれらの目的で所持してはならない。このとこからイとエが正しい。
問題４　3
〔解説〕
解答のとおり。
問題５　1
〔解説〕
この設問は法第 10 条第２項に示されている。
問題６　2
〔解説〕
法第 11 条の４は、飲食物容器使用禁止のこと。解答のとおり。
問題７　2
〔解説〕
この設問は毒物又は劇物の容器及び被包についての表示のこと。イのみが誤り。イは、‥‥「医薬用外」の文字及び毒物については赤地に白色をもって「毒物」の文字を表示しなければならなである。（法第 12 条第１項）
問題８　5
〔解説〕
この設問は法第 13 条における着色する農業品目のことで、法第 13 条→施行令 39 条において、①硫酸タリウムを含有する製剤たる劇物、②燐化亜鉛を含有する製剤たる劇物→施行規則第 12 条で、あせにくい黒色に着色しなければならないと規定されている。
問題９　2
〔解説〕
この設問は、他の毒物劇物営業者に販売又は授与する際について、法第 14 条第１項のことで、譲受人から提出を受ける書面の事項で、①毒物又は劇物の名称及び数量、②販売又は授与の年月日、③譲受人の氏名、職業及び住所（法人にあっては、その名称及び主たる事務所の所在地）である。このことからウのみが正しい。
問題 10　1
〔解説〕
特定毒物については、法第２条第３項→法別表第三→指定令第３条に掲げられている品目。このことからアとイが特定毒物。
問題 11　3
〔解説〕
法第 17 条第２項は、盗難紛失の措置のこと。解答のとおり。
問題 12　1
〔解説〕
法第３条の４で規定する引火性、発火性又は爆発性のある毒物又は劇物→施行令第 32 条の３で、①亜塩素酸ナトリウム及びこれを含有する製剤 30 ％以上、②塩素酸塩類を含有する製剤 35 ％以上、③ナトリウム、④ピクリン酸については正当な理由を除いては所持してはならないと規定されている。

問題 13　3
〔解説〕
業務上取扱者の届出をしなければならない事業者については、法第 22 条第 1 項→施行令第 41 条及び同第 42 条で、①シアン化ナトリウム又は無機シアン化合物たる毒物を使用する電気めっきを行う事業、②シアン化ナトリウム又は無機シアン化合物たる毒物を使用する金属熱処理上を行う事業、③大型自動車 5,000kg 以上に毒物又は劇物を積載して行う大型運送業、④ヒ素化合物たる毒物を使用するしろあり防除を行う事業のこと。このことからウとエが正しい。
問題 14　1
〔解説〕
この設問では劇物はどれかとあるので、アの四塩化炭素とイの 30 %過酸化水素水〔過酸化水素水は 6 %以下で劇物から除外されることからこの設問では劇物。〕なお、イの 5 %塩酸については、10 %以下は劇物から除外〔塩酸は、塩化水素の水溶液〕。エの弗化水素は毒物。
問題 15　4
〔解説〕
この設問の施行令第 40 条は、毒物又は劇物の廃棄基準のこと。解答のとおり。

山梨県

〔基礎化学〕
（一般・農業用品目共通）
問題 16　1
〔解説〕
2 はジエチルエーテル、3 はアセトアルデヒド、4 は酢酸
問題 17 ～ 19　問題 17　4　問題 18　5　問題 19　2
〔解説〕
解答のとおり
問題 20　4
〔解説〕
解答のとおり
問題 21　1
〔解説〕
0.1 mol/L の塩酸の水素イオン濃度は 1.0×10^{-1} である。よって pH = 1
問題 22　2
〔解説〕
40%ブドウ糖水溶液 30 g に含まれる溶質の重さは、$30 \times 40/100 = 12$ g。同様に 20%ブドウ糖水溶液 20 g に含まれる溶質の重さは $20 \times 20/100 = 4$ g。よってこの混合溶液の濃度は、$(12 + 4)/(30 + 20) \times 100 = 32$ %
問題 23　5
〔解説〕
強酸と強塩基が中和した時に生じる塩は、水に溶解すると中性を示す。
問題 24　3
〔解説〕
-CHO はアルデヒド基であり、アルデヒド基を有する化合物の多くは名称中にアルデヒドが付く。
問題 25　2
〔解説〕
解答のとおり
問題 26　2
〔解説〕
ペンタン(C_5H_{12})の分子量は 72 であるから、7.2 g のペンタンのモル数は 7.2/72 = 0.1 mol である。一方、反応式よりペンタン 1 mol が燃焼すると 5 mol の二酸化炭素を生じるから、0.1 mol のペンタンが燃焼すると二酸化炭素が 0.5 mol 生じる。標準状態で気体 1 mol の体積は 22.4 L であるから、生じた二酸化炭素の体積は、$0.5 \times 22.4 = 11.2$ L。
問題 27　5
〔解説〕
酸素の酸化数は－ 2、ハロゲンの酸化数は－ 1 として計算する。

問題 28　3
〔解説〕

$CH_3CH_2CH_2CH_2CH_2CH_3$　$CH_3CH_2CH_2CH(CH_3)CH_3$　$CH_3CH_2CH(CH_3)CH_2CH_3$　$CH_3CH(CH_3)CH(CH_3)CH_3$　$CH_3CH_2C(CH_3)_2CH_3$

図の通り 5 種である。

問題 29　4
〔解説〕
温度を上げると温度を下げる方向に平衡は移動し、アンモニアを加えるとアンモニアを減少させる方向に平衡は移動する。

問題 30　2
〔解説〕
溶解は溶媒に物質が溶けることである。

〔毒物及び劇物の性質及び貯蔵その他取扱方法〕
（一般）

問題 31　1
〔解説〕
この設問では、誤っているのはどれかとあるので、1 が誤り。次のとおり。酢酸タリウム CH_3COOTl は劇物。無色の結晶。湿った空気中では潮解する。水及び有機溶媒易溶。市販品は、あせにくい黒色で着色されている。用途は殺鼠剤。

問題 32　4
〔解説〕
この設問では、誤っているのはどれかとあるので、4 が誤り。次のとおり。四塩化炭素（テトラクロロメタン）CCl_4 は、劇物。揮発性、麻酔性の芳香を有する無色の重い液体。水には溶けにくいが、アルコール、エーテル、クロロホルムにはよく溶け、不燃性である。強熱によりホスゲンを発生。蒸気は空気より重く、低所に滞留する。溶剤として用いられる。

問題 33 ～問題 35　問題 33　2　　問題 34　5　　問題 35　1
〔解説〕
問題 33　アクロレイン $CH_2=CHCHO$　刺激臭のある無色液体、引火性。光、酸、アルカリで重合しやすい。火気厳禁。非常に反応性に富む物質なので、安定剤を加え空気を遮断して貯蔵する。　問題 34　弗化水素酸（弗酸）は、毒物。弗化水素の水溶液で無色またわずかに着色した透明の液体。水にきわめて溶けやすい。貯蔵法は銅、鉄、コンクリートまたは木製のタンクにゴム、鉛、ポリ塩化ビニルあるいはポリエチレンのライニグをほどこしたものに貯蔵する。
問題 35　ブロムメチル CH_3Br は可燃性・引火性が高いため、火気・熱源から遠ざけ、直射日光の当たらない換気性のよい冷暗所に貯蔵する。耐圧等の容器は錆防止のため床に直置きしない。

問題 36 ～問題 37　問題 36　5　　問題 37　1
〔解説〕
問題 36　ギ酸 HCOOH は、90 ％以下は劇物から除外。　問題 37　ベタナフトール $C_{10}H_7OH$ は、1 ％以下は劇物から除外。

問題 38 ～問題 40　問題 38　2　　問題 39　1　　問題 40　3
〔解説〕
問題 38　アニリン $C_6H_5NH_2$ は、劇物。沸点 184 ～ 186 ℃の油状物。アニリンは血液毒である。かつ神経毒であるので血液に作用してメトヘモグロビンを作り、チアノーゼを起こさせる。急性中毒では、顔面、口唇、指先等にはチアノーゼが現れる。さらに脈拍、血圧は最初亢進し、後に下降して、嘔吐、下痢、腎臓炎を起こし、痙攣、意識喪失で、ついに死に至ることがある。　問題 39　ニコチンは猛烈な神経毒を持ち、急性中毒では、よだれ、吐気、悪心、嘔吐、ついで脈拍緩徐不整、発汗、瞳孔縮小、呼吸困難、痙攣が起きる。1　問題 40　硝酸 HNO_3 は無色の発煙性液体。蒸気は眼、呼吸器などの粘膜および皮膚に強い刺激性をもつ。高濃度のものが皮膚に触れるとガスを生じ、初めは白く変色し、次第に深黄色になる（キサントプロテイン反応）。

問題 41　3
〔解説〕
この設問の品目で気体は、アの亜硝酸メチルとエの燐化水素である。亜硝酸メチル CH_3ONO は劇物。リンゴ臭のある気体。水に難溶。燐化水素(別名ホスフィン)は、腐った魚の臭いのある気体。なお、硅弗化ナトリウムは、無色の結晶。酢酸エチルは無色で果実臭のある可燃性の液体。

問題 42 〜問題 45　問題 42　5　問題 43　4　問題 44　1　問題 45　2
〔解説〕
問題 42　モノフルオール酢酸ナトリウム FCH_2COONa は特毒。重い白色粉末。用途は、野ネズミの駆除に使用。　**問題 43**　硅弗化亜鉛は、劇物。無水物もあるが、一般には六水和物が流通。六水和物は、白色結晶。用途は、木材防腐剤、コンクリート増強剤。　**問題 44**　メタクリル酸は、無色結晶。用途は熱硬化性塗料、接着剤など。　**問題 45**　トルエン $C_6H_5CH_3$ は、劇物。特有な臭い(ベンゼン様)の無色液体。用途は爆薬原料、香料、サッカリンなどの原料、揮発性有機溶媒。

山梨県

（農業用品目）

問題 31 〜問題 33　問題 31　3　問題 32　2　問題 33　1
〔解説〕
問題 31　トリククロルヒドロキシエチルジメチルホスホネイト(別名 DEP、トリクロルホン)は劇物。純品は白色の結晶。クロロホルム、ベンゼン、アルコールに溶け、水にもかなり溶ける。アルカリで分解する。10 %以下は劇物から除外。用途は稲、野菜の害虫に対する接触性殺虫剤(有機燐系殺虫剤)。
問題 32　ジメチルメチルカルバミルエチルチオチオホスフエイト(別名バミドチオン)は劇物。白色ワックス状または脂肪状の結晶。水及び多数の有機溶媒に溶けやすい。熱、アルカリに不安定で酸には安定である。　**問題 33**　エンチオン MPP は、劇物(2 %以下除外)、有機リン剤、淡褐色のニンニク臭をもつ液体。有機溶媒には溶けるが、水には溶けない。

問題 34 〜問題 36　問題 34　2　問題 35　3　問題 36　1
〔解説〕
問題 34　カルタップは、劇物。２%以下は劇物から除外。無色の結晶。水、メタノールに溶ける。用途は農薬の殺虫剤。　**問題 35**　ダイファシノンは毒物。黄色結晶性粉末。アセトン酢酸に溶ける。水にはほとんど溶けない。0.005 %以下を含有するものは劇物。用途は殺鼠剤。　**問題 36**　1

問題 37 〜問題 39　問題 37　2　問題 38　5　問題 39　1
〔解説〕
問題 37　ブロムメチル CH_3Br は可燃性・引火性が高いため、火気・熱源から遠ざけ、直射日光の当たらない換気性のよい冷暗所に貯蔵する。耐圧等の容器は錆防止のため床に直置きしない。　**問題 38**　アンモニア水は無色透明、刺激臭がある液体。アンモニア NH_3 は空気より軽い気体。濃塩酸を近づけると塩化アンモニウムの白い煙を生じる。NH_3 が揮発し易いので密栓。　**問題 39**　シアン化ナトリウム NaCN(別名青酸ソーダ、シアンソーダ、青化ソーダ)は毒物。白色の粉末またはタブレット状の固体。酸と反応して有毒な青酸ガスを発生するため、酸とは隔離して、空気の流通が良い場所冷所に密封して保存する。

問題 40 〜問題 42　問題 40　4　問題 41　2　問題 42　1
〔解説〕
問題 40　チアクロプリドは３%以下で劇物から除外。　**問題 41**　ホスチアゼートは 1.5 %以下で劇物から除外。　**問題 42**　ジノカップは 0.2%以下で劇物から除外。

問題 43 〜問題 45　問題 43　2　問題 44　4　問題 45　3
〔解説〕
問題 43　イソキサチオンは有機リン系で淡黄褐色液体、水に難溶、有機溶剤に易溶の農薬である。中毒症状が発現した場合は、PAM 又は硫酸アトロピンを用いた適切な解毒手当を受ける。　**問題 44**　ジクワットは、劇物で、ジピリジル誘導体で淡黄色結晶、水に溶ける。除草剤。毒性は、経口摂取の場合に初め嘔吐、不快感、粘膜の炎症、意識障害、その後に腎・肝臓障害、黄疸が現れ、さらに呼吸困難、肺浮腫間質性肺炎等。　**問題 45**　無機銅塩類(硫酸銅等。ただし、雷銅を除く)の毒性は、亜鉛塩類と非常によく似ており、同じような中毒症状をおこす。〔緑色、または青色のものを吐く。のどが焼けるように熱くなり、よだれがな

がれ、しばしば痛むことがある。急性の胃腸カタルをおこすとともに血便を出す。〕

〔実　地〕

（一般）

問題46～問題49　**問題46**　1　**問題47**　4　**問題48**　3　**問題49**　2

〔解説〕

問題46　ホルムアルデヒド HCHO は還元性なので、廃棄はアルカリ性下で酸化剤で酸化した後、水で希釈処理する(①酸化法)。②燃焼法　では、アフターバーナーを具備した焼却炉でアルカリ性とし、過酸化水素水を加えて分解させ多量の水で希釈して処理する。③活性汚泥法。　**問題47**　シアン化カリウム KCN は、毒物で無色の塊状又は粉末。①酸化法　水酸化ナトリウム水溶液を加えてアルカリ性(pH11 以上)とし、酸化剤(次亜塩素酸ナトリウム、さらし粉等)等の水溶液を加えて CN 成分を酸化分解する。CN 成分を分解したのち硫酸を加え中和し、多量の水で希釈して処理する。②アルカリ法　水酸化ナトリウム水溶液等でアリカリ性とし、高温加圧下で加水分解する。　**問題48**　セレン Se の廃棄は、有害重金属なので固化隔離法または回収法。　**問題49**　シュウ酸$(COOH)_2$は、有機物で C、H、O のみからなるので、水に難溶なのでアルカリで塩にして水溶性にした後、活性汚泥で処理する活性汚泥法。またはそのまま燃焼法。

問題50～問題53　**問題50**　3　**問題51**　2　**問題52**　5　**問題53**　1

〔解説〕

問題50　過酸化水素水は、無色無臭で粘性の少し高い液体。徐々に水と酸素に分解(光、金属により加速)する。安定剤として酸を加える。ヨード亜鉛からヨウ素を析出する。過酸化水素自体は不燃性。しかし、分解が起こると激しく酸素を発生する。周囲に易燃物があると火災になる恐れがある。　**問題51**　カリウム K は、白金線に試料をつけて、溶融炎で熱し、炎の色をみると青紫色となる。コバルトの色ガラスをとおしてみると紅紫色となる。　**問題52**　ホルマリンはホルムアルデヒド HCHO の水溶液。無色透明な刺激臭の液体、低温ではパラホルムアルデヒドの生成により白濁または沈澱が生成することがある。水、アルコール、エーテルと混和する。アンモニ水を加えて強アルカリ性とし、水浴上で蒸発すると、水に溶解しにくい白色、無晶形の物質を残す。フェーリング溶液とともに熱すると、赤色の沈殿を生ずる。　**問題53**　フェノール C_6H_5OH はフェノール性水酸基をもつので過クロール鉄(あるいは塩化鉄(Ⅲ)$FeCl_3$)により紫色を呈する。

問題54～問題57　**問題54**　2　**問題55**　1　**問題56**　4　**問題57**　3

〔解説〕

解答のとおり。

問題58～問題59　**問題58**　1　**問題59**　4

〔解説〕

重クロム酸カリウム $K_2Cr_2O_4$ は、劇物。橙赤色の柱状結晶。水に溶けやすい。アルコールには溶けない。強力な酸化剤。用途は、工業用に酸化剤、媒染剤、製皮用、電気メッキ、電池調整用、顔料原料等に用いられる。

問題60　5

〔解説〕

クロルピクリンについて誤りはどれかとあるので、5が誤り。次のとおり。クロルピクリンの水溶液に金属カルシウムを加え、これにベタナフチルアミン及び硫酸を加えると、赤色の沈殿を生じる。

（農業用品目）

問題46　4

〔解説〕

農業用品目販売業者の登録が受けた者が販売できる品目については、法第四条の三第一項→施行規則第四条の二→施行規則別表第一に掲げられている品目である。解答のとおり。

問題47～問題49　**問題47**　4　**問題48**　3　**問題49**　1

〔解説〕

問題47　塩素酸ナトリウム $NaClO_3$ は、無色無臭結晶、酸化剤、水に易溶。廃棄方法は、過剰の還元剤の水溶液を希硫酸酸性にした後に、少量ずつ加え還元し、反応液を中和後、大量の水で希釈処理する還元法。　**問題48**　塩化第二銅は、劇物。無水物のほか二水和物が知られている。二水和物は緑色結晶で潮解性がある。水、エタノール、メタノール、アセトンに可溶。廃棄方法は水に溶かし、消石灰、ソーダ灰等の水溶液を加えて、処理し、沈殿ろ過して埋立処分する沈殿法と多量の場合には還元焙焼法により無金属銅として回収する焙焼法。

問題 49　フェンチオン(MPP)は、劇物。褐色の液体。弱いニンニク臭を有する。各種有機溶媒に溶ける。水には溶けない。廃棄法：木粉(おが屑)等に吸収させてアフターバーナー及びスクラバーを具備した焼却炉で焼却する焼却法。(スクラバーの洗浄液には水酸化ナトリウム水溶液を用いる。)

問題 50 ～問題 57　**問題 50**　1　**問題 51**　3　**問題 52**　2　**問題 53**　5
問題 54　1　**問題 55**　5　**問題 56**　3　**問題 57**　4

〔解説〕

解答のとおり。

問題 59 ～問題 59　**問題 58**　4　**問題 59**　5

〔解説〕

硫酸第二銅、五水和物白色濃い藍色の結晶で、濃い藍色の結晶で、風解性がある。水に溶けやすく、水溶液は青色リトマス紙を赤変させる。水に溶かし硝酸バリウムを加えると、白色の沈殿を生じる。

問題 60　4

〔解説〕

EPN は毒物(1.5 %以下を含有する毒物から除外。1.5 %以下を含有する製剤は劇物。)。芳香臭のある淡黄色油状または白色結晶で、水には溶けにくい。一般の有機溶媒には溶けやすい。TEPP 及びパラチオンと同じ有機燐化合物である。用途は遅効性の殺虫剤として使用される。

長野県
令和２年度実施

〔法　規〕
（一般・農業用品目・特定品目共通）

第１問　２
〔解説〕
解答のとおり。アは法第１条の目的。イは法第２条第２項の劇物。

第２問　４
〔解説〕
解答のとおり。法第３条第３項における販売業。

第３問　１
〔解説〕
解答のとおり。法第３条の４。

第４問　２
〔解説〕
法第３条の３について、施行令第 32 条の２次の品目→①トルエン、②酢酸エチル、トルエン又はメタノールを含有する接着剤、塗料及び閉そく用又はシーリングの充てん料は、みだりに摂取、若しくは吸入し、又はこれらの目的で所持してはならない。このとこから２が正しい。

第５問　５
〔解説〕
この設問では劇物はどれかとあるので、５の水酸化ナトリウム水溶液が該当する。ただし、水酸化ナトリウム NaOH は５％は劇物から除外。なお、ニコチン、トリブチルアミン、シアン化ナトリウム、亜硝酸イソプロピルは毒物。

第６問　４
〔解説〕
４のモノフルオール酢酸アミドが特定毒物。特定毒物については、法第２条第３項→法別表第三→指定令第３条に示されている。

第７問　３
〔解説〕
農業用品目については、法第四条の三第一項→施行規則第四条の二→施行規則別表第一に掲げられている品目である。このことから毒物又は劇物農業用品目に該当しないものは、３のアクロレイン。

第８問　５
〔解説〕
特定品目については、法第四条の三第二項→施行規則第四条の三→施行規則別表第二に掲げられている品目のみである。このことから毒物又は劇物特定品目に該当しないものは、５のクロロピクリン。

第９問　４
〔解説〕
この設問で正しいのは、４である。４の設問については法第３条の２第８項に示されている。なお、１の特定毒物を所持できる者は、①毒物劇物営業者〔毒物劇物製造業、輸入業、販売業〕、②特定毒物研究者、③特定毒物使用者〔施行令で定められた品目のみ〕である。このことから１は誤り。２の特定毒物研究者については、学術研究以外の用途に供してはならないである〔法第３条の２第４項〕。３の特定毒物研究者は、学術研究のために特定毒物を製造することができる〔法第３条の第１項〕。５の特定毒物研究者における必要とする研究事項を変更するときは、法第 10 条第２項第二号→施行規則第 10 条の３により、30 日以内に届け出なければならないである。

第10問　５
〔解説〕
四アルキル鉛につていの着色基準は施行令第２条で、赤色、青色、黄色又は緑色に着色と示されている。このことから着色に該当しない色は、黒色。

第11問　２
〔解説〕
この設問は法第７条及び第８条における毒物劇物取扱責任者についてで、a と d が正しい。a は法第７条第３項に示されている。d は法第７条第１項ただし書規定のこと。なお、c の毒物劇物取扱責任者については、実務経験を要しない。法第８条第１項に示されている①薬剤師、②厚生労働省令で定める学校で、応用化学てに関する学課を修了した者、③都道府県知事が行う毒物劇物取扱試験に合格した者である。e は法第８条第２項第四号により、‥‥３年を経過していない者‥‥である。

第 12 問　1

〔解説〕

この設問は、法第 11 条第４項の飲食物容器の使用禁止のこと。飲食物容器の使用については、すべての毒物又は劇物について使用禁止である。設問のとおり。

第 13 問　3

〔解説〕

この設問は、施行規則第４条の４第２項における毒物又は劇物販売業の店舗設備基準のことで法令で定められていないものとあるので、３が該当する。なお、３については、製造業の設備基準の場合は該当する。

第 14 問　2

〔解説〕

この設問は法第 10 条の届出のことで該当するのは、２である。２は法第 10 条第１項第四号に示されている。なお、１、４、５は届け出を要しない。また、３の毒物又は劇物の重要な部分を変更したときは、法第１項第二号により、30 日以内に届け出なければならないである。

第 15 問　4

〔解説〕

この設問は法第 15 条第１項における毒物又は劇物についての交付の不適格者のこと。解答のとおり。

第 16 問　5

〔解説〕

解答のとおり。法第 12 条第１項に示されている。

第 17 問　1

〔解説〕

この設問は、他の毒物劇物営業者に販売又は授与する際について、法第 14 条第１項における譲受人から提出を受ける書面の事項について示されている。

第 18 問　2

〔解説〕

この設問は、毒物又は劇物を販売し、又は授与するときまでに譲受人に提供しなければならない情報提供の内容について施行規則第 13 条の 12 に示されている。このことから設問では、定められていないものとあるので、２の盗難又は紛失時の措置が該当する。

第 19 問　3

〔解説〕

法第 14 条第４項に毒物又は劇物を販売し、授与したときに、その都度、法第 14 条第１項に示されている事項に記載した書面の保存期間が、５年間保存と規定されている。

第 20 問　4

〔解説〕

この設問は、施行令第 40 条における毒物又は劇物の廃棄方法のことが示されている。解答のとおり。

第 21 問　1

〔解説〕

この設問は施行令第 40 条の５における毒物又は劇物を運搬方法のことで、水酸化ナトリウムを運搬する際に、車両の前後に掲げなければならない標識について、施行規則 13 条の５に示されている。解答のとおり。

第 22 問　5

〔解説〕

この設問は毒物又は劇物を他に委託して運搬するときに、荷送人が運送人に対して、あらかじめ交付しなければならない書面の記載事項については、施行令第 40 条の６第１項に示されている。なお、この設問では定められていないものとあるので、５が該当する。

第 23 問　3

〔解説〕

この設問は着色する農業品目について、法第 13 条示されている。

第 24 問　5

〔解説〕

この設問は法第 17 条の事故の際の措置についてで、c が誤り。なお、c については、その理由の如何にかかわらず、その旨を警察署に届け出なければならないである。法第 17 条第 2 項

第 25 問　2

〔解説〕

業務上取扱者の届出をしなければならない事業者については、法第 22 条第 1 項→施行令第 41 条及び同第 42 条で、①シアン化ナトリウム又は無機シアン化合物たる毒物を使用する電気めっきを行う事業、②シアン化ナトリウム又は無機シアン化合物たる毒物を使用する金属熱処理上を行う事業、③大型自動車 5,000kg 以上に毒物又は劇物を積載して行う大型運送業、④ヒ素化合物たる毒物を使用するしろあり防除を行う事業のこと。このことから 2 が正しい。

〔学　科〕

（一般・農業用品目・特定品目共通）

長野県

第 26 問　1

〔解説〕

SI 単位は m, kg, A, mol, cd, K, s の 7 つである。

第 27 問　2

〔解説〕

風解とは結晶水を持つ結晶が、空気中で結晶水を放出して分解すること。

第 28 問　4

〔解説〕

イオン化傾向の順は　K> Ca> Na> Mg> Al> Zn> Fe> Ni> Sn> Pb>（H）> Cu> Hg> Ag> Pt> Au である。

第 29 問　5

〔解説〕

アルカリ土類金属は 2 価の陽イオンになりやすい。17 族をハロゲン、18 族を希ガスという。

第 30 問　3

〔解説〕

シクロとは環状の意味。アルケンは化合物の語尾がエン(ene)で終わるものである。シクロペンタンはシクロアルカンである。

第 31 問　3

〔解説〕

濃度不明の水酸化ナトリウム水溶液のモル濃度を x とおく。

$X \times 1 \times 200 = 4.0 \times 2 \times 50,\ x = 2.0$ mol/L

第 32 問　4

〔解説〕

水酸化カルシウム $Ca(OH)_2$ は 2 価の塩基。pH が大きいほど酸性が弱いあるいは塩基性が強い。

第 33 問　2

〔解説〕

チンダル現象は光の束が見える現象。ブラウン運動はコロイド粒子の不規則な動き、透析とはコロイド粒子は通過できないが溶媒分子は通過できる半透膜を通す操作のことである。

第 34 問　1

〔解説〕

フェノールには-OH、アニリンには-NH_2、酢酸エチルには-COO-、トルエンには-CH_3 が存在する。

第 35 問　5

〔解説〕

電子を受け取り 1 価の陰イオンになるときに放出するエネルギーを電子親和力と言い、原子から電子 1 個を取り去るのに必要なエネルギーをイオン化エネルギーという。

（一般）
第 36 問　4

〔解説〕

アンモニアは刺激性のある無色の気体で、水、アルコール、エーテルに溶解する。10%以下の含有で劇物から除外される。

第 37 問　3

〔解説〕

クロルピクリンは無色油状物質で粘膜刺激臭がある。水に溶けにくく熱には不安定で分解するが、引火性は無い。土壌燻蒸剤として用いられ、金属腐食性が大きい。

第 38 問　2

〔解説〕

硫酸は不揮発性の液体である。

第 39 問　5

〔解説〕

フェノールは無色針状結晶で、水に溶けにくくアルコールなどに溶解する。5%以下の含有で劇物から除外され、空気中で赤変する。

第 40 問　5

〔解説〕

フッ化水素は無色のガスで水に極めて溶けやすい毒物である。これ自体には可燃性はないが、金属と反応して発生する水素ガスにより、火災時は爆発する場合がある。水溶液はガラスを侵す性質があり、ポリエチレンでライニングした容器に保存する。半導体のエッチングに用いる。

第 41 問　1

〔解説〕

有機リン系製剤の解毒には硫酸アトロピンあるいは PAM を用いる。

第 42 問　3

〔解説〕

シュウ酸は血液中のカルシウムと結合し、神経痙攣等をひきおこす。

第 43 問　2

〔解説〕

ピクリン酸は爆発性のある有機物であり、少量ずつ燃焼により廃棄する。

第 44 問　3

〔解説〕

硝酸は酸性物質であるので、漏洩した場合は水で希釈した後アルカリで中和する。水で希釈する前にアルカリで処理することで中和熱が一度に発生し危険である。

第 45 問　1

〔解説〕

解答のとおり。

（農業用品目）
第 36 問　3

〔解説〕

硫酸タリウム Tl_2SO_4 は無色の結晶である。殺鼠剤として用いられ、0.3%以下の含有でかつ、黒色に着色しトウガラシエキスで着味したものは劇物から除外される。

第 37 問　1

〔解説〕

ニコチンは無色の結晶で空気中で褐変する。殺虫剤に用いられ、水やアルコールに溶解する。

第 38 問　4

〔解説〕

シアン化カリウムは酸と反応し有毒なシアン化水素を発生する。

第 39 問　5

〔解説〕

ブロムメチルは空気よりも重い無色の気体で、冷却圧縮することで無色の液体となる。

第 40 問　3

〔解説〕

塩素酸ナトリウムは $NaClO_3$ で表される白色結晶で、潮解性を有する。用途としては酸化剤や除草剤として用いられる。

第 41 問　1

〔解説〕

パラコートはビピリジル系の除草剤で、無色の結晶である。水によく溶けアルカリ性で不安定となる。

第 42 問　1

〔解説〕

有機リン系製剤の解毒には硫酸アトロピンまたは PAM を用いる。

第 43 問　4

〔解説〕

有機リン系製剤の廃棄にはアフターバーナー及びスクラバーを具備した焼却炉で処分する。

第 44 問　5

〔解説〕

エチルチオメトンはアルカリで分解するのでから容器で回収した後、消石灰でそれを処理する。

第 45 問　1

〔解説〕

解答のとおり。

長野県

（特定品目）

第 36 問　1

〔解説〕

過酸化水素水は無色の液体で、徐々に分解して酸素と水素を発生する。そのため安定剤に酸を加える。6%以下の含有で劇物から除外され、酸化還元のどちらの作用も持つ化合物である。

第 37 問　2

〔解説〕

メチルエチルケトンは無色のアセトン臭のある液体で、引火性がある。蒸気は空気よりも重く、水や有機溶媒と混和する。製剤は劇物ではない。

第 38 問　2

〔解説〕

硫酸は不揮発性の液体である。

第 39 問　3

〔解説〕

クロロホルムは無色の液体で芳香がある。分解を阻止するために少量のアルコールを添加する。

第 40 問　1

〔解説〕

メタノールは CH_3OH で表される無色の揮発性液体である。溶剤として用いられる。

第 41 問　5

〔解説〕

解答のとおり

第 42 問　2

〔解説〕

解答のとおり

第 43 問　3

〔解説〕

シュウ酸は血液中のカルシウムと結合し、神経痙攣等をひきおこす。

第 44 問　4

〔解説〕

トルエンなどの有機物は燃焼により処理する。

第 45 問　1

〔解説〕

キシレンは水に溶解しないので洗い流すことは無い。

〔実　地〕

（一般）

第 46 問～第 50 問　**第 46 問**　3　**第 47 問**　1　**第 48 問**　4
第 49 問　2　**第 50 問**　5

〔解説〕

第 46 問　水銀 Hg は、毒物。常温で液状の金属。金属光沢を有する重い液体。ヨードカリで赤色の沃化水銀をつくる。。用途は工業用として寒暖計、気圧計、水銀ランプ、歯科用アマルガムなど。　**第 47 問**　塩素 Cl_2 は、常温においては窒息性臭気をもつ黄緑色気体.冷却すると黄色溶液を経て黄白色固体となる。融点はマイナス 100.98 ℃、沸点はマイナス 34 ℃である。用途は酸化剤、紙パルプの漂白剤、殺菌剤、消毒薬。　**第 48 問**　臭素 Br_2 は、劇物。赤褐色の刺激臭液体。水には可溶。アルコール、エーテル、クロロホルム等に溶ける。燃焼性はないが、強い腐食性がある。写真用、化学薬品、アニリン染料の製造などに使用。

第 49 問　モノクロル酢酸 CH_2ClCO_2H(別名クロロ酢酸)は、劇物。無色、潮解性の単斜晶系の結晶。水によく溶ける。用途は合成染料の製造原料人造樹脂工業、膠製造など。　**第 50 問**　重クロム酸カリウム $K_2Cr_2O_4$ は、劇物。橙赤色の柱状結晶。水に溶けやすい。アルコールには溶けない。強力な酸化剤。用途は、工業用に酸化剤、媒染剤、製皮用、電気メッキ、電池調整用、顔料原料等に用いられる。

第 51 問～第 52 問　**第 51 問**　1　**第 52 問**　3

〔解説〕

過酸化尿素は劇物。白色の結晶性粉末。空気中で尿素、酸素、水に分解する。水に溶けやすい。用途は酸化作用を利用して、毛髪の脱色剤。

第 53 問～第 54 問　**第 53 問**　2　**第 54 問**　4

〔解説〕

酸化カドミウム CdO は、劇物。 暗褐色の粉末または結晶。水にほとんど溶けない。用途は安定剤原料、電気メッキ有機化学の触媒。

第 55 問～第 57 問　**第 55 問**　3　**第 56 問**　1　**第 57 問**　4

〔解説〕

水酸化カリウム(KOH)は劇物(５％以下は劇物から除外)。(別名：苛性カリ)。空気中の二酸化炭素と水を吸収する潮解性の白色固体である。用途は石鹸の製造や、試薬など様々に用いられる。水溶液に酒石酸溶液を過剰に加えると、白色結晶性の沈殿を生ずる。

第 58 問　5

〔解説〕

硝酸 HNO_3 は、劇物。無色の液体。特有な臭気がある。腐食性が激しい。銅屑を加えて熱すると、藍色を呈して溶け、その際赤褐色の蒸気を発生する。

第 59 問　4

〔解説〕

四塩化炭素(テトラクロロメタン)CCl_4 は、劇物。揮発性、麻酔性の芳香を有する無色の重い液体。水には溶けにくいが、アルコール、エーテル、クロロホルムにはよく溶け、不燃性である。強い消化力を示す。強熱によりホスゲンを発生。蒸気は空気より重く、低所に滞留する。溶剤として用いられる。

第 60 問　2

〔解説〕

酢酸タリウム CH_3COOTl は劇物。無色の結晶。湿った空気中では潮解する。水及び有機溶媒易溶。

水酸化ナトリウム(別名：苛性ソーダ)NaOH は、劇物。白色結晶性の固体、潮解性(空気中の水分を吸って溶解する現象)および空気中の炭酸ガス CO_2 と反応して炭酸ナトリウム Na_2CO_3 になる。

（農業用品目）

第 46 問～第 50 問　**第 46 問**　3　**第 47 問**　5　**第 48 問**　4
第 49 問　2　**第 50 問**　1

〔解説〕

第 46 問　塩化亜鉛（別名　クロル亜鉛）$ZnCl_2$ は劇物。白色の結晶。空気にふれると水分を吸収して潮解する。用途は脱水剤、木材防臭剤、脱臭剤、試薬乾電池材料、染料安定剤。　**第 47 問**　ジメチルジチオホスホリルフェニル酢酸エチ

長野県

ル(フェントエート、PAP)は、赤褐色、油状の液体で、芳香性刺激臭を有し、水、プロピレングリコールに溶けない。リグロインにやや溶け、アルコール、エーテル、ベンゼンに溶ける。有機燐系の殺虫剤。　**第 48 問**　ジクワットは、劇物で、ジピリジル誘導体で淡黄色結晶、水に溶ける。中性又は酸性で安定、アルカリ溶液でうすめる場合には、２～３時間以上貯蔵できない。腐食性を有する。土壌等に強く吸着されて不活性化する性質がある。用途は、除草剤。

第 49 問　弗化スルフリル(SO_2F_2)は毒物。無色無臭の気体。水に溶ける。クロロホルム、四塩化炭素に溶けやすい。アルコール、アセトンにも溶ける。水では分解しないが、水酸化ナトリウム溶液で分解される。用途は殺虫剤、燻蒸剤。

第 50 問　硫酸銅、硫酸銅(Ⅱ)$CuSO_4 \cdot 5H_2O$ は、濃い青色の結晶。風解性。水に易溶、水溶液は酸性。劇物。用途は、試薬、工業用の電解液、媒染剤、農業用殺菌剤。

第 51 問～第 52 問　第 51 問　3　　**第 52 問**　2

〔解説〕

第 51 問　モノフルオール酢酸ナトリウム FCH_2COONa は特毒。重い白色粉末、吸湿性、冷水に易溶、有機溶媒には溶けない。水、メタノールやエタノールに可溶。からい味と酢酸のにおいを有する。野ネズミの駆除に使用。特毒。

第 52 問　ヨウ化メチル CH_3I は劇物。無色または淡黄色透明液体、低沸点、光により I_2 が遊離して褐色になる(一般にヨウ素化合物は光により分解し易い)。エタノール、エーテルに任意の割合に混合する。水に可溶である。

第 53 問～第 54 問　第 53 問　5　　**第 54 問**　2

〔解説〕

解答のとおり。

第 55 問～第 57 問　第 55 問　1　　**第 56 問**　3　　**第 57 問**　4

〔解説〕

解答のとおり。

第 58 問～第 59 問　第 58 問　2　　**第 59 問**　4

〔解説〕

アンモニア水は無色透明、刺激臭がある液体。アルカリ性を呈する。濃塩酸をうるおしたガラス棒を近づけると、白い霧を生ずる。また、塩酸を加えて中和したのち、塩化白金溶液を加えると、黄色、結晶性の沈殿を生ずる。

第 60 問　4

〔解説〕

この設問のシメトエートについては b のみ正しい。次のとおり。ジメトエートは、白色の固体。水溶液は室温で徐々に加水分解し、アルカリ溶液中ではすみやかに加水分解する。太陽光線に安定で、熱に対する安定性は低い。用途は、稲のツマグロヨコバイ、ウンカ類、果樹のﾔﾉﾈｶｲｶﾞﾗﾑｼ、ミカンハモグリガ、ハダニ類、アブラムシ類、ハダニ類の駆除。有機燐製剤の一種である。

（特定品目）

第 46 問～第 50 問　第 46 問　5　　**第 47 問**　1　　**第 48 問**　3
第 49 問　4　　**第 50 問**　2

〔解説〕

第 46 問　塩素 Cl_2 は、常温においては窒息性臭気をもつ黄緑色気体.冷却すると黄色溶液を経て黄白色固体となる。融点はマイナス 100.98 ℃、沸点はマイナス 34 ℃である。用途は酸化剤、紙パルプの漂白剤、殺菌剤、消毒薬。

第 47 問　塩化水素 HCl は、劇物。常温で無色の刺激臭のある気体。腐食性を有し、不燃性。湿った空気中で発煙し塩酸になる。白色の結晶。水、メタノール、エーテルに溶ける。用途は塩酸の製造に用いられるほか、無水物は塩化ビニル原料にもちいられる。　**第 48 問**　重クロム酸カリウム $K_2Cr_2O_4$ は、劇物。橙赤色の柱状結晶。水に溶けやすい。アルコールには溶けない。強力な酸化剤。用途は、工業用に酸化剤、媒染剤、製皮用、電気メッキ、電池調整用、顔料原料等に用いられる。　**第 49 問**　蓚酸$(COOH)_2 \cdot 2H_2O$ は無色の柱状結晶、風解性、還元性、漂白剤、鉄さび落とし。無水物は白色粉末。水、アルコールに可溶。エーテルには溶けにくい。また、ベンゼン、クロロホルムにはほとんど溶けない。用途は、漂白剤として使用されるほか、鉄錆のよごれを落とすのに用いられる。

第 50 問　酢酸エチルは無色で果実臭のある可燃性の液体。その用途は主に溶剤や合成原料、香料に用いられる。

第51問～第52問　第51問　2　　第52問　4
〔解説〕
農業用品目問58～問59を参照。
第53問～第54問　第53問　2　　第54問　5
〔解説〕
一般の問58を参照。
第55問～第57問　第55問　3　　第56問　1　第57問　4
〔解説〕
一般問55～問57を参照。
第58問～ 第60　　問58　2　　第59問　5　　第60問　3
〔解説〕
問58　四塩化炭素(テトラクロロメタン)CCl_4は、特有な臭気をもつ不燃性、揮発性無色液体、水に溶けにくく有機溶媒には溶けやすい。洗濯剤、清浄剤の製造などに用いられる。確認方法はアルコール性の水酸化カリウム KOH と銅粉末とともに煮沸により黄赤色沈殿を生成する。　　**第59問**　一酸化鉛 PbO は、重い粉末で、黄色から赤色までの間の種々のものがある。水に溶けず、酸、アルカリには溶ける。希硝酸に溶かすと、無色の液となり、これに硫化水素を通じると、黒色の沈殿を生じる。　　**第60問**　ホルマリンはホルムアルデヒド HCHO の水溶液。硝酸を加え、さらにフクシン亜硫酸液を加えると、藍紫色を呈した。

長野県

岐阜県
令和２年度実施

〔毒物及び劇物に関する法規〕
（一般・農業用品目・特定品目共通）

問１　２
〔解説〕
解答のとおり。

問２　３
〔解説〕
解答のとおり。

問３　４
〔解説〕
解答のとおり。

岐阜県

問４　１
〔解説〕
法第３条の４で規定する引火性、発火性又は爆発性のある毒物又は劇物→施行令第 32 条の３で、①亜塩素酸ナトリウム及びこれを含有する製剤 30 ％以上、②塩素酸塩類を含有する製剤 35 ％以上、③ナトリウム、④ピクリン酸については正当な理由を除いては所持してはならないと規定されている。このことからアのナトリウムとイのピクリン酸である。

問５　１
〔解説〕
この設問で正しいのは、c と d である。c は施行令第 35 条第１項に示されている。d は施行令第 36 条第１項に示されている。なお、a については特段届け出を要しない。b の毒物又は劇物輸入業者が毒物又は劇物登録以外の品目を追加する場合は、あらかじめ登録の申請をしなければならない〔法第９条に示されている〕。

問６　１
〔解説〕
この設問では製造所等の設備基準については施行規則第４条の４第１項に示されている。なお、この設問は全て正しい。

問７　２
〔解説〕
この設問は法第７条における毒物劇物取扱責任者についてで、b のみが正しい。b は法第７条第２項に示されている。なお、a については法第７条第１項ただし書に基づいて、自ら毒物又は劇物による保健衛生上の危害防止にあたることができる。c の毒物劇物取扱責任者を変更したときは、30 日以内に、その毒物劇物取扱責任者の氏名を届け出なければならない〔法第７条第３項〕。

問８　３
〔解説〕
毒物又は劇物の廃棄方法については、施行令第 40 条に示されている。解答のとおり。

問９　４
〔解説〕
この設問は法第８条第２項における不適格者のこと。解答のとおり。

問 10　３
〔解説〕
この設問は法第 12 条第１項における毒物又は劇物の容器及び被包に表示しなければならいことが示されている。解答のとおり。

問 11　１
〔解説〕
この設問は法第 12 条第２項のことで、毒物又は劇物の容器及び被包に掲げるの事項は、①毒物又は劇物の名称、②毒物又は劇物の成分及びその含量、③施行規則第 11 条の５で示されている解毒剤〔①２－ピリジルアルドキシムメチオダイド(PAM)の製剤、②硫酸アトロピンの製剤)〕の名称。このことから正しいのはどれかとあるので、１が正しい。

問 12　1
〔解説〕
着色する農業用品目については、法第 13 条→施行令第 39 条において、①硫酸タリウムを含有する製剤たる劇物、②燐化亜鉛を含有する製剤たる劇物→施行規則第 12 条で、あせにくい黒色で着色と示されている。このことから 1 が正しい。
問 13　3
〔解説〕
この設問は、他の毒物劇物営業者に販売又は授与する際について、法第 14 条第 1 項のことで、譲受人から提出を受ける書面の事項で、①毒物又は劇物の名称及び数量、②販売又は授与の年月日、③譲受人の氏名、職業及び住所(法人にあっては、その名称及び主たる事務所の所在地)である。このことから a、b、c が正しい。なお、d における書面の保存期間は、5 年間保存である〔法第 14 条第 4 項〕。
問 14　2
〔解説〕
この設問は施行令第 40 条の 5 における毒物又は劇物を運搬方法のことで、水酸化ナトリウムを運搬する際に、車両の前後に掲げなければならない標識について、施行規則 13 条の 5 に示されている。解答のとおり。
問 15　5
〔解説〕
この設問は毒物又は劇物を他に委託する場合に、荷送人が運送人に対して通知する書面の交付について施行令第 40 条の 6 第 1 項に示されている。解答のとおり。
問 16　5
〔解説〕
解答のとおり。
問 17　3
〔解説〕
この設問は施行令第 40 条の 9 における毒物又は劇物を販売又は授与する時までに毒物又は劇物の性状及び取扱いに関する情報提供のことで、アとエが正しい。アは施行令第 40 条の 9 第 1 項及び第 2 項→施行規則第 13 条の 10 に示されている。エは施行令第 40 条の 9 第 1 項ただし書規定→施行規則第 13 条の 9 第二号により情報提供を行わなくてもよい。設問のとおり。なお、イについては施行規則第 13 条の 10 において、邦文で行わなければならないと示されいる。よってこの設問は誤り。ウの毒物については、量の如何にかかわらず情報提供を行わなければならない。なお、劇物については施行令第 40 条の 9 第 1 項ただし書規定→施行規則第 13 条の 9 第一号により情報提供を行わなくてもよい。
問 18　2
〔解説〕
解答のとおり。
問 19　2
〔解説〕
この設問は法第 21 条の登録が失効した場合の措置のこと。a と b が正しい。a は法第 21 条第 1 項に示されている。b は法法第 21 条第 2 項に示されている。なお、c については特定毒物使用者でなくなつたときは、現に所有する特定毒物の品名及び数量を 15 日以内に、都道府県知事に届け出なければならないである。よってこの設問は誤り。
問 20　3
〔解説〕
業務上取扱者の届出をしなければならない事業者については、法第 22 条第 1 項→施行令第 41 条及び同第 42 条で、①シアン化ナトリウム又は無機シアン化合物たる毒物を使用する電気めっきを行う事業、②シアン化ナトリウム又は無機シアン化合物たる毒物を使用する金属熱処理上を行う事業、③大型自動車 5,000kg 以上に毒物又は劇物を積載して行う大型運送業、④ヒ素化合物たる毒物を使用するしろあり防除を行う事業のこと。このことからアとエが正しい。

〔基礎化学〕
（一般・農業用品目・特定品目共通）

問 21　3
〔解説〕
原子核は正の電荷をもち、その周りを負の電荷をもった電子が回っている。
問 22　4
〔解説〕
陽極では酸化反応が起こるので塩化物イオンが酸化され塩素ガスが生じる。
$2Cl^- \rightarrow Cl_2 + 2e^-$
問 23　4
〔解説〕
濃硫酸を希釈するときは、大量の水に濃硫酸を少量ずつ加えていく。
問 24　4
〔解説〕
炭素や水素などの非金属元素どうしの結合は共有結合となる。
問 25　5
〔解説〕
ナフタレンやドライアイス、ヨウ素は分子結晶と呼ばれる弱い力で結合している結晶であるため、昇華する性質を持つ。
問 26　5
〔解説〕
0.02　mol/L の水酸化ナトリウム水溶液の OH －のモル濃度は 2.0×10 － 2 である。よってこの溶液の pOH は、－ log(2×10 － 2) = － 0.3+2 = 1.7　　pH + pOH = 14 より、この溶液の pH は 14-1.7 = 12.3
問 27　4
〔解説〕
0.4 mol/L の硫酸 100 mL に含まれる硫酸のモル数は 0.04 mol。同様に 2.0 mol/L の硫酸 300　mL に含まれる 硫酸のモル数は 0.6　mol。したがってこの溶液のモル濃度は (0.04+0.6)/(100+300)×1000 = 1.6 mol/L
問 28　3
〔解説〕
全圧は各成分気体の分圧の総和となる。CO の分圧 PCO はボイルの法則より、200×1=PCO×5 , PCO = 40 kPa　同様に PO_2 は 100×3 = PO_2×5, PO_2 = 60 kPa。よって全圧は 40 + 60 = 100 kPa
問 29　5
〔解説〕
化学反応氏は C3H8 + 5O2→3CO2 + 4H2O より、プロパン 1mol の燃焼で二酸化炭素は 3mol 生じるから、2mol の燃焼では 6mol 生じる。二酸化炭素の分子量は 44 であるので生じる二酸化炭素の質量は 44×6 = 264 g
問 30　3
〔解説〕
Ca は橙、Li は赤、Cu は緑、K は紫の炎色反応を呈する。

〔毒物及び劇物の性質及びその他の取扱方法〕
（一般）

問 31 ～問 34　　問 31　1　　問 32　3　　問 33　5　　問 34　2　　問 35　2
〔解説〕
問 31　硅弗化ナトリウム Na_2SiF_6 は劇物。無色の結晶。水に溶けにくい。アルコールにも溶けない。用途はうわぐすり、試薬。　**問 32**　亜硝酸イソプロピルは毒物。淡黄色の油性液体。用途は合成色素。　**問 33**　四アルキル鉛は特定毒物。無色透明な液体。芳香性のある甘味あるにおい。用途は、自動車ガソリンのオクタン価向上剤。　**問 34**　ヘキサン－１・６－アミンは、劇物。用途は、ナイロン 66 の原料、イソシアネートの原料。
問 35 ～問 38　　問 35　2　問 36　4　　問 37　1　　問 38　5
〔解説〕
問 35　クロロホルム $CHCl_3$ は、無色、揮発性の液体で特有の香気とわずかな甘みをもち、麻酔性がある。空気中で日光により分解し、塩素、塩化水素、ホスゲ

岐阜県

ンを生じるので、少量のアルコールを安定剤として入れて冷暗所に保存。
問36　黄リンP_4は、無色又は白色の蝋様の固体。毒物。別名を白リン。暗所で空気に触れるとリン光を放つ。水、有機溶媒に溶けないが、二硫化炭素には易溶。湿った空気中で発火する。空気に触れると発火しやすいので、水中に沈めてビンに入れ、さらに砂を入れた缶の中に固定し冷暗所で貯蔵する。
問37　アクロレインCH_2=CHCHO　刺激臭のある無色液体、引火性。光、酸、アルカリで重合しやすい。医薬品合成原料。貯法は、反応性に富むので安定剤を加え、空気を遮断して貯蔵。火気厳禁。　問38　シアン化カリウムKCNは、白色、潮解性の粉末または粒状物、空気中では炭酸ガスと湿気を吸って分解する(HCNを発生)。また、酸と反応して猛毒のHCN(アーモンド様の臭い)を発生する。したがって、酸から離し、通風の良い乾燥した冷所で密栓保存。安定剤は使用しない。

問39　4
〔解説〕
この設問では液体はどれかとあるので、bの酢酸エチルとcの臭素が液体。次のとおり。酢酸エチルは無色で果実臭のある可燃性の液体。臭素Br_2は、劇物。赤褐色・特異臭のある重い液体。なお、フェニレンジアミンにはオルト、メタ、パラの３腫の異性体がある。いずれも結晶。硝酸銀$AgNO_3$は、劇物。無色透明結晶。

問40　1
〔解説〕
水銀は、気圧計や寒暖計、その他理化学機器として用いる。アマルガム（水銀とほかの金属の合金）は試薬や歯科で用いられる。廃棄法は、そのまま再生利用するため蒸留する回収法。

問41　1
〔解説〕
この設問では、貯蔵法に誤っているものはどれかとあるので、1のピクリン酸が誤り。次のとおり。ピクリン酸は爆発性なので、火気に対して安全で隔離された場所に、イオウ、ヨード、ガソリン、アルコール等と離して保管する。鉄、銅、鉛等の金属容器を使用しない。

問42～問45　問42　1　問43　2　問44　4　問45　3
〔解説〕
問42　ホルムアルデヒドHCHOは1%以下で劇物から除外。　問43　塩化水素HClは10%以下は劇物から除外。　問44　ジメチルアミン50%以下を含有する劇物から除外。　問45　2-アミノエタノールは20%以下は劇物から除外。

問46　2
〔解説〕
硫酸銅(Ⅱ)$CuSO_4 \cdot 5H_2O$は、濃い青色の結晶。風解性。水に易溶、水溶液は酸性。劇物。なお、硝酸亜鉛$Zn(NO_3)_2$は、白色固体。水にきわめて溶けやすい。空気中の水分を吸って、べとべとに潮解する。塩化ホスホリル(別名オキシ塩化燐)($POCl_3$)は毒物。無色の刺激臭のある液体。不燃性。水により加水分解し、塩酸と燐酸を生成する。モノクロル酢酸CH_2ClCO_2Hは、劇物。無色、潮解性の単斜晶系の結晶。水によく溶ける。五塩化燐PCl_5は、毒物。淡黄色の刺激臭があり、不快臭な粉末。不燃性で、潮解性がある。水により加水分解する。

問47　3
〔解説〕
bの液化アンモニアが誤り。次のとおり。液化アンモニアの漏えい箇所を濡れむしろ等で覆い、遠くから多量の水をかけて洗い流す。

問48～問50　問48　5　問49　4　問50　3
〔解説〕
問48　水銀Hgは毒物。常温で唯一の液体の金属である。比重13.6。硝酸には溶け、塩酸には溶けない。　問49　ピクリン酸$C_6H_2(NO_2)_3OH$：淡黄色の針状結晶で、急熱や衝撃で爆発。金属との接触でも分解が起こる。用途は試薬、染料。
問50　亜硝酸メチルCH_3ONOは劇物。リンゴ臭のある気体。水に難溶。蒸気は空気より重く、引火しやすい。可燃性の気体であるので注意。加熱・衝撃等により爆発することがある。用途はロケット燃料等。

（農業用品目）

問 31　4

〔解説〕

b のみが正しい。次のとおり。アセタミプリドは、劇物。白色結晶固体。２％以下は劇物から除外。アセトン、メタノール、エタノール、クロロホルなどの有機溶媒に溶けやすい。用途はネオニコチノイド系殺虫剤。

問 32 ～問 35　　問 32　2　　問 33　3　　問 34　1　　問 35　4

〔解説〕

問 32　硫酸銅(Ⅱ) $CuSO_4 \cdot 5H_2O$ は、濃い青色の結晶。風解性。水に易溶、水溶液は酸性。劇物。　問 33　DEP(ディプテレックス)は、劇物。純品は白色の結晶。クロロホルム、ベンゼン、アルコールに溶ける。また、水にも溶ける。

問 34　ニコチンは、毒物。アルカロイドであり、純品は無色、無臭の油状液体であるが、空気中では速やかに褐変する。水、アルコール、エーテル等に容易に溶ける。刺激性の味を有する。　問 35　ピラクロストロビンは、暗褐色粘稠固体。皮膚に対する刺激性がある。

問 36　4

〔解説〕

b と d が正しい。次のとおり。DDVP は有機リン製剤で接触性殺虫剤。無色油状液体、水に溶けにくく、有機溶媒に易溶。水中では徐々に分解。

問 37 ～問 41　　問 37　1　　問 38　2　　問 39　3　　問 40　5　　問 41　3

〔解説〕

問 37　2-ヒドロキシ-4-メチルチオ酪酸は 0.5 %以下は劇物から除外。

問 38　エマメクチンは２%以下は劇物から除外。　問 39　ジエチル-(2･4-ジクロフェニル)-チオホスフェイト３%以下は劇物から除外。　問 40　ベンフラカルブは６%以下で劇物から除外。　問 41　チアクロプリドは３%以下で劇物から除外。

問 42　2

〔解説〕

b のみが誤り。次のとおり。ジメトエートは、白色の固体。水溶液は室温で徐々に加水分解し、アルカリ溶液中ではすみやかに加水分解する。太陽光線に安定で、熱に対する安定性は低い。用途は、稲のツマグロヨコバイ、ウンカ類、果樹のﾔﾉﾈｶｲｶﾞﾗﾑｼ、ミカンハモグリガ、ハダニ類、アブラムシ類、ハダニ類の駆除。有機燐製剤の一種である。

問 43　1

〔解説〕

b と c が正しい。次のとおり。2-(1-メチルプロピル)-フエニル-N-メチルカルバメート(別名フェンカルブ・BPMC)は劇物。無色透明の液体またはプリズム状結晶。水にほとんど溶けない。エーテル、アセトン、クロロホルムなどに可溶。２%以下は劇物から除外。用途は害虫の駆除。

問 44　3

〔解説〕

イミシアホスは、常温で微かな特異臭のある無色透明な液体。メタノールに溶ける。劇物(1.5 %以下は劇物から除外)。有機燐製剤である。市販製剤は 30 %液剤と 1.5 %粒剤がある。

問 45 ～問 49　　問 45　3　　問 46　1　　問 47　2　　問 48　5　　問 49　4

〔解説〕

問 45　塩化亜鉛 $ZnCl_2$ は、白色結晶、潮解性、水に易溶。貯蔵法については、潮解性があるので、乾燥した冷所に密栓して貯蔵する。　問 46　ロテノンはデリスの根に含まれる。殺虫剤。酸素、光で分解するので遮光保存。２%以下は劇物から除外。　問 47　ホストキシン(リン化アルミニウム AlP とカルバミン酸アンモニウム $H_2NCOONH_4$ を主成分とする。)は、ネズミ、昆虫駆除に用いられる。リン化アルミニウムは空気中の湿気で分解して、猛毒のリン化水素 PH3(ホスフィン)を発生する。空気中の湿度を避けるため密閉容器に保存。　問 48　シアン化水素 HCN は、無色の気体または液体(b. p. 25. 6 ℃)、特異臭(アーモンド様の臭気)、弱酸、水、アルコールに溶ける。毒物。貯法は少量なら褐色ガラス瓶、多量なら銅製シリンダーを用いる。日光及び加熱を避け、通風の良い冷所に保存。きわめて猛毒であるから、爆発性、燃焼性のものと隔離すべきである。　問 49　クロルピクリン CCl_3NO_2 は、無色～淡黄色液体、催涙性、粘膜刺激臭。水に不溶。線虫駆除、土壌燻蒸剤。貯蔵法については、金属腐食性と揮発性があるため、耐腐食性容器(ガラス容器等)に入れ、密栓して冷暗所に貯蔵する。
問 50　2
〔解説〕
農業用品目販売業者の登録が受けた者が販売できる品目については、法第四条の三第一項→施行規則第四条の二→施行規則別表第一に掲げられている品目である。解答のとおり。

(特定品目)

問 31 ～問 35　　問 31　2　　問 32　3　　問 33　4　　問 34　1　　問 35　5
〔解説〕
問 31　蓚酸$(COOH)_2 \cdot 2H_2O$は無色の柱状結晶、風解性、還元性、漂白剤、鉄さび落とし。無水物は白色粉末。水、アルコールに可溶。エーテルには溶けにくい。また、ベンゼン、クロロホルムにはほとんど溶けない。　問 32　クロロホルム$CHCl_3$(別名トリクロロメタン)は劇物。無色の独特の甘味のある香気を持ち、水にはほとんど溶けず、有機溶媒によく溶ける。比重は 15 度で 1.498。火災の高温面や炎に触れると有毒なホスゲン、塩化水素、塩素を発生することがある。硫黄、燐を溶解する。　問 33　トルエン$C_6H_5CH_3$(別名トルオール、メチルベンゼン)は劇物。特有な臭いの無色液体。水に不溶。比重 1 以下。可燃性。蒸気は空気より重い。揮発性有機溶媒。麻酔作用が強い。　問 34　一酸化鉛 PbO(別名リサージ)は劇物。赤色～赤黄色結晶。重い粉末で、黄色から赤色の間の様々なものがある。水にはほとんど溶けないが、酸、アルカリにはよく溶ける。酸化鉛は空気中に放置しておくと、徐々に炭酸を吸収して、塩基性炭酸鉛になることもある。光化学反応をおこし、酸素があると四酸化三鉛、酸素がないと金属鉛を遊離する。
問 35　塩素Cl_2は劇物。黄緑色の気体で激しい刺激臭がある。冷却すると、黄色溶液を経て黄白色固体。水にわずかに溶ける。
問 36 ～問 40　　問 36　2　　問 37　5　　問 38　4　　問 39　3　問 40　1
〔解説〕
解答のとおり。
問 41 ～問 43　　問 41　1　　問 42　4　　問 43　2
〔解説〕
問 41　重クロム酸カリウム$K_2Cr_2O_7$は橙赤色結晶、水に易溶。用途は、工業用に酸化剤、媒染剤、製皮用、電気メッキ、電池調整用、顔料原料等に用いられる。
問 42　メタノール(メチルアルコール)CH_3OHは、劇物。(別名：木精)無色透明。揮発性の可燃性液体。用途は主として溶剤や合成原料、または燃料など。
問 43　水酸化ナトリウム(別名：苛性ソーダ)NaOH は、は劇物。白色結晶性の固体。用途は試薬や農薬のほか、石鹸製造などに用いられる。
問 44 ～問 48　　問 44　5　　問 45　4　　問 46　4　　問 47　2　　問 48　3
〔解説〕
問 44　クロム酸鉛$PbCrO_4$は 70 ％以下は劇物から除外。　問 45　蓚酸$(COOH)_2 \cdot 2H_2O$は 10 ％以下で劇物から除外。　問 46　硝酸HNO_3は 10%以下で劇物から除外。　問 47　水酸化カリウム KOH(別名苛性カリ)は 5 %以下で劇物から除外。　問 48　過酸化水素H_2O_2は 6 %以下で劇物から除外。
問 49 ～問 50　　問 49　1　　問 50　4
〔解説〕
問 49　四塩化炭素(テトラクロロメタン)CCl_4は、特有な臭気をもつ不燃性、揮発性無色液体、水に溶けにくく有機溶媒には溶けやすい。強熱によりホスゲンを発生。亜鉛またはスズメッキした鋼鉄製容器で保管、高温に接しないような場所で保管。　問 50　過酸化水素水H_2O_2は、少量なら褐色ガラス瓶(光を遮るため)、多量ならば現在はポリエチレン瓶を使用し、3 分の 1 の空間を保ち、日光を避けて冷暗所保存。

〔毒物及び劇物の識別及び取扱方法〕

（一般）

問 51　4

〔解説〕

c のみが正しい。沃素（別名ヨード、ヨジウム）(I_2)は劇物。黒灰色、金属様の光沢ある稜板状結晶。常温でも多少不快な臭気をもつ蒸気をはなって揮散する。水には黄褐色を呈して、ごくわずかに溶ける。澱粉にあうと藍色（ヨード澱粉）を呈し、これを熱すると退色する。

問 52　1

〔解説〕

クロム酸カリウム K_2CrO_4 は、橙黄色結晶、酸化剤。水に溶けやすく、有機溶媒には溶けにくい。　水溶液に塩化バリウムを加えると、黄色の沈殿を生ずる。

問 53　1

〔解説〕

a と b が正しい。なお、c のセレン酸 H_2SeO_4 は毒物。無色柱状の結晶。水にきわめて溶けやすい。d の六弗化セレン SeF_6 は、毒物。無色の気体、水および有機溶媒に溶けない。

岐阜県

問 54　4

〔解説〕

特定毒物は法第２条第３項→法別表第三→指定令第３条に示されている。なお、この設問では、特定毒物に該当しないものとあるので、④の塩化ホスホリルを含有する製剤〔毒物〕である。

問 55 ～問 57　　問 55　4　　問 56　4　　問 57　3

〔解説〕

解答のとおり。

問 58 ～問 60　　問 58　2　　問 59　4　　問 60　1

〔解説〕

問 58　塩酸は塩化水素 HCl の水溶液。無色透明の液体 25 ％以上のものは、湿った空気中で著しく発煙し、刺激臭がある。塩酸は種々の金属を溶解し、水素を発生する。硝酸銀溶液を加えると、塩化銀の白い沈殿を生じる。　問 59　過酸化水素 H_2O_2 は、無色無臭で粘性の少し高い液体。徐々に水と酸素に分解（光、金属により加速）する。安定剤として酸を加える。　ヨード亜鉛からヨウ素を析出する。　問 60　ニコチンは、毒物、無色無臭の油状液体だが空気中で褐色になる。殺虫剤。ニコチンの確認：1)ニコチン＋ヨウ素エーテル溶液→褐色液状→赤色針状結晶　2)ニコチン＋ホルマリン＋濃硝酸→バラ色。

（農業用品目）

問 51　2

〔解説〕

クロルピクリン CCl_3NO_2 の確認：1) CCl_3NO_2 ＋金属 Ca ＋ベタナフチルアミン＋硫酸→赤色沈殿。2)　CCl_3NO_2 アルコール溶液＋ジメチルアニリン＋ブルシン＋BrCN →緑ないし赤紫色。

問 52 ～問 56　　問 52　3　　問 53　5　　問 54　1　　問 55　2　　問 56　4

〔解説〕

問 52　EDDP は、淡黄色透明の液体であり、有機溶媒に溶けやすく水に溶けにくい。稲のいもち・紋枯病の殺菌剤として用いられる。有機リン製剤。

問 53　ロテノン $C_{23}H_{22}O_6$（植物デリスの根に含まれる。）：斜方六面体結晶で、水にはほとんど溶けない。ベンゼン、アセトンには溶け、クロロホルムに易溶。

問 54　エチレンクロルヒドリン CH_2ClCH_2OH（別名グリコールクロルヒドリン）は劇物。無色液体で芳香がある。水、アルコールに溶ける。蒸気は空気より重い。

問 55　ブラストサイジン S ベンジルアミノベンゼンスルホン酸塩は、純品は白色、針状結晶、粗製品は白色ないし微褐色の粉末である。融点 250 ℃以上で徐々に分解。水、氷酢酸にやや可溶、有機溶媒に難溶。　問 56　エトプロホスは、毒物（5 ％以下は除外、5 ％以下で 3 ％以上は劇物）、有機リン製剤、メルカプタン臭のある淡黄色透明液体、水に難溶、有機溶媒に易溶。

問 57 ～問 60　　問 57　2　　問 58　4　　問 59　1　　問 60　5

〔解説〕

解答のとおり。

（特定品目）

問51～問55　**問51**　3　**問52**　1　**問53**　2　**問54**　4　**問55**　5

〔解説〕

問51　塩素ガスは多量のアルカリに吹き込んだのち、希釈して廃棄するアルカリ法。必要な場合(例えば多量の場合など)にはアルカリ処理法で処理した液に還元剤(例えばチオ硫酸ナトリウム水溶液など)の溶液を加えた後中和する。その後多量の水で希釈して処理する還元法。　**問52**　硝酸 HNO_3 は、腐食性が激しく、空気に接すると刺激性白霧を発し、水を吸収する性質が強い。酸なので中和法、水で希釈後に塩基で中和後、水で希釈処理する中和法。　**問53**　蓚酸 $(COOH)_2$ は、有機物で C、H、O のみからなるので、水に難溶なのでアルカリで塩にして水溶性にした後、活性汚泥で処理する活性汚泥法。またはそのまま燃焼法。

問54　酢酸エチル $CH_3COOC_2H_5$ は劇物。強い果実様の香気ある可燃性無色の液体。可燃性であるので、珪藻土などに吸収させたのち、燃焼により焼却処理する燃焼法。　**問55**　酸化水銀(Ⅱ)HgO の廃棄方法は、1)焙焼法：還元焙焼法により金属水銀として回収。2)沈殿廃棄法：Na2S により水に難溶性の Hg2S あるいは HgS として沈殿させ、これをセメントで固化し、溶出検査後埋立て処分。

問56～問60　**問56**　4　**問57**　2　**問58**　1　**問59**　5　**問60**　3

〔解説〕

解答のとおり。

岐阜県

静岡県
令和２年度実施

（注）解答・解説については、この書籍の編者により編集作成しております。これに係わることについては、県への直接のお問い合わせはご容赦下さいます様お願い申し上げます。

〔学科：法　規〕
（一般・農業用品目・特定品目共通）

問１　３

〔解説〕

解答のとおり。

問２　１

〔解説〕

この設問は法第３条の２における特定毒物についてで誤っているものはどれかとあるので、１が誤り。１の特定毒物を輸入できる者は、①毒物及び劇物輸入業者、②特定毒物研究者である。よって１が誤り。このことは法第３条の２第２項に示されている。

問３　２

〔解説〕

法第３条の４で規定する引火性、発火性又は爆発性のある毒物又は劇物→施行令第 32 条の３で、①亜塩素酸ナトリウム及びこれを含有する製剤 30 ％以上、②塩素酸塩類を含有する製剤 35 ％以上、③ナトリウム、④ピクリン酸については正当な理由を除いては所持してはならないと規定されている。このことから b のナトリウムと c のピクリン酸が該当する。

問４　４

〔解説〕

この設問の毒物又は劇物の製造所の設備基準については、施行規則第４条の４第１項に示されている。この設問では誤っているものはどれかとあるので、４が誤り。この設問の４にあるただし書はない。毒物又は劇物を陳列する場所には、かぎをかけるせつびあることである。

問５　１

〔解説〕

この設問の毒物劇物取扱責任者については法第７条及び法第８条に示されている。アとイが正しい。アは法第８条第１項第二号に示されている。イは法第８条第４項に示されている。なお、ウについては法第８条第２項第一号において、18 未満の者は、毒物劇物取扱責任者になることができない。この設問では、18 歳以下の者とあるので、毒物劇物取扱責任者になることができる。未満と以下の意味合いに注意。エは法第７条第１項ただし書規定により、‥‥自ら毒物劇物取扱責任者としいて毒物又は劇物の保健衛生上の危害の防止に当たることが出来る。よってこの設問は誤り。

問６　３

〔解説〕

この設問で誤っているものはどれかとあるので、３が誤り。３については、法第 12 条第２項第三号→施行規則第 11 条の５で示されている有機燐化合物及びこれを含有する製剤について、解毒剤〔①２－ピリジルアルドキシムメチオダイド（PAM）の製剤、②硫酸アトロピンの製剤）〕の名称を表示しなければならない。このことからこの設問では、有機シアン化合物とあるので解毒剤の名称を要しない。なお、１は法第 12 条第１項。２は法第 12 条第３項に示されている。４は法第 12 条第２項第四号→施行規則第 11 条の６第１項第二号に示されている。

問７　４

〔解説〕

この設問は、毒物又は劇物を販売し、又は授与する際について、法第 14 条第１項に示されている。譲受人から提出を受ける書面の事項は、①毒物又は劇物の名称及び数量、②販売又は授与の年月日、③譲受人の氏名、職業及び住所（法人にあっては、その名称及び主たる事務所の所在地）である。このことからこの設問にある全てが該当する。

問８　４
〔解説〕
この設問は、毒物又は劇物を運搬方法のことについてである。このことは施行令第 40 条の５に示されている。この設問では誤っているものはどれかとあるので、４が誤り。４は車両の前後の見やすい箇所に掲げる標識についてで、標識に誤りがある。次のとおり。0.3 メートル平方の板に地を黒色、文字を白色として「毒」と表示しなければならない。

問９　１
〔解説〕
法第 17 条は、事故の際の措置のこと。解答のとおり。

問 10　３
〔解説〕
業務上取扱者の届出をしなければならない事業者については、法第 22 条第１項→施行令第 41 条及び同第 42 条で、①シアン化ナトリウム又は無機シアン化合物たる毒物を使用する電気めっきを行う事業、②シアン化ナトリウム又は無機シアン化合物たる毒物を使用する金属熱処理上を行う事業、③大型自動車 5,000kg 以上に毒物又は劇物を積載して行う大型運送業、④ヒ素化合物たる毒物を使用するしろあり防除を行う事業のこと。このことからウとエが正しい。

〔学科：基礎化学〕

（一般・農業用品目・特定品目共通）

問 11　４
〔解説〕
キシレンはベンゼン(C_6H_6)の水素原子 2 つがメチル(CH_3)に変わったものであるから、分子式は C_8H_{10} である。

問 12　１
〔解説〕
リチウム赤、K 紫、Ca 橙、Ba 緑

問 13　４
〔解説〕
K>Ca>Na>Mg>Al>Zn>Fe>Ni>Sn>Pb>(H)>Cu>Hg>Ag>Pt>Au の順である。

問 14　３
〔解説〕
0.001 mol/L KOH の OH-のモル濃度は 1.0×10^{-3} mol/L である。よってこの溶液の pOH は 3 であり、pH は 11 となる。

問 15　４
〔解説〕
15%食塩水 200 g に含まれる溶質の重さは $200 \times 0.15 = 30$ g。同様に 30%食塩水 400 g に含まれる溶質の重さは $400 \times 0.3 = 120$ g。よってこの混合溶液の濃度は $(30 + 120)/(200+400) \times 100 = 25\%$

〔学科：性質・貯蔵・取扱〕

（一般）

問 16　２
〔解説〕
ヒドラジンとメチルメルカプタンは、毒物。毒物については法第２条第１項→法別表第一に掲げられている。なお、亜硝酸ナトリウムと無水クロム酸は、劇物。

問 17　３
〔解説〕
トルエンについて誤っているのはどれかとあるので、３が誤り。次のとおり。トルエン $C_6H_5CH_3$ は、劇物。特有な臭い(ベンゼン様)の無色液体。水に不溶。比重１以下。可燃性。引火性。劇物。

問 18　４
〔解説〕
貯蔵方法について誤っているもの４の沃素が該当する。次のとおり。沃素 I_2 は：黒褐色金属光沢ある稜板状結晶、昇華性。水に溶けにくい(しかし、KI 水溶液

静岡県

には良く溶ける KI ＋ I2 → KI3)。有機溶媒に可溶(エタノールやベンゼンでは褐色、クロロホルムでは紫色)。貯蔵方法は気密容器を用い、通風のよい冷所に貯蔵する。腐食されやすい金属、濃硫酸、アンモニア水、アンモニアガス、テレビン油等から引き離しておく。

問 19　1

〔解説〕

品目の用途については、１のニトロベンゼンが正しい。なお、他の品目については次のとおり。アクロレインは、劇物。無色又は帯黄色の液体。用途は探知剤、殺菌剤。ベタナフトールは、劇物。無色～白色の結晶。用途は、染料製造原料、試薬。塩素酸ナトリウムは、無色無臭結晶。用途は除草剤、酸化剤、抜染剤。

問 20　1

〔解説〕

クロルピクリン CCl_3NO_2 は、無色～淡黄色液体で催涙性があり、強い粘膜刺激臭を有する。吸入されると血液に入りメトヘモグロビンを形成し、また、中枢神経や心臓、眼結膜をおかし、肺に　も強い障害を与える。

(農業用品目)

問 16　2

〔解説〕

この設問では毒物はどれかとあるので、２が該当する。ヘキサキス（β，β－ジメチルフエネチル）ジスタンノキサン（別名酸化フエンブタスズ）は毒物。

静岡県

問 17　2

〔解説〕

農業用品目販売業者の登録が受けた者が販売できる品目については、法第四条の三第一項→施行規則第四条の二→施行規則別表第一に掲げられている品目である。解答のとおり。

問 18　1

〔解説〕

この設問は法第 13 条における着色する農業品目のことで、法第 13 条→施行令 39 条において、①硫酸タリウムを含有する製剤たる劇物、②燐化亜鉛を含有する製剤たる劇物→施行規則第 12 条で、あせにくい黒色に着色しなければならないと規定されている。

問 19　2

〔解説〕

２が正しい。ジメチルジチオホスホリルフェニル酢酸エチル(フェントエート、PAP)は、赤褐色、油状の液体で、芳香性刺激臭を有し、水、プロピレングリコールに溶けない。リグロインにやや溶け、アルコール、エーテル、ベンゼンに溶ける。有機燐系の殺虫剤。

問 20　4

〔解説〕

EPN については、アとエが正しい。EPN は、有機リン製剤>、毒物(1.5 ％以下は除外で劇物)、芳香臭のある淡黄色油状または融点 36 ℃の結晶。水に不溶、有機溶媒に可溶。遅効性殺虫剤(アカダニ、アブラムシ、ニカメイチュウ等)。

(特定品目)

問 16　2

〔解説〕

この設問では、劇物はどれかとあるので、塩化水素と水酸化ナトリウムが劇物。なお、塩化水素は 10 ％以下は劇物から除外。水酸化ナトリウムは５％以下で劇物から除外されるので普通物となる。このことから２つである。劇物については法第２条第２項→法別表第二→指定令第２条に示されている。

問 17　1

〔解説〕

この設問は毒物又は劇物を車両を使用して運搬する際のことで、硫酸を運搬する際に車両に備えなければならない保護具は、施行令第 40 条の５第２項第三号→施行規則 13 条の６→施行規則別表第五に掲げられている。この硫酸については、①保護手袋、②保護長ぐつ、③保護衣、④保護眼鏡と示されている。

問18　4
〔解説〕
アとエが正しい。次のとおり。メチルエチルケトン $CH_3COC_2H_5$(2-ブタノン、MEK)は劇物。アセトン様の臭いのある無色液体。蒸気は空気より重い。引火性。有機溶媒。水に可溶。

問19　1
〔解説〕
この設問では誤っているものはどれかとあるので、1が誤り。次のとおり。トルエン $C_6H_5CH_3$ は、劇物。特有な臭い(ベンゼン様)の無色液体。用途は爆薬原料、香料、サッカリンなどの原料、揮発性有機溶媒。

問20　4
〔解説〕
四塩化炭素(テトラクロロメタン)CCl_4 は、特有な臭気をもつ不燃性、揮発性無色液体、水に溶けにくく有機溶媒には溶けやすい。強熱によりホスゲンを発生。亜鉛またはスズメッキした鋼鉄製容器で保管、高温に接しないような場所で保管。。

〔実地：識別・取扱〕

(一般・農業用品目・特定品目共通)

問1　3
〔解説〕
この設問の硫酸については、3の識別が誤っている。次のとおり。硫酸 H_2SO_4 は無色の粘張性のある液体。強力な酸化力をもち、また水を吸収しやすい。水を吸収するとき発熱する。木片に触れるとそれを炭化して黒変させる。また、銅片を加えて熱すると、無水亜硫酸を発生する。硫酸の希釈液に塩化バリウムを加えると白色の硫酸バリウムが生じるが、これは塩酸や硝酸に溶解しない。

問2　2
〔解説〕
アンモニア NH_3 は、常温では無色刺激臭の気体、冷却圧縮すると容易に液化する。10%以下で劇物から除外。水、エタノール、エーテルに可溶。強いアルカリ性を示し、腐食性は大。水溶液は弱アルカリ性を呈する。

問3　2
〔解説〕
濃度不明の水酸化ナトリウム水溶液のモル濃度を x とおく。

$0.05 \times 2 \times 10 = x \times 1 \times 10,\ x = 0.10$ mol/L

(一般)

問4　1
〔解説〕
この設問の性状については、臭素が誤り。次のとおり。臭素 Br_2 は、劇物。赤褐色・特異臭のある重い液体。比重 3.12(20 ℃)、沸点 58.8 ℃。強い腐食作用があり、揮発性が強い。引火性、燃焼性はない。水、アルコール、エーテルに溶ける。

問5　3
〔解説〕
ウとエが正しい。なお、ヒドロキシルアミン NH_2OH は、劇物。無色、針状の結晶。アルコール、酸、冷水に溶ける。水溶液は強いアルカリ性反応を呈する。強力な還元作用を呈する。シアン化カリウム KCN(別名青酸カリ)は毒物。無色の塊状又は粉末。空気中では湿気を吸収し、二酸化炭素と作用して青酸臭をはなつ、アルコールにわずかに溶け、水に可溶。強アルカリ性を呈し、煮沸騰すると蟻酸カリウムとアンモニアを生ずる。本品は猛毒。(酸と反応して猛毒の青酸ガス(シアン化水素ガス)を発生する。

問6　3
〔解説〕
この四塩化炭素について誤っているものはどれかとあるので、3が誤り。次のとおり。四塩化炭素(テトラクロロメタン)CCl_4 は、劇物。揮発性、麻酔性の芳香を有する無色の重い液体。水には溶けにくいが、アルコール、エーテル、クロロホルムにはよく溶け、不燃性である。強い消化力を示す。強熱によりホスゲンを発生。
問7　2
〔解説〕
ホスゲンは独特の青草臭のある無色の圧縮液化ガス。蒸気は空気より重い。トルエン、エーテルに極めて溶けやすい。酢酸に対してはやや溶けにくい。水により加水分解し、二酸化炭素と塩化水素を生成する。不燃性。水分が存在すると加水分解して塩化水素を生じるために金属を腐食する。加熱されると塩素と一酸化炭素への分解が促進される。
問8　4
〔解説〕
フェノール C_6H_5OH はフェノール性水酸基をもつので過クロール鉄(あるいは塩化鉄(Ⅲ) $FeCl_3$)により紫色を呈する。

問9　2
〔解説〕
エチレンオキシドは、劇物。快臭のある無色のガス。水、アルコール、エーテルに可溶。可燃性ガス、反応性に富む。廃棄法：多量の水に少量ずつガスを吹き込み溶解し希釈した後、少量の硫酸を加えエチレングリコールに変え、アリカリ水で中和し、活性汚泥で処理する活性汚泥法。
問10　2
〔解説〕
シュウ酸の中毒症状は、血液中のカルシウムを奪取し、神経系を侵す。胃痛、嘔吐、口腔咽喉の炎症、腎臓障害があるので、中毒症状が発現した場合には、多量の石灰水を与えるか、胃の洗浄を行う。また、カルシウム剤の静脈注射を行うとよい。

(農業用品目)
問4　1
〔解説〕
解答のとおり。
問5　4
〔解説〕
ダイアジノンについては4が正しい。次のとおり。ダイアジノンは劇物。有機リン製剤、接触性殺虫剤、かすかにエステル臭をもつ無色の液体、水に難溶、エーテル、アルコールに溶解する。有機溶媒に可溶。用途は接触性殺虫剤。
問6　3
〔解説〕
あやまっているものはどれかとあるので、3が誤り。パラコートは、毒物で、ジピリジル誘導体で無色結晶性粉末、水によく溶け低級アルコールに僅かに溶ける。アルカリ性では不安定。金属に腐食する。不揮発性。用途は除草剤。廃棄方法は①燃焼法では、おが屑等に吸収させてアフターバーナー及びスクラバーを具備した焼却炉で焼却する。②検定法。
問7　1
〔解説〕
この設問の DEP は、1が誤り。ディプレテックス(DEP)は、有機リン、劇物。白色の結晶。クロロホルム、ベンゼン、アルコールに溶け、水にもかなり溶ける。アルカリで分解する。有機燐製剤である。廃棄方法は燃焼法又はアルカリ法を用いる。用途は花き、樹木類の害虫に対する接触性殺虫剤である。
問8　2
〔解説〕
解答のとおり。
問9　3
〔解説〕
硫酸第二銅（硫酸銅）は、水に溶かし、消石灰、ソーダ灰等の水溶液を加えて処理し、沈殿ろ過して埋立処分する沈殿法。
問10　2
〔解説〕
有機リン製剤の中毒は、コリンエステラーゼを阻害し、頭痛、めまい、嘔吐、言語障害、意識混濁、縮瞳、痙攣など。治療薬は硫酸アトロピンと PAM。

(特定品目)

問4　2

〔解説〕

塩素 Cl_2(別名クロール)は、黄緑色の刺激臭の空気より重い気体である。廃棄方法は、多量のアルカリ水溶液（石灰乳又は水酸化ナトリウム水溶液等）中に吹き込んだ後、多量の水で希釈して処理するアルカリ法。

問5　3

〔解説〕

この設問の過酸化水素水について誤っているものはどれかとあるので、3が誤り。次のとおり。過酸化水素 H2O2 の水溶液が過酸化水素水。無色無臭で粘性の少し高い液体。徐々に水と酸素に分解(光、金属により加速)する。安定剤として酸を加える。35 %以上の溶液が皮膚に付くと水泡を生じる。目に対しては腐食作用、蒸気は低濃度でも刺激盛大。

問6　1

〔解説〕

酢酸エチルについて誤っているものはどれかとあるので、1が誤り。次のとおり。酢酸エチル $CH_3COOC_2H_5$(別名酢酸エチルエステル、酢酸エステル)は、劇物。強い果実様の香気ある可燃性無色の液体。揮発性がある。蒸気は空気より重い。引火しやすい。水にやや溶けやすい。沸点は水より低い。蒸気は粘膜を刺激し、吸入した場合には、はじめ短時間の興奮期を経て、深い麻酔状態に陥ることがある。持続的に吸入するときは、肺、腎臓及び心臓の障害をきたす。

問7　3

〔解説〕

解答のとおり。

問8　2

〔解説〕

メタノール CH_3OH は特有な臭いの無色透明な揮発性の液体。水に可溶。可燃性。あらかじめ熱灼した酸化銅を加えると、ホルムアルデヒドができ、酸化銅は還元されて金属銅色を呈する。

問9　2

〔解説〕

この設問の廃棄方法で正しいものは、クロロホルムとホルムアルデヒドを含有する製剤である。次のとおり。クロロホルム $CHCl_3$ は含ハロゲン有機化合物なので廃棄方法はアフターバーナーとスクラバーを具備した焼却炉で焼却する燃焼法。ホルムアルデヒド HCHO を含有する製剤は還元性なので、アルカリ性下で酸化剤で酸化した後、水で希釈処理する酸化法。なお、キシレン $C_6H_4(CH_3)_2$ は、C、H のみからなる炭化水素で揮発性なので珪藻土に吸着後、焼却炉で焼却する燃焼法。過酸化水素を含有する製剤は多量の水で希釈して処理する希釈法。

問10　1

〔解説〕

解答のとおり。

静岡県

愛知県
令和２年度実施

〔毒物及び劇物に関する法規〕
（一般・農業用品目・特定品目共通）

問１　２
〔解説〕
解答のとおり。
問２　１
〔解説〕
解答のとおり。
問３　４
〔解説〕
法第３条の２第３項及び第５項→施行令第 11 条に、モノフルオール酢酸塩類を含有する製剤に使用する場合の用途が示されている。解答のとおり。
問４　４
〔解説〕
法第３条の３について、施行令第 32 条の２による品目は→①トルエン、②酢酸エチル、トルエン又はメタノールを含有する接着剤、塗料及び閉そく用又はシーリングの充てん料は、みだりに摂取、若しくは吸入し、又はこれらの目的で所持してはならない。このことから４のトルエンが該当する。
問５　３
〔解説〕
法第３条の４で規定する引火性、発火性又は爆発性のある毒物又は劇物→施行令第 32 条の３で、①亜塩素酸ナトリウム及びこれを含有する製剤 30 %以上、②塩素酸塩類を含有する製剤 35 %以上、③ナトリウム、④ピクリン酸については正当な理由を除いては所持してはならないと規定されている。この設問では政令で定められていないものとあるので、３のカリウムである。

愛知県

問６　３
〔解説〕
解答のとおり。
問７　３
〔解説〕
この設問は法第７条における毒物劇物取扱責任者についてで、ウのみが正しい。ウは法第７条第２項に示されている。なお、アについては法第７条第１項により、毒物劇物営業者は、自ら毒物劇物取扱責任者になることができる。イは毒物劇物取扱者の氏名の変更したときは、法第７条第３項により、30 日以内に届け出なければならない。よってこの設問は誤り。
問８　１
〔解説〕
この設問の法第８条第２項は、毒物劇物取扱責任者における不適格者と罪についてである。解答のとおり。
問９　４
〔解説〕
この設問で正しいのは、４が該当する。４は施行令第 35 条第１項に示されている。なお、１の店舗の営業時間の変更については届け出を要しない。２については廃止する日の 30 日前ではなく、廃止した日から 30 日以内に届け出なければならない。よってこの設問は誤り。３における毒物又は劇物登録以外の毒物又は劇物を新たに輸入する場合は、法第９条により、あらかじめ登録を受けなければならないである。
問10　２
〔解説〕
法第 11 条第２項→施行令第 38 条における施設以外の防止のこと。解答のとおり。

問11　4
〔解説〕
法第 12 条第２項第四号→施行規則第 11 条の６第四号は、毒物又は劇物販売業者が、直接容器又は被包を開いて分売小分けして、販売し又は授与する場合にその容器又は被包に表示する事項のこと。解答のとおり。
問12　3
〔解説〕
着色する農業用品目については、法第 13 条→施行令第 39 条において、①硫酸タリウムを含有する製剤たる劇物、②燐化亜鉛を含有する製剤たる劇物→施行規則第 12 条で、あせにくい黒色で着色と示されている。このことから３が正しい。
問13　4
〔解説〕
解答のとおり。
問14　4
〔解説〕
この設問については、アのみが正しい。アは法第 15 条１項第一号に示されている。なお、イについいては、３年間保管ではなく、５年間保存しなければならないである(法第 15 条第４項)。ウは、法第 15 条第３項→施行規則第 12 条の３で、①交付した劇物の名称〔この設問の場合　ナトリウム〕、②交付の年月日、③交付を受けた者の氏名及び住所を確認して交付しなければならないと示されている。
問15　1
〔解説〕
この設問は法第 15 条の２→施行令第 40 条〔廃棄の方法〕のこと。解答のとおり。
問16　4
〔解説〕
この設問にある施行令第 40 条の９とは、毒物又は劇物を販売し、又は授与する際に、毒物又は劇物の性状及び取扱いにおける情報提供を譲受人対してしなければならないことが示されている。また、その情報提供の内容について施行規則第 13 条の 12 に示されている。このことから設問では定められていないものはどれかとあるので、４の効能又は効果が該当する。
問17　1
〔解説〕
業務上取扱者の届出をしなければならない事業者については、法第 22 条第１項→施行令第 41 条及び同第 42 条で、①シアン化ナトリウム又は無機シアン化合物たる毒物を使用する電気めっきを行う事業、②シアン化ナトリウム又は無機シアン化合物たる毒物を使用する金属熱処理上を行う事業、③大型自動車 5,000kg 以上に毒物又は劇物を積載して行う大型運送業、④ヒ素化合物たる毒物を使用するしろあり防除を行う事業のこと。このことから１が正しい。
問18　4
〔解説〕
この設問における法第３条の２第９項に基づいて、４品目の特定毒物について着色規定が設けられている。その内の１つである四アルキル鉛については法第３条の２第９項→施行令第２条第一号で、赤色、青色、黄色又は緑色に着色されていること示されている。このことから定められていないものは、４の紫色が該当する。
問19　3
〔解説〕
この設問にある施行令第 40 条の６とは、毒物又は劇物を他に運搬を委託する時における規定のことである。解答のとおり。

問20　4
〔解説〕
この設問は全て誤り。アは、法第４条第３項→施行規則第４条第２項に基づいて、６年を経過した一月前までに提出を行うである。イは、いわゆる一般の人への劇物を販売であることから譲受人の押印を要する〔法第 14 条第２項→施行規則第 12 条の２〕。ウの毒物又は劇物を紛失については、量の如何にかかわらず、紛失したときは、その旨を警察署に届け出なければならないである。

〔基礎化学〕
(一般・農業用品目・特定品目共通)

問 21　1
〔解説〕
金 Au、白金 Pt、青銅は銅とスズの合金、ハンダは鉛とスズの合金、ジュラルミンはアルミニウムと銅とマグネシウムの合金である。

問 22　4
〔解説〕
天然の同位体存在比は地球上ならどこでも一定であるため、^{14}C などの同位体存在率から歴史の年代を推定することが可能となっている。

問 23　1
〔解説〕
K 殻はもっとも内側の殻で電子は最大 2 個まで収容できる。

問 24　3
〔解説〕
共有結合は原子間結合で、結合力はかなり強い。水素結合とファンデルワールス力はどちらも分子間結合であるが、水素結合は分子間結合の中でもとりわけ強力な結合である。

問 25　4
〔解説〕
炭酸水素イオンである。炭酸イオンは CO_3^{2-} である。

問 26　1
〔解説〕
アセチレンは直線である。アンモニアは三角錐、クロロホルムも三角錐（四面体)、水は折れ線型である。

問 27　4
〔解説〕
化学反応式より、亜鉛と塩化水素は 1 ： 2 のモル比で反応する。したがって、1 モルの塩化水素が亜鉛と反応すると、亜鉛は 0.5 モルだけ消費される。よって残る亜鉛は 2.5 モルとなる。

問 28　3
〔解説〕
水素は非金属であるので、水素原子間の結合は共有結合である。

問 29　3
〔解説〕
濃度不明の酢酸を水酸化ナトリウムで滴定する場合、中和点はアルカリ側にあるので指示薬にはフェノールフタレインを用いる。同様に硫酸をアンモニアで中和滴定する際、中和点は酸性側にあるので、酸性側で変色するメチルオレンジあるいはメチルレッドを用いる。

問 30　1
〔解説〕
ファラデーの式より、$(16 \times 60+5) \times 5.0 = 4825$ C、1 モルの電子は 96500 C であるから、このときの電子のモル数は $4825/96500 = 0.05$ モル。反応式より、1 モルの銅(II)イオンは 2 モルの電子と反応するから、析出する銅のモル数は $0.05/2 = 0.025$ モル

問 31　4
〔解説〕
触媒を加えても平衡状態に速く達するだけであり、平衡自体は移動しない。

問 32　3
〔解説〕
ブフナー漏斗はろ過の際に用いる器具である。

問 33　2
〔解説〕
1 はヘンリーの法則、3 は凝固点降下、4 は透析に関する記述である。

問 34　4
〔解説〕
次亜塩素酸ナトリウム水溶液 0.4 mg/L とは 1L に 0.4 mg 溶解している。1 mg =

1000 μg であるから、この溶液 100 mL に含まれる次亜塩素酸ナトリウムは 0.04 mg = 40 μg 溶解している。

問 35 1

〔解説〕

ニッケル Ni、パラジウム Pd、ホウ素 B

問 36 4

〔解説〕

炭素炭素二重結合を形成している両炭素原子に、各々違う元素あるいは置換基が結合しているときに幾何異性体が存在する。

問 37 2

〔解説〕

アミノ基-NH_2、ヒドロキシ基-OH、カルボニル基>C=O

問 38 1

〔解説〕

たたいて薄くなってひろがる性質を展性、のびる性質を延性という。

問 39 1

〔解説〕

S は+4 から+6 に酸化されている。Fe は+3 から 0 に還元され、Ba の酸化数は変化ない。I は 0 から-1 の還元されている。

問 40 4

〔解説〕

油脂は高級脂肪酸とグリセリンのエステルであり、塩基により加水分解される。これをけん化という。石鹸は高級脂肪酸のアルカリ金属塩であり、硬水中では泡立ちが悪く洗浄力が下がる。

〔取　扱〕

（一般・農業用品目・特定品目共通）

問 41 2

〔解説〕

72%硫酸 200 g に含まれる溶質の重さは、200 × 0.72 = 144 g　加える水の量を x g とする。 144/(200 + x) × 100 = 30,　x = 280 g

問 42 4

〔解説〕

3.0 mol/L アンモニア水 200mL に含まれるアンモニアのモル数は 2.0 × 200/1000 = 0.6 モル。加える 2.0mol/L アンモニア水の量を x L とすると式は、(0.6 + 2.0 × x)/(0.2 + x) = 2.2,　x = 0.8 L = 800 mL

問 43 2

〔解説〕

中和は酸のモル濃度×酸の価数×酸の体積=塩基のモル濃度×塩基の価数×塩基の体積で求められる。1.2 × 2 × 50 = x × 1 × 200, x = 0.6 mol/L

（一般）

問 44 3

〔解説〕

この設問では誤っているものはどれかとあるので、3が誤り。次のとおり。

水素化アンチモン SbH_3(別名スチビン、アンチモン化水素)は、劇物。無色、ニンニク臭の気体。空気中では常温でも徐々に水素と金属アンモンに分解。水に難溶。エタノールには可溶。用途はエピタキシャル成長用。

問 45 2

〔解説〕

この設問では誤っているものはどれかとあるので、2が誤り。次のとおり。アニリン $C_6H_5NH_2$ は、劇物。純品は、無色透明な油状の液体で、特有の臭気があり空気に触れて赤褐色になる。水に溶けにくく、アルコール、エーテル、ベンゼンに可溶。アニリンは血液毒である。かつ神経毒であるので血液に作用してメトヘモグロビンを作り、チアノーゼを起こさせる。急性中毒では、顔面、口唇、指先等にはチアノーゼが現れる。さらに脈拍、血圧は最初亢進し、後に下降して、嘔吐、下痢、腎臓炎を起こし、痙攣、意識喪失で、ついに死に至ることがある。

問 46　1
〔解説〕
解毒剤の組み合わせで適当でないものとあるので、1が該当する。次のとおり。硫酸タリウム Tl_2SO_4 は、白色結晶で、水にやや溶け、熱水に易溶、劇物、殺鼠剤。中毒症状は、疝痛、嘔吐、震せん、けいれん麻痺等の症状に伴い、しだいに呼吸困難、虚脱症状を呈する。治療法は、カルシウム塩、システインの投与。抗けいれん剤（ジアゼパム等）の投与。
問 47　3
〔解説〕
この設問における用途の組み合わせで適当でないものとは、3が該当する。次のとおり。ホスゲン $COCl_2$ は毒物。無色で窒息性の非常に毒性の強い気体。用途は樹脂、染料等の原料。
問 48　2
〔解説〕
この設問における貯蔵等の組み合わせで適当でないものとは、2が該当する。次のとおり。四塩化炭素（テトラクロロメタン）CCl_4 は、特有な臭気をもつ不燃性、揮発性無色液体、水に溶けにくく有機溶媒には溶けやすい。強熱によりホスゲンを発生。亜鉛またはスズメッキした鋼鉄製容器で保管、高温に接しないような場所で保管。
問 49　1
〔解説〕
この設問における廃棄方法の組み合わせで適当でないものとは、1が該当する。次のとおり。塩素 Cl_2（別名クロール）は、黄緑色の刺激臭の空気より重い気体である。廃棄方法は、多量のアルカリ水溶液（石灰乳又は水酸化ナトリウム水溶液等）中に吹き込んだ後、多量の水で希釈して処理するアルカリ法。
問 50　4
〔解説〕
この設問における水酸化カリウム水溶液の漏えい時での措置として適当でないものとは、4が該当する。水酸化カリウム水溶液（KOH）は劇物（5％以下は劇物から除外）。無色無臭の液体で、強いアルカリ性であり、腐食性が大である。アルミニウム、すずなどの金属に作用して水素ガスを発生し、これが空気と混合して引火爆発することがある。漏えいした液は、土砂等でその流れを止め、土砂等に吸着させるか、又は安全な場所に導いて多量の水をかけて洗い流す。必要があれば更に酸で中和し、多量の水を用いて洗い流す。

（農業用品目）
問 44　3
〔解説〕
この設問では誤っているものはどれかとあるので、3が誤り。次のとおり。DDVPは有機リン製剤で接触性殺虫剤。無色油状液体、水に溶けにくく、有機溶媒に易溶。水中では徐々に分解。
問 45　2
〔解説〕
この設問では誤っているものはどれかとあるので、2が誤り。次のとおり。アンモニア NH_3 は、劇物。10％以下で劇物から除外。特有の刺激臭がある無色の気体で、圧縮することにより、常温でも簡単に液化する。空気中では燃焼しないが、酸素中では黄色の炎を上げて燃焼する。
問 46　1
〔解説〕
メトミルの解毒剤については、その症状が、コリンエステラーゼ阻害作用により、縮瞳、頭痛、めまい等の症状を呈して呼吸困難に至る。解毒剤は硫酸アトロピン（PAM は無効）、SH 系解毒剤の BAL、グルタチオン等。
問 47　3
〔解説〕
農業用品目販売業者の登録が受けた者が販売できる品目については、法第四条の三第一項→施行規則第四条の二→施行規則別表第一に掲げられている品目である。このことからイの硫酸とウの塩化銅〔無機銅塩類〕が該当する。
問 48　2
〔解説〕

この設問における用途の組み合わせで適当でないものとは、２が該当する。アバメクチンは、毒物(1.8 %以下は劇物)。類白色結晶粉末。用途は農薬・マクロライド系殺虫剤(殺虫・殺ダニ剤)。

問 49　1

〔解説〕

硫酸 H_2SO_4 は酸なので廃棄方法はアルカリで中和後、水で希釈する中和法。

問 50　4

〔解説〕

この設問におけるエジフェンホスの事故の際の措置として適当でないものとは、４が該当する。エチルジフェニルジチオホスフェイトは、劇物。黄色～淡褐色澄明な液体。水にほとんど不溶。漏えいした場合：飛散したものは空容器にできるだけ回収し、そのあとを消石灰等の水溶液を用いて処理し、多量の水を用いて洗い流す。

（特定品目）

問 44　3

〔解説〕

この設問で劇物に該当しないものは、３が該当する。メチルエチルケトンは原体のみである。〔%含有する製剤は普通物〕なお、過酸化水素水は６%以下で劇物から除外。この設問の場合は劇物。ホルムアルデヒドは 1%以下で劇物から除外。この設問の場合は劇物。硝酸は 10%以下で劇物から除外。この設問の場合は劇物。

問 45　2

〔解説〕

この設問では誤っているものはどれかとあるので、２が誤り。次のとおり。一酸化鉛 PbO(別名リサージ)は劇物。赤色～赤黄色結晶。重い粉末で、黄色から赤色の間の様々なものがある。水にはほとんど溶けないが、酸、アルカリにはよく溶ける。酸化鉛は空気中に放置しておくと、徐々に炭酸を吸収して、塩基性炭酸鉛になることもある。光化学反応をおこし、酸素があると四酸化三鉛、酸素がないと金属鉛を遊離する。

問 46　1

〔解説〕

この設問では誤っているものはどれかとあるので、１が誤り。次のとおり。水酸化ナトリウム(別名：苛性ソーダ)NaOH は、劇物。白色結晶性の固体、潮解性(空気中の水分を吸って溶解する現象)および空気中の炭酸ガス CO_2 と反応して炭酸ナトリウム Na_2CO_3 になる。水溶液は強アルカリ性なので、水に溶解後、酸で中和し、水で希釈処理。

問 47　3

〔解説〕

この設問における用途の組み合わせで適当でないものとは、３が該当する。トルエン $C_6H_5CH_3$ は、劇物。特有な臭い(ベンゼン様)の無色液体。水に不溶。可燃性。引火性。劇物。用途は爆薬原料、香料、サッカリンなどの原料、揮発性有機溶媒。

問 48　2

〔解説〕

特定品目販売業の登録を受けた者が販売できる品目については、法第四条の三第二項→施行規則第四条の三→施行規則別表第二に掲げられている品目のみである。このことから２のクロロホルムが販売できる。

問 49　1

〔解説〕

この設問における重クロム酸カリウムの廃棄方法として適当でなものとは、１が該当する。次のとおり。重クロム酸カリウム $K_2Cr_2O_7$ は重金属を含む酸化剤なので還元沈殿法。

問 50　4

〔解説〕

一般の問 50 を参照。

〔実　地〕

（一般）

問１～４　**問１**　２　　**問２**　３　　**問３**　１　　**問４**　４

〔解説〕

問１　ヨウ化メチル CH_3I は、無色又は淡黄色透明の液体であり、空気中で光により一部分解して褐色になる。水に可溶。エーテル様臭がある。ガス殺菌・殺虫剤として使用される。　**問２**　臭素 Br_2 は、劇物。赤褐色・特異臭のある重い液体。比重 3.12(20 ℃)、沸点 58.8 ℃。強い腐食作用があり、揮発性が強い。引火性、燃焼性はない。水、アルコール、エーテルに溶ける。　**問３**　ホルマリンは、ホルムアルデヒド HCHO を水に溶かしたもの。無色あるいは無色透明の液体で、刺激性の臭気をもち、寒冷にあえば混濁することがある。空気中の酸素によって一部酸化されて蟻酸を生じる。　**問４**　クレゾール $C_6H_4(CH_3)OH$：オルト、メタ、パラの 3 つの異性体の混合物。無色～ピンクの液体、フェノール臭、光により暗色になる。水に不溶。殺菌消毒薬。

問５～８　**問５**　１　　**問６**　４　　**問７**　３　　**問８**　２

〔解説〕

問５　クロロホルム $CHCl_3$ は、無色、揮発性の液体で特有の香気とわずかな甘みをもち、麻酔性がある。空気中で日光により分解し、塩素、塩化水素、ホスゲンを生じるので、少量のアルコールを安定剤として入れて冷暗所に保存。

問６　ヨウ素 I_2 は、黒褐色金属光沢ある稜板状結晶、昇華性。水に溶けにくい。有機溶媒に可溶(エタノールやベンゼンでは褐色、クロロホルムでは紫色)。気密容器を用い、風通しのよい冷所に貯蔵する。腐食されやすい金属なので、濃塩酸、アンモニア水、アンモニアガス、テレビン油等から引き離しておく。

問７　水素化砒素(砒化水素)は、毒物。無色のニンニク臭を有するガス体。水にとれやすい。貯蔵法はボンベに貯蔵する。用途は化学反応試薬等に用いられる。

問８　シアン化ナトリウム NaCN(別名青酸ソーダ、シアンソーダ、青化ソーダ)は毒物。白色の粉末またはタブレット状の固体。酸と反応して有毒な青酸ガスを発生するため、酸とは隔離して、空気の流通が良い場所冷所に密封して保存する。

問９～12　**問９**　１　　**問10**　３　　**問11**　２　　**問12**　４

〔解説〕

問９　DEP は、劇物。白色の結晶。有機燐製剤の一種で、中毒症状はパラチオンと類似する。治療法としては、PAM 又は硫酸アトロピン製剤を用いる。中毒症状は吸入した場合は、倦怠感、頭痛、嘔吐めまい、腹痛、下痢等の症状にともない、しだいに呼吸困難、虚脱症状を呈する。　**問10**　アクロレイン $CH_2=CH\text{-}CHO$ は、劇物。無色または帯黄色の液体。刺激臭があり、引火性である。毒性については、目と呼吸系を激しく刺激する。皮膚を刺激して、気管支カタルや結膜炎をおこす。　**問 11**　クロム酸カリウム $KCrO_4$ は、橙黄色の結晶。(別名：中性クロム酸カリウム、クロム酸カリ)。クロム酸カリウムの慢性中毒：接触性皮膚炎、穿孔性潰瘍、アレルギー疾患など。クロムは砒素と同様に発がん性を有する。特に肺がんを誘発する。　**問 12**　酢酸ウラニルは劇物。黄色の柱状の結晶。わずかに酢酸臭がする。水に溶けやすい。用途は試薬として用いられる。酢酸ウラニルはウラン化合物で、その毒性は腎臓に毒性を与え、蛋白尿、排泄機能の異常が見られる。

問13～16　**問 13**　４　　**問 14**　１　　**問 15**　２　　**問 16**　３

〔解説〕

問 13　重クロム酸カリウム $K_2Cr_2O_7$ は重金属を含む酸化剤なので還元沈澱法。

問 14　過酸化尿素は劇物。白色の結晶又は結晶性粉末。水に溶ける。廃棄法は、多量の水で希釈して処理する希釈法。　**問 15**　クロルスルホン酸を廃棄する場合、まず空気や水蒸気と加水分解を行い、硫酸と塩酸にしたのちその白煙をアルカリで中和する。その液を希釈して廃棄する中和法。　**問 16**　塩化バリウムは、劇物。無水物もあるが一般的には二水和物で無色の結晶。廃棄法は水に溶かし、硫酸ナトリウムの水溶液を加えて処理し、沈殿ろ過して埋立処分する沈殿法。

問17～20　**問 17**　３　　**問 18**　２　　**問 19**　１　　**問 20**　４

〔解説〕

問 17　水酸化ナトリウム NaOH は、白色、結晶性のかたいかたまりで、繊維状結晶様の破砕面を現す。水と炭酸を吸収する性質がある。水溶液を白金線につけて火炎中に入れると、火炎は黄色に染まる。　**問 18**　ピクリン酸($C_6H_2(NO_2)_3OH$)

は、淡黄色の針状結晶で、急熱や衝撃で爆発。ピクリン酸による羊毛の染色(白色→黄色)。　**問19**　クロム酸カルシウム $CaCrO_4 \cdot 2H_2O$ は、淡赤黄色の粉末で水に溶けやすく、酸、アルカリにも可溶。無水物は黄色結晶。水溶液は硝酸バリウムまたは塩化バリウムで、黄色のバリウム化合物を沈殿する。または、酢酸鉛で黄色の鉛化合物を沈殿する。　**問20**　フェノール C_6H_5OH はフェノール性水酸基をもつので過クロール鉄(あるいは塩化鉄(Ⅲ) $FeCl_3$)により紫色を呈する。

(農業用品目)

問1～4　**問1**　2　**問2**　3　**問3**　1　**問4**　4

〔解説〕

問1　フッ化スルフリル(SO_2F_2)は毒物。無色無臭の気体である。クロロホルム、四塩化炭素に溶けやすい。水酸化ナトリウム溶液で分解される。用途は殺虫剤、燻蒸剤。　**問2**　イソキサチオンは有機リン剤、劇物(2 %以下除外)、淡黄褐色液体、水に難溶、有機溶剤に易溶、アルカリには不安定。ミカン、稲、野菜、茶等の害虫駆除。(有機燐系殺虫剤)　**問3**　ヨウ化メチル CH_3I は、無色又は淡黄色透明の液体であり、空気中で光により一部分解して褐色になる。水に可溶。エーテル様臭がある。ガス殺菌・殺虫剤として使用される。　**問4**　シアン酸ナトリウム NaOCN は、白色の結晶性粉末、水に易溶、有機溶媒に不溶。熱水で加水分解。劇物。除草剤。

問5～8　**問5**　1　**問6**　4　**問7**　3　**問8**　2

〔解説〕

問5　ブロムメチル(臭化メチル) CH_3Br は、常温では気体(有毒な気体)。冷却圧縮すると液化しやすい。用途について沸点が低く、低温ではガス体であるが、引火性がなく、浸透性が強いので果樹、種子等の病害虫の燻蒸剤として用いられる。　**問6**　トリシクラゾールは、劇物、無色無臭の結晶。用途は、農業用殺菌剤(イモチ病に用いる。)。　**問7**　クロルメコートは、劇物、白色結晶で魚臭、非常に吸湿性の結晶。用途は植物成長調整剤。　**問8**　ジクワットは、劇物で、ジピリジル誘導体で淡黄色結晶。用途は、除草剤。

問9～12　**問9**　1　**問10**　3　**問11**　2　**問12**　4

〔解説〕

解答のとおり。

問13～16　**問13**　4　**問14**　1　**問15**　2　**問16**　3

〔解説〕

問13　EPN は毒物。芳香臭のある淡黄色油状または白色結晶で、水には溶けにくい。一般の有機溶媒には溶けやすい。TEPP 及びパラチオンと同じ有機燐化合物である。可燃性溶剤とともにアフターバーナー及びスクラバーを具備した焼却炉の火室へ噴霧し、焼却する燃焼法。　**問14**　シアン化ナトリウム NaCN は、酸性だと猛毒のシアン化水素 HCN が発生するのでアルカリ性にしてから酸化剤でシアン酸ナトリウム NaOCN にし、余分なアルカリを酸で中和し多量の水で希釈処理する酸化法。水酸化ナトリウム水溶液等でアルカリ性とし、高温加圧下で加水分解するアルカリ法。　**問15**　塩素酸ナトリウム $NaClO_3$ は酸化剤なので、希硫酸で $HClO_3$ とした後、これを還元剤中へ加えて酸化還元後、多量の水で希釈処理する還元法。　**問16**　硫酸亜鉛 $ZnSO_4$ の廃棄方法は、金属 Zn なので 1)沈澱法；水に溶かし、消石灰、ソーダ灰等の水溶液を加えて生じる沈殿物をろ過してから埋立。2)焙焼法；還元焙焼法により Zn を回収。

問17～20　**問17**　3　**問18**　2　**問19**　1　**問20**　4

〔解説〕

解答のとおり。

(特定品目)

問1～4　**問1**　2　**問2**　3　**問3**　1　**問4**　4

〔解説〕

解答のとおり。

問5～8　**問5**　1　**問6**　4　**問7**　3　**問8**　2

〔解説〕

解答のとおり。

問９～12　問９　1　　問10　3　　問11　2　　問12　4

〔解説〕

問９　キシレン $C_6H_4(CH_3)_2$ は、無色透明な液体。水に不溶。毒性は、はじめに短時間の興奮期を経て、深い麻酔状態に陥ることがある。　問 10　シュウ酸を摂取すると体内のカルシウムと安定なキレートを形成することで低カルシウム血症を引き起こし、神経系が侵される。　問 11　塩素 Cl_2 は、黄緑色の窒息性の臭気をもつ空気より重い気体。ハロゲンなので反応性大。水に溶ける。中毒症状は、粘膜刺激、目、鼻、咽喉および口腔粘膜に障害を与える。　問 12　硫酸は、無色透明の液体。劇物から 10 %以下のものを除く。皮膚に触れた場合は、激しいやけどを起こす。可燃物、有機物と接触させない。直接中和剤を散布すると発熱し、酸が飛散することがある。眼に入った場合は、粘膜を激しく刺激し、失明することがある。直ちにに付着又は接触部を多量の水で、15 分間以上洗い流す。

問13～16　問13　4　　問14　1　　問15　2　　問16　3

〔解説〕

解答のとおり。

問17～20　問17　3　　問18　2　　問19　1　　問20　4

〔解説〕

問 17　蓚酸 $(COOH)_2 \cdot 2H_2O$ は無色の柱状結晶、風解性、還元性、漂白剤、鉄さび落とし。無水物は白色粉末。水、アルコールに可溶。エーテルには溶けにくい。また、ベンゼン、クロロホルムにはほとんど溶けない。水溶液を酢酸で弱酸性にして酢酸カルシウムを加えると、結晶性の沈殿を生じる。　問 18　アンモニア水は無色透明、刺激臭がある液体。アルカリ性を呈する。アンモニア NH_3 は空気より軽い気体。濃塩酸を近づけると塩化アンモニウムの白い煙を生じる。

問 19　塩基性酢酸鉛〔鉛化合物〕は酢酸鉛と水酸化鉛の複合化合物で、劇物。白色粉末。わずかに酢酸臭がある。水には溶けにくい。酸にはよく溶ける。エタノール、アセトンにはほとんどとけない。不燃性。　問 20　ホルマリンはホルムアルデヒド HCHO の水溶液。フクシン亜硫酸はアルデヒドと反応して赤紫色になる。アンモニア水を加えて、硝酸銀溶液を加えると、徐々に金属銀を析出する。またフェーリング溶液とともに熱すると、赤色の沈殿を生ずる。

三重県
令和２年度実施

〔法　規〕
（一般・農業用品目・特定品目共通）

問１　(1) 3　(2) 3　(3) 4　(4) 1
〔解説〕
解答のとおり。

問２　(5) 1　(6) 1　(7) 2　(8) 4
〔解説〕
解答のとおり。

問３　(9) 3　(10) 2　(11) 2　(12) 1
〔解説〕
解答のとおり。

問４　(13) 3　(14) 3　(15) 2　(16) 1
〔解説〕
(13)法第 10 条は届出。　(14)法第 12 条第２項第三号→施行規則第 11 条の５で示されている有機燐化合物及びこれを含有する製剤の毒物又は劇物について、解毒剤〔①２－ピリジルアルドキシムメチオダイド(PAM)の製剤、②硫酸アトロピンの製剤)〕の名称を表示しなければならない。このことから３が該当する。
(15)業務上取扱者の届出をしなければならない事業者については、法第 22 条第１項→施行令第 41 条及び同第 42 条で、①シアン化ナトリウム又は無機シアン化合物たる毒物を使用する電気めっきを行う事業、②シアン化ナトリウム又は無機シアン化合物たる毒物を使用する金属熱処理上を行う事業、③大型自動車 5,000kg 以上に毒物又は劇物を積載して行う大型運送業、④ヒ素化合物たる毒物を使用するしろあり防除を行う事業のこと。このことから a と d が正しい。(16)この設問は毒物又は劇物を運搬方法についてである。この設問では誤っている組合せはどれかとあるので、a と b が誤り。a は施行規則第 13 条の５により、‥‥地を黒色に、文字を白色として「毒」」と表示しなければならないである。b は、運搬する時間にかかわらずではなく、施行規則第 13 条の４により示されている。なお、c については、施行令第 40 条の５第２項第四号に示されている。

問５　(17) 2　(18) 4　(19) 2　(20) 4
〔解説〕
(17)、(18)毒物又は劇物の容器及び被包に記載する表示〔法第 12 条第１項〕。(19)、(20)法第 21 条は登録が失効した場合等の措置。

〔基礎化学〕
（一般・農業用品目・特定品目共通）

問６　(21) 4　(22) 1　(23) 2　(24) 2
〔解説〕
(21)　フッ素はハロゲンである。
(22)　水は折れ曲がった構造をしており、極性分子となる。
(23)　フッ化水素は分子間で水素結合を形成するため沸点が高くなる。
(24)　Li 赤、Ca 橙、Sr 紅

問７　(25) 4　(26) 2　(27) 1　(28) 1
〔解説〕
(25)　解答のとおり
(26)　メタンの分子量は 16 である。標準状態で 1.12　L のメタンのモル数は、$1.12 / 22.4 = 0.05$ mol　よってこの時の重さは $0.05 \times 16 = 0.8$ g
(27)　pH の大きい順ということはアルカリが強いものから順に並べていく。アンモニアは弱塩基、水酸化カルシウムは強塩基であるので B>A という順になる。また、塩酸と硫酸でモル濃度が同じならば２価の酸である硫酸の方が pH が小さくなる。

(28)　10 %塩化ナトリウム水溶液 50g に含まれる塩化ナトリウムの重さは、50 × 0.1 = 5 g。この溶液に塩化ナトリウム 10 g を加え、さらに水 x g 加えて 15%溶液にするのであるから式は、
$(5+10)/(50+10+x) \times 100 = 15$,　$x = 40$ g

問８　(29) 1　(30) 4　(31) 3　(32) 3

〔解説〕

(29)　60 ℃の硝酸ナトリウム飽和溶液 100 g に含まれる溶質の量を x g とする。$x = 124 \times 100/224$, $x = 55.36$ g。よってこの飽和溶液の溶媒の重さは 100-55.36 = 44.64 g となる。水 44.64 g に 20 ℃で硝酸ナトリウムが溶ける最大量を y とおく。$y = 44.68 \times 88/100$, $y = 39.29$ g。よって析出してくる量は 55.36-39.29 = 16.07 g

(30)　理想気体と実在気体との違いは､理想気体では分子自体の体積を考慮せず、また分子間引力を考慮していないことである。よって水素よりも二酸化炭素の方が分子量が大きいのでその分ファンデルワールス力が働き、理想気体からずれてくる。また､高温にすることで分子自体の運動エネルギーが上がり、低圧にすることで分子間距離が長くなるため分子間力を考慮する必要がなくなり、理想気体に近づく。

(31)　$Ca(OH)_2$ の水溶液に二酸化炭素を通じると初めは $CaCO_3$ が生成し、白色沈殿が生じるがさらに通じると $Ca(HCO_3)_2$ を生じ、水に溶解する。

(32)　C_6H_{14} はアルカンである。ヘキサン、2-メチルペンタン、3-メチルペンタン、2,3-ジメチルブタン、2,2-ジメチルブタンの 5 つの構造異性体がある。

(一般)

問９　(33) 3　(34) 1　(35) 1　(36) 3

〔解説〕

(33)　化学反応式より、プロパン 1 mol が燃焼すると二酸化炭素は 3 mol 生じる。すなわちプロパン 0.5 mol 燃焼すると二酸化炭素は 1.5 mol 生じる。二酸化炭素の分子量は 44 であるから、生じる二酸化炭素の重さは 44 × 1.5 = 66 g となる。

(34)　アルデヒド基は還元性を有しており、フェーリング反応や銀鏡反応が陽性となる。

(35)　O^{2-}, F^{-}, Mg^{2+}はいずれも Ne と同じ電子配置を持つ。

(36)　ボイル-シャルルの法則より、求める体積を v mL とすると、$1.5 \times 10^5 \times 100 / (273 + 27) = 1.0 \times 10^5 \times v/(273 + 5)$,　$v = 139$ mL

問 10　(37) 4　(38) 1　(39) 2　(40) 3

〔解説〕

(40)　4 種の混合物に塩酸を加えることで、塩基性物質のアニリンのみ水層に移り、残り 3 種はエーテル層に溶解する。このエーテル層に水酸化ナトリウムを加えることで弱酸性であるフェノールと、酸性である安息香酸が水層に移り、残ったエーテル層(37)にはトルエンが含まれる。この水層に炭酸ガスを吹き込むことで、炭酸よりも弱い酸であるフェノールは遊離し、エーテル層(38)に移り、最後に残った水層に塩酸を加えることで安息香酸がエーテル層(39)に移る。

(農業用品目・特定品目共通)

問９　(33) 1　(34) 4　(35) 4　(36) 2

〔解説〕

(33)　解答のとおり

(34)　酸素の酸化数を-2 として計算する。

(35)　アンモニアは 1 価の弱塩基である。

(36)　セロビオースは β-グルコース 2 分子からなり、マルトースは α-グルコース 2 分子からなる二糖類である。

三重県

問10　(37) 4　(38) 3　(39) 2　(40) 3
〔解説〕
(37)　4 mol/L 硫酸 50 mL に含まれる H^+のモル数は $4 \times 2 \times 50/1000 = 0.4$ mol。よって必要な水酸化ナトリウムの量も 0.4 mol となる。水酸化ナトリウムの式量は 40 であるから $40 \times 0.4 = 16$
(38)　1mol 生成するとき 394 kJ 発熱するのであるから 0.5 mol 生成するときは 197 kJ の発熱となる。
(39)　金属アルコキシドは強塩基である。
(40)　ボイル-シャルルの法則より、求める体積を v mL とすると式は、$300 \times 300 / (273 + 27) = 100 \times v / (273 + 5)$,　v = 834 mL

〔性状・貯蔵・取扱方法〕

(一般)

問11　(41) 3　(42) 1　(43) 2　(44) 4
〔解説〕
(41)重クロム酸カリウム $K_2Cr_2O_7$ は、橙赤色結晶、酸化剤。水に溶けやすく、有機溶媒には溶けにくい。　(42)クロルピクリン CCl_3NO_2 は、無色～淡黄色液体、催涙性、粘膜刺激臭。水に不溶。　(43)1-(4-ニトロフェニル)-3-(3-ピリジルメチル)ウレア(別名ピリミニール)は、劇物。無臭の淡黄色粉末。水には溶けにくい。用途は、殺鼠剤。　(44)六弗化セレン SeF_6 は、毒物。無色の気体、水および有機溶媒に溶けない。空気中で発煙する。

問12　(45) 3　(46) 4　(47) 2　(48) 1
〔解説〕
(45)クロロホルム $CHCl_3$ は、無色、揮発性の液体で特有の香気とわずかな甘みをもち、麻酔性がある。空気中で日光により分解し、塩素、塩化水素、ホスゲンを生じるので、少量のアルコールを安定剤として入れて冷暗所に保存。
(46)二硫化炭素 CS_2 は、無色流動性液体、引火性が大なので水を混ぜておくと安全、蒸留したてはエーテル様の臭気だが通常は悪臭。水に僅かに溶け、有機溶媒には可溶。少量ならば共栓ガラス壜、多量ならば鋼製ドラム缶などを使用する。日光の直射を受けない冷所で保管し、可燃性、発熱性、自然発火性のものからは、十分に引き離しておく。　(47)臭化メチル(ブロムメチル)　CH_3Br は本来無色無臭の気体だが、クロロホルム様の臭気をもつ。空気より重い。通常は気体、低沸点なので燻蒸剤に使用。貯蔵は液化させて冷暗所。　(48)カリウム K は、劇物。銀白色の光輝があり、ろう様の高度を持つ金属。カリウムは空気中では酸化され、ときに発火することがある。カリウムやナトリウムなどのアルカリ金属は空気中の酸素、湿気、二酸化炭素と反応する為、石油中に保存する。

問13　(49) 3　(50) 4　(51) 2　(52) 1
〔解説〕
(49)シアナミドは 10 %以下は劇物から除外。　(50)ヒドラジン一水和物は 30 %以下劇物から除外。　(51)水酸化ナトリウムは５%以下で劇物から除外。
(52)メルカプト酢酸は１%以下劇物から除外。

問14　(53) 4　(54) 2　(55) 3　(56) 1
〔解説〕
(53)メチルエチルケトン $CH_3COC_2H_5$ はアセトン同様に引火性液体である。
(54)酢酸エチル $CH_3COOC_2H_5$ は、無色果実臭の可燃性液体で、溶剤として用いられる。　(55)エチレンオキシド$(CH_2)_2O$ は劇物。無色のある液体。
(56)アクロレイン CH_2=CHCHO は、劇物。無色又は帯黄色の液体。

問15　(57) 4　(58) 3　(59) 1　(60) 2
〔解説〕
(57)リン化亜鉛 Zn_3P_2 は、灰褐色の結晶又は粉末。かすかにリンの臭気がある。ベンゼン、二硫化炭素に溶ける。酸と反応して有毒なホスフィン PH3 を発生。用途は、殺鼠剤。ホスフィンにより嘔吐、めまい、呼吸困難などが起こる。
(58)2-ジフェニルアセチル-2･3-インダンジオン(ダイファシノン)は、劇物。黄色結晶性粉末。アセトン、酢酸に溶ける。水にほとんど溶けない。ビタミンKの

三重県

働きを抑えることにる血液凝固を阻害して、出血を引き起こす。用途は殺鼠剤。
(59) EPN は、有機リン製剤、毒物(1.5 %以下は除外で劇物)、芳香臭のある淡黄色油状または融点 36 ℃の結晶。水に不溶、有機溶媒に可溶。遅効性殺虫剤(アカダニ、アブラムシ、ニカメイチュウ等) 有機リン製剤の中毒：コリンエステラーゼを阻害し、頭痛、めまい、嘔吐、言語障害、意識混濁、縮瞳、痙攣など。
(60)弗化水素酸(HF・aq)は毒物。弗化水素の水溶液で無色またはわずかに着色した透明の液体。特有の刺激臭がある。不燃性。濃厚なものは空気中で白煙を生ずる。皮膚に触れた場合、激しい痛みを感じ、皮膚の内部にまで浸透腐食する。薄い溶液でも指先に触れると爪の間に浸透し、激痛を感じる、数日後に爪がはく離することもある。

(農業用品目)

問 11 (41) 4 (42) 3 (43) 2 (44) 1

〔解説〕

(41)カズサホスは、10 %を超えて含有する製剤は毒物、10 %以下を含有する製剤は劇物。有機リン製剤、硫黄臭のある淡黄色の液体。水に溶けにくい。有機溶媒に溶けやすい。 (42)リン化亜鉛 Zn_3P_2 は、灰褐色の結晶又は粉末。かすかにリンの臭気がある。ベンゼン、二硫化炭素に溶ける。酸と反応して有毒なホスフィン PH3 を発生。用途は、殺鼠剤。 (43)エチレンクロルヒドリン CH_2ClCH_2OH (別名グリコールクロルヒドリン)は劇物。無色液体で芳香がある。水、アルコールに溶ける。蒸気は空気より重い。用途は有機合成中間体、溶剤等。
(44)ホサロンは劇物。白色結晶。ネギ様の臭気がある。水に不溶。メタノール、アセトン、クロロホルム等に溶ける。用途はアブラムシ、ハダニ等の害虫駆除。

問 12 (45) 1 (46) 2 (47) 1 (48) 4

〔解説〕

解答のとおり。

問 13 (49) 4 (50) 3 (51) 4 (52) 2

〔解説〕

(49)硫酸は 10%以下で劇物から除外。 (50)ベンフラカルブは６%以下で劇物から除外。 (51)メタアルデヒドは 10 %以下は劇物から除外。 (52)エマメクチンは２%以下は劇物から除外。

三重県

問 14 (53) 4 (54) 2 (55) 3 (56) 1

〔解説〕

(53)ジメトエートは、劇物。有機リン製剤であり、白色固体で水で徐々に加水分解し、用途は、稲のツマグロヨコバイ、ウンカ類、果樹のﾔﾉﾈｶｲｶﾞﾗﾑｼ、ミカンハモグリガ、ハダニ類、アブラムシ類、ハダニ類の駆除(有機燐系農薬)。
(54)フルバリネートは劇物。淡黄色ないし黄褐色の粘稠性液体。用途は、野菜、果樹、園芸植物のアブラムシ類、ハダニ類、アオムシ、コナガ等に用いられるピレスロイド系殺虫剤で、シロアリ防除にも有効。 (55)チオジカルブは、白色結晶性の粉末。カーバメート系殺虫剤として、かんきつ類、野菜等の害虫の駆除に用いられる。特徴として、カタツムリや、ナメクジ類の駆除にも使用される(農業用殺虫剤)。 (56)アセタミプリドは、劇物。白色結晶固体。用途はネオニコチノイド系殺虫剤。

問 15 (57) 2 (58) 4 (59) 1 (60) 3

〔解説〕

(57)クロルピクリン CCl_3NO_2 は、劇物。無色～淡黄色液体。 (58) 1, 3-ジクロロプロペン C_3H_4Cl (Z 体)、$ClCH_2CH = CHCl$ (E 体)。無色～琥珀色、淡黄褐色の液体。 (59)メチルイソチオシアネート(C_2H_3NS)は劇物。無色結晶。
(60)エチレンクロルヒドリン CH_2ClCH_2OH (別名グリコールクロルヒドリン)は劇物。無色液体で芳香がある。

(特定品目)

問 11 (41) 3 (42) 1 (43) 4 (44) 2

〔解説〕

(41)一酸化鉛 PbO(別名リサージ)は劇物。赤色～赤黄色結晶。重い粉末で、黄色から赤色の間の様々なものがある。水にはほとんど溶けないが、酸、アルカリにはよく溶ける。 (42)トルエン $C_6H_5CH_3$ (別名トルオール、メチルベンゼン)は劇物。特有な臭いの無色液体。水に不溶。 (43)重クロム酸カリウム $K_2Cr_2O_7$ は、橙赤色柱状結晶。水にはよく溶けるが、アルコールには溶けない。

(44)硝酸 HNO_3 は純品なものは無色透明で、徐々に淡黄色に変化する。特有の臭気があり腐食性が高い。

問 12 (45) 2 (46) 1 (47) 4 (48) 3

〔解説〕

(45)水酸化ナトリウム(別名：苛性ソーダ)NaOH は、白色結晶性の固体。水と炭酸を吸収する性質が強い。空気中に放置すると、潮解して徐々に炭酸ソーダの皮層を生ずる。貯蔵法については潮解性があり、二酸化炭素と水を吸収する性質が強いので、密栓して貯蔵する。 (46)過酸化水素は少量なら褐色ガラス瓶(光を遮るため)、多量ならば現在はポリエチレン瓶を使用し、3 分の 1 の空間を保ち、日光を避けて冷暗所保存。 (47)メチルエチルケトン $CH_3COC_2H_5$ は、アセトン様の臭いのある無色液体。引火性。有機溶媒。貯蔵方法は直射日光を避け、通風のよい冷暗所に保管し、また火気厳禁とする。なお、酸化性物質、有機過酸化物等と同一の場所で保管しないこと。 (48)クロロホルム $CHCl_3$ は、無色、揮発性の液体で特有の香気とわずかな甘みをもち、麻酔性がある。空気中で日光により分解し、塩素、塩化水素、ホスゲンを生じるので、少量のアルコールを安定剤として入れて冷暗所に保存。

問 13 (49) 3 (50) 3 (51) 1 (52) 4

〔解説〕

(49)塩化水素は 10 ％以下は劇物から除外。 (50)硫酸は 10%以下で劇物から除外。 (51)水酸化カリウム(別名苛性カリ)は 5%以下で劇物から除外。
(52)クロム酸鉛は 70 ％以下は劇物から除外。

問 14 (53) 4 (54) 2 (55) 1 (56) 3

〔解説〕

(53)ホルムアルデヒド HCHO は、 無色透明な液体で刺激臭を有する。
(54)酢酸エチル $CH_3COOC_2H_5$ は、劇物。無色果実臭の可燃性液体。
(55)蓚酸 $(COOH)_2 \cdot 2H_2O$ は無色の柱状結晶。 (56)トルエン $C_6H_5CH_3$(別名トルオール、メチルベンゼン)は劇物。特有な臭いの無色液体。

問 15 (57) 2 (58) 1 (59) 3 (60) 4

〔解説〕

解答のとおり。

〔実　地〕

(一般)

問 16 (61) 1 (62) 3 (63) 2 (64) 4

〔解説〕

(61)サリノマイシンナトリウムは劇物。白色～淡黄色の結晶性粉末。用途は飼料添加物。 (62)硼弗化ナトリウム(別名テトラフルオロ硼酸ナトリウム)は劇物。無色結晶。用途は金属粒度改善剤。 (63)亜セレン酸ナトリウムは毒物。白色、結晶性の粉末。用途は試薬、ガラスの脱色剤。 (64)ダイファシノンは毒物。黄色結晶性粉末。用途は殺鼠剤。

問 17 (65) 3 (66) 2 (67) 1 (68) 4

〔解説〕

(65)メチルスルホナールは、劇物。無色の葉状結晶。臭気がない。水に可溶。木炭とともに熱すると、メルカプタンの臭気をはなつ。 (66)臭化水素酸は、劇物。無色又は淡黄色。光や空気により暗色となるので遮光して保存。強い酸性。硝酸銀溶液を加えると、淡黄色のブロモ銀を沈殿する。この沈殿は硝酸には溶けない。 (67)ホルムアルデヒド HCHO は劇物。アンモニア水を加え、さらに硝酸銀溶液を加えると、徐々に金属銀を析出する。また、本品をフェーリング溶液とともに熱すると、赤色の沈殿を生じる。 (68)ナトリウム Na は、銀白色金属光沢の柔らかい金属、湿気、炭酸ガスから遮断するために石油中に保存。空気中で容易に酸化される。水と激しく反応して水素を発生する。

問 18 (69) 2 (70) 3 (71) 4 (72) 1

〔解説〕

(69)キノリン(C_9H7N)は劇物。無色または淡黄色の特有の不快臭をもつ液体で吸湿性である。廃棄方法は木粉(おが屑)等に吸収させてアフターバーナー及びスクラバーを具備した焼却炉で焼却する燃焼法。 (70)硝酸 HNO_3 は強酸なので、中和法、徐々にアルカリ(ソーダ灰、消石灰等)の攪拌溶液に加えて中和し、多量の水で希釈処理する中和法。 (71)ホスゲンは独特の青草臭のある無色の圧縮

三重県

液化ガス。蒸気は空気より重い。廃棄法はアルカリ法：アルカリ水溶液(石灰乳又は水酸化ナトリウム水溶液等)中に少量ずつ滴下し、多量の水で希釈して処理するアルカリ法。　(72)塩化バリウム $BaCi_2 \cdot 2H_2O$ は、劇物。無水物もあるが一般的には二水和物で無色の結晶。廃棄法は水に溶かし、硫酸ナトリウムの水溶液を加えて処理し、沈殿ろ過して埋立処分する沈殿法。

問 19　(73) 2　(74) 3　(75) 1　(76) 4

〔解説〕

解答のとおり。

問 20　(77) 1　(78) 4　(79) 2　(80) 2

〔解説〕

施行令第 40 条の 5 第 2 項第三号→施行規則第 13 条の 5→施行規則別表第三に保護具が示されている。解答のとおり。

(農業用品目)

問 16　(61) 1　(62) 2　(63) 3　(64) 4

〔解説〕

(61)アバメクチンは、毒物(1.8 %以下は劇物)。類白色結晶粉末。用途は農薬・マクロライド系殺虫剤(殺虫・殺ダニ剤)。　(62)燐化亜鉛 Zn_3P_2 は、灰褐色の結晶又は粉末。用途は、殺鼠剤。　(63)トリシクラゾールは、劇物、無色無臭の結晶、農業用殺菌剤(イモチ病に用いる。)。　(64)ジクワットは、劇物で、ジピリジル誘導体で淡黄色結晶。用途は除草剤。

問 17　(65) 2　(66) 1　(67) 3　(68) 4

〔解説〕

解答のとおり。

問 18　(69) 4　(70) 2　(71) 1　(72) 3

〔解説〕

(69)メソミルは、別名メトミル、カルバメート剤、廃棄方法は 1)燃焼法(スクラバー具備)　2)アルカリ法(NaOH 水溶液と加温し加水分解)。　(70)アンモニアは塩基性であるため希釈後、酸で中和し廃棄する中和法。　(71)硝酸亜鉛 $Zn(NO_3)_2$ は、白色固体、潮解性。廃棄法は水に溶かし、消石灰、ソーダ灰等の水溶液を加えて処理し、沈殿ろ過して埋立処分する沈殿法。　(72)クロルピクリン CCl_3NO_2 は、無色～淡黄色液体、催涙性、粘膜刺激臭。廃棄方法は、少量の界面活性剤を加えた亜硫酸ナトリウムと炭酸ナトリウムの混合溶液中で、攪拌(かくはん)し分解させた後、多量の水で希釈して処理する分解法。

問 19　(73) 3　(74) 2　(75) 4　(76) 1

〔解説〕

解答のとおり。

問 20　(77) 2　(78) 2　(79) 3　(80) 3

〔解説〕

(77)着色する農業用品目として法 13 条→施行令第 39 条→施行規則第 12 条により、あせにくい黒色とされている。　(78)有機燐化合物及びこれを含有する製剤には、解毒剤の名称〔2－ピリジルアルドキシムメチオダイド(PAM)及び硫酸アトロピンの製剤〕を表示しなければならない。　(79)2-ジフェニルアセチル-2・3-インダンジオン(ダイファシノン)は、劇物。黄色結晶性粉末。アセトン、酢酸に溶ける。水にほとんど溶けない。ビタミンKの働きを抑えることにる血液凝固を阻害して、出血を引き起こす。用途は殺鼠剤。　(80)アバメクチンは 1.8%以下で毒物から除外。アバメクチンは 1.8%以下は劇物。

(特定品目)

問 16　(61) 3　(62) 2　(63) 4　(64) 1

〔解説〕

(61)クロム酸亜鉛カリウムは、劇物。淡黄色の粉末。水にやや溶ける。酸、アルカリにも溶ける。用途はさび止め下塗り塗料用。　(62)硝酸 HNO_3 は無色透明結晶で光によって分解して黒変するる強力な酸化剤であり、水に極めて溶けやすく、アセトン、グリセリンにも溶ける。用途は冶金、爆薬製造、セルロイド工業、試薬。　(63)硅弗化ナトリウム Na_2SiF_6 は劇物。無色の結晶。水に溶けにくい。用途はうわぐすり、試薬。　(64)過酸化水素水は、無色無臭で粘性の少し高い液体。用途は、漂白剤、医薬品、化粧品の製造。

問 17　(65) 3　(66) 4　(67) 1　(68) 2
〔解説〕
解答のとおり。
問 18　(69) 1　(70) 2　(71) 3　(72) 4
〔解説〕
解答のとおり。
問 19　(73) 4　(74) 3　(75) 2　(76) 1
〔解説〕
(73)メチルエチルケトンが少量漏えいした場合は、漏えいした液は、土砂等に吸着させて空容器に回収する。多量に漏えいした液は、土砂等でその流れを止め、安全な場所に導き、液の表面を泡で覆い、できるだけ空容器に回収する。

(74)ホルムアルデヒド HCHO は劇物。無色刺激臭の気体で水に良く溶ける。これをホルマリンという。ホルマリンは無色透明な刺激臭の液体、低温ではパラホルムアルデヒドの生成により白濁または沈澱が生成することがある。多量に漏えいした場合は、漏えいした液はその流れを土砂で止め、安全な場所に導いて遠くからホース等で多量の水をかけ十分に希釈して洗い流す。　(75)硝酸が少量漏えいしたとき、漏えいした液は土砂等に吸着させて取り除くか、又はある程度水で徐々に希釈した後、消石灰、ソーダ灰等で中和し、多量の水を用いて洗い流す。また多量に漏えいした液は土砂等でその流れを止め、これに吸着させるか、又は安全な場所に導いて、遠くから徐々に注水してある程度希釈した後、消石灰、ソーダ灰等で中和し多量の水を用いて洗い流す。　(76)液化塩化水素 HCl：風下の人を退避させ、水に良く溶けるので水で大量に希釈する。
問 20　(77) 1　(78) 3　(79) 1　(80) 2
〔解説〕
施行令第 40 条の 5 第 2 項第三号→施行規則第 13 条の 5→施行規則別表第三に保護具が示されている。解答のとおり。

三重県

関西広域連合統一〔滋賀県、京都府、大阪府、和歌山県、兵庫県、徳島県〕
令和２年度実施

〔毒物及び劇物に関する法規〕
（一般・農業用品目・特定品目共通）

【問１】　2
〔解説〕
この設問では、劇物はどれかとあるので、２の硫酸タリウムが劇物。また、ニコチン、シアン化水素、砒素、セレンは毒物。劇物については、法第２条第２項→法別表第二に掲げられている。

【問２】　1
〔解説〕
法第３条の２第２項は、特定毒物を輸入できる者として①毒物又は劇物輸入業者と特定毒物研究者のことである。

【問３】　3
〔解説〕
この設問における特定毒物の用途とその政令で定める用途について、正しい組み合わせは、a の四アルキル鉛を含有する製剤→ガソリンへの混入が正しい。施行令第１条のこと。なお、モノフルオール酢酸アミドを含有する製剤する用途→かんきつ類などの害虫の防除(施行令第 22 条)。モノフルオール酢酸の塩類を含有する製剤の用途→野ねずみの駆除(施行令第 11 条)である。

【問４】　4
〔解説〕
解答のとおり。

【問５】　4
〔解説〕
法第３条の４で規定する引火性、発火性又は爆発性のある毒物又は劇物→施行令第 32 条の３で、①亜塩素酸ナトリウム及びこれを含有する製剤 30 ％以上、②塩素酸塩類を含有する製剤 35 ％以上、③ナトリウム、④ピクリン酸については正当な理由を除いては所持してはならないと規定されている。

【問６】　5
〔解説〕
この設問は登録の更新のことで、毒物又は劇物製造業者と輸入業者は、５年ごと、また毒物又は劇物販売業者は、６年ごとに更新を受けなければならないと規定されている。法第４条第３項。

【問７】　4
〔解説〕
この設問は、毒物又は劇物における販売品目の制限のことで、b が正しい。なお、a の一般販売業の登録を受けた者は、全ての毒物又は劇物を販売することができる。よって a は誤り。また、c の特定品目販売業の登録を受けた者は、法第４条の３第２項→施行規則第４条の３→施行規則別表第二掲げられている品目のみである。

【問８】　3
〔解説〕
この設問は、施行規則第４条の４第２項における毒物又は劇物の販売業の店舗の設備基準のことで、a と b が正しい。c については、その周囲に警報装置ではなく、堅固なさくが設けられていることである。(施行規則第４条の４第１項第二号ホ)

【問９】　1
〔解説〕
法第４条における登録について法第６条において、登録事項が規定されている。①申請者の氏名及び住所(法人の場合は名称及び主たる事務所の所在地)、②製造業又は輸入業の登録については、製造し又は輸入しようとする毒物又は劇物の品目、③製造所、営業所又は店舗の所在地のことで、この設問では、毒物劇物販売業の登録事項とあるので、aとbが正しい。
【問10】　3
〔解説〕
解答のとおり。
【問11】　2
〔解説〕
この設問は法第12条第1項の毒物又は劇物の表示で、bが正しい。なお、aは、黒地に白色をもってではなく、赤地に白色をもってである。cについては、劇物についても容器及び被包に「医薬用外」を表示しなければならない。
【問12】　3
〔解説〕
この設問も問11と同様に、毒物又は劇物の表示のことで、法第12条第2項で、毒物又は劇物を販売又は授与する際には、容器及び被包に次の事項として①毒物又は劇物の表示、②毒物又は劇物の成分及びその含量、③厚生労働省令で定める毒物又は劇物〔有機燐化合物及びこれを含有する製剤〕には、解毒剤の名称〔2－ピリジルアルドキシムメチオダイド(PAM)及び硫酸アトロピンの製剤〕を表示しなければならない。このことからaとdが正しい。
【問13】　4
〔解説〕
この設問は法第13条における着色する農業品目のことで、法第13条→施行令39条において、①硫酸タリウムを含有する製剤たる劇物、②燐化亜鉛を含有する製剤たる劇物→施行規則第12条で、あせにくい黒色に着色しなければならないと規定されている。このことからbとdが正しい。
【問14】　2
〔解説〕
この設問は、いわゆる一般人に販売又は授与する際についで、法第14条第2項のことで、譲受人から提出を受ける書面の事項で、①毒物又は劇物の名称及び数量、②販売又は授与の年月日、③譲受人の氏名、職業及び住所(法人にあっては、その名称及び主たる事務所の所在地)である。このことからaとcが正しい。
【問15】　2
〔解説〕
この設問は毒物又は劇物を交付してはならい事項として、①18歳未満の者、②心身の障害により毒物又は劇物による保健衛生上の危害の防止を適正に行うことができない者、③麻薬、大麻、あへん又は覚せい剤の中毒者である。このことからbが正しい。なお、cについては、3年間保存とあるが、法第15条第4項で5年間保存しなければならないと規定されている。よって誤り。
【問16】　1
〔解説〕
この設問は法第15条の2〔廃棄〕→施行令第40条〔廃棄方法〕が規定されている。解答のとおり。
【問17】　3
〔解説〕
この設問は毒物又は劇物の運搬方法についてで、毒物又は劇物を運搬する車両の前後に掲げる標識のことが施行規則第13条の5で規定されている。解答のとおり。
【問18】　5
〔解説〕
この設問は施行令第40条の9第1〔項毒物又は劇物の情報提供の内容〕について→施行規則第13条の12に情報の内容が13項目規定されている。このことからa、b、cが該当する。
【問19】　5
〔解説〕
この設問は法第17条における事故の際の措置についてで、設問の全てが正しい。
【問20】　1
〔解説〕
法第21条は、①毒物劇物営業者〔製造業者、輸入業者、販売業者〕、②特定毒物研究者、③特定毒物使用者〔なくなった日〕が、営業の登録若しくは許可〔特定毒物研究者〕の効力がなくなったことについて規定である。

〔基礎化学〕
（一般・農業用品目・特定品目共通）

【問 21】　2
〔解説〕
メタン分子は炭素を中心に水素原子 4 つが正四面体の頂点に位置した構造を取っている無極性分子である。

【問 22】　3
〔解説〕
純物質とはただ 1 つの化合物あるいは元素からなる物質であり、混合物は純物質が複数混ざったものである。空気は窒素や酸素、アルゴン、二酸化炭素などが混ざった混合物であり、塩化ナトリウム NaCl は純物質である。液体の混合物を生成する方法には蒸留あるいは分留が適している。

【問 23】　1
〔解説〕
塩酸は（アルカリ側にある）フェノールフタレイン溶液を無色にする。0.1 mol/L の塩酸の pH は 1 である。

【問 24】　5
〔解説〕
同素体とは同じ元素からなる単体で、性質の異なるものである。

【問 25】　4
〔解説〕
0.1 mol/L 酢酸水溶液 10 mL を希釈し 100 mL にした時のモル濃度は 0.01 mol/L である。一方酢酸の電離度は 0.01 であるから、この希釈した酢酸水溶液の水素イオン濃度は $0.01 \times 0.01 = 0.0001 = 1.0 \times 10^{-4}$ である。よって pH は 4 となる。

【問 26】　2
〔解説〕
イオン結晶は固体では電気を流さないが、溶融あるいは溶解させることで電気伝導性を持つようになる。

【問 27】　5
〔解説〕
電池の負極では酸化反応が起こり、正極では還元反応が起こる。

【問 28】　1
〔解説〕
解答のとおり

【問 29】　5
〔解説〕
圧力を高めても低くしてもこの反応の平衡は変わらない。ヨウ化水素ガスを添加するとヨウ化水素を減少させる方向に平衡は移動する。温度を上げると吸熱方向に平衡は移動し、温度を下げると発熱方向に平衡は移動する。

【問 30】　4
〔解説〕
不揮発性の物質が溶解した溶液はもとの溶媒と比べて、蒸気圧降下、沸点上昇、凝固点降下が起こる。

【問 31】　1
〔解説〕
解答のとおり

【問 32】　5
〔解説〕
石灰水には Ca^{2+}が含まれており、これが二酸化炭素と反応し、水に溶けにくい炭酸カルシウム $CaCO_3$ が析出する。

【問 33】　4
〔解説〕
-CHO はアルデヒド基であり、カルボン酸は-COOH を有する。

【問 34】　2
〔解説〕
エステルは水に溶けにくく、有機溶媒に溶けやすい物質である。

【問 35】　3
〔解説〕

常温の水ではタンパク質は変性しない。

〔毒物及び劇物の性質及び貯蔵その他取扱方法、識別〕

（一般）

【問36】　2

〔解説〕

この設問は毒物はどれかとあるので、２の亜硝酸イソプロピルが毒物。法第２条第１項→法別表第一→指定令第１条に掲げられている品目が毒物。

【問37】　2

〔解説〕

この設問は劇物に該当する製剤はどれかとあるので、a の過酸化ナトリウム 10 ％を含む製剤（過酸化ナトリウム５％以下は劇物から除外）と c の水酸化ナトリウム 10 ％を含む製剤（水酸化ナトリウム５％以下は劇物から除外）が該当する。法第２条第２項→法別表第二→指定令第２条に掲げられている品目が劇物。

【問38】　3

〔解説〕

弗化水素酸（弗酸）は、毒物。弗化水素の水溶液で無色またわずかに着色した透明の液体。水にきわめて溶けやすい。貯蔵法は銅、鉄、コンクリートまたは木製のタンクにゴム、鉛、ポリ塩化ビニルあるいはポリエチレンのライニングをほどこしたものに貯蔵する。

【問39】　4

〔解説〕

クロルスルホン酸は劇物。無色または淡黄色、発煙性、刺激臭の液体。水と激しく反応する。クロルスルホン酸 $ClSO_3H$ は加水分解（$2ClSO_3H + 2H_2O \rightarrow 2HCl + H_2SO_4$）すると、塩酸と硫酸になるのでアルカリによる中和法。

【問40】　5

〔解説〕

a が誤り。ブロムメチル CH_3Br の貯蔵法については、常温では気体であるため、常温で気体なので、圧縮冷却して液化し、圧縮容器に入れ、直射日光、その他温度上昇の原因を避けて、冷暗所に貯蔵する。

【問41】　2

〔解説〕

クロルメチル CH_3Cl は、劇物。無色の気体。エーテル様の臭いと甘味を有する。水にわずかに溶ける。圧縮すれば無色の液体になる。用途は煙霧剤、冷凍剤。

【問42】　4

〔解説〕

ジクワットは、劇物で、ジピリジル誘導体で淡黄色結晶、水に溶ける。中性又は酸性で安定、アルカリ溶液でうすめる場合には、２～３時間以上貯蔵できない。腐食性を有する。土壌等に強く吸着されて不活性化する性質がある。用途は、除草剤。

【問43】　3

〔解説〕

ニコチンは、毒物。アルカロイドであり、純品は無色、無臭の油状液体であるが、空気中では速やかに褐変する。猛烈な神経毒。

【問44】　4

〔解説〕

b の塩素が誤り。塩素 Cl_2 は、黄緑色の窒息性の臭気をもつ空気より重い気体。ハロゲンなので反応性大。水に溶ける。中毒症状は、粘膜刺激、目、鼻、咽喉および口腔粘膜に障害を与える。

【問45】　5

〔解説〕

解答のとおり。

【問46】　4

〔解説〕

無水クロム酸（三酸化クロム、酸化クロム（IV））CrO_3 は、劇物。暗赤色の結晶またはフレーク状で、水に易溶、潮解性、きわめて強い酸化剤である。

【問 47】　2
〔解説〕
沃化水素酸は、劇物。無色の液体。ヨード水素の水溶液に硝酸銀溶液を加えると、淡黄色の沃化銀の沈殿を生じる。この沈殿はアンモニア水にはわずかに溶け、硝酸には溶けない。

【問 48】　1
〔解説〕
ベタナフトールの鑑別法；1)水溶液にアンモニア水を加えると、紫色の蛍石彩をはなつ。　2)水溶液に塩素水を加えると白濁し、これに過剰のアンモニア水を加えると澄明となり、液は最初緑色を呈し、のち褐色に変化する。

【問 49】　1
〔解説〕
ホルマリンはホルムアルデヒド HCHO の水溶液。フクシン亜硫酸はアルデヒドと反応して赤紫色になる。アンモニア水を加えて、硝酸銀溶液を加えると、徐々に金属銀を析出する。またフェーリング溶液とともに熱すると、赤色の沈殿を生ずる。

【問 50】　5
〔解説〕
潮解性を示す物質は、c の亜硝酸カリウムと d の水酸化ナトリウムである。亜硝酸カリウム KNO_2 は劇物。白色又は微黄色の固体。潮解性がある。水に溶けるが、アルコールには溶けない。水酸化ナトリウム(別名：苛性ソーダ)NaOH は、劇物。白色結晶性の固体、潮解性(空気中の水分を吸って溶解する現象)および空気中の炭酸ガス CO_2 と反応して炭酸ナトリウム Na_2CO_3 になる。

（農業用品目）

【問 36】　2
〔解説〕
a と c が正しい。a のナラシンは 10 %以下は毒物から除外だが、設問では、10 %を超えてとあるので毒物。c のメトミルは 45 %以下は毒物から除外だが、設問では、45 %以下を含有する製剤は毒物に該当しない。設問のとおり毒物から除外。なお、b のアバメクチンは 1.8 %以下は劇物であるので、設問は誤り。d のエマメクチンは２%以下は劇物から除外だが、設問では、２%以下とあるので劇物から除外。

【問 37】　2
〔解説〕
２のダイファシノンは、0.005 %以下は毒物から除外。設問のとおり。なお、１のピラクロストロピンは、6.8 %以下は劇物から除外であるので、設問にある 20 %を含有する製剤は劇物となる。よって誤り。３のイミダクロプリドは、２%以下を含有する製剤は劇物から除外。設問は誤り。５のカルタップは、２%以下を含有する製剤は劇物から除外。設問は誤り。

【問 38】　3
〔解説〕
この設問で正しいのは、b の燐化アルミニウムとその分解促進剤を含有する製剤と c のアンモニア水についてかの貯蔵方法が正しい。なお、EPN については、EPN は、有機リン製剤、毒物(1.5 %以下は除外で劇物)、芳香臭のある淡黄色油状(工業用製品)または融点 36 ℃の白色結晶。水に不溶、有機溶媒に可溶。不快臭。貯蔵法は揮発しやすいため、よく密栓し火気をさけ、直射日光の当たらない冷暗所に貯蔵する。d のブロムメチル CH_3Br は可燃性・引火性が高いため、火気・熱源から遠ざけ、直射日光の当たらない換気性のよい冷暗所に貯蔵する。耐圧等の容器は錆防止のため床に直置きしない。

【問 39】　4
〔解説〕
この設問では廃棄方法についてで、b の燐化亜鉛と d の硫酸第二銅が正しい。なお、a の硫酸の廃棄方法は、酸なので廃棄方法はアルカリで中和後、水で希釈する中和法。c のメトミルの廃棄方法は、スクラバーを具備した焼却炉で焼却する、もしくは水酸化ナトリウム水溶液等と加温して加水分解する。

【問 40】　5

〔解説〕

問 39 と同様に廃棄方法についてで、c のクロルピクリンと d のダイアジノンが正しい。なお、a の塩素酸カリウムの廃棄方法は、無色の結晶。水に可溶、アルコールに溶けにくい。チオ硫酸ナトリウム等の還元剤の水溶液に希硫酸を加えて酸性にし、この中 に少量ずつ投入する。反応終了後、反応液を中和し、多量の水で希釈して処理する還元法。b の DDVP の廃棄方法等は、劇物。刺激性があり、比較的揮発性の無色の油状の液体。水に溶けにくい。廃棄方法は木粉(おが屑)等に吸収させてアフターバーナー及びスクラバーを具備した焼却炉で焼却する燃焼法と 10 倍量以上の水と攪拌しながら加熱乾留して加水分解し、冷却後、水酸化ナトリウム等の水溶液で中和するアルカリ法。

【問 41】　2

〔解説〕

a と c が正しい。なお、b と d については次のとおり。イソキサチオンは有機リン系で淡黄褐色液体、水に難溶、有機溶剤に易溶の農薬である。中毒症状が発現した場合は、PAM 又は硫酸アトロピンを用いた適切な解毒手当を受ける。

【問 42】　4

〔解説〕

c のみ誤り。クロルピクリン CCl_3NO_2 は、無色～淡黄色液体、催涙性、粘膜刺激臭。水に不溶。線虫駆除、燻蒸剤。毒性・治療法は、血液に入りメトヘモグロビンを作り、また、中枢神経、心臓、眼結膜を侵し、肺にも強い傷害を与える。治療法は酸素吸入、強心剤、興奮剤。

【問 43】　3

〔解説〕

解答のとおり。

【問 44】　4

〔解説〕

解答のとおり。

【問 45】　5

〔解説〕

クロルメコトの用途について、5 が正しい。クロルメコートは、劇物。白色結晶。魚臭い。エーテルには溶けない。水、低級アルコールには溶ける。用途は農薬の植物成長調整剤。

【問 46】　4

〔解説〕

カズサホスは、10 %を超えて含有する製剤は毒物、10 %以下を含有する製剤は劇物。有機リン製剤、硫黄臭のある淡黄色の液体。水に溶けにくい。有機溶媒に溶けやすい。比重 1.05(20 ℃)、沸点 149 ℃。用途は殺虫剤。

【問 47】　2

〔解説〕

パラコートは、毒物で、ジピリジル誘導体で無色結晶性粉末、水によく溶け低級アルコールに僅かに溶ける。アルカリ性では不安定。金属に腐食する。不揮発性。用途は除草剤。

【問 48】　1

〔解説〕

塩素酸ナトリウム $NaClO_3$ は、劇物。無色無臭結晶で潮解性をもつ。酸化剤、水に易溶。有機物や還元剤との混合物は加熱、摩擦、衝撃などにより爆発することがある。酸性では有害な二酸化塩素を発生する。また、強酸と作用して二酸化炭素を放出する。除草剤。

【問 49】　1

〔解説〕

テフルトリンは、5 %を超えて含有する製剤は毒物。0.5 %以下を含有する製剤は劇物。淡褐色固体。水にほとんど溶けない。有機溶媒に溶けやすい。用途は野菜等のコガネムシ類等の土壌害虫を防除する農薬(ピレスロイド系農薬)。。

【問 50】　5

〔解説〕

フェンチオン MPP は、劇物(2 %以下除外)、有機リン剤、淡褐色のニンニク臭をもつ液体。有機溶媒には溶けるが、水には溶けない。稲のニカメイチュウ、ツマグロヨコバイなどの殺虫に用いる。

(特定品目)

【問 36】 2

〔解説〕

この設問では、劇物に該当しないものとあるので、2の水酸化カルシウム及びこれを含有する製剤は毒物及び劇物取締法に規定されていない。

【問 37】 2

〔解説〕

この設問は廃棄方法の基準について誤っているものはどれかとあるので、2の過酸化水素が誤り。過酸化水素の廃棄方法は、多量の水で希釈して処理する希釈法。

【問 38】 3

〔解説〕

メタノールについて誤っているのは、3である。メタノール(メチルアルコール)CH_3OH は、劇物。(別名:木精)無色透明。揮発性の可燃性液体である。沸点 64.7℃。蒸気は空気より重く引火しやすい。水とよく混和する。

【問 39】 4

〔解説〕

硝酸について誤っているものは、4である。硝酸 HNO_3:市販品は約 68 %で濃硝酸といい、無色発煙性の刺激臭液体、強酸性、強酸化剤、比重 1.4。金、白金などの白金族以外と反応する。金、白金などは王水(濃塩酸+濃硝酸)で反応する。高濃度のものは水と急激に接触すると熱を発生する。濃いものは皮膚に触れると NO_2 を発生し、次第に黄色なる(キサントプロテイン反応)。

【問 40】 5

〔解説〕

解答のとおり。

【問 41】 2

〔解説〕

アンモニア NH_3 は、劇物。10%以下で劇物から除外。特有の刺激臭がある無色の気体で、圧縮することにより、常温でも簡単に液化する。空気中では燃焼しないが、酸素中では黄色の炎を上げて燃焼する。

【問 42】 4

〔解説〕

二酸化鉛にいてで、a が誤り。二酸化鉛は、茶褐色の粉末で、水、アルコールには溶けない。

【問 43】 3

〔解説〕

重クロム酸カリウム $K_2Cr_2O_7$ は橙赤色結晶、水に易溶。用途は、工業用に酸化剤、媒染剤、製皮用、電気メッキ、電池調整用、顔料原料等に用いられる。

【問 44】 4

〔解説〕

解答のとおり。

【問 45】 5

〔解説〕

酢酸エチル $CH_3COOC_2H_5$ は、無色果実臭の可燃性液体で、その用途は主に溶剤や合成原料、香料に用いられる。吸入したとき、はじめに短時間の興奮期を経て、麻酔状態におちいることがある。蒸気は粘膜を刺激し、持続的に吸入するときは、肺、腎臓及び心臓の障害をきたす。。

【問 46】 4

〔解説〕

解答のとおり。

【問 47】 2

〔解説〕

a と c が正しい。なお、b の水酸化カリウム KOH(別名苛性カリ)は劇物(5%以下は劇物から除外。)で白色の固体で、水、アルコールには熱を発して溶けるが、アンモニア水には溶けない。 d の一酸化鉛 PbO(別名リサージ)は劇物。重い粉末で、黄色から赤色の間の様々なものがある。水にはほとんど溶けないが、酸、アルカリにはよく溶ける。

【問 48】　1

〔解説〕

a と b が正しい。なお、c の塩素は、常温では、窒息性臭気をもち黄緑色気体である。冷却すると黄色溶液を経て黄白色固体となる。d のホルマリンは無色透明な刺激臭の液体、低温ではパラホルムアルデヒドの生成により白濁または沈澱が生成することがある。水、アルコールとは混和する。エーテルには混和しない。

【問 49】　1

〔解説〕

a と b が正しい。c のホルマリンは、低温で混濁することがあるので、常温で貯蔵する。一般に重合を防ぐため 10 %程度のメタノールが添加してある。d のメタノール CH_3OH は特有な臭いの無色透明な揮発性の液体。サリチル酸と濃硫酸とともに熱すると、芳香あるエステル類を生じる。

【問 50】　5

〔解説〕

解答のとおり。

奈良県

奈良県
令和２年度実施
(注) 特定品目はありません。

〔法　規〕
（一般・農業用品目共通）
問１　２
〔解説〕
この設問は法第３条の２における特定毒物についてで、c が誤り。c の特定毒物を所持出来る者は、①毒物劇物営業者〔毒物又は劇物製造業者、同輸入業者、同販売業者〕、②特定毒物研究者、③特定毒物使用者である。このことは法第３条の２第 10 項に示されている。なお、a は法第３条の２第２項に示されている。b は法第３条の２第１項に示されている。d は第３条の２第５項に示されている。
問２　４
〔解説〕
特定毒物の用途については、施行令で規定されている。このことから正しいのは、c と d である。c は施行令第 16 条に示されている。d は施行令第１条に示されている。なお、a のモノフルオール酢酸アミドは、かんきつ類、りんご、なし、ぶどう、かき等の果樹の害虫防除に使用される。施行令第 22 条に示されている。b のモノフルオール酢酸の塩類を含有する製剤は、野ねずみの駆除に使用される。施行令第 11 条に示されている。
問３　１
〔解説〕
法第３条の３→施行令 32 条の２において、興奮、幻覚又は麻酔の作用を有する物として、①トルエン、②酢酸エチル、トルエン又はメタノールを含有する接着剤、塗料及び閉そく用又はシーリングの充てん剤のこと。このことから１が正しい。
問４　１
〔解説〕
この設問は、製造所の設備基準についてで、a と b が正しい。なお、c については、常時監視が行われていることではなく、堅固なさくが設けてあることである。d については、毒物又は劇物とその他の物とを区分して貯蔵することができるである。
問５　５
〔解説〕
この設問で正しいのは、c のみである。c の毒物劇物一般販売業の登録を受けた者は、全ての毒物又は劇物を販売し、授与することができる。設問は正しい。なお、a の毒物又は劇物輸入業者は、自ら輸入した毒物又は劇物を毒物劇物営業者に販売することができる。法第３状第３項ただし書きに示されている。b については、伝票処理のみの方法で販売又は授与しようとする場合とあることから、毒物劇物取扱責任者は置かなくてもよい。ただし、毒物又は劇物の販売業の登録を要する。d は法第５条により、登録を取り消され、取消の日から３年を経過したではなく、２年を経過していないものはであるときは、登録を受けることができないである。
問６　１
〔解説〕
この設問で正しいのは、c のみが正しい。一般毒物劇物取扱者試験に合格した者は、全ての製造所、営業所、店舗の毒物劇物取扱責任者になることができる。設問のとおり。なお、a については、ただ試験に合格しただけでは駄目で、販売業の登録申請をしなければならない。b については、他の都道府県においても毒物劇物取扱者になることができる。d では、硫酸を製造する工場とあることから、毒物劇物取扱責任者になることはできない。法第８条第４項において、製造業(製造所)の毒物劇物取扱責任者になることはできない。
問７　３　　問８　５　　問９　３
〔解説〕
解答のとおり。
問10　４
〔解説〕
法第 10 条は届出についてで、c と d が正しい。なお、a の法人の代表者を変更したとき、b の店舗の電話番号を変更したときについては届出を要しない。

問 11　3
〔解説〕
毒物又橘劇物の容器及び被包に掲げる事項は、①毒物又は劇物の名称、②毒物又は劇物の成分及びその含量、③有機燐化合物及びこれを含有する毒物又は劇物について解毒剤の名称(２－ピリジルアルドキシムメチオダイドの製剤及び硫酸アトロピンの製剤)である。このことから b と d が正しい。
問 12　4
〔解説〕
この設問は法第 13 条に示されている着色する農業用品目として規定されている。次のとおり。法第 13 条→施行令第 39 条で、①硫酸タリウムを含有する製剤たる劇物、燐化亜鉛を含有する製剤たる劇物→施行規則第 12 条で、あせにくい黒色で着色すると示されている。
問 13　5
〔解説〕
解答のとおり。
問 14　3　　問 15　2　　問 16　1　　問 17　2
〔解説〕
毒物又は劇物を廃棄する際には、法第 15 条→施行令第 40 条において、廃棄方法が示されている。解答のとおり。
問 18　4
〔解説〕
この設問にある施行令第 40 条の５は、毒物又は劇物についての運搬方法のこと。この設問では、過酸化水素 35 %を含有する製剤〔この品目は施行令別表第二掲げられている。〕で、１回につき 5,000kg 以上を車両で運搬する場合のことで、b のみが誤り。この設問の過酸化水素における車両に備えなければならい保護具は、①保護手袋、②保護長ぐつ、③保護衣、④普通ガス用防毒マスクを２人分以上備えなければならないである。〔施行令第 40 条の５第２項第二号→施行規則第 13 条の６に示されている。〕なお、a は施行令第 40 条の５第２項第四号のこと。c は施行令第 40 条の５第２項第二号→施行規則第 13 条の５の運搬する車両に掲げる標識のこと。d は施行令第 40 条の５第２項第一号→施行規則第 13 条の４に示されている。
問 19　1　　問 20　5
〔解説〕
解答のとおり。

〔基礎化学〕

（一般・農業用品目共通）

問 21 ～ 31　問 21　5　問 22　3　問 23　3　問 24　5　問 25　1　問 26　5
問 27　3　問 28　4　問 29　1　問 30　4　問 31　1
〔解説〕
問 21　Li は全元素の中で最もイオン化傾向が大きい。
問 22　解答のとおり　　問 23　$Ca(OH)_2 + CO_2 \rightarrow CaCO_3 + H_2O$
問 24　解答のとおり　　問 25　解答のとおり
問 26　両性金属元素は Zn, Al, Sn, Pb である。
問 27　サリチル酸はベンゼン(C_6H_6)の水素原子二つが、それぞれ OH と COOH に変化した化合物である。
問 28　水素の酸化数は+1、酸素の酸化数は－２である。
問 29　$2KMnO_4 + 3H_2SO_4 + 5(COOH)_2 \rightarrow 2MnSO_4 + 8H_2O + 10CO_2 + K_2SO_4$
問 30　Li は赤、Sr は紅、K は紫、Na は黄色、Cu は緑色の炎色反応を示す。
問 31　アルキンは分子内に炭素-炭素三重結合を有する。アセチレン：$HC \equiv CH$
問 32　2
〔解説〕
Pt はイオン化傾向がものすごく小さいため、非常に酸化されにくい。
問 33　3
〔解説〕
Fe^{2+}は淡緑色、Fe^{3+}は黄褐色であり、どちらのイオンも 6 配位である。Fe^{3+}を含む溶液にチオシアン酸イオンが加わると血赤色となる。

問 34　3

〔解説〕

Ag^{+}と Cu^{2+}が含まれる溶液の電気分解では、よりイオン化傾向の小さい Ag^{+}が電子を受け取って先に沈殿し、次いで Cu^{2+}が電子を受け取り沈殿する。

問 35　4

〔解説〕

エタノールを酸化するとアセトアルデヒドを経て酢酸となる。バイルシュタイン反応は有機ハロゲン化合物の確認反応である。

問 36　3

〔解説〕

ベンゼンに濃硝酸と濃硫酸を加えて加熱すると、ニトロベンゼンができる。

問 37　3

〔解説〕

酸素 O_2 の代表的な同素体としてオゾン O_3 がある。

問 38　4

〔解説〕

1.8×10^{24} 個の酸素分子のモル数は 6.0×10^{23} で割ると、3.0　mol となる。酸素の分子量は 32 であるから、$32 \times 3.0 = 96$ g。

問 39　2

〔解説〕

40 ℃の硝酸カリウム飽和溶液 80 g に含まれる硝酸カリウム(x)と水の重さ(y)は、60/160 = x/80, x = 30 g,　x + y = 80 より y = 50 g。よって 60 ℃では水 50 g に硝酸カリウムは 55 g 溶解するから、60 ℃の硝酸カリム溶液 80 g にはさらに 25 g の硝酸カリウムを溶かすことができる。

問 40　4

〔解説〕

プロパンのモル数を n モル、ブタンのモル数を m モルとおく。反応式はそれぞれ $nC_3H_8 + 5nO_2 \rightarrow 3nCO_2 + 4nH_2O$ と $mC_4H_{10} + 13/2mO_2 \rightarrow 4mCO_2 + 5mH_2O$ となる。生成した二酸化炭素は 11　L、水は 14　L であるから、次の連立方程式が成り立つ。3n + 4m = 11/22.4 …①式　4n + 5m = 14/22.4 …②式。この式を解くと、n = 1/22.4, m = 2/22.4 となる。よって必要な酸素のモル数は反応式より、5 × 1/22.4 + 13/2 × 2/22.4 = 18/22.4 モルとなる。1 モル = 22.4 L であるから酸素の体積は 18 L であるが、空気には酸素が 1/5 しか含まれていないので、18 × 5 = 90 L となる。

〔取扱・実地〕

（一般）

問 41　2

〔解説〕

a と c が正しい。次のとおり。塩素酸ナトリウム $NaClO_3$ は、白色の正方単斜状の結晶で、水に溶けやすく、空気中の水分を吸ってべとべとに潮解するもので、ふつうは溶液として使われる。製剤は除草剤として使用される。

問 42　3

〔解説〕

b と d が正しい。パラチオン(ジエチルパラニトロフエニルチオホスフエイト)は、特定毒物。純品は無色～淡黄色の液体。水に溶けにくく。有機溶媒に可溶。農業用は褐色の液で、特有の臭気をむ有する。アルカリで分解する。用途は遅効性殺虫剤。コリンエステラーゼ阻害作用がある。頭痛、めまい、嘔気、発熱、麻痺、痙攣等の症状を起こす。有機燐化合物。なお、このパラチオンは除外がされる濃度規定はない。

問 43 ～ 47　問 43　4　　問 44　2　　問 45　3　　問 46　1　　問 47　1

〔解説〕

問 43　黄リン P_4 は、毒物。無色又は白色の蝋様の固体。毒物。別名を白リン。暗所で空気に触れるとリン光を放つ。水、有機溶媒に溶けないが、二硫化炭素には易溶。湿った空気中で発火する。　問 44　クレゾール $C_6H_4(CH_3)OH$(別名メチルフェノール、オキシトルエン)は劇物：オルト、メタ、パラの 3 つの異性体の混合物。無色～ピンクの液体、フェノール臭、光により暗色になる。　問 45　ジメチル硫酸 $(CH_3)_2SO_4$ は、劇物。常温・常圧では、無色油状の液体である。水に不溶であるが、水と接触すれば徐々に加水分解する。用途は多くの有機合成のメチル化剤として用いられる。　問46　セレントSeは、毒物。灰色の金属光沢を有するペレット又は黒色の粉末。融点217℃。水に不溶。硫酸、二硫化炭素に可溶。

問47～50　問47　1　問48　3　問49　4　問50　2

〔解説〕

問47　EPNは、有機リン製剤、毒物(1.5％以下は除外で劇物)、芳香臭のある淡黄色油状または融点36℃の結晶。水に不溶、有機溶媒に可溶。遅効性殺虫剤(アカダニ、アブラムシ、ニカメイチュウ等)　有機リン製剤の中毒：コリンエステラーゼを阻害し、頭痛、めまい、嘔吐、言語障害、意識混濁、縮瞳、痙攣など。治療薬は硫酸アトロピンとPAM。　問48　キシレン$C_6H_4(CH_3)_2$：引火性無色液体。吸入すると、目、鼻、のどを刺激する。高濃度では興奮、麻酔作用がある。皮膚に触れた場合、皮膚を刺激し、皮膚から吸収される。　問49　トルイレンジアミンは、劇物。無色の結晶(パラ体)、水に可溶。著明な肝臓毒で、脂肪肝を起こす。又、皮膚に触れると皮膚炎(かぶれ)を起こす。用途は、染料の合成原料。　問50　リン化亜鉛Zn_3P_2は、灰褐色の結晶又は粉末。かすかにリンの臭気がある。ベンゼン、二硫化炭素に溶ける。酸と反応して有毒なホスフィンPH3を発生。嚥下吸入したときに、胃及び肺で胃酸や水と反応してホイフィンを生成することにより中毒症状を発現する。

問51～55　問51　1　問52　6　問53　4　問54　2　問55　5

〔解説〕

問51　アクリルアミドは無色の結晶。廃棄方法は、アフターバーナーを具備した焼却炉で焼却する。水溶液の場合は、木粉(おが屑)等に吸収させて同様に処理する焼却法。　問52　クロルピクリンCCl3NO2は、無色～淡黄色液体、催涙性、粘膜刺激臭。水に不溶。少量の界面活性剤を加えた亜硫酸ナトリウムと炭酸ナトリウムの混合溶液中で、攪拌(かくはん)し分解させたあと、多量の水で希釈して処理する分解法。　問53　シアン化水素HCNは、毒物。無色の気体または液体。特異臭(アーモンド様の臭気)、弱酸、水、アルコールに溶ける。廃棄法は多量のナトリウム水溶液(20w/v%以上)に吹き込んだのち、多量の水で希釈して活性汚泥槽で処理する活性汚泥法。　問54　酒石酸アンチモニルカリウムは、劇物(アンチモン化合物)。無色の結晶又は白色の結晶性粉末。水にやや溶けやすい。エタノール、ジエチルエーテルにはほとんど溶けない。主な用途は、殺虫剤、防虫剤、触媒、顔料、塗料等。廃棄法は、水に溶かし、希硫酸を加えて酸性にし、硫化ナトリウム水溶液を加えて沈殿させた後、ろ過して埋立処分する。　問55　ヒ素は金属光沢のある灰色の単体である。セメントを用いて固化し、溶出試験を行い溶出量が判定基準以下であることを確認して埋立処分する固化隔離法。

問57～60　問56　2　問57　1　問58　5　問59　4　問60　6

〔解説〕

解答のとおり。

（農業用品目）

問41　4

〔解説〕

農業用品目販売業者の登録が受けた者が販売できる品目については、法第四条の三第一項→施行規則第四条の二→施行規則別表第一に掲げられている品目である。このことからcのニコチンとdの硫酸タリウムが該当する。

問42～44　問42　3　問43　5　問44　1

〔解説〕

問42　イソフェンホスは5％を超えて含有する製剤は毒物。ただし、5％以下は毒物から除外。イソフェンホスは5％以下は劇物。問43　ジチアノン50％以下は毒物から除外。　問44　2－ジフエニルアセチル－1・3－インダンジオン0.005％

以下は毒物から除外。

問 45 ～ 47　問 45　2　　問 46　3　　問 47　1

〔解説〕

問 45　塩化亜鉛 $ZnCl_2$ は、白色の結晶で、空気に触れると水分を吸収して潮解する。水およびアルコールによく溶ける。水に溶かし、硝酸銀を加えると、白色の沈殿が生じる。　　問 46　クロルピクリン CCl_3NO_2 の確認：1) CCl_3NO_2 ＋金属 Ca ＋ベタナフチルアミン＋硫酸→赤色沈殿。2) CCl_3NO_2 アルコール溶液＋ジメチルアニリン＋ブルシン＋ BrCN →緑ないし赤紫色。　　問 47　AlP の確認方法：湿気により発生するホスフィン PH3 により硝酸銀中の銀イオンが還元され銀になる (Ag^+ → Ag) ため黒変する。

問 48 ～ 51　問 48　3　　問 49　1　　問 50　2　　問 51　4

〔解説〕

問 48　ナラシンは毒物（1％以上～ 10％以下を含有する製剤は劇物。）アセトン－水から結晶化させたものは白色～淡黄色。特有な臭いがある。用途は飼料添加物。　問 49　ヨウ化メチル CH_3I は、無色または淡黄色透明液体。エタノール、エーテルに任意の割合に混合する。水に不溶。用途はＩｉｙｅガス殺菌剤としてたばこの根瘤線虫、立枯病に使用する。　　問 50　エチル＝(Z)-3-〔N-ベンジル-N －〔[メチル(1-メチルチオエチリデンアミノオキシカルボニル)アミノ〕チオ〕アミノ〕プロピオナートは、劇物。白色結晶。水には極めて溶けにくい。用途は、たばこのタバコアオムシ、ヨトウムシ等の害虫を防除する農薬。　　問 51　2-メチリデンンブタン二酸(別名　メチレンコハク酸)は、劇物。白色結晶性粉末。用途は、農薬(摘花・摘果剤)、合成原料、塗料。

問 52 ～ 54　問 52　4　　問 53　3　　問 54　1

〔解説〕

解答のとおり。

問 55 ～ 57　問 55　2　　問 56　1　　問 57　4

〔解説〕

問 55　塩素酸カリウム $KClO_3$ は、無色の結晶。水に可溶、アルコールに溶けにくい。漏えいの際の措置は、飛散したもの還元剤(例えばチオ硫酸ナトリウム等)の水溶液に希硫酸を加えて酸性にし、この中に少量ずつ投入する。反応終了後、反応液を中和し多量の水で希釈して処理する還元法。　　問 56　ジメチル－４－メチルメルカプト－３－メチルフェニルチオホスフェイト(別名フェンチオン)は、劇物。褐色の液体。弱いニンニク臭を有する。各種有機溶媒に溶ける。水には溶けない。廃棄法：木粉(おが屑)等に吸収させてアフターバーナー及びスクラバーを具備した焼却炉で焼却する焼却法。(スクラバーの洗浄液には水酸化ナトリウム水溶液を用いる。)　　問 57　硫酸銅 $CuSO_4$ は、水に溶解後、消石灰などのアルカリで水に難溶な水酸化銅 $Cu(OH)_2$ とし、沈殿ろ過して埋立処分する沈殿法。または、還元焙焼法で金属銅 Cu として回収する還元焙焼法。

問 58 ～ 60　問 58　4　　問 59　3　　問 60　2

〔解説〕

問 58　エチレンクロルヒドリンの毒性は、吸入した場合は吐気、嘔吐、頭痛及び胸痛等の症状を起こすことがある。皮膚にふれた場合は、皮膚を刺激し、皮膚からも吸収され吸入した場合と同様の中毒症状を起こすことがある。問 59　アンモニアガスを吸入した場合、激しく鼻やのどを刺激し、長時間吸入すると肺や気管支に炎症を起こす。高濃度のガスを吸うと喉頭けいれんを起こすので極めて危険である。　　問 60　ブラストサイジン S は、劇物。白色針状結晶、融点 250 ℃以上で徐々に分解。水に可溶、有機溶媒に難溶。中毒症状は振戦、呼吸困難である。

本毒は、肝臓に核の膨大及び変性、腎臓には糸球体、細尿管のうッ血、脾臓には脾炎が認められる。また、散布に際して、眼刺激性が特に強いので注意を要する。

中国五県統一
〔島根県、鳥取県、岡山県、広島県、山口県〕
令和２年度実施

〔毒物及び劇物に関する法規〕
（一般・農業用品目・特定品目共通）

問１　３
〔解説〕
この設問では誤っているものはどれかとあるので、３が誤り。３は法第２条第３項で、‥‥医薬品及び医薬部外品以外の物であって、別表第三に掲げるものをいうである。なお、１は法第１条の目的。２は法第条１条第１項のこと。

問２　２
〔解説〕
２の四アルキル鉛〔毒物(特定毒物にも指定されている)〕、硫酸〔劇物〕なお、１のカリウムとニコチンは毒物。３の水銀とシアン化ナトリウムは毒物、４のモノクロル酢酸とベタナフトールは劇物。

問３　３
〔解説〕
解答のとおり。

問４　１
〔解説〕
解答のとおり。

問５　１
〔解説〕
解答のとおり。

問６　４
〔解説〕
着色する農業用品目については、法第 13 条→施行令第 39 条において、①硫酸タリウムを含有する製剤たる劇物、②燐化亜鉛を含有する製剤たる劇物→施行規則第 12 条で、あせにくい黒色で着色と示されている。このことから４が正しい。

問７　２
〔解説〕
解答のとおり。

問８　２
〔解説〕
法第 11 条第４項は、飲食物容器について使用禁止が示されている。

問９　３
〔解説〕
この設問については、他の毒物劇物営業者に販売又は授与する際に、法第 14 条第１項により、譲受人から提出を受ける書面を記載する事項として、①毒物又は劇物の名称及び数量、②販売又は授与の年月日、③譲受人の氏名、職業及び住所(法人にあっては、その名称及び主たる事務所の所在地)である。このことからイとエが該当する。

問 10　１
〔解説〕
この設問は、いわゆる一般の人に毒物又は劇物を販売する際のことである。アは設問のとおり〔法第 14 条第２項→施行規則第 12 条の２〔押印した書面〕、また、法第 15 条第１項第一号で、18 歳未満の者には、販売できないと示されている。この設問では 19 歳とあるので販売が可となる。〕。なお、イについては、例え親の委任状があっても法第 15 条第１項第一号で、18 歳未満の者には、販売できないとある。この設問は誤り。ウについては、アで記したように、押印を要する。

問 11　２
〔解説〕
この設問は法第 17 条における事故の際の措置についてで、イのみが正しい。イは法第 17 条第１項に示されている。なお、アには、劇物に盗難にあったが少量であったためとあるが、量の如何にかかわらずその旨を警察署しに届け出なければならないである。ウもアと同様に法第17条第2項のことで、この設問にある直ちに保健所ではなく、直ちに警察署に届け出なければならないである。

問12　2

〔解説〕

法第18条第1項とは、都道府県知事により毒物劇物営業者若しくは特定毒物営業者から必要な報告を徴し、毒物劇物監視員による立入検査のことが示されている。解答のとおり。

問13　3

〔解説〕

業務上取扱者の届出をしなければならない事業者については、法第22条第1項→施行令第41条及び同第42条で、①シアン化ナトリウム又は無機シアン化合物を使用する電気めっきを行う事業、②シアン化ナトリウム又は無機シアン化合物を使用する金属熱処理上を行う事業、③大型自動車 5,000kg 以上に毒物又は劇物を積載して行う大型運送業、④ヒ素化合物を使用するしろあり防除を行う事業のこと。このことから3が正しい。

問14　1

〔解説〕

この設問は毒物又は劇物を車両を使用するときに、毒物又は劇物の運搬を他に委託する際に、荷送人がその運送人対してあらかじめ記載した書面の内容が施行令第40条の6第1項→①名称、②成分、③含量、④数量、⑤書面〔応急措置を記載した書面〕である。このことから、ウのみが該当しない。

問15　4

〔解説〕

この設問は、毒物又は劇物の性状及び取扱いにおける内容の書面を記載した情報提供について、毒物劇物営業者が毒物又は劇物を販売し、授与するときまでに譲受人に対して、情報提供をしなければならないと施行令第40条の9に示されている。なお、この設問は情報提供の内容については施行規則第13条の12に示されている。このことからアのみが誤り。

問16～問25　**問16**　1　**問17**　2　**問18**　1　**問19**　2　**問20**　2
問21　1　**問22**　1　**問23**　2　**問24**　2　**問25**　1

〔解説〕

問16　設問のとおり。法第4条の2に示されている。　**問17**　この設問は登録の更新のことで、毒物又は劇物製造業又は輸入業の登録は、5年ごとに、販売業の登録は、6年ごどに更新を受けなければならないである。法第4条第3項のこと。　**問18**　設問のとおり。施行規則第4条の4第1項第二号イに示されている。　**問19**　施行規則第4条の4第1項第二号ホにより、堅固なさくがもうけてあることである。　**問20**　毒物劇物取扱責任者になることができる者とは、①薬剤師、②厚生労働省令で定める学校で、応用化学に関する学課を修了した者、③都道府県知事が行う試験に合格した者である〔法第8条第1項〕このことからこの設問は誤り。**問21**　設問のとおり。このことは同一店舗二業種のことで法第7条第2項に示されている。　**問22**　設問のとおり。法第12条第1項に示されている。　**問23**　この設問の毒物又は劇物を廃棄については、法第15条の2→施行令第40条における廃棄方法によるので、この設問にある以外の廃棄方法がある。　**問24**　この設問の毒物又は劇物を廃棄については、法第15条の2→施行令第40条における廃棄方法を遵守すればよい。このことから設問にある届け出を要しない。　**問25**　設問のとおり。法第14条第第4項に示されている。

〔基礎化学〕
（一般・農業用品目・特定品目共通）

問26～問33　**問26**　1　**問27**　1　**問28**　2　**問29**　2　**問30**　1　**問31**　1
問32　2　**問33**　1

〔解説〕

問26　二酸化炭素の有する酸素分子2つ各々に2組ずつ非共有電子対が存在する。

問27　亜鉛、アルミニウム、スズ、鉛は両性金属元素である。

問28　同じ元素からなり性質が異なる単体を同素体という。

問 29　ケトンには還元性がないので銀鏡反応を示さない。

問 30　サリチル酸はカルボキシ基とヒドロキシ基がベンゼン環オルト位に存在する。

問 31　遷移金属元素ともいう。

問 32　マンガンの化合物での酸化数は+2，+4，+6 であり、過マンガン酸カリウムなどの+6 価のマンガンが酸化剤として働くと酸性条件では+2 価に、塩基性条件では+4 価になる。

問 33　解答のとおり

中国五県統一

問 34 ～問 38　問 34　2　問 35　2　問 36　1　問 37　3　問 38　1

〔解説〕

問 34、問 35　解答のとおり

問 36　一酸化酸素は直ちに空気酸化され、褐色の二酸化窒素に変換される。

問 37　ソルベー法は炭酸ナトリウムの製法、ハーバー・ボッシュ法はアンモニアの製法である。

問 38　濃硝酸は酸化力が強く Cu と反応し二酸化窒素を放出するが、イオン化傾向が大きい Fe や Ni，Al とは不動態を形成し溶解しない。

問 39　3

〔解説〕

24.5%硫酸 1000 mL あったとすると、その重さは密度 1.2 g/cm3 より、1200 g となる。1200 g に含まれる硫酸の重さは、1200 × 0.245 = 294 g となる。硫酸の分子量は 98 であるから、この溶液のモル濃度は 294 ÷ 98 = 3.0 mol/L となる。

問 40　3

〔解説〕

必要な水酸化ナトリウム水溶液の体積を v とする。

0.1 × 2 × 15 = 0.3 × 1 × v，v = 10 mL

問 41　3

〔解説〕

$CH_4 + 2O_2 \rightarrow CO_2 + 2H_2O$。メタン 8.0 g は 0.5 mol であるか生じる水は 1 mol となる。

問 42　1

〔解説〕

ブタンおよび 2-メチルプロパンの 2 種類である。

問 43　3

〔解説〕

イオン化傾向は K>Ca>Na>Mg>Al>Zn>Fe>Ni ‥の順である。

問 44　3

〔解説〕

水素 1 g に含まれる水素分子の数はアボガドロ数の半分となる。Li^+1 mol にはアボガドロ数と同数の Li^+イオンが含まれる。

問 45　1

〔解説〕

解答のとおり

問 46　3

〔解説〕

解答のとおり

問 47　1

〔解説〕

硫酸の硫黄原子の酸化数は+6、Fe_2O_3 の鉄の酸化数は+3、窒素の酸化数は 0 である。

問 48　3

〔解説〕

酸と塩基が過不足なく反応する点を中和点という。pH 5 の溶液は pH 3 の溶液と比べ水素イオン濃度は 1/100 倍となる。強酸弱塩基による滴定では中和点が酸性側にあるので変色域が酸性側にあるメチルオレンジが適当である。0.1 mol/L 酢酸の電離度が 0.01 ならば、この溶液の pH は 3 となる。

問 49　4

〔解説〕

一般的に燃焼や固体が生じる反応は不可逆反応となることが多い。

問 50　1

〔解説〕

ビウレット反応はトリペプチド以上のポリペプチドで起こり、アミノ酸では起こらない。

〔毒物及び劇物の性質及び貯蔵、識別及び取扱方法〕

（一般）

問 51　3

〔解説〕

この設問の過酸化水素水について、ウの廃棄方法が誤り。次のとおり。過酸化水素水は過酸化水素 H_2O_2 の水溶液で、劇物。無色透明な液体。廃棄方法は、多量の水で希釈して処理する希釈法。

問 52　2

〔解説〕

この設問の性状及び用途の組み合わせについては、イのピカテコールが誤り。次のとおり。ピロカテコールは劇物。特徴的臭気のある無色の結晶。アセトン、エタノールに易溶。エーテル、クロロホルムに可溶。用途は香料、重合防止剤、抗酸化剤、医薬品及び農薬の合成原料として使用される。

問 53 ～問 56　問 53　5　問 54　3　問 55　1　問 56　4

〔解説〕

問 53　ナトリウム Na は、銀白色の柔らかい固体。水と激しく反応し、水酸化ナトリウムと水素を発生する。液体アンモニアに溶けて濃青色となる。

問 54　アセトニトリル CH_3CN は劇物。エーテル様の臭気を有する無色の液体。水、メタノール、エタノールに可溶。加水分解すれば、酢酸とアンモニアになる。

問 55　ホルムアルデヒド HCHO は、無色透明な液体で刺激臭を有し、寒冷地では白濁する場合がある。中性または弱酸性の反応を呈し、水、アルコールに混和するが、エーテルには混和しない。1 %以下は劇物から除外。

問 56　四弗化硫黄 SF_4 は、毒物。無色の気体。水と激しく反応する。腐食性が強い。用途は特殊材料ガス。

問 57 ～問 60　問 57　4　問 58　5　問 59　3　問 60　2

〔解説〕

問 57　亜硝酸ナトリウム $NaNO_2$ は、劇物。白色または微黄色の結晶性粉末。水に溶けやすい。アルコールにはわずかに溶ける。潮解性がある。空気中では徐々に酸化する。硝酸銀の中性溶液で白色の沈殿を生ずる。　問 58　トルエン $C_6H_5CH_3$(別名トルオール、メチルベンゼン)は劇物。特有な臭いの無色液体。水に不溶。比重 1 以下。可燃性。揮発性有機溶媒。麻酔作用が強い。その取扱いは引火しやすく、また、その蒸気は空気と混合して爆発性混合ガスとなるので火気は絶対に近づけない。静電気に対する対策を十分に考慮しなければならない。

問 59　塩酸は塩化水素 HCl の水溶液。無色透明の液体 25 %以上のものは、湿った空気中で著しく発煙し、刺激臭がある。塩酸は種々の金属を溶解し、水素を発生する。硝酸銀溶液を加えると、塩化銀の白い沈殿を生じる。爆発性でも引火性でもないが、各種の金属を腐食して水素ガスを発生し、これが空気と金剛して引火爆発することがある。直接中和剤を散布すると発熱し、酸が飛散することがある。　問 60　ホルムアルデヒド HCHO は、無色刺激臭の気体で水に良く溶け、これをホルマリンという。ホルマリンは無色透明な刺激臭の液体、低温ではパラホルムアルデヒドの生成により白濁または沈澱が生成することがある。水、アルコール、エーテルと混和する。

問61　3
〔解説〕
この設問の性状及び用途の組み合わせについては、3が正しい。次のとおり。六弗化化タングステン WF_6 は、無色低沸点液体。用途は半導体特殊ガス。なお、酸化カドミウム CdO は、暗褐色の粉末または結晶。用途は安定剤原料、電気メッキ有機化学の触媒。クロム酸ストロンチウム $SrCO_4$ は、黄色粉末。用途はさび止め用。

問62～問65　問62　3　問63　1　問64　4　問65　5
〔解説〕
問62　水酸化カリウム水溶液＋酒石酸水溶液→白色結晶性沈澱(酒石酸カリウムの生成)。不燃性であるが、アルミニウム、鉄、すず等の金属を腐食し、水素ガスを発生。これと混合して引火爆発する。水溶液を白金線につけガスバーナーに入れると、炎が紫色に変化する。　問63　アニリン $C_6H_5NH_2$ は、新たに蒸留したものは無色透明油状液体、光、空気に触れて赤褐色を呈する。特有な臭気。水には難溶、有機溶媒には可溶。水溶液にさらし粉を加えると紫色を呈する。
問64　硝酸鉛 $(Pb(NO_3)_2$ は劇物。無色の結晶。水に溶けやすい。470 ℃で分解すると一酸化鉛になる。用途は工業用の鉛塩原料、試薬等。　問65　ブロム水素酸(別名臭化水素酸)は劇物。無色透明あるいは淡黄色の刺激性の臭気がある液体。確認法は硝酸銀溶液を加えると、淡黄色のブロム銀を沈殿を生ずる。

問66～問69　問66　3　問67　5　問68　2　問69　1
〔解説〕
問66　ブロムメチル CH_3Br は可燃性・引火性が高いため、火気・熱源から遠ざけ、直射日光の当たらない換気性のよい冷暗所に貯蔵する。耐圧等の容器は錆防止のため床に直置きしない。　問67　クロロプレンは、重合防止剤(フェノチアジン等)を加えて窒素置換し遮光して冷所に貯える。　問68　三酸化二砒素(亜砒酸)は、毒物。無色、結晶性の物質。200 ℃に熱すると、溶解せずに昇華する。水にわずかに溶けて亜砒酸を生ずる。貯蔵法は少量ならばガラス壜に密栓し、大量ならば木樽に入れる。　問69　シアン化水素 HCN は、無色の気体または液体(b. p. 25.6 ℃)、特異臭(アーモンド様の臭気)、弱酸、水、アルコールに溶ける。毒物。貯法は少量なら褐色ガラス瓶、多量なら銅製シリンダーを用いる。日光及び加熱を避け、通風の良い冷所に保存。きわめて猛毒であるから、爆発性、燃焼性のものと隔離すべきである。

問70　2
〔解説〕
この設問は除外濃度が誤っているものはどれかとあるので、2のクレゾールが誤り。次のとおり。クレゾールは5％以下は劇物から除外。

問71～問74　問71　2　問72　4　問73　1　問74　3
〔解説〕
解答のとおり。

問75　3
〔解説〕
この設問の毒性の組み合わせで誤っているものは、3の四アルキル鉛。次のとおり。四アルキル鉛は特定毒物。無色の揮発性液体。特殊の臭気がある。毒作用は非常に強い。蒸発して蒸気となって、これを吸入すると鼻、口腔などから体内に入る。液が皮膚にふれても皮膚から体内に入り込む。細心の注意を要する。

問76　2
〔解説〕
解毒剤の組み合わせで正しいのは、2の水銀。水銀の慢性中毒（水銀中毒）の主な症状は、内分泌系・神経系・腎臓などを侵し、その他口腔・歯茎・歯などにも影響を与える。また、脳障害等も引き起こす。

問77～問80　問77　3　問78　1　問79　5　問80　2
〔解説〕
問77　一酸化鉛 PbO は、水に難溶性の重金属なので、そのままセメント固化し、埋立処理する固化隔離法。　問78　過酸化ナトリウム Na_2O_2 は、劇物。純粋なものは白色。一般的には淡黄色。廃棄方法は、水に加えて希薄な水溶液とし、酸(希塩酸、希硫酸等)で中和下後、多量の水で希釈して処理する中和法である。
問79　2-アミノエタノールは劇物。アンモニア様の香気臭のある液体。水、アルコール、アセトンと混和する。廃棄法は、多量の水で稀釈し、希硫酸を加えて中和後、活性汚泥で処理する活性汚泥法。　問80　シアン化カリウム KCN は、毒物で無色の塊状又は粉末。廃棄法は、　水酸化ナトリウム水溶液を加えてアルカリ性(pH11 以上)とし、酸化剤(次亜塩素酸ナトリウム、さらし粉等)等の水溶液を加えて CN 成分を酸化分解する酸化法。

(農業用品目)

問 51 ～問 54　問 51　4　問 52　3　問 53　2　問 54　1

〔解説〕

問 51　イミダクロプリド２％以下(マイクロカプセル製剤にあっては、12 ％)を含有する劇物から除外。　問 52　DEP は 10%以下で劇物から除外。

問 53　ジノカップは 0.2%以下で劇物から除外。　問 54　チアクロプリドは３％以下で劇物から除外。

問 55　3

〔解説〕

この設問の用途の組み合わせについては、３が正しい。次のとおり。EPN は毒物。芳香臭のある淡黄色油状または白色結晶で、水には溶けにくい。用途は遅効性の殺虫剤として使用される。なお、塩素酸ナトリウム $NaClO_3$ は、無色無臭結晶、酸化剤、水に易溶。用途は除草剤、酸化剤、抜染剤。クロルピクリン CCl_3NO_2 は、無色～淡黄色液体、催涙性、粘膜刺激臭。用途は、線虫駆除、土壌燻蒸剤(土壌病原菌、センチュウ等の駆除)。

問 56 ～問 59　問 56　1　問 57　5　問 58　2　問 59　4

〔解説〕

問 56　モノフルオール酢酸ナトリウム FCH_2COONa は、特毒。重い白色粉末。からい味と酢酸の臭いとを有する。用途は、野ネズミの駆除に使用。

問 57　パラコートは、毒物で、ジピリジル誘導体で無色結晶性粉末。用途は除草剤。　問 58　メソミル(別名メトミル)は 45 ％以下を含有する製剤は劇物。白色結晶。用途は殺虫剤。　問 59　トリシクラゾールは、劇物、無色無臭の結晶。用途は、農業用殺菌剤(イモチ病に用いる。)。８％以下は劇物除外。

問 60 ～問 63　問 60　1　問 61　2　問 62　4　問 63　3

〔解説〕

解答のとおり。

問 64 ～問 67　問 64　4　問 65　5　問 66　3　問 67　1

〔解説〕

解答のとおり。

問 68　2

〔解説〕

この設問では廃棄方法に関する組み合わせで正しいものは、２である。なお、ブロムメチル(臭化メチル) CH_3Br は、燃焼させると C は炭酸ガス、H は水、ところが Br は HBr(強酸性物質、気体)などになるのでスクラバーを具備した焼却炉が必要となる燃焼法。硫酸銅 $CuSO_4$ は、水に溶解後、消石灰などのアルカリで水に難溶な水酸化銅 $Cu(OH)_2$ とし、沈殿ろ過して埋立処分する沈殿法。または、還元焙焼法で金属銅 Cu として回収する還元焙焼法。

問 69　1

〔解説〕

この設問の貯蔵方法は全て正しい。解答のとおり。

問 70 ～問 73　問 70　2　問 71　1　問 72　3　問 73　4

〔解説〕

問 70　アンモニア水は無色透明、刺激臭がある液体。アルカリ性を呈する。アンモニア NH_3 は空気より軽い気体。濃塩酸を近づけると塩化アンモニウムの白い煙を生じる。　問 71　酢酸第二銅は劇物。一般には一水和物が流通。暗緑色結晶。240 ℃で分解して酸化銅(Ⅱ)になる。水にやや溶けやすい。エーテルに可溶。用途は触媒、染料、試薬。　問 72　塩化亜鉛 $ZnCl_2$ は、白色の結晶で、空気に触れると水分を吸収して潮解する。水およびアルコールによく溶ける。水に溶かし、硝酸銀を加えると、白色の沈殿が生じる。　問 73　ニコチンは、毒物。アルカロイドであり、純品は無色、無臭の油状液体であるが、空気中では速やかに褐変する。水、アルコール、エーテル等に容易に溶ける。ニコチンの確認：1)ニコチン＋ヨウ素エーテル溶液→褐色液状→赤色針状結晶　2)ニコチン＋ホルマリン＋濃硝酸→バラ色。

問 74　3

〔解説〕

この設問の漏えい又は飛散したときの措置で誤っているものは、３である。次のとおり。カルタップは、劇物。無色の結晶。水、メタノールに溶ける。飛散したものは空容器にできるだけ回収し、多量の水で洗い流す。
問 75 ～問 78　問 75　5　問 76　4　問 77　2　問 78　1
〔解説〕
解答のとおり。

問 79 ～問 80　問 79　2　問 80　3
〔解説〕
エチオンは劇物。不揮発性の液体。キシレン、アセトン等の有機溶媒に可溶。水には不溶。有機リン製剤。用途は果樹ダニ類、クワガタカイガラムシ等に用いる。

（特定品目）

問 51 ～問 54　問 51　1　問 52　3　問 53　4　問 54　2
〔解説〕
解答のとおり。
問 55　3
〔解説〕
塩酸 HCl は不燃性の無色透明又は淡黄色の液体で、25 ％以上の濃度のものは発煙性を有する。激しい刺激臭がある。腐食性が強く、弱酸性である。種々の金属やコンクリートを腐食する。用途は化学工業用としての諸種の塩化物の製造に使用。
問 56　3
〔解説〕
この設問では、メタノールについて誤っているものはどれかとあるので、3が誤り。次のとおり。3については、メタノールの O-H 結合の電離度は極めて小さいので酸性を示さない。なお、メタノール（メチルアルコール）CH_3OH は、劇物。（別名：木精）無色透明。揮発性の可燃性液体である。沸点 64.7 ℃。蒸気は空気より重く引火しやすい。水とよく混和する。
問 57 ～問 60　問 57　4　問 58　1　問 59　2　問 60　5
〔解説〕
問 57　水酸化ナトリウムは５％以下で劇物から除外。　問 58　クロム酸鉛は 70 ％以下は劇物から除外。　問 59　蓚酸は 10 ％以下で劇物から除外。
問 60　ホルムアルデヒドは 1%以下で劇物から除外。
問 61 ～問 64　問 61　3　問 62　1　問 63　5　問 64　4
〔解説〕
問 61　一酸化鉛 PbO（別名密陀僧、リサージ）は劇物。赤色～赤黄色結晶。用途はゴムの加硫促進剤、顔料、試薬等。　問 62　クロム酸ナトリウムは酸化性があるので工業用の酸化剤などに用いられる。　問 63　塩素 Cl_2 は、常温においては窒息性臭気をもつ黄緑色気体.冷却すると黄色溶液を経て黄白色固体となる。用途は酸化剤、紙パルプの漂白剤、殺菌剤、消毒薬。　問 64　硝酸 HNO_3 は純品なものは無色透明で、徐々に淡黄色に変化する。用途は冶金、爆薬製造、セルロイド工業、試薬。
問 65 ～問 68　問 65　5　問 66　2　問 67　1　問 68　4
〔解説〕
解答のとおり。
問 69　1
〔解説〕
この設問ではクロロホルムの鑑定法で誤っているものはどれかとあるので、1が誤り。
問 70　1
〔解説〕
キシレン $C_6H_4(CH_3)_2$ は、C、H のみからなる炭化水素で揮発性なので珪藻土に吸着後、焼却炉で焼却（燃焼法）。
問 71　2
〔解説〕
一酸化鉛 PbO は、水に難溶性の重金属なので、そのままセメント固化し、埋立処理する固化隔離法。
問 72　2
〔解説〕
水酸化カリウム（KOH）は劇物（5 ％以下は劇物から除外）。（別名：苛性カリ）。

空気中の二酸化炭素と水を吸収する潮解性の白色固体である。二酸化炭素と水を強く吸収するので、密栓して貯蔵する。

問 73 ～問 76　問 73　2　　問 74　3　　問 75　1　　問 76　5

〔解説〕

解答のとおり。

問 77 ～問 80　問 77　2　　問 78　4　　問 79　1　　問 80　3

〔解説〕

問 77　シュウ酸の中毒症状：血液中のカルシウムを奪取し、神経系を侵す。胃痛、嘔吐、口腔咽喉の炎症、腎臓障害。　**問 78**　塩素 Cl_2 は、黄緑色の窒息性の臭気をもつ空気より重い気体。ハロゲンなので反応性大。水に溶ける。中毒症状は、粘膜刺激、目、鼻、咽喉および口腔粘膜に障害を与える。　**問 79**　クロロホルムの中毒：原形質毒、脳の節細胞を麻酔、赤血球を溶解する。吸収するとはじめ嘔吐、瞳孔縮小、運動性不安、次に脳、神経細胞の麻酔が起きる。中毒死は呼吸麻痺、心臓停止による。　**問 80**　硫酸は、無色透明の液体。劇物から 10 %以下のものを除く。皮膚に触れた場合は、激しいやけどを起こす。可燃物、有機物と接触させない。直接中和剤を散布すると発熱し、酸が飛散することがある。眼に入った場合は、粘膜を激しく刺激し、失明することがある。直ちにに付着又は接触部を多量の水で、15 分間以上洗い流す。

香川県
令和２年度実施

〔法　規〕
（一般・農業用品目・特定品目共通）

香川県

問１　３
〔解説〕
この設問では毒物の組合せはどれかとあるので、a のセレンと d のモノフルオール酢酸が毒物。毒物は、法第２条第１項→法別表第一に示されている。なお、アニリンとトリクロル酢酸は劇物。

問２　２
〔解説〕
業務上取扱者の届出をしなければならない事業者については、法第 22 条第１項→施行令第 41 条及び同第 42 条で、①シアン化ナトリウム又は無機シアン化合物たる毒物を使用する電気めっきを行う事業、②シアン化ナトリウム又は無機シアン化合物たる毒物を使用する金属熱処理上を行う事業、③大型自動車 5,000kg 以上に毒物又は劇物を積載して行う大型運送業、④ヒ素化合物たる毒物を使用するしろあり防除を行う事業のこと。このことから該当するのは、a と c である。

問３～問４　問３　３　問４　４
〔解説〕
法第３条の２第３項及び第５項により、特定毒物であるモノフルオール酢酸アミドを含有する製剤は、施行令第 22 条第１項第一号で、使用者〔国、地方公共団体、農業協同組合及び農業者の組織する団体→都道府県知事の指定〕また、施行令第 22 条第１項第二号で、用途〔かんきつ類、りんご、なし、桃又はかきの害虫の防除〕が規定されている。解答のとおり。

問５　２
〔解説〕
法第３条の２第９項により、特定毒物である四アルキル鉛は、施行令第２条で、着色の表示の基準として、次の色に着色されていることとなっている。着色の色は、赤色、青色、黄色又は緑色となっている。このことからこの設問では、誤っているものは、２の黒色に着色が誤り。

問６　２
〔解説〕
法第３条の３について、施行令第 32 条の２次の品目→①トルエン、②酢酸エチル、トルエン又はメタノールを含有する接着剤、塗料及び閉そく用又はシーリングの充てん料は、みだりに摂取、若しくは吸入し、又はこれらの目的で所持してはならない。このことから２のトルエンが正しい。

問７　２
〔解説〕
法第４条における営業のについて、２が正しい。なお、法第４条における毒物又は劇物製造業及び輸入業については、平成 30 年６月 27 日法律第 66 号〔令和２年４月１日施行〕により、厚生労働大臣から都道府県知事へ権限の委譲がなされ、都道府県知事に移管された。なお、毒物又は劇物販売業については従前とおり、その店舗の所在地の都道府県知事〔政令で定める保健所を設置する市、特別区の区域‥‥市長又は区長〕である。

問8　2
〔解説〕
この設問は登録を要する者は、dが登録を要する。法第3条第3項に基づいて、法第4条における販売業の登録を要する。なお、a の塩化ナトリウムは塩化物ュ（塩）なので要しない。bc は、法第3条第3項に抵触せず登録を要しない。ただし、非届出取扱者として、法第22条第5項に基づいて法第11条、法第12条第1項及び第3項、法第17条、法第18条の規定は適用される。
問9　4
〔解説〕
c のみが正しい。c は法第7条第2項に示されている。なお、a は法第8条第 2 項第一号で、18 歳未満の者は毒物劇物取扱責任者になることができないと示されている。この設問では、20 歳とあるので毒物劇物取扱責任者になることができる。設問は誤り。b は法第7条第1項ただし書規定により、この設問は誤り。d は法第8条第 2 項第四号で、‥‥3年を経過指定ない者とあるので、この設問は誤り。
問10　2
〔解説〕
解答のとおり。
問11　5
〔解説〕
この設問は法第10条の届出についてで、c と d が正しい。c と d は法第10条第1項第四号→施行規則第10条の2に示されている。なお、a と b は届け出を要しない。
問12　2
〔解説〕
解答のとおり。
問13　3
〔解説〕
この設問では、a と c が正しい。a は法第15条第1項第一号に示されている。c は法第14条第2項→施行規則第12条の2に示されている。
問14　1
〔解説〕
毒物劇物営業者が譲受人に対して毒物又は劇物の性状及び取扱いの情報提供をしなければないことについて施行令第40条の9に示されている。この情報提供における内容について、施行規則第13条の11に示されている。このことからこの設問に掲げられているもので正しいのは、a と b である。
問15　5
〔解説〕
解答のとおり。
問16　1
〔解説〕
この設問は全て正しい。解答のとおり。
問17　2
〔解説〕
この設問は毒物又は劇物を運搬方法について施行令第40条の5関係のことである。このことから正しいのは a と b である。a は施行令第40条の9第2項第四号に示されている。b は施行令第40条の9第2項第三号→施行規則第13条の5→施行規則別表第五に品目ごとに保護具が掲げられている〔この設問では塩素となっている。〕。解答のとおり。なお、c は毒物又は劇物を車両の前後の見やすい箇所に掲げる標識で、施行規則第13条の4において、0.3 メートル平方の板に地を黒色、文字を白色として「毒」と表示しなければならないである。

問 18　4
〔解説〕
この設問は法第 17 条における事故の際の措置についてで、正しいのは a と b である。a と b は法第 17 条第 1 項。なお、c は法第 17 条第 2 項についで、毒物又は劇物が盗難にあい、又は紛失したときは、直ちに、その旨を警察署に届け出なければならない。この設問は誤り。

問 19　5
〔解説〕
解答のとおり。

問 20　1
〔解説〕
この設問は罰則規定で、法第 3 条の 4 における引火性、発火性又は爆発性のある毒物又は劇物について違反した場合について法第 24 条の 4 に示されている。解答のとおり。

〔基礎化学〕
（一般・農業用品目・特定品目共通）

問 21 ～問 25　問 21　2　問 22　3　問 23　3　問 24　1　問 25　3
〔解説〕
問 21　第二周期と第三周期の元素は原子番号 3 ～ 18 までの元素であり、Li, Be, Na, Mg, Al が金属元素となる。
問 22　窒素 (N_2)、酸素 (O_2)、フッ素 (F_2)、ネオン (Ne)、塩素 (Cl_2)、アルゴン (Ar)
問 23　陽性が強いとはすなわち最も陽イオンになりやすいものである。イオン化エネルギーより、Na が最も陽性が強い。
問 24　フッ素は全元素のうちで最も電気陰性度が大きい。
問 25　Al, Zn, Sn, Pb は両性金属元素である。

問 26 ～問 30　問 26　1　問 27　5　問 28　2　問 29　4　問 30　1
〔解説〕
問 26　塩化水素 HCl は 2 原子分子なので直線型になる。
問 27　メタン CH_4 は炭素原子を中心に水素原子 4 つが正四面体方向に配置された構造をとる。
問 28　水 H_2O は折れ線構造を持つ。
問 29　アンモニア NH_3 はメタンの水素原子が一つない構造で、三角錐構造を持つ。
問 30　二酸化炭素 CO_2 は炭素原子を挟みこむように二つの酸素原子が直線状に広がっている。

問 31 ～問 35　問 31　2　問 32　5　問 33　1　問 34　3　問 35　4
〔解説〕
問 35　実験 1 より、A, B, E は水に溶解しない $CaCO_3$,　$Al(OH)_3$, $Zn(OH)_2$ であり、C, D は Na_2CO_3 と $MgSO_4$ であることがわかる。実験 2 より炎色反応を示すのは Na^+ である。よって C は Na_2CO_3,　D は $MgSO_4$ となる。実験 3 より、塩酸と反応して気泡を発生するのは炭酸塩である $CaCO_3$ であり、これが A となる。実験 4 より、過剰のアンモニア水に錯イオンとなって溶解するのは $Zn(OH)_2$ が $[Zn(NH_3)_4]^{2+}$ となるためである。

問 36 ～問 40　問 36　3　問 37　2　問 38　5　問 39　5　問 40　1
〔解説〕
問 36　1 モルは 6.0×10^{23} 個であるから 2 モルでは 1.2×10^{24} 個となる。
問 37　標準状態で 1 モルの気体は 22.4 L であるから、67.2 L ならば 3.0 モルとなる。
問 38　ダイヤモンドは炭素の単体であり、炭素の原子量は 12 であるから、1.2

g のダイヤモンドのモル数は 0.1 モルである。よってこれに含まれる個数は 6.0×10^{22} 個となる。

問 39 $(3.75 \times 10^{24}/6.0 \times 10^{23}) \times 22.4 = 140$ L

問 40 水素 H_2 の分子量は 2 であるから 5.0 g の水素は 2.5 モルである。$2.5 \times 22.4 = 56$ L

問 41 ～問 45 問 41 2 **問 42** 3 **問 43** 4 **問 44** 1 **問 45** 5

〔解説〕

問 41 フェーリング反応はアルデヒド基の確認反応である。

問 42 プロピオンアルデヒドは C_3H_6O である。同一の分子式を持つものにアセトンがある。

問 43 炭酸水素ナトリウムは弱塩基性であるので酸性である酢酸が反応し二酸化炭素を発生する。

問 44 金属 Na は-OH と反応し水素ガスを発生する。酢酸も-OH を有するが酸性であるため、ここでは中性のエタノールが正解となる。

問 45 エタノールは C_2H_6O であり、これの異性体はジメチルエーテルがある。

〔取り扱い〕

（一般）

問 46 ～問 49 問 46 2 **問 47** 2 **問 48** 3 **問 49** 5

〔解説〕

問 46 クレゾールは 5%以下は劇物から除外。 **問 47** 水酸化ナトリウムは５％以下で劇物から除外。 **問 48** トリフルオロメタンスルホン酸は 10 %以下は劇物から除外。 **問 49** ギ酸は 90 %以下は劇物から除外。

問 50 ～問 53 問 50 3 **問 51** 4 **問 52** 2 **問 53** 5

〔解説〕

問 50 ホルムアルデヒド HCHO は、 無色透明な液体で刺激臭を有し、寒冷地では白濁する場合がある。中性または弱酸性の反応を呈し、水、アルコールに混和するが、エーテルには混和しない。低温では析出することがあるので常温で保存する。 **問 51** 黄燐 P_4 は、無色又は白色の蝋様の固体。毒物。別名を白リン。暗所で空気に触れるとリン光を放つ。水、有機溶媒に溶けないが、二硫化炭素には易溶。湿った空気中で発火する。空気に触れると発火しやすいので、水中に沈めてビンに入れ、さらに砂を入れた缶の中に固定し冷暗所で貯蔵する。

問 52 四塩化炭素(テトラクロロメタン)CCl_4 は、特有な臭気をもつ不燃性、揮発性無色液体、水に溶けにくく有機溶媒には溶けやすい。強熱によりホスゲンを発生。亜鉛またはスズメッキした鋼鉄製容器で保管、高温に接しないような場所で保管。 **問 53** ベタナフトール $C_{10}H_7OH$ は、劇物。無色～白色の結晶、石炭酸臭、水に溶けにくく、熱湯に可溶。有機溶媒に易溶。遮光保存(フェノール性水酸基をもつ化合物は一般に空気酸化や光に弱い)。

問 54 ～問 57 問 54 1 **問 55** 5 **問 56** 2 **問 57** 4

〔解説〕

問 54 トルエン $C_6H_5CH_3$ が漏えいした場合は、漏えいした液は、土砂等に吸着させて空容器に回収する。また多量に漏えいした液場合は、土砂等でその流れを止め、安全な場所に導き、液の表面を泡で覆いできるだけ空容器に回収する。

問 55 臭素 Br_2 は赤褐色の刺激臭がある揮発性液体。漏えい時の措置は、ハロゲンなので消石灰と反応させ次亜臭素酸塩にし、また揮発性なのでムシロ等で覆い、さらにその上から消石灰を散布して反応させる。多量の場合は霧状の水をかけ吸収させる。　**問 56**　フェノール C_6H_5OH は、無色の針状晶または結晶性の塊りで特異臭、水に溶け、弱酸性を示す。多量に漏えいした場合は漏えいした液は、土砂等でその流れを止め、土砂等で表面を覆い、放置して冷却固化させた後、掃き集めて空容器にできるだけ回収する。その後多量の水を用いて洗い流す。

問 57　砒素は種々の形で存在するが、結晶のものが最も安定で、灰色、金属光沢を有し、もろく粉砕できる。無定形のものは、黄色、黒色、褐色の三種が存在する。作業の際には必ず保護具を着用し、風下で作業をしない。飛散したものは空容器にできるだけ回収し、その後を硫酸第二鉄等の水溶液を散布し、消石灰、ソーダ灰等の水溶液を用いて処理した後、多量の水を用いて洗い流す。この場合、濃厚な廃液河川等に排出されないよう注意する。

問 58 ～問 61　**問 58**　3　**問 59**　1　**問 60**　5　**問 61**　2

〔解説〕

解答のとおり。

問 62 ～問 65　**問 62**　4　**問 63**　2　**問 64**　3　**問 65**　1

〔解説〕

問 62　水酸化カリウム KOH は、強塩基なので希薄な水溶液として酸で中和後、水で希釈処理する中和法。　**問 63**　塩素酸カリウム $KClO_3$ は、無色の結晶。水に可溶、アルコールに溶けにくい。漏えいの際の措置は、飛散したもの還元剤(例えばチオ硫酸ナトリウム等)の水溶液に希硫酸を加えて酸性にし、この中に少量ずつ投入する。反応終了後、反応液を中和し多量の水で希釈して処理する還元法。

問 64　フェンチオン(MPP)は、劇物。褐色の液体。弱いニンニク臭を有する。各種有機溶媒に溶ける。水には溶けない。廃棄法：木粉(おが屑)等に吸収させてアフターバーナー及びスクラバーを具備した焼却炉で焼却する焼却法。(スクラバーの洗浄液には水酸化ナトリウム水溶液を用いる。)　**問 65**　ホスゲンは独特の青草臭のある無色の圧縮液化ガス。蒸気は空気より重い。廃棄法はアルカリ法：アルカリ水溶液(石灰乳又は水酸化ナトリウム水溶液等)中に少量ずつ滴下し、多量の水で希釈して処理するアルカリ法。

(農業用品目)

問 46 ～問 49　**問 46**　2　**問 47**　2　**問 48**　4　**問 49**　5

〔解説〕

問 46　カルタップは２％以下は劇物から除外。　**問 47**　エマメクチンは２％以下は劇物から除外。**問 48**　トリシクラゾールは８％以下で劇物から除外。

問 49　硫酸は 10%以下で劇物から除外。

問 50 ～問 53　**問 50**　4　**問 51**　1　**問 52**　3　**問 53**　2

〔解説〕

問 50　シアン化カリウム KCN は無機シアン化合物なので強アルカリにしてから酸化処理をして(シアン酸カリウム KCNO)から、多量の水で希釈処理。　**問 51**　N-メチル-1-ナフチルカルバメート(NAC)は、:劇物。５％以下は劇物から除外。白色無臭の結晶。水に極めて溶にくい。飛散したものは空容器にできるだけ回収し、そのあとを消石灰等の水溶液を用いて処理し、多量の水を用いて洗い流す。この場合、濃厚な廃液が河川等に排出されないように注意する。　**問 52**　燐化亜鉛 Zn_3P_2 は、劇物。暗赤色の光沢のある粉末。水、アルコールにむ溶けない。漏えいした場合は、飛散した場合は風下の人を退避させる。飛散した燐化亜鉛の表面を速やかに土砂等で覆い、密閉可能な容器に出来るだけ回収して密閉する。燐化亜鉛で汚染された土砂等も同様の措置をし、そのあと多量の水を用いて洗い流す。　**問 53** 硫酸 H_2SO_4：土砂で流れを止め、土砂に吸着させるか、安全な場所に導いてから、注水による発熱に注意しながら遠くから注水して希釈して希硫酸とし、この強酸をアルカリで中和後、水で大量に希釈する。

問 54 ～問 55　問 54　4　　問 55　1
〔解説〕
問 54　DDVP は有機リン製剤で接触性殺虫剤。無色油状液体、水に溶けにくく、有機溶媒に易溶。水中では徐々に分解。　問 55　オキサミルは、毒物。白色針状結晶。かすかな硫黄臭がある。アセトン、メタノール、酢酸エチル、水に溶けやすい。用途はカーバメイト系殺虫、殺線剤。
問 56 ～問 59　問 56　5　　問 57　4　　問 58　2　　問 59　3
〔解説〕
問 56　ジクワットは、劇物で、ジピリジル誘導体で淡黄色結晶、水に溶ける。用途は、除草剤。　問 57　クロルピクリン CCl_3NO_2 は、劇物。無色～淡黄色液体、催涙性、粘膜刺激臭。用途は、線虫駆除、燻蒸剤。　問 58　硫酸タリウム Tl_2SO_4 は、劇物。白色結晶で、水にやや溶ける。用途は殺鼠剤。　問 59　ブラストサイジン S は、劇物。白色針状結晶。用途は稲のイモチ病に用いる殺菌剤。
問 60 ～問 61　問 60　1　　問 61　4
〔解説〕
解答のとおり。
問 62 ～問 65　問 62　2　　問 63　1　　問 64　5　　問 65　3
〔解説〕
問 62　パラコートの廃棄方法は①燃焼法では、おが屑等に吸収させてアフターバーナー及びスクラバーを具備した焼却炉で焼却する。②検定法。　問 63　アンモニア NH_3(刺激臭無色気体)は水に極めてよく溶けアルカリ性を示すので、廃棄方法は、水に溶かしてから酸で中和後、多量の水で希釈処理する中和法。
問 64　クロルピクリン CCl_3NO_2 は、無色～淡黄色液体、催涙性、粘膜刺激臭。廃棄方法は、少量の界面活性剤を加えた亜硫酸ナトリウムと炭酸ナトリウムの混合溶液中で、攪拌し分解させた後、多量の水で希釈して処理する分解法。
問 65　塩素酸カリウム $KClO_3$ は、無色の結晶。水に可溶、アルコールに溶けにくい。漏えいの際の措置は、飛散したもの還元剤(例えばチオ硫酸ナトリウム等)の水溶液に希硫酸を加えて酸性にし、この中に少量ずつ投入する。反応終了後、反応液を中和し多量の水で希釈して処理する還元法。

（特定品目）
問 46 ～問 49　問 46　5　　問 47　4　　問 48　4　　問 49　3
〔解説〕
問 46　クロム酸鉛は 70 ％以下は劇物から除外。　問 47　硝酸は 10%以下で劇物から除外。　問 48　アンモニアは 10%以下で劇物から除外。
問 49　過酸化水素は６％以下で劇物から除外。
問 50 ～問 53　問 50　2　　問 51　3　　問 52　1　　問 53　5
〔解説〕
問 50　ホルムアルデヒド HCHO は、無色透明な液体で刺激臭を有し、寒冷地では白濁する場合がある。中性または弱酸性の反応を呈し、水、アルコールに混和するが、エーテルには混和しない。低温では析出することがあるので常温で保存する。　問 51　四塩化炭素(テトラクロロメタン) CCl_4 は、特有な臭気をもつ不燃性、揮発性無色液体、水に溶けにくく有機溶媒には溶けやすい。強熱によりホスゲンを発生。亜鉛またはスズメッキした鋼鉄製容器で保管、高温に接しないような場所で保管。　問 52　重クロム酸カリウム $K_2Cr_2O_7$ は、橙赤色結晶、酸化剤。水に溶けやすく、有機溶媒には溶けにくい。衝撃、摩擦を避け、ガラス容器等に密栓して冷暗所に貯蔵する。可燃物と接触しないようにする。
問 53　メチルエチルケトン $CH_3COC_2H_5$ は、アセトン様の臭いのある無色液体。引火性。有機溶媒。貯蔵方法は直射日光を避け、通風のよい冷暗所に保管し、また火気厳禁とする。なお、酸化性物質、有機過酸化物等と同一の場所で保管しないこと。
問 54 ～問 57　問 54　5　　問 55　2　　問 56　1　　問 57　4
〔解説〕
解答のとおり。
問 58 ～問 61　問 58　3　　問 59　4　　問 60　1　　問 61　2
〔解説〕
問 58　酢酸エチル $CH_3COOC_2H_5$ は、無色果実臭の可燃性液体。蒸気は粘膜を刺激し、持続的に吸入すると肺、腎臓及び心臓の障害をきたす。　問 59　硫酸は、無色透明の液体。劇物から 10 %以下のものを除く。皮膚に触れた場合は、激しいやけどを起こす。可燃物、有機物と接触させない。直接中和剤を散布すると発熱し、酸が飛散することがある。眼に入った場合は、粘膜を激しく刺激し、失明することがある。直ちにに付着又は接触部を多量の水で、15 分間以上洗い流す。

問 60　メタノール(メチルアルコール)CH_3OH は無色透明、揮発性の液体で水と随意の割合で混合する。火を付けると容易に燃える。: 毒性は頭痛、めまい、嘔吐、視神経障害、失明。致死量に近く摂取すると麻酔状態になり、視神経がおかされ、目がかすみ、ついには失明することがある。　**問 61**　アンモニア NH_3 を吸入した場合、激しく鼻やのどを刺激し、長時間吸入すると肺や気管支に炎症を起こす。高濃度のガスを吸うと喉頭けいれんを起こすので極めて危険である。 皮膚に触れた場合やけど（薬傷）を起こし眼に入った場合は結膜や角膜に炎症を起こし、失明する危険性が高い。

香川県

問 62 ～問 65　**問 62**　4　**問 63**　1　**問 64**　5　**問 65**　3

〔解説〕

問 62　重クロム酸カリウム $K_2Cr_2O_7$ は重金属を含む酸化剤なので還元沈澱法、希硫酸に溶かし、還元剤の水溶液を過剰に用いて還元した後、消石灰、ソーダ灰等の水溶液で処理して沈殿濾過させる。溶出試験を行い、溶出量が判定基準以下であることを確認して埋立処分する。　**問 63**　硫酸は酸性物質なので中和法。

問 64　メタノール(メチルアルコール)CH_3OH は、無色透明の揮発性液体。硅藻土等に吸収させ開放型の焼却炉で焼却する。また、焼却炉の火室へ噴霧し焼却する焼却法。　**問 65**　酸化水銀(Ⅱ)HgO の廃棄方法は、1)焙焼法：還元焙焼法により金属水銀として回収。2)沈殿廃棄法：Na2S により水に難溶性の Hg_2S あるいは HgS として沈殿させ、これをセメントで固化し、溶出検査後埋立て処分。

〔実　地〕

（一般）

問 66 ～問 69　**問 66**　3　**問 67**　1　**問 68**　4　**問 69**　5

〔解説〕

問 66　キシレン $C_6H_4(CH_3)_2$ は、無色透明な液体で o-、m-、p-の 3 種の異性体がある。水にはほとんど溶けず、有機溶媒に溶ける。溶剤。揮発性、引火性。　**問 67**　フェノール C_6H_5OH(別名石炭酸、カルボール)は、劇物。無色の針状晶あるいは結晶性の塊りで特異な臭気があり、空気中で酸化され赤色になる。水に少し溶け、有機溶媒に溶ける。確認反応は $FeCl_3$ 水溶液により紫色になる(フェノール性水酸基の確認)。　**問 68**　弗化水素 HF は毒物。不燃性の無色液化ガス。激しい刺激性がある。ガスは空気より重い。空気中の水や湿気と作用して白煙を生じる。また、強い腐食性を示す。水にきわめて溶けやすい。　**問 69**　硫酸銅(Ⅱ)$CuSO_4 \cdot 5H_2O$ は、無水物は灰色ないし緑色を帯びた白色の結晶又は粉末。五水和物は青色ないし群青色の大きい結晶、顆粒又は白色の結晶又は粉末である。空気中でゆるやかに風解する。水に易溶、メタノールに可溶。

問 70 ～問 73　**問 70**　1　**問 71**　2
問 72　1　**問 73**　2

〔解説〕

解答のとおり。

問 74 ～問 77　**問 74**　5　**問 75**　1　**問 76**　2　**問 77**　3

〔解説〕

解答のとおり。

問 78 ～問 81　問 78　5　　問 79　1　　問 80　4　　問 81　2
〔解説〕
解答のとおり。
問 82 ～問 85　問 82　2　　問 83　2　　問 84　5　　問 85　5
〔解説〕
解答のとおり。

（農業用品目）

問 66 ～問 69　問 66　1　　問 67　2　　問 68　4　　問 69　5
〔解説〕
解答のとおり。
問 70 ～問 73　問 70　4　　問 71　3　　問 72　1　　問 73　2
〔解説〕
問 70　DDVP は有機リン製剤で接触性殺虫剤。無色油状液体、水に溶けにくく、有機溶媒に易溶。水中では徐々に分解。　問 71　ロテノン $C_{23}H_{22}O_6$(植物デリスの根に含まれる。)：斜方六面体結晶で、水にはほとんど溶けない。ベンゼン、アセトンには溶け、クロロホルムに易溶。接触毒としてサルハムシ類、ウリバエ類等に用いる。殺虫剤。貯蔵法は空気と光を遮断して貯蔵する。　問 72　エチルチオメトンは、毒物。淡黄色の液体。硫黄特有の臭いがある。水に難溶。有機溶媒に可溶。用途は有機燐系殺虫剤。５％以下は劇物から除外。　問 73　メチルイソチオシアネートは、劇物。無色結晶。土壌中のセンチュウ類や病原菌などに効果を発揮する土壌消毒剤。
問 74 ～問 77　問 74　2　　問 75　1　　問 76　3　　問 77　5
〔解説〕
問 74　ホスチアゼートは、劇物。弱いメルカプタン臭いのある淡褐色の液体。水にきわめて溶けにくい。pH6 及び pH8 で安定。用途は野菜等のネコブセンチュウ等の害虫を殺虫剤。　問 75　パラコートは、毒物で、ジピリジル誘導体で無色結晶性粉末、水によく溶け低級アルコールに僅かに溶ける。アルカリ性では不安定。金属に腐食する。不揮発性。用途は除草剤。　問 76　ジメチルジチオホスホリルフェニル酢酸エチル(フェントエート、PAP)は赤褐色、油状の液体で、芳香性刺激臭を有し、水、プロピレングリコールに溶けない。リグロインにやや溶け、アルコール、エーテル、ベンゼンに溶ける。有機燐系の殺虫剤。
問 77　フェンチオン MPP は、劇物(2 %以下除外)、有機リン剤、淡褐色のニンニク臭をもつ液体。有機溶媒には溶けるが、水には溶けない。稲のニカメイチュウ、ツマグロヨコバイなどの殺虫に用いる。
問 78 ～問 81　問 78　3　　問 79　4　　問 80　5　　問 81　1
〔解説〕
解答のとおり。
問 82 ～問 85　問 82　2　　問 83　2　　問 84　4　　問 85　5
〔解説〕
解答のとおり。

（特定品目）

問 66 ～問 69　問 66　1　　問 67　5　　問 68　4　　問 69　2
〔解説〕
解答のとおり。
問 70 ～問 73　問 70　4　　問 71　2　　問 72　3　　問 73　5
〔解説〕
解答のとおり。
問 74 ～問 77　問 74　2　　問 75　5　　問 76　3　　問 77　1
〔解説〕
問 74　塩酸は塩化水素 HCl の水溶液。無色透明の液体 25 %以上のものは、湿った空気中で著しく発煙し、刺激臭がある。塩酸は種々の金属を溶解し、水素を発生する。硝酸銀溶液を加えると、塩化銀の白い沈殿を生じる。 **問 75** 硫酸 H_2SO_4 は無色透明、油様の液体であるが、粗製のものは、しばしば有機質が混じて、かすかに褐色を帯びていることがある。濃い液体は猛烈に水を吸収する。

問 76 キシレン $C_6H_4(CH_3)_2$ は、無色透明な液体で o-、m-、p-の 3 種の異性体がある。水にはほとんど溶けず、有機溶媒に溶ける。溶剤。揮発性、引火性。

問 77 水酸化ナトリウム NaOH は、白色、結晶性のかたいかたまりで、繊維状結晶様の破砕面を現す。水と炭酸を吸収する性質がある。水溶液を白金線につけて火炎中に入れると、火炎は黄色に染まる。

問 78 ～問 81 **問 78** 5 **問 79** 1 **問 80** 4 **問 81** 3

〔解説〕

解答のとおり。

問 82 ～問 85 **問 82** 4 **問 83** 5 **問 84** 3 **問 85** 4

〔解説〕

解答のとおり。

愛媛県
令和２年度実施

〔法規（選択式問題）〕
（一般・農業用品目共通）
1　問題１　1　問題２　2　問題３　4　問題４　1　問題５　1
〔解説〕
施行令第 40 条は毒物又は劇物における廃棄の方法のこと。解答のとおり。
2　問題６　3　問題７　3　問題８　1　問題９　1　問題10　3
〔解説〕
法第 15 条は毒物又は劇物の交付の制限等のこと。解答のとおり。
3　問題11　4　問題12　4　問題13　2　問題14　4　問題15　4
〔解説〕
問題11　法第３条の２第５項→施行令第１条第二号に示されている。
問題12　施行令第 12 条第二号に示されている。　**問題13**　施行令第 23 条題第一号に示されている。　**問題14**　施行令第 29 条第一号に示されている。
問題15　特定毒物研究者の使用の限定(用途)のこと。
4　問題16　1　問題17　2　問題18　2　問題19　1　問題20　2
問題21　2　問題22　2　問題23　2　問題24　1　問題25　2
〔解説〕
問題16　設問のとおり。廃止届を出して新たに登録申請をする。
問題 17　法第８条第１項第二号で、厚生労働省令で定める学校で、応用化学に関する学課を修了した者が毒物劇物取扱責任者になることができる。
問題 18　法第４条の３第１項〔農業上毒物又は劇物については〕→施行規則第４条の２→施行規則別表第一に掲げれられている品目のみである。このことから特定品目を販売することはできない。　**問題 19**　設問のとおり。法第 10 条第１項第四号に示されている。　**問題 20**　この設問も法第 10 条１項第二号のことで、30 日以内に都道府県知事にその旨を届け出なければならない。
問題 21　法第７条第１項により、毒物劇物取扱責任者を置かなくてもよい。ただし販売業の登録を要する。　**問題 22**　この設問は、いわゆる一般の人に毒物又は劇物を販売又は授与したときは、提出を受けなければならない書面には譲受人の押印を要する。〔法第 14 条第２項→施行規則第 12 条の２に示されている。
問題 23　この設問は法第８条第２項第四号で、３年を経過していない者は、毒物劇物取扱責任者になることができない。　**問題 24**　この設問は業務上取扱者についてで、法第 22 条第１項→施行令第 41 条第一号のこと。解答のとおり。　**問題 25**　この設問は法第 17 条第２項で、その旨を直ちに警察署に届け出なければならないである。よってこの設問は誤り。

〔法規（記述式問題）〕
（一般・農業用品目共通）
1　問題１　授与　問題２　名称　問題３　年月日　問題４　職業
問題５　住所　問題６　所在地　問題７　保健衛生上
問題８　政令　問題９　技術上　問題10　着色
〔解説〕
解答のとおり。

愛媛県

〔基礎化学（選択式問題）〕

（一般・農業用品目共通）

1　問題 26　1　問題 27　1　問題 28　2　問題 29　2　問題 30　1
問題 31　2　問題 32　2　問題 33　2　問題 34　2　問題 35　1

〔解説〕

問題 26　同族元素は周期が大きくなるほど原子サイズも大きくなる。
問題 27　解答のとおり
問題 28　銅に濃硝酸を加えると二酸化窒素を発生する。
問題 29　ケトンを還元すると第二級アルコールになる。
問題 30　アルデヒドは酸化されるとカルボン酸、還元されると第一級アルコールになる。
問題 31　メタン CH_4 は化合物である。
問題 32　水銀は液体の金属であるが、硝酸や塩酸などには溶解しない。
問題 33　硫化水素は無色で腐卵臭のある有毒な気体である。
問題 34　界面活性剤は水の表面張力を小さくする。
問題 35　解答のとおり

2　問題 36　3　問題 37　2　問題 38　1　問題 39　3　問題 40　1

〔解説〕

問題 36　シアン化カリウムは強塩基の水酸化カリウムと弱酸のシアン化水素の塩である。
問題 37　塩化カリウムは強塩基の水酸化カリウムと強酸の塩化水素の塩である。
問題 38　塩化水素を水に溶解させたものを塩酸といい、強酸性を示す。
問題 39　酢酸カリウムは強塩基の水酸化カリウムと弱酸の酢酸から生じる塩である。
問題 40　燐酸二水素ナトリウム（NaH_2PO_4）は燐酸（H_3PO_4）の水素がナトリウムに変化したものであり、弱酸性を示す。一方燐酸水素二ナトリウム（Na_2HPO_4）は塩基性を示す。

3　問題 41　3　問題 42　5　問題 43　8　問題 44　4　問題 45　7

〔解説〕

問題 41　問題 42　問題 43　解答のとおり
問題 44　正解 4　希ガスの価電子は 8 ではなく 0 である。
問題 45　解答のとおり

4　問題 46　1　問題 47　4　問題 48　3　問題 49　9　問題 50　6

〔解説〕

解答のとおり

〔基礎化学（記述式問題）〕

（一般・農業用品目共通）

1　問題 11　16.7　問題 12　11.8　問題 13　2.5　問題 14　550
問題 15　450

〔解説〕

問題 11　この飽和溶液の濃度は $50/(250+50) \times 100 = 16.666 \cdot\cdot\%$
問題 12　この塩酸が 1 L （$=1000cm^3$）あったとする。この塩酸の重さは密度が $1.18\ g/cm^3$ であるから、$1000\ cm^3 \times 1.18\ g/cm^3 = 1180\ g$。この時の溶質の重さを塩化水素の分子量で割ったものがモル濃度であるから、$1180 \times 0.365/36.5 = 11.8\ mol/L$
問題 13　中和は酸のモル濃度×酸の価数×酸の体積=塩基のモル濃度×塩基の価数×塩基の体積で求められる。$2.5 \times 2 \times 1 = 2 \times 1 \times x,\quad x = 2.5\ L$

問題 14 の解を x mL、問題 15 の解を y mL とおく。二つの溶液をあわせたときの体積は 1000 mL であるから、$x + y = 1000$ ‥①式。この溶液の濃度が 47%であるから式は、$(0.2x+0.8y)/1000 \times 100 = 47$ ‥②式、この連立方程式を解くと、$x = 550$ 、$y = 450$ となる。

〔薬物（選択式問題）〕

（一般）

1　問題１　3　問題２　2　問題３　5　問題４　4　問題５　1
問題６　3　問題７　4　問題８　1　問題９　5　問題10　2

〔解説〕

問題１、問題６　キノリンは劇物。無色または淡黄色の特有の不快臭をもつ液体で吸湿性である。水、アルコール、エーテル二硫化炭素に可溶。用途は界面活性剤。**問題２、問題７**　エチレンオキシド$(CH_2)_2O$ は、劇物。快臭のある無色のガス、水、アルコール、エーテルに可溶。可燃性ガス、反応性に富む。用途は有機合成原料、界面活性剤、殺菌剤。　**問題３、問題８**　クロロホルム $CHCl_3$ は、無色、揮発性の重い液体で特有の香気とわずかな甘みをもち、麻酔性がある。不燃性。水にわずかに溶ける。用途はゴムやニトロセルロース等の溶剤、合成樹脂原料、医薬品原料。**問題４、問題９**　ダイアジノンは劇物。有機リン製剤、接触性殺虫剤、かすかにエステル臭をもつ無色の液体、水に難溶、エーテル、アルコールに溶解する。有機溶媒に可溶。用途は接触性殺虫剤。**問題５、問題10**　チオセミカルバジド$(H_2NCSNHNH_2)$は、毒物。白色の結晶性粉末。水、アルコールに溶ける。用途は殺鼠剤。

2　問題11　1　問題12　2　問題13　4　問題14　3　問題15　5

〔解説〕

問題 11　黄リン P_4 は、無色又は白色の蝋様の固体。毒物。別名を白リン。湿った空気中で発火する。空気に触れると発火しやすいので、水中に沈めてビンに入れ、さらに砂を入れた缶の中に固定し冷暗所で貯蔵する。　**問題 12**　ナトリウム Na は、銀白色の金属光沢固体、空気、水を遮断するため石油に保存。

問題 13　水酸化ナトリウム（別名：苛性ソーダ）NaOH は、白色結晶性の固体。貯蔵法については潮解性があり、二酸化炭素と水を吸収する性質が強いので、密栓して貯蔵する。　**問題 14**　アクロレイン $CH_2=CHCHO$ は、刺激臭のある無色液体、引火性。光、酸、アルカリで重合しやすい。医薬品合成原料。貯法は、非常に反応性に富む物質であるため、安定剤を加え、空気を遮断して貯蔵する。極めて引火し易く、またその蒸気は空気と混合して爆発性混合ガスとなるので、火気には絶対に近づけない。　**問題 15**　臭素 Br_2 は劇物。赤褐色・特異臭のある重い液体。強い腐食作用を持ち、濃塩酸にふれると高熱を発するので、共栓ガラスビンなどを使用し、冷所に貯蔵する。

3　問題16　3　問題17　4　問題18　1　問題19　5　問題20　2

〔解説〕

問題 16　四エチル鉛$(C_2H_5)_4Pb$ は、特定毒物、無色揮発性液体、特殊な臭気をもつ、比較的不安定で日光によって徐々に分解して白濁する。吸入すると血圧降下、貧血、さらに吐気、嘔吐、めまい、頭痛、食欲不振、悪夢、不眠症状を呈し、やがて中枢神経が侵される。皮膚からも吸収される。　**問題 17**　硝酸タリウム TNO_3 は、劇物。白色の結晶。水に溶けにくい。アルコールに不溶。市販品は黒色に着色されている。経口摂取すると、胃腸の運動過多、下痢、吐き気、脱水症状を起こす。　**問題 18**　トルエン $C_6H_5CH_3$ は、劇物。特有な臭い（ベンゼン様）の無色液体。水に不溶。比重 1 以下。可燃性。引火性。劇物。用途は爆薬原料、香料、サッカリンなどの原料、揮発性有機溶媒。中毒症状は、蒸気吸入により頭痛、食欲不振、大量で大赤血球性貧血。皮膚に触れた場合、皮膚の炎症を起こすことがある。また、目に入った場合は、直ちに多量の水で十分に洗い流す。
問題 19　塩化第二水銀は毒物。無色又は針状結晶。水にやや溶けやすい。アルコールやエーテルにも溶ける。水溶液は酸性を示す。毒性はマウスにおける 50 ％致死量は、体重 1kg 当たり経口投与 10mg/kg である。解毒法：・中毒の際には胃洗浄，卵，牛乳の飲用のほか BAL（1, 2-ｼﾞﾁｵｸﾞﾘｾﾘﾝ。直射日光を避け、容器を密閉して冷暗所に施錠して保管すること。　**問題 20**　EPN は、有機リン製剤、毒物（1.5 ％以下は除外で劇物）、芳香臭のある淡黄色油状または融点 36 ℃の結晶。水に不溶、有機溶媒に可溶。遅効性殺虫剤（アカダニ、アブラムシ、ニカメイチュウ等）　有機リン製剤の中毒：コリンエステラーゼを阻害し、頭痛、めまい、嘔吐、言語障害、意識混濁、縮瞳、痙攣など。

4　問題21　2　問題22　4　問題23　3　問題24　2　問題25　3
問題26　3　問題27　1　問題28　4　問題29　2　問題30　3

〔解説〕

毒物は法第２条第１項→法別表第一に示されている。劇物は法第２条第２項→

愛媛県

法別表第二に示されている。解答のとおり。特定毒物は法第２条第３項→法別表第三に示されている。なお、硫化アンチモンはアンチモン化合物から除外。硫化バリウムはバリウム化合物から除外。解答のとおり

５　**問題 31**　2　**問題 32**　5　**問題 33**　2　**問題 34**　4　**問題 35**　3
問題 36　4　**問題 37**　2　**問題 38**　1　**問題 39**　1　**問題 40**　5

〔解説〕

問題 31　イミノクタジンは２％以下は劇物から除外。　**問題 32**　シアナミドは 10 ％以下は劇物から除外。　**問題 33**　過酸化尿素は 17 ％以下は劇物から除外。　**問題 34**　ギ酸は 90 ％以下は劇物から除外。　**問題 35**　クロム酸鉛は 70 ％以下は劇物から除外。　**問題 36**　アンモニアは 10%以下で劇物から除外。**問題 37**　水酸化カリウム(別名苛性カリ)は 5%以下で劇物から除外。

問題 38　蓚酸は 10 ％以下で劇物から除外。　**問題 39**　ホルムアルデヒドは 1%以下で劇物から除外。　**問題 40**　フェノールは５％以下で劇物から除外。

（農業用品目）

愛媛県

１　**問題１**　3　**問題２**　1　**問題３**　2　**問題４**　4　**問題５**　5

〔解説〕

問題１　クロロファシノンは、劇物。白～淡黄色の結晶性粉末。用途はのねずみの駆除。　**問題２**　イミダクロプリドは劇物。弱い特異臭のある無色結晶。用途は野菜等のアブラムシ等の殺虫剤(クロロニコチニル系農薬)。

問題３　塩素酸ナトリウム $NaClO_3$ は、無色無臭結晶、酸化剤、水に易溶。用途は除草剤、酸化剤、抜染剤。　**問題４**　EDDP は、淡黄色透明の液体。有機リン製剤。用途は、稲のいもち・紋枯病の殺菌剤として用いられる。

問題５　メチルイソチオシアネートは劇物。無色結晶。用途は、土壌中のセンチュウ類や病原菌などに効果を発揮する土壌消毒剤。

２　**問題６**　3　**問題７**　1　**問題８**　3　**問題９**　2　**問題 10**　4

〔解説〕

解答のとおり

３　**問題 11**　4　**問題 12**　1　**問題 13**　5　**問題 14**　3　**問題 15**　2

〔解説〕

解答のとおり

４　**問題 16**　3　**問題 17**　1　**問題 18**　2　**問題 19**　2　**問題 20**　3
問題 21　3　**問題 22**　4　**問題 23**　3　**問題 24**　1　**問題 25**　2

〔解説〕

農業用品目販売業者が販売できる品目については、法第四条の三第一項→施行規則第四条の二→施行規則別表第一に掲げられている品目である。解答のとおり。

５　**問題 26**　2　**問題 27**　5　**問題 28**　3　**問題 29**　4　**問題 30**　1

〔解説〕

問題 26　塩化亜鉛 $ZnCl_2$ は、白色結晶、潮解性、水に易溶。貯蔵法については、潮解性があるので、乾燥した冷所に密栓して貯蔵する。　**問題 27**　シアン化ナトリウム NaCN(別名青酸ソーダ、シアンソーダ、青化ソーダ)は毒物。白色の粉末またはタブレット状の固体。酸と反応して有毒な青酸ガスを発生するため、酸とは隔離して、空気の流通が良い場所冷所に密封して保存する。　**問題 28**　ホストキシン(リン化アルミニウム AlP とカルバミン酸アンモニウム $H_2NCOONH_4$ を主成分とする。)は、ネズミ、昆虫駆除に用いられる。リン化アルミニウムは空気中の湿気で分解して、猛毒のリン化水素 PH3(ホスフィン)を発生する。空気中の湿気に触れると徐々に分解して有毒なガスを発生するので密閉容器に貯蔵する。使用方法については施行令第 30 条で規定され、使用者についても施行令第 18 条で制限されている。　**問題 29**　ロテノンはデリスの根に含まれる。殺虫剤。酸素、光で分解するので遮光保存。　**問題 30**　ブロムメチル CH_3Br は常温で気体なので、圧縮冷却して液化し、圧縮容器に入れ、直射日光、その他温度上昇の原因を避けて、冷暗所に貯蔵する。

〔実地（選択式問題）〕

（一般）

1　問題41　1　問題42　5　問題43　3　問題44　2　問題45　4

〔解説〕

解答のとおり。

2　問題46　1　問題47　3　問題48　2　問題49　5　問題50　4
問題51　2　問題52　5　問題53　3　問題54　4　問題55　1

〔解説〕

問題 46　亜セレン酸ナトリウムは毒物。白色、結晶性の粉末。水に溶ける。その水溶液は、硫酸銅液で緑青色の結晶性の沈殿を生じる。この沈殿は酸に溶ける。用途は試薬、ガラスの脱色剤。　**問題 47**　五塩化燐 PCl_5 は毒物。淡黄色の刺激臭と不快臭のある結晶。不燃性で、潮解性がある。眼、粘膜を侵す。用途は、特殊材料ガス、各種塩化物の製造。　**問題 48**　水素化ヒ素（別名アルシン）AsH_3 は、無色ニンニク臭を有する気体。別名をアルシン、ヒ化水素。用途はドーピングガス。　**問題 49**　硝酸第一水銀は、毒物。無臭の結晶。風解性がある。水に溶けて酸性の反応を呈する。多量の水で黄色の塩基性塩を沈殿する。これに硝酸を加えると無色になる。エーテルに不溶。用途は、検出用試薬。　**問題 50**　パラチオン（ジエチルパラニトロフエニルチオホスフエイト）は、特毒。純品は無色～淡黄色の液体。水に溶けにくく。有機溶媒に可溶。農業用は褐色の液で、特有の臭気を有する。アルカリで分解する。用途は遅効性殺虫剤。

問題 51　トリクロロシラン（$SiHCl_3$）は劇物。無色の液体。揮発性で、空気中で発煙する。水により分解する。クロロホルム、ベンゼン、四塩化炭素に溶ける。腐食性が大きい。用途は特殊材料ガス。　**問題 52**　ブロム水素酸は、無色透明または淡黄色の液体。刺激臭。水、アルコールに溶ける。　**問題 53**　過酸化ナトリウム（Na_2O_2）は劇物。純粋なものは白色。一般には淡黄色。常温で水と激しく反応して酸素を発生し水酸化ナトリウムを生ずる。用途は工業陽に酸化剤、漂白剤として使用されるほか、試薬に使用される。　**問題 54**　硝酸ウラニルは、劇物。淡黄色の柱状の結晶。緑色の光沢を有する。水に溶けやすい。用途は、試薬、工業用としてガラス、また写真用として使用される。　**問題 55**　塩酸アニリン（$C_6H_5NH_2$）は劇物。純品は無色。空気や光によって表面が着色。水、アルコールに溶けやすい。用途は染料の製造原料、また試薬等。

3　問題56　1　問題57　2　問題58　3　問題59　4　問題60　5

〔解説〕

問題 56　エピクロルヒドリンは、劇物。クロロホルムに似た無色流動性液体。水に不溶。アルコール、エーテルに可溶。廃棄法は、そのまま、又は可燃性溶剤とともにアフターバーナー及びスクラバーを具備した焼却炉で焼却する燃焼法。

問題 57　過酸化水素水は多量の水で希釈して処理する希釈法。　**問題 58**　クレゾール $C_6H_4(OH)CH_3$　o, m, p －の構造異性体がある。廃棄法は廃棄方法は①木粉（おが屑）等に吸収させて焼却炉の火室へ噴霧し、焼却する焼却法。②可燃性溶剤と共に焼却炉の火室へ噴霧し焼却する②活性汚泥で処理する活性汚泥法である。

問題 59　ヒ素は金属光沢のある灰色の単体である。セメントを用いて固化し、溶出試験を行い溶出量が判定基準以下であることを確認して埋立処分する固化隔離法。　**問題 60**　塩酸 HCl は無色透明の刺激臭を持つ液体。廃棄法は、水に溶解し、消石灰 $Ca(OH)_2$ 塩基で中和できるのは酸である塩酸である中和法。

4　問題61　2　問題62　5　問題63　1　問題64　3　問題65　4

〔解説〕

問題 61　メタノール CH_3OH は特有な臭いの無色透明な揮発性の液体。水に可溶。可燃性。あらかじめ熱灼した酸化銅を加えると、ホルムアルデヒドができ、酸化銅は還元されて金属銅色を呈する。　**問題 62**　トリクロル酢酸 CCl_3CO_2H は、劇物。無色の斜方六面体の結晶。わずかな刺激臭がある。潮解性あり。水、アルコール、エーテルに溶ける。水溶液は強酸性、皮膚、粘膜に腐食性が強い。水酸化ナトリウム溶液を加えて熱するとクロロホルム臭を放つ。　**問題 63**　水酸化ナトリウム NaOH は、白色、結晶性のかたいかたまりで、繊維状結晶様の破砕面を現す。水と炭酸を吸収する性質がある。水溶液を白金線につけて火炎中に入れると、火炎は黄色に染まる。　**問題 64**　硝酸 HNO_3 は、劇物。無色の液体。特有な臭気がある。腐食性が激しい。空気に接すると刺激性白霧を発し、水を吸収する性質が強い。硝酸は白金その他白金属の金属を除く。処金属を溶解し、硝酸塩を生じる。　**問題 65**　スルホナールは劇物。無色、稜柱状の結晶性粉末。無色の斜方六面形結晶で、潮解性をもち、微弱の刺激性臭気を有する。水、アルコール、エーテルには溶けやすく、水溶液は強酸性を呈する。木炭とともに加熱すると、メルカプタンの臭気を放つ。

5　**問題 66**　2　**問題 67**　1　**問題 68**　5　**問題 69**　3　**問題 70**　4

〔解説〕

解答のとおり。

（農業用品目）

1　**問題 31**　4　**問題 32**　3　**問題 33**　5　**問題 34**　1　**問題 35**　2

〔解説〕

問題 31　フルバリネートは劇物。淡黄色ないし黄褐色の粘稠性液体。水に難溶。熱、酸性には安定。太陽光、アルカリには不安定。用途は野菜、果樹、園芸植物のアブラムシ類、ハダニ、コナガなどの殺虫に用いられる。ほか、シロアリ防除にも有効。　**問題 32**　ホスチアゼートは、劇物。弱いメルカプタン臭いのある淡褐色の液体。水にきわめて溶けにくい。用途は野菜等のネコブセンチュウ等の害虫を殺虫剤(有機燐系農薬)。　**問題 33**　パラコートは、毒物で、ジピリジル誘導体で無色結晶、水によく溶け低級アルコールに僅かに溶ける。融点 300 度。金属を腐食する。不揮発性である。除草剤。4 級アンモニウム塩なので強アルカリでは分解。　**問題 34**　メタアルデヒドは、劇物。白色粉末(結晶)。アルデヒド臭がある。水に溶けにくい。酸性では不安定であるが、アルカリでは安定。強酸化剤と接触又は混合する場合、激しい反応が起こりうる。用途は、殺虫剤、固形燃料として使用される。　**問題 35**　ジメチルジチオホスホリルフェニル酢酸エチル(フェントエート、PAP)は、赤褐色、油状の液体で、芳香性刺激臭を有し、水、プロピレングリコールに溶けない。リグロインにやや溶け、アルコール、エーテル、ベンゼンに溶ける。有機燐系の殺虫剤。

2　**問題 36**　4　**問題 37**　5　**問題 38**　3　**問題 39**　1　**問題 40**　3

〔解説〕

解答のとおり。

3　**問題 41**　4　**問題 42**　1
問題 43　1　**問題 44**　2　**問題 45**　3

〔解説〕

解答のとおり。

4　**問題 46**　2　**問題 47**　5　**問題 48**　4　**問題 49**　1　**問題 50**　3

〔解説〕

解答のとおり。

5　**問題 51**　3　**問題 52**　2　**問題 53**　5　**問題 54**　4　**問題 55**　1

〔解説〕

解答のとおり。

高知県
令和２年度実施

〔法　規〕
(一般・農業用品目・特定用品目共通)

問１　(1)　×　(2)　×　(3)　×　(4)　○

〔解説〕

(1)　この設問は法第７条第１項により、毒物又は劇物を直接取り扱う製造所、営業所又は店舗ごとに専任の毒物劇物取扱責任者を置かなければならないである。このことからこの設問は誤り。　(2)　この設問は法第８条第２項第一号により、18 歳未満の者は毒物劇物取扱責任者になれない。この設問では、20 歳とあることから毒物劇物取扱責任者になることができる。　(3)　この設問は法第８条第４項により、‥‥製造する製造所ではなく、‥‥輸入業の営業所若しくは農業用品目販売業を取り扱うである。よって誤り。　(4)　解答のとおり。法第８条第２項第四号に示されている。

問２　(1)　×　(2)　×　(3)　○　(4)　○

〔解説〕

(1)　法第３条の２第８項により、特定毒物使用者が使用する特定毒物は譲り渡すことができる。このことから設問は誤り。　(2)　法第３条の２第 10 項により、毒物劇物営業者、特定毒物研究者、特定毒物使用者〔特定毒物を使用する物以外の特定毒物は所持できない。〕が所持できる。よって誤り。　(3)　設問のとおり。法第３条の２第４項に示されている。　(4)　設問のとおり。法第３条の２第２項に示されている。

問３　２

〔解説〕

この設問は、アのみが正しい。アは法第１条の目的。なお、イは法第３条第１項により、製造業の登録を要する。ウの毒物については法第２条第１項において、医薬品及び医薬部外品を除くである。このことからこの設問は誤り。

問４　３

〔解説〕

この設問は法第４条第３項における登録の更新についてで、毒物又は劇物製造業及び輸入業は、５年ごとに更新を受けなければならない。また、毒物又は劇物販売業の登録は、６年ごとに更新を受けなければならないである。このことからアとウが正しい。

問５　４

〔解説〕

この設問は施行規則第４条の４第２項における毒物又は販売業の店舗についての設備基準のことで、ウのみが誤り。ウについては毒物又は劇物を陳列する場所にきかぎをかける設備が設けてあること。この設問にあるただし書はない。施行規則第４条の４第１項第三号に示されている。

問６　３

〔解説〕

業務上取扱者の届出をしなければならない事業者については、法第 22 条第１項→施行令第 41 条及び同第 42 条で、①シアン化ナトリウム又は無機シアン化合物たる毒物を使用する電気めっきを行う事業、②シアン化ナトリウム又は無機シアン化合物たる毒物を使用する金属熱処理上を行う事業、③大型自動車 5,000kg 以上に毒物又は劇物を積載して行う大型運送業、④ヒ素化合物たる毒物を使用するしろあり防除を行う事業のこと。このことから３が正しい。

問７　６

〔解説〕

毒物又は劇物を譲渡する際の書面に掲げる事項とは、①毒物又は劇物の名称及び数量、②販売又は授与の年月日、③譲受人の氏名、職業及び住所(法人にあっては、その名称及び主たる事務所の所在地)である。このことから６が正しい。

問8　3
〔解説〕
解答のとおり。
問9　5
〔解説〕
法第3条の4で規定する引火性、発火性又は爆発性のある毒物又は劇物→施行令第32条の3で、①亜塩素酸ナトリウム及びこれを含有する製剤30％以上、②塩素酸塩類を含有する製剤35％以上、③ナトリウム、④ピクリン酸については正当な理由を除いては所持してはならないと規定されている。このことから5の亜塩素酸ナトリウムが該当する。
問10　2
〔解説〕
法第3条の3→施行令32条の2において、興奮、幻覚又は麻酔の作用を有する物として、①トルエン、②酢酸エチル、トルエン又はメタノールを含有する接着剤、塗料及び閉そく用又はシーリングの充てん剤のこと。このことから2が正しい。
問11　5
〔解説〕
この設問では、イとエが正しい。イは施行規則第12条の2において、譲受人の押印を要する。このことから劇物を販売しなかったは正しい。エは法第15条第2項→施行規則第12条の2の6に示されている。なお、アについては飲料に小分けとあるが、法第11条第4項で飲食物容器の使用禁止であることから劇物を販売することはできない。ウについては法第15条第1項第一号に示されているとおり、18未満の者には毒物又は劇物を販売することはできない。この設問は誤り。

高知県

問12　4
〔解説〕
この設問は法第12条第1項の毒物又は劇物の容器及び被包についての表示のこと。解答のとおり。
問13　4
〔解説〕
この設問は毒物又は劇物を運搬を他に委託することで、毒物又は劇物を運搬する車両の前後の見やすい箇所に掲げる標識については、施行規則第13条の5に示されている。解答のとおり。
問14　5
〔解説〕
この設問は法第17条第1項の事故の際の措置のことでその届出先は、保健所、警察署又は消防機関に届け出なければならないである。
問15　3
〔解説〕
毒物又は劇物の廃棄方法については法第15条の2→施行令第40条に廃棄方法が示されている。正しいのは、イとウである。
問16　ア　1　イ　4　ウ　6　エ　6　オ　4　カ　2
〔解説〕
ア　新たに登録申請をして廃止届を提出。
イ　法第10条第1項第一号による変更届。
ウ　この設問にある毒物又は劇物の廃棄については、法第15条の2→施行令第40条に廃棄方法を遵守すればよい。届け出を要しない。
エ　この設問にある毒物又は劇物販売業者の代表取締役の変更については届け出を要しない。
オ　法第10条第1項第二号による変更届。
カ　販売業の登録申請をしなければならないである。

〔基礎化学〕
(一般・農業用品目・特定品目共通)
問１　ア　1　イ　4　ウ　2　エ　4　オ　2　カ　3　キ　2
　　　ク　5　ケ　4　コ　1　サ　1　シ　5　ス　4　セ　2
　　　ソ　5

〔解説〕
ア　ハロゲンは 17 族の元素である。
イ　単体とは 1 種類の元素からなる物質である。
ウ　電子は負の電荷、陽子は正の電荷をもつ。
エ　フッ素は K 殻に 2 個、L 殻に 7 個の電子を収容している。
オ　二酸化炭素は非金属元素どうしの結合であるの共有結合である。
カ　アセトアルデヒド CH_3CHO
キ　塩化アンモニウム、安息香酸、硫酸水素ナトリウムは酸性を示す。
ク　アセチレンは三重結合を有する。解答以外の他はすべて単結合。
ケ　2 価アルコールはグリコールとも呼ばれている。
コ　単体の酸化数は 0 である。
サ　分留と蒸留は同じ意味である。
シ　アンモニア性硝酸銀を還元する銀鏡反応が知られている。
ス　二次電池とは充電可能な電池である。
セ　H_2S の S の酸化数は-2 から 0 に変わっている。還元剤とは自らは酸化される物質である。
ソ　面心立方格子は 12 個の原子と、体心立方格子は 8 個原子と接している。

問２　4

〔解説〕
ダイヤモンド 2 カラットの重さは 2.0 × 0.2 ＝ 0.4 g である。よって炭素のモル数は 0.4/12 = 0.033 モルである。

問３　5

〔解説〕
$C_2H_5OH + 3O_2 \rightarrow 2CO_2 + 3H_2O$ より、生成した二酸化炭素の重さが 88 g ということは燃焼したエタノールは 1 モル、それに必要な酸素のモル数は 3 モルとなる。

問４　3

〔解説〕
$PV = nRT$ より、$1.2 \times 10^5 \times V = 56/28 \times 8.3 \times 10^3 \times (273+17)$，$V = 40.12$ L

問５　2

〔解説〕
40 g の水酸化ナトリウムは 1 mol であるから、必要な 0.5 mol/L に含まれる水素イオンが 1 mol あれば良い。硫酸は 2 価の酸であるから、0.5 mol/L の硫酸は 1.0 mol/L の水素イオンに等しく、結果 1 L の溶液が必要となる。

〔毒物及び劇物の性質及び貯蔵その他取扱方法〕
(一般)
問１　(1)　エ　(2)　イ　(3)　ウ　(4)　オ　(5)　ア

〔解説〕
(1)　トルエン $C_6H_5CH_3$ は、劇物。特有な臭い(ベンゼン様)の無色液体。水に不溶。比重 1 以下。可燃性。引火性。　(2)　黄リン P_4 は、白色又は淡黄色の固体であり、水酸化ナトリウムと熱すればホスフィンを発生する。酸素の吸収剤として、ガス分析に使用され、殺鼠剤の原料、または発煙剤の原料として用いられる。　(3)　硼弗化水素酸は劇物。無色の水溶液。水に可溶。アルコール等に不溶。特有の刺激臭がある。不燃性であり、高濃度なものは空気中で白煙を生じる。用途は金属の表面処理。　(4)　硝酸銀 $AgNO_3$ は、劇物。無色透明結晶。光により分解して黒変する。転移点 159.6 ℃、融点 212 ℃、分解点 444 ℃。強力な酸化剤があり、腐食性がある。水によく溶ける。アセトン、グリセリンに可溶。
(5)　アクリルアミド $CH_2=CH\text{-}CONH_2$ は劇物。無色又は白色の結晶。水、エタノール、エーテル、クロロホルムに可溶。

問２　(1)　ア　　(2)　エ　　(3)　イ　　(4)　オ　　(5)　ウ
〔解説〕
(1)　ピクリン酸($C_6H_2(NO_2)_3OH$)は爆発性なので、火気に対して安全で隔離された場所に、イオウ、ヨード、ガソリン、アルコール等と離して保管する。鉄、銅、鉛等の金属容器を使用しない。　(2)　ナトリウム Na は、銀白色の金属光沢固体、空気、水を遮断するため石油に保存。　(3)　二硫化炭素 CS_2 は、無色流動性液体、引火性が大なので水を混ぜておくと安全、蒸留したてはエーテル様の臭気だが通常は悪臭。水に僅かに溶け、有機溶媒には可溶。日光の直射が当たらない場所で保存。　(4)　ベタナフトール $C_{10}H_7OH$ は、無色～白色の結晶、石炭酸臭、水に溶けにくく、熱湯に可溶。有機溶媒に易溶。遮光保存(フェノール性水酸基をもつ化合物は一般に空気酸化や光に弱い)。　(5)　水酸化カリウム(KOH)は劇物(5 %以下は劇物から除外)。(別名：苛性カリ)。空気中の二酸化炭素と水を吸収する潮解性の白色固体である。二酸化炭素と水を強く吸収するので、密栓して貯蔵する。
問３　(1)　オ　　(2)　イ　　(3)　ア　　(4)　エ　　(5)　ウ
〔解説〕
(1)　ヨウ素 I_2 は、黒褐色金属光沢ある稜板状結晶、昇華性。水に溶けにくい(しかし、KI 水溶液には良く溶ける $KI + I_2 \rightarrow KI_3$)。有機溶媒に可溶(エタノールやベンゼンでは褐色、クロロホルムでは紫色)。皮膚にふれると褐色に染め、その揮散する蒸気を吸入するとめまいや頭痛をともなう一種の酩酊を起こす。
(2)　クロルピクリン CCl_3NO_2 は、無色～淡黄色液体、催涙性、粘膜刺激臭。水に不溶。線虫駆除、燻蒸剤。毒性・治療法は、血液に入りメトヘモグロビンを作り、また、中枢神経、心臓、眼結膜を侵し、肺にも強い傷害を与える。治療法は酸素吸入、強心剤、興奮剤。　(3)　メタノール CH_3OH は特有な臭いの無色液体。水に可溶。可燃性。染料、有機合成原料、溶剤。　メタノールの中毒症状：吸入した場合、めまい、頭痛、吐気など、はなはだしい時は嘔吐、意識不明。中枢神経抑制作用。飲用により視神経障害、失明。　(4)　水銀 Hg は常温で唯一の液体の金属である。銀白色の重い流動性がある。常温でも僅かに揮発する。毒物。多量に蒸気を吸入すると、呼吸器や粘膜を刺激し、重傷の場合は肺炎を起こす。眼に入った場合、異物感を与え、粘膜を刺激する。　(5)　蓚酸を摂取すると体内のカルシウムと安定なキレートを形成することで低カルシウム血症を引き起こし、神経系が侵される。
問４　(1)　ア　　(2)　オ　　(3)　ウ　　(4)　エ　　(5)　イ
〔解説〕
(1)　酸化カドミウムは劇物。赤褐色の粉末。水に不溶。廃棄方法はセメントを用いて固化して、溶出試験を行い、溶出量が判定以下であることを確認して埋立処分する固化隔離法。多量の場合には還元焙焼法により金属カドミウムとして回収する。　(2)　塩酸 HCl は無色透明の刺激臭を持つ液体で、これの濃度が濃いものは空気中で発煙する。廃棄法は、水に溶解し、消石灰 $Ca(OH)_2$ 塩基で中和できるのは酸である塩酸である中和法。　(3)　クロロホルム $CHCl_3$ は含ハロゲン有機化合物なので廃棄方法はアフターバーナーとスクラバーを具備した焼却炉で焼却する燃焼法。　(4)　水酸化バリウム $Ba(OH)_2$ は、劇物。一般には一水和物と八水和物とが流通している。一水和物は白色の粉末で、八水和物は無色の結晶又は白色塊状でアルカリ性が強い。廃棄法は水に溶かし、希硫酸を加えて中和し、沈殿濾過して埋立処分する沈殿法。　(5)　過酸化尿素は、劇物。白色の結晶又は結晶性粉末。水に溶ける。空気中で尿素、水、酸に分解する。廃棄法は多量の水で希釈して処理する希釈法。
問５　(1)　オ　　(2)　ア　　(3)　イ　　(4)　オ　　(5)　ウ
〔解説〕
(1)　アンモニア水は 10%以下で劇物から除外。　(2)　アジ化ナトリウムは 0.1 %以下は毒物から除外。　(3)　ベタナフトールは、１%以下は劇物から除外。　(4)　塩化水素は 10%以下で劇物から除外。　(5)　カルタップは２%以下は劇物から除外。

(農業用品目)
問１　(1)　エ　　(2)　イ　　(3)　ウ　　(4)　オ　　(5)　ア　　(6)　カ
〔解説〕
(1)　アンモニア NH_3 は、常温では無色刺激臭の気体、冷却圧縮すると容易に液化する。用途は化学工業原料(硝酸、窒素肥料の原料)、冷媒。　(2)　フェンチオン MPP は、劇物(2 %以下除外)、有機リン剤、淡褐色のニンニク臭をもつ液体。有機溶媒には溶けるが、水には溶けない。稲のニカメイチュウ、ツマグロヨコバイなどの殺虫に用いる。　(3)　シアン化カリウム KCN は、毒物。白色、潮解性の粉末または粒状で、空気中では二酸化炭素と湿気を吸収して青酸ガス HCN を発生。用途は冶金、電気鍍金、写真などに使用。　(4)　ニコチンは毒物。純ニコチンは無色、無臭の油状液体。水、アルコール、エーテルに安易に溶ける。用途は殺虫剤。　(5)　パラコートは、毒物で、ジピリジル誘導体で無色結晶性粉末、水によく溶け低級アルコールに僅かに溶ける。アルカリ性では不安定。金属に腐食する。不揮発性。用途は除草剤。　(6)塩素酸ナトリウム $NaClO_3$ は、無色無臭結晶、酸化剤、水に易溶。有機物や還元剤との混合物は加熱、摩擦、衝撃などにより爆発することがある。用途は除草剤、酸化剤、抜染剤。

問２　(1)　ア　(2)　イ　(3)　エ　(4)　ウ

〔解説〕

(1)　ブロムメチル CH_3Br は可燃性・引火性が高いため、火気・熱源から遠ざけ、直射日光の当たらない換気性のよい冷暗所に貯蔵する。耐圧等の容器は錆防止のため床に直置きしない。　(2)　アンモニア水は無色透明、刺激臭がある液体。アンモニア NH_3 は空気より軽い気体。濃塩酸を近づけると塩化アンモニウムの白い煙を生じる。NH_3 が揮発し易いので密栓。　(3)　シアン化カリウム KCN は、白色、潮解性の粉末または粒状物、空気中では炭酸ガスと湿気を吸って分解する(HCN を発生)。また、酸と反応して猛毒の HCN(アーモンド様の臭い)を発生する。貯蔵法は、少量ならばガラス瓶、多量ならばブリキ缶又は鉄ドラム缶を用い、酸類とは離して風通しの良い乾燥した冷所に密栓して貯蔵する。

(4)　ロテノンはデリスの根に含まれる。殺虫剤。酸素、光で分解するので遮光保存。

問３　(1)　オ　(2)　イ　(3)　ア　(4)　エ　(5)　ウ

〔解説〕

(1)　EPN は、有機リン製剤、毒物(1.5 %以下は除外で劇物)、芳香臭のある淡黄色油状または融点 36 ℃の結晶。水に不溶、有機溶媒に可溶。遅効性殺虫剤(アカダニ、アブラムシ、ニカメイチュウ等)　有機リン製剤の中毒：コリンエステラーゼを阻害し、頭痛、めまい、嘔吐、言語障害、意識混濁、縮瞳、痙攣など。

(2)　塩素酸カリウム $KClO_3$(別名塩素酸カリ)は、無色の結晶。水に可溶。アルコールに溶けにくい。熱すると酸素を発生する。皮膚を刺激する。吸入した場合は鼻、のどの粘膜を刺激し、悪心、嘔吐、下痢、チアノーゼ、呼吸困難等を起こす。　(3)　ジクワットは、劇物で、ジピリジル誘導体で淡黄色結晶、水に溶ける。除草剤。毒性は、経口摂取の場合に初め嘔吐、不快感、粘膜の炎症、意識障害、その後に腎・肝臓障害、黄疸が現れ、さらに呼吸困難、肺浮腫間質性肺炎等。

(4)　沃化メチル CH_3I は、無色又は淡黄色透明の液体。劇物。中枢神経系の抑制作用および肺の刺激症状が現れる。皮膚に付着して蒸発が阻害された場合には発赤、水疱形成をみる。　(5)　燐化亜鉛 Zn_3P_2 は、灰褐色の結晶又は粉末。かすかにリンの臭気がある。ベンゼン、二硫化炭素に溶ける。酸と反応して有毒なホスフィン PH3 を発生。ホスフィンにより嘔吐、めまい、呼吸困難などが起こる。

問４　(1)　ア　(2)　オ　(3)　ウ　(4)　エ　(5)　イ

〔解説〕

解答のとおり。

問５　(1)　オ　(2)　ア　(3)　イ　(4)　ウ　(5)　エ

〔解説〕

(1)　メトミル 45 %以下を含有する製剤は劇物で、それ以上含有する製剤は毒物。　(2)　燐化亜鉛を含有する製剤は劇物。ただし、１%以下を含有し、黒色に着色され、かつ、トウガラシエキスを用いて著しくからく着味されていものが劇物から除外。　(3)　フェンチオンは２%以下は劇物から除外。

(4)　フェントエートは３%以下で劇物から除外。　(5)　NAC(カルバリル)は５%以下で劇物から除外。

(特定品目)

問１　(1)　エ　(2)　イ　(3)　ウ　(4)　オ　(5)　ア

〔解説〕

(1)　アンモニア NH_3 は、常温では無色刺激臭の気体、冷却圧縮すると容易に液化する。用途は化学工業原料(硝酸、窒素肥料の原料)、冷媒。

(2)　塩化水素(HCl)は劇物。常温で無色の刺激臭のある気体である。水、メタノール、エーテルに溶ける。湿った空気中で発煙し塩酸になる。　(3)　キシレン $C_6H_4(CH_3)_2$(別名キシロール、ジメチルベンゼン、メチルトルエン)は、無色透明な液体で o-、m-、p-の 3 種の異性体がある。水にはほとんど溶けず、有機溶媒に溶ける。蒸気は空気より重い。溶剤。揮発性、引火性。　(4)　メチルエチルケトン $CH_3COC_2H_5$(2-ブタノン、MEK)は劇物。アセトン様の臭いのある無色液体。蒸気は空気より重い。引火性。有機溶媒。水に可溶。　(5)　硫酸 H_2SO_4 は無色透明、油様の液体であるが、粗製のものは、しばしば有機質が混じて、かすかに褐色を帯びていることがある。濃い液体は猛烈に水を吸収する。

問２　(1)　ア　(2)　エ　(3)　イ　(4)　オ　(5)　ウ

〔解説〕

解答のとおり。

問３　(1)　オ　(2)　イ　(3)　ア　(4)　エ　(5)　ウ

〔解説〕

(1)　塩素 Cl_2 は、黄緑色の窒息性の臭気をもつ空気より重い気体。ハロゲンなので反応性大。水に溶ける。中毒症状は、粘膜刺激、目、鼻、咽喉および口腔粘膜に障害を与える。　(2)　硅弗化ナトリウムは劇物。無色の結晶。水に溶けにくい。アルコールに溶けない。酸と接触すると弗化水素ガス、四弗化硅素ガスを発生する。吸入すると、鼻、喉、気管支、肺などの粘膜を刺激し、炎症を起こすことがある。眼に入ると異物感を与え、粘膜を刺激する。　(3)　硫酸は、無色透明の液体。劇物から 10 %以下のものを除く。皮膚に触れた場合は、激しいやけどを起こす。可燃物、有機物と接触させない。直接中和剤を散布すると発熱し、酸が飛散することがある。眼に入った場合は、粘膜を激しく刺激し、失明することがある。直ちにに付着又は接触部を多量の水で、15 分間以上洗い流す。

(4)　四塩化炭素 CCl_4：(テトラクロロメタン)CCl_4 は、特有な臭気をもつ不燃性、揮発性無色液体、水に溶けにくく有機溶媒には溶けやすい。毒性は揮発性の蒸気の吸入によることが多い。はじめ頭痛、悪心などをきたし、また、黄疸のように角膜が黄色となり、次第に尿毒症様を呈する。火災等で強熱されるとホスゲンを発生する恐れがあるので注意する。　(5)　水酸化ナトリウム NaOH は、水溶液は皮膚の蛋白質を激しく侵し、皮膚内部まで侵襲する。吸うと肺水腫をおこすことがあり、また目に入れば失明する。

問４　(1)　ア　(2)　オ　(3)　ウ　(4)　エ　(5)　イ

〔解説〕

(1)　一酸化鉛 PbO は、水に難溶性の重金属なので、そのままセメント固化し、埋立処理する固化隔離法。　(2)　塩素 Cl_2(別名クロール)は、黄緑色の刺激臭の空気より重い気体である。廃棄方法は、多量のアルカリ水溶液（石灰乳又は水酸化ナトリウム水溶液等）中に吹き込んだ後、多量の水で希釈して処理するアルカリ法。　(3)　過酸化水素 H_2O_2 は、劇物。無色透明な液体。廃棄方法は、多量の水で希釈して処理する希釈法。　(4)　重クロム酸カリウム $K_2Cr_2O_7$ は重金属を含む酸化剤なので還元沈澱法。　(5)　トルエンは可燃性の溶液であるから、これを珪藻土などに付着して、焼却する燃焼法。

問５　(1)　オ　(2)　オ　(3)　カ　(4)　エ　(5)　ウ

〔解説〕

(1)　硫酸は 10%以下で劇物から除外。　(2)　硝酸は 10%以下で劇物から除外。　(3)　クロム酸鉛は 70 %以下は劇物から除外。　(4)　過酸化水素は６%以下で劇物から除外。　(5)　水酸化カリウム(別名苛性カリ)は 5%以下で劇物から除外。

〔実　地〕

(一般)

問１　(1)　ウ　(2)　ア　(3)　オ　(4)　イ　(5)　エ
　　　(6)　コ　(7)　カ　(8)　ク　(9)　キ　(10)　ケ

〔解説〕

解答のとおり。

問２　(1)　ウ　(2)　ア　(3)　イ　(4)　エ　(5)　オ

〔解説〕

(1)　ベタナフトールの鑑別法；1)水溶液にアンモニア水を加えると、紫色の蛍石彩をはなつ。　2)水溶液に塩素水を加えると白濁し、これに過剰のアンモニア水を加えると澄明となり、液は最初緑色を呈し、のち褐色に変化する。
(2) クロム酸カリウム K_2CrO_4 は、橙黄色結晶、酸化剤。水に溶けやすく、有機溶媒には溶けにくい。 水溶液に塩化バリウムを加えると、黄色の沈殿を生ずる。 (3) 蓚酸 $(COOH)_2 \cdot 2H_2O$ は無色の柱状結晶、風解性、還元性、漂白剤、鉄さび落とし。無水物は白色粉末。水、アルコールに可溶。エーテルには溶けにくい。また、ベンゼン、クロロホルムにはほとんど溶けない。水溶液を酢酸で弱酸性にして酢酸カルシウムを加えると、結晶性の沈殿を生じる。 (4) 水酸化カリウム水溶液＋酒石酸水溶液→白色結晶性沈澱(酒石酸カリウムの生成)。不燃性であるが、アルミニウム、鉄、すず等の金属を腐食し、水素ガスを発生。これと混合して引火爆発する。水溶液を白金線につけガスバーナーに入れると、炎が紫色に変化する。 (5) スルホナールは劇物。無色、稜柱状の結晶性粉末。無色の斜方六面形結晶で、潮解性をもち、微弱の刺激性臭気を有する。水、アルコール、エーテルには溶けやすく、水溶液は強酸性を呈する。木炭とともに加熱すると、メルカプタンの臭気を放つ。

問3 (1) イ (2) ア (3) キ (4) オ

〔解説〕

解答のとおり。

問4 (1) イ (2) オ (3) エ (4) ア

〔解説〕

解答のとおり。

高知県

(農業用品目)

問1 (1) ウ (2) ア (3) イ (4) エ (5) オ

〔解説〕

解答のとおり。

問2 (1) ウ (2) ア (3) オ (4) イ (5) エ
(6) コ (7) カ (8) ク (9) キ (10) ケ

〔解説〕

解答のとおり。

問3 (1) ウ (2) イ (3) ア (4) ア

〔解説〕

(1) カルタップは、:劇物。: 2％以下は劇物から除外。無色の結晶。融点 179 ～ 181 ℃。水、メタノールに溶ける。ベンゼン、アセトン、エーテルには溶けない。ネライストキシン系の殺虫剤。 (2) N-メチル-1-ナフチルカルバメート(NAC)は、:劇物。５％以下は劇物から除外。白色無臭の結晶。水に極めて溶にくい。(摂氏 30 ℃で水 100mL に 12mg 溶ける。)有機溶媒に可溶。常温では安定であるが、アルカリには不安定である。用途は農業殺虫剤(カーバーメート剤)。
(3) EPN は、有機リン製剤、毒物(1.5％以下は除外で劇物)、芳香臭のある淡黄色油状または融点 36 ℃の結晶。水に不溶、有機溶媒に可溶。遅効性殺虫剤(アカダニ、アブラムシ、ニカメイチュウ等) 。 (4) ダイアジノンは劇物。有機リン製剤、接触性殺虫剤、かすかにエステル臭をもつ無色の液体、水に難溶、エーテル、アルコールに溶解する。有機溶媒に可溶。用途は接触性殺虫剤。

問4 (1) イ (2) エ (3) ウ (4) ア

〔解説〕

解答のとおり。

(特定品目)

問1 (1) ウ (2) ア (3) オ (4) イ (5) エ
(6) コ (7) カ (8) ク (9) キ (10) ケ

〔解説〕

解答のとおり。

問2 (1) ウ (2) ア (3) イ (4) エ (5) オ

〔解説〕

解答のとおり。

問3 (1) イ (2) ア (3) キ (4) オ

〔解説〕

解答のとおり。

問4 (1) イ (2) オ (3) エ (4) ア

〔解説〕

解答のとおり。

九州全県〔福岡県・佐賀県・長崎県・熊本県・大分県・宮崎県・鹿児島県〕・沖縄県統一共通

令和２年度実施

〔法　規〕
（一般・農業用品目・特定品目共通）

問１　2

〔解説〕

アとウが正しい。アは法第２条第１項の毒物。ウは法第２条第３項の特定毒物における定義のこと。

問２　1

〔解説〕

この設問では、毒物はどれかとあるので、１のニコチンが毒物。なお、他のカリウム、ニトロベンゼン、アニリンは劇物。

問３　1

〔解説〕

この設問では誤っているものはどれかとあるので、１が誤り。１の厚生労働大臣ではなく、都道府県知事である。法第４条第１項のこと。

問４　4

〔解説〕

この設問は全て誤り。なお、アは法第 10 条第１項第二号で、この設問にある「あらかじめ」ではなく、30 日以内に、その所在地の都道府県知事に届け出なければならない。イは登録の変更のことで、法第９条第１項により、30 日以内ではなく、あらかじめ、その旨を届け出なければならないである。ウは法第 10 条第１項第４号についてで、50 日以内ではなく、30 日以内に、その所在地の都道府県知事に届け出なければならない。エの特定毒物研究者が、主たる研究所の所在地を変更した場合は、法第 10 条第２項第一号において、この設問にある新たな許可ではなく、30 日以内にその研究所の所在地の都道府県知事に届け出なければならない。

問５　4

〔解説〕

この設問で正しいのは、ウとエである。ウは、登録票又は許可証の再交付は、施行令第 36 条第１項のこと。エは施行令第 36 条第３項に示されている。いずれも設問のとおり。なお、アの一般販売業の登録を受けた者については、販売品目の制限はなく、全ての毒物又は劇物を取り扱うことができる。このことにより、この設問は誤り。イは登録の更新のことで法第４条第３項で、販売業のの登録は、６年ごとに、更新を受けなければならないである。

問６　3

〔解説〕

解答のとおり。

問７　2

〔解説〕

この設問の法第３条の４→施行令第 32 条の３で、①亜塩素酸ナトリウム 30 ％以上、②塩素酸塩類 35 ％以上、③ナトリウム、④ピクリン酸の品目については、業務その他正当な理由を除いて所持してならないと規程されている。このことからこの設問で該当するのは

解答のとおり。

問８　1

〔解説〕

この設問では誤っているものはどれかとあるので、１が誤り。１については、輸入業の営業所とあるので、この設問は製造所の設備基準であるので該当しない。この設問は、施行規則第４条の４第１項のこと。

問９　２
〔解説〕
この設問は法第 14 条における毒物又は劇物の譲渡手続のことで、アとウが正しい。アは法第 14 条第１項。ウは法第 14 条第２項→施行規則第 12 条の２のこと。イについては、毒物又は劇物を販売又は授与した後ではなく、その都度、①毒物又は劇物の名称及び数量、②販売又は授与の年月日、③譲受人の氏名、職業及び住所(法人にあつては、その名称及び主たる事務所の所在地)を記載した書面の提出をしなければならない。エは、毒物又は劇物に係わる書面の保存期間、販売又は授与の年月日から５年間保存しなければならないである。
問 10　１
〔解説〕
解答のとおり。
問 11　４
〔解説〕
法第８条第１項は、毒物劇物取扱責任者の資格のこと。
問 12　３
〔解説〕
この設問は法第７条における毒物劇物取扱責任者のことで、イとウが正しい。イは、法第７条第１項のこと。ウは、法第７条第２項のこと。なお、アについては、法第７条第１項ただし書により、毒物劇物取扱責任者を置かなくてもよい。エは、法第７条第３項のことで、50 日以内ではなく、30 日以内に毒物劇物取扱責任者の氏名を届け出なければならない。
問 13　１
〔解説〕
この設問の法第 13 条は着色する農業用品目のこと。法第 13 条→施行令第 39 条における品目〔①硫酸タリウムを含有する製剤たる劇物、②燐化亜鉛を含有する製剤たる劇物〕については、施行規則第 12 条で、あせにくい黒色で着色する方法と規定されている。
問 14　２
〔解説〕
この設問にある法第 13 条第２項とは、毒物又は劇物における施設以外の防止のこと。解答のとおり。
問 15　２
〔解説〕
法第 12 条第１項は、毒物又は劇物の容器及び被包についての表示のこと。２が正しい。なお、１は毒物については、「医薬用外」の文字及び及び毒物については赤地に白色をもつて「毒物」の文字を表示しなければならないである。３については「特定毒物」の文字とあるが、特定毒物は毒物に含まれるので、「医薬用外」の文字及び及び毒物については赤地に白色をもつて「毒物」の文字を表示しなければならないである。４についても２の設問と同様の表示を要する。
問 16　４
〔解説〕
この設問は法第 15 条の毒物又は劇物の交付の制限等のこと。ウとエが正しい。ウは法第 15 条第２項。エは法第 15 条第３項→施行規則第 12 条の３のこと。因みに、アは法第 15 条第１項第一号により、18 歳未満の者には交付してはならないと規定されている。よつて誤り。イは法第 15 条第１項第三号により、麻薬、大麻、あへん又は覚せい剤の中毒には交付してはならないと規定されている。
問 17　１
〔解説〕
この設問は法第 15 条の２〔廃棄〕→施行令第 40 条〔廃棄の方法〕のこと。解答のとおり。
問 18　３
〔解説〕
この設問は施行令第 40 条の５〔運搬方法〕についてで、イとエが正しい。イは、施行令第 40 条の５第２項第二号→施行規則第 13 条の５のこと。エは施行令第 40 条の５第２項第四号のこと。なお、アは施行令第 40 条の５第２項第一号→施行規則第 13 条の４第一号のことで、この設問では３時間とあるが、４時間を超える場合は、車両１台について運転者の他に交替して運転する者を同乗させなければならないである。ウは施行令第 40 条の５第２項第三号で、１名分備えなければならないではなく、２人分以上備えなければならないである。

問19　3

〔解説〕

この設問の法第８条第２項とは、① 18 歳未満の者、②心身の障害により毒物劇物取扱責任者の業務を適正に行うことができない者〔施行規則規定されている〕、③麻薬、大麻、あへん又は覚せい剤の中毒者の中毒者、④毒物若しくは劇物又は薬事に関する罪を犯し、罰金以上の刑、その執行を終り、執行がを受けることがなくなった日から３年を経過していない者については、毒物劇物取扱責任者になることができない。

問20　1

〔解説〕

この設問にある施行令第 40 条の６第１項→施行規則第 13 条の７に規定されている。

問21　4

〔解説〕

この設問は毒物又は劇物の情報提供のことで、施行令第 40 条の９第１項→施行規則第 13 条の 12 において、情報提供の内容が規定されている。この設問では誤っているものはどれかとあるので、４の管轄保健所の連絡先については規定されていない。

問22　2

〔解説〕

法第 17 条第２項とは、盗難紛失の措置のこと。解答のとおり。

問23　3

〔解説〕

この設問は法第 22 条第１項→施行令第 41 条及び施行令第 42 条において業務上取扱者の届出を要する事業が規定されている。業務上取扱者とは、①無機シアン化合物たる毒物及びこれを含有する製剤〔電気めっきを行う事業〕、、②無機シアン化合物たる毒物及びこれを含有する製剤〔金属熱処理を行う事業〕、③最大積載量 5,000kg 以上大型運送事業〔施行令別表第に掲げる品目〕、④しろありの防除を行う事業。なお、この設問では、定められていないものはどれかとあるので、この３該当する。この設問を見ると内容積 200L 容器の大型自動車に積載している弗化水素を運搬する事業の場合については、施行規則第 13 条の 13 において、1,000L と規定されているので、この設問が誤り。

問24　1

〔解説〕

この設問における法第 22 条第５項とは、業務上非届出者〔届出を要しない者〕のことで、何らかの規制を受ける毒物及び劇物取締法〔法律〕とは、①法第 11 条、②法 12 条第１項及び第３項、③法第 17 条、④法第 18 条。因みに業務上非届出者〔届出を要しない者〕とは、一般、学校、工場、病院等。

問25　2

〔解説〕

法第 18 条とは立入検査のこと。解答のとおり。

〔基礎化学〕
（一般・農業用品目・特定品目共通）

問26　3

〔解説〕

原油からガソリン、灯油、軽油に分離するには蒸留を用いる。

問27　2

〔解説〕

ベンゼン、ベンジン、プロパンは炭化水素であり化合物である。

問28　3

〔解説〕

負触媒という言葉は昔存在し、反応を遅くする物質であるが現在はこの言葉は用いず阻害剤に統一されたため、単に触媒と問われたら反応を早くする正触媒を指す。

問29　4

〔解説〕
塩析は親水コロイドに多量の電解質を加えて沈殿させる操作

問 30　3

〔解説〕
ナトリウムは黄色、カルシウムは橙色、リチウムは赤色の炎色反応を呈する。

問 31　1

〔解説〕
キシレンはベンゼンの水素原子２つをメチル基で置換した化合物である。

問 32　3

〔解説〕
ボイルシャルルの法則より、$9.85 \times 10^4 \times 800/(273+27) = 1.01 \times 10^5 \times V/273$、$V = 710$ mL

問 33　1

〔解説〕
中和は酸のモル濃度×酸の価数×酸の体積=塩基のモル濃度×塩基の価数×塩基の体積で求められる。$X \times 2 \times 20 = 0.3 \times 1 \times 40$, $X = 0.3$ mol/L

問 34　2

〔解説〕
10%塩化ナトリウム水溶液 300 mL に含まれている溶質の重さは $300 \times 0.1 = 30$ g。20%塩化ナトリウム水溶液 200 mL に含まれる溶質の重さは $200 \times 0.2 = 40$ g。よってこの混合溶液の濃度は $(30 + 40)/(300 + 200) \times 100 = 14\%$

問 35　2

〔解説〕
解答のとおり

問 36　3

〔解説〕
硫化水素は還元作用を持ち、空気よりも重く水に溶けやすい気体である。

問 37　1

〔解説〕
金は陽イオンに最もなりにくい元素である。

問 38　3

〔解説〕
同素体とは同一の元素からなる単体で性質の異なるものである。

問 39　2

〔解説〕
アニリンはベンゼンの水素をアミノ基に置換した化合物である。

問 40　2

〔解説〕
ブドウ糖は還元作用を持つのでフェーリング反応陽性である。ネスラー試薬はアンモニアの確認、メチルレッドとフェノールフタレインは pH 指示薬である。

〔性質・貯蔵・取扱い〕

（一般）

問 41　3　　問 42　4　　問 43　2　　問 44　1

〔解説〕
問 41　ケイフッ化水素酸 H_2SiF_6 は、劇物。無色透明、刺激臭、発煙性液体。用途はセメントの硬化促進剤、メッキの電解液。鉄製容器に貯蔵。**問 42**　亜塩素酸ナトリウム $NaClO_2$ は劇物。白色の粉末。水に溶けやすい。加熱、摩擦により爆発的に分解する。用途は繊維、木材、食品等の漂白剤。**問 43**　酢酸エチルは無色で果実臭のある可燃性の液体。その用途は主に溶剤や合成原料、香料に用いられる。**問 44**　塩化亜鉛（別名　クロル亜鉛）$ZnCl_2$ は劇物。白色の結晶。空気にふれると水分を吸収して潮解する。用途は脱水剤、木材防臭剤、脱臭剤、試薬。

問 45　3　　問 46　2　　問 47　1　　問 48　4

〔解説〕
ニトロベンゼン $C_6H_5NO_2$ は、劇物。特有な臭い（苦扁桃様）の淡黄色液体。水に難溶。比重 1 より少し大。可燃性。**問 46**　塩化水素（HCl）は劇物。常温で無色の刺激臭のある気体である。水、メタノール、エーテルに溶ける。湿った空気中で発煙し塩酸になる。　　**問 47**　アクリルニトリル CH_2=CHCN は、僅かに刺激臭のある無色透明な液体。引火性。有機シアン化合物である。硫酸や硝酸など強酸と激しく反応する。　　**問 48**　シアン化ナトリウム NaCN は毒物：白色粉末、粒状またはタブレット状。別名は青酸ソーダという。水に溶けやすく、水溶液は強アルカリ性である。空気中では湿気を吸収し、二酸化炭素と作用して、有毒なシアン化水素を発生する。

問 49　4　　**問 50**　1　　**問 51**　3　　**問 52**　2

〔解説〕

問 49　水銀 Hg は、毒物。常温で液状の金属。金属光沢を有する重い液体。廃棄法は、そのまま再利用するため蒸留する回収法。　　**問 50**　ホスゲンは独特の青草臭のある無色の圧縮液化ガス。蒸気は空気より重い。廃棄法はアルカリ法：アルカリ水溶液(石灰乳又は水酸化ナトリウム水溶液等)中に少量ずつ滴下し、多量の水で希釈して処理するアルカリ法。　　**問 51**　2-クロロニトロベンゼンは、劇物。黄色の結晶で 32 ～ 33 ℃。沸点 244.5 ℃。水に不溶。アルコールベンゼン、エーテルに溶ける。廃棄法はアフターバーナー及びスクラバーを具備した焼却炉で少量ずつ焼却する燃焼法。スクラバーの洗浄液にはアルカリ溶液を用いる。燃焼法の焼却炉は有機ハロゲン化合物を焼却するものに適したものとする。燃焼温度は 1100 ℃以上とする。　　**問 52**　塩化第一錫は、劇物。二水和物が一般に流通している。二水和物は無色結晶で潮解性がある。水に溶けやすい。塩酸、エタノールに可溶。廃棄法は水に溶かし、消石灰、ソーダ灰等の水溶液を加えて処理し、沈殿ろ過して埋立処分する沈殿法。

問 53　4　　**問 54**　3　　**問 55**　1　　**問 56**　2

〔解説〕

解答のとおり。

問 57　2　　**問 58**　1　　**問 59**　4　　**問 60**　3

〔解説〕

問 57　黄リン P_4 は、無色又は白色の蝋様の固体。毒物。別名を白リン。暗所で空気に触れるとリン光を放つ。水、有機溶媒に溶けないが、二硫化炭素には易溶。湿った空気中で発火する。空気に触れると発火しやすいので、水中に沈めてビンに入れ、さらに砂を入れた缶の中に固定し冷暗所で貯蔵する。　　**問 58**　ベタナフトール $C_{10}H_7OH$ は、無色～白色の結晶、石炭酸臭、水に溶けにくく、熱湯に可溶。有機溶媒に易溶。遮光保存(フェノール性水酸基をもつ化合物は一般に空気酸化や光に弱い)。　　**問 59**　水酸化ナトリウム(別名：苛性ソーダ)NaOH は、白色結晶性の固体。水と炭酸を吸収する性質が強い。空気中に放置すると、潮解して徐々に炭酸ソーダの皮層を生ずる。貯蔵法については潮解性があり、二酸化炭素と水を吸収する性質が強いので、密栓して貯蔵する。　　**問 60**　ブロムメチル CH_3Br(臭化メチル)は、常温では気体なので、圧縮冷却して液化し、圧縮容器に入れ、直射日光、その他温度上昇の原因を避けて、冷暗所に貯蔵する。

(農業用品目)

問 41　4　　**問 42**　2　　**問 43**　3　　**問 44**　1

〔解説〕

問 41　リン化亜鉛 Zn_3P_2 は、灰褐色の結晶又は粉末。かすかにリンの臭気がある。水、アルコールには溶けないが、ベンゼン、二硫化炭素に溶ける。酸と反応して有毒なホスフィン PH3 を発生。劇物、1 %以下で、黒色に着色され、トウガラシエキスを用いて著しくからく着味されているものは除かれる。　　**問 42**　S-メチル-N[(メチルカルバモイイル)-オキシ]-チオアセイミデート（別名　メトミル）は、カルバメート剤で劇物、白色結晶、殺虫剤(キャベツのアブラムシ、アオムシ、ヨトウムシなどの駆除)。水、アセトン、メタノールに溶ける。　　**問 43**　イミダクロプリドは、劇物。弱い特異臭のある無色の結晶。水にきわめて溶けにくい。用途は、野菜等のアブラムシ類等の害虫を防除する農薬。(クロロニコチル系殺虫剤)　　**問 44**　イソキサチオンは有機リン剤、劇物(2 %以下除外)、淡黄褐色液体、水に難溶、有機溶剤に易溶、アルカリには不安定。ミカン、稲、野菜、茶等の害虫駆除。(有機燐系殺虫剤)

問 45　3　　**問 46**　4　　**問 47**　1　　**問 48**　2

〔解説〕

問 45　カルボスルファンは、劇物。有機燐製剤の一種。褐色粘稠液体。用途はカーバメイト系殺虫剤。　　**問 46**　ジチアノンは劇物。暗褐色結晶性粉末。融点 216

℃。用途は殺菌剤(農薬)。　　問 47　ジクワットは、劇物で、ジピリジル誘導体で淡黄色結晶、水に溶ける。中性又は酸性で安定、アルカリ溶液でうすめる場合には、２～３時間以上貯蔵できない。腐食性を有する。土壌等に強く吸着されて不活性化する性質がある。用途は、除草剤。　　問 48　ダイファシノンは毒物。黄色結晶性粉末。アセトン酢酸に溶ける。水にはほとんど溶けない。0.005 %以下を含有するものは劇物。用途は殺鼠剤。

問 49　2　問 50　3　問 51　4　問 52　1

〔解説〕

問 49　無機銅塩類(硫酸銅等。ただし、雷銅を除く)の毒性は、亜鉛塩類と非常によく似ている。緑色、または青色のものを吐く。のどが焼けるように熱くなり、よだれがながれ、しばしば痛むことがある。急性の胃腸カタルをおこすとともに血便を出す。　　問 50　クロルピクリン CCl_3NO_2 は、無色～淡黄色液体、催涙性、粘膜刺激臭。気管支を刺激してせきや鼻汁が出る。多量に吸入すると、胃腸炎、肺炎、尿に血が混じる。悪心、呼吸困難、肺水腫を起こす。　　問 51　ブロムメチル(臭化メチル)は、常温では気体。冷却圧縮すると液化しやすい。クロロホルムに類する臭気がある。蒸気は空気より重く、普通の燻(くん)蒸濃度では臭気を感じないため吸入により中毒を起こしやすく、吸入した場合は、嘔吐(おうと)、歩行困難、痙れん、視力障害、瞳孔拡大等の症状を起こす。　　問 52　PAP(フェントエート)は、劇物、有機リン製剤で殺虫剤(稲のニカメイチュウ、ツマグロヨコバイなどの駆除)、赤褐色油状、3 %以下は劇物除外。有機リン剤なので解毒は硫酸アトロピンや PAM。有機リン製剤の中毒：コリンエステラーゼを阻害し、頭痛、めまい、嘔吐、言語障害、意識混濁、縮瞳、痙攣など。

問 53　3　問 54　2　問 55　1　問 56　4

〔解説〕

問 53　シアン化ナトリウム NaCN は、酸性だと猛毒のシアン化水素 HCN が発生するのでアルカリ性にしてから酸化剤でシアン酸ナトリウム NaOCN にし、余分なアルカリを酸で中和し多量の水で希釈処理する酸化法。水酸化ナトリウム水溶液等でアルカリ性とし、高温加圧下で加水分解するアルカリ法。　　問 54　塩化亜鉛 $ZnCl_2$ は水に易溶なので、水に溶かして消石灰などのアルカリで水に溶けにくい水酸化物にして沈殿ろ過して埋立処分する沈殿法。　　問 55　フェンチオン(MPP)は、劇物。褐色の液体。弱いニンニク臭を有する。各種有機溶媒に溶ける。水には溶けない。廃棄法：木粉(おが屑)等に吸収させてアフターバーナー及びスクラバーを具備した焼却炉で焼却する焼却法。(スクラバーの洗浄液には水酸化ナトリウム水溶液を用いる。)　　問 56　塩化第一銅 CuCl は、劇物(無機銅塩類)。白色又は帯灰白色の結晶粉末。融点 430 ℃。空気中で酸化されやすく緑色の塩基性塩化銅(Ⅱ)となり、光により褐色を呈する。水に極めて溶けにくい。塩酸アンモニア水に可溶。廃棄方法はセメントを用いて固化し、埋立処分する固化隔離法と、多量の場合には還元焙焼法により金属銅として回収する焙焼。

問 57　3　問 58　2　問 59　4　問 60　1

〔解説〕

問 57　カルバリル、NAC は５%以下は劇物から除外。　　問 58　フェントエートは３%以下で劇物から除外。　　問 59　アンモニア NH_3 は 10%以下で劇物から除外。　　問 60　ジノカップは 0.2%以下で劇物から除外。

(特定品目)

問 41　3　問 42　4　問 43　1　問 44　2

〔解説〕

問 41　トルエン C6H5CH3 は、劇物。特有な臭い(ベンゼン様)の無色液体。爆薬、染料、香料、合成高分子材料などの原料、溶剤、分析用試薬として用いられる。　　問 42　一酸化鉛 PbO(別名密陀僧、リサージ)は劇物。赤色～赤黄色結晶。重い粉末で、黄色から赤色の間の様々なものがある。水にはほとんど溶けない。用途はゴムの加硫促進剤、顔料、試薬等。　　問 43　過酸化水素 H_2O_2：無色無臭で粘性の少し高い液体。徐々に水と酸素に分解する。酸化力、還元力をもつ。漂白、医薬品、化粧品の製造。　　問 44　重クロム酸カリウム $K_2Cr_2O_4$ は、劇物。橙赤色の柱状結晶。水に溶けやすい。アルコールには溶けない。強力な酸化剤。用途は、工業用に酸化剤、媒染剤、製皮用、電気メッキ、電池調整用、顔料原料等に用いられる。

問 45　4　問 46　1　問 47　3　問 48　2

〔解説〕

問 45　メタノール CH_3OH は特有な臭いの無色液体。水に可溶。可燃性。染料、有機合成原料、溶剤。　メタノールの中毒症状：吸入した場合、めまい、頭痛、吐気など、はなはだしい時は嘔吐、意識不明。中枢神経抑制作用。飲用により視神経障害、失明。問 46　クロロホルムの中毒：原形質毒、脳の節細胞を麻酔、赤血球を溶解する。吸収するとはじめ嘔吐、瞳孔縮小、運動性不安、次に脳、神経細胞の麻酔が起きる。中毒死は呼吸麻痺、心臓停止による。　問 47　蓚酸は血液中の石灰分を奪取し神経痙攣等をおかす。急性中毒症状は胃痛、嘔吐、口腔咽喉に炎症をおこし腎臓がおかされる。　問 48　水酸化ナトリウム NaOH は白色、結晶性のかたいかたまり。水に溶けやすい。毒性は、苛性カリと同様に腐食性が非常に強い。皮膚にふれると激しく腐食する。

問 49　2　　問 50　4　　問 51　3　　問 52　1

〔解説〕

問 49　硝酸 HNO_3 は強酸なので、中和法、徐々にアルカリ(ソーダ灰、消石灰等)の攪拌溶液に加えて中和し、多量の水で希釈処理する中和法。　問 50　硅弗化ナトリウムは劇物。無色の結晶。水に溶けにくい。廃棄法は水に溶かし、消石灰等の水溶液を加えて処理した後、希硫酸を加えて中和し、沈殿濾過して埋立処分する分解沈殿法。　問 51　クロロホルム $CHCl_3$ は、有機ハロゲン化物なので燃焼法、ただしアフターバーナー＋スクラバーが必要、スクラバーの洗浄液には燃焼の際に発生する HCl などを吸収させるためアルカリを使用。　問 52　水酸化カリウム KOH は、強塩基なので希薄な水溶液として酸で中和後、水で希釈処理する中和法。

問 53　3　　問 54　1　　問 55　4　　問 56　2

〔解説〕

問 53　ホルマリンはホルムアルデヒド HCHO を水に溶解したもの、無色透明な刺激臭の液体、低温ではパラホルムアルデヒドの生成により白濁または沈澱が生成することがある。　問 54　トルエン $C_6H_5CH_3$(別名トルオール、メチルベンゼン)は劇物。特有な臭いの無色液体。水に不溶。比重 1 以下。可燃性。蒸気は空気より重い。揮発性有機溶媒。麻酔作用が強い。　問 55　重クロム酸カリウム $K_2Cr_2O_7$ は、橙赤色柱状結晶。水にはよく溶けるが、アルコールには溶けない。強力な酸化剤。　問 56　硝酸 HNO_3 は、劇物。無色の液体。特有な臭気がある。腐食性が激しい。空気に接すると刺激性白霧を発し、水を吸収する性質が強い。硝酸は白金その他白金属の金属を除く。処金属を溶解し、硝酸塩を生じる。10%以下で劇物から除外。

問 57　4　　問 58　2　　問 59　3　　問 60　1

〔解説〕

問 57　過酸化水素水 H_2O_2 は、少量なら褐色ガラス瓶(光を遮るため)、多量ならば現在はポリエチレン瓶を使用し、3 分の 1 の空間を保ち、日光を避けて冷暗所保存。　問 58　メタノール CH_3OH は特有な臭いの揮発性無色液体。水に可溶。可燃性。引火性。可燃性、揮発性があり、火気を避け、密栓し冷所に貯蔵する。
問 59　クロロホルム $CHCl_3$ は、無色、揮発性の液体で特有の香気とわずかな甘みをもち、麻酔性がある。空気中で日光により分解し、塩素、塩化水素、ホスゲンを生じるので、少量のアルコールを安定剤として入れて冷暗所に保存。　問 60　水酸化カリウム(KOH)は劇物(5 %以下は劇物から除外)。(別名：苛性カリ)。空気中の二酸化炭素と水を吸収する潮解性の白色固体である。二酸化炭素と水を強く吸収するので、密栓して貯蔵する。

〔実　地〕

(一般)

問 61　1　　問 62　2
問 63　1　　問 64　2　　問 65　3

〔解説〕

弗化水素酸(HF・aq)は毒物。弗化水素の水溶液で無色またはわずかに着色した透明の液体。特有の刺激臭がある。不燃性。濃厚なものは空気中で白煙を生ずる。ガラスを腐食する作用がある。用途はフロンガスの原料。半導体のエッチング剤等。ろうを塗ったガラス板に針で任意の模様を描いたものに、この薬物を塗るとろうをかぶらない模様の部分は腐食される。

黄リン P_4 は、白色又は淡黄色の固体で、ニンニク臭がある。水酸化ナトリウムと熱すればホスフィンを発生する。酸素の吸収剤として、ガス分析に使用され、殺鼠剤の原料、または発煙剤の原料として用いられる。暗室内で酒石酸又は硫酸酸性で水蒸気蒸留を行い、その際冷却器あるいは流水管の内部に美しい青白色の光がみられる。
四塩化炭素(テトラクロロメタン)CCl4 は、特有な臭気をもつ不燃性、揮発性無色液体、水に溶けにくく有機溶媒には溶けやすい。洗濯剤、清浄剤の製造などに用いられる。確認方法はアルコール性 KOH と銅粉末とともに煮沸により黄赤色沈殿を生成する。

問 66　1　　問 67　2
問 68　1　　問 69　2　　問 70　3

〔解説〕
スルホナールは劇物。無色、稜柱状の結晶性粉末。無色の斜方六面形結晶で、潮解性をもち、微弱の刺激性臭気を有する。水、アルコール、エーテルには溶けやすく、水溶液は強酸性を呈する。木炭とともに加熱すると、メルカプタンの臭気を放つ。
ピクリン酸($C_6H_2(NO_2)_3OH$)は、淡黄色の針状結晶で、急熱や衝撃で爆発。ピクリン酸による羊毛の染色(白色→黄色)。
塩素酸ナトリウム $NaClO_3$ は、劇物。潮解性があり、空気中の水分を吸収する。また強い酸化剤である。炭の中にいれ熱灼すると音をたてて分解する。

（農業用品目）

問 61　4　　問 62　1　　問 63　3　　問 64　2

〔解説〕
問 61　燐化アルミニウムの確認方法：湿気により発生するホスフィン PH3 により硝酸銀中の銀イオンが還元され銀になる(Ag ＋→ Ag)ため黒変する。　問 62　無水硫酸銅 $CuSO_4$　無水硫酸銅は灰白色粉末、これに水を加えると五水和物 $CuSO_4$・$5H_2O$ になる。これは青色ないし群青色の結晶、または顆粒や粉末。水に溶かして硝酸バリウムを加えると、白色の沈殿を生ずる。　問 63　ニコチンは、毒物、無色無臭の油状液体だが空気中で褐色になる。殺虫剤。ニコチンの確認：1)ニコチン＋ヨウ素エーテル溶液→褐色液状→赤色針状結晶　2)ニコチン＋ホルマリン＋濃硝酸→バラ色。　問 64　硫酸 H_2SO_4 は無色の粘張性のある液体。強力な酸化力をもち、また水を吸収しやすい。水を吸収するとき発熱する。木片に触れるとそれを炭化して黒変させる。また、銅片を加えて熱すると、無水亜硫酸を発生する。硫酸の希釈液に塩化バリウムを加えると白色の硫酸バリウムが生じるが、これは塩酸や硝酸に溶解しない。

問 65　4　　問 66　1　　問 67　3
問 68　3　　問 69　2　　問 70　1

〔解説〕
カズサホスは、10 ％を超えて含有する製剤は毒物、10 ％以下を含有する製剤は劇物。有機リン製剤、硫黄臭のある淡黄色の液体。水に溶けにくい。有機溶媒に溶けやすい。比重 1.05(20 ℃)、沸点 149 ℃。
弗化スルフリル(SO_2F_2)は毒物。無色無臭の気体。水に溶ける。クロロホルム、四塩化炭素に溶けやすい。アルコール、アセトンにも溶ける。水では分解しないが、水酸化ナトリウム溶液で分解される。用途は殺虫剤、燻蒸剤。
ナラシンは毒物(1％以上～ 10%以下を含有する製剤は劇物。)アセトン－水から結晶化させたものは白色～淡黄色。特有な臭いがある。用途は飼料添加物。
塩素酸ナトリウム $NaClO_3$ は、無色無臭結晶、酸化剤、水に易溶。有機物や還元剤との混合物は加熱、摩擦、衝撃などにより爆発することがある。用途は除草剤、酸化剤、抜染剤。

（特定品目）

問 61　2　　問 62　3
問 63　4　　問 64　2　　問 65　1

〔解説〕
塩酸は塩化水素 HCl の水溶液。無色透明の液体 25 ％以上のものは、湿った空気中で著しく発煙し、刺激臭がある。塩酸は種々の金属を溶解し、水素を発生する。硝酸銀溶液を加えると、塩化銀の白い沈殿を生じる。
過酸化水素 H_2O_2 は、無色無臭で粘性の少し高い液体。徐々に水と酸素に分解

(光、金属により加速)する。安定剤として酸を加える。ヨード亜鉛からヨウ素を析出する。

一酸化鉛 PbO は、重い粉末で、黄色から赤色までの間の種々のものがある。希硝酸に溶かすと、無色の液となり、これに硫化水素を通じると、黒色の沈殿を生じる。

問66　4　　問67　1　　問68　3
問69　2　　　　　　　問70　1

〔解説〕

シュウ酸 $(COOH)_2 \cdot 2H_2O$ は無色の柱状結晶、風解性、還元性、漂白剤、鉄さび落とし。無水物は白色粉末。水、アルコールに可溶。エーテルには溶けにくい。また、ベンゼン、クロロホルムにはほとんど溶けない。水溶液を酢酸で弱酸性にして酢酸カルシウムを加えると、結晶性の沈殿を生じる。

キシレン $C_6H_4(CH_3)_2$ (別名キシロール、ジメチルベンゼン、メチルトルエン)は、無色透明な液体で o-、m-、p-の 3 種の異性体がある。水にはほとんど溶けず、有機溶媒に溶ける。蒸気は空気より重い。溶剤。揮発性、引火性。

アンモニア水は無色透明、刺激臭がある液体。アルカリ性を呈する。アンモニア NH_3 は空気より軽い気体。濃塩酸を近づけると塩化アンモニウムの白い煙を生じる。$NH_3 + HCl \rightarrow NH_4Cl$

毒物劇物取扱者試験問題集　全国版　21
ISBN978-4-89647-283-7　C3043　¥3000E

令和３年６月30日発行　　定価 3,300円(税込)

編　集　毒物劇物安全性研究会

発　行　薬務公報社

〒166-0003　東京都杉並区高円寺南2-7-1　拓都ビル
電話　03(3315)3821
FAX　03(5377)7275